普通高等教育“十一五”国家级规划教材

植 物 学

（第 2 版）

郑湘如　王　丽　主编

中 国 农 业 大 学 出 版 社

主　编　郑湘如　（中国农业大学）

　　　　　王　丽　（中国农业大学）

副主编　张定宇　（山西农业大学）

　　　　　关雪莲　（北京农学院）

　　　　　丁　伟　（甘肃农业大学）

参　编　杨晓玲　（淮海工学院）

　　　　　刘朝辉　（中国农业大学）

　　　　　黄淑莉　（中国农业大学）

前 言

这本《植物学》是根据参加教育部《面向21世纪高等农林院校生物系列课程教学内容课程体系改革》(04—10)的研究结果而编写的(主编者因此获得1997年北京市教学成果一等奖和国家级教学成果二等奖)。该书被教育部审批为“面向21世纪课程教材”,具有顺应当前学科发展和“植物学”教学改革实际的特点,自2001年9月出版至2006年12月共发行5.5万册。本教材获第六届全国高校出版社优秀畅销书奖,并被列入2004年度“北京市高等教育精品教材”,2006年该书又被教育部审批为“普通高等教育‘十一五’国家级规划教材”。

本教材按“一条主线,一个中心”设定了新的编写体系。“主线”即被子植物生活史中植物体各部分的形态建成过程与结果及其与所执行的功能、所处的环境之间的辩证关系(第一部分),植物界发展、进化的规律和植物多样性(第二、第三部分)。“中心”即以各种植物标本及其图像为描述中心。

主线的设定,既反映当前有关分支学科互相渗透的特点,也与农艺生产实践联系更为直接,突出主线还能在分章节叙述的同时兼顾植物个体发育的整体性或系统发育的连贯性,结合功能与环境描述形态结构与发育,可更充分地揭示植物生命现象和生命科学的内涵,使叙述显得富有生命气息,激起学生对自然界奥秘的兴趣和探索欲,有利于有关素质的培养。

中心的设定,是根据本学科以标本及其图像为研究的起点和目的的特点,以及近代已普遍以各类图像代替手绘图作为交流手段的实际。为此,在教材中加入显微、超微相片的图版,代替部分手绘图;在实验指导书中除制片外,还列入指导观察各种标本相片、幻灯片或投影的内容,而且突出了对各类图像的全面识别能力(如取材部位,剖面的分辨,所用观察仪器类型及显像基本原理,标本处理主要流程及观察、记录法)的培养。预期可使学生更全面地掌握植物学的基本研究法、识图能力和对植物界的观察力。

为适应当前传统学科普遍减学时的实际情况,通过精选知识点,精练文字,处理好与有关学科交叉、与中学生物学以及实验内容衔接等手段,体现了简明的特色;附有名词解释,便于教与学。同时注意开辟“第二课堂”:在教材中列入可自学的扩展或联系农艺实践的内容(以*号标出),并在光盘中录入相当数量的实物标本的各类图像及识图法的介绍,可作为教学参考和学生自学的工具。还注意了学习方法引导,如比较法、图解法等的应用。

2006年我们根据当前有关学科的进展及广大使用者的意见和建议,对此教材作了全面的修订,在保留原有特色的基础上作了适当的增、删和改写。如:删除陈旧内容,添加有关知识点新进展的介绍;在各章中设置内容提要及启发性思考题(非复习题),帮助学生把握重点,引导创造性学习并关注植物科学的新进展;更换、增删了部分插图;改正了个别不适或谬误之处;等等。

本教材撰写分工情况(以章为序)如下:第一部分第一章:丁伟副教授;前言、绪论、第二、三、六、七章:郑湘如教授;第四、五章:黄淑莉讲师;第八章:杨晓玲教授;第九、十章:张定宇教授;第二部分第十一章、第十二章(藻类植物):刘朝辉副教授;第十二章(藻类植物除外):关雪莲副教授;第三部分第十三章:王丽副教授。参加撰写者均为各校植物学教学骨干教师。

本教材配有实验指导书,另有配套光盘正在筹备中。

在编写及修订过程中,承蒙李寿乔教授、余炳生教授、杨世杰教授、马炜梁教授、汪矛教授、李岩教授、邵小明副教授、李连芳副教授、孟雷博士等指导,以及广大使用者大力协助并提出不少宝贵意见,特在此表示衷心感谢。还要特别感谢中国农业大学江树人副校长,他十分重视教学和教改,提出“以研究促教改”,通过立项研究的方式,调动了教师投身教改的积极性,并大力支持本教材主编的有关研究工作。我们在这方面的工作,包括这本教材在内,所取得的一点成绩都是与江校长的引导和帮助分不开的。但由于我们的水平有限,编写错误与不妥处仍在所难免,热忱欢迎来自各方的批评、指教。

编 者

2006年12月

目　录

绪论 …… (1)
第一节　植物与植物界 …… (1)
第二节　植物科学 …… (5)
第三节　学习植物学的目的、科学态度与科学方法 …… (8)
第四节　本教材内容简介 …… (9)

第一部分　被子植物个体发育过程中的形态建成

第一章　植物的细胞与组织 …… (12)
第一节　植物细胞——植物体结构与执行功能的基本单位 …… (12)
第二节　植物组织——细胞经生长、分化所形成的各种类型的细胞群 …… (43)
第二章　被子植物营养体的建成 …… (59)
第一节　被子植物的幼苗 …… (59)
第二节　幼苗形态特征与农艺实践* …… (63)
第三节　植物体各营养器官形态建成的基本过程 …… (64)
第三章　根系的形态结构与建成过程 …… (67)
第一节　根的功能 …… (67)
第二节　根和根系的类型 …… (68)
第三节　根的伸长——根尖中进行初生生长不断形成初生结构的过程 …… (70)
第四节　根的分枝——母根上发生侧根原基及侧根的形成 …… (79)
第五节　不定根的发生和功能 …… (81)
第六节　双子叶植物根的加粗——次生分生组织发生和经次生生长不断形成次生结构的过程 …… (83)
第七节　根瘤与菌根 …… (87)
第八节　根系特性与农、园、林实践* …… (90)
第四章　芽与枝 …… (92)
第一节　芽的类型 …… (92)

第二节 芽的形态结构特征和习性及其适应意义 …………………………… (95)
第三节 叶芽的形成和分化 ……………………………………………………… (96)
第四节 枝的形态特征及分枝方式 ……………………………………………… (97)
第五章 茎的形态结构与建成过程………………………………………………… (102)
第一节 茎的功能………………………………………………………………… (102)
第二节 茎的伸长——茎尖中进行初生生长不断形成初生结构的过程 … (102)
第三节 双子叶植物茎的加粗——次生分生组织的发生和次生生长不断形成次生结构的过程……………………………………………… (108)
第四节 一些单子叶植物茎的加粗……………………………………………… (113)
第五节 茎的生长特性与农、园、林实践* ……………………………………… (115)
第六章 叶的形态结构与建成过程………………………………………………… (118)
第一节 叶的功能、形态与叶序 ………………………………………………… (118)
第二节 叶的形态建成…………………………………………………………… (121)
第三节 双子叶植物和禾本科植物叶的结构…………………………………… (122)
第四节 叶的生态类型…………………………………………………………… (128)
第五节 叶的衰老与死亡、脱落 ………………………………………………… (130)
第六节 叶的生长特性与农艺实践* …………………………………………… (132)
第七节 裸子植物的营养器官* ………………………………………………… (132)
第八节 被子植物营养器官间的联系——植物体整体性的表现……… (134)
第七章 营养器官的变态…………………………………………………………… (141)
第一节 变态根——贮藏根、支持根和寄生根 ……………………………… (141)
第二节 变态茎——地下茎与地上茎的几种变态类型……………………… (144)
第三节 变态叶——叶卷须、叶刺、托叶刺、捕虫叶和鳞叶 ………………… (147)
第四节 同功器官和同源器官…………………………………………………… (147)
第八章 生殖器官(Ⅰ)——花的形态结构与建成过程…………………………… (149)
第一节 花的概念及其在个体发育和系统发育中的意义…………………… (149)
第二节 花各部分的形态及类型………………………………………………… (151)
第三节 花的形态建成过程——花芽分化……………………………………… (154)
第四节 花器官发育的 ABC 模型 ……………………………………………… (157)
第五节 花的生长特性与农、园、林实践* ……………………………………… (159)
第九章 性细胞的形成与有性生殖过程…………………………………………… (160)
第一节 雄蕊的发育与精细胞(雄配子)的形成………………………………… (160)

第二节 花粉败育和雄性不育* ……………………………… (169)
第三节 雌蕊的发育与卵细胞(雌配子)的形成……………… (170)
第四节 开花和传粉……………………………………………… (177)
第五节 被子植物的双受精……………………………………… (180)
第六节 有性生殖过程与农、林、园实践* ……………………… (185)
第十章 生殖器官(Ⅱ)——种子与果实的形态结构与建成过程…… (187)
第一节 种子的形成和种子的基本类型………………………… (187)
第二节 种子的寿命、休眠与萌发 ……………………………… (197)
第三节 无融合生殖和多胚现象………………………………… (200)
第四节 胚状体和人工种子* …………………………………… (201)
第五节 果实的形成和果实的基本类型………………………… (202)
第六节 单性结实和无籽果实…………………………………… (206)
第七节 果实和种子的传播……………………………………… (207)
第八节 被子植物的生活史……………………………………… (209)

第二部分 植物类群和演化

第十一章 生物多样性和植物分类的基础知识………………… (214)
第一节 生物多样性的含义和重要性…………………………… (214)
第二节 植物分类的方法………………………………………… (215)
第三节 植物分类的各级单位…………………………………… (216)
第四节 植物命名法……………………………………………… (217)
第五节 植物的鉴定方法………………………………………… (218)
第十二章 植物界的基本类群…………………………………… (220)
第一节 藻类植物——自养的低等植物………………………… (221)
第二节 菌类植物——不含光合色素的异养或化能自养植物………… (237)
第三节 地衣植物——藻类与真菌共生的植物………………… (247)
第四节 苔藓植物——配子体发达的高等植物………………… (249)
第五节 蕨类植物——现存最早的维管植物…………………… (255)
第六节 裸子植物门——种子裸露的高等植物………………… (260)
第七节 被子植物门——最进化的现代优势植物……………… (268)
第八节 植物界基本类群小结…………………………………… (270)

第三部分 被子植物类群简介

第十三章 被子植物分科概述……………………………………………………(274)
第一节 被子植物分类主要形态术语…………………………………………(274)
第二节 双子叶植物纲(Dicotyledoneae) ……………………………………(291)
第三节 单子叶植物纲(Monocotyledoneae)…………………………………(325)
第四节 被子植物的起源及被子植物分类系统简介…………………………(336)

名词简释……………………………………………………………………………(343)
参考文献……………………………………………………………………………(354)
图版简释……………………………………………………………………………(356)

绪　论

第一节　植物与植物界

一、植物的基本特征与植物界的划分

一般认为植物有下列基本特征：植物细胞有由纤维素和半纤维素组成的细胞壁；绿色植物可借助阳光、非绿色植物可借助化学能将简单的无机物制造为复杂的有机物，行自养生活；大多数植物在个体发育过程中能不断产生新的器官或新的组织结构，即具有无限生长的特性。

18 世纪瑞典的林奈(Carl von Linne，被封爵后改称 Carolus Linnaeus)将生物分为两大界：植物界和动物界。随着生命科学的不断发展，人们对生物认识逐步深化，对生物界的划分原则又提出不同的见解(表 1)。

表 1　生物的分界系统

分界系统	提出者	植物界 (Plantae)	动物界 (Animalia)	原生生物界 (Protista)	真菌界 (Fungi)	原核生物界 (Prokaryotae)	备注
两界系统	林奈 (Linnaeus) (1735)	+	+				真菌归于植物界
三界系统	海克尔 (Haeckel) (1866)	+	+	+			真菌归于植物界，细菌和原生动物归于原生生物界
四界系统	利戴尔 (Leedale) (1974)	+	+		+	+	原生生物分别归于植物界、动物界和真菌界
五界系统	惠特克 (Whittaker) (1969)	+	+	+	+	+	

注：引自中国农业百科全书生物学卷。

1979 年我国学者陈世骧根据病毒和类病毒不具细胞形态结构，不能自我繁殖等特点，提出在五界的基础上将其另立为非胞生物界，从而形成六界系统。

各界说的划分虽然各有所据，其中有两个标准却是共同的，即营养方式和进化水平。

农业院校需要给学生一个较广泛的植物学基础，所以本教材采用的是沿用至今的两界系统。

二、植物的多样性

按两界系统，属于植物界的有 50 余万种，约占现存生物的 1/4，包括藻类、菌类、地衣类、苔藓植物、蕨类植物和种子植物六大类群。植物在地球上的分布极广：平原、高山、荒漠、江、河、湖、海、空中、地下，甚至生物体内都有其踪迹，无论是寒带、温带、极地或赤道，都有植物生长繁衍。植物的形态结构与习性也是多种多样：有小到几纳米(nm)、仅由单细胞组成的个体(如某些细菌)，有由一定数量的细胞聚合成形的群体(如某些藻类)，也有高达百米(如某些乔木)，有复杂结构的组织、器官的多细胞个体。这些种类或为营光合作用的绿色自养植物，或为借氧化无机物获得能量、制造食物的非绿色化学自养植物(如硫细菌)，或为寄生于他种植物体的寄生植物，或为依赖分解腐朽有机体而生的腐生植物。植物的生命周期也不尽相同：有生活几分钟后就传代的细菌，有一年生、二年生的草本，有多年生的草本(如菊)或灌木，也有寿命长达数百年，甚至数千年的多年生乔木(如柏树)。

植物种类的丰富多样是植物在与环境长期的互相作用下，通过适应性变异、遗传并经自然选择而形成的。植物的进化至今仍在继续，新的种类还会出现。同时，随着科学研究、生产实践的深化，人类对植物界的进化速度和繁荣昌盛也将产生愈来愈深远的影响。

三、植物的重要性

(一)参与生物圈形成，推动生物界发展

生物圈是地球表面进行生命活动的连续的有机圈层，植物是这个圈层的重要组成部分。约在 47 亿年前地球形成的初期阶段，地球上并无生命，直到地球表面产生了大气层，阻断了紫外线和宇宙射线，给地表生命的出现提供了基本条件。但早期的大气层尚缺乏与生命攸关的游离分子氧，所以当时出现的原始生命很可能是通过化学能合成或异养的生活方式获得能量的。后来含光合色素的蓝藻和其他原始植物出现，它们才能以大气中的二氧化碳为碳源，以水中的氢离子为还原剂，利用光能进行光合作用来制造有机物，在此过程中释放出氧，再加上紫外线长期对水的解离作用，使大气中氧的含量逐渐增加，为生物的生存和发展提供了条件。以后，随着植物数量和种类的增加，氧气逐渐达到现时的含量水平，使环境条件更适

于生存，从而形成了丰富多彩的生物界。

（二）转贮能量，提供生命活动能源，是自然界中的第一生产力

太阳光能是取之不竭的能量源泉，但必须依赖绿色植物的光合作用将光能转变成化学能，以光合作用产物的形式贮藏，才能被其他生物利用。而绿色植物恰具有这种能力——它能将光合产物糖类和进一步形成的脂类、蛋白质等物质大部分贮藏于细胞中，少部分被本身的生命活动消耗和转化为躯体的结构。当人类、动物食用植物，或异养生物从绿色植物或其残骸摄取养料时，植物的贮积物被分解利用，能量再度释放，为生命活动提供能源。存在于地下的煤炭、石油、天然气是人类生活的重要能源，也主要由远古绿色植物遗体经地质矿化而成。所以绿色植物是自然界中的第一生产力。

（三）促进物质循环，维持生态平衡

自然界的物质始终处于不断运动之中。当生物界形成之后，出现了有机物的合成与分解，使无机界和有机界紧密联系起来，自然界的物质运动显得生气盎然。而保持生态环境中各组分的动态平衡，对于生命的维持与发展，显然十分重要。

植物在促进物质循环，维持生态平衡过程中起着重要作用。最为突出的是绿色植物在光合作用过程中释放氧气，不断补充动、植物呼吸和物质燃烧、分解时氧的消耗，维持了自然界中氧的动态平衡。植物在碳与氮的循环中的作用如图 1 所示。碳是生命的基本元素，长期以来，空气中的二氧化碳维持在 0.03% 的较为合适的相对水平。但近期由于现代工业发展迅速，有机物大量燃烧分解，能源消耗日益增加，而植物资源的蕴藏量、覆盖率逐渐下降，空气中的二氧化碳含量增长，破坏了碳素平衡，于是造成了有害的“温室效应”。氮是蛋白质的主要组成元素，所以氮素循环与农业生产关系十分密切，决定增产幅度和平均产量水平的主要因素之一，就是氮循环向农业提供氮素的方式与数量。全球植物获得的氮素有 90%～97% 是来自再循环，只有 3%～10% 是以分子氮形式提供。所以，增加氮素在生物与土壤之间的循环数量，调节循环速率和减少氮素在土壤中的损失，可使农业生产获得更多的廉价氮素。有豆科植物参与的轮作制，便是利用根瘤菌与这类植物共生的现象而积累氮素（详见第三章第七节）；农、林、牧、渔结构的合理安排以及工业合成氮素的生产与使用，促使生物和土壤中的氮素贮存增加，循环加快，从而使作物产量提高。

自然界中还有其他元素，如氢、磷、镁、钾、铁、钙以及一些微量元素，也多从土壤中被吸入植物体内，经辗转变化，又重返土壤中。总之，在物质循环中只有通过植物和动物、微生物等生物群体的共同参与，才能使物质的合成和分解、吸收和释放协调进行，维持生态的平衡和正常发展。

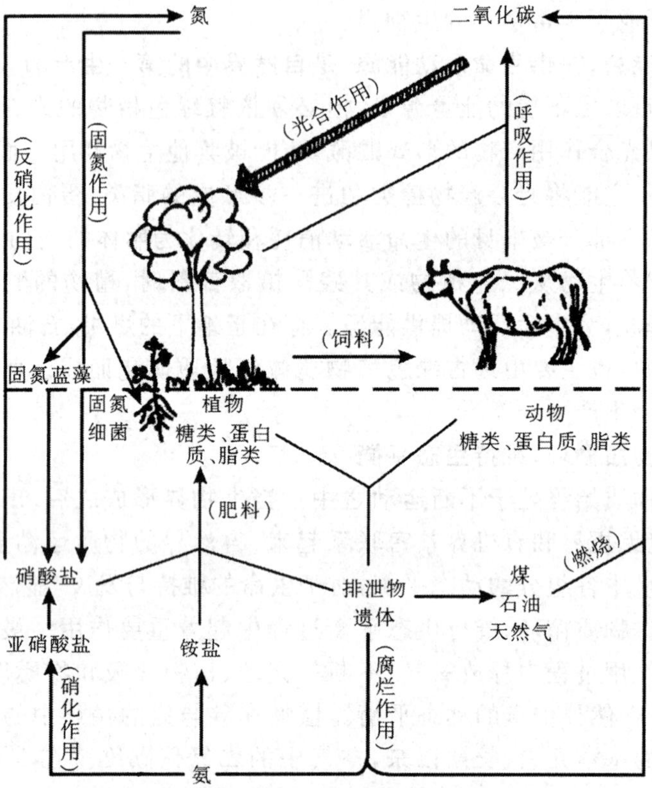

图1 自然界的碳素和氮素循环示意图

(四)是发展国民经济的物质资源

植物是人类赖以生存的物质基础,人类的衣、食、住、行、医等方面都离不开植物。植物生产是人类创造第一产业(农业)的依据,也是人类定居社会文化的开端。植物又是发展国民经济的物质资源。它是农、林、园艺的栽培对象;畜、禽、鱼等的养殖,也需要植物作为饲料。许多工业,如食品、制药、建筑、纺织、橡胶,甚至冶金、煤炭、石油工业,无不需要植物作为原料或辅料。此外,对于水土保持、土壤改良、城市绿化、环境保护等方面,植物的作用与影响也十分深远,当前社会关注的温室效应、臭氧层保护、大气污染、绿色食品等重大问题,都与植物有关。

植物在进化过程中,在长期不同环境的影响下,形成了控制种种类型遗传性状的无数基因片段。数十万种植物犹如一个巨大的基因库,蕴藏着丰富的种质资源,是自然界珍贵的财富。植物种质资源良好的开发利用,对于植物的引种驯化、品种改良、抗性育种等方面将发挥出更大作用。20 世纪 70 年代发展起来的重组 DNA 技术与细胞组织培养相结合,开辟了用基因工程进行作物改良的新时代。

我国幅员辽阔，跨越热带、亚热带、暖温带、温带、寒温带，地形错综多样，有平原、盆地、丘陵、高原、山地、荒漠，以及江、河、湖、海，因此成为世界上植物种类最多的国家之一，仅种子植物就有约2.5万种，其中不少具有经济价值。这些蕴藏巨大潜力的植物财富为我国经济的发展提供了雄厚的物质基础。

第二节 植物科学

一、植物科学简史*

如同一切科学一样，植物科学是随着人类的生产实践而产生和发展的。人类从采集植物充饥御寒、尝试百草医治疾病开始识别植物、掌握植物的形态结构、生活习性及其与环境的关系，逐步形成了植物科学。在北京周口店出土的50万年前的中国猿人洞中发现大量的朴树（*Celtis bungeana*）种子，是人类采集、利用植物的证据之一。以后人类又从观察野生植物的生长情况掌握了植物栽培技术，学会了农业生产，进而又丰富了植物科学。与此同时，随着社会的进步和其他科学与实践的发展，也直接、间接地推动植物科学的进展。

我国研究植物的历史悠久，远在殷代就有麦、黍、稻、粟的栽培，周代的《诗经》有多种植物知识的记载，以后历代都有志书、农书和本草问世，如晋代嵇含撰写的《南方草本状》，记载了80余种中国的热带、亚热带植物，并分为草、木、果、竹4类，是中国最早的地方植物志；明代李时珍所著《本草纲目》总结了16世纪以前我国的本草著作，记载药物1 892种，其中植物药材1 094种，分为草、谷、菜、果、木5部，内容十分丰富。

古希腊亚里士多德（Aristotle，公元前384—前322）首创欧洲的植物园，他的学生德奥费拉蒂斯（E. Theophrastus，公元前371—前286）所著《植物的历史》和《植物本源》，记载了500多种植物，并提出各种植物器官的名称。英国物理学家虎克（Hooke）创制了显微镜，发现了细胞，于1665年出版《显微图谱》，从此打开了探索生物微观世界的大门。1672年英国格里（Grew）发表《植物解剖学》。

自18世纪开始，植物科学从描述转向实验，细胞学、解剖学、生理学、胚胎学、遗传学、分类学等开始发展。1731年瑞典林奈（Linnaeus）的《自然系统》奠定了现代分类学的基础。19世纪中叶德国的施莱登（M. J. Schleiden）和施旺（T. Schwann）创立细胞学说：施莱登于1838年发表《植物发生论》，提出细胞是植物体的结构单位；施旺于1839年在《关于动、植物的结构和生长一致性的研究》一文中指出动物细胞和植物细胞的相似性。他们证明了生物在结构和起源上的同一性，为以后发展起来的生物学实验方法奠定了基础。1859年英国达尔文(Darwin)的《物种起源》问世,创立了进化论,对植物科学的发展起了重要的推动作用。能量守恒定律的发现促使人们探讨植物生命活动中的能量关系,推动了植物生理学的发展。1866年孟德尔(Mendel)的豌豆杂交实验揭示了植物遗传的基本规律,1926年摩尔根(Morgan)发表《基因论》,总结了遗传学的成就,建立了遗传学的理论体系。1895年丹麦植物学家 Warming 的《以植物生态地理为基础的植物分布学》和1898年德国植物学家 Schimper 的《以生理学为基础的植物分布学》,标志着植物生态学的诞生。

20世纪60年代以来,由于广泛应用数、理、化上的新成就,研究方法和实验技术不断革新,植物科学迅猛发展。一方面向微观世界深入:由细胞水平进入亚细胞和分子水平上揭示植物各种生命活动的机理,在光合作用、生物固氮、呼吸作用、离子吸收、蛋白质合成等工作上获得了重大突破,特别是在确认 DNA 是遗传的物质基础,并阐明 DNA 的双螺旋结构之后,遗传学的进展尤为突出,并已能应用各种生物技术试行创造出人类需要的新产品和新生物。另一方面向宏观方面进展:已由植物的个体生态进入到种群、群落以及生态系统的研究,甚至采用遥感技术研究植物群落在地球表面的空间分布和演化规律,以及进行植物资源调查研究植物与环境间的相互关系和作用,保护生物的多样性,改善人类的生存环境。这些新的内容和发展动态标志着植物科学已进入一个新的、更高的发展时期。

二、植物科学研究内容、分科与发展趋势

植物科学是研究植物和植物界的生活和发展规律的生物科学。主要研究植物的形态结构和发育规律,生长发育的基本特性,类群进化和分类,以及植物生长、分布与环境的相互关系等内容。随着生产和科学的发展,植物学已形成许多分支学科,现摘要介绍如下:

植物分类学:研究植物种类的鉴定、植物类群的分类、植物间的亲缘关系,以及植物界的自然系统。按不同的植物类群又派生出细菌学、真菌学、藻类学、地衣学、苔藓学、蕨类学和种子植物学等。

植物形态学:研究植物的形态结构在个体发育和系统发育中的建成过程和形成规律。广义的概念还包括研究植物组织和器官的显微结构及其形成规律的植物解剖学、研究高等植物胚胎形成和发育规律的植物胚胎学以及研究植物细胞的形态结构、代谢功能、遗传变异等内容的植物细胞学。

植物生理学:研究植物生命活动及其规律性的学科,包括植物体内物质和能量代谢、植物的生长发育、植物对环境条件的反应等内容。有的已形成专门学科,如

植物代谢生理学、植物发育生理学等。

植物遗传学:研究植物的遗传和变异的规律,以及人工选择的理论和实践的学科,已发展出植物细胞遗传学和分子遗传学等。

植物生态学:研究植物与其周围环境的相互关系的学科。随着科学的发展,派生出个体生态学、植物群落学和生态系统学等。

近 20 年,植物科学的各个领域不断与相邻学科相互渗透,一些传统学科的界线正在淡化,尤其是有关分子生物学的新概念和新技术的引入,使边缘学科和新的综合性研究领域层出不穷,如植物细胞分类学、植物生理解剖学、植物生殖生物学、空间植物学等。根据近两届(13、14 届)国际植物学会议对植物科学内容的归纳分组,将植物科学分为分子植物学、代谢植物学、发育植物学、遗传植物学、结构植物学、系统及进化植物学、群落植物学、环境植物学、应用植物学等。这种划分法也大致反映出植物科学发展的一般现况。可以预期,通过学科的渗透交叉和创新提高,植物科学将在探索植物生命的奥秘和发生发展的规律这个根本问题上获得巨大进展。

三、植物科学与农业科学

植物科学的发展始终与生产实践相联系,特别与农业科学的关系最为密切。描述植物学时期,人们在对世界范围内的植物进行广泛的收集和种植的过程中,同时也相应地建成了重要栽培植物的农业格局,形成粮食植物、药用植物、果树、蔬菜、花卉和各种经济植物的栽培,以及林业经营和牧场管理等生产体系。在进入实验植物学时期后,植物科学基础研究的重大突破往往引起农业生产技术的巨大变革:19 世纪植物矿质营养理论的建立,导致化肥的应用和化肥工业的兴起;光合生产率的研究,促进了粮食生产技术中矮化密植措施的创建,以及与之配合的品种改良、植物保护等措施的革新……这些变革带来了被誉为“绿色革命”的 20 世纪中叶粮食大幅度增产。

植物区系和植被的调查,可为农、林、畜牧业发掘可利用的野生植物,结合研究栽培植物野生近缘种的基因资源,为育种提供原始材料,同时又可为国土整治和大农业的宏观策略提供基本资料和科学依据;植物形态结构特征的研究,有助于了解作物生长发育与其所处环境条件的关系,以改善肥、水管理,还可作遴选良种或评估抗性的参考;有关植物有性生殖的传粉、受精、无融合生殖、雄性不育等的研究,对搞好作物、果蔬等经济植物的栽培和繁育,提高产量和质量有重要意义。

20 世纪 70 年代发展起来的重组基因技术与细胞组织培养相结合,使得人们有可能在体外操作基因,并将外源基因导入植物细胞,再生出转基因植株,从而开辟了用基因工程进行作物改良的新时代。目前已有玉米、油菜、番茄、大豆、烟草、棉和小麦等转基因作物进入商业市场。

第三节　学习植物学的目的、科学态度与科学方法

一、学习植物学的目的

植物科学属于基础研究的范畴，学习植物学是为了认识植物生长、繁殖等生命活动的规律，从而保护、控制、利用和改造植物，为发展国民经济，尤其是农业现代化服务，以改善人类生活。植物学在农业院校中是一门涉及专业面最广的重要基础课程。在栽培和繁育作物、果树、蔬菜、花卉、树木、茶、桑及其他经济植物时，需要掌握植物学基本知识；防治病虫害、改良土壤的最终目的是使栽种的植物达到优质高产；家禽、家畜的饲养以及农产品加工分别需要植物作为饲料和原料；其他如环境保护、资源开发利用等也与植物密切相关。因此，对于农业院校的学生来说，学习植物学是为有关后继课和专业课打基础，以及为从事农业生产和科学研究提供必要的植物学基本理论、基本知识和实验技术。

二、学习植物学的科学态度与科学方法

在明确学习目的的基础上，应以辩证唯物主义的观点与积极、主动的态度进行学习，并在学习过程中进一步培养对自然界的热爱、探索生命奥秘的兴趣、实事求是的作风和丰富的想像力、创造性的思维等良好的素质。能以正确的态度去学好植物学，这门课程本身就是培养这些素质的良好“土壤”。

学习植物学时，应以辩证的观点分析有关内容：植物有机体的局部和整体之间，组成基础——细胞、组织与各器官之间，形态结构与生理功能之间，植物与环境之间都是相互联系，又相互制约的关系。植物个体成长中，需要经历一系列生长发育的过程，在认识植物的形态结构和生理功能变化规律时，要特别注意建立动态发展的观点。植物种类繁多，类群复杂，它们是在自然界经过长期演化而来的，应贯穿由低级到高级的系统演化观点去理解植物的多样性。在学习过程中，要善于运用观察、比较和实验的研究方法，尤其要重视理论联系实际，加强实验观察和技能的训练，以增加感性知识，加深理解。

本学科是以实验为基础的学科，观察研究的对象是活的或经种种处理过的植物标本，更多的是各类图像，尤其是各类光学、电子显微镜下的图像——这是植物体的一些部分过于细小，超越肉眼分辨力的特点所决定的。所以，要学好这门课，

必须掌握识别各类图像的基本技巧(详见实验指导书),以各种标本和图像为学习中心。

第四节　本教材内容简介

这本教材是根据农业院校对植物学基础知识的要求,兼顾植物学科的系统性而编写的。共分三大部分:

第一部分“被子植物个体发育过程中的形态建成”。以与农业关系最密切的被子植物的生活史为主线(兼顾另一类种子植物——裸子植物),先介绍这类植物的基本组成——细胞与组织,再讲述其如何由种子萌发开始其生活史:先进行营养体的建成——生根系,长茎、叶,继而进入生殖生长——开花、结果、形成新一代种子,完成其生活史。各章节基本都是首先介绍器官的形态特征及其所执行的功能,再讲述该器官的形成过程(动态)和初生、次生结构,或幼嫩、成熟期的结构(静态),并紧扣生长过程和所形成的结构的特点与所执行的功能及其所处环境之间的辩证关系讲解。

第二部分“植物类群和演化”。简要介绍植物分类学的基础知识;从生物多样性及系统发育的角度介绍植物界的基本类群,侧重讲解各大类群的主要特征、代表植物及各类群间的演化关系。

第三部分“被子植物类群简介”。介绍被子植物门中常见农作物、果树、蔬菜、花卉、林木、药用植物及农田杂草等所属各科的特征及代表植物;并简要介绍几个常用的被子植物分类系统。

每章附有内容提要及启发性思考题。有的部分还附有与农、园、林实践联系的内容,以 * 号和楷体字标出,供学生参考。

第一部分 被子植物个体发育过程中的形态建成

任何一种植物的个体总是经历萌发、生长、发育和生殖，直至死亡的周期过程。植物一生所经历的这个生命活动周期称为个体发育(ontogeny)。

在植物个体发育过程中，从种子萌发而形成具根、茎、叶的幼苗，再生长成为成年植株，继而开花、结实，这种植物体及其各种器官的形态、结构形成过程，称为形态发生或形态建成(morphogenesis)。

植物形态建成问题是植物学中最早进行研究的问题之一，在这方面积累了大量资料，但对于控制形态建成的机理至今尚未彻底掌握。

研究形态建成一般可以从三方面入手：一是遵循植物个体发育的时间顺序，即生活史来研究它的规律；二是从环境条件对植物体形态建成的影响来研究；三是从植物体内部的某种活动系统着手研究，如植物的光敏色素系统在花的诱导中的作用。这三个方面是彼此密切联系的。

本教材的第一部分主要围绕与人类关系最密切的被子植物，着重从第一方面，即按被子植物的生活史(参见第十章)的顺序，逐一讲解各器官及植株的整体形态建成过程，及其所执行的功能和环境之间的相互影响。由于被子植物植物体是由细胞为基本单位组成组织，再由不同的组织组成各种器官，所以在讲解各器官建成之前，先介绍细胞与组织，再依次介绍种子萌发为幼苗的过程以及根、芽与枝、茎、叶、花、果实与种子的形态建成过程。

第一章　植物的细胞与组织

提要：第一节介绍细胞的基本概念及分类。重点讲述组成种子植物的真核细胞的大小、形状及基本结构，各组成结构的特征和功能。并讲解了原生质和原生质体的概念。讲述了细胞繁殖的作用和细胞周期的概念，对种子植物在细胞分裂期所进行的分裂方式——无丝分裂和有丝分裂(减数分裂在第九章中介绍)作了详细说明。介绍了细胞的衰老、死亡的特征、分类和进化意义。

第二节介绍植物组织的概念、分类以及与其功能相适应的形态结构特征，简单组织、复合组织和组织系统的概念和分类。

第一节　植物细胞——植物体结构与执行功能的基本单位

一、植物真核细胞的一般特征与基本结构

细胞(cell)是除病毒外的一切生物体的结构和功能的基本单位。是生命物质——原生质的存在形式。

细胞是1665年由英国学者虎克(胡克)(Robert Hooke，1635—1703)首先用自己制造的显微镜观察软木切片时发现并命名的。1838—1839年，德国植物学家Schleiden M.J.和动物学家Schwann T.提出细胞学说(cell theory)：所有的植物和动物组织均由细胞构成；所有的细胞来自其他的细胞，不是由于细胞分裂就是细胞融合；卵和精子是细胞；单个细胞可分裂而形成组织，等等。恩格斯高度评价了细胞学说的意义，认为这是19世纪自然科学的三大发现之一。

细胞可分为原核细胞和真核细胞两大类。支原体、细菌、放线菌与蓝藻均由原核细胞构成，属原核生物；其他的动、植物体均由真核细胞组成，称真核生物。高等

植物均为多细胞有机体，由真核细胞组成，其与动物细胞的主要区别是：外被主要组分为纤维素的细胞壁；细胞质内有质体；具有大液泡。

植物真核细胞大小如图 1-2 所示，一般直径在 10～100 μm 之间。组成种子植物的真核细胞形态多样，有圆球形、多面体形、纺锤形、管状、长柱形等。其基本结构如表 1-1、图 1-1 及彩插 1-2 所示。

表 1-1　植物细胞的基本结构

- 植物细胞基本结构
  - 表面结构
    - 细胞壁：胞间层与细胞间隙、初生壁、次生壁
    - 质膜
  - 联络结构
    - 纹孔：初生纹孔场、单纹孔、具缘纹孔
    - 胞间连丝
  - 细胞质
    - 胞基质
    - 细胞器：质体、线粒体、内质网、高尔基体、液泡、溶酶体、微体、核糖体
    - 细胞骨架：微管、微丝、中间纤维
  - 细胞核：核膜、核仁、核质
  - 后含物：淀粉、蛋白质、脂类、晶体、单宁、色素等

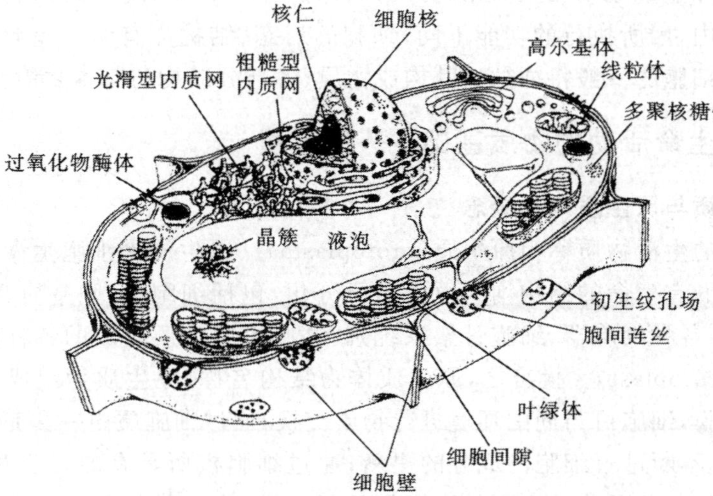

图 1-1　植物细胞结构图解

（引自 Raven）

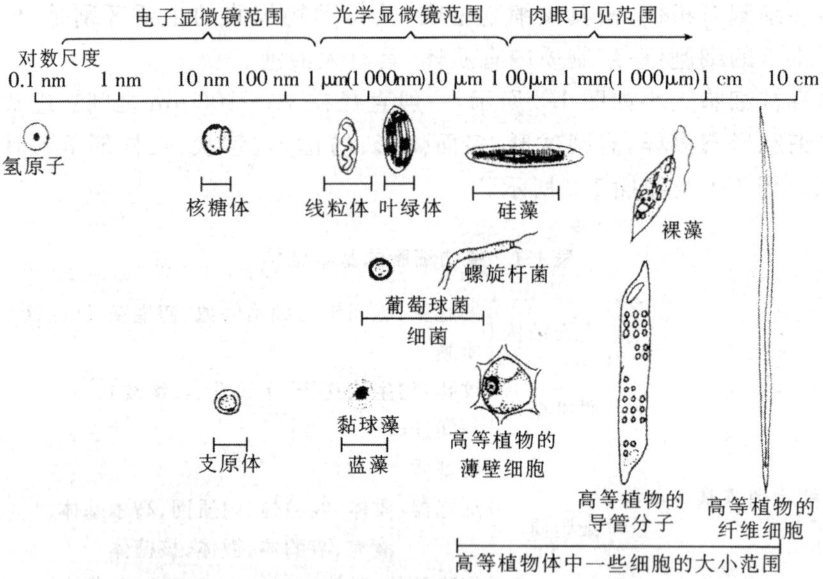

图 1-2 植物细胞和细胞器的大小与氢原子的比较

(引自 Ambrose E. J.,1970)

细胞是有高度组织性的整体,其不同结构和组分在执行功能时既有独立性,同时又通过分子和能量流动相互联系、协调,以保证各种生命现象有序进行。在同一多细胞有机体内,因所执行的功能不同,细胞的形态、结构亦有明显差异。以下就种子植物真核细胞的一般特征分述其构成物质、各部分结构与基本功能。

二、细胞生命活动的物质基础——原生质

(一)原生质与原生质体的概念

构成细胞的生活物质称为原生质(protoplasm)。原生质是细胞生命活动的物质基础。细胞的有生命的结构均为原生质所分化,包括细胞膜、胞基质、细胞核和各种微细结构(各种细胞器、细胞骨架系统)。这些由原生质组成的各种结构统称为原生质体(protoplast)。换言之,原生质体为结构名称,原生质为组成成分的名称。通过细胞膜,细胞可与周围环境进行物质交换;通过细胞质内一套完整的代谢结构及其活动,不断进行细胞内成分的更新;通过细胞核所具有的一套基因组,细胞可进行独立繁殖。因此,广义而言,细胞又可定义为:有膜包围的能进行不断更新和独立繁殖的一小团原生质。

原生质有极其复杂而不断变化的化学组成,其化学组成不仅因种类而异,而且在细胞的不同发育时期也不相同,但所有的原生质有相似的基本组分和特性。

(二)原生质的化学组成与物理性质

原生质的基本化学组成为无机化合物的水和无机盐,以及有机化合物蛋白质、核酸、脂类和糖类。有机物大分子形成直径 1～500 nm 的小颗粒,均匀分散在以水为主而溶有简单的糖、氨基酸、无机盐的液体中,成为具一定弹性与黏度、半透明的亲水胶体。其中大量的胶体颗粒形成巨大的表面,为原生质所进行的代谢活动创造了有利条件;胶体颗粒又能保持均匀分散与悬浮,保证了原生质结构的稳定与生理功能的正常进行。

(三)原生质的生理特性

活细胞是个动态体系,通过原生质组成的各种结构不断地进行各种新陈代谢活动,诸如吸收、分泌、细胞间信息传递、生长发育和繁殖等。

原生质通过分解代谢,分解大分子物质,释放所贮藏的能量;同时利用这种能量和从环境中吸取的必需物质,将一些小分子物质再合成所需的各种大分子。这两种复杂的生理、生化过程被分别称为异化(分解)作用和同化(合成)作用。这两个方面共同构成了原生质的新陈代谢,是整个有机体代谢的基础。

三、细胞表面结构——细胞壁与质膜

植物细胞以其表面结构——细胞壁和质膜与周围其他细胞或环境相互作用,如物质出入细胞、刺激的感受与反应、信息的传递、细胞间相互识别、某些代谢活动的调控、对原生质体的保护以及相互连结形成组织、器官等。

(一)细胞壁

细胞壁(cell wall)是具有一定弹性与硬度、包围于原生质体之外的复杂结构。具有细胞壁是植物与动物细胞最显著的区别之一。细胞壁能够保护原生质体,限制原生质体产生的膨压,使细胞维持一定形状,在很大程度上决定细胞的形态和功能。细胞壁还参与植物体吸收、分泌、蒸腾和细胞间运输等过程。它对器官也起一定的支持作用,尤其是组成机械组织的细胞壁。在细胞生长调控、细胞识别等重要生理活动中,细胞壁亦起一定作用。

1. *细胞壁的发生与分层*　细胞壁是原生质体生命活动中所形成的多种壁物质加在质膜外围而形成的(详见本章“细胞的繁殖”)。在细胞发育过程中,由于原生质体代谢活动不断改变,所形成的壁物质在组成种类、数量、比例以及物理性质上的差异,使细胞壁呈现在光学显微镜和电子显微镜下可见的分层现象:自外而内依次分为胞间层、初生壁和次生壁。但次生壁仅为某些细胞具有,厚的次生壁还可再分为三层(图 1-3)。

(1)胞间层(middle lamella)与细胞间隙(intercellular space):胞间层又称中层,

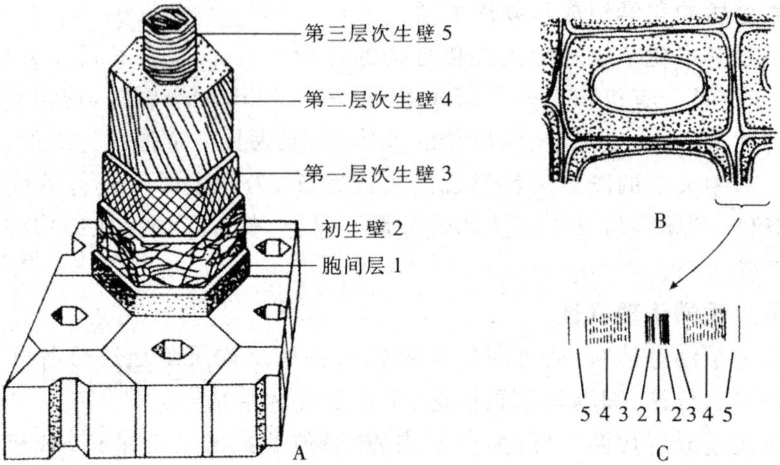

图 1-3 细胞壁的分层结构

A. 几个厚壁细胞立体图，中间一个的细胞壁被部分去除，以显示各层。各个壁层上的线条示微纤丝的排列方式 B. 细胞横剖面 C. 两个相邻细胞间部分壁，示各个壁层

（引自 Cutter，1978）

由无定形的胶体组成，其主要成分是果胶多糖（果胶质）。胞间层形成各个细胞间的黏接层。有些细胞在生长过程中出现大小、形状和位置不一的细胞间空隙，称为细胞间隙。有时小的细胞间隙中也充满果胶质（图 1-3B、图 1-11B）。

（2）初生壁（primary wall）：位于胞间层之内的壁层。分生组织和大多数生活的薄壁细胞外围只有初生壁与胞间层包被。初生壁一般较薄，有韧性，厚 1～3 μm。也有增厚的类型，如柿子胚乳细胞（图 1-11A），其初生壁成为贮藏养分的场所而变得很厚，当种子萌发时壁被消化，养分转移为幼苗营养。

（3）次生壁（secondary wall）：初生壁形成之后在其内方形成。其时细胞已停止或部分停止生长，形成的壁往往较厚，可以是在整个细胞壁上均匀加厚（如纤维），也可以是部分加厚（如导管），厚的次生壁又可分为外、中、内三层（图1-3）。

2. 细胞壁的化学组成与超微结构 化学组成包括纤维素、衬质、半纤维素和细胞壁蛋白等。

无论初生壁还是次生壁都以纤维素为构架。纤维素是 β-1，4 连接的葡聚糖（图 1-4）由若干葡萄糖残基连接为链状分子。30～100 个链状分子并列形成长条状微纤丝（microfibril），由若干微纤丝和其间的衬质组成较粗的大纤丝（macrofibril），大纤丝之间也充满衬质。衬质是填充于细胞壁构架内的无定形物质，由非纤维素的多糖（包括果胶质、半纤维素、胼胝质、黏液和树胶）、蛋白质和水等组成。图

1-5 表明了组成细胞壁的各成分之间形成三维网络式结构。

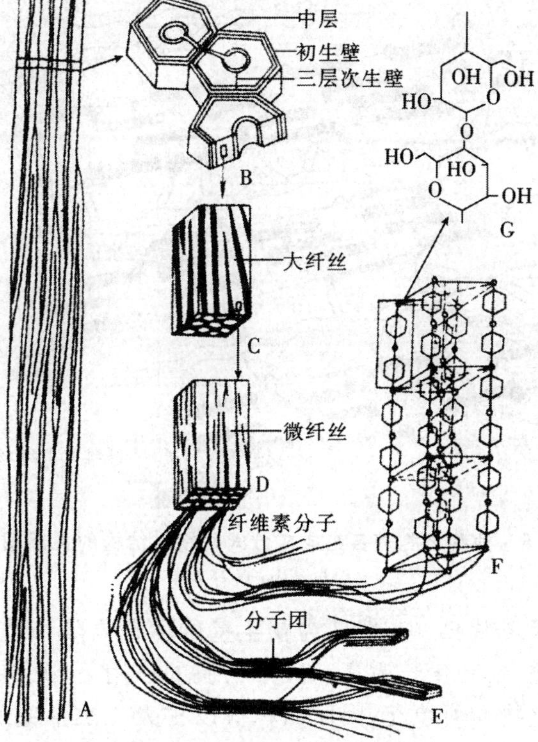

图 1-4 细胞壁的组成与超微结构

A. 纤维细胞束 B. 纤维细胞横剖面，示壁的大体分层 C. 次生壁的第二层部分放大，示大纤丝与衬质(涂黑部分) D. 大纤丝的一部分，示微纤丝与衬质 E、F. 示纤维素分子链聚集为微纤丝的状况 G. 纤维素分子的一部分

(引自 Esau K. ,1977)

半纤维素是一类不溶于水而溶于弱碱液的多糖多聚体，如木聚糖和葡聚糖(包括胼胝质，即 β-1,3 葡聚糖)等。含量和类型因不同植物、器官或细胞类型而异。

细胞壁蛋白：包括结构蛋白类、酶以及一些尚未确定其功能的蛋白质。壁内蛋白的存在说明壁亦能参与细胞的代谢，并非是无生命的结构。

初生壁与次生壁虽同样以纤维素为构架，但初生壁纤维素成分较少，微纤丝常作网状排列，厚度较薄，衬质比例高；而次生壁纤维素含量高，微纤丝定向排列，厚度大，衬质少。因而初生壁较柔韧，初期伸展性大；次生壁伸展性低而硬度和支持力增强。由于微纤丝在次生壁的三层中各以不同取向作规则的斜向排列，因而使次生壁显出层次(图 1-3A)。

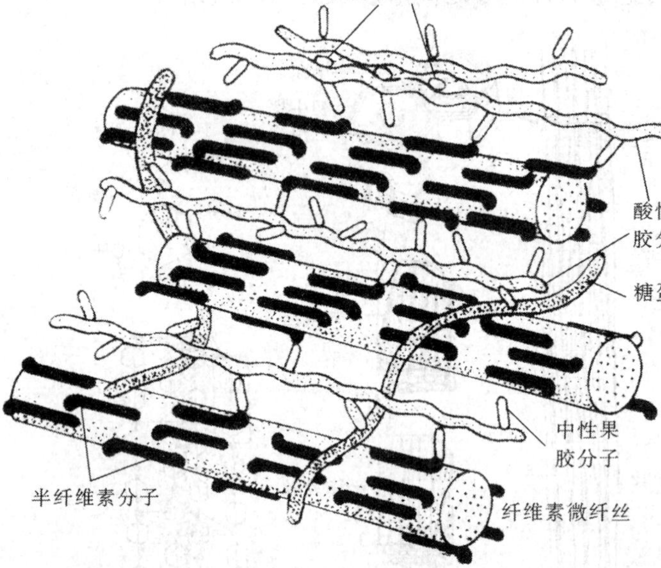

图 1-5 植物细胞壁各组成成分间网络式结构的关系图解

(引自 Alberts 等)

3. 细胞壁的生长与特化 一般认为初生壁的生长是随细胞生长而增加面积，以填充生长的方式进行：在生长激素和酸等物质的作用下，原有的微纤丝网扩张，出现的空隙为新的壁物质所填充，因而面积得以扩大。次生壁的形成常发生于细胞停止生长时，以附加生长的方式进行，朝向心方向增加壁的厚度。

细胞壁的特化指细胞生长分化过程中，由原生质体合成一些特殊物质渗入壁内或覆盖于壁外，从而改变壁的性质以适应一定功能。结合进细胞壁内的主要有木质和矿质；覆盖在外表的主要有角质、蜡质、木栓质和孢粉素等。

木化：指如纤维、导管、管胞的壁的构架中渗入木质素的过程。木质素是一种酚类化合物，可增加壁的硬度，增强细胞的支持力量，也是木材的主要成分。

栓化：一种脂肪酸——木栓质的渗入，可使壁的透水、透气性降低，增强保护作用。

角化：指在表皮接触空气的一面壁上形成覆于壁外的角质（亦为一种脂肪酸）膜，可减少植物体的水分损失，防止机械损伤、昆虫摄食和病菌侵染，也能调节曝晒下植物的体温。角质膜透明，不影响透光。

矿化：指矿物质如钙、硅等积累在细胞壁内，可增加组织结构的硬度与保护功能。禾本科、莎草科等植物茎、叶表皮细胞的外壁中常积累有二氧化硅而硅质化。

此外，花粉粒、孢子的外壁含有大量孢粉素(基本结构单位为类胡萝卜素的多聚体)，孢粉素的理化性质极为稳定，使花粉及孢子能长期保存。

(二)质膜

质膜(plasmalemma)有时又称细胞膜(cell membrane)，是与细胞壁相邻，包围于细胞质外的一层膜。广义而言，细胞膜包括细胞内的内膜系统(由内质网、高尔基体、微体、质体和液泡等的膜组成)和外膜(即质膜)。若泛指生物细胞的膜时，外膜与细胞内膜又统称为生物膜(biomembrane)。

生物膜是流动的脂类双分子层中镶嵌着球蛋白，按二维结构排列组成的(图1-6)。脂类双分子层是膜的"构架"，可像轻油般地流动。蛋白质分子有的镶在脂类双分子层表面或稍嵌入其中，称为外在蛋白，有的横跨整个脂类双分子层，称为内在蛋白。膜的内、外在蛋白质分布具不对称性，有的膜外表面还有糖脂、糖蛋白等，更增加了不对称性。脂类双分子层的脂类也是不对称的。电镜下膜的横剖面表现为两层暗带(膜蛋白质主要分布区)夹一层明带(脂类主要分布区)，这样的三层构造合称为单位膜(unit membrane)。单位膜厚度为 7～10 nm。在整个生活周期中，膜的结构处于不断代谢、更新中。

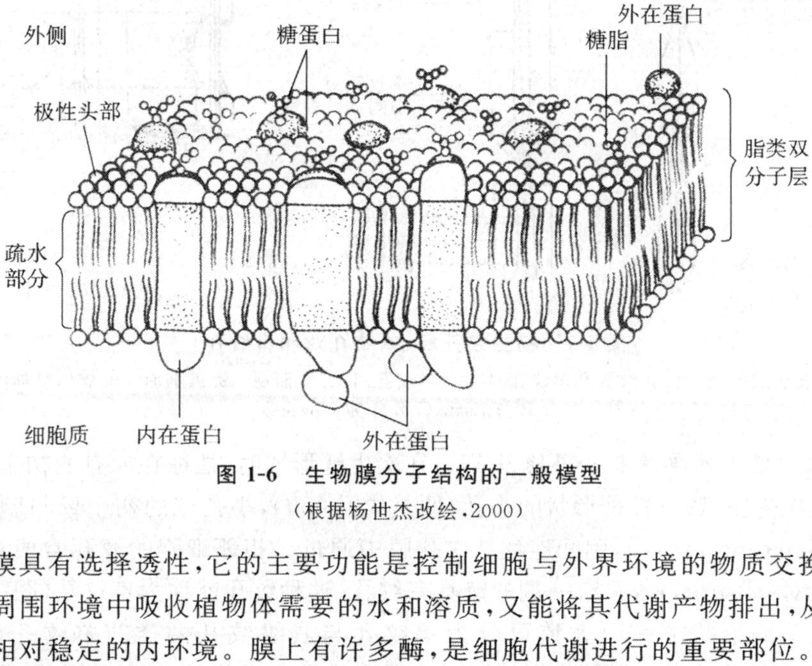

图 1-6 生物膜分子结构的一般模型

(根据杨世杰改绘，2000)

质膜具有选择透性，它的主要功能是控制细胞与外界环境的物质交换。质膜既能从周围环境中吸收植物体需要的水和溶质，又能将其代谢产物排出，从而使细胞具有相对稳定的内环境。膜上有许多酶，是细胞代谢进行的重要部位。例如膜上的球蛋白与多糖结合成糖蛋白，使细胞不致被周围的酶所消化。有些糖蛋白是抗原，具有高度的特异性，在一定条件下具有"识别"、"捕捉"和"释放"某些物质的能力，从而对物质的透过起主动的控制作用。另外，质膜还有接受和传递信息、抵御病菌感染及参与细胞识别(cell recognition)等重要的生理功能。

四、细胞间的联络结构——纹孔与胞间连丝

种子植物的植物体是由许多细胞组成的，细胞壁与质膜将各个细胞相对隔离，从而使细胞间的分工得以实现，并使各类细胞具有特定的、与功能相适应的形态。但植物体的细胞、组织、器官之间又是协调与合作的，细胞壁上的特殊构造——纹孔及通过纹孔的相邻细胞原生质体的联络构造——胞间连丝就是执行细胞联络，使之相互协调与分工合作的主要结构。

(一)纹孔

1. *初生壁上的初生纹孔场* 初生壁的厚度往往是不均匀的，多处有若干微纤丝疏松交织形成凹陷的区域，其内有许多胞间连丝穿过，每个凹陷区域便是一个初生纹孔场(primary pit field)(图 1-1、图 1-7A、图 1-10A)。

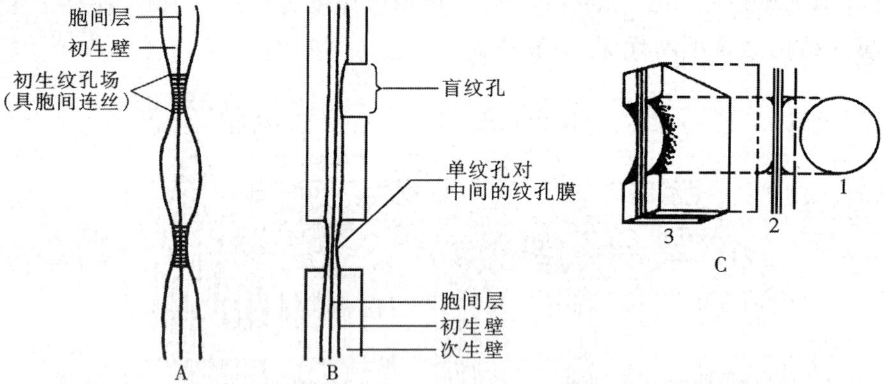

图 1-7 初生纹孔场、单纹孔对和盲纹孔

A. 初生纹孔场 B. 盲纹孔和单纹孔对 C. 单纹孔对：1. 顶面观 2. 纵剖面 3. 立体纵剖图
(A、B 仿 Esau，C 引自 Жуковский)

2. *次生壁上的单纹孔和具缘纹孔* 在次生壁形成时，往往在原有的初生纹孔场处不形成次生壁，留下各种形状的小孔，便是纹孔(pit)，小孔处的初生壁与胞间层合称纹孔膜(pit membrane)，胞间连丝从纹孔膜中通过。相邻细胞的纹孔常成对存在，称为纹孔对(pit pair)；若只有一侧的壁具有纹孔，这种纹孔就称为盲纹孔(图 1-7B)。

纹孔又因形状不一而大致可分为单纹孔与具缘纹孔两类。单纹孔(simple pit)如图 1-7B、C 所示，为次生壁上留下的圆形小孔。具缘纹孔(bordered pit)如图 1-8、图 1-9(被子植物的不具纹孔塞)所示。次生壁在纹孔膜内方向着细胞腔形成

圆形隆起，隆起的次生壁称为纹孔缘，纹孔缘顶部为一圆形或缝状小孔，称为纹孔口，纹孔缘围成的空腔称纹孔腔(pit cavity)。大多数裸子植物管胞上的具缘纹孔的纹孔膜中央，还有一圆形增厚部分，称纹孔塞(torus)，周围具有微纤丝组成的网状塞缘，如图1-8、图 1-9 所示。水通过塞缘空隙在管胞间流动，若水流过速，就会将纹孔塞推向一侧，如同阀门活塞一样暂时堵塞水流通道，使水流速因而减缓。

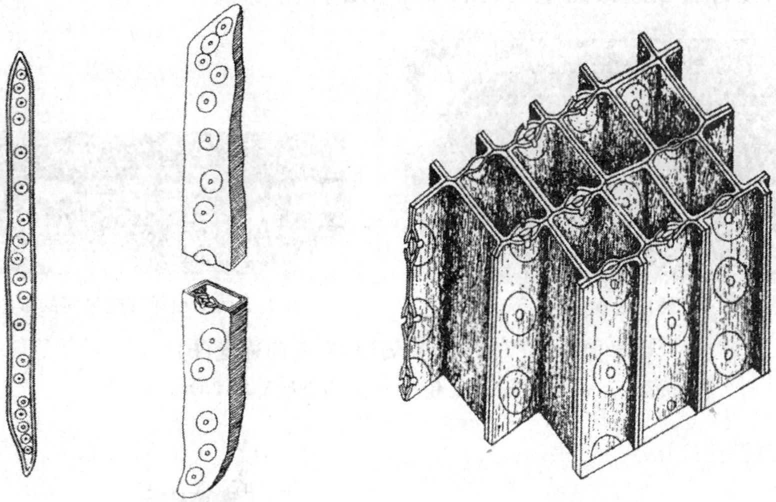

图 1-8　裸子植物孔纹管胞的表面观与切面观图解(示具缘纹孔)

1. 一个孔纹管胞的表面观　2. 一个孔纹管胞的表面观与切面观
3. 一群孔纹管胞的表面观与切面观
(引自刘穆，2001)

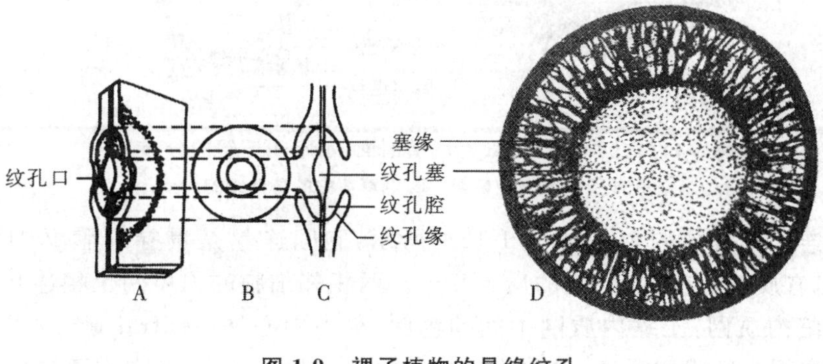

图 1-9　裸子植物的具缘纹孔

A. 具缘纹孔纵剖、立体图解　B. 顶面观　C. 纵剖面　D. 电镜下具纹孔塞的纹孔膜
(A、B、C 引自 Жуковский；D 引自 Bailey)

(二)胞间连丝

胞间连丝(plasmodesma)是穿过两个相邻生活细胞的胞间层和初生壁的细胞间通道。胞间连丝的存在使各细胞的原生质相互连结,并具有在胞间运输物质、传递电刺激和发育、分化等信息的功能,在植物体的个别部位和特定时期,胞间连丝还成为原生质、生物大分子,甚至细胞核从一个细胞进入另一细胞的通道。当感染病毒时,则成为病毒迁移的途径(图 1-10B、图 1-11)。

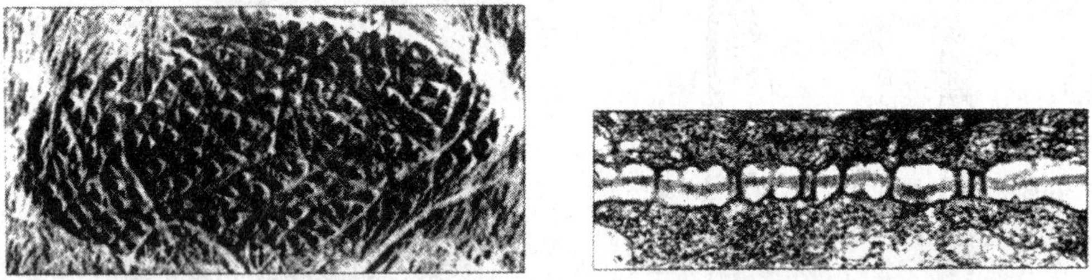

A.顶面观 B.上下两个相邻细胞之间的细胞壁切面

图 1-10 初生纹孔场(A)和胞间连丝(B)

(A 引自 Gunning 和 Steer;B 引自周云龙,2004)

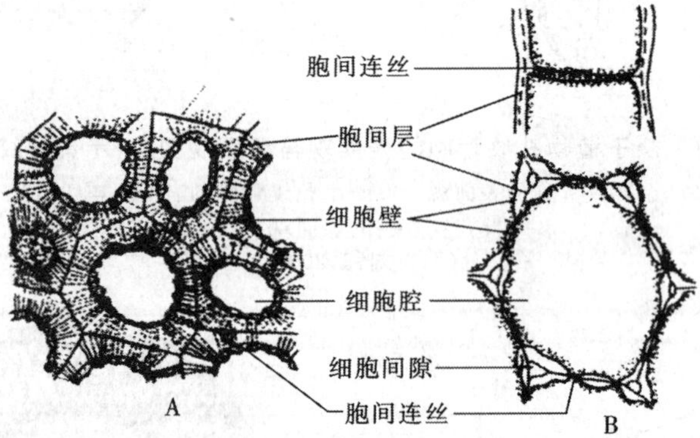

图 1-11 几种类型的细胞群横剖面(示胞间连丝的分布)

A. 柿子胚乳细胞横切 B. 烟草茎中的薄壁细胞

胞间连丝超微结构模型如图 1-12A 所示:胞间连丝是贯穿细胞壁的管状结构,周围衬有质膜,与两侧细胞的质膜相连。两相邻细胞的内质网也相连并贯穿其中成为压缩内质网,压缩内质网中间颜色深,称为中心柱(central rod),质膜与压缩内质网之间为细胞质通道,也称为中央腔(central cavity),是物质通过胞间连丝的主要通道。胞间连丝两端窄,形成颈区(neck region),具有调节胞间连丝通透性的功能。Ding 等(1992)采用冰冻取代法,并利用计算机分析作为辅助手段,研究了烟草胞间连丝的超微结构，提出了它们的模型（图 1-12B）。

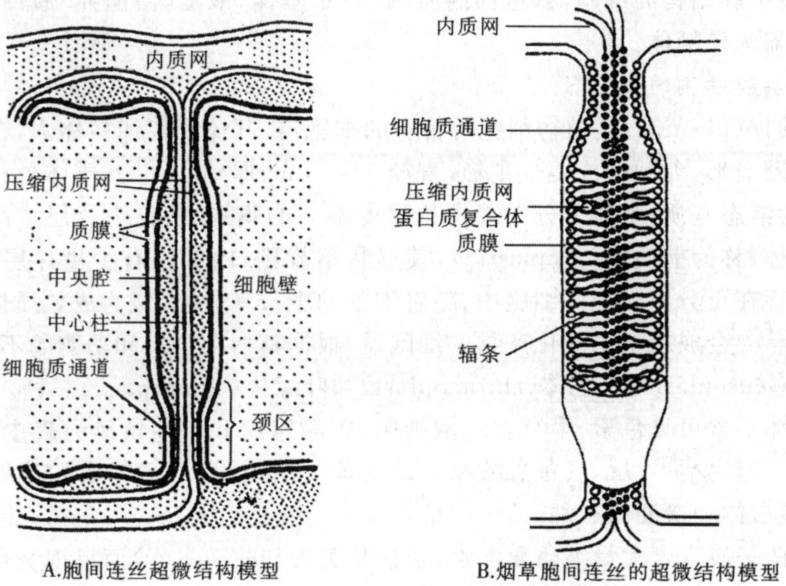

图 1-12　胞间连丝的超微结构模型

（A 据 Olesen 和 Robards，1990；B 据 Ding，1992）

五、细胞质——胞基质和分布其中的细胞器、细胞骨架

真核细胞质膜以内、细胞核以外的原生质称为细胞质（cytoplasm）。

（一）胞基质

细胞质中除细胞器以外的、较为均质的半透明的液态胶状物质称为胞基质（cytoplasmic matrix）。胞基质的主要成分有小分子，如水、无机离子 K^+、Na^+、Mg^{2+}、Ca^{2+}、Cl^- 等；还有脂类、糖类、氨基酸、核苷酸及其衍生物等中等分子；与糖酵解、氨基酸合成与分解有关的各种酶类以及蛋白质、RNA、多糖等大分子。胞基质是细胞生命活动不可缺少的部分，能为细胞器提供所需要的离子环境，供给细胞器行使功能所必须的物质。同时，胞基质本身还能进行某些生化反应。

胞基质在细胞内常作定向流动，称为胞质环流（cyclosis）。当其中只有一个大液泡时，基质沿细胞壁作同向流动；如有多个小液泡时，基质沿小液泡形成若干各具不同流向的小分流。胞质运动对细胞内和细胞间的物质交换与运输起作用，其速度和方向常因植物体生理状况和环境条件的变化而变动。

（二）细胞器

细胞质内具有一定形态、结构和功能的亚细胞结构称为细胞器（organelles）。

可根据细胞器的构造特点，将其分为三种类型：双层膜结构的细胞器，包括质体和线粒体；单层膜结构的细胞器，包括内质网、高尔基体、液泡、溶酶体、微体；非膜结构的细胞器为核糖体。

1. 双层膜结构的细胞器

(1)质体(plastid)：是植物细胞所特有的细胞器，其体积较线粒体大，在高等植物中常呈圆盘形、卵圆形或不规则形，直径 5～8 μm，厚约 1 μm。质体外被双层单位膜，内为液态基质，基质中分布着发达程度不一的膜系统，称为片层。尚未分化完善的质体，称为前质体(proplastid)，其形状不规则，内部仅有少量片层和基质。前质体常存在于分生组织的细胞中，随着细胞的生长和分化，成为成熟质体。成熟的质体是一类合成或积累同化产物的细胞器，根据其所含色素和功能的不同，可分为白色体(leucoplast)、有色体(chromoplast)和叶绿体(chloroplast)三种。

白色体不含可见色素，多存在幼嫩细胞、贮藏组织和一些植物的表皮中，内部结构简单，只具少量片层，具备贮藏物质的功能，并根据所贮藏物质的不同分为造粉体、造蛋白体和造油体三种。

有色体基质内含大量类胡萝卜素(包括叶黄素和胡萝卜素)而呈现黄色或橙黄色，内部片层常变形或解体。有时色素成为结晶，破坏质体膜而分散于细胞质中。这类质体常存在于花瓣、果实或一些植物的根(如胡萝卜)中，是这些器官颜色的来源。

叶绿体主要存在于植物绿色部分的薄壁细胞中，所含数量因细胞而异，每个细胞从十多个至数百个不等。叶绿体含有叶绿素、叶黄素和胡萝卜素。这些色素都分布在内部片层上。其中叶绿素是主要的光合色素，它能直接吸收和利用光能，其他为光合作用的辅助色素，可将吸收的光能转给叶绿素，而且它们的吸收光谱与叶绿素不同，这就使植物可以利用各种不同波长的光来进行光合作用，特别是在弱光下，辅助色素就更显重要。

叶绿体的超微结构如图 1-13 及彩插 1-5 所示。除与其他质体同样具内、外膜与基质外，内部是电子密度较低的基质，在基质中含有水溶性酶类、核糖体、DNA、同化淀粉粒等，其间悬浮着复杂的膜系统。膜系统沿叶绿体纵轴平行排列，其基本组成单位叫类囊体(thylakoid)，是由膜所围成的扁圆形或片层状的囊。其中一些扁圆形类囊体有规律的重叠在一起，称为基粒(granum)，形成基粒的类囊体也称基粒类囊体或基粒片层；连接相邻两个基粒之间的呈分枝网管状或片层状类囊体称为基质类囊体或基质片层，其内腔与基粒的类囊体腔是相通的。进行光合作用的色素和电子传递系统都位于类囊体膜上。叶绿体中还常含有淀粉粒。

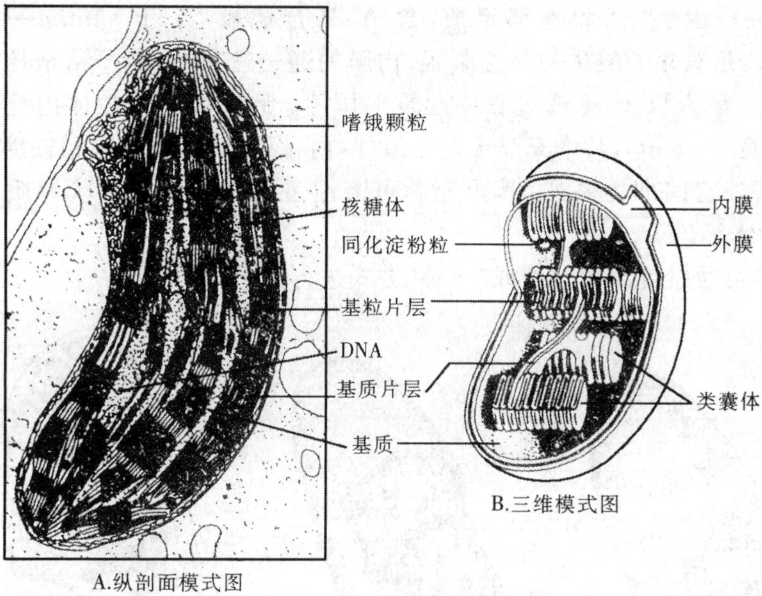

图 1-13　电镜下叶绿体的纵剖面及三维模式图

（引自 Shumway 和 Wolfe，1982）

上述几种质体在一定条件下可以相互转化，关系如下：

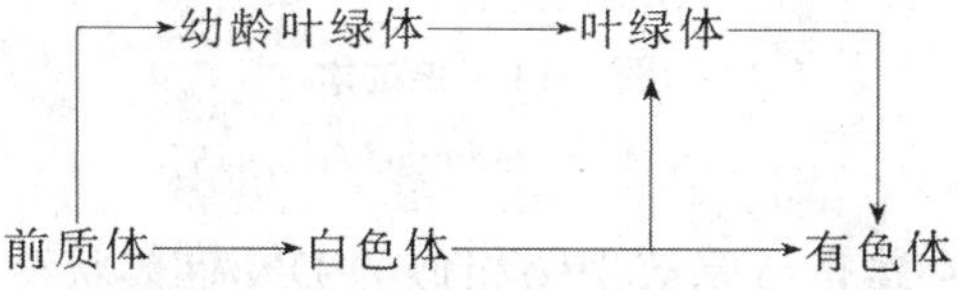

前质体和幼期叶绿体可以通过分裂而增殖。

（2）线粒体（mitochondrion）：线粒体是进行呼吸作用的主要细胞器。细胞内的糖、脂肪、氨基酸等物质的最终氧化都在线粒体中进行，并释放能量，供细胞代谢所需，故有细胞“动力工厂”之称。

线粒体多呈球状、杆状或分枝状。一般较质体小，直径为 0.5～1.0 μm，长 2～3 μm。一个细胞中线粒体的数量、形状、大小等可随细胞种类而变化，如单细胞的鞭毛藻只有一个线粒体，而玉米根冠的一个细胞内可有 100～300 个线粒体。

线粒体的超微结构如图 1-14 及彩插 1-3 所示，是由双层膜围成的囊状结构，由外膜、内膜、膜间隙和基质组成。外膜包围在线粒体外围，平整、光滑，内膜的一些部分向内折叠成管状或板状的嵴（cristae），使内膜面积增加。嵴有不同的形状和排列方式，植物细胞多为管状嵴。嵴表面有许多圆球形颗粒，称为基粒（elementary particle)，由头、柄和基部组成，含 ATP 合成酶(ATP synthase，又称 F_0-F_1 ATP 酶)，是氧化磷酸化的关键装置；内膜的通透性很低，能严格地控制分子和离子的通过，在 ATP 的生成过程中起重要作用。膜间隙是线粒体内外膜之间封闭的空隙，宽 6～8 nm，其中充满无定形液体，内含可溶性酶、底物和辅助因子。内膜之内的嵴外空间即为基质，其内充满可溶性蛋白质性质的胶状物质，内含酶、DNA、核糖体等。

线粒体可通过自身的分裂或“出芽”方式进行繁殖。

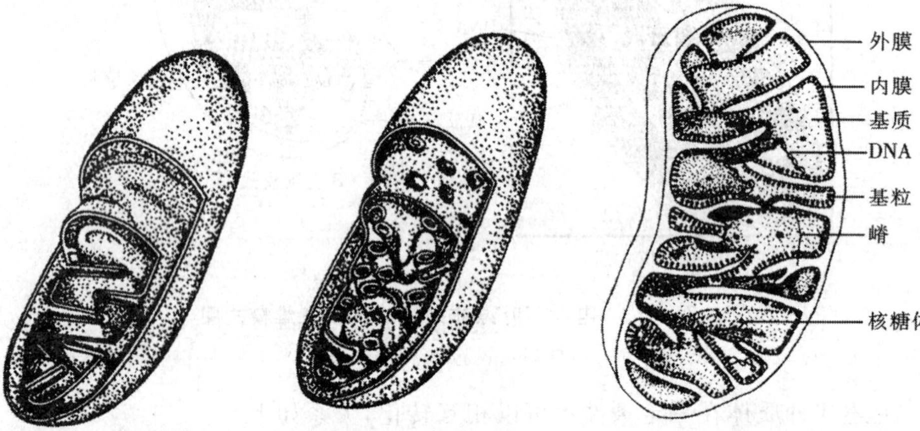

A.具板状嵴的动物线粒体　B.具管状嵴的植物线粒体　C.植物线粒体剖面

图 1-14　线粒体

(引自 Gorden E. 和 Bernstein J. ,1970)

叶绿体和线粒体都具有与原核生物相似的 DNA(环状分子，不与蛋白质结合)以及较细胞质核糖体小的核糖体(70 S)，分裂繁殖前能进行 DNA 复制，并能合成自己的蛋白质。因而这两种细胞器除受细胞核的基因控制外均具一定程度的遗传自主性。据此发展了内共生说：叶绿体是真核生物“捕获”并与之共生的原核生物蓝藻，线粒体是被“捕获”、共生的细菌逐渐演变而来。

2. 单层膜结构的细胞器

(1)内质网(endoplasmic reticulum，ER)：内质网是由单层膜包围而成的扁平的囊(亦称槽或池)与管状物，在胞基质内形成立体网状结构。膜形成的扁囊和小管中充满基质。内质网有两类，一类在膜表面附有大量核糖体，称为粗糙型内质网(rough ER，rER)，与蛋白质的合成、加工和转移有关；另一类无核糖体附着的称光滑型内质网(smooth ER，sER)(图 1-15)，主要合成糖类和脂类，两者在一定部位相互连接，并与核膜的外膜、高尔基体有结构上的联系(图 1-16)。内质网是常处于变化之中的结构，其形状、数量、类型、组成成分以及在细胞内的分布位置，因细胞类型、发育时期和生理状况而相应地变化。

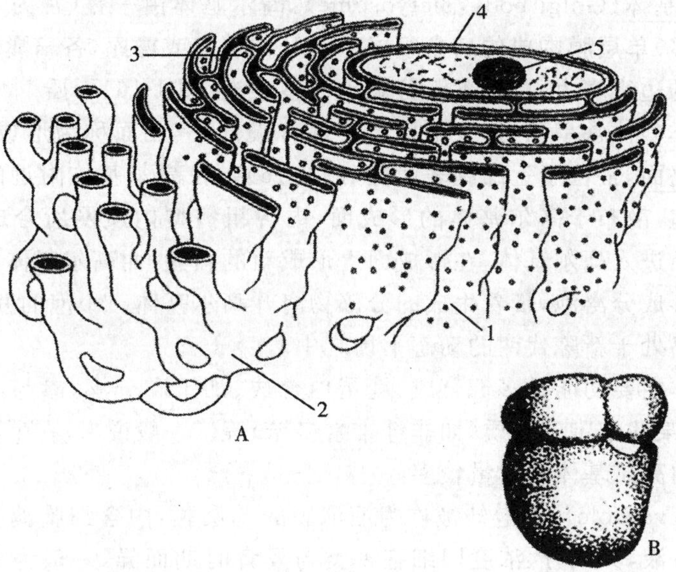

图 1-15　内质网与核糖体图解

A. 内质网的表面观与切面观，示构造：1. 粗糙型内质网　2. 光滑型内质网　3. 核糖体　4. 细胞核　5. 核仁　B. 核糖体的立体图，示核糖体由两个大小不同的亚单位结合构成

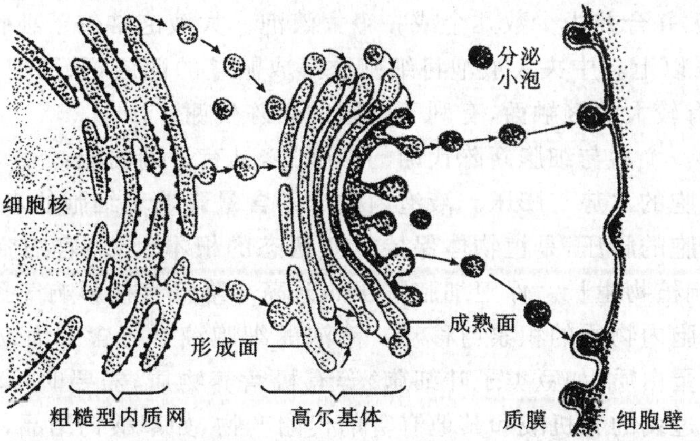

图 1-16　细胞内膜系统图解（示核膜、内质网、高尔基体和质膜的相互关系）

内质网具有合成、包装与运输一些代谢产物等多方面的功能。合成的物质可先运至光滑内质网，再形成小泡，运至高尔基体，再分泌至需要的部位；合成的物质是许多细胞器的来源，如高尔基体、液泡等都可能是由内质网特化或分离出的小泡

形成；此外，在细胞极有限的空间内，内质网形成的网状膜系统分隔形成了巨大的细胞内表面，使有关的各种代谢活动能分别在特定的环境条件下进行。

(2)高尔基体(Golgi body，dictyosome)：高尔基体由一叠(常为5～8个，低等植物可以更多)单层膜围成的扁囊组成。囊又称潴泡或槽库，各扁囊间有很窄的空隙。各扁囊的边缘膨大，可以不断分离出许多小泡(图1-16、彩插1-4)。

高尔基体整体常呈弧形，在结构上表现有极性，其凸面称为形成面，凹面称为成熟面或分泌面，常位于近细胞表面处(图1-16)。在高尔基体附近的内质网不断形成一些小泡，散布于高尔基体的形成面，内含粗糙型内质网所合成的蛋白质成分。小泡不断进入高尔基体，在形成面上形成新的扁囊；而高尔基体的分泌面不断由囊缘膨大形成分泌泡，带着生成的分泌物离开高尔基体。小泡的并入与分离，使高尔基体始终处于新陈代谢的动态平衡之中。

高尔基体主要功能是多糖合成，糖蛋白合成、加工和分泌，参与溶酶体与液泡的形成，合成某些细胞壁物质(如非纤维素多糖)等。一般说来，在生长和分泌活动旺盛的细胞内高尔基体的数量较多。

(3)液泡(vacuole)：液泡外被称为液泡膜的单层膜，内含细胞液。细胞液为成分复杂的水溶液，其成分、浓度因细胞种类与发育时期而异，一般为溶于水中的无机盐、糖类、脂类、蛋白质、酶、单宁、有机酸、植物碱、花色素苷等。

植物细胞内液泡的数量、大小、形态及成分均有差异。如顶端分生组织细胞的液泡小而数量较多，随着细胞的长大与分化，细胞的某些代谢产物和水分继续进入，使液泡增大并合并为少数几个或一个大液泡。大液泡常位于细胞中央，可占细胞体积的90%以上。中央大液泡将细胞质挤成贴壁的薄层，从而使其与环境间的距离缩短，并有较大的接触面，有利于细胞的新陈代谢。

液泡也是一个参与细胞新陈代谢的细胞器，具有下列功能：

①调节细胞的水势与膨压。液泡内水分的含量影响着细胞的水势和膨压。液泡充水维持细胞的膨压，是植物体保持挺立状态的根本因素；若细胞失水，植物就发生萎蔫，影响植物生长。保卫细胞膨压的升高与降低直接影响气孔的开闭。

②参与细胞内物质的积累与移动。液泡的细胞液中可含有大量糖(如甜菜贮藏根的细胞)、蛋白质(如豆类子叶细胞)等有机营养物质，需要时可转移出去。液泡中还可贮藏过剩的有机酸和其他有害的代谢产物，如草酸钙结晶，使其与细胞代谢区隔离，从而保证代谢活动正常进行。

③参加大分子物质更新中的降解活动。这是因为液泡内常含有如水解酶等多种酶。

④液泡与植物抗性有关，因为液泡形成的内环境可以缓冲外界条件的突然

变化。

液泡的发生可能有多种途径：可来自高尔基体囊泡、内质网的潴泡，或细胞质中的前液泡。

(4)溶酶体(lysosome)：是由单层膜围成的内含多种水解酶的囊泡状结构，直径 0.2～0.8 μm，含有活性范围非常广泛的各种水解酶类，以酸性磷酸酶为特有的酶。植物细胞中还有其他含有水解酶的细胞器，如圆球体、糊粉粒和液泡，都具有溶酶体性质。

溶酶体可将细胞内吞进来的或细胞内储存的大分子物质分解消化，供细胞利用；消化分解细胞内衰变、崩解的一些细胞器如线粒体、内质网或其他细胞的部分；在植物发育进程中，有一些细胞会逐步正常地死亡，这是在基因控制下，溶酶体膜破裂，释放出内部的水解酶，引起细胞自身溶解死亡，以利于个体发育，称为自溶作用(autolysis)，属于细胞程序性死亡(详见本节"十")。

(5)微体(microbody)：为直径 0.5～1.5 μm 的球体，外被单层膜。植物细胞中有两种普遍存在的微体，分别称为过氧化物酶体和乙醛酸循环体。

过氧化物酶体含有多种氧化酶，普遍存在于高等植物的绿色细胞中，位置常在叶绿体和线粒体附近，与光呼吸密切有关(图 1-17)。

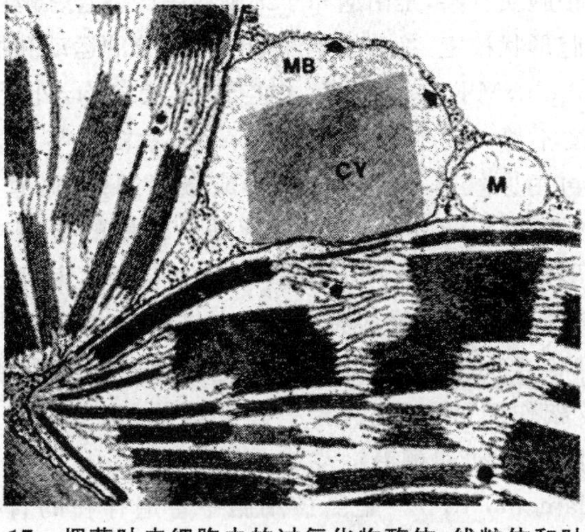

图 1-17 烟草叶肉细胞中的过氧化物酶体、线粒体和叶绿体

(三者协同完成光呼吸作用)

MB. 过氧化物酶体 CY. 晶体 G. 叶绿体基粒 M. 线粒体

(引自 Gunning 和 Steer，1980)

乙醛酸循环体与脂肪代谢关系密切，常存在于含油量高的种子的子叶或胚乳细胞中，能将脂肪分解成糖。

3. 非膜结构的细胞器

核糖体(ribosome):又称核蛋白体、核糖核蛋白体。是一种颗粒状无膜包被的细胞器,直径 15~25 nm,由大、小两个亚单位组成,含约 60%的 rRNA(核糖体 RNA)和 40%的蛋白质(图 1-15B)。

核糖体是合成蛋白质的主要场所。在进行蛋白质合成时,来自细胞质中的 mRNA(信使 RNA)带来核的指令,并以 mRNA 的长链将数个核糖体串在一起形成念珠状的复合体,称为多聚核糖体(polyribosome)。多聚核糖体游离于胞基质中或结合于内质网上,由 tRNA(转运 RNA)将胞基质中的氨基酸运至核糖体,在那里按 mRNA 模板将氨基酸合成各种蛋白质。

核糖体 RNA(rRNA)由核仁染色质 DNA 转录,大、小亚基在细胞核内分别装配,再运至细胞质内结合成核糖体。核糖体有两种类型:70 S 和 80 S(S 为沉降系数)。70 S 核糖体广泛存在于各类原核细胞中,以及叶绿体、线粒体的基质中。真核细胞细胞质内的核糖体均为 80 S。

(三)细胞骨架

细胞骨架(cytoskeleton)是指真核细胞中普遍存在的蛋白质纤维网架系统。广义的细胞骨架包括细胞核骨架、细胞质骨架、细胞膜骨架和细胞外基质,而这里所指的是狭义的细胞骨架即细胞质骨架,是由遍布于细胞质中的微管、微丝、中间纤维等组成,细胞骨架具有维持细胞形状稳定,参与细胞及细胞内组分的运动和物质运输等功能。

1. 微管(microtubule,MT) 为细长、中空的管状结构,外径约 25 nm,中间空腔直径约 15 nm,长度不等,有的可长达数微米。微管由 α 与 β 微管蛋白异二聚体头尾相连形成原丝,再由原丝通过侧向结合形成微管的壁,微管一般由 13 根原丝组成(图 1-18A、B,彩插1-7),此外,尚有一些起辅助作用的蛋白存在。细胞内的微管始终处于聚合、解聚的动态变化之中,微管的动态特性是其完成各种生理活动所必需的。细胞内微管的动态变化受多种因素的影响及许多蛋白的调节。

细胞内微管呈网状或束状分布,并能与其他蛋白共同装配成纺锤体、鞭毛等,微管可在细胞中起支架作用,使细胞保持一定的形状;参与细胞分裂、细胞壁的形成和生长;微管也与胞质运动和鞭毛运动有关。

2. 微丝(microfilament,MF) 是真核细胞中普遍存在的直径约 7 nm 的丝状结构,由分子质量约 42 ku 的球状蛋白质——单体肌动蛋白(actin)聚合而成,普遍的观点认为微丝的结构是由两股肌动蛋白丝相互盘绕形成的双螺旋结构,如图 1-18C及彩插 1-6 所示。与微管一样,细胞中的微丝也处于不断的聚合、解聚动态过程之中,并且细胞中微丝是有规律的排列和分布的,这些变化和分布受细胞中多因子调控。细胞中微丝的动态变化及其排列、分布方式是完成其生理功能的前提。

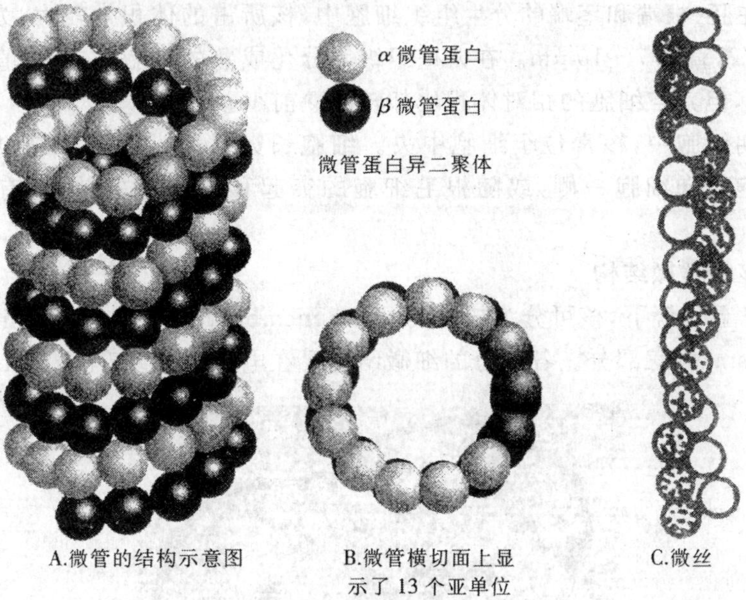

图 1-18　微管与微丝的分子结构模型

微丝在细胞中参与维持细胞形状、细胞质流动、染色体移动、叶绿体运动，还参与物质运输以及与膜有关的一些重要生命活动如内吞作用和外排作用，此外微丝与胞质分裂、植物细胞顶端生长有关。

许多研究表明：在细胞形态建成过程中，微丝主要调节细胞的生长扩大，微管主要调节细胞的生长方向，细胞的正常生长发育需要微管、微丝的协调配合。

3. 中间纤维(intermediate filament，IF)　又名中间丝或居间纤维。中间纤维是直径 10 nm 左右、柔韧性很强的中空管状蛋白质丝。目前对中间纤维的功能认识尚不充分，已知的有：加固细胞骨架，与微管、微丝一起维持细胞形态和参加胞内运输，并可固定细胞核的位置。

六、细胞核

细胞核(nucleus)是细胞遗传与代谢的控制中心。原核生物与真核生物的主要区别就在于后者有核被膜，把细胞质和核质分开。这是生物进化过程中的一个重大进步。本节所介绍的均为细胞间期核的特征。

(一)核的形态及其在细胞内的分布

核的形状一般为近球形，亦有具多裂瓣(一些植物花粉中的营养细胞)，甚至哑铃形(玉米保卫细胞)等多种形状。生活的细胞一般具有一个核，少数也有两个或多个的。在胚、根端和茎端的分生组织细胞中，核所占的体积常较大，为整个细胞的 1/3～1/2，直径 7～10 μm。在薄壁组织等分化成熟的细胞内，核的直径一般为 35～50 μm，但其与细胞的相对体积比却较成熟前小。

在幼期细胞中，核常位于细胞中央。细胞长大时，核随部分细胞质被合并、增大的液泡挤向细胞一侧，或随根毛细胞的突起移向根毛的前端，有的则仍居中央。

(二)核的超微结构

在光学显微镜下，核可分为核膜(nuclear membrane)、核仁(nucleolus)和核质(nucleoplasm)等三部分。各部分的细微结构要在电镜下才能看到(图 1-19)。

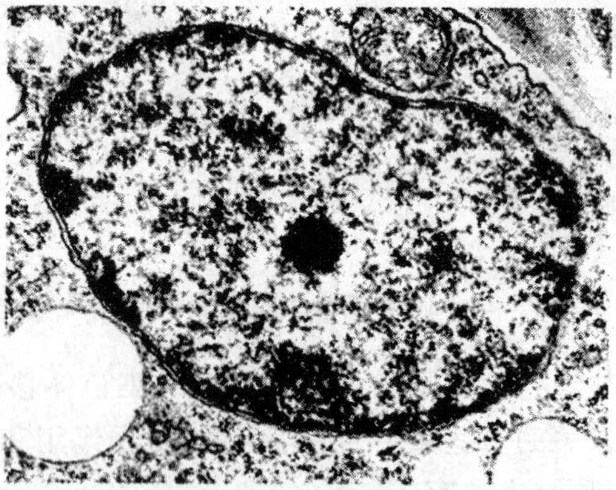

图 1-19　麝香兰(*Muscari*)伴胞的细胞核

(外有双层膜围绕，中央圆球形小体是核仁，周围黑色的是异染色质(电镜下))

(引自 Brain E. S. Gunning)

1. 核膜　亦称核被膜，由内、外两层膜组成，外膜表面有大量核糖体附着，且常与粗糙内质网相连。内膜和染色质紧密联系。两层膜之间有 20～40 nm 的间隙，与内质网腔连通。核被膜上有排列规则的核孔(图 1-20)，它具有复杂的结构，是沟通核质与细胞质的通道，核孔既能将复制、转录、染色体构建等所需的组蛋白、DNA 聚合酶、RNA 聚合酶等运输到核内，又能把翻译所需的 RNA、核糖体亚单位等从核内运到细胞质。核孔有效通道的直径是可以调节的，大分子通过时核孔变为细长形，消耗 ATP。这个运输过程是一个具有高度选择性的分子识别过程。

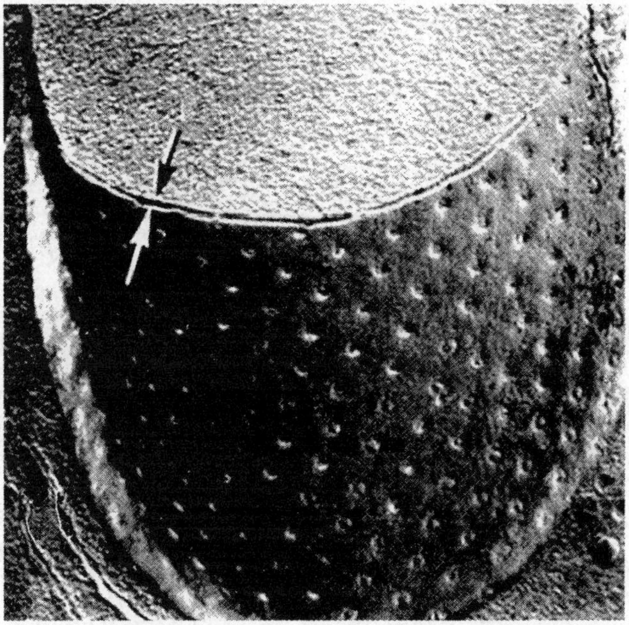

图 1-20 利用冰冻断裂术制备的卷柏(*Selaginella*)细胞核
(示核孔,两个箭头指示核被膜(电镜下))
(引自 Drs. B 和 W. Thair 等,1971)

2. 核仁　核仁是折光性很强的匀质球体,主要由 RNA 蛋白质组成,一般细胞核中有 1 或 2 个,也有多个的。电镜下核仁可区分出三个区域:一个或几个染色浅的低电子密度区域,称为纤维中心;包围纤维中心的电子密度最高的部分是致密纤维组分,是活跃进行 rRNA 合成的区域;颗粒组分是由电子密度较高的核糖核蛋白组成的颗粒,这些颗粒代表着不同成熟阶段核糖体亚单位的前体。核仁是 rRNA 合成加工和装配核糖体亚单位的重要场所。

3. 核质　为核仁以外、核膜以内的部分。经碱性染料染色后,可分为着色的部分——染色质和不着色的部分——核液。核液是充满核内空隙的无定形基质,还发现其中布满细丝构成的网络(核骨架),染色质和核仁悬浮其中。

染色质中较致密(解螺旋不彻底)、染色较深的部分为异染色质,染色较浅者为常染色质(图 1-19)。染色质(chromatin)是指间期细胞核内由 DNA、组蛋白、非组蛋白及少量 RNA 组成的线性复合结构,是间期细胞遗传物质存在的形式。染色质是由许多称为核小体的基本单位组成的串珠状结构(图 1-21)。每个核小体中心有 8 个组蛋白分子,DNA 双螺旋盘缠其表面,各核小体之间以 DNA 双螺旋和一个组蛋白分子相连接。当细胞由间期进入有丝分裂或减数分裂过程时,染色质丝将进一步缠绕、聚缩而成棒状结构,即为染色体(chomosome)。

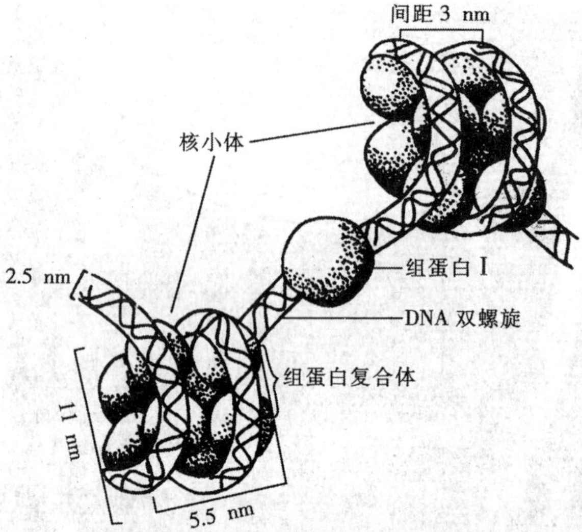

图 1-21　一条伸展的染色质丝的一部分（示其核小体的结构）
（引自 Goodwin 和 Mercer，1983）

（三）核的功能

核是细胞遗传与代谢的控制中心，主要功能为：贮存 DNA 及其上的基因，并在具分裂能力的细胞中进行复制；在核仁中形成细胞质的核糖体亚单位；控制植物体的遗传性状，通过指导和控制蛋白质的合成而调节控制细胞的发育。

七、后含物

植物细胞内贮藏的营养物质、代谢废物和植物次生物质，统称为后含物（ergastic substance）。后含物的种类很多，主要有淀粉、蛋白质、脂类、无机晶体和多种植物次生物质。

1. 淀粉（starch）　淀粉是植物细胞中最普遍的贮藏物质，通常呈颗粒状，称淀粉粒。在淀粉粒中常可见到脐，它是积累淀粉的起点，并有围绕脐的同心层次称为轮纹。

淀粉粒可分为单粒、复粒和半复粒三种类型。单粒淀粉只有 1 个脐和围绕脐的轮纹；复粒淀粉有 2 个以上的脐，每个脐各有轮纹围绕；半复粒淀粉是在复粒淀粉的外围还有共同的轮纹围绕。淀粉遇碘呈蓝到紫色。不同植物的淀粉粒的大小、形状和脐点位置各有不同，可作为商品检验、生药鉴定的依据（图 1-22）。

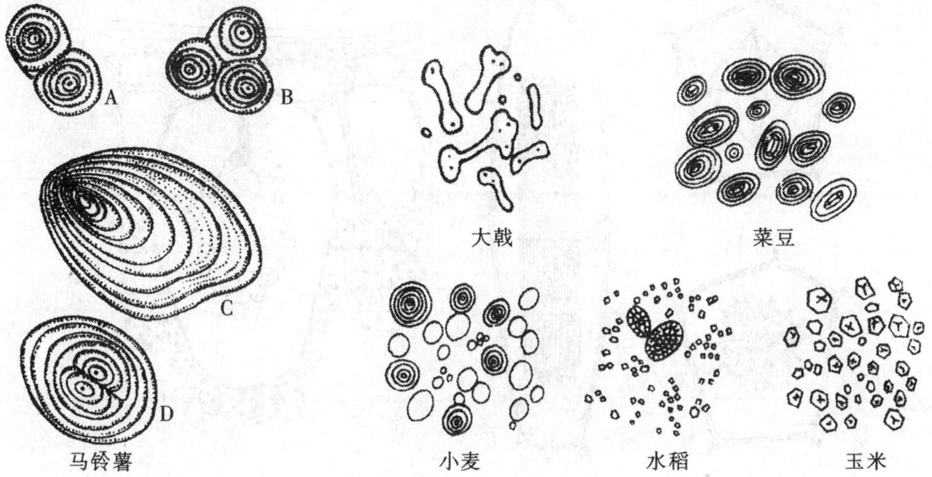

图 1-22　不同类型的淀粉粒

A、B. 复粒　C. 单粒　D. 半复粒

2. 蛋白质(protein)　有些植物细胞含有贮藏蛋白质，它们无活性、较稳定，常以无定形或结晶状态存在于造蛋白体内，或存在于小液泡中形成小颗粒，即为糊粉粒(aleurone grain)。若内含无定形蛋白质，为简单糊粉粒。还有一类结构较复杂的，如蓖麻胚乳细胞中的糊粉粒，除含无定形蛋白外，还含有蛋白质拟晶体和由蛋白质与磷酸钙镁构成的球状体。糊粉粒常集中在一层细胞内，如小麦、玉米、水稻胚乳最外层细胞，该层细胞称为糊粉层(图1-23)。糊粉粒内还含有水解酶，因而有人将其划入溶酶体。

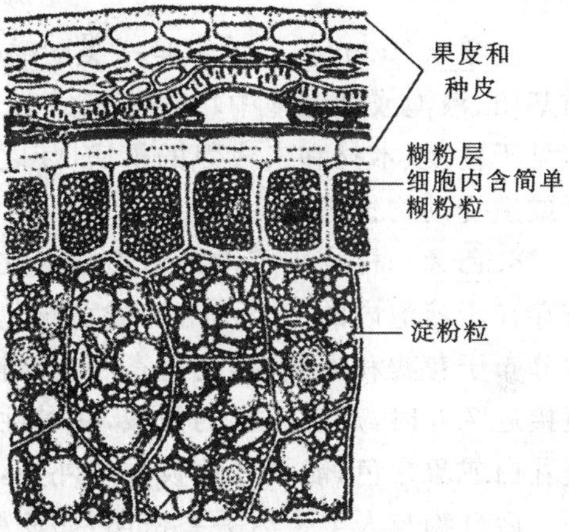

图 1-23　小麦籽粒横切面

(示糊粉粒与糊粉层)

3. 脂类　常温下贮藏的脂类呈固态的为脂肪(fat)，普遍存在于胚、胚乳、子叶、花粉及一些贮藏器官中。呈液态的为油(oil)。脂类呈小滴、小球状散布于细胞质基质内或造油体中。

4. 晶体(crystal)　一些植物细胞的液泡内可见到各种形状的晶体(图1-24)。草酸钙结晶是最常见的类型，杨、梨等植物中有碳酸钙结晶，禾本科等植物中有二氧化硅结晶。这些晶体大多为原生质代谢过程中产生的废物，随老叶、树皮脱落而被清除。

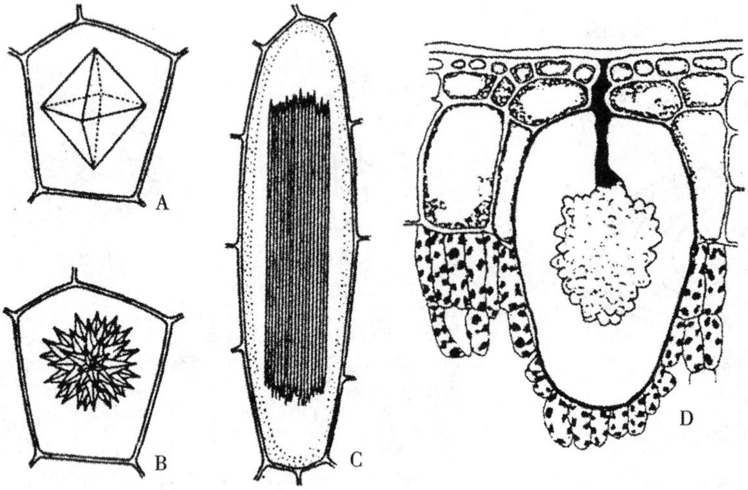

图 1-24 常见的几种晶体

A. 菱形 B. 晶簇，由许多个三棱形的晶体聚集而成 C. 针形结晶体 D. 印度橡胶树叶表皮细胞中的钟乳体

（引自刘穆，2001）

5. 单宁(tannin) 单宁是一类酚类化合物的衍生物。在许多植物细胞的细胞质基质、液泡或细胞壁中均有分布。在光学显微镜下是一些黄、红或棕色粒状物，多见于树皮、木材和未成熟的果实(使之具涩味)中。单宁可保护植物免于脱水、腐烂或遭受动物伤害。

6. 色素 植物细胞内的色素除存在于质体内的叶绿素和类胡萝卜素等外，还有存在于液泡内的一类水溶性类黄酮色素(花色素苷和黄酮或黄酮醇)。这类色素常分布于花瓣和果实内，花色素苷在酸性溶液中呈现橙红到淡紫色；当溶液的 pH 值接近 7.0 时，产生无色的假碱，在碱性的溶液中呈现蓝色。黄酮和黄酮醇使花瓣呈乳白或象牙色，能强烈地吸收紫外光，使传粉的昆虫易于发现。

后含物与人类生活关系密切：如淀粉和蛋白质是植物性食物的主要营养成分，食用与医药、工业用油是从种子中榨取的，单宁是制革工业中重要的化学原料等等。

八、细胞的繁殖——细胞周期和有丝分裂、无丝分裂及减数分裂

植物的生长、发育、传代和性状的遗传、变异、进化，都需通过细胞分裂来实现，因而细胞繁殖是生命活动中极为重要的环节。

细胞周期(cell cycle)即是指持续分裂的细胞从第一次分裂结束到下一次分裂完成所经历的整个过程。细胞周期划分为分裂间期(interphase)(包括 G_1、S、G_2

三期）和分裂期（M期）。

植物细胞周期一般在十几至几十小时之内完成。细胞内DNA含量和生长条件会影响所经历时间的长短。细胞周期中以S期最长，M期最短。

从细胞增殖的角度看，细胞有三种状态：周期细胞、G_0期细胞和终端分化细胞。周期细胞就是在细胞周期中运转的细胞，如分生组织细胞。G_0期细胞为暂时脱离细胞周期的细胞，它们可在适当刺激下重新进入细胞周期，进行增殖，如双子叶植物根中某些可恢复分裂能力的中柱鞘细胞。终端分化细胞是指那些不可逆地脱离细胞周期，丧失分裂能力，保持生理机能的细胞，如韧皮部的筛管分子。细胞处于何种状态受有关基因及外界环境条件的调控。

（一）细胞分裂间期各期的主要特点

分裂间期是从前一次分裂结束到下一次分裂开始的一段时间。间期细胞核结构完整，细胞中进行着一系列复杂的生理代谢活动，特别是进行DNA复制，为细胞分裂作准备。间期可划分为G_1、S、G_2三期。

1. G_1期　又称DNA合成前期。代谢活跃，细胞体积增大，RNA、蛋白质和酶的合成旺盛，一些蛋白质的磷酸化也活跃地进行，为S期DNA合成和分离作好准备；膜系统和细胞器也进行合成和复制。

2. S期　又称DNA合成期。主要是遗传物质，即DNA的复制和组蛋白、非组蛋白的合成，至S期终了时，已具备初具形态的染色体。

3. G_2期　又名DNA合成后期或有丝分裂准备期。G_2期相对较短，主要合成纺锤丝微管蛋白和RNA等，贮备染色体移动所需能量。此期末两条染色单体已形成。

（二）细胞分裂期（M期）的主要特点和分裂方式

在种子植物中有有丝分裂、无丝分裂和减数分裂三种分裂方式。分裂期一般包括两个过程，即核分裂和细胞质分裂。细胞质分裂时，在两个子核间形成新细胞壁而成为两个子细胞。在多数情况下，核分裂和胞质分裂在时间上是紧接着的，但有时核进行多次分裂，而不发生细胞质分裂，结果形成多核细胞；或者在核分裂若干次后再进行细胞质分裂，最终形成若干个单核细胞。

1. 有丝分裂　高等真核生物的核分裂主要以有丝分裂（mitosis）方式进行。分裂的细胞通过G_1、S、G_2各时期后，细胞中已复制的DNA以染色体的形式通过有丝分裂精确地平均分配到两个子细胞中，保证了携带遗传信息的染色体一代一代以相同数目和内涵传递下去，从而维持了遗传的稳定性。

有丝分裂是一连续过程，为了认识和研究的方便，一般将其分为前期、中期、后期和末期4个时期，如图1-25所示。

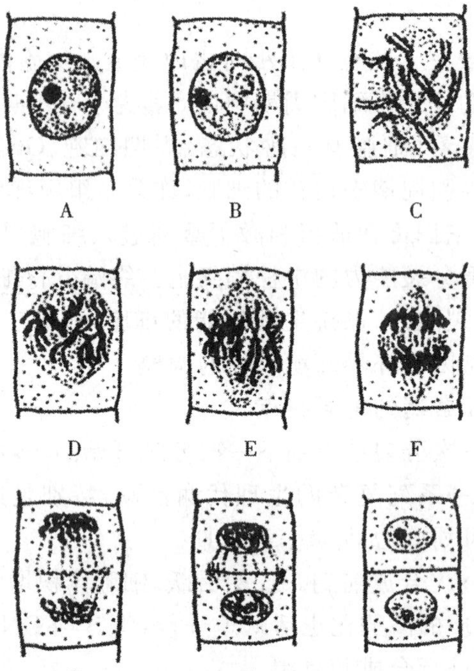

图 1-25 有丝分裂图解

A. 分裂间期 B～D. 前期 E. 中期 F. 后期 G～H. 末期(赤道面处的虚线表示成膜体) I. 经胞质分裂,形成两个子细胞

(1)前期:形态上主要表现为染色质凝集形成染色体,纺锤丝开始形成和分裂极的确定,以及核仁解体、核膜消失。

染色质凝集是由原有的核内染色质经四级螺旋化而加粗、缩短的过程(图 1-26)。由于 DNA 和组蛋白已在间期复制完成,前期的每个染色体是由两条染色单体构成,之间为共同的着丝点所连接(图 1-26)。分裂极位于细胞两极,是纺锤体(在中期最后形成)的端点,分裂极的位置决定细胞分裂的方向。在前期后半段时发生核仁的解体,其中部分物质转移到染色体上,随之分配到子核中,再参加子细胞的核仁形成;核膜的解体是前期结束的标志。

(2)中期:染色体排列到细胞中央的赤道面(或称赤道板)上,纺锤体形成。

散布在整个核区的染色体受两极纺锤丝的作用而向赤道面移动,有规律地在该处排列,如图 1-25 所示。纺锤丝是由微管组成的直径约 20 nm、长数微米的中空圆筒状结构。纺锤丝主要有两类:一类是从分裂极发出并连接在染色体着丝点上的,称为染色体牵丝(chromosomal fiber)或动粒微管(kinetochore microtubule);

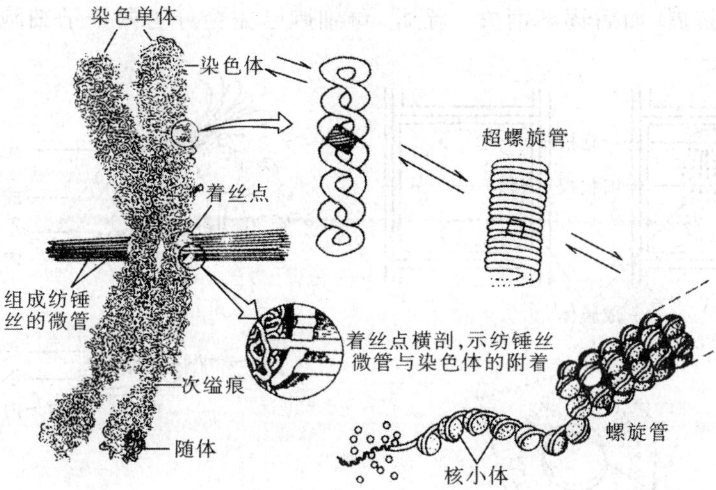

图 1-26　由染色质形成染色体的四级螺旋结构的过程

（仿滨名康荣，1978；Wolef，1983）

另一类是从一极到另一极而不与染色体相连的，称为连续纺锤丝（continuous fiber）或极间微管（polar microtubule）。这时两种纺锤丝都已形成，整体排列如纺锤形而被称为纺锤体（spindle）。

（3）后期：主要变化是在纺锤体的作用下，各个染色体的两条染色单体从着丝点处分为两个子染色体，分别由赤道面向两极移动。

（4）末期：当两组子染色体分别到达两极后，便是末期的开始，此时期主要是新的子核形成以及随新壁建成而进行的胞质分裂。

子细胞的细胞核形成：染色体经解螺旋作用，又处于疏松扩展状态而成为染色质，核仁重新出现。膜物质的碎片重新联合组成新的核膜，形成两个子细胞核。

新壁的建成和胞质分裂：两个子细胞的核建成同时，在原细胞赤道面处形成新的质膜和细胞壁，把母细胞的细胞质一分为二，称为胞质分裂（图 1-25I）。

当两组子染色体分别接近两极时（晚后期或早末期），两极的纺锤丝消失，而连续纺锤丝的中间部分保留，在子核间的赤道面密集膨大成扁桶状结构，称为成膜体（phragmoplast）（图 1-25G、H 和图 1-27）。在成膜体形成的同时，由高尔基体及内质网分离出来的小泡汇集到赤道面上与成膜体的微管融合为细胞板（cell plate）（图1-27）。小泡间有内质网穿过，将来形成胞间连丝；小泡内的果胶质形成新壁的胞间层；小泡的膜融合为两侧的质膜；胞间层两侧又不断添加壁物质而成初生壁。

上述过程是从赤道面的中央开始的。最初细胞板如悬浮两子核间的圆盘状构造，渐作离心式扩展，直至与母细胞侧壁接触。成膜体在此过程中先随细胞板的延伸而向四周扩展，而后逐渐消失。至此，母细胞已完全分为两个子细胞。

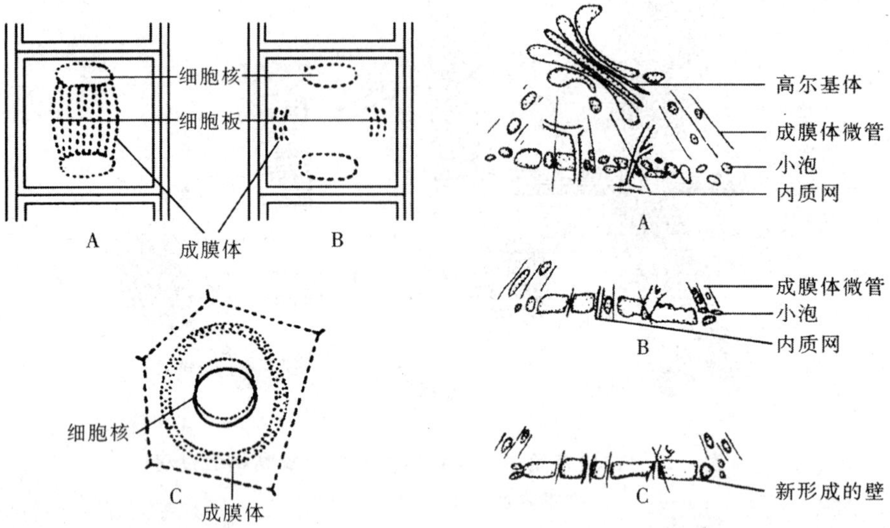

图 1-27 有丝分裂末期细胞壁形成过程图解

左：成膜体与细胞板 A、B. 侧面观 C. 顶面观 右：细胞壁形成过程（A～C）

（引自高信曾，1987）

2. *无丝分裂* 无丝分裂(amitosis)也称直接分裂，是一种简单、快速的细胞分裂方式，分裂过程中不出现纺锤丝和染色体。这种分裂亦始于核的分裂，有横缢、出芽、碎裂等不同方式。无丝分裂常见于低等植物，在高等植物中有时也可见到，例如在甘薯的块根、马铃薯的块茎、小麦的居间分生组织、棉花的胚乳以及一些离体培养的愈伤组织中等。无丝分裂不能保证遗传物质平均地分配到两个子细胞，故遗传上不稳定。

3. *减数分裂* 减数分裂（meiosis）是植物进行有性生殖时的一种特殊分裂方式，将在第九章有关章节中讲述。

九、细胞的生长、分化与细胞的全能性

（一）细胞生长

一般而言，细胞生长只是本身体积的增大，重量的增加，这种量的增长常受多方面的限制。细胞分裂后产生的子细胞开始只有母细胞的一半大小，必须生长至母细胞的大小时，才能进行下一次的分裂；另一些子细胞不再进行分裂，体积可增长几倍、几十倍或更多。细胞的生长一种是与周围细胞同步生长，称为协调生长；另一种是在周围细胞停止生长后，该细胞的某些部分还继续增长，致使这些继续生

长的部分插入其他已停止生长的细胞之间，称为插入（侵入）生长，如纤维细胞的两端便是。

（二）细胞分化（cell differentiation）

是指在个体发育过程中，细胞在形态、结构和功能上发生改变的过程。多细胞有机体由执行不同功能、各具有与之相适应的形态结构的细胞群组成。这些细胞最初皆来自合子，经分裂和生长所形成的细胞最初均彼此相似，除部分经生长仍保持分裂能力外，绝大多数细胞差不多在生长的同时便开始了分化，形成上述不同的细胞群。植物体内某些生活的成熟细胞，在一定条件下，可恢复分裂机能，重新具有分生组织细胞的特性，这个过程称为脱分化（dedifferentiation）。脱分化后往往随之发生再分化（redifferentiation），沿着另一个发展方向，分化为不同的组织。

（三）细胞的全能性

植物体的全部组成细胞都是由合子的分裂产生的，它们具有与合子相同的染色体或整套的遗传信息。因而每个具核的活细胞应与合子一样，具备发育成整个植株的潜在能力，即细胞的全能性（totipotency）。细胞的这种全能性现已为原生质体培养，细胞、组织培养所证实，并已成为一些作物、花卉等的快速繁殖手段应用于生产，称为微型繁殖或试管苗。

细胞通过分裂、生长和分化，最后成为具稳定形态结构并执行相应功能的成熟细胞。在此过程中有的基本结构从无到有地产生，如次生壁、胞间隙、叶绿体等；有的部分发生数量或大小的改变，如液泡、细胞核；有的则经历从有到无的变化，如核，甚至整个原生质体的消失，成为只剩下细胞壁的死细胞，如导管、管胞成熟并执行输水功能时就是处于无生命状态，这是植物体特有的现象。

十、细胞的衰老与死亡

多细胞生物个体发育过程中，在经常进行着细胞分裂、生长和分化的同时，也不断地发生着细胞的衰老与有选择地死亡。如根系生长发育过程中表皮和根毛细胞的枯萎、死亡，根冠边缘细胞的死亡和脱落，管状分子分化成熟时成为只留下细胞壁的死亡细胞，花药发育过程中绒毡层细胞的瓦解、死亡，大孢子形成过程中多余大孢子细胞的退化死亡，胚胎发育过程中胚柄的消失，种子萌发时糊粉层的退化消失，叶片、花瓣细胞的衰老死亡等（图 1-28）。

衰老可以在细胞、组织、器官乃至植物整体水平上发生，是在自然死亡之前的一系列恶化过程。衰老时在生理生化上发生许多变化，如光合色素逐渐丧失、蛋白质水解、光合和呼吸作用下降等。

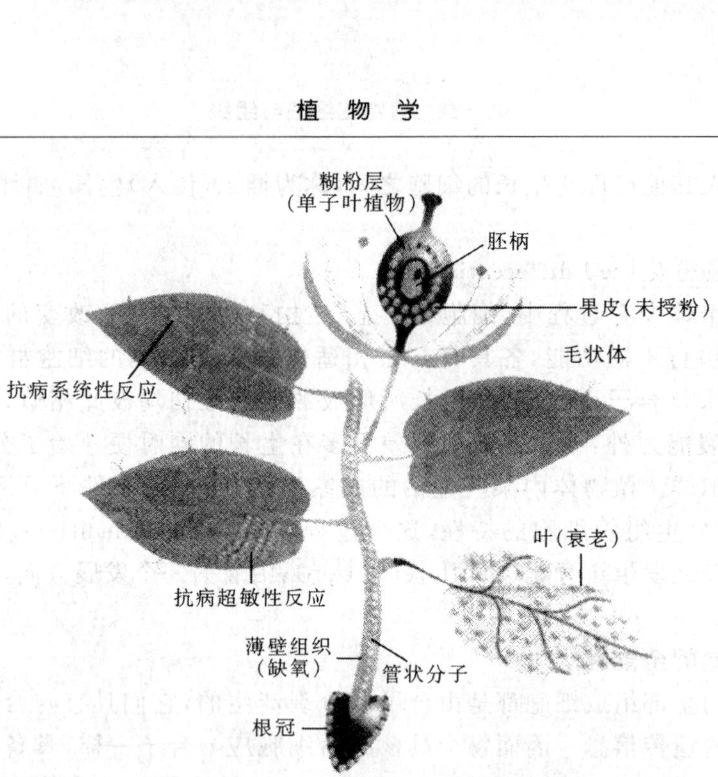

图 1-28 维管植物体内细胞编程性死亡发生的可能部位

(引自杨世杰,2000)

细胞死亡有两种不同的形式,一种是坏死性死亡(necrosis),它是由于某些外界因素,如物理、化学损伤和生物侵袭造成的非正常死亡;另一种是细胞程序性死亡或细胞编程性死亡(programmed cell death,PCD),又称细胞凋亡(apoptosis)。细胞程序性死亡是一个主动的由基因程序性活动决定的自动结束生命的过程,是正常的生理性死亡(图 1-28)。

细胞死亡程序启动后,其结构发生一系列变化,如核皱缩变形、裂解成膜围绕的碎片,核 DNA 分解成片断;细胞质浓缩,细胞骨架解体、内质网膨胀;等等。整个过程中,细胞质和细胞器的自溶作用表现强烈,最后导致整个细胞消亡或只留下细胞壁。

细胞程序性死亡是有机体自我调节的主动自然死亡过程。它可主动地清除多余的与机体不相适应的、已经完成功能而又不再需要的以及有潜在危险的细胞,以与有丝分裂相反的方式共同调节细胞群体的相对平衡,从另一方面保证了有机体的正常发育和生物的世代延续。它与细胞分裂、生长和分化一样是各具特征的细胞学事件,是长期演化过程中进化的结果。

第二节 植物组织——细胞经生长、分化所形成的各种类型的细胞群

一、组织的概念与类型

组织(tissue)是由形态结构相似、功能相同的一种或数种类型细胞组成的结构和功能单位。从系统发育上看,植物组织是植物体复杂化、完善化的产物。在个体发育中,组织的形成是植物体内细胞分裂、生长、分化的结果。种子植物体中包含多种组织,它们各司其能,又有机地组合,共同完成植物的生理活动。植物组织对于整个植物体有其从属性,但从细胞全能性来看,细胞、组织或器官又有相对独立性。在一定的条件下,一个生活细胞、一块活的组织或某一器官的一部分都有发育成植株的可能。

根据组织的发育程度、生理功能和形态结构的不同,可将组织分类如下:

分生组织 —— 细胞分裂、生长、分化 ——→ 成熟组织

- 分生组织
  - 原分生组织 —— 顶端分生组织
  - 初生分生组织 —— 顶端分生组织、居间分生组织
  - 次生分生组织 —— 侧生分生组织
- 成熟组织
  - 营养组织:同化组织、贮藏组织、吸收组织、通气组织、传递细胞
  - 保护结构:表皮、周皮与皮孔、树皮
  - 机械组织:厚角组织、厚壁组织(石细胞、纤维)
  - 输导组织:导管、管胞、筛管与伴胞
  - 分泌结构:外分泌结构、内分泌结构

二、分生组织

在植物胚胎发育的早期阶段,所有胚性细胞均能进行细胞分裂。随着胚进一步生长发育,细胞分裂渐限于植物体的某些特定部分,并保持在成熟植物体中。这些特定部分的组织具有持续性或周期性进行细胞分裂的能力,称为分生组织(meristem)。

分生组织细胞代谢活跃,有旺盛的分裂能力;细胞排列紧密,细胞壁较薄,富含线粒体、高尔基体和核蛋白体,质体为前质体。分生组织的活动直接关系到植物体的生长和发育,在植物个体成长中起重要作用。

(一)根据分生组织的来源和性质划分

1. 原分生组织(promeristem) 来源于胚性原始细胞。细胞较小,近于等径,细胞核相对较大,细胞质丰富,无明显液泡,有强烈、持久的分裂能力,位于根尖、茎尖的先端,是产生其他组织的最初来源。

2. 初生分生组织(primary meristem) 是由原分生组织衍生而来。紧接于原分生组织后端,一方面继续分裂,一方面开始初步分化,液泡显现,细胞体积扩大,

逐步分化为原表皮、原形成层和基本分生组织，进一步再向成熟组织过渡。

3. 次生分生组织(secondary meristem) 是由某些成熟组织经过脱分化，重新恢复细胞分裂能力形成。细胞扁长形或近于等径，明显液泡化，一般位于器官的侧方。束间形成层和木栓形成层是典型的次生分生组织。经次生分生组织的活动产生次生结构。

(二)根据在植物体内的分布位置不同划分

1. 顶端分生组织(apical meristem) 位于根、茎及各级分枝的顶端，包括原分生组织和其衍生的初生分生组织(图 1-29A)。

2. 侧生分生组织(lateral meristem) 主要分布于裸子植物和双子叶植物的根、茎周侧，与所在器官的长轴成平行排列，包括维管形成层和木栓形成层，属于次生分生组织(图1-29A)。

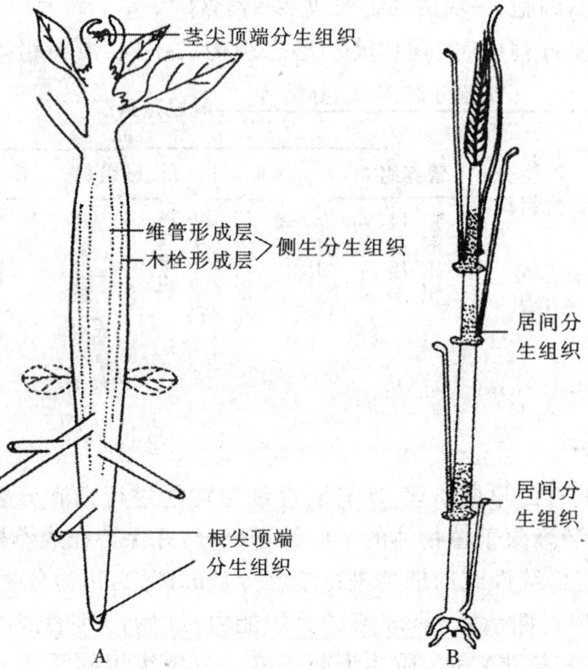

图 1-29 分生组织在植物体内的分布示意图

A. 顶端分生组织和侧生分生组织的分布 B. 居间分生组织的分布

(A 引自徐汉卿；B 引自 Esau)

3. 居间分生组织(intercalary meristem) 间插在多少已分化成熟的组织区域之间，通常是指由顶端分生组织衍生而遗留在某些器官的局部区域中的初生分生组织(图 1-29B)。在玉米、小麦等单子叶植物中，居间分生组织分布在节间的基部，当它们进行旺盛的细胞分裂时可使植株快速增高；韭菜的叶子基部也有居间分生组织，割去叶子的上部后，叶子还能进行生长。

三、营养组织（薄壁组织）

营养组织（regetative tissue）在植物体中分布广泛，所占比例最大，担负与植物营养活动有关的主要生理功能。这类组织的细胞含有细胞核和质体、线粒体等多种细胞器，液泡发达，细胞排列疏松，胞间隙明显，大多数具较薄的初生壁，故又称为薄壁组织（parenchyma）。

营养组织分化程度低，有潜在的分生能力和较大的可塑性，其中一部分可经脱分化转变为分生组织，或进一步特化为其他组织，因此，能使创伤修复，扦插、嫁接成活以及植物组织培养获得再生植株等。营养组织可细分为同化组织、贮藏组织、吸收组织、通气组织和传递细胞5种，如图1-30和图1-31所示。

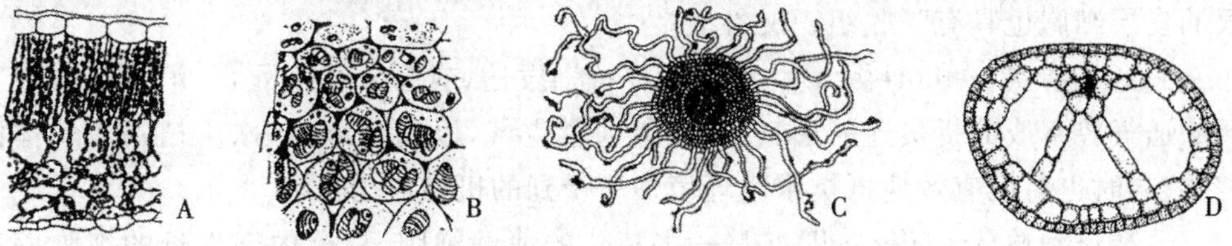

图1-30　几种营养组织

A. 糖槭叶片中的同化组织（细胞中具叶绿体）　B. 马铃薯块茎中的贮藏组织（细胞中含1至数种后含物）　C. 根表层的吸收组织（具根毛）　D. 金鱼藻叶中的通气组织（细胞间隙发达，或形成通气道、通气腔）（A引自Hanson改绘；B引自Fahn；C引自Frank；D引自Troll）

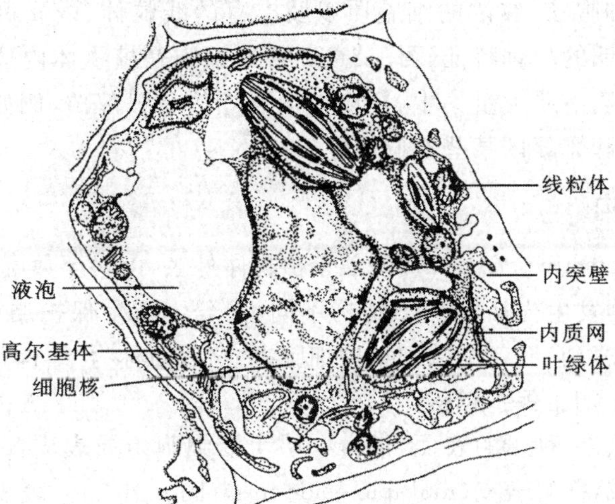

图1-31　菜豆茎初生木质部中的一个传递细胞

（仿Esau）

1. 同化组织(assimilating tissue) 细胞中含有许多叶绿体,能行光合作用。它们多分布于植物体中易受光的部位,如叶片中的叶肉,幼茎和幼果近表层的皮层部分。

2. 贮藏组织(storage tissue) 细胞一般较大而近等径,细胞内积贮大量后含物,如蛋白质、脂肪、油滴、淀粉或单宁、橡胶、草酸钙结晶等物质。许多植物根、茎的皮层、髓,果实的果肉以及种子的子叶、胚乳中常有发达的贮藏组织。

贮藏组织有时特化为贮水组织。旱生多汁植物,如仙人掌、芦荟以及盐生肉质植物,如猪毛菜等,其体内除了绿色同化组织外,还存在一些缺乏叶绿体而充满水分的薄壁细胞,它们形成了贮水组织(aqueous tissue)。有些植物的这类组织中还兼含黏液,增加了细胞的吸水和保水能力,使植物能适应于干旱环境下生长。

3. 吸收组织(absorptive tissue) 根毛区的表皮细胞向外突出形成许多根毛,是从土壤中吸收水分和营养物质的主要吸收组织,并将吸入的物质转送到输导组织中。根的皮层细胞也具有吸收组织的性能。

4. 通气组织(aerenchyma) 细胞间隙特别发达,或部分细胞死亡、消失形成较宽阔的通气腔室或曲折贯连的通气道,含蓄大量空气,以满足湿生、水生植物对气体的需要;同时也可以有效地抵抗水生环境中所受到的机械应力。

5. 传递细胞(transfer cell) 是一些特化的薄壁细胞,具有内突生长的细胞壁和发达的胞间连丝,适应于短途运输物质。这种内突生长的细胞壁是由未特化的次生壁向内突出生长而成,常成为乳突状、指状、丝状或弯曲分枝,细胞质膜紧贴这种内突生长物,形成壁-膜器结构,使细胞的吸收、分泌和物质交换的面积大大增加。传递细胞具有较大的细胞核、较浓的细胞质以及丰富的线粒体、内质网、高尔基体、核糖体,显示出代谢活跃的生理特征(图 1-31)。传递细胞是植物体内适应短途运输物质的有效形式,存在于溶质大量集中、短途转运强烈的有关部位,例如小叶脉,茎节、子叶节、花序轴节部和雌蕊内某些部位等。

四、保护结构

保护结构(protective structure)覆盖于植物体外表,由一至数层细胞所组成,主要起保护作用。根据发生先后和形态结构不同,又分为初生保护结构——表皮,次生保护结构——周皮。它们各由数种类型细胞组成,因而称为“结构”。

(一)表皮——初生保护结构

根、茎、叶、花、果、种子的表面,常由一层生活细胞组成表皮(epidermis);少数植物由数层细胞组成,称复表皮(multiple epidermis)(图 6-16A)。表皮由多种类型细胞组成,包括表皮细胞、气孔器、毛状体(表皮毛)和异细胞等(彩插 2-1、彩插 2-2)。

1. 表皮细胞 多呈扁平砖形或为扁平不规则形状。细胞彼此密接或相互嵌合，细胞中有大液泡，一般缺乏叶绿体，有时含白色体、有色体或花青素、单宁、晶体等物质。水生植物和某些生长于荫蔽处的植物，它们的表皮细胞内可以形成发育良好的叶绿体。

表皮细胞外壁常角质化，并形成连续的角质膜覆于整个表皮外方。角质膜在电镜下可分为两个层次：位于外面的一层由角质和蜡质组成，称为角质层；里面的一层由角质、纤维素、果胶构成，称为角化层（图 1-32）。角质膜的厚薄随植物部位、种类和生态环境不同而有差异。根表皮上的远较茎、叶上的薄；阳光充足的干旱条件下，角质膜较厚；荫蔽、潮湿条件下，角质膜较薄。角质膜表面光滑或形成乳突、皱褶、颗粒等纹饰，有些植物在角质膜的外面还沉淀着各种形式的蜡质，称为蜡被。角质膜和蜡被可减低水分蒸腾，防止病菌侵害，对于某些溶液进入表皮也有一定的阻留作用。角质膜和蜡被有多种形态纹饰，在鉴定植物时具有参考价值。

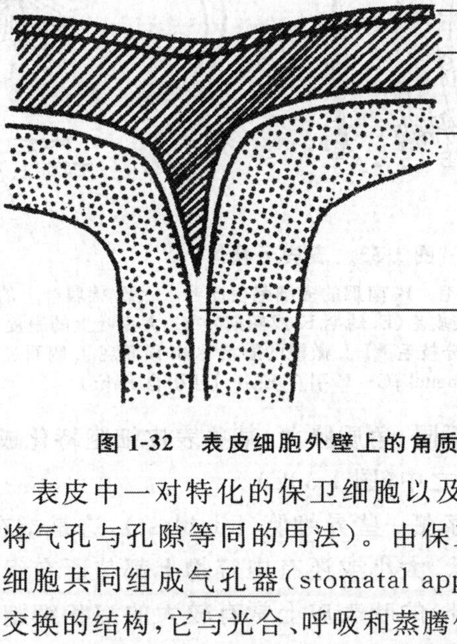

图 1-32　表皮细胞外壁上的角质膜图解

2. 气孔（器）　表皮中一对特化的保卫细胞以及它们之间的孔隙总称为气孔（stoma）（但也有将气孔与孔隙等同的用法）。由保卫细胞及其围成的孔隙、孔下室或再连同副卫细胞共同组成气孔器（stomatal apparatus）。气孔器是调节水分蒸腾和进行气体交换的结构，它与光合、呼吸和蒸腾作用均有关系。植物体气生部分的表皮上一般都有气孔分布，特别在叶片上的气孔数量最多。

保卫细胞（guard cell）：常为肾形（彩插 2-1），含有丰富的细胞质和较多的叶绿体和淀粉粒。其细胞壁在靠近气孔的部分比较厚，而与表皮细胞或副卫细胞毗接的部分比较薄。这些特点与气孔自动调节开闭有密切关系。禾本科植物保卫细胞为哑铃形（图 6-11D、彩插 2-2）。

副卫细胞（accessory cell）：为部分植物具有，是位于保卫细胞侧面或周围的几个与表皮细胞形状不同，有时内容物也不同的细胞。

孔下室:是气孔下组织中的较大空隙(图 6-14B)。

3. 毛状体(trichome) 毛状体为部分植物表皮上的附属物,形态多种多样,由表皮细胞分化而来,具保护、分泌、吸收等功能(图 1-33)。

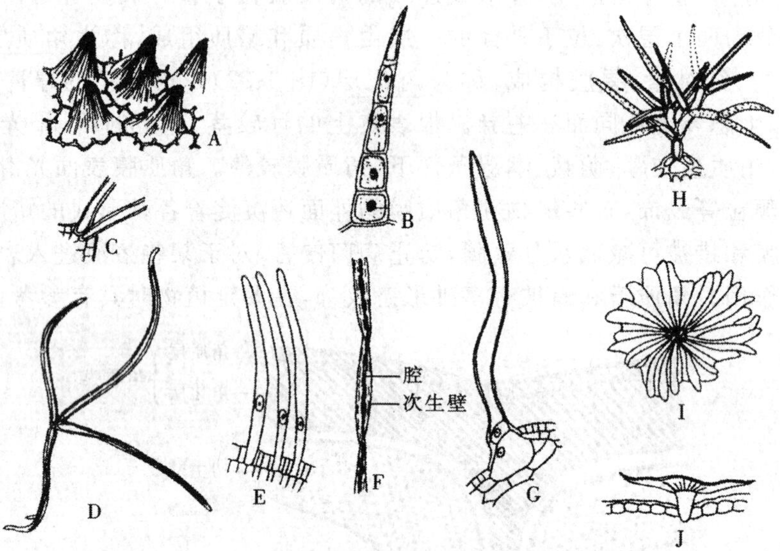

图 1-33 表皮毛状体

A. 三色堇花瓣上的乳头状毛 B. 南瓜的多细胞表皮毛 C、D. 棉属叶上的簇生毛
E、F. 棉属种子上的表皮毛(E. 幼期 F. 成熟期) G. 大豆叶上的表皮毛
H. 熏衣草属叶上的分枝毛 I、J. 橄榄的盾状毛(I. 顶面观 J. 侧面观)
(A 引自 Schenck;C~H 引自 Esau;I、J 引自 Fahn)

根的表皮与茎、叶的表皮不同,角质膜薄,某些表皮细胞特化成根毛,常将其归属于具有吸收作用的营养组织之中(图 1-30C)。

另外,有些植物的表皮还存在一些异细胞(idioblast),这是指在一种组织内含有的少数细胞,这些细胞在形状、大小或还有内容物上都与所在组织有明显差异。如许多单子叶植物(沼生目除外)的叶表皮上常有较大的泡状细胞,禾本科和莎草科的表皮还常有硅细胞和栓细胞(图 6-11)。

(二)周皮与皮孔——次生保护结构

1. 周皮(peridem) 周皮存在于裸子植物和双子叶植物的老根、老茎的外表,是取代表皮的次生保护结构。周皮的形成是从木栓形成层的形成和活动开始的。木栓形成层平周地向外分裂、分化出多层木栓细胞,组成木栓层,向内分裂出少量的栓内层。木栓层、木栓形成层和栓内层共同构成周皮(图 1-34A、B)。随着根、茎的继续增粗,原有周皮的内侧还可产生新的木栓形成层,再形成新的周皮。木栓层细胞之间无细胞间隙，细胞壁较厚并高度栓化，原生质体经细胞程序性死亡解体成为死细胞，从而形成了不易透水、绝缘、隔热、耐腐蚀、质轻等特性；而栓内层的细胞壁较薄，细胞中常含有叶绿体。所以是周皮中的木栓层真正对植物起着控制水分散失、防止病虫侵害，以及抗御其他逆境等保护作用。

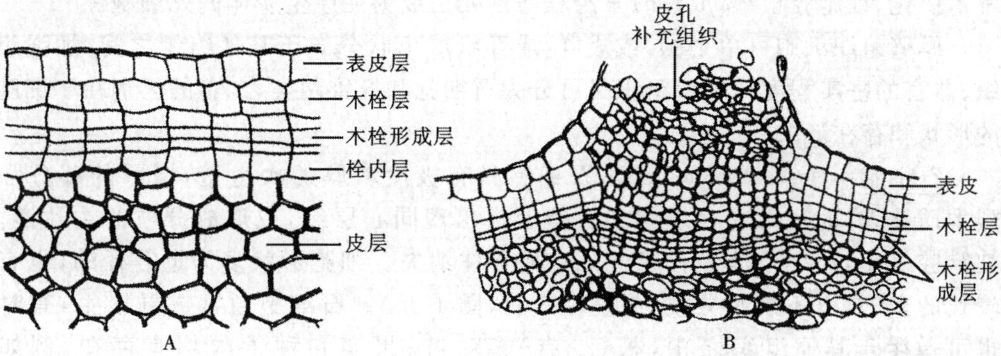

图 1-34　周皮和皮孔

A. 茎的周皮横切面　B. 接骨木茎的皮孔

（引自 Strasburger）

2. 皮孔(lenticel)　在周皮的形成过程中，常常出现一些点状突出物，称为皮孔（图 1-34B）。皮孔多自原有的气孔下面发生：气孔下的木栓形成层向外分裂形成一些有发达胞间隙的补充组织细胞，最后撑破表皮，而在周皮上突起，即为皮孔。皮孔虽然不如气孔可以自控开闭，但却使得粗大器官的内部组织仍能与外界进行气体交换。

五、机械组织

机械组织(mechanical tissue)是其组成细胞的细胞壁发生不同程度加厚，具有抗压、抗张和抗曲挠性能，起巩固、支持作用的一类成熟组织。在植物的个体发育和陆生植物的演化中，机械组织显示逐步发达的趋势。根据细胞的形态和细胞壁的加厚方式不同，机械组织可分为厚角组织和厚壁组织两类。

1. 厚角组织(collenchyma)　其组成细胞稍长，具有明显加厚的初生壁，增厚部分多在细胞相互毗接的角隅处。也有一些植物的细胞壁是在切向壁或靠近胞间隙的壁上加厚。增厚处的主要成分是纤维素、果胶质和半纤维素，但不含木质素。厚角组织细胞具有生活的原生质体，常含有叶绿体，有潜在分裂能力，该组织既有支持器官直立的作用，又能适应于器官的生长，它们普遍存在于尚在伸长或经常摇摆的器官之中，如幼茎、花梗、叶柄和大的叶脉等。很多草本双子叶植物矮小的茎和攀缘茎中，厚角组织为其终生的支持组织；较高大的草本和木本双子叶植物，由于后期大量次生结构的产生，形成了厚壁组织，取代厚角组织的支持作用。

2. 厚壁组织(sclerenchyma)　组成这类组织的细胞的壁呈均匀的次生增厚，常木质化，细胞腔很小，成熟时常经程序性死亡成为无原生质体的死细胞。

厚壁组织细胞可单个的，或成群、成环状或束状分布于其他组织之间，加强组织、器官的坚实程度。厚壁组织又可分为石细胞和纤维两类，二者的区别在于细胞的形状和存在形式。

石细胞(sclereid/stone cell)：石细胞具有极度增厚的次生壁，增厚的部分强烈木质化，有时也可有栓质参加。壁上常出现同心层纹，或形成分枝的纹孔道。细胞腔极小，原生质体经程序性死亡而解体消失。细胞形状多为近等径的，也有较长的，或具有不规则分枝，或呈星芒状(图 1-35)。石细胞通常成群聚生，有时也可单生于其他组织之中，根(少有)、茎、叶、果实和种子内均有存在，例如桃、李等果实的硬核(内果皮)，菜豆、蚕豆的种皮外层均由石细胞组成；梨果肉的沙粒状物为石细胞群。茶树的叶片中常单个存在着呈星状分枝的巨形石细胞。

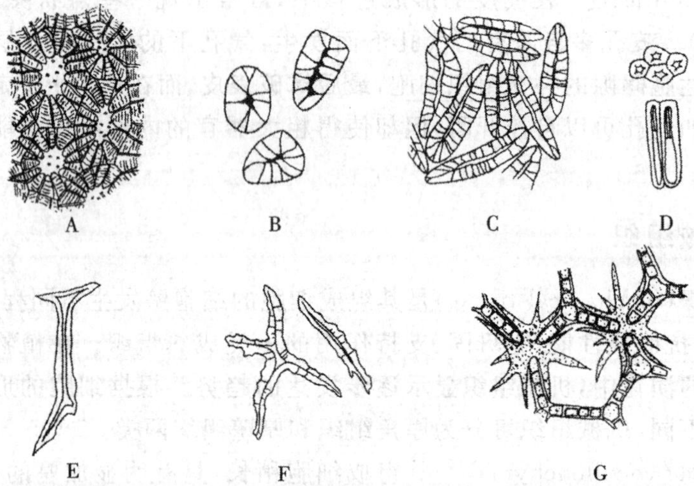

图 1-35　厚壁组织——石细胞

A. 桃内果皮的石细胞　B. 梨果肉中的石细胞　C. 椰子内果皮石细胞　D. 菜豆种皮的表皮层石细胞　E. 茶叶片中的石细胞　F. 山茶属叶柄中的石细胞　G. 萍蓬草属叶柄中的星状石细胞
(A 引自 Haupt；B 引自 Cronquist；C 引自 Eames 和 MacDaniels；D 引自 Esau；G 引自 Dalitzsch)

纤维(fiber)：纤维是两端尖削的狭长细胞，其细胞壁强烈地次生增厚，常木质化而坚硬。细胞腔小，原生质体常经细胞程序性死亡而消失，壁上有少数纹孔。纤维细胞互以尖端穿插连接，多成束、成片地分布于植物体中，形成植物体内主要的加强支持或强化韧性的机械组织。纤维的类型甚多，大致可分为韧皮纤维和木纤维两大类（图 1-36）。

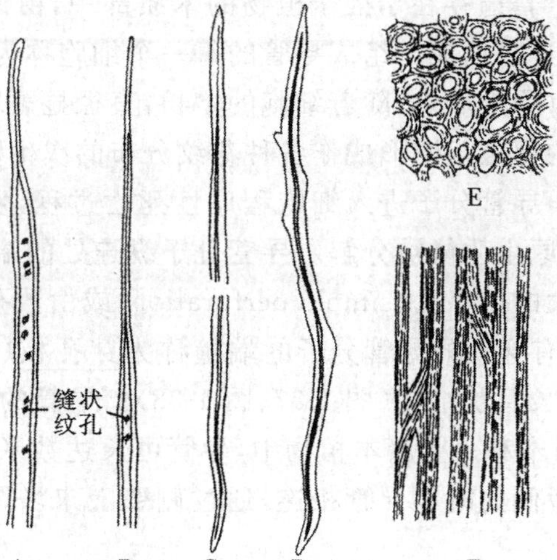

图 1-36 厚壁组织——纤维

A. 苹果的木纤维 B. 白栎的木纤维 C. 黑柳的韧皮纤维 D. 苹果的韧皮纤维 E、F. 向日葵的韧皮纤维（E. 为横切面 F. 为纵切面）

（A～D 引自 Eames 和 MacDaniels；E、F 引自 Haupt）

韧皮纤维是发生于韧皮部中的纤维，但有时也将木质部以外的（包括皮层、维管束鞘部分）纤维概括地称为韧皮纤维。韧皮纤维细胞的长度一般为 1～2 mm，但一些麻类作物的较长，黄麻的为 8～40 mm，大麻 10～100 mm，苎麻 5～350 mm，最长的可达 550 mm。韧皮纤维细胞壁富含纤维素，故坚韧而有弹性。

木纤维是发生于木质部中的纤维。其细胞较韧皮纤维稍短，一般长约 1 mm，增厚的细胞壁高度木质化，细胞腔狭小。它们的细胞长度、壁部厚度以及纹孔的形态和分布常有变化，是进一步划分类型、鉴定木材的依据。木纤维壁厚而坚硬，抗压力强，增强了木材的机械巩固作用，但韧性降低，脆而易断。木纤维是重要的造纸原料，也供制造人造丝浆之用，例如杨树、桉树和桦树等阔叶树材中富含优质的木纤维，经济价值很高。

六、输导组织

输导组织（conducting tissue）是植物体内长距离运输水分和溶于水中的各种

物质的组织。它们的细胞分化成管状分子，并相互连接，形成贯穿全植物体的输导系统。根据它们运输的主要物质不同，可分为两类，一类是运输水分和无机盐的组成分子——导管和管胞；另一类则是运输同化产物的组成分子——筛管和筛胞。

1. 导管(vessel) 普遍存在于被子植物的木质部中，由许多长筒形的、细胞壁木质化的死细胞纵向连接而成。组成导管的每一个细胞称为导管分子。幼期的导管分子比较狭小，含有原生质体，随着细胞的增长，直径显著增大，细胞内出现大液泡，在微管集中分布的部位逐渐形成作各种花纹分布的次生壁，而内质网与质膜相连处则不增厚。不久，导管分子进入细胞程序性死亡过程，发生胞溶现象，溶酶体膜破裂，释放水解酶，原生质体被分解。导管分子纵连处的端壁，经过黏化、膨胀而局部解体，最终形成大的单穿孔(simple perforation)或由数孔组成的复穿孔(multiple perforation)，具有穿孔的导管分子的端壁称为穿孔板(perforation plate)，使导管成为中空的连续长管状结构(图 1-37、图 1-38)。导管的长度一般从几厘米到1 m左右，在高大的树木和一些藤本植物中，导管可长达数米。导管到达一定长度时，其末端封闭而与旁侧的毗邻导管相连，通过侧壁上未增厚的部分或纹孔，形成输送水溶液的通道。

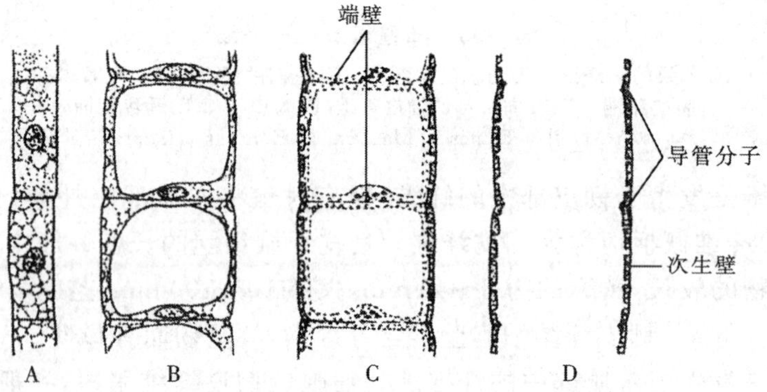

图 1-37 导管纵切(示发育过程)

A. 导管分子前身 B. 细胞体积增至最大程度，液泡化显著，次生壁开始沉积 C. 次生壁加厚完成，液泡膜与端壁处开始解体，细胞核变形 D. 原生质体消失，端壁解体形成穿孔，导管形成

(仿 Sinnot 修改)

根据导管的发育先后和侧壁木化增厚的方式不同，可将导管分为环纹、螺纹、梯纹、网纹和孔纹 5 种(图 1-38)。环纹导管和螺纹导管的直径较小，输水能力较弱，多在器官早期生长过程中出现；梯纹导管、网纹导管和孔纹导管的直径较大，输导效率显著提高，它们出现于器官组织分化的后期。

2. 管胞(tracheid)　管胞是两端斜尖、长梭形的细胞,成熟时原生质体已解体,丧失生活力,仅剩下木化增厚的细胞壁。其细胞壁的增厚形式也有环纹、螺纹、梯纹、网纹和孔纹(图 1-8 之 2)5 种。

3. 筛管与伴胞　筛管(sieve tube)是被子植物韧皮部中输导有机养料的管状结构。它由一列长筒形的生活细胞连接而成,每一组成细胞称为筛管分子。筛管分子具初生壁,两端的壁——端壁及部分侧壁上有许多小孔,称为筛孔。筛孔常成群聚集于稍凹的区域形成筛域(sieve area),分布有筛域的端壁称为筛板(sieve plate)。只有一个筛域的筛板为单筛板,分布数个筛域的则为复筛板。相连两个筛管分子的原生质形成的联络索(connecting stand)通过筛孔彼此相连,使纵接的筛管分子相互贯通,形成运输同化产物的通道(图 1-39)。

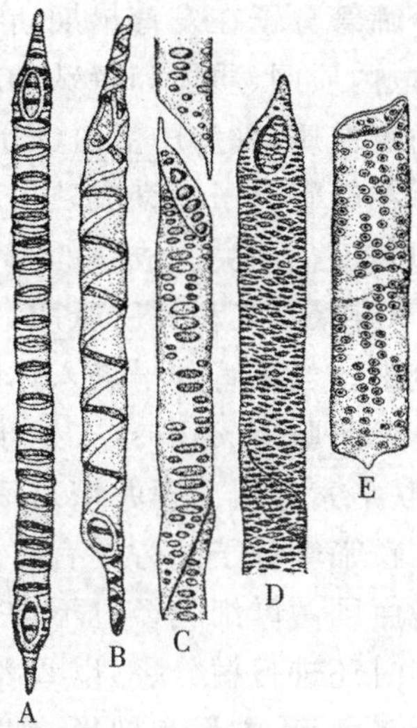

图 1-38　导管及穿孔板的类型

A. 环纹导管　B. 螺纹导管　C. 梯纹导管　D. 网纹导管　E. 孔纹导管
A、B、D、E. 单穿孔　C. 复穿孔
(仿 Greulach 和 Adams 修改)

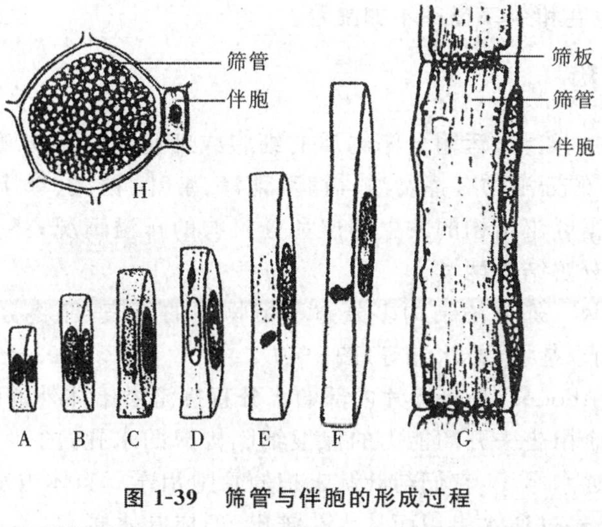

图 1-39　筛管与伴胞的形成过程

A. 筛管母细胞进行不均等纵裂　B、C. 细胞增大　D、E. 筛管分子的细胞核逐渐解体
F. 筛管分子端壁形成筛板,细胞质减少为薄层　G. 成熟的筛管分子和伴胞纵切面
H. 成熟的筛管分子和伴胞横切面(通过筛板)
(A～F 引自 Resch;G、H 引自 Fitting)

筛管分子在发育早期，含有细胞核和液泡，浓厚的细胞质中存有线粒体、高尔基体、内质网、质体和特殊的黏液体。黏液体是筛管分子所特有的具有一定超微结构的蛋白质，称为P-蛋白(Phloem protein)，P-蛋白呈丝状或颗粒状，其功能尚未确定。在筛管分子发育成熟过程中，细胞核渐渐解体，液泡膜破坏，线粒体、内质网等细胞器退化消失。成熟的筛管分子成为特殊的无核生活细胞，后来，沿着筛孔的四周，围绕联络索积累胼胝质。它们在筛孔之间的端壁上逐渐沉积加厚，联络索则相应变细。当筛管分子进入休眠或衰亡时，胼胝质已成为垫状物沉积在整个筛板上，而称为胼胝体(callus)。处于休眠状态的筛管分子，在次年春季来临时胼胝体溶解，联络索重新出现并恢复活动。

在筛管分子的旁侧有1至数个狭长的伴胞(companion cell)。伴胞与筛管分子是由同一母细胞经过不均等纵裂而来的，其中较小的一个子细胞形成伴胞。伴胞有时还进行横分裂，以致在筛管分子的一侧出现一纵列伴胞。伴胞在横切面上多呈三角形、方形和梯形，细胞核较大，有丰富的细胞器和发达的膜系统，高尔基体、线粒体、粗糙内质网、质体等较多，细胞质密度也较大，这些都表明伴胞有很高的代谢活性。伴胞与筛管分子的侧壁之间，存在更多的胞间连丝，表明两者之间在机能上也有密切的联系。有些植物其叶脉中的伴胞发育为传递细胞。

4. 筛胞(sieve cell)　是主要存在于蕨类植物和裸子植物中的运输有机物的输导组织。筛胞端壁不特化为筛板，侧面不形成伴胞，在植物系统发育中出现较早，比较原始，运输速度和效率也都不如筛管。

七、分泌结构

植物体中产生、贮藏、运输分泌物质的细胞或细胞组合称分泌结构(secretory structure)。常见的分泌物有挥发油、树脂、乳汁、蜜汁、糖类、单宁、黏液、盐类、杀菌素等。通常根据分泌结构的发生部位和分泌物的排溢情况，将分泌结构划分为外分泌结构和内分泌结构两类。

1. 外分泌结构　外分泌结构多分布于植物体的外表，能将分泌物排于体外。有腺毛、腺鳞、蜜腺、盐腺、排水器等(图1-40)。

排水器(hydathode)：是将叶片内部的水分直接泌溢于体外的结构。排水器的表面分布一至数个由丧失开闭能力的保卫细胞构成的水孔，内部为由叶肉细胞特化形成的疏松的通水组织，它们与叶脉末梢的管胞相连。当体内水分过多时，由管胞末端流出的水，经过通水组织而从水孔排出，形成吐水现象，夏季清晨空气湿度较高时较易发生。吐水现象往往可作为根系正常活动的一种标志。小麦、水稻等禾本科植物的排水器位于叶尖；葡萄、石蜡红的排水器位于叶缘。

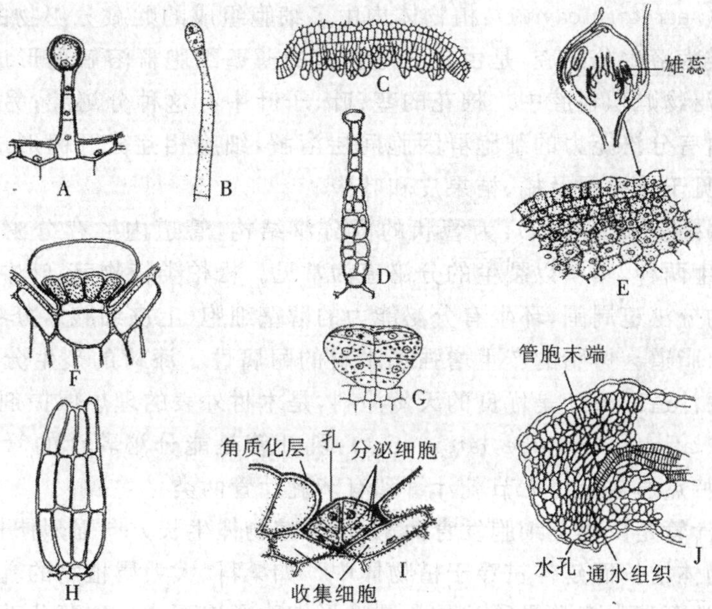

图 1-40　外分泌结构

A. 天竺葵属茎上的腺毛　B. 烟草具多细胞头部的腺毛　C. 棉叶主脉处的蜜腺　D. 苘麻属花萼的蜜腺毛　E. 草莓的花蜜腺　F. 百里香叶表皮上的球状腺鳞　G. 薄荷属的腺鳞　H. 大酸模的黏液分泌毛　I. 柽柳属叶上的盐腺纵剖面，植物体内多余盐分由收集细胞收集，经分泌细胞排出　J. 番茄叶缘的排水器

（引自徐汉卿，1996）

2. 内分泌结构　内分泌结构是将分泌物积贮在植物体内的分泌结构。常见的有分泌腔、分泌道、乳汁管等（图 1-41）。

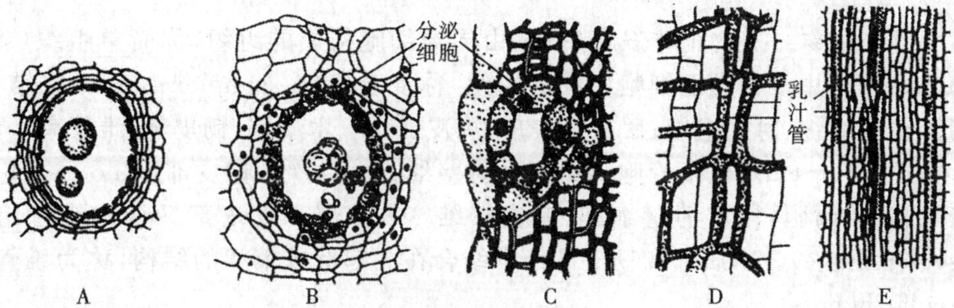

图 1-41　内分泌结构

A. 柑橘属果皮中的分泌腔　B. 漆树的漆汁道　C. 松树的树脂道

D. 蒲公英的乳汁管　E. 大蒜叶中的有节乳汁管

（引自徐汉卿，1996）

分泌腔(secretory cavity):植物体内由多细胞组成的贮藏分泌物的腔室结构。有两类:一类为溶生分泌腔,是由具分泌能力的薄壁细胞群溶解而形成的腔,原来细胞中的分泌物贮积在腔中。棉花的茎、叶、子叶中有这种分泌腔;另一类为裂生分泌腔,是由有分泌能力的细胞群因胞间层溶解,细胞相互分开而形成的分泌腔。裂生分泌腔见于桉树属及橘、桔果皮和叶中。

分泌道(secretory duct):为管状的内分泌结构,管道内贮存分泌物质。也分为裂生和溶生两种,其中以裂生的分泌道为常见。松柏类植物茎、叶中有裂生分泌道,在管状的分泌道周围,环生有分泌能力的薄壁细胞(上皮细胞),分泌树脂,贮于管内,故称树脂道。树脂的产生增强了木材的耐腐性。漆树的裂生分泌道贮积漆汁,特称为漆汁道。漆汁是优良的天然涂料,是木材外表的理想保护剂。

乳汁管(laticiferous tube,latex duct):乳汁管是能分泌乳汁的管状结构。按其形态发生特点通常分为无节乳汁管和有节乳汁管两类。

无节乳汁管是由单个细胞发育而来,沿着植物体生长方向强烈伸长,有的形成分枝,随植物体增长而延伸贯穿于植物体中。如桑科、大戟属植物的乳汁管。

有节乳汁管是由多数具乳汁的长圆柱形细胞通连而成。如蒲公英、莴苣、三叶橡胶树、木薯、番木瓜等植物的乳汁管。乳汁的成分比较复杂,三叶橡胶的乳汁含大量橡胶,是橡胶工业的重要原料;罂粟的乳汁含罂粟碱、咖啡碱等,为重要的药用成分;有些植物的乳汁还可含蛋白质、糖类、淀粉、有机酸、油类等,有很高的经济利用价值。乳汁还有保护作用,当草食动物袭击植物时,乳汁从伤口流出,有助于伤口的封闭。

八、复合组织与组织系统

1. 复合组织 植物个体发育中,凡由同类细胞构成的组织,称简单组织(simple tissue);而由多种类型细胞构成的组织,称复合组织(complex tissue)或结构。前者如分生组织、薄壁组织;后者如表皮、周皮、树皮、木质部、韧皮部、维管束。

木质部(xylem):包括管胞、导管、木薄壁细胞、木纤维;韧皮部(phloem):包括筛管与伴胞、筛胞、韧皮薄壁细胞、韧皮纤维。木质部和韧皮部又合称维管组织(vascular tissue)。木质部和韧皮部经常结合在一起形成束状的结构,称为维管束(vascular bundle)。

维管组织、维管束的出现有利于水溶液和营养物质的长距离输导,这对于植物由水生进化到陆生有着极为重要的适应意义。在系统演化上,从蕨类植物开始至种子植物,都有维管组织分化,它标志着植物演化进入了一个发展新阶段。种子植物(特别是被子植物)体内的维管组织更为发达,更为完善,是它们在地球上繁荣昌盛的主要原因之一。

维管束是由原形成层分化而来的，由木质部和韧皮部共同构成的束状结构。根据维管束内形成层的有无，将其分为有限维管束和无限维管束。有限维管束无形成层的分化，不能再行发展，如大多数单子叶植物的维管束。无限维管束在初生木质部和初生韧皮部之间还保留一层分生组织——束中形成层，能分裂产生次生组织而继续扩大，如裸子植物和双子叶植物的维管束。

还可根据维管束中的木质部和韧皮部的排列情况将维管束分为 5 种，如图1-42 所示。

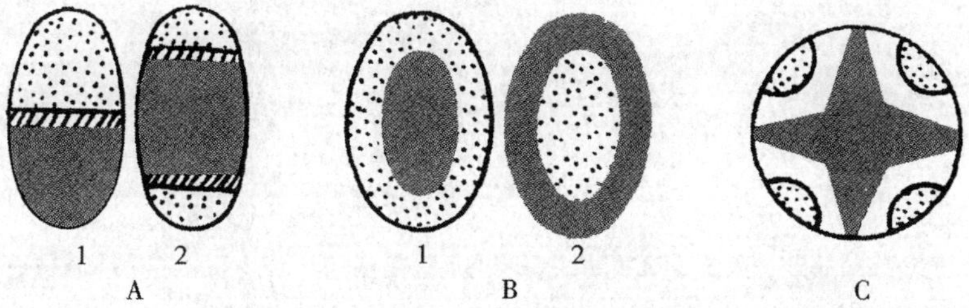

图 1-42　维管组织的排列类型图解

A. 并生排列：1. 外韧维管束，位于种子植物茎、叶中　2. 双韧维管束，见于瓜类、茄类等植物的茎、叶　B. 同心排列：1. 周韧维管束，位于蕨类植物根状茎和花丝中　2. 周木维管束，如香蒲、鸢尾根状茎、叶的维管束　C. 辐射排列，一般为种子植物根的特点

（缀点部分表示韧皮部，灰色部分表示木质部，斜线部分表示形成层）

2. 组织系统　植物器官或植物体中，由一些复合组织进一步在结构和功能上组成的复合单位，称为组织系统（tissue system）。通常将植物体中的各类组织归纳为三种组织系统，即皮系统（dermal system）、维管系统（vascular system）和基本组织系统（fundamental tissue system）。皮系统包括表皮、周皮和树皮。它们覆盖于植物体外表，在植物个体发育的不同时期，分别对植物体起着不同程度的保护作用。维管系统包括韧皮部和木质部，它们连续地贯穿于整个植物体内，输导水分和有机养料。基本组织系统主要包括各类薄壁组织、厚角组织和厚壁组织。它们分布于皮系统和维管系统之间，是植物体各部分的基本组成。组织系统把植物体的地上和地下、各种营养和繁殖器官汇连起来成为一有机整体（图 6-20、图 6-21）。

思考题

1. 请分别指出一个 G_0 期的植物细胞中哪些结构参与过或参与了 a. 细胞有丝分裂；b. 维持细胞形状；c. 细胞内的物质与信息传递；d. 细胞间的物质和信息传递。

2. 在种子植物的所有组织类型中，是否有一类或几类组织的组成细胞具有如

“种子植物细胞基本结构”表解所示的全部结构？为什么？

3. 试分别以细胞的某一种结构或某一类组织的结构特点，说明其形态结构与所执行的功能的辩证统一关系。

4. 观察图 6-20，辨认 B 图（茎的横剖面）中的三大组织系统，并结合 A 图理解各系统的分布状况及主要功能。（注：皮层和髓主要由薄壁组织组成）

第二章 被子植物营养体的建成

提要：种子的基本结构和类型；由种子萌发形成两类幼苗的过程；植物营养体的根系和枝叶系统形态建成的基本过程及内部结构的基本变化。

高等植物有机体在结构上不仅有了组织的分化，而且出现了由多种组织构成的、具有特定功能的器官。以被子植物而言，根、茎、叶是其生长发育前期——幼苗期形成的营养器官，它们彼此密切联系，构成幼苗的三个基本组成部分。幼苗(seedling)由种子萌发形成，在进行一段营养生长与发育，形成根系和枝叶系统之后，成为成熟的营养体，在其上产生生殖器官——花、种子和果实，直至衰老死亡，完成其生活史。

第一节 被子植物的幼苗

为了了解组成植物营养体的器官形态建成的规律，有必要先介绍种子类型、结构及幼苗形态学的基本知识。

一、种子的基本结构和类型

被子植物的种子(seed)位于上一代植株完成有性生殖后形成的果实中，为生殖器官的一种，通常由种皮、胚和胚乳三部分组成。种皮(seed coad, testa)包被着胚或者还有胚乳，为保护结构；胚乳(endosperm)是贮藏养料的结构，由营养组织组成。有的种子成熟过程中胚乳被胚中的子叶所吸收，子叶即成为营养贮藏场所，因而没有胚乳，如菜豆、向日葵、棉等，称为无胚乳种子；蓖麻、小麦等为有胚乳种子。胚(embryo)由受精卵发育而成，是雏形植物体，包括胚根(radicle)、胚芽(plumule)、子叶(cotyledon)和胚轴(embryonal axis)4 部分，胚轴又可分为上胚轴(epicotyl)和下胚轴(hypocotyl)两部分，连接子叶节(胚轴上着生子叶的部分)和胚芽的部分为上胚轴，连接子叶节和胚根的部分为下胚轴(图 2-1 至图 2-4)。

被子植物又可分为两大类群：双子叶植物和单子叶植物。这两类植物在种子中的胚上便有不同：前者有两枚子叶，后者只一枚。两者还有其他方面的区别，将在

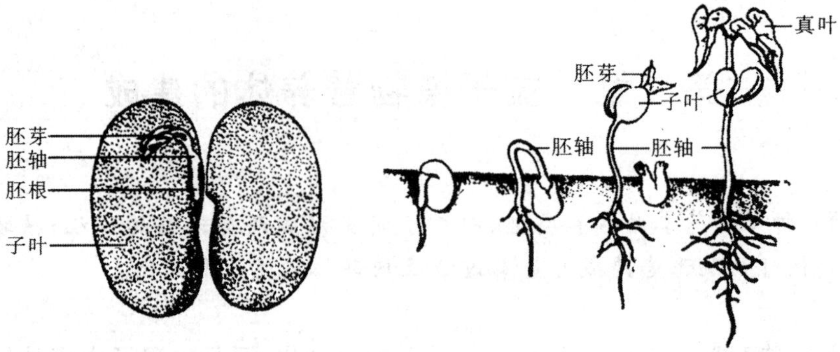

图 2-1 菜豆种子结构及萌发过程(示子叶出土幼苗)

左:除去种皮、两瓣子叶被分开的菜豆胚,示其结构
右:菜豆种子的萌发过程(引自胡适宜)

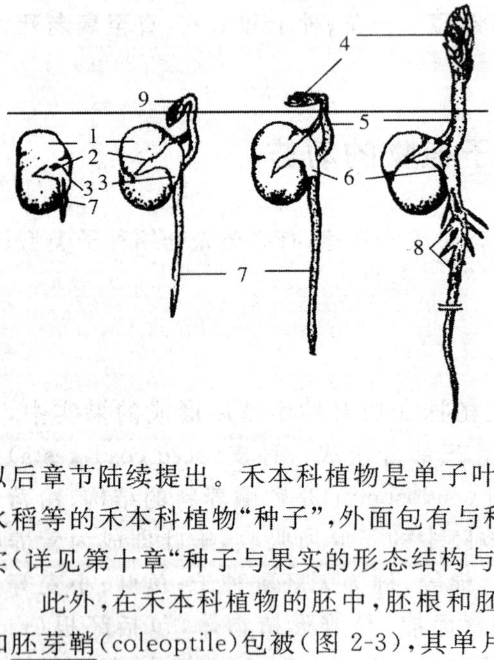

图 2-2 蚕豆幼苗形成过程
(示子叶留土幼苗)
1.种子 2.子叶 3.胚轴
4.真叶 5.上胚轴 6.下胚轴
7.主根 8.侧根 9.胚芽
(引自朱澄)

以后章节陆续提出。禾本科植物是单子叶植物中的一类,用于生产的小麦、玉米、水稻等的禾本科植物"种子",外面包有与种皮结合在一起的果皮,所以实际上是果实(详见第十章"种子与果实的形态结构与建成过程")。

此外,在禾本科植物的胚中,胚根和胚芽外分别有套状的胚根鞘(coleorhiza)和胚芽鞘(coleoptile)包被(图 2-3),其单片的子叶又称为盾片(scutellum)。由于有胚芽鞘的存在,将芽鞘节(胚轴着生胚芽鞘的部分)和盾片节(子叶节)之间的胚轴称为中胚轴(mesocotyl),上胚轴为芽鞘节至胚芽的部分,下胚轴与双子叶植物的一样,为盾片节至胚根的部分(图 3-12)。

二、种子萌发和子叶出土、子叶留土两类幼苗的形成

结构完整(尤其是胚)、具有生命力的种子,在有适合的水分、温度和空气等外

界条件下，便会萌发并形成幼苗。从形态学角度来看，可将“胚根突破种皮”，农业生产中称为“露白”叫做萌发(sprouting)。但从生理学而言，种子一旦开始吸水，其内部就发生一系列生理生化变化。因此，萌发更为严格的定义应是：种子在生理状态和环境条件的相互配合下，其中的胚处于可持续生长的状态。

现分别以菜豆和蚕豆代表双子叶植物、以小麦和洋葱代表单子叶植物，说明种子萌发为不同类型的幼苗——子叶出土幼苗和子叶留土幼苗的过程。

菜豆：为双子叶植物无胚乳种子，萌发后形成子叶出土幼苗。进入萌发状态时，首先种子吸水膨胀体积增大。子叶中酶的活动加强，呼吸作用旺盛，把贮藏的营养物质分解为可溶状，并释放出能量供胚生长之用。继而胚的各部分细胞先后开始分裂和迅速生长。一般情况下，胚根先作伸长生长而突破种皮向土中下扎成为主根，以后又陆续长出侧根，形成直根系(双子叶植物所具有的根系类型)(图2-1)。这样既能争取吸收更多水分以适应胚的各部分的日渐长大，又能将种子固定在土壤中，以利胚芽向上顶土而出。

胚根生长到一定长度，连接胚根和子叶的下胚轴先开始背地性伸长。观察图2-1，可见下胚轴出土时保持萌动前的弯曲状，且以弯曲部为顶土的着力处，这比以肥大的子叶直接顶土显然有力得多。此时胚芽和上胚轴被夹在两片子叶之间，随着下胚轴的逐渐生长而安然出土，并往往借土壤的摩擦力脱去已破裂、变软的种皮而将其留在土中。子叶一旦张开，胚芽见光后，下胚轴便停止生长，同时连接子叶和胚芽的上胚轴开始伸长(至一定长度即停止)，胚芽也开始活动，长出茎、真叶和芽等，形成茎叶系统。此时出土的子叶一方面因贮于其中的养料消耗而变薄，同时因见光而渐渐变绿，进行一段时间的光合作用后衰老、脱落。这一类幼苗称为子叶出土幼苗。

蚕豆：亦为双子叶植物无胚乳种子。但它形成子叶留土幼苗。其吸水膨胀、内部理化变化等过程同菜豆，但自胚根下扎以后，胚轴和胚芽的生长式样有所不同。它的下胚轴始终不生长，所以子叶就留在土里(图2-2)。上胚轴的顶端在种子中就形成弯钩，当它进行背地性伸长生长时，以这个弯钩部分顶土，而这时其顶端着生的胚芽顶部几乎朝着地面，且不萌动，因而保持在种子内的紧缩的、纺锤状的结构，又由于其外包被着幼叶而较为光滑，所以上胚轴向上顶土时，就将其顺势带出。见光后，上胚轴生长减缓，弯钩逐渐展开，使胚芽顶端上举。同时，胚芽开始萌动形成茎叶系统，随着胚芽的生长，上胚轴逐渐停止生长。如此，便形成了子叶留土幼苗。

小麦：为单子叶植物有胚乳种子(果实)。萌发后形成子叶留土幼苗。当萌发条件被满足时，小麦籽粒就进入萌动状态。先是胚根鞘突破种皮，然后胚根先穿出胚根鞘扎入土中。不久，在胚根上方的下胚轴上长出几条不定根(定义见第三章

“根系的类型”)以后又陆续长出侧根和新的不定根而形成须根系(一般为单子叶植物所具有的根系类型)。在胚根萌动并扎入土中后不久,筒状的胚芽鞘逐渐伸长顶出土面,其内部的上胚轴亦随之略微伸长,使胚芽保持贴近胚芽鞘的顶端。胚芽鞘一旦露出土表,在光的作用下即停止生长,此时胚芽萌动,逐渐形成的枝叶系统从胚芽鞘顶端生长而出。由于萌发过程中小麦的下胚轴不伸长,所以形成子叶留土幼苗(图 2-3)。一些禾本科植物如水稻谷粒在深播 3～5 cm 时,中胚轴可作一定程度的伸长,以助胚芽和胚芽鞘尽快露出地面。

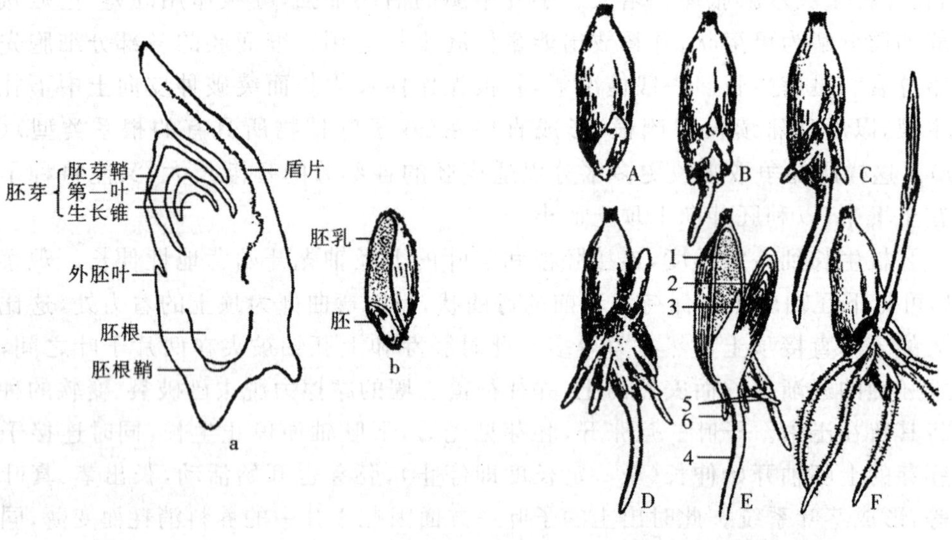

图 2-3 小麦种子(种皮外有果皮,实为果实)结构及萌发状态

左:种子/果实结构 a 为胚的纵剖面 b 为种子/果实通过胚的纵剖面

右:种子萌发过程 A～F 1.胚乳 2.胚芽 3.子叶(盾片) 4.主根 5.不定根 6.胚根鞘

(左图引自胡适宜,右图引自朱澄)

洋葱:为单子叶植物有胚乳种子(图 2-4A),形成子叶出土幼苗。洋葱的胚长柱状,外为胚乳所包围。卷曲状的子叶占柱状胚的大部分,胚芽位于子叶基部外侧凹陷处,外有子叶鞘,其下端为胚根,子叶、胚芽和胚根的连接处为胚轴(图中未注出)。种子萌发和幼苗形态较特殊(图 2-4B～D):首先子叶的中部和下部呈弯弓状伸长,以弯曲处突破种皮伸出,并借继续伸长的力量将胚根、胚芽拉出种皮。胚根迅速生长下扎,以后又在主根上方胚轴的部分长出若干不定根,形成须根系。同时胚芽因上胚轴的伸长生长而出土。开始一段时间子叶的先端仍被包被在种皮内的胚乳中吸取胚乳的养料,以后随子叶的继续生长而将种子的剩余部分带出土面,子叶也随之逐渐伸直,不久,第一片真叶从包围它的子叶鞘的裂缝中长出,形成特殊的子叶出土幼苗。其成株后来经特殊的生长方式而形成一种变态茎——鳞茎(详见第七章"营养器官的变态")。

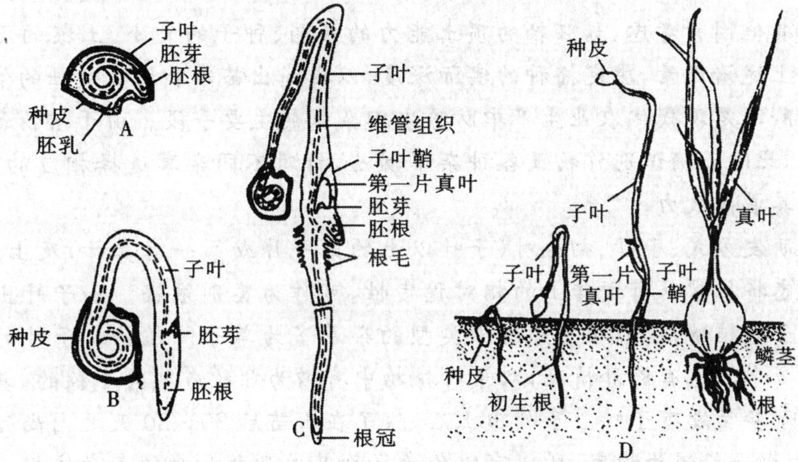

图 2-4　洋葱种子萌发过程

A. 种子纵切面　B. 萌发种子的纵切面　C. 早期幼苗的纵切面　D. 子叶出土幼苗的形成过程
(A～C 引自 Troll;D 引自 Raven 等)

综上所述,被子植物种子分有胚乳和无胚乳种子两种,幼苗有子叶出土幼苗和子叶留土幼苗两类。在双子叶植物和单子叶植物两大类群中,各种类型的种子和幼苗都存在。而两个类群在这方面的主要不同是:双子叶植物的胚中有两片子叶,单子叶植物只一片;双子叶植物的幼苗形成直根系,单子叶植物为须根系,禾本科植物种子还具有胚根鞘、胚芽鞘和中胚轴。

在种子萌发形成幼苗的过程中,逐渐由异养方式(养料主要来自脱离母体形成的胚乳或贮于子叶中的养料)过渡到自养方式,成为具有根、茎(两者之间有胚轴)和叶营养器官的自养体系。在这个过程中还可以看到幼苗各部分的形态建成过程的先后(如胚根先萌动、继而胚芽鞘顶土而出,见光后停止生长,真叶破鞘伸出)是和植物体进一步生长发育的需要,以及所处的环境条件相适应的。这也是贯穿植物体整个生活史的规律性的现象。

第二节　幼苗形态特征与农艺实践*

掌握植物幼苗的形态学特征,对作物栽培、遗传育种、森林更新、植被调查以及杂草识别和化学防除等方面都有很大的实践意义。

例如,了解子叶出土和子叶留土两类幼苗的特点,可以作为农业生产上正确掌握播种深度的参考。一般情况下,子叶出土幼苗宜浅一些,以利肥大的子叶出土,而禾本科植物的尖锐如锥的胚芽鞘顶土能力较强,可以略加大深度。但是同时也需要结合其他因素考虑,如胚轴的顶土能力的强弱、种子的大小、土壤的湿度等条件。综合上述诸因素,决定播种的实际深度,以提高出苗率和培育健壮的幼苗。

化学除草是现代化农业生产中防除农田杂草的主要手段。由于植物幼苗期的耐药性差,此时正确识别作物及各种杂草幼苗,针对不同杂草选择相应的除草剂,可以发挥其最高效力。

幼苗萌发方式、子叶、初生叶(子叶以上的第一片或第一对真叶)及上胚轴、下胚轴等形态特征常具有遗传上的相对稳定性,可作为鉴别依据。如子叶出土类型多见于双子叶植物杂草,而子叶留土类型的杂草多为单子叶植物。子叶的数目通常为1或2个。也有例外情况,双子叶植物中有增为3枚或减为1枚的,其中寄生植物菟丝子甚至没有子叶。子叶出土后,除了在出苗后20～30天之内尚可增大一些外,其大小一般较为稳定,所以可以作为区别某些杂草种属的参考依据。各种杂草的子叶形状固定并各有特色,对杂草早期鉴定有帮助。如扁蓄为条形,酸模叶蓼长椭圆形,茵陈蒿卵形,苍耳披针形,委陵菜圆形,田旋花方形,苘麻心形,野灯心草针形等。另外,子叶柄的有无,子叶的色泽以及有无毛状体或白霜(蜡被)等,也可作为鉴定依据。

十字花科、伞形科、毛茛科和报春花科等的许多种类,其苗期上胚轴极不发达,幼苗呈莲座状;大车前的叶片是直接从两片子叶间长出的;有的杂草如藜、繁蒌等的上胚轴明显伸长。鹅不食草的上胚轴外无毛,而莲草、水苋等的上胚轴有毛。

幼苗的初生叶和其成年叶一样,有对生、互生、轮生等排列形式,但有的种类与成年叶一致,有的则不同。叶的形态有的也与成年叶相异,如天蓝苜蓿、草木犀、车轴草等的初生叶为单叶,以后长出的叶片则为三出复叶(参见实验指导书"叶形"的部分)。

此外,幼苗真叶的色泽、叶边缘的形状、植物体的气味和分泌物、植物体的生长习性等,也都是鉴定幼苗种类时的重要参考。

第三节　植物体各营养器官形态建成的基本过程

种子萌发形成幼苗以后,就进入营养体发展时期。在此期间植物体进行旺盛的生长,营养器官——根、茎和叶在数量上不断增长并不断更新。成年的植株从外形上大致可分为处于地下部分的根系和处于大气环境中的茎叶系统两大部分。以下的章节将分别详细介绍两者的形态建成过程，这里先从外部形态了解各自的形态建成的基本过程和内部的大致变化。

一、根系和茎叶系统形态建成的基本过程：伸长、分枝、加粗和不定根形成

观察图 2-1、图 2-2 双子叶植物所具有的直根系建成的过程：可见先有胚根经伸长生长形成主根，不久在主根上自上而下陆续形成多条分枝——侧根，以后这些侧根上也会再形成侧根，在分枝的同时，主根和各条侧根都还在不断地进行伸长；继而先在主根的基部（近土面的部分）向其端部逐渐增粗——可由图中所示的开始增粗的主根的式样推论。以后又按形成的先后，在各条侧根也出现类似的增粗。概而言之，直根系的形态建成的过程，从外形上看，可分为伸长、分枝和增粗几个过程（图 3-3 左）。

再观察图 2-3 所示的单子叶植物所具有的须根系的形态建成过程，则为伸长、分枝和不定根的形成几个过程。一般单子叶植物不进行增粗。联想茎叶系统的形成过程，在双子叶植物，也是经过茎的伸长、分枝和加粗几个过程，同时在茎上成叶、长芽；在单子叶植物也有伸长和分枝的过程，而且与其根系一样一般缺乏增粗过程。

这些过程都是连续的生长发育，我们虽然无法直接观察，但可以按其生长发育顺序，每隔一定时间取样观察，然后根据各样品的前后变化来推断它们的连续生长发育过程。所观察的虽然是静态的标本或图形，但可借此推论它们的动态过程。这就是“以静推动”的观察方法，这个方法也是我们研究形态建成的基本方法之一。

二、各营养器官形态建成过程中内部结构的基本变化：初生、次生生长和初生、次生结构的形成

生物体的生长归根结底是细胞的分裂、生长和分化的结果。植物由于在体内一生中都保留着分生组织，并不断从一些特定部位的营养（薄壁）细胞转化为新的分生组织，因而其生长具有持续性，即在其完成生活史之前，具有无限生长的特性。这是植物与动物基本相异点之一。

就被子植物而言，上述的伸长、分枝和增粗，从内部结构来看，一般不外乎初生生长和次生生长两种性质的生长。

1. *初生生长*　在茎和根的顶端，终生保留一种胚性组织——顶端分生组织（图 1-29）。对主茎和主根而言，顶端分生组织是分别来自胚芽和胚根中的原分生组织及其衍生的初生分生组织。由于顶端分生组织的活动，形成新的成熟结构，使器官

的长度不断添加，便造成各种器官的长度上的生长——伸长生长。这种由顶端分生组织产生成熟结构的过程，就称为初生生长(primary growth)，经过初生生长形成的结构为初生结构(primary structure)。大多数单子叶植物都以初生生长完成它们的生活史。

分枝包括侧枝与侧根的形成。侧芽中的顶端分生组织经初生生长形成组成侧枝的初生结构(同时形成叶和新芽)，使侧枝伸长；由母根中的营养组织转化而成的顶端分生组织经初生生长形成侧根的初生结构，使侧根伸长(图 1-29A)。

2. 次生生长　如上所述，双子叶植物(及裸子植物)的茎和根还有增粗过程。这种器官的侧向增长是依靠次生/侧生分生组织的活动造成的(图 1-29A)。次生/侧生分生组织活动产生成熟结构的过程就是次生生长(secondary growth)，所形成的结构为次生结构(secondary structure)。此外，一些变态器官如块根、块茎还可进行三生生长。有关知识将在第七章中讲述。

思考题

1. 列表比较双子叶植物种子和禾本科植物种子在基本结构方面的异同。
2. 指出两类幼苗形成过程中的主要区别。

第三章　根系的形态结构与建成过程

提要:介绍根和根系类型。结合根的功能及其与环境的关系叙述直根系和须根系的形态建成过程;根尖的结构及其如何经初生生长形成初生结构而使根伸长,双子叶植物和禾本科植物根初生结构的特点;侧根原基发生的部位、结构及其形成侧根的过程;不定根原基发生的部位及其形成不定根的过程;双子叶植物根如何形成两种侧生分生组织并进行次生生长而增粗的过程,木栓形成层和维管形成层及其所形成的次生结构的特点;豆科根瘤与三种菌根发生部位、基本结构、入侵过程及其与宿主的相互关系。

根、茎、叶各具有与所执行的功能相适应的形态结构,表现在组成的组织类型、各类组织的量和空间分布的方式(在器官中所占的位置和整体形状)等方面既互有差异,又相互联系与影响,表现出植株的整体性——各器官既分工又合作的对立统一。各器官的形态结构是在长期对环境条件的适应和相互作用过程中形成,并不断趋于完善的,在个体发育过程中,在一定程度上也反映出这种与环境的相互作用,即表现出植物对环境的适应和植物对环境的影响。上述三个特点——形态结构与功能的统一性、植物体的整体性、植物对环境的适应性是植物生长发育的规律。在理解各器官的结构和形态建成这条主线时,必须注意结合这些规律。

根是植物长期适应陆生生活的产物,在高等植物中的蕨类才开始有根的出现。根是被子植物的重要营养器官之一,有主根、侧根和不定根三种,由这些类型的根组成了直根系和须根系。

第一节　根 的 功 能

1. 支持与固着　被子植物具多分枝的庞大根系,其分布范围和深度与地上部分相应,足以支持即使是十分高大的、分枝繁多的茎叶系统,并把它牢牢地固着在常有风吹雨袭的陆生环境中,成为能适应陆生生活的优势群种。

2. 吸收、输导与贮藏　植物一生需要大量的水,如生产 1 kg 的稻谷需要 800 kg 的水,1 kg 小麦要 300～400 kg 水。植物所需要的水基本上靠根系吸收;根还吸收土壤溶液中离子状态的矿质元素、少量含碳有机物、可溶性氨基酸和有机磷等有机物,以及溶于水中的 CO_2 和 O_2。根所吸收的物质可通过根中的输导组织运往地上部分，又可接受地上部分所合成的营养物，以供根的生长和种种生理活动所需，其中一部分还可贮藏在根部的薄壁组织内。

3. 合成　根能合成多种有机物，如氨基酸、生物碱（如尼古丁）及激素等物质；当病菌等异物入侵植株时，根亦和其他器官一样，能合成被称为“植物保卫素”的一类物质，起一定的防御或减灾作用；根还可能参与一些维生素和促进开花的代谢物的制造。

4. 分泌　根能分泌近百种物质，包括糖类、氨基酸、有机酸、固醇、生物素和维生素等生长物质以及核苷酸、酶等。这些分泌物有的可以减少根在生长过程中与土壤的摩擦力；有的使根形成促进吸收的表面；有的对他种生物是生长刺激物或毒素，如寄生植物列当，其种子要在寄主根的分泌物刺激下才能萌发，而苦苣菜属（*Sonchus*）、顶羽菊属（*Acroptilon*）的一些杂草的根能释放生长抑制物，使周围的植物死亡——就是所谓异株克生现象（allelopathy）；有的可抗病害，如发现抗根腐病的棉根分泌物中有抑制该病菌生长的水氰酸，不抗病的品种则无；根的分泌物还能促进土壤中一些微生物的生长，它们在根际和根表面形成一个特殊的微生物区系（某一特定地区植物种类的总体称为区系），这些微生物在植株的代谢、吸收、抗病性等方面起作用。

第二节　根和根系的类型

一、根的类型：定根和不定根

被子植物的根有主根（axial root）、各级侧根（lateral root）和不定根（adventitious root）3 类。侧根可以长在主根、侧根和不定根上，长在主根和不定根上的称为一级侧根，长在一级侧根上的称为二级侧根……依此类推。其中主根和侧根由于发生于一定部位（主根起源于胚根，侧根起源于侧根原基，详见下述）又称为定根（normal root）；不定根如其名，发生部位有多种，如胚轴（小麦）、茎、老根和叶等处。这 3 种根主要区别是起源不同，而它们的基本结构是类似的。

二、根系的类型和组成

植物体地下部分根的总体称为根系（root system）。被子植物通过伸长、分枝、加粗和不定根的产生形成直根系和须根系两种根系，如图 3-1 至图 3-4 所示。

1. 直根系　直根系（taproot system）一般为双子叶植物具有。从外形上看，有一个粗壮并保持垂直向纵深生长的主根和分枝繁多、粗度依次递减的各级侧根，所以一般是由定根组成。但有的种类有少部分由胚轴上长出的不定根参与其直根系，如一部分豆科植物(图 3-13)；一些成年的木本植物也常常从茎的基部产生一些不定根，参加到原有的直根系中去。

主根由胚根发育而成，由于其最早开始伸长和加粗，又具有顶端优势，因而成为直根系中最粗最长的主干根。其“主干”作用不仅表现在形态上，也表现在下列功能上，一是主根在依正向地性作伸长生长的同时，陆续向顶端方向依次产生一些一级侧根及其分枝，带动整个根系向土壤纵深处发展，主根的生长优势随之逐渐减弱，因而主根最终达到的深度常成为该根系深度的极限。主根的这个特点，常使直根系入土较深(图 3-2)。二是直根系中如无从胚轴或茎上发生的不定根，主根便是地下和地上部分的惟一直接运输通道。

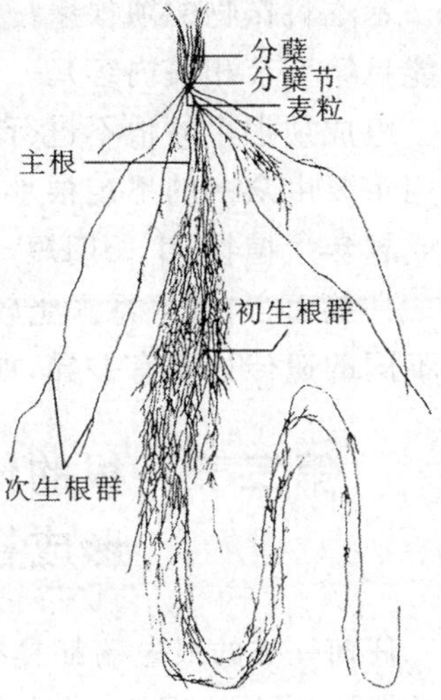

图 3-1　大麦须根系的组成

(引自 Jackson，1964)

在主根生长的同时，各级侧根依次向顶形成。较早形成的侧根也发生增粗，但因开始较晚粗度不及主根，各侧根的粗度随发生时间的早晚递减。侧根的生长与母根常成锐角(图 3-1、图 3-2)，使整个根系呈开展状，适合于支持与固着。

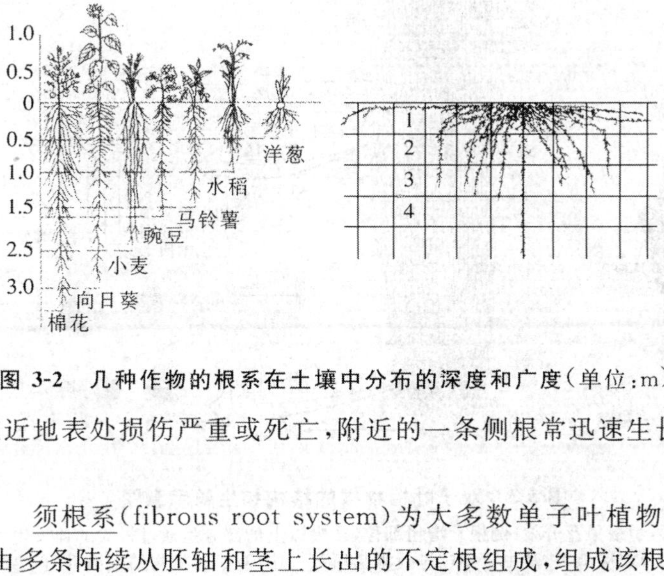

图 3-2　几种作物的根系在土壤中分布的深度和广度(单位：m)

当主根在近地表处损伤严重或死亡，附近的一条侧根常迅速生长，成为类似主根的骨干根。

2. 须根系　须根系(fibrous root system)为大多数单子叶植物所具有。主根不发达，主要由多条陆续从胚轴和茎上长出的不定根组成，组成该根系的根均不增粗，各条根的粗细近似，丛生如须(图 3-1)，故名。有些植物如小麦、大麦等，在这些不定根上也会产生一些侧根(图 3-1)，有的则不产生，如水仙等。

禾本科作物的须根系一般由初生根群和次生根群两部分组成(图 3-1,发生和功能见第五节相关内容)。

组成须根系的根不进行次生生长,它与地上部分的输导联系以及支持、固着等作用主要由众多的不定根承担,因此它们都是骨干根。这与禾本科作物均为一年生或越年生植物,生长期短,植株矮小等特性是相互适应的。

一般而言,直根系入土较深,为深根系,须根系为浅根系。但不同的植物也因其不同的遗传性而有差异,如图 3-2 所示。

第三节 根的伸长——根尖中进行初生生长不断形成初生结构的过程

任何一类的根先端都具有被称为根尖的部分。根尖(root tip)是根顶端至着生根毛处的一段根(图 3-3 左、中),是根系中生命活动最旺盛的部分,根的若干机能诸

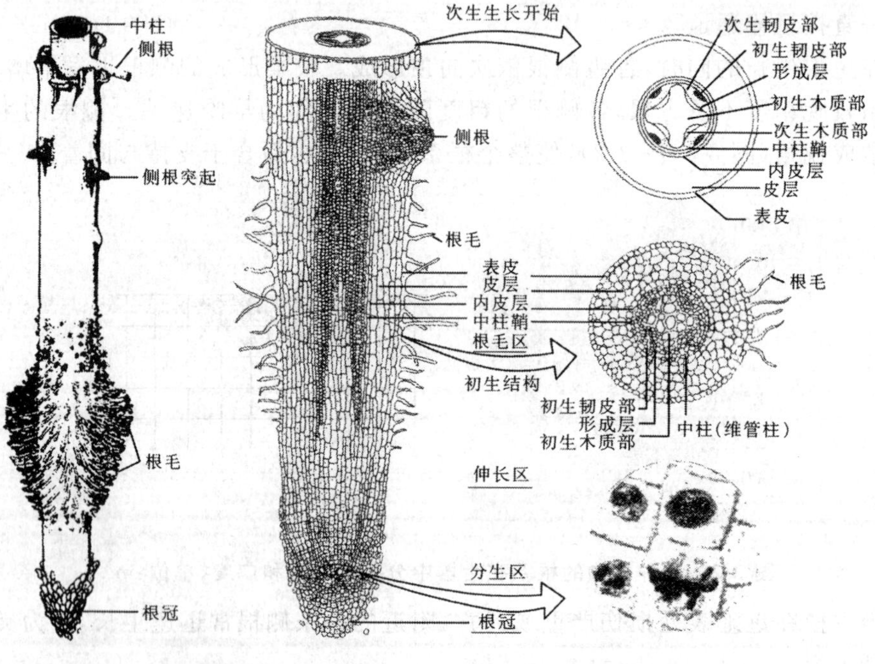

图 3-3 双子叶植物根的结构和生长示意图

左:根的外形,示根尖及分枝(侧根)、增粗部位,根尖以上的部分是通过根尖的伸长生长形成的;上端表皮及皮层破裂,是由于中柱进行增粗所致 中:双子叶植物幼根纵剖面,绘时经适当缩短以示根结构上的各个发育时期 右:中图各相应部分的横剖面的细胞图和简图(简图是不绘出细胞,只用线条按比例标出各种组织或结构的轮廓和位置的手绘图)

(左图引自杨世杰,2000;中、右图引自 CCM:General Biological)

如吸收、合成、分泌、贮藏等主要在这个部位进行。根的伸长生长也是通过根尖进行的，所以必须先掌握根尖的结构，才能了解在其中进行的初生生长使根伸长的过程。

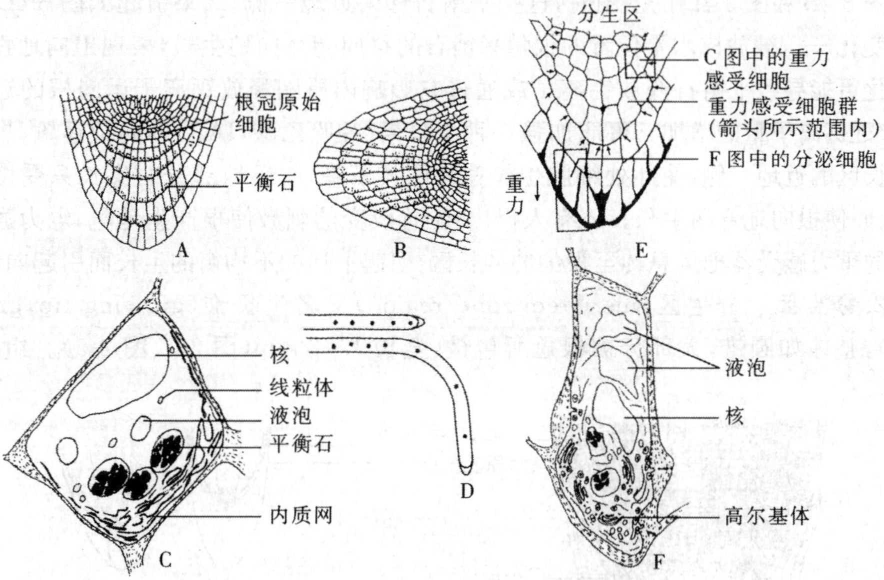

图 3-4　根冠细胞对重力的感受和分泌作用

A～D. 示根冠细胞中的平衡石(小黑点)对重力的反应　B. 由于根被置于水平位置，平衡石移向近地一侧的细胞壁　C. 电镜下一个根冠重力感受细胞的结构　D. 被置于水平位置的根，事先加上等距离的点形标记。下面一条根示 23 h 后的情况——根向地弯曲生长，位于近前端的点之间的距离变大，表示形成弯曲生长的部位大致在伸长区　E. 根冠纵剖面，示 C 图中的重力感受细胞和 F 图分泌细胞的取材位置，群箭头标出重力感受细胞群的位置　F. 电镜下的分泌细胞，箭头所指处为高尔基体产生的含黏液的囊泡与质膜合并的情况

(C、E、F 引自 Andreas 和 Hensel W.，1991)

一、根尖的分区与结构

通常根据结构上的差异将根尖划分为 4 区——根冠、分生区、伸长区和根毛区，如图 3-3 所示。

1. 根冠　根冠(root cap，calyptra)为薄壁细胞组成的帽状结构，保护着被其包围的分生区。根冠的外层细胞排列疏松，外壁和原生质体中的高尔基体的大囊泡内含有黏液，可能为果胶物质。囊泡不断与质膜合并，使黏液释放于壁与质膜间，再分泌至壁外凝成小滴(图 3-4E、F)；在根向土壤纵深生长时，根冠外层细胞时有脱落，脱落的细胞也形成黏液；还发现根的其他部分亦会分泌类似黏液。这些黏液在根表形成一种吸收表面，具有促进离子交换、溶解和可能螯合某些营养物的作用，同时可使根尖易于在土壤颗粒间进行伸长生长。

有实验表明，根生长时的向地性通过根冠对重力的感受而表现。如图 3-4A～D 所示，根冠中央部分的细胞内有若干被称为平衡石(statolith)的造粉体，当根的位置被改变如图 3-4B 和图 3-4D 的上图时，这些平衡石移向近地一侧，结果引起如图 3-4D 的下图的变化——被放成水平位置的根随平衡石的移向转而向地生长，表现出向地性。这种变化可能导致平衡石释放钙离子或通过它影响内质网释放钙离子运向根的近地一侧，此处钙离子量的增加又可能加强一种生长素(吲哚乙酸，IAA)的向顶运输，进入根尖伸长区的近地一侧，使此处细胞生长速率明显下降，而远地部分的生长只受微小影响，从而使根向地弯曲生长。还有人提出：位置改变的刺激使根产生地电，电力通过根冠中的重力感受器把信息传至根尖的伸长区，引起上述的不均衡的生长而引起向地性。

2. 分生区　分生区(meristem zone/region)又名生长锥(growing tip，growth cone)，整体如圆锥，大部分被根冠所包被，全长 1～3 mm(图 3-3、图 3-5)。组成分

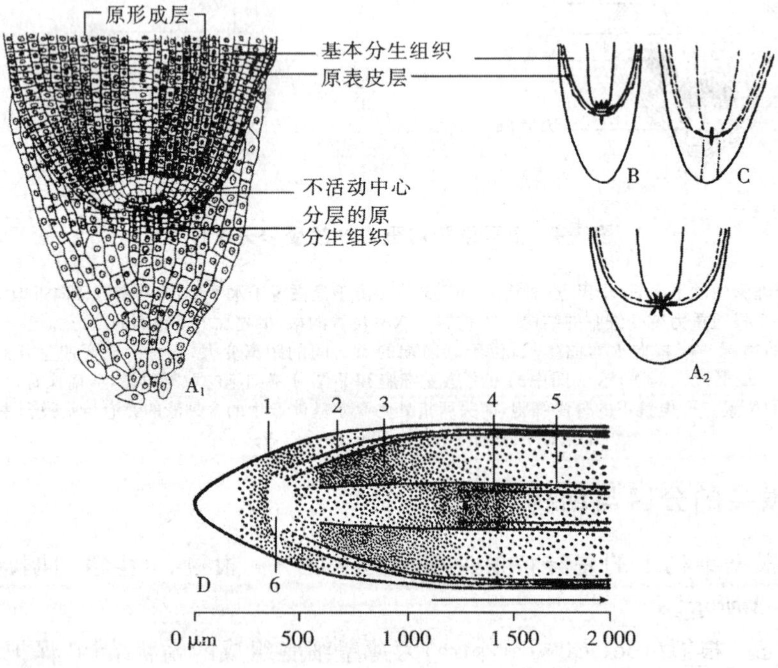

图 3-5　根冠和分生区纵切面细胞图及简图(示顶端原分生组织分层及其与所衍生的初生分生组织的关系，不活动中心的位置)

A_1 和 A_2 为玉米，其顶端原分生组织分为三层：由上而下第一层形成原形成层，第二层形成基本分生组织和原表皮层，第三层形成根冠。A_1 中未绘细胞核的细胞群为不活动中心　B 为烟草，亦分三层，第一层形成原形成层，但第二层只形成基本分生组织，第三层形成原表皮层和根冠　C 为洋葱，只有一层，初生分生组织的 3 个组成部分都由其产生　D 为根尖纵切简图，黑点的密度表示细胞分裂的频率　1. 根冠　2. 表皮　3. 皮层　4. 最早的筛管分子　5. 维管柱　6. 不活动中心

(A_1 引自 Clowes；其他引自 Esau，1953)

生区的组织即顶端分生组织。前端为原分生组织，其排列和分裂活动具有分层特性，并因植物种类不同而有差异，图 3-5 所示为作物中常见的三类。原分生组织向上/后逐渐成为初生分生组织，离根冠愈远的初生分生组织，细胞分裂能力愈为减弱，并逐渐有了初步分化（图 3-3 中、图 3-5D）。初生分生组织最外层为原表皮层（prododerm），覆盖在分生区外；中央为柱状的原形成层（procambium）；两者之间是基本分生组织（ground meristem），整体如筒状。这三部分分别由原分生组织的不同层次衍生（图 3-5）。

在许多植物的顶端分生组织中心，有一群分裂活动甚弱的细胞群，它们合成核酸和蛋白质的速度缓慢，线粒体等细胞器较少，被称为不活动中心（quiescent center）（图 3-5A_1、D）。该中心一般只占整个顶端分生组织的一小部分。有人发现胚根和侧根刚开始发生时，以及细小的侧根中不存在这种不活动中心；若使根受伤或休眠后再生长时，该中心可全面恢复分裂活动。不活动中心的存在原因有多种解释：有人认为它是合成激素的场所，或是根尖的一种贮备的分生组织，并推测根冠在其形成上起作用；还有人认为活跃的分裂活动在中心外缘进行，中央部分少分裂或不分裂，对保持大型的分生组织的几何学结构可能有意义。

3. 伸长区　伸长区（elongation zone/region）整体为柱状，长 2～10 mm。基本由初生分生组织组成。向着根毛区方向细胞分裂活动愈来愈弱，细胞的长度和分化程度则随之增加，在靠近根毛区端原生韧皮部的筛管和原生木质部的导管先后出现。从整体看，组成该区的细胞普遍伸长（图 3-3 中），故名。该区可视为分生组织到成熟组织的过渡区域。

4. 根毛区　根毛区（root hair zone/region）整体为柱状，长度数毫米至数厘米。这一区基本由各种成熟组织组成，因而又可称为成熟区（maturation zone）。该区因表面密被根毛而得名。在湿润环境中玉米根毛区每平方毫米表皮有根毛 425 根，苹果 300 根，豌豆 230 根。根毛的存在大大增加了吸收表面，使这一区成为根部行使吸收作用的主要部位。根毛还可改善根与土粒的接触。据调查，土粒与生长中的根之间常有 10 μm 或更宽的缝隙，这些缝隙为空气所充满，成为水向根移动的障碍。土壤变干或根发生收缩时，或根沿着腐烂的生物残体、小虫留下的小沟生长时，就更容易形成这种缝隙。根毛能沿缝隙曲折地生长，并与土壤颗粒紧紧缠结（图 3-6B、C），便解决了根与水液接触的问题。此外，一株植物可以有几十万至百万计的根尖，其上的根毛以这种与土壤的缠结方式无疑还会大大加强根系的固着力。

根毛（root hair）是根毛区部分表皮细胞外壁向外突出生长而形成的，为顶端封闭的管状细胞。成熟的根毛长 0.5～10 mm，直径 5～17 μm。表皮细胞形成根毛时，液泡增大，多数细胞质集中于突出部，并含有丰富的内质网、线粒体与核糖体，核也随之进入突出部顶端，根毛的细胞壁由内、外两层构成，外层覆盖整个根毛外表，薄而柔，微纤丝交织，其间含有大量果胶质、半纤维素等无定形物质；内层由纵向排列的微纤丝和少量无定形或颗粒基质组成，并不到达根毛顶端（图 3-6A）。根毛的生长是以顶端生长的方式进行，基部的壁先增厚并钙化变硬，随钙化的向顶进行，根毛的伸长生长也逐渐停止。因此，新形成的根毛钙化程度低，易于与土壤紧贴。

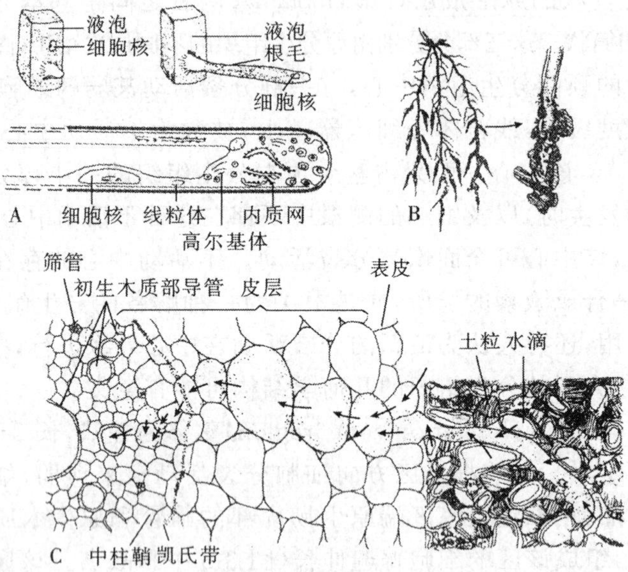

图 3-6 根毛

A. 上图示根毛的分化过程，下图为成熟根毛的超微结构 B. 小麦根系，示各条根的根毛区处与土壤颗粒缠结成"土壤鞘" C. 土壤溶液经根毛进入根中导管的途径（箭头）及根毛沿土壤缝隙曲折生长的状况

（A 部分仿 Roland；B 引自高信曾；C 根据 Esau 改绘）

根毛的寿命一般为 2～3 周或更短。根毛区上部（近土表端）的根毛依次死去，又由伸长区上端陆续形成新的根毛区根毛来补充，所以分布在根毛区上的根毛愈接近伸长区愈短。个别植物的根毛存活期较长，但后期常木化，变粗，如菊科的一些植物。

二、根的伸长过程

根在进行伸长生长时，根尖各区始终处于不断更新而又保持各自的相对长度的状况。这是因为分生区一直在进行细胞分裂，分裂增加的细胞除一部分仍成为分生区（分生区本身因此也得到更新）外，一部分源源不断地补充根冠（如前所述，根冠外表的细胞在根向土壤纵深生长时被不断磨损脱落）；另一部分则形成伸长区的更新部分，而伸长区的上端又正在源源不断地变为根毛区的更新部分；根毛区的上端则因根毛的陆续死去，不再属于该区，成为根尖以外（根毛区以上）的部分。

上述根尖中由初生分生组织形成成熟结构的过程称为初生生长，所形成的成熟结构为初生结构，初生结构包括根毛区及其上方根毛脱落、尚未进行次生生长的部分(图 3-3 左、中)。这一生长发育过程是渐进的，所以除根冠与分生区之间分界较清楚外，其余三区之间皆呈梯状过渡而无明显的界线。

在初生生长过程中，根尖本身的长度和体积虽然相对不变，但根尖上方原为根毛区，后来根毛死亡脱落的部分却在不断增加，从而导致了根的伸长。简言之，根的伸长是根尖中进行初生生长不断形成和积累初生结构的过程。根的伸长生长又始终受到向地性、向水性和向肥性的制约，使根得以不断向有利根系生长发育的土壤环境发展。可见，植物虽然不能像动物那样靠移动寻找食物或趋吉避凶，但它通过根特有的这种无限生长的方式，能在一定程度上起到类似的作用。

三、双子叶植物根的初生结构和禾本科植物根的特点

根的初生结构由多种成熟组织组成。在其横剖面(图 3-3 右侧中图、图3-7A)上能较好地显示各种组成的轮廓、位置、所占比例及一部分细胞、组织的特征。所以研究各种器官的构造或生长动态时，常选用这种剖面。

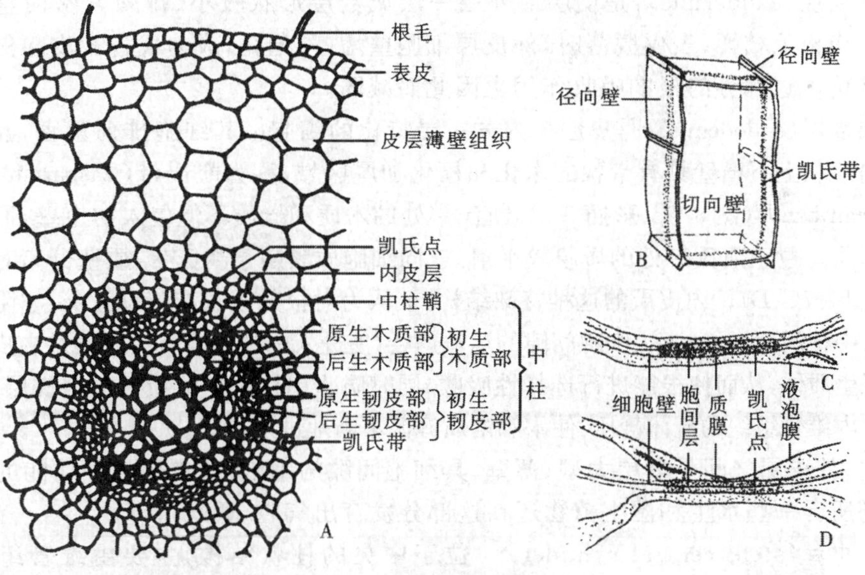

图 3-7　棉根的初生结构

A. 棉根部分横剖面细胞图　B. 一个内皮层细胞，并绘出了其四周相邻细胞的部分细胞壁　C. 为电镜下两个细胞的相邻细胞壁横剖面，示具凯氏带部分的结构。凯氏带在此剖面上亦被横切，成为凯氏点　D 同 C，但为经处理后质壁分离的状况：具凯氏带部分的质膜仍与壁粘连，并可见此处质膜平滑，无凯氏带部分质膜为波纹状

(A、B 引自徐汉卿；C、D 仿 Benntt 电镜相片)

(一)双子叶植物根的初生结构

如图 3-7A 及彩插 3-1 所示，自外而内可划分为表皮、皮层和中柱三个基本部分。

1. *表皮* 根的表皮主要执行吸收作用。为根外表的一层生活细胞，由原表皮层发展而来。细胞整体近似长方体形，细胞壁薄，长径与根的纵轴平行，排列紧密、整齐，无气孔，整个表皮外被较薄的角质膜。大多数的表皮细胞可形成根毛。一些植物具两种细胞，只有其中含有较浓细胞质和较大的细胞核的短细胞可发育为根毛，这种细胞称为生毛细胞(trichoblast)。水生植物和个别陆生植物如花生、洋葱不具根毛，或根毛很少。一些植物具有的气生根(长在地表以上的根)也无根毛。有一种气生根在表皮发育过程中，原表皮层细胞经几次平周分裂(分裂面与器官的表面平行)形成套筒状的、由多层细胞构成的根被(velamen)，其细胞排列紧密，细胞壁局部栓化、加厚，后期原生质体瓦解，细胞腔内充满空气，成为降雨时吸水、平时减少蒸腾和具保护作用的结构。

2. *皮层*(cortex) 是水分和溶质由根毛及根表进入中柱之前的横向运输途径，又是根进行合成、分泌、贮藏和通气等作用的主要部位。皮层由基本分生组织发育而来。位于表皮内、中柱外，由多层生活薄壁细胞组成，在初生结构的三个基本部分中占有最大比例。其外层和最内一层的结构特殊，分别称为外皮层和内皮层。

外皮层(exodermis)：是皮层最外层一层或数层形状较小、排列紧密而整齐的细胞。当根毛枯死，表皮脱落时，外皮层细胞壁增厚，栓化，成为代替表皮起保护作用的结构。这部分的根的吸收作用也因此而减弱。

内皮层(endodemis)：是皮层最内方一层特化的细胞。其细胞排列紧密，各细胞的径向壁和上下横壁具有带状的木化和栓化加厚区域，称为凯氏带(Casparian strip, Casparian band)(图 3-7B、彩插 3-2)，凯氏带处的木质和栓质不但侵入初生壁，而且透入胞间层。位于凯氏带处的质膜较平滑，连同细胞质紧贴于凯氏带，质壁分离时亦不分开(图 3-7C、D)。内皮层的这种特殊结构，被认为对根的吸收有特殊意义：它阻断了皮层与中柱间通过细胞壁、细胞间隙的运输途径，使进入中柱的溶质只能通过内皮层细胞的原生质体，从而使根能进行选择性吸收，同时防止中柱里的溶质倒流至皮层，以维持中柱内维管组织的流体静压，使水和溶质源源不断地进入导管。

内、外皮层之间是多层大型、薄壁、具细胞间隙的细胞，是皮层各种功能的主要执行场所。一些水生和湿生植物还在这部分发育出气腔、通气道等。

3. *中柱*(stele, central cylinder) 位于中央的柱状结构，主要由维管组织组成，执行输导作用，因而又称维管柱(vascular cylinder)。中柱由原形成层分化而来，包括中柱鞘、初生木质部、初生韧皮部和薄壁组织几部分。

中柱鞘(pericycle)：为中柱最外层，与内皮层毗连的一层或几层薄壁细胞，有潜在分裂能力，在特定生长阶段和适当的条件下能形成多种组织或器官。

初生木质部(primary xylem)：在中柱鞘内方，整体分为数束，与初生韧皮部相间排列。其束数因植物而异，一般双子叶植物2～7束，单子叶植物在7束以上。根据束数分别称其根为二原型、三原型、四原型……(图3-10B)。同一植物的不同品种有时束数有异，如茶，有五原、六原、十二原之分；同一株植物侧根中的束数有时少于主根，或相反；外因有时亦可使束数改变，如用三原型的豌豆根尖作离体培养时，适量的吲哚乙酸可使新生根成为六原型。

初生木质部主要由导管组成。其分化过程是由外向内逐渐进行的，这种分化方式称为外始式(exarch)(彩插3-2、图3-7A)。外方先成熟的部分只具管腔较小的环纹和螺纹导管，称为原生木质部(protoxylem)；内方较晚分化成熟的部分称为后生木质部(metaxylem)，其中的导管为管腔较大的梯纹、网纹和孔纹导管。由于这两部分导管口径的不同，使各初生木质部束呈星芒状(图3-7、图3-10B)，尖端的原生木质部导管与中柱鞘相接，使从皮层横向运输来的溶液通过中柱鞘后可直接进入原生木质部导管而运往地上部分。原生木质部分化较早，常在伸长区的近根毛区处即已成熟。它们的导管次生增厚部分少，柔韧的初生壁部分还可以随伸长区细胞的伸长而适当延伸，所以在幼根纵剖面的制片中，常可见到其环纹或螺纹的次生壁在延伸的拉力下呈倾斜状。后生木质部在根毛区成熟，此处各部分均由成熟组织组成，处于发挥各种功能，尤其是吸收作用的最佳状态，大管腔的导管的形成是与此相适应的。

初生韧皮部(primary phloem)：位于初生木质部束之间，因而束数与之相同。也有原生与后生韧皮部之分，亦为外始式。原生韧皮部通常缺少伴胞，后生韧皮部主要由筛管与伴胞组成，只有少数植物有韧皮纤维存在。

在初生木质部和初生韧皮部之间有数列薄壁细胞，其中一层属原形成层保留的部分。这些薄壁细胞在根进行次生生长时将恢复分裂能力。有的植物在中柱中央也有一些薄壁细胞。

双子叶植物中具初生结构、尚未进行次生生长的根又称为幼根(图3-3中)。幼根中的中柱所占比例小，机械组织不甚发达，具较好的柔韧性，适应于继续在土壤中迂回曲折地伸长生长。

(二)禾本科植物根的特点

禾本科植物属于单子叶植物，这类植物的根具有和双子叶植物基本相同的根尖和初生生长过程，所形成的初生结构在基本组成方面与双子叶植物类似，可分为表皮、皮层和中柱3部分，但也有所不同。

一是内皮层的大部分细胞在发育后期常呈五面加厚：两侧径向壁，上、下横壁及内切向壁加厚并木化，在初生壁与木化的次生壁之间还有一栓化层。加厚过程始于对着初生韧皮部的部位，对着初生木质部的内皮层细胞常停留在具凯氏带阶段，称为通道细胞(passage cell)，一般认为它们是此处根的内外物质运输的惟一途径，但黑麦草根中无通道细胞，在电镜下发现其内皮层细胞栓化壁上有许多胞间连丝通过的纹孔，估计是运输通道(图 3-8B)。

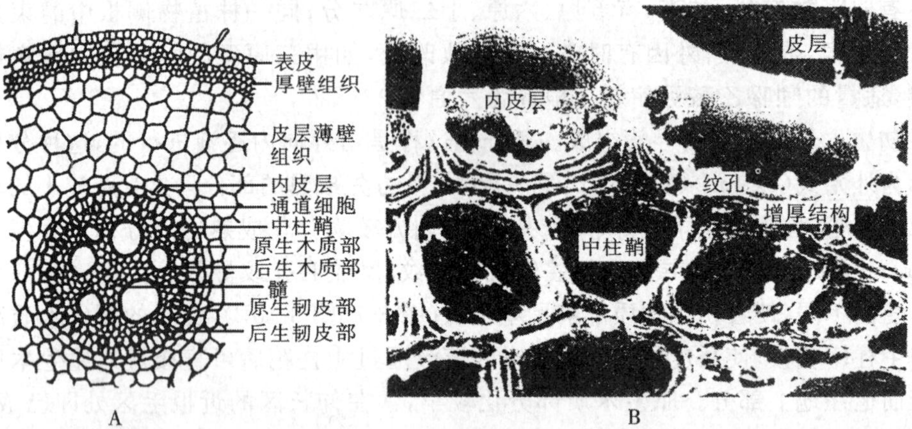

图 3-8 小麦老根横剖面(A)及黑麦草部分内皮层细胞电镜图(B)
(示内皮层细胞五面加厚的壁及其中的纹孔)
(B 图引自 Clarkson,1991)

二是中柱方面的结构差异：中柱鞘在根的发育后期常部分(如玉米)或全部(如水稻)木化；维管柱为多原型；中央有发达的、由薄壁细胞组成的髓。

三是根在一生中一般只具初生结构，即不再进行次生生长而增粗。

就单子叶植物无次生生长的根而言，常将其发育时期较长的根部称为“老根”。其主要特征是：表皮与根毛大多枯萎；外皮层成为厚壁组织，如有通气结构的，如水稻、甘蔗，则已发育完善；内皮层细胞五面加厚显著；后生木质部导管完全成熟。有的植物如水稻，成为老根时，除韧皮部外，整个中柱完全木化(图 3-9)。

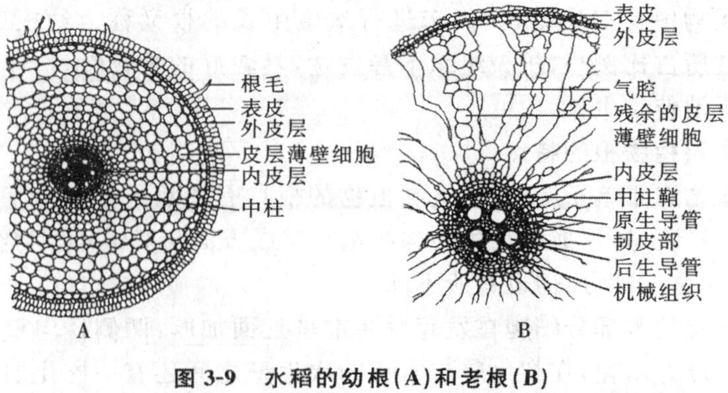

图 3-9 水稻的幼根(A)和老根(B)
(在老根中形成了发达的气腔，以适应湿生的生境)

非禾本科的单子叶植物根的结构见彩插 3-3。

第四节　根的分枝——母根上发生侧根原基及侧根的形成

在主根、侧根或不定根开始初生生长后不久，将产生分枝，即出现侧根。侧根上又能依次长出各级侧根，通过这样的反复分枝，使根系在适当的条件下可以不断地向新的土壤中扩展分布，扩大吸收范围与面积。有资料表明，根系的总表面积、根和根毛所占据的土壤体积的量是与根系的吸收能力成正相关的，而通常一个根系的体积和所占土壤的体积之比约为 5∶100。可见，侧根的形成能使植物以最少的根量发挥最大的吸收能力，并使根系所处的土壤环境常有更新。与此同时，输导、固着和支持力也得到不断加强。

一、侧根原基的发生

侧根的结构和生长方式与主根基本相同。但侧根是新形成的器官，必须有产生它的分生组织。这种分生组织所组成的结构被称为<u>侧根原基</u>(lateral root primordium)(图 3-10)，产生于形成这个侧根的根上，后者称为母根。侧根原基由原分生组织组成，由母根的中柱鞘中一定位置的细胞经脱分化、恢复分裂能力形成。这些细胞进行几次平周分裂，继而平周、垂周分裂兼有，形成向着母根的皮层方向突出的一团原分生组织细胞，便是侧根原基。

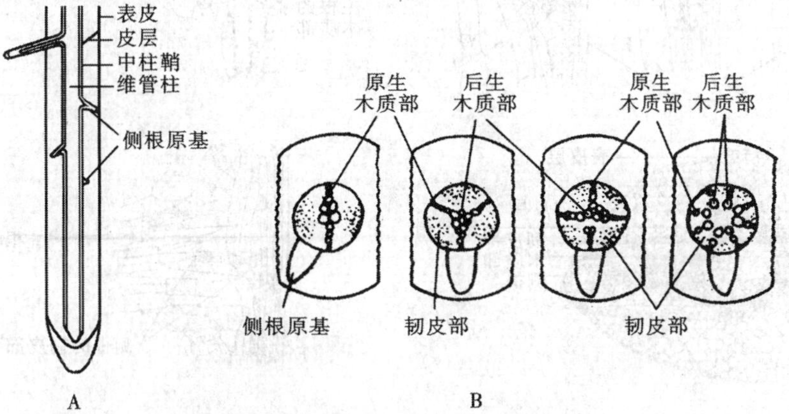

图 3-10　根尖纵剖面简图(A)和根的初生结构横剖面简图(B)
(示侧根原基发生部位)
(引自徐汉卿)

在根上产生侧根原基的部位因植物而异，一般在近根毛区的伸长区处(图

3-10A)，一些水生植物如慈姑可以在分生区出现，而如玉米等则可出现在根毛区以上的老根部位，此处的中柱鞘和内皮层已木化，在侧根原基形成前，将发生次生壁和木化部分的去除。

侧根原基在中柱鞘上产生的位置是固定的，该位置与初生木质部、初生韧皮部的位置有关系，如图 3-10B 所示：一般在二原型的根中，发生在韧皮部和木质部之间的中柱鞘部分；三、四原型的根中是在对着木质部的中柱鞘处；多原型的为对着韧皮部的中柱鞘处。

由于侧根的起源是固定的，因而被称为定根；由于它是起源于母根内部的组织——中柱鞘，所以从发生上属于内生源(endogenous origin)。

二、侧根的形成及其在母根上的分布

侧根原基形成后，将继续生长发育为侧根。先形成的是和母根一样结构的根尖。侧根原基向着母根的皮层一端形成根冠，同时另一端成为分生区，由分生区衍生出伸长区，在突破母根皮层和表皮伸入土壤前，根毛区开始由伸长区形成，入土后形成根毛——形成完整的根尖。以后，如同母根一样，通过根尖的初生生长继续伸长(图 3-11A～D)。

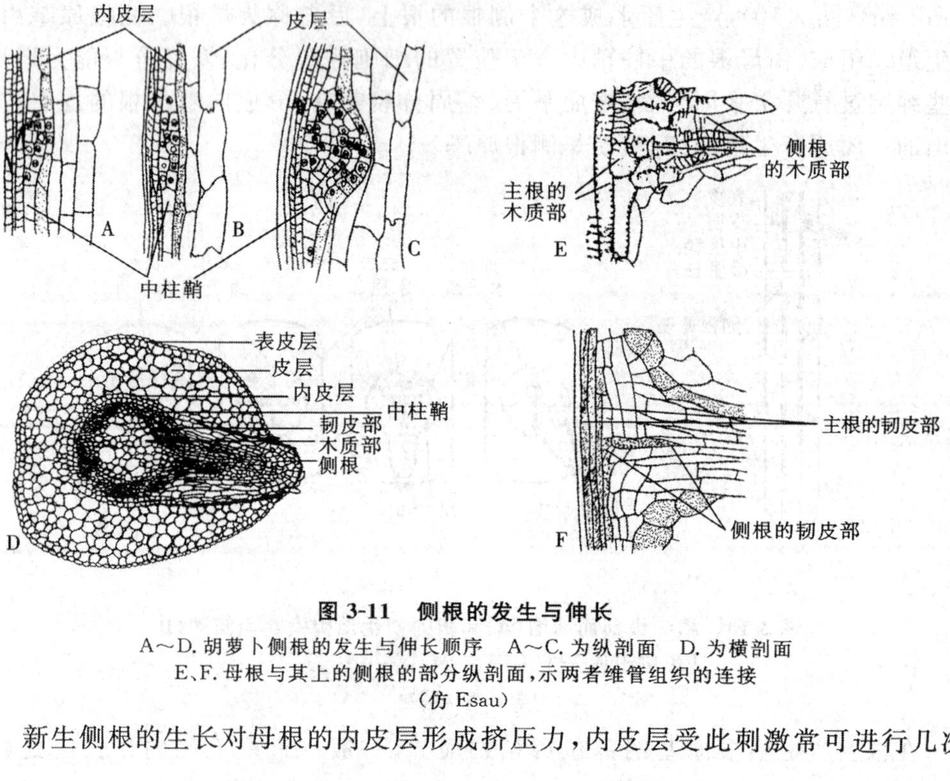

图 3-11 侧根的发生与伸长

A～D. 胡萝卜侧根的发生与伸长顺序 A～C. 为纵剖面 D. 为横剖面
E、F. 母根与其上的侧根的部分纵剖面，示两者维管组织的连接
(仿 Esau)

新生侧根的生长对母根的内皮层形成挤压力，内皮层受此刺激常可进行几次

垂周分裂，形成一个包在侧根外的袋状结构，但其外方的皮层和表皮并不能随之分裂，因此随幼侧根的伸长而逐渐被穿孔，随后袋状结构也解体，侧根得以穿出母根（图 3-11C、D）。有人认为，侧根前方母根组织的解体与酶的分解也有关。

随着侧根的根毛区的形成，其中的维管组织亦分化成熟，此时其附近的母根中柱鞘及其本身的中柱鞘衍生细胞分化出相应的输导分子，使侧根和母根的维管组织连接起来，有时附近的一些薄壁细胞也参与这种连接（图 3-11E、F）。

侧根在母根上的分布外观上是沿母根长轴呈纵列排列。由于发生位置有规律，其列数与母根的原数有关，如图 3-10B 所示：左起第一图应有 4 列，第二图应有 3 列……但因侧根原基是交错发生的，所以在一个横剖面上常只能见到一或二个侧根或侧根原基。

侧根的密度因植物和生长条件而异。如玉米常为 8 条/cm^2，豆类为 5 条/cm^2。根系中的侧根可达到五级或更多。

由于侧根的结构与主根类似，在植株的生活周期内应有无限生长的特性，但实际并非全部如此。如树木和某些多年生草本的较大侧根可存活数年，一些级位高的侧根寿命很短，如苹果、木棉的只能存活数周。

第五节　不定根的发生和功能

除主根和侧根以外，生长在茎节、节间、芽的基部、叶或老根等处的根称为不定根（adventitious root），由于其发生位置无规律，故名。

一、不定根的发生

不定根是由上述各种器官中所产生的不定根原基发生。不定根原基一般为内生源，由维管组织内或其附近的薄壁细胞形成，但也有发生在表皮或其下方几层细胞的，如兰科植物，则属于外生源（exogenous origin）。发生过程与侧根原基相似。

二、不定根在植株上的分布和作用

不定根常因发生于植物个体发育的不同时期和植株的不同部位，而呈现出一定的特殊作用，在植物的生长发育中往往占有十分重要的地位。

（一）成为须根系的主体

绝大多数单子叶植物，一些用根状茎、匍匐茎、块茎、鳞茎或块根等变态器官进行自然繁殖的双子叶植物或单子叶植物、水生、腐生和寄生植物，皆具有以多条不定根为骨架根的须根系。有的植物在这些不定根上再产生大量的侧根。其中一些如以鳞茎繁殖的水仙，则无侧根产生，其须根系全部由不定根组成。

现以小麦为例，说明禾本科作物须根系中不定根的分布部位(图 3-12)。麦粒萌动时，在胚根活动后不久，依次从胚轴上的盾片节、外胚叶节和胚芽鞘节上长出 2～3 对不定根，组成了种子根，亦称初生根，总体称为初生根群(图 3-1)。小麦的种子根常为 5～7 或 8 条，玉米 3 条。种子根的数目也受籽粒饱满度和生长条件的影响。初生根群始成于幼苗异养阶段，停止生长也早，是幼苗期起主要作用的根群，因生长位置较低，利于吸收土层深处的水、肥，植株生长后期主要供应主茎的生长及成熟所需物质。以后又从靠近地面节间极短的几个节上生出不定根，每节1～3 条。这些根称为茎节根、蘖根或次生根，总体称为次生根群(图 3-1)。次生根群位于初生根群之上，入土较浅，根的开展角与粗度较大。该根群的发育状况与抗倒伏、分蘖的生长及成熟关系密切。种子根和茎节根都能形成侧根。

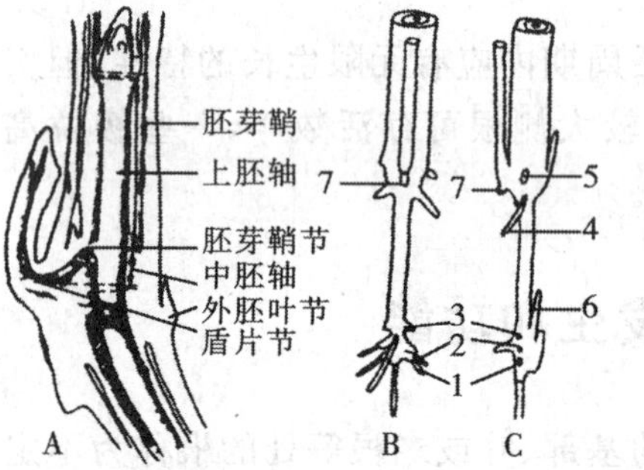

图 3-12 小麦幼苗的一部分(示种子根和茎节根的分布)

A. 示胚轴上各个长出种子根的节位名称
B、C. 示不定根的分布：
B 为正面观，C 为侧面观
1～3 为种子根：
1. 盾片节上的第一对根
2. 外胚叶节上的第二对根
3. 胚芽鞘节上的第三对根
4～7 为茎节根：4. 主茎第一节上的根
5. 主茎第二节上的根
6. 主茎第一分枝
7. 主茎第二分枝上的一对根

(二)参与直根系的形成

某些具有直根系的植物从下胚轴产生数量有限的不定根，成为直根系的一部分，而且也有规律地排列成行。如一些豆类作物(豌豆除外)(图 3-13)。

这些不定根的出现常先于主根产生侧根之前，从下胚轴的近根端开始向上依次长出，而且是根系中生长较为旺盛和粗壮的部分。生产上对豆类的这部分根的发育特别重视，常用适时培土等方法促其生长。

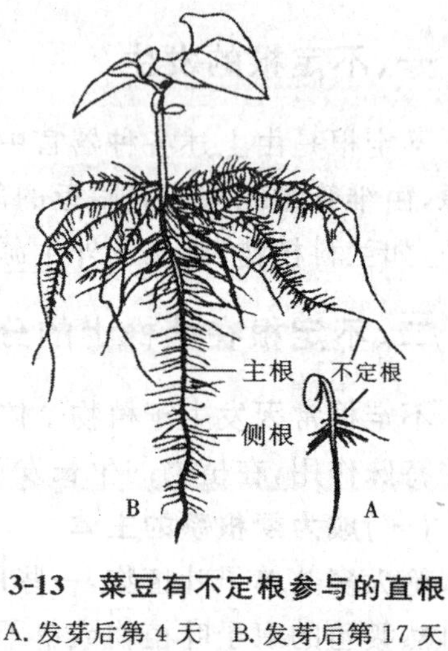

图 3-13 菜豆有不定根参与的直根系

A. 发芽后第 4 天 B. 发芽后第 17 天

(引自田中典幸，1969)

(三)作为正常根系以外的辅助根群

一些植物除地下的根系外，还具有散生于地上或地下部分的不定根群。这些根可能为气生根，如玉米、甘蔗的支持根，常春藤的攀缘根等；另一部分植物则形成相对集中的一个或多个不定根群，借以行营养繁殖。如甘薯、草莓茎蔓上长出的不定根群，禾本科中一些牧草和杂草从地下茎节上长出的不定根群等（详见第七章）。

（四）组成再生根系或形成替代根

农艺中用枝扦插的葡萄、草莓、月季等，用叶扦插的落地生根、毛叶秋海棠等，均能在切割部位——枝条基部、叶片或叶柄基部重新发生不定根群，形成再生根系（regeneration root system）。用细胞组织培养手段得到的试管苗上的根群亦属此类型。

因病虫侵袭或树木移植使根受到损伤时，原有的根常被其伤口附近新生的不定根所代替，这些根称为替代根（vicarious root，substitute root）。

第六节　双子叶植物根的加粗——次生分生组织发生和经次生生长不断形成次生结构的过程

双子叶植物的主根和较大的侧根在进行一段伸长生长之后，由近地面一端开始发生向根尖方向逐渐增粗的生长，使这些根形成上粗下细的形态。这是由于在已形成的初生结构中先后出现了两种次生分生组织——维管形成层（vascular cambium）和木栓形成层（cork cambium，phellogen），前者不断地向侧面周围产生次生维管组织（secondary vascular tissue），后者形成次生保护组织——周皮。这种由次生分生组织进行的生长称为次生生长，所形成的结构称为次生结构。连续的次生生长形成次生结构的积累，使根增粗。增粗由于是在初生结构的基础上进行的，因而发生时间稍后于伸长生长。但一旦开始，便可与伸长生长同时进行，即增粗的根的先端仍然可以继续伸长（因根尖仍然保留）。单子叶植物的根一般不增粗。

以下就这两种次生分生组织的发生和活动来探讨根的增粗，也即是次生生长的过程。

一、维管形成层的发生与次生维管组织的形成

维管形成层常简称形成层（cambium）。在根中，由初生结构中保留下来的一部分原形成层和一部分中柱鞘细胞恢复分裂能力而产生的细胞组成。从整体来看，形成层最初为几个弧形片段，继而互相连接形成具有几个突起的筒形，后来这个筒形的形成层的凹部被推出而成为圆筒形，并以圆筒形终身保留在由其形成的次生结构之间，持续进行次生生长。从横剖面上看，如图 3-14A～D 简图所示，分别为几个弧形、具几个突起的环形和圆环形。片段状的形成层由保留在初生韧皮部内侧的一层原形

成层细胞组成，所以，根是几原型就有几片形成层，如图 3-14A 所示。它们先行平周分裂，接着，各片段的两端的薄壁细胞也开始分裂，使形成层片段沿初生木质部放射角扩展至中柱鞘处，此时，对着初生木质部尖端的中柱鞘细胞开始分裂，成为形成层的一部分，这样，便使形成层在横剖面上成为具几个突起的环形（图 3-14B、图 3-15 右），突起数与初生木质部的束/原数也是一致的。

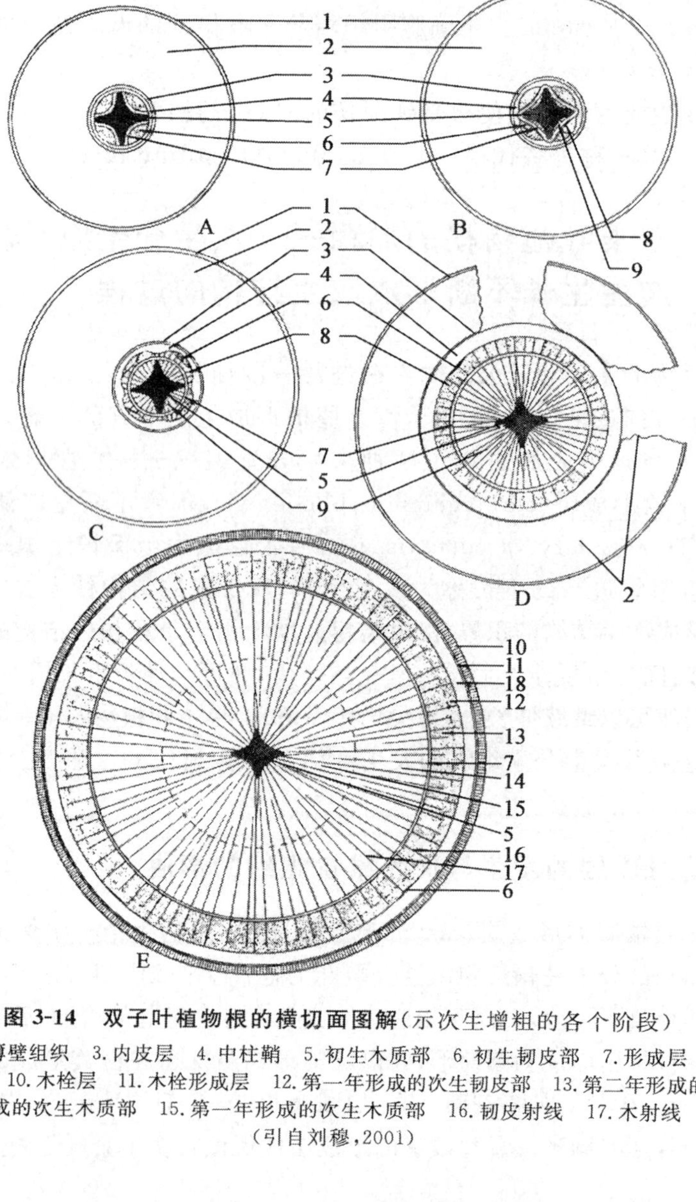

图 3-14 双子叶植物根的横切面图解（示次生增粗的各个阶段）

1. 表皮 2. 皮层薄壁组织 3. 内皮层 4. 中柱鞘 5. 初生木质部 6. 初生韧皮部 7. 形成层 8. 次生韧皮部 9. 次生木质部 10. 木栓层 11. 木栓形成层 12. 第一年形成的次生韧皮部 13. 第二年形成的次生韧皮部 14. 第二年形成的次生木质部 15. 第一年形成的次生木质部 16. 韧皮射线 17. 木射线 18. 栓内层

（引自刘穆，2001）

形成层的次生生长产生次生维管组织的活动自片段阶段就已开始。它们主要进行平周分裂，向内产生的细胞逐步分化为次生木质部的各种细胞，向外形成的是次生韧皮部的各种细胞（这两种组分详见本节之三）。所以，在形成层发生上列变化时，它所在部分的中柱就已逐渐增粗，而且形成层本身的位置也因其内部次生木质部的增加而被向外推移，如图 3-14A～C 所示。在次生生长过程中，向内形成的次生木质部细胞多于向外形成的次生韧皮部细胞，前者又比后者质地坚硬，所以形成层的向外推移不致存在障碍。在此同时，形成层的形状又从具几个突起的环形变为圆环形（图 3-14C）。形成层的这个阶段的形状变化，是由于各个凹陷部被其内部逐渐积累的次生木质部向外推移所致：凹处是形成层最早形成和进行细胞分裂的部分，因而产生和积累的次生木质部较突起处多，使这部分的形成层较突起处被推移得快。最后，当整个形成层成为圆环/筒形时，其各部分的分裂速度趋于一致，因而终身得以保持圆筒形。在形成层向外推移过程中，它除以平周分裂为主外，也作一定的垂周分裂，以扩展本身适应根增粗的变化（图 3-14D、E）。

二、木栓形成层的发生与周皮的形成

由上述可见，根的次生生长只发生在中柱内部。中柱最外方的中柱鞘可随次生生长作垂周分裂而扩大本身，但中柱外方的皮层和表皮却不能恢复分裂活动。于是，当中柱增粗到一定粗度时，其外方的皮层和表皮即被撑破，如图 3-14D 所示。在此之前，整个中柱鞘的细胞除继续进行垂周分裂外，又开始进行平周分裂，成为木栓形成层。木栓形成层向外产生多层木栓细胞组成的木栓层；向内产生几层薄壁细胞组成的栓内层。木栓层、木栓形成层和栓内层共同组成次生保护组织周皮（图 3-14E、图 3-15 左）。

在多年生的根中，木栓形成层不像维管形成层那样终身存在，而是每年都由原有的木栓形成层内方的薄壁细胞再形成新的木栓形成层，而且逐年向内推移，最终可由次生韧皮部中的薄壁细胞形成。由此形成每年死去的周皮的积累物，就是树皮（bark）。

少数植物的第一层木栓形成层可由皮层甚至表皮形成，这种情况下，其内方的皮层可随不断增粗的中柱而作相应的扩展。

三、双子叶植物根的次生结构

经过上述两种次生分生组织——形成层和木栓形成层的发生和次生生长的进行，形成了双子叶植物根的次生结构，并因其逐渐地横向增加导致根的增粗。形成层向外产生的次生韧皮部包括筛管、伴胞、韧皮薄壁细胞和较少的韧皮纤维；向内产生的次生木质部包括导管、管胞、木纤维和木薄壁细胞。其中一部分薄壁细胞作径向排列，分为多束，每束为单列或多列，自内而外分散贯穿于整个次生维管组织中，称为维管射线(vascular ray)。维管射线在次生木质部中的一段又称为木射线(xylem ray)，在次生韧皮部中的一段称韧皮射线(phloem ray)。

有些植物的根中还有由中柱鞘起源的形成层产生的射线，位于对着初生木质部束的部位，亦为径向，夹在次生维管组织之间，常较维管射线宽。这些射线主要起横向输导作用。

木栓形成层逐年发生，第一年的发生和活动开始的时间稍晚于形成层。由它进行次生生长产生周皮，或者还有树皮。

如此便形成如图 3-14E、图 3-15 左所示的根的次生结构，自外而内依次为：周皮（包括木栓层、木栓形成层和栓内层）、数束初生韧皮部（后期可被挤毁）、次生韧皮部和韧皮射线、形成层、次生木质部和木射线、初生木质部（彩插 3-4）。

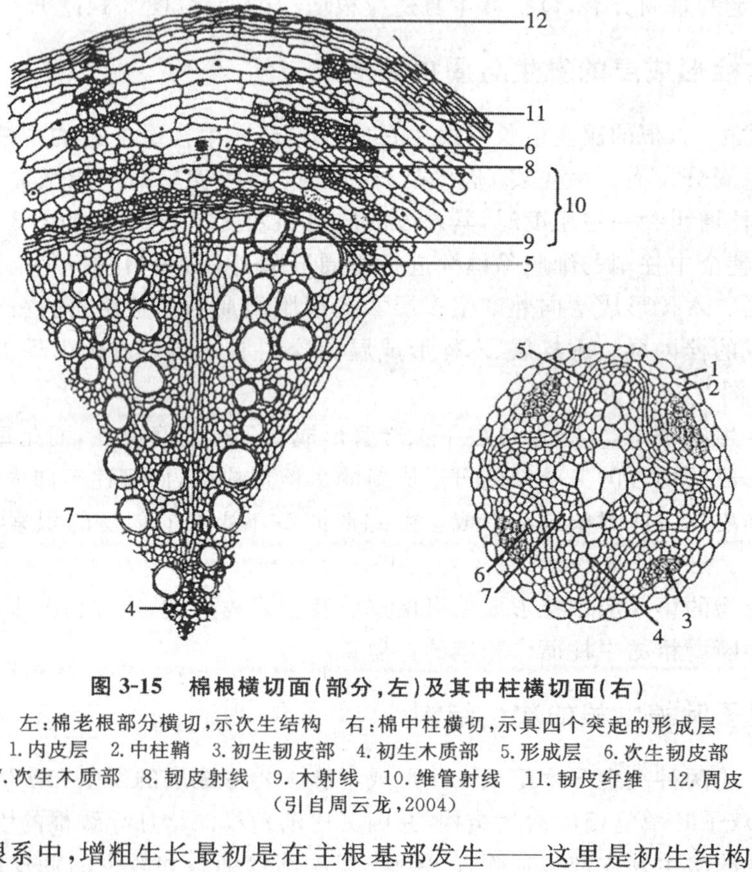

图 3-15 棉根横切面(部分，左)及其中柱横切面(右)

左：棉老根部分横切，示次生结构 右：棉中柱横切，示具四个突起的形成层

1. 内皮层 2. 中柱鞘 3. 初生韧皮部 4. 初生木质部 5. 形成层 6. 次生韧皮部 7. 次生木质部 8. 韧皮射线 9. 木射线 10. 维管射线 11. 韧皮纤维 12. 周皮

（引自周云龙，2004）

在直根系中，增粗生长最初是在主根基部发生——这里是初生结构最早形成

的部位，继而向顶端方向逐渐推进，在较早形成的侧根中也会同样发生增粗。增粗生长所添加的主要是维管组织，正是与日愈壮大的植株对输导和支持作用日愈增长的需要相适应。由于主根最先进行增粗，因而最后形成了直根系中的最粗壮的主干，这与其在根系中的地位和作用相当，因为在无不定根参与的直根系中，主根是惟一与地上部分直接联系的运输通道，经所有的侧根吸收的水分和溶液，皆需先集中到主根，再由主根运往地上部分；同样，由地上部分供应的营养物质也需经主根方能运至整个根系。所以它必须具有足够宽广的运输渠道（输导组织）。组成次生维管组织的分子中，不少是执行或兼具支持作用的，因而主根与早形成的侧根经过增粗，也同时逐步增加了支持能力，得以胜任对日愈长大的地上部分的固着和支持。现将根的初生、次生结构分化过程表解如下：

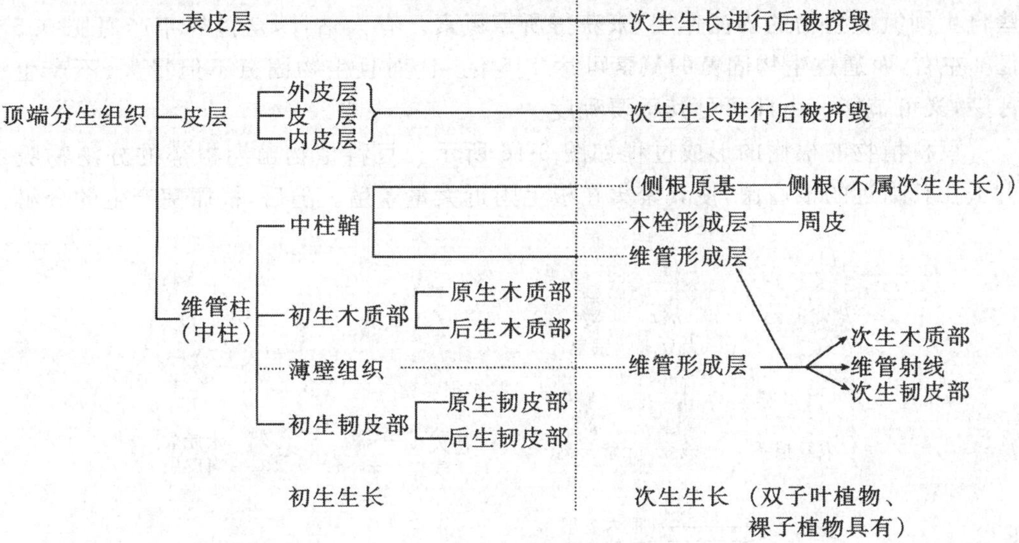

第七节　根瘤与菌根

有些土壤微生物能侵入某些植物的根部，与之建立互助互利的并存关系。这种关系称为共生(symbiosis)，被侵染的植物称为宿主，其被侵染的部位常形成特殊结构，根瘤和菌根便是高等植物的根部所形成的这类共生结构。

一、根瘤

根瘤(root nodule/tubercle)是由固氮细菌或放线菌侵染宿主根部细胞而形成

的瘤状共生结构。自然界中有数百种植物能形成根瘤，其中与生产关系最密切的是豆科植物的根瘤。

豆科植物的根瘤是由一种称为根瘤菌的细菌入侵后形成的。它与宿主的共生关系表现在：宿主供应根瘤菌所需的碳水化合物、矿物盐类和水，根瘤菌则将宿主不能直接利用的分子氮在其固有的固氮酶的作用下，形成宿主可吸收利用的含氮化合物。这种作用称为固氮作用。

蛋白质是植物细胞结构的重要组分，又是生命活动的基础。而氮为蛋白质的主要组成元素，占其16%～18%，对生命活动起很大的限制作用，因而也是世界粮食产量的主要限制因子之一，所以氮被称为“生命元素”。空气中的含氮量虽达78%左右，但植物不能直接利用，而只能主要依靠人工合成的氮肥或生物固氮（包括根瘤菌在内的固氮细菌、放线菌、蓝藻等在宿主内进行的固氮作用，和土壤中一些自生固氮微生物的固氮作用）来获得所需氮素。有人估计，全世界年产氮肥0.5亿t左右，而通过生物固氮的氮素可达1.5亿t！而且生物固氮不但量大、不产生污染，又可节能。由此可见其重要程度。

豆科植物的根瘤的形成过程如图3-16所示。豆科植物苗期根部的分泌物吸引了在其附近的根瘤菌，使其聚集在根毛附近大量繁殖。随后，根瘤菌产生的分泌

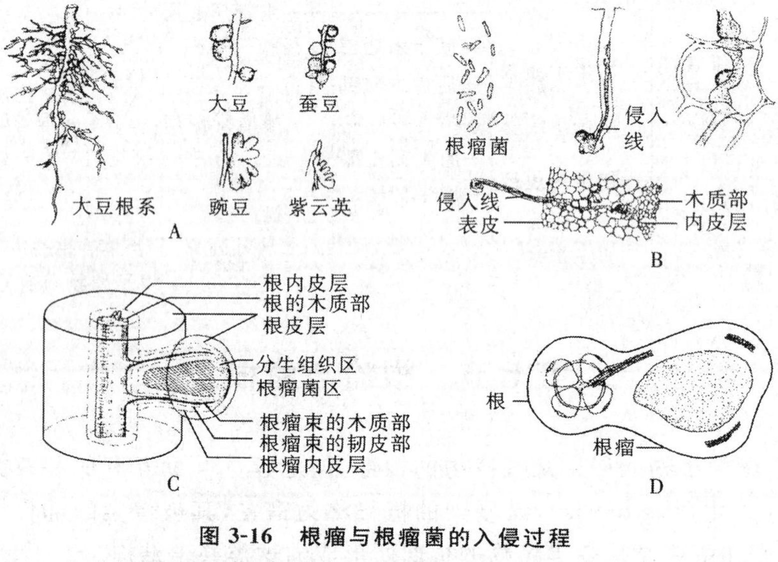

图3-16 根瘤与根瘤菌的入侵过程

A. 几种豆科植物根瘤的外形 B. 根瘤菌自宿主根毛侵入皮层的过程

C、D. 豆科植物根瘤结构：C为立体图、D为横剖面简图

（部分引自Boud）

物使根毛蜷曲、膨胀，并使部分细胞壁溶解，根瘤菌即从该处侵入根毛，在根毛中滋生成管状的侵入线。其余的根瘤菌便沿侵入线进入根部皮层并在该处繁殖，皮层细胞受此刺激也迅速分裂，致使根部形成局部突起，即为根瘤。根瘤菌居于根瘤中央的薄壁组织内，逐渐破坏其核与细胞质，本身变为拟菌体；同时该区域周围分化出与根部维管组织相连的输导组织。拟菌体通过输导组织从皮层吸收营养和水，进行固氮作用。

现已发现自然界有 100 多种非豆科植物也可形成能固氮的根瘤或叶瘤，可利用其固沙改土。此外，设法通过遗传工程的手段使谷类作物和牧草具备固氮能力，已成为世界性的研究项目。

二、菌根

菌根（mycorrhiza）是高等植物根部与某些真菌共生形成的共生体。可分为外生菌根，内生菌根和内、外生菌根 3 种。

1. 外生菌根　与根共生的真菌菌丝大部分长在幼根外表，形成菌丝鞘，少数侵入表皮和皮层的细胞间隙（图 3-17）。外生菌根一般较粗，顶端分为二叉，根毛稀少或无。只有少数植物如杜鹃花科、松科、桦木科等植物形成这类菌根。

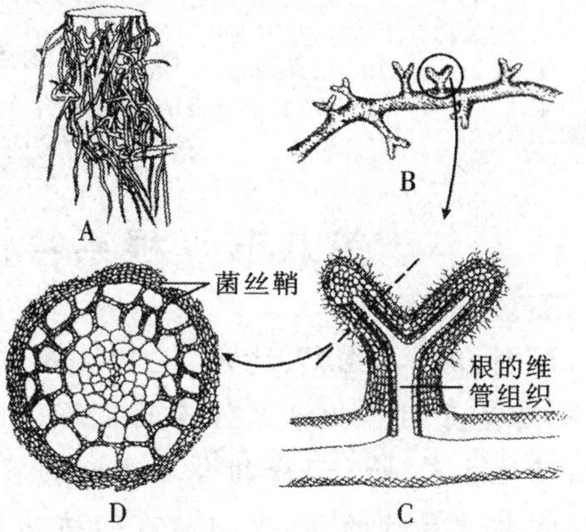

图 3-17　外生菌根

A. 栎树的外生菌根外形　B. 端部分叉的菌根　C. B图的放大　D. 外生菌根的横剖面，示菌丝鞘

2. 内生菌根　真菌侵入根的皮层细胞内，并在其中形成一些泡囊和树枝状菌丝体，故又名泡囊丛枝菌根或 VA 菌根（图 3-18）。大多数菌根属此种类型，如禾本科、银杏等植物的菌根。

3. 内、外生菌根　指共生的真菌既能形成菌丝鞘，又能侵入宿主根细胞内的一类菌根。菌根中的菌丝从宿主组织中获取营养，对宿主有利的方面是：可提高根的吸收能力；可分泌水解酶促进根际有机物分解以便于根吸收；产生如维生素 B 类的生长活跃物质，增加根部细胞分裂素的合成，促进宿主的根部发育；增加豆科植物固氮和结瘤率；提高一些药用植物的药用成分；提高苗木移栽、扦插成活率；等等。另外，兰科菌根是兰科植物萌发的必要条件。

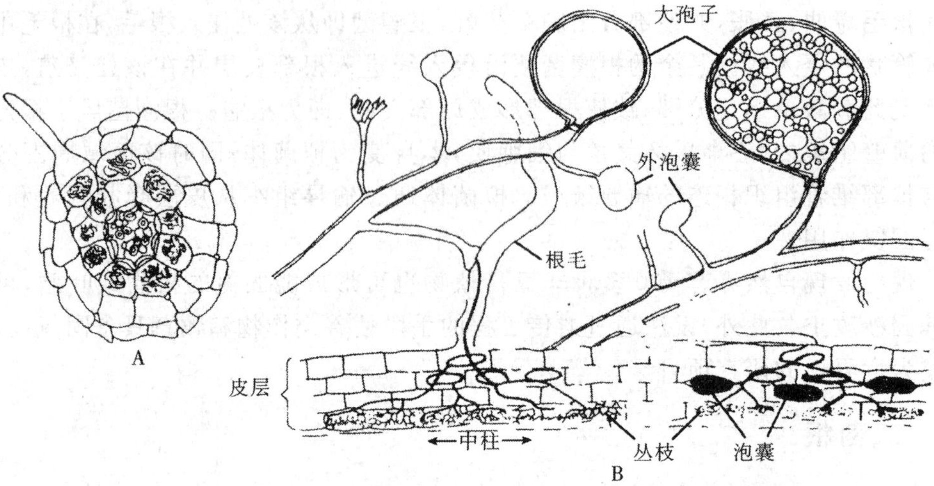

图 3-18 内生菌根(VA 菌根)

A. 小麦根横剖面,示内生菌根 B. 菌丝在宿主根中的分布

(仿 Nicolson T. H.)

第八节 根系特性与农、园、林实践*

深耕、除草、施肥、烤田、适时灌溉与合理密植等旨在提高作物产量的许多农业措施,皆基于对作物根系特点的了解。例如,充分利用地力的密植技术,就是在掌握植物地上与地下部分的合理比例的基础上形成的。据调查,一般植物根系的表面积常超过茎叶的5～15倍,有的植物更甚,如黑麦,可高达139倍。园艺中对盆栽多年生植物适时分盆、育苗移植时将苗木根部带土打包、小苗植于营养钵连钵移栽以及适当修剪去除根部的顶端优势,使移栽后多发新根等,都是提高植物成活率的重要措施。

间作搭配作物时,除注意地上部分的高、矮和喜光、耐阴等特性外,还要注意根部特点。如玉米和大豆就是合理的配伍,因为玉米根系的主要分布层在土层上部,大豆在中下部,两者可互不干扰,种在一起就充分利用了地下空间。而且大豆根瘤可提供氮素,两者的根分泌物也无异株克生现象。棉与扁豆、花生或甘薯间作,大豆与高粱间作,都是良好的搭配。

选作牧草的植物常为一、二年生或多年生的禾本科植物和豆科植物。其中多年生类型各年根系的发育速度不一,若用第一年根叶并茂的豆科牧草与第一年根茂于茎叶、第二年茎叶超过根系发展的禾本科牧草混播,无论在提高地力,或是在饲料多样化与经济利用土地方面,都有积极意义。

用于防沙固堤的植物应是根系发达、地上部分覆盖面大、抗逆性强的种类。

绿肥和草皮植物除要求地上部分发达外，还要求根系主要分布在0～10 cm的浅土层。

掌握与利用根瘤和菌根也是重要的增产措施。据计算，有根瘤的大豆每667 m^2(1亩)可固氮13.5 kg，相当于67.5 kg的硫酸氨。而且由于根瘤的脱落、残留以及一部分分泌到土壤中的氮，还可以增加土壤肥力。生产上用豆科植物与其他作物间作、轮作，就是利用这种肥力。但是固氮菌有与作物争夺营养的一面，所以除依靠根瘤固氮外，适当加施氮肥还是必要的。近年来有人发现一种具光合作用能力的固氮菌，如能发展利用，可望避免这一弊端。菌根，尤其是VA菌根，专一性小，能与大多数植物形成共生关系，有时数种真菌可与一种植物建成菌根，因而成为植物界中最广泛的一种共生体。实验证明小麦播前接种菌根菌可增产27%左右，其他如玉米、大豆及一些牧草等也有增产效果。因此一些国家已将接种VA真菌作为商品化措施之一，如对果树苗圃以很小成本接种来代替施用磷肥和锌肥。

植物生长对土壤也起着良好作用，并常表现在根部的作用上。根部发育促进根际微生物的增加和活动，可改良土壤物理性状和肥力；根系残体被分解也可增加水稳性团粒和提高土壤营养。从某些地区的调查表明，雨水进入植物附近的土壤较无植物的土地要多，在干旱或半干旱的地区尤甚。因为无植土有不透水的表层，而植株附近土内有机物丰富，易透水，其地上部分又可收集雨水。抗盐碱植物可对盐碱土的改良起作用。具发达根系的植物可防止水土流失，如我国西北部黄土高原由于建国以来不断进行植树造林，在改良土壤、防止水土流失和阻止黄河泛滥等方面，均取得重大成就。

思考题

1. 有哪些分生组织或由分生组织组成的结构参与了直根系的形态建成过程？其中哪些是原存在种子的胚中的？哪些是幼苗形成过程中形成的？

2. 如何在显微镜下鉴别单子叶植物和双子叶植物根的初生结构横切制片？请举出两个主要辨别特征。

3. 植物体各部分形态建成过程的启动和进展，也是和植物体生长发育状况以及所处环境条件相适应的。试从幼苗生长发育时其根系(直根系或须根系)形态建成过程说明这一规律。

第四章 芽与枝

提要:介绍芽的类型、形态结构特征和习性,及其对自身的生长发育及环境的适应。说明叶芽的结构及其形成枝的过程;不定芽的形成,不定芽对植物本身及农艺工作方面的意义。还讲解了枝的形态特征,枝龄的判断法;芽的活动特性与分枝方式的形成;分枝的类型。

因枝叶系统中除叶外,还带有各种芽,形态结构较根系复杂。所以在讲解其形态建成之前,先介绍有关芽与枝的知识。

通常将植物营养体的地上部分统称为茎叶系统或枝系。枝系由若干枝(枝条)(branch)组成,枝是带叶和芽的茎;芽(bud)是枝或花、花序的雏体。

第一节 芽的类型

通常按下列不同角度对芽进行分类。

一、按芽的结构分类:叶芽、花芽和混合芽

1. 叶芽　发育形成枝的芽称为叶芽(leaf bud)。叶芽的基本结构如图 4-1A、B 所示:中央为整体如锥形的生长锥(growing tip/cone),又名生长点(growing point);生长锥四周着生若干叶原基(leaf promordium)(叶的雏体)和幼叶,它们的体积和发育程度自内而外逐渐递增,有的植物在最外围还有 1 至几片芽鳞(一种保护结构,详见"鳞芽");除自顶向下的第二、三个叶原基外,每个叶原基和幼叶的腋部都具有腋芽原基(axially bud promordium)(腋芽的雏体),叶原基、腋芽原基和幼叶、芽鳞生长在中央的芽轴(bud axis)上。

2. 花芽　当植物体进入生殖生长时开始形成花芽。花芽(flower bud)是花或花序的雏体(花序(inflorescence)是由一个花芽形成的若干按一定方式着生在总轴上的小花组成)。外观通常较叶芽肥大,内含花或花序各部分的原始体——花部原基,如图 4-1C 所示。

3. 混合芽　一种既含有叶原基和腋芽原基,又含有花部原基的芽,称为混合芽(mixed bud),将来形成带有花或花序的枝,如图 4-1D 所示。

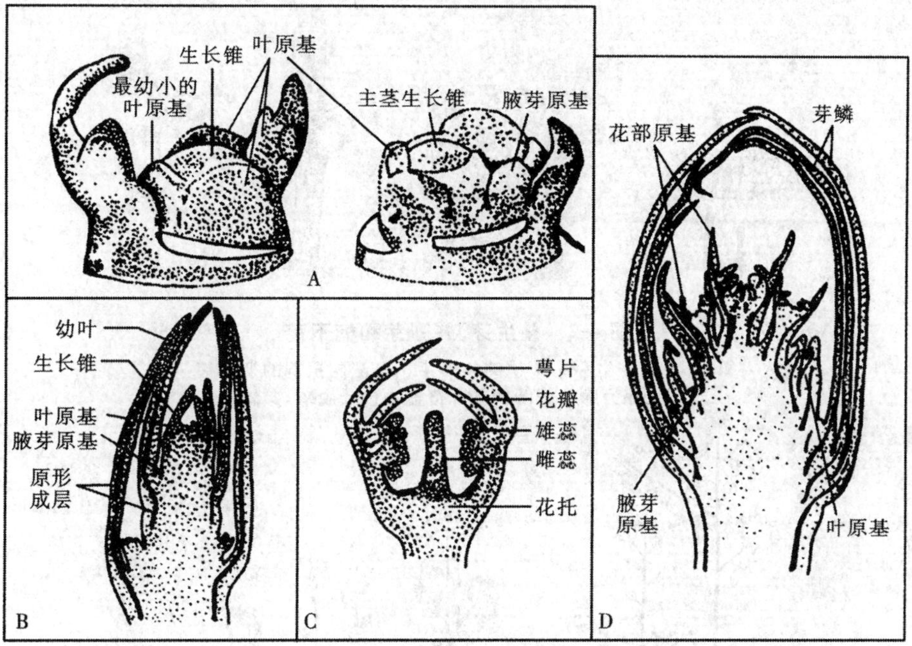

图 4-1 叶芽、花芽和混合芽的构造

A. 葡萄叶芽的立体图 B. 忍冬叶芽径向剖面简图 C. 花芽(所注均为花各部分原基)的径向剖面简图 D. 苹果混合芽的径向剖面简图

二、按生长位置分类

1. 顶芽与腋芽 以着生于枝顶端和叶腋而区分。腋芽因位于枝的侧面,又称为侧芽(lateral bud)。

2. 定芽和不定芽 顶芽和腋芽因着生位置固定,又称为定芽(normal bud);有的植物可另在老根、茎的节间或叶上长芽,这些芽着生位置不固定,因而称为不定芽(adventitious bud)。

3. 叠生芽、并列芽和柄下芽 前二者是一个叶腋内生有多个芽,彼此叠生或并列而得名;个别植物如法国梧桐,其腋芽为叶柄膨大的基部所覆盖,称为柄下芽(图 4-2)。

4. 正芽与副芽 位于叠生芽最下方或并列芽中间的芽称为正芽(normal axillary bud),其他为副芽(accessory bud)。

5. 高位芽、地上芽、地面芽和地下芽 如图 4-3 所示,是以芽着生位置与地面的关系而分类。

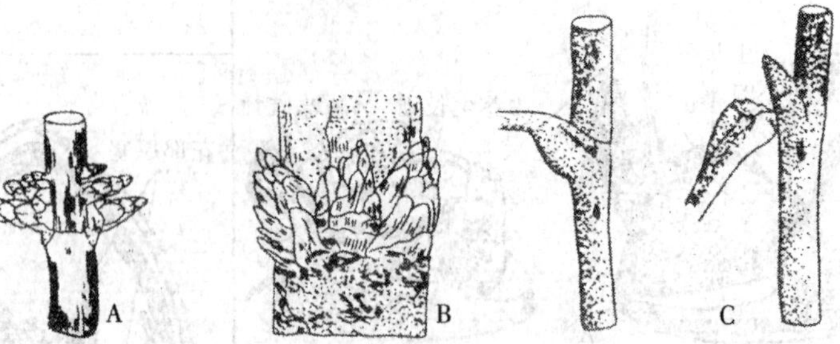

图 4-2 叠生芽、并列芽和柄下芽

A. 忍冬的叠生芽 B. 桃的并列芽 C. 法国梧桐的柄下芽：
左，腋芽为膨大的叶柄基部覆盖；右，叶脱落，芽露出

图 4-3 芽着生位置与地面的关系

1. 高位芽 2、3. 地上芽 4. 地面芽 5～9. 地下芽
（芽以涂成黑色的椭圆形表示，植株涂黑色处为能越冬的部分，其他部分在冬季死去）

三、按芽外围有无芽鳞分类

可分为鳞芽(scaly bud)和裸芽(naked bud)。鳞芽外围包有一至数片芽鳞(bud scale)，芽鳞是一种具有保护作用的变态叶，其细胞强烈角化、栓化或木化，外表又常具厚蜡被或绒毛，有的植物还分泌树脂之类的黏液。这些特征皆与保护作用有关。鳞芽常见于多年生木本植物，生于干旱或寒冷地区的具高位芽植物的芽鳞更为发达，绝大多数草本植物，尤其是一年生植物和少数木本植物的芽不具芽鳞，称为裸芽。

四、按生长状态和形成季节分类

(一)按生长状态可分为休眠芽和活动芽

芽形成后并非皆立即生长发育。温带或寒带的植物，在秋末所有的芽都进入

长达数月的季节性休眠；在炎热干旱地区的夏季，如地中海沿岸，一些植物的芽也处于休眠状态。这些芽就称为休眠芽(dormant bud)。芽的休眠是植物对逆境的一种适应，与遗传性有关，或因顶端优势导致植株体内生长素不均匀分布的效应所致。因此即使在生长季，同一植株上也会有一部分芽处于休眠状态，故园艺上有萌芽率之说。

分化完善、处于萌动状态的芽称为活动芽(active bud)。

在一定条件下，休眠芽和活动芽是可以相互转换的：多年生植物的活动芽常随季节交替地成为休眠芽和再成为活动芽；在生长季节突遇高温、干旱等不利条件，会引起一些植物的活动芽转入休眠；也可人为地引起这种变化，如摘除顶芽，打破植株顶端优势，便可使休眠的腋芽成为活动芽。

(二)按形成季节可分为夏芽和冬芽

在生长季形成的芽称为夏芽(summer bud)，夏芽多见于草本和热带植物；在生长季末形成，来年生长季才活动的称为冬芽(winter bud)或越冬芽(hibernaculum，hybernaculum)，为多年生植物所具有。

根据上述的种种分类方法，同一个芽便可以具有多种命名。例如：图4-4B的顶芽，因其发生位置固定也可称为定芽，如果来年生茎发叶则是叶芽，现正处于休眠所以是休眠芽，外无芽鳞属于裸芽，由于在生长季末形成就是冬芽，按其生长位置与地面的关系又是高位芽，等等。

第二节 芽的形态结构特征和习性及其适应意义

生长锥、叶原基、腋芽原基和花部原基均由分生组织组成，它们是地上部分所有新结构、新器官的来源，是芽的主体。稚嫩的分生组织对复杂多变的气生环境最敏感，与环境间的矛盾最尖锐。上述各种芽的构造、芽的习性，都体现了对分生组织的保护、与自身生长发育的密切配合和对环境的适应。

叶芽是借外围重重包被的幼叶(裸芽)，花芽则以幼年苞片、萼片作为保护结构。这些雏形器官按生长期的长短依次层层紧密覆盖各种原基和中央的生长锥，愈往外年龄愈大，而年龄愈大其组织结构愈趋向成熟，质地也就愈坚实，增强了保护机能。它们紧密相叠组成一个坚实、光滑的椭圆形构造，使风吹不进，雨淋不透，又避免了日晒和一些生物的侵害。即使是处于生长状态，其生长锥周围也有数枚幼叶围绕，遮蔽着稚嫩的生长锥和叶原基。而且，利用雏形器官进行保护而不另备保护结构，可谓精简节约、一举两得。这种节约原则，也是植物结构组成上的一个特点，不难在植物体其他部位的组成中发现。

芽有活动、休眠互为转换的习性，更充分体现了对环境条件和体内生理状况的适应。当生长条件不利或应植物本身的需要进入休眠时，配合内部细胞进入休眠状态的变化，芽外部的重重包被限制了氧气的进入和水分的散失，降低了细胞的呼吸和代谢活动，成为绝好的休眠结构。一些多年生植物的芽在最外方往往又包被栓化的芽鳞，以保护其安然度过寒冷或干旱的季节。

第三节 叶芽的形成和分化

一、定芽的起源和分化

主茎的顶芽来自胚芽；腋芽由腋芽原基形成，腋芽原基是由生长锥侧面的浅层细胞分裂形成，因而是外生源(exogenous origin)。

它们的分化过程如下：胚芽是实生苗(种子萌发形成的幼苗)的第一个叶芽，它形成于胚胎发生过程中。在胚形成的一定阶段，其相对两极分别形成根尖和茎尖的分生区，后者即为胚芽的生长锥。接着由生长锥侧面的局部细胞分裂形成突起，便是叶原基。一次形成的叶原基数及着生位置与该植物的叶序(叶在茎上排列的方式)相同：互生叶序一次产生 1 个，对生叶序一次 2 个，轮生叶序一次多个。在自顶端向下数的第二或第三个叶原基腋部又经细胞分裂形成腋芽原基。随着叶原基与腋芽原基的出现与生长，生长锥逐渐变小。至最小体积后，生长锥会进行若干次细胞分裂以恢复原来大小，才会再产生下 1 个或下一批叶原基和腋芽原基。前后两次叶原基形成相间的时间称为间隔期。当活动芽向休眠芽转变时，其间隔期便愈来愈长，直至停止产生新的叶原基和腋芽原基；同一植株，背阴处的芽中的间隔期长于向阳处的。

种子成熟时，胚芽已具备一定数量的叶原基和幼叶。幼叶的数量和分化程度因植物而异，如小麦有 2～3 片，玉米有 6 片。较早出现的幼叶内部开始出现原形成层，并与芽轴的原形成层相连接(图 4-1B)。胚芽连同整个胚形成后，随种子一起进入休眠。

种子萌动时，胚芽成为活动芽，形成植株的第一个枝条，也就是主茎及着生其上的叶和腋芽。主茎由胚芽的生长锥进行伸长生长(详见第五章“茎的伸长”)形成，生长锥如同根尖中的分生区一样，在细胞分裂过程中保留自身，并始终位于主茎顶端，成为顶芽；随着主茎的伸长，顶芽中的幼叶逐渐成为成熟叶，叶原基长成幼叶，同时生长锥又形成新的叶原基；腋芽原基逐渐成为腋芽，同时生长锥又陆续形成新的叶原基和腋芽原基；腋芽原基又逐渐长成腋芽。如果这个腋芽为叶芽，就如胚芽长成主茎一样，形成一个有顶芽和叶及腋芽的侧枝，如果是混合芽，除叶和腋芽外还有花，如果是花芽，便形成一朵花或一个花序……这种生长情况将终生继续，形成植物所特有的无限生长。

在一个枝条上，各个芽的分化是向顶进行的。这些芽的质量又受当时的内部营养和环境条件的影响，表现出异质性，即在萌发的先后、萌发势的强弱等方面各有差异。辨明芽的性质（叶芽、花芽）和异质性，是对果树、花卉和木化程度高的蔬菜类（如茄子）进行修剪的根据之一。

二、不定芽的形成与作用

不定芽可以是外生源的：发生于器官的表皮、木栓形成层或插条切口的愈伤组织、组织培养形成的胚状体表层；也可以是内生源的：发生于根、茎、下胚轴或叶的深层组织——维管组织中或形成层处。

植物发生不定芽的特性与农艺关系十分密切，如秋海棠、落地生根、橡皮树切下的叶，桑、柳的切枝等均可发生不定芽，栽培植物中的木薯、甘薯、石榴、枣、杨树等均能形成根出芽，可用于营养繁殖。

根出芽更普遍见于自然界，如蒲公英属（*Taraxacum*）、旋花属（*Convolvulus*）、苦荬菜属（*Ixeris*）等。它们的实生苗一旦形成，便陆续在靠近地面、近水平生长的侧根上长出大量不定芽。冬季地上部分死去，而这些地下芽被土层保护下来，翌年又生机勃勃形成大量新枝条。有时是在生长季中地上部分被割去或被动物啃食，由此诱发一些休眠的根出芽萌动，补偿了植株的损失。对人类而言，其中一部分因这种快速增殖的特性被选为优良饲料，另一些是大田中难以除净的杂草，成为作物的有力竞争者。

第四节 枝的形态特征及分枝方式

一、枝的形态特征

如图 4-4 所示：枝以茎为主轴，其上生有多种侧生器官——叶、芽、侧枝或者还有花和果，此外，还有如下形态特征。

1. 节和节间 茎上着生叶的部位为节（node），节与节之间的部位为节间（internode）。一般植物的节不明显，只在叶着生处略有突起，另一些植物则显著，如甘蔗、玉米和竹的节形成环状结构。

节间的长短因植物和植株的不同部位、生长阶段或生长条件而异。如水稻、小

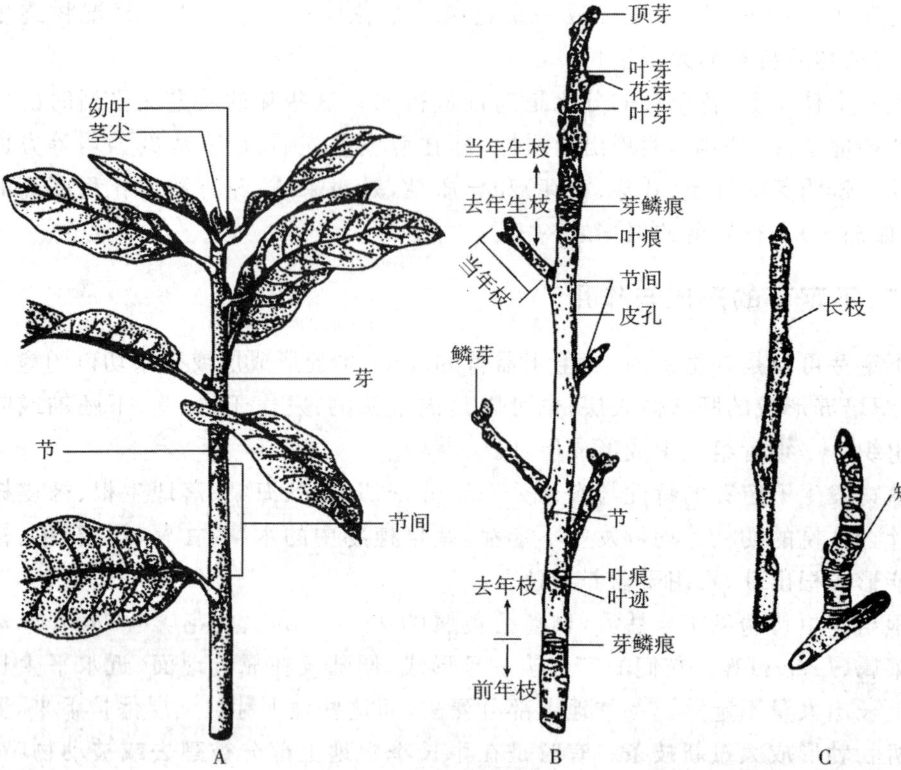

图 4-4 枝的形态

A. 巴豆枝(引自 Raven 等,1999) B. 核桃 3 年生枝冬态 C. 苹果的长枝和短枝

麦、萝卜、油菜等在幼苗期各个节间很短,多个节密集植株基部,使其上着生的叶呈丛生状或成为莲座叶。进入生殖生长时期上部的几个节间才伸长,如禾本科植物的拔节和萝卜、油菜的抽薹。

2. 长枝和短枝 苹果、梨等的植株上有两种节间长短不一的枝——长枝(long shoot)和短枝(dwarf shoot),如图 4-4C 所示。

3. 皮孔 皮孔(lenticel)是遍布于老茎节间表面的许多稍稍隆起的微小疤痕状结构,是与周皮同时形成的通气结构(图 4-4B)。

4. 叶痕、叶迹、枝痕、芽鳞痕 皆为侧生器官脱落后留下的各种痕迹。叶痕(leaf scar)是多年生植物的叶脱落后在茎上留下的痕迹;在叶痕中有茎通往叶的维管束横断面,称为叶迹(folial trace);枝痕(branch scar)是花枝或小的营养枝(长叶和芽的枝)脱落后留下的痕迹;芽鳞痕(bud scale scar)是鳞芽进行生长时,芽鳞脱落后留下的痕迹(图 4-4B)。

根据上述枝的一些形态特征,可作枝龄和芽的活动状况的推断:观察图4-4B所示的枝,假设它是由主茎截下的一个完整的分枝,是由主茎的一个腋芽所进行的伸长生长所形成。第 1 年它的活动形成“前年枝”,进入休眠季节前,随气温的逐渐降低,它的生长速度逐渐放慢,形成的节间愈来愈短,顶部靠近生长锥的几个幼叶也因此渐渐聚拢,最后,外方又发育出几片芽鳞将它们紧紧包住成为休眠芽。翌年春季该芽再次成为活动芽,活动开始时芽鳞脱落,在茎上留下第一群芽鳞痕,继而生长形成第二段枝,即“去年枝”,秋末冬初又形成休眠芽。第 3 年这个芽再次活动,留下第二群芽鳞痕和第三段枝,即“当年生枝”。所以,根据这个核桃枝上两群芽鳞痕和以其分界而成的三段茎,可推断这个枝条已生长了 3 年,或者说这个主轴茎的最下方的一段(前年枝)已生长了 3 年,依次向上为生长了 2 年和 1 年的茎段。

另外还可推断:这个枝的 4 个侧枝都是二级侧枝,是这个“3 年生枝”上的腋芽(叶芽)生长形成的,而且它们都是在第 2 年(去年)才形成——也就是第 1 年(前年)时它们都是休眠芽。根据它们各有一群芽鳞痕,可见它们在第 2 年与主轴茎上的顶芽一起成为休眠芽,再一起经第 3 年的生长后,成为图中所见的休眠芽,又是各个侧枝的顶芽。

对于枝与芽的特征的识别在农、林、园艺的整枝、修剪技术中十分有用。

二、芽的特性所决定的分枝方式

包括单轴分枝、合轴分枝、假二叉分枝和禾本科植物的分蘖。这些分枝方式的不同与顶芽、腋芽的生长势强弱、生长时间长短及寿命有关,这些特性又取决于遗传性,有时还受环境的影响。

1. 单轴分枝　单轴分枝(monopodial branching)又称总状分枝(racemose branching)。具有这种分枝方式的植株自出苗始,主茎的顶芽的活动可持续一生,且生长势强,形成一个直立、粗壮的主干,形成的各级分枝生长势依级数递减(图 4-5A、E)。裸子植物和一部分木本被子植物如松、椴、杨等属此,因主干粗大、挺直,形成具有经济价值的木材;一些草本植物如黄麻,也是单轴分枝,因而能长出长而直的经济纤维。

2. 合轴分枝　合轴分枝(sympodial branching)如图 4-5B、C、F 所示。各枝条的形成过程为:形成枝的第一枚芽活动一段时间后,逐渐停止生长或分化为花、卷须等变态器官,不再形成茎段,这时靠近顶芽的一个腋芽成为活动芽,形成一段茎段后,又被其下的一个腋芽的活动所代替……如此依次进行,形成了由数枚芽联合长成的枝，其节间较短，常呈曲折状。这种分枝类型在作物中普遍存在，如茶树在幼年时为单轴分枝，成年时出现合轴分枝；棉有单轴分枝的营养枝（长叶、出芽而无花的）和合轴分枝的花、果枝之分（图 4-5E、F）。

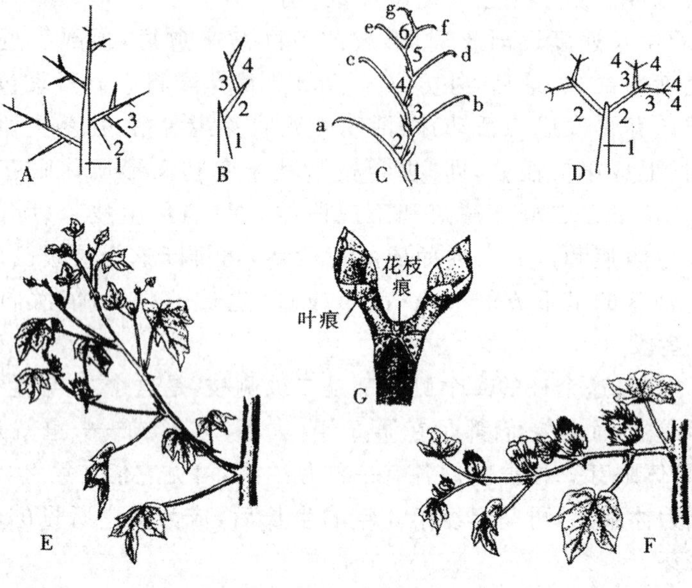

图 4-5 种子植物的分枝方式

A. 单轴分枝 B、C. 合轴分枝 D. 假二叉分枝 E. 棉营养枝（单轴分枝） F. 棉果枝（合轴分枝） G. 七叶树的假二叉分枝

3. 假二叉分枝 丁香、石竹等具有对生叶的植物的顶芽形成一段枝条后停止发育，或转而成花，由其下方的一对腋芽发育为一对侧枝，这对侧枝的顶芽、腋芽的生长活动又如前形成如图 4-5G 的假二叉分枝（false dichotomy）。

单轴分枝在裸子植物中占优势，合轴分枝和假二叉分枝是较进化的，也是被子植物的主要分枝方式。因在这两种分枝方式形成过程中，顶芽较早停止活动，终止了顶端优势，促进大量侧芽、侧枝生长，形成有较大开展性的枝繁叶茂的枝系，扩大了光合作用面积。

4. 禾本科植物的分蘖 这类植物具有长节间的地上茎很少分枝，而是在地表附近的几个节间基本不伸长的节上发生分枝，并同时发生不定根群，这种分枝方式称为分蘖（tiller，tillow）。分蘖可细分为三种类型，如图 4-6 所示。

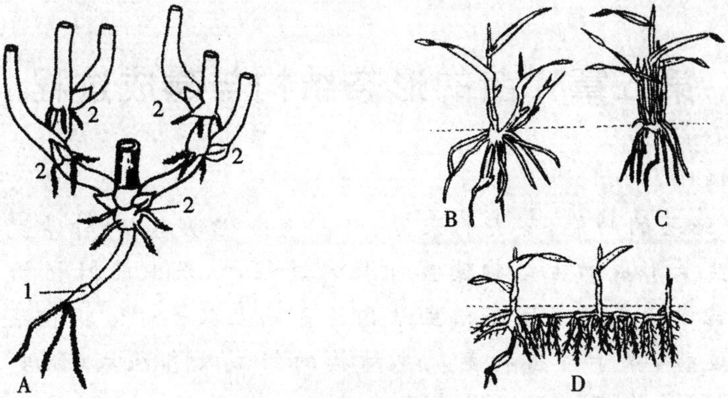

图 4-6　禾本科植物的分蘖

A. 禾本科作物的分蘖图解：1. 具初生根的谷粒　2. 生有不定根群（蘖根）的分蘖节
B. 疏蘖型，各分蘖节之间的距离较远　C. 密蘖型，各分蘖节密集
D. 根茎型，分蘖从横卧的地下茎上长出

思考题

1. 试述蒲公英的根出芽（叶芽）形成一年生枝的主要生长发育过程。

2. 请根据芽的多种分类命名法，给图 4-4B 中"当年枝"上的顶芽加以其他不同的名称（不少于 4 种）。

第五章　茎的形态结构与建成过程

提要：介绍茎的功能，茎尖的来源、结构及分化动态（两种学说），茎经顶端生长或居间生长形成初生结构使茎伸长的过程，以及双子叶植物及禾本科植物茎初生结构的组成。讲述在初生结构的基础上双子叶植物和某些单子叶植物茎的加粗过程，双子叶植物茎次生结构的组成及各组成（周皮、树皮、生长轮、心材、边材）的特点。还说明某些单子叶植物茎的初生增厚生长的过程及其生长性质，龙血树茎的异常生长过程及异常结构的组成。

第一节　茎的功能

1. 支持　茎为地上部分的主轴，支持着生其上的叶、芽、花、果，并使它们形成空间的合理布局，以适于光合作用的进行和花粉、果实或种子的散布。

2. 输导　根部吸收的水、矿物质，以及在根中合成或贮藏的有机物通过茎运往地上各部分；叶的光合产物也要通过它输送到植株各部分。

3. 贮藏　茎有贮藏功能，尤其是多年生植物，其贮藏物成为休眠芽于春季萌动的营养来源。

此外，幼茎还具有光合和少量蒸腾作用，少数植物的茎经生出不定根可成为独立植株，因而又有繁殖功能。

第二节　茎的伸长——茎尖中进行初生生长不断形成初生结构的过程

除少数植物的茎为三棱（如莎草）或四棱等形状外，茎与根一样是辐射对称的圆柱形器官，在形态建成过程中同样经历伸长和分枝的生长，双子叶植物和裸子植物还有加粗生长。但两者执行的功能不尽相同。茎上又着生类型较多的侧生器官，并处于气生环境中，因而两者在形态结构及其形成过程上既有共性，又有差异。

一、茎尖的形成与结构

茎尖是由活动的叶芽形成的，如图 5-1 所示：芽中的生长锥由原分生组织组成，芽活动时，向下产生初生分生组织，再由初生分生组织经初生生长形成初生结构，如此便形成了茎尖(图 5-1A)。茎尖可大致划分为三区：分生区(由原分生组织和部分初生分生组织组成)、伸长区(基本由初生分生组织组成)和成熟区(为基本由各种成熟组织组成的初生结构)。可见，各区组成与根尖相应的区一致，仅缺少类似根冠的一区而只有三区；成熟区相当于根毛区，但因无根毛(有的植物可能具毛状物)而易名。

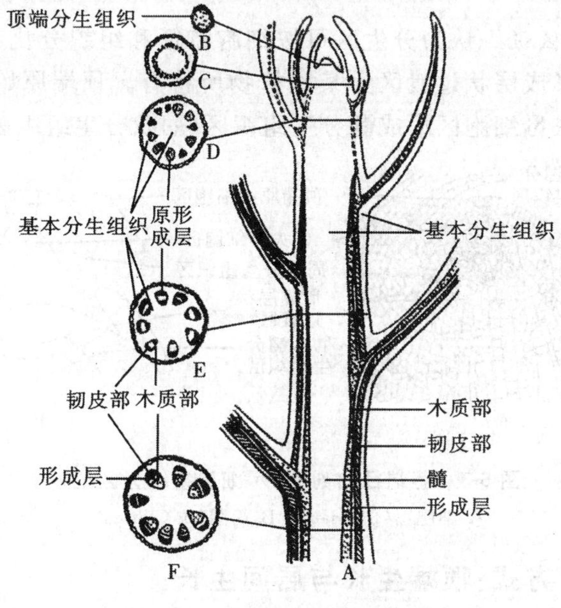

图 5-1　茎尖各区的大致结构

A. 茎尖的径向剖面，示各区(未绘腋芽)简图　B～F. 横剖面简图，各取自 A 图的相应部位：B. 分生区　C、D. 伸长区　E、F. 成熟区

(引自高信曾，1984)

对茎尖中的分生区的结构和分化动态一般按“原套–原体说”或“细胞组织分区说”来说明。

1. 原套–原体说　将生长锥分为原套(tuinca)和原体(corpos)两部分(图 5-2)。原套是生长锥表面一至数层排列较规则的细胞，通常只进行垂周分裂(anticlinal division)(细胞分裂面，也就是新产生的子细胞壁，垂直于所在器官或结构的表面)，扩大生长锥的表面；原体是原套内的一团不规则排列的细胞，可进行各个方向的分裂而扩大其体积。两者的分裂是互相协调的。

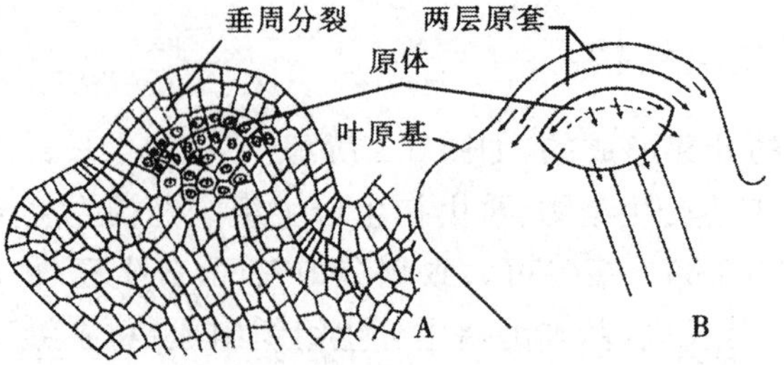

图 5-2　豌豆属茎端径向剖面(示原套-原体说)

A. 细胞图　B. 图解

(引自 Esau)

2. 细胞组织分区说　认为分生区可按细胞特征和组织分化动态分为如图 5-3 所示的各区,其中形成层状过渡区为某些植物所特有。顶端原始细胞区分化出周围分生组织区;中央母细胞区形成髓分生组织区(肋状分生组织区)。

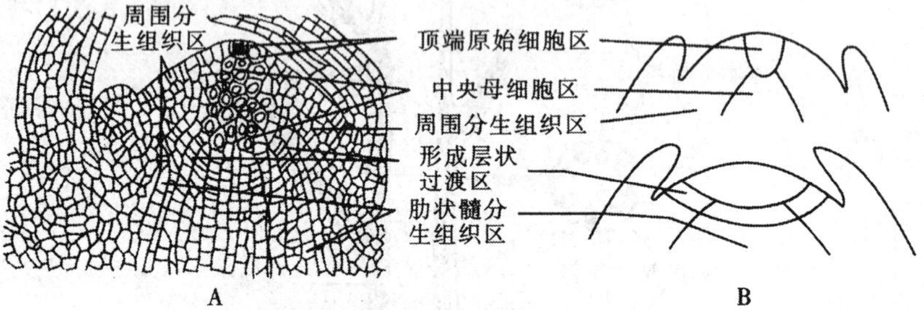

图 5-3　茎端径向剖面(示细胞组织分区说)

A. 细胞图(仿 Esau)　B. 简图(仿 Clowes)

二、茎的伸长方式:顶端生长与居间生长

1. 顶端生长　为茎尖中进行的初生生长。根据细胞组织分区说,可用下列表解概括其进行过程和生长结果,同时参考图 5-1、图 5-6A～C。这是种子植物茎伸长时经历的生长方式。

分生区　　　　伸长区　　　　成熟区

原分生组织 ——→ 初生分生组织 ——→ 初生结构

顶端原始细胞——周围分生组织 ——→ {
- 原表皮 ——→ 表皮
- 基本分生组织(部分) ——→ 皮层
- 原形成层 ——→ 维管柱、束中形成层

中央母细胞区——髓/肋状分生组织区 ——→ 基本分生组织(部分) ——→ 髓

与根尖的初生生长相比，可见除原分生组织的划分不同及所形成的初生结构在几大部分的组成上略有差异外，两者大致相同。茎尖进行初生生长同样造成初生结构（成熟区）的积累，从而使茎伸长。由于根和茎的这种伸长生长都是在器官顶端进行，因而又统称为顶端生长（apical growth）。

一些多年生植物茎进入冬季前，顶端生长愈来愈慢以至终止，结果生长锥/分生区又渐渐被几枚幼叶包围，有的还在外方长出芽鳞，如此又形成休眠芽，以待来年再转为活动芽，如图 4-4 所示。

2. *居间生长*　是保留在节间的居间分生组织进行的初生生长。属于禾本科、石竹科、蓼科、石蒜科等的一些植物在进行顶端生长时，开始所形成的茎的节间基本不伸长，而是在节间留下被称为居间分生组织（intercalary meristem）的初生分生组织，到植株的一定发育阶段，这些居间分生组织才进行伸长生长，并逐渐全部分化为初生结构。这种由居间分生组织进行的初生生长，便是居间生长（intercalary growth）。例如小麦、水稻等禾本科植物的拔节就是居间生长。一些植物在茎以外的部位，如叶基、子房柄，也会有这种类型的生长。

茎进行居间生长时，由于各个节间都在伸长，所以生长十分迅速。例如啤酒花平均每天伸长约 10 cm，一个月可达 2 m 多。小麦等植物如果在居间生长时期发生茎倒伏，茎的负向地性可使从伏贴地面的节间向上弯曲生长，使其恢复直立。

三、双子叶植物茎的初生结构和禾本科植物茎的特点

（一）双子叶植物茎的初生结构

茎与根皆为辐射对称（actinomorphy）的长轴状器官，初生结构皆由表皮、皮层和维管柱三大部分组成（图 6-20 中的根、茎横剖面简图），但是，与两者的功能与所处环境的差异相适应，在下列方面茎与根相比较有所不同（图 5-4、彩插 3-5）：

1. *表皮*　为典型的初生保护组织（详细特征见第一章有关部分），而不像根那样为吸收组织。

2. *皮层*　整体远较根的薄，但与其功能及所处环境相适应，在各种植物中出现的组织类型常比根中的多。营养组织为其基本组成，紧贴表皮处常有成束或成片的厚角组织分布，或还有纤维与之共存，木本植物有时有石细胞群，在厚角组织与薄壁细胞内含有叶绿体，使幼茎呈绿色。水生植物皮层中一般缺乏机械组织，但通气组织发达；有的植物皮层中还有分泌腔（棉、向日葵）、乳汁管（甘薯）等分泌结构；有的含异细胞，如晶细胞、单宁细胞（桃、花生）。

通常茎皮层中不含内皮层，只有一些植物的地下茎或水生植物的茎中才有；一些草本植物如菊科某些种在开花时皮层最内层才出现凯氏带；另一些植物如蚕豆，

皮层最内层细胞富含淀粉粒而被称为淀粉鞘(starch sheath)。

3. 维管柱(vascular cylinder) 与根的中柱一样为皮层以内的中央柱状部分。但大多数植物的维管柱缺乏中柱鞘,由多束维管束、髓和髓射线三部分组成。

多束维管束作单环状排列(图 5-4A),就整体而言,各束间常有分叉、合并而呈网状(图 5-5B)。每束为外韧维管束(少数为双韧维管束,如南瓜、夹竹桃、茄等),初生韧皮部为外始式,初生木质部与根中的相反,为内始式(endarch)。在木质部与韧皮部之间普遍有由原形成层保留下来的束中形成层(fascicular cambium),这种侧生分生组织以后能继续产生维管组织,因而这种维管束又称无限维管束,或外韧无限维管束。

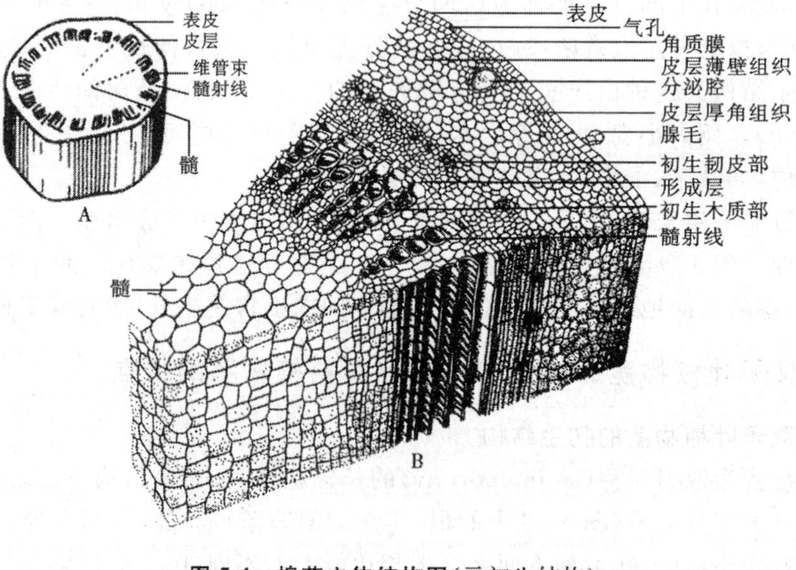

图 5-4 棉茎立体结构图(示初生结构)

A. 简图 B. 部分结构细胞图(徐汉卿绘)

4. 髓(pith) 位于维管柱中央,为具细胞间隙的薄壁组织,常具丰富的营养物质。有的植物髓中含有如石细胞、晶细胞、单宁细胞等异细胞;有的植物的髓在生长过程中被破坏而留下髓腔,如南瓜;或形成髓腔时还留有片状的髓组织,如胡桃、枫杨属植物。

5. 髓射线(pith ray) 是位于各维管束之间的薄壁组织(图 5-4),内连髓部,外接皮层,整体呈放射状。有横向运输的作用,并与髓部及其他薄壁组织共为贮藏组织。

(二)禾本科植物茎的特点

大体可分为表皮、基本组织和散生维管束三部分(图 5-5、彩插 3-7)。

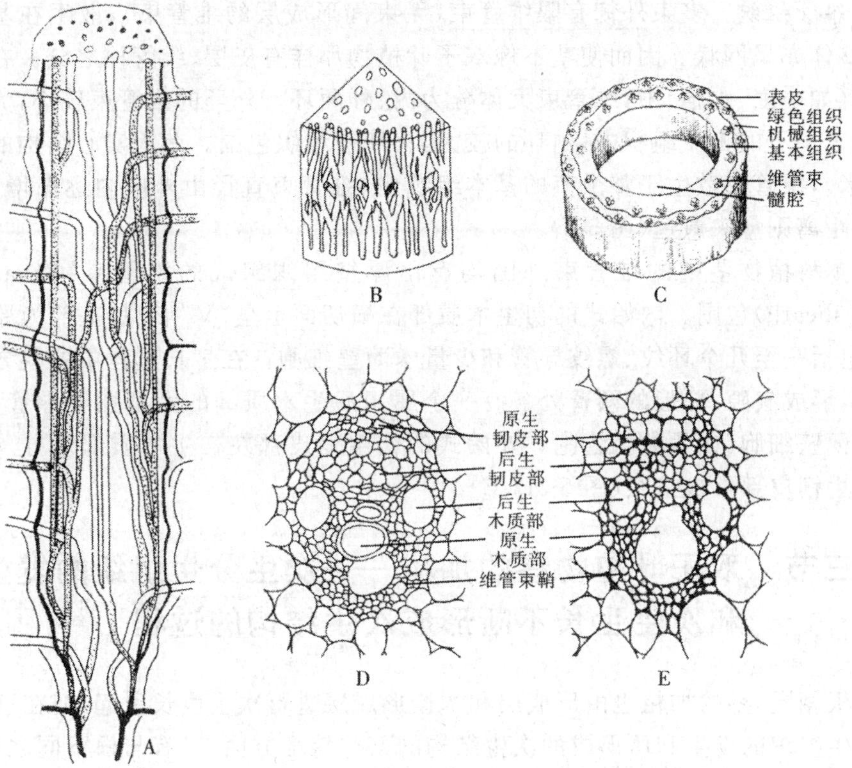

图 5-5　玉米、小麦茎的结构

A. 玉米茎纵、横剖面简图，示维管束的立体分布，通向外侧的维管束进入叶内　B. 节部维管束的立体分布简图，禾本科植物的茎节通常略微膨大　C. 小麦茎段横切面简图　D. 一个未发育完全的禾本科植物维管束横切面细胞图　E. 已成熟的维管束横切面

（A、B 引自 Kumazawa；C 引自徐汉卿；D、E 引自高信曾）

1. 表皮　由长细胞、短细胞和气孔器有规律地交替排列而成（图 6-11），外覆角质膜，甘蔗等植物在角质膜外还有发达的蜡被。长细胞是薄壁细胞，为表皮的基本组成成分；短细胞两个一组排列在长细胞之间，一为具栓化壁的栓化细胞（cork cell），一为有硅化细胞壁、细胞腔内有硅质胶体的硅质细胞（silica cell）。气孔的保卫细胞哑铃形，左右两侧各有一个副卫细胞（图 6-11）。

2. 基本组织　表皮以内，维管束以外的所有部分皆为基本组织（fundamental, ground tissue）。基本组织主要由薄壁组织组成，水稻、小麦、竹等茎中央的薄壁组织在一定的生长阶段解体形成髓腔；水稻茎的维管束之间还有裂生通气道；与表皮毗连处常有几层机械组织，或相连成环带（水稻、玉米），或被同化组织（图 5-5C 注为“绿色组织”）隔开（小麦）；在机械组织内方的细胞常无叶绿体。

3. 维管组织 多束外韧有限维管束(无束间形成层的维管束),散生在基本组织中,整体亦呈网状。因而使茎不像双子叶植物那样有皮层、维管柱之分。在具髓腔的茎(如小麦、水稻)中,维管束大体分为内、外两环。外环的维管束较小,大部分分布在表皮下的机械组织中;内环的较大,为薄壁组织包围。茎为实心结构的茎中(如玉米),维管束散生于整个茎的基本组织中,维管束直径由外向内逐渐增大,各束间的距离则愈来愈远(图 5-5)。

禾本科植物茎中的维管束外围均有由厚壁组织组成的维管束鞘(vascular bundle sheath)包围。内始式的初生木质部在横切面上呈"V"形,其基部为原生木质部,包括一至几个环纹、螺纹导管和少量木薄壁细胞。在生长过程中这些导管常遭破坏,形成气隙;V 形的两臂处各有一个属于后生木质部的大型孔纹导管,之间或为木薄壁细胞,或为数个管胞。外始式的初生韧皮部在初生木质部外方。发育后期原生韧皮部常被挤毁(图 5-5D、E)。

第三节 双子叶植物茎的加粗——次生分生组织的发生和次生生长不断形成次生结构的过程

与根相同,茎的加粗也由形成层和木栓形成层进行次生生长引起,但在这两种次生分生组织的发生和所形成的次生结构的某些特征方面,又有与根不同之处。

一、形成层的发生、组成与活动

1. 维管形成层的发生 主要为束间形成层的出现及其与原有的束中形成层的连接。在髓射线中与束中形成层相连处的细胞恢复分裂能力,形成束间形成层(interfascicular cambium),两者相互连接,使整个茎中的形成层成为筒状,横切面上则为圆环状(图 5-6D、图 5-8)。

2. 形成层的组成 包括纺锤状原始细胞和射线原始细胞。观察图 5-7:纺锤状原始细胞(fusiform initial)是形成层中长度超过宽度数十至数百倍的锐端细胞,其切向面又略宽于径向面,因而在横剖面上为切向扁平状;射线原始细胞(ray initial)为形成层中近等径的原始细胞。根的形成层同样由这两种原始细胞组成。

3. 形成层的活动 为进行次生生长形成次生维管组织的过程。生长方式和产物与根基本相同。由射线原始细胞形成维管射线(由在韧皮部中的韧皮射线,在木质部中的木射线合成);其余的次生维管组织均由纺锤状原始细胞产生。在次生生长过程中,由于次生木质部的不断增加,形成层随之向外推移,通过本身细胞的径向分裂扩大周径而保持其连续性(图 5-6)。有次生生长的植物,第一个生长季就有

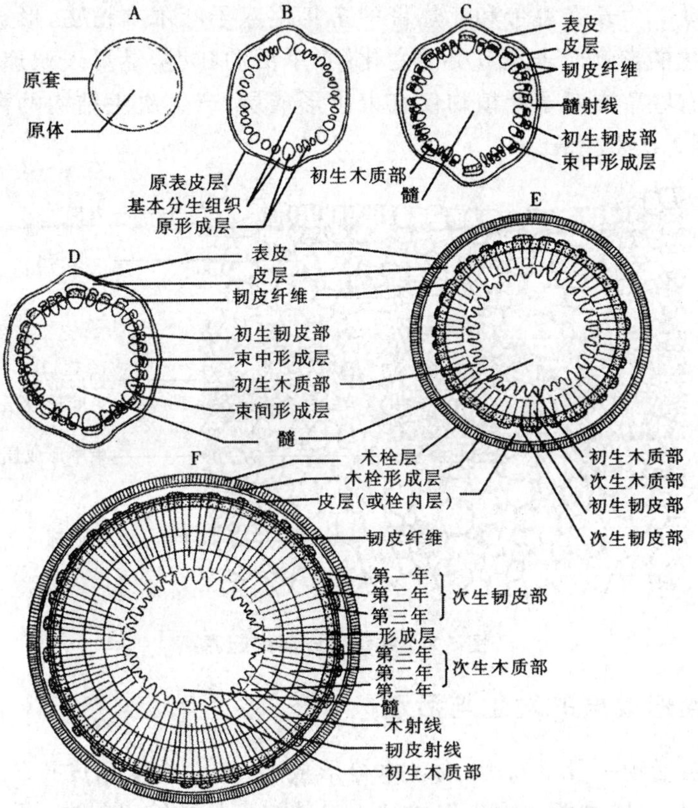

图 5-6　多年生双子叶植物茎的初生与次生生长图解

A. 生长锥横剖面　B. 伸长区横剖面　C. 成熟区横剖面，示初生结构　D. 束间形成层出现，形成层环/筒形成　E、F. 次生生长和次生结构(引自 Esau)

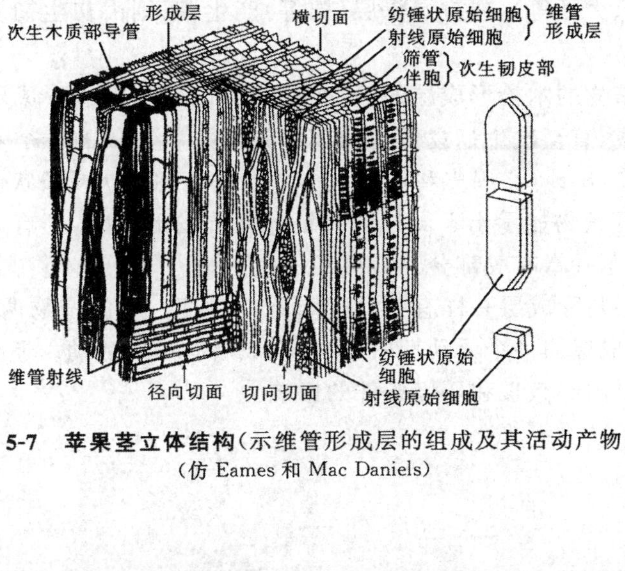

图 5-7　苹果茎立体结构(示维管形成层的组成及其活动产物)

(仿 Eames 和 Mac Daniels)

形成层的活动。生长在温带和亚热带的多年生双子叶木本植物，形成层的活动受四季气候变化的影响而表现节奏性变化：春季活动旺盛，经夏入秋递减，冬季进入休眠状态。有些草本双子叶植物仅有束中形成层，产生次生结构的数量也十分有限，有的甚至无次生生长。

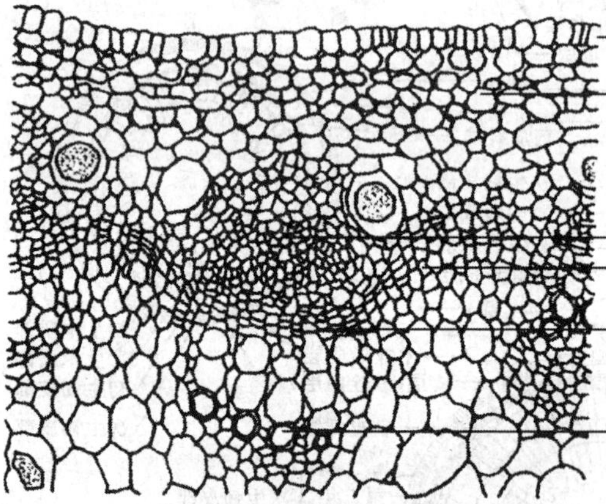

图 5-8 维管形成层的起源

二、木栓形成层的发生与活动

在形成层活动一段时间后，出现木栓形成层，产生周皮和皮孔（根中无皮孔），或进而形成树皮，以这两种次生保护组织代替初生保护组织表皮。

茎中的木栓形成层的来源较根复杂：最初的起源处因植物而异，有的起源于表皮（苹果、夹竹桃等）；多数起源于皮层，可以在近表皮处（桃、马铃薯等），或皮层厚角组织中（花生、大豆等），或皮层深层（棉等）产生；茶则由初生韧皮部中的韧皮薄壁组织产生。

绝大多数植物的木栓形成层的活动期有限，以后的木栓形成层由最初的起始处依次向内形成，直至次生韧皮部内的薄壁细胞。所形成的各个木栓形成层及周皮累积而成树皮（bark）。周皮和树皮大多数是呈各种片状或条状包围整个茎干外围（图 5-9），不同植物显示出不同外形特征。在周皮形成时，还有通气结构——皮孔的形成（详见第一章有关部分）。

木栓形成层与形成层一样有活动期与不活动期。有的植物两者一致，有的植物如洋槐，在形成层的一个活动期中，木栓形成层有两次活动。还有试验证明木栓形成层的活动受内部激素和环境条件的影响。

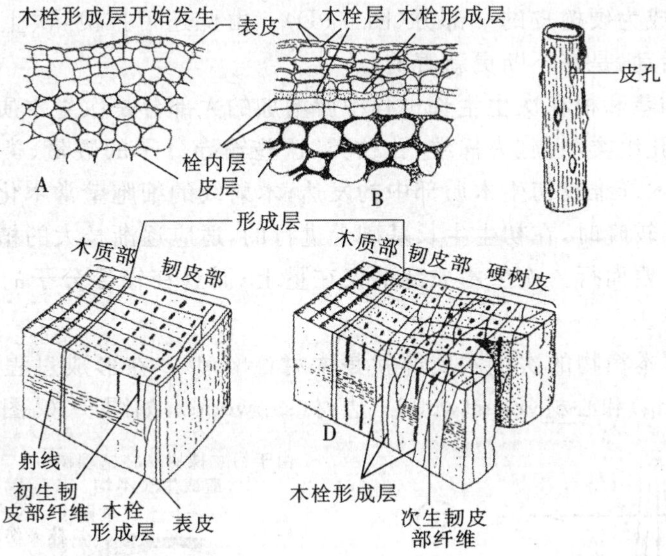

图 5-9　木栓形成层的发生和周皮、皮孔和树皮的形成

A. 木栓形成层自表皮下的皮层组织形成　B. 周皮形成　C、D. 茎的一部分立体图解：C. 最初的周皮形成　D. 多重周皮组成的硬树皮，木材加工时去除的树皮是从形成层处剥下的，称为软树皮(仿 Weier)

三、双子叶植物茎的次生结构

参见图 6-21 中的“次生生长的茎”及彩插 3-6，自外而内依次识别其结构组成，并与图 6-21 中“次生生长的根”的横剖面简图比较两者的异同，并观察彩插3-5、彩插 3-6。现就茎次生结构的一些特征作进一步的说明。

大多数树种的周皮在 1 年或几年内就在其内方产生新周皮。极少数如著名的软木树种栓皮槠的第一层周皮可存在 15 年之久，第二层周皮的木栓层就是工艺用软木。树皮的特征因植物而异，如环状、鳞片状、条状等，可作为鉴定树种的依据之一。

双子叶植物的次生韧皮部的组成成分与初生韧皮部基本相同，但具有后者没有的韧皮射线。韧皮射线是维管射线的一部分，有横向运输、信息传递、贮藏养料等功能。有些植物在次生韧皮部中还可能有石细胞、乳汁管等。在图中可见次生韧皮部的量比木质部少得多，这是因为：①形成层产生韧皮部的量要比木质部少；②筛管的输导作用只能维持一二年，老筛管与其周围的韧皮部组织在内方次生木质部逐渐向外扩张的过程中渐被挤毁；③在多年生木本植物中，次生韧皮部又是木栓形成层发生的场所，而且，此处周皮一旦形成，其外方的韧皮部就因水分、养料被隔绝而死亡，成为硬树皮的一部分(图 5-9D)。由此还可推测：次生韧皮部随着形成层的连续活动，是在不断更新着的。

木本植物茎和根在次生生长过程中所增加的大部分是次生木质部。其导管为网纹、梯纹和孔纹类，管胞为梯纹、孔纹类，这些输导分子的数量、类型和分布方式因植物而异；木纤维较初生木质部中的发达；木射线的细胞壁常木化。次生生长是在植物体发育较晚时，在初生生长基础上进行的，适应逐渐长大的植株对增加运输和支持力的需要而行。次生木质部不仅在量上，而且在输导分子的孔径等方面适应了这种需要。

多年生木本植物的次生木质部就是木材(wood)。在形成过程中可出现生长轮(growth ring)和心材(heartwood)、边材(sapwood)，如图 5-10、图 5-11 所示。

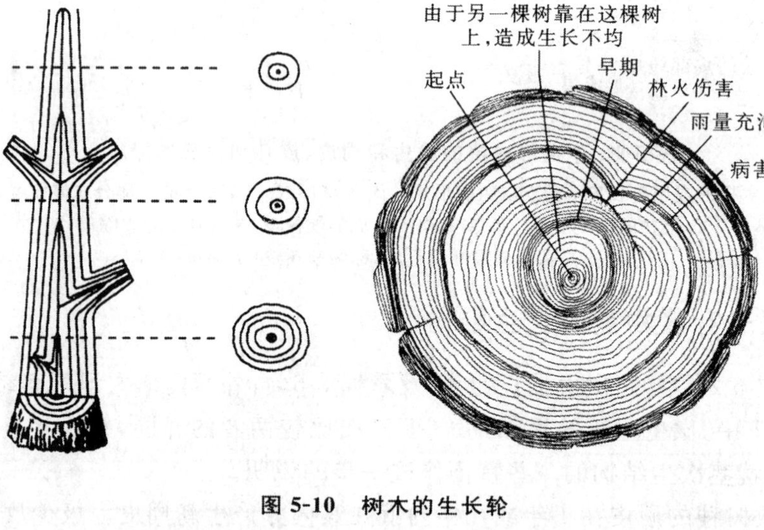

图 5-10 树木的生长轮

左：具 5 年树龄茎干的纵、横剖面简图，示不同高度生长轮数目的变化——基部是最早出现形成层进行次生生长处，因而其生长轮数代表了树龄，又可称为年轮。形成层的出现依次向顶先后形成，因而生长轮数依次减少 右：树干的横剖面，示生态条件对生长轮生长状况的影响(左图引自汪矛，右图引自 S·R·里埃德曼)

生长轮是由形成层的季节活动或其他特殊环境影响造成的。在生长季，形成层活动增强，形成细胞的量多，速度快，导管和管胞的口径大，壁薄，使木材质地疏松，颜色较浅，被称为早材(early wood)或春材(spring wood)；夏末秋初气候条件渐不宜树木生长时，形成层的活动逐渐减弱，所形成的细胞数少而缓慢，导管和管胞的口径小而壁厚，使这部分木材质密色深，被称为晚材(late wood)或秋材(autumn wood)。同一年内形成的早材和晚材构成一个生长轮(彩插 3-6)，因而可依其计算树龄，此时，生长轮又被称为年轮。但生长轮的生长状况常受环境影响，如图 5-10 右所示。所以更正确地说其反映的是树木的生长状况，称生长轮似更为合适。

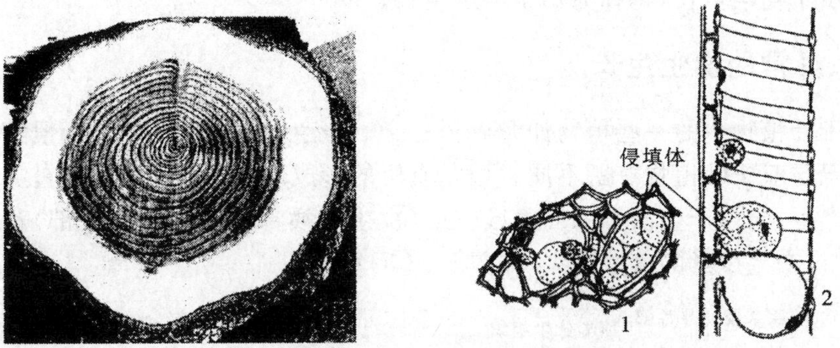

图 5-11　木材中的心材、边材和侵填体

左：具 28 年树龄的红杉茎干横剖面，示心材（中央色深处）及其外围的边材

右：洋槐心材中的侵填体　1. 横剖面　2. 纵剖面

（右图引自高信曾，1985）

心材和边材的区分反映的是木质部更新的情况。当次生木质部愈积愈多时，髓及靠内方的木质部分子，也是较早形成的分子，逐渐失去功能：首先是髓部的薄壁细胞木化，成为死细胞，随后初生木质部和一部分次生木质部分子中的导管中形成侵填体（tylosis）——由导管周围的薄壁细胞从其纹孔处挤入其腔内形成（图 5-11右）。侵填体堵塞了导管使其失去输导功能，同时，此处木质部和髓的所有细胞的壁和腔内逐渐沉积树胶、树脂、单宁和油类等后含物而全部死去，从而使这部分木材色较深而致密，便形成心材；心材外周的次生木质部是较新形成的、具有功能的部分，被称为边材。随着树龄的增加，心材逐渐扩大，而边材的量相对稳定。在心材的不断扩增中，增强了支持能力，从而适应了树木生长而增大的负载量。

第四节　一些单子叶植物茎的加粗

大多数单子叶植物茎的维管束是有限维管束，不能进行次生生长。其中少数有特殊的加粗过程。

一、由初生增厚分生组织所进行的初生增厚生长

如玉米、高粱、甘蔗、香蕉等，由位于生长锥内的套筒状的初生增厚分生组织（primary thickening meristem）（图 5-12）进行加粗生长。初生增厚分生组织快速

分裂衍生出大量薄壁细胞(其中穿插着原形成层),使离顶端分生组织不远处的茎就达到几乎与成熟区相近的粗度。由于该分生组织为初生分生组织,所以这种加粗生长属于初生生长,特称为初生增厚生长。

二、异常的次生生长

单子叶植物中的一些植物如龙血树、朱蕉、丝兰等也形成形成层,但其起源和活动情况与双子叶植物有所不同。如龙血树的形成层是从初生维管束外方的薄壁组织中产生,向内产生次生的周木维管束(次生木质部包围次生韧皮部)和薄壁组织,向外仅产生少量的薄壁组织,如图 5-13 所示。

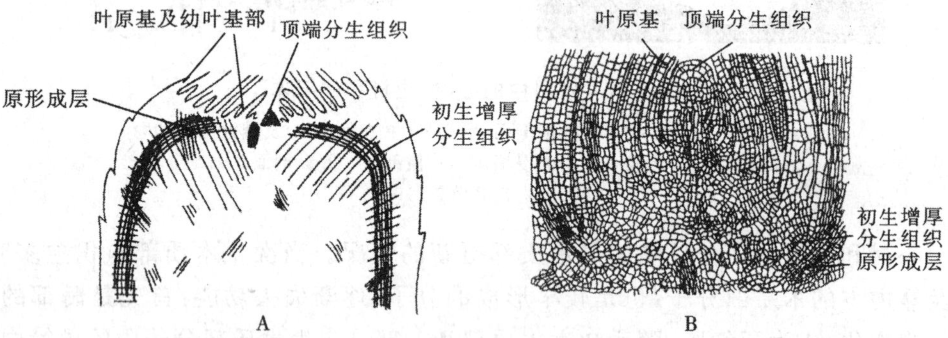

图 5-12 玉米茎端径向剖面(示初生增厚分生组织)

A. 图解 B. 细胞图

(引自 Eckardt)

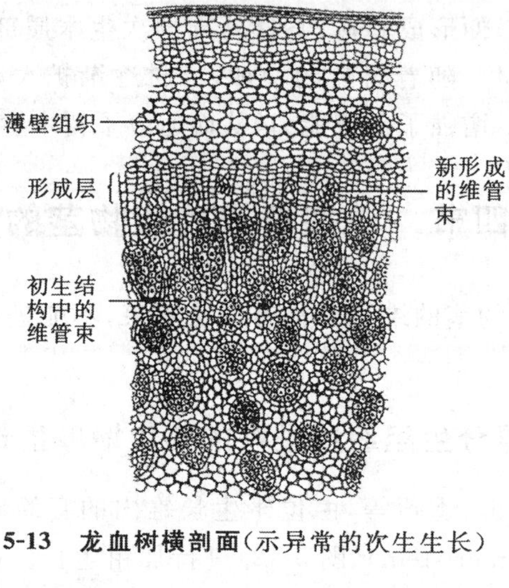

图 5-13 龙血树横剖面(示异常的次生生长)

第五节　茎的生长特性与农、园、林实践*

一、枝条生根与人工营养繁殖

用营养器官而不是用种子繁殖为营养繁殖。一些植物具有特殊的营养器官，有自然营养繁殖功能。此外，人们还可利用一些植物枝条易于发生不定根的特性进行扦插（截下合适的枝条栽入土中）、压条（图 5-14）进行人工营养繁殖。营养繁殖方式利于保持植物优良品质，并能加速后代的繁殖；对一些不能产生种子或产生种子过少的植物，如柑橘、香蕉、无花果、葡萄、甘薯等，营养繁殖成为主要繁殖方法。

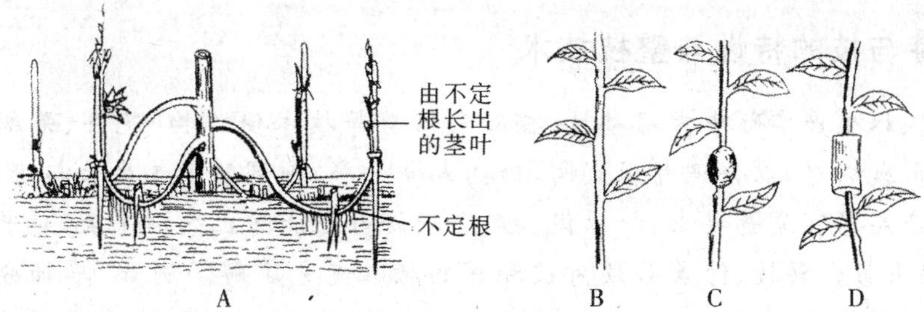

图 5-14　压条繁殖法（用于以扦插法不易生根的植物）

A. 枝条埋入土中的部分生出不定根群，待其在空中的茎长出新叶后，将这个生出不定根群的枝从母株上切下，即可用于繁殖　B. 在枝上切一裂痕　C. 以土包住伤口　D. 用工具固定泥土，待包扎处上部长新叶后，从其基部截下栽种

对苹果插条生根的解剖学研究表明，不定根原基多成群发生于射线与形成层交叉处。另一些研究指出：具有较多的贮藏组织，茎外围较少厚壁组织或厚壁组织较分散的植物较易生出不定根；取自健壮、年幼的植株的枝条成活率较高等。

二、茎的创伤愈合与嫁接

嫁接是利用植物具有创伤愈合力的特性进行的人工营养繁殖。方法如图 5-15A所示，将从一个植株上切下的枝（接穗）接到另一个同种或不同品种，甚至不同种的切去上部的植株（砧木）上去，育成新苗（嫁接苗）。

嫁接苗既可保持接穗品种的优良特性，又可用砧木的一些有利特性改变接穗果实的品质、植株的抗逆性等。如苹果的嫁接可提早结果；黄瓜接于云南黑籽西瓜上可防黄瓜枯萎病；洋姜根系吸收力强，向日葵光合效率高，以前者作砧木，后者作接穗，所形成的嫁接苗地下所结洋姜块大，地上的向日葵籽粒饱满……嫁接法尤其适宜于不易繁殖，用扦插、压条等法又不易成功的植物种类，因而广泛用于果树繁殖。

嫁接成功的关键在于砧木和接穗的组织是否愈合，以及两者的维管组织是否成功联结(图 5-15B)。

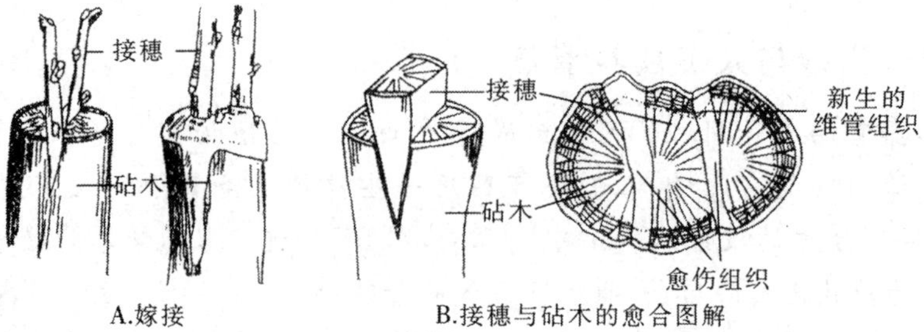

图 5-15　嫁接和接穗与砧木的愈合图解

三、芽与枝的特性与整枝技术

农、园、林生产实际中常用整枝、摘心和修剪等技术使作物、花卉、果树等形成理想的株形或树冠，以合理利用空间，提高光合效率，或调整营养生长与生殖生长，或根据对产品器官质量要求，加以促、控；合理修剪还能防止果树早衰，延长结果年限、减轻病虫害。整枝、修剪必须对枝和芽的特性充分了解。例如，单轴分枝的植物由于顶端优势的作用，主干生长势强，如向日葵、黄麻和松柏类，就要设法促进顶芽优势便可使向日葵花盘硕大、健壮，麻纤维长而韧，松材长而挺直。而棉则要及时摘心(去顶芽)，才能促使侧芽形成更多的果枝；果树幼年达到一定高度时，也要剪去顶部，以后逐年皆要合理修剪，使其保持适于多结好果又便于管理的树冠。修剪时辨明长、短枝和枝龄、芽的各种特性十分重要。

剪枝、摘芽后，伤口因受刺激而发生细胞分裂，形成愈伤组织——一群有进一步分化能力的薄壁细胞，其外层的细胞栓化形成保护层，如图 5-16 所示。

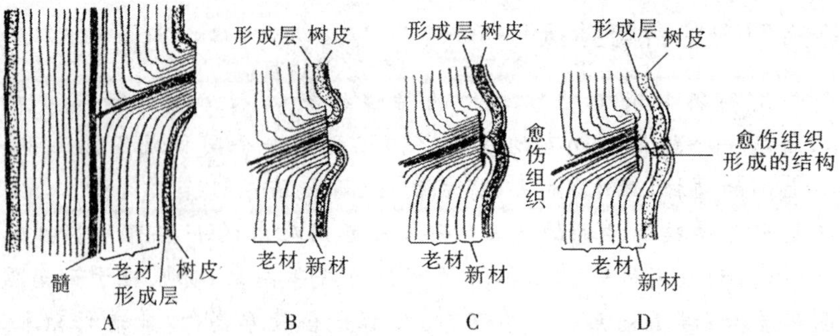

图 5-16　剪枝后伤口的愈伤过程

四、茎的结构特征与倒伏

作物的倒伏，尤其是稻、麦茎秆的倒伏常导致不同程度的减产。倒伏有遗传因素（有抗与不抗倒伏品种之分），也有管理因素（如肥、水过大，密植不当）。这些因素的影响往往在茎的结构上有所反映。如有人对多个抗倒伏性不同的杂交玉米品种的研究发现：第一、二节间中的外围维管束的长、宽和维管束内厚壁组织的厚度，及维管束束数与田间倒伏呈显著负相关；又有研究表明：随着播种量增加，茎壁厚度减小，维管束数减少，机械组织发育程度下降，显然倒伏的危险也随之增加。

思考题

1. 在茎的伸长生长过程中，还伴有哪些侧生器官和结构的生长发育？

2. 观察图 5-4A 之棉初生结构简图，就其维管组织的分布而言，整个茎呈现为空心柱状。试推测这种构型与茎所执行的功能和所处的空间环境之间的适应意义。

第六章　叶的形态结构与建成过程

提要：介绍叶的功能及有关叶的形态术语；叶的形态建成过程，叶的衰老与死亡、脱落；双子叶植物叶和单子叶植物（以禾本科植物为代表）的结构；叶的形态结构对环境的适应所形成的生态类型。

裸子植物的各营养器官的大致特点。

被子植物植物体整体性在功能的协同和结构上的连接方面的表现。

第一节　叶的功能、形态与叶序

一、叶的功能

1. 光合作用　叶是植物进行光合作用的主要器官。通过光合作用植物制造本身生长发育所需的碳水化合物，并以此作原料合成淀粉、蛋白质、脂肪、纤维素等有机物。对人和动物界而言，光合作用的产物是一切食物的直接或间接来源，该过程释放的氧又是生物生存的必要条件之一。

2. 蒸腾作用　叶又是植物进行蒸腾作用的主要器官。蒸腾作用是根系吸水的动力之一，并能促进植物体内矿质元素的运输，还可降低叶表温度，使其免受强光灼伤。

3. 吸收和分泌作用　叶表还具有一定的吸收和分泌能力。

二、叶的形态

1. 单叶与复叶　在一个叶柄上生有一个叶片的叶称为单叶（simple leaf），如图 6-1A 所示。复叶（compound leaf）是一个叶柄上生有两个以上的叶片的叶。复叶有多种类型（图 13-3）。

单叶与复叶可从下列诸方面区别：①单叶的叶腋处有腋芽，复叶的小叶片处无；②在具托叶的类型中，单叶的叶柄基部有托叶，复叶的小叶柄无；③叶所着生的小枝顶端有芽，复叶的总叶轴顶端无芽；④单叶在茎上排列成各种叶序，复叶的小叶无论多寡或具有几“回”均排列在同一平面上，而以总叶轴形成某种叶序在茎上分布；⑤落叶时单叶叶柄与叶片同时脱落，复叶常为小叶先落，叶轴后落。

2. 完全叶与不完全叶　叶片（blade，lamina）、叶柄（petiole）和托叶（stipule，peraphyllum）三者俱全的叶，称为完全叶（complete leaf）（图 6-1A），如缺少其中一部分或两部分，则称为不完全叶（incomplete leaf），如金合欢属（*Acaciazw*）植物的一部分叶只具扩展成叶片状的叶柄。

图 6-1B～D 示禾本科植物的叶：带状叶片，围抱茎的叶鞘（leaf sheath），叶片、叶鞘衔接处向叶腹面突出的膜质叶舌（ligula，strap）和一对叶耳（auricle）。叶舌和叶耳可缺一或俱无。有的禾本科植物在叶片与叶鞘连接处的背轴面还有一色泽不同的环带，称为叶颈或叶环。

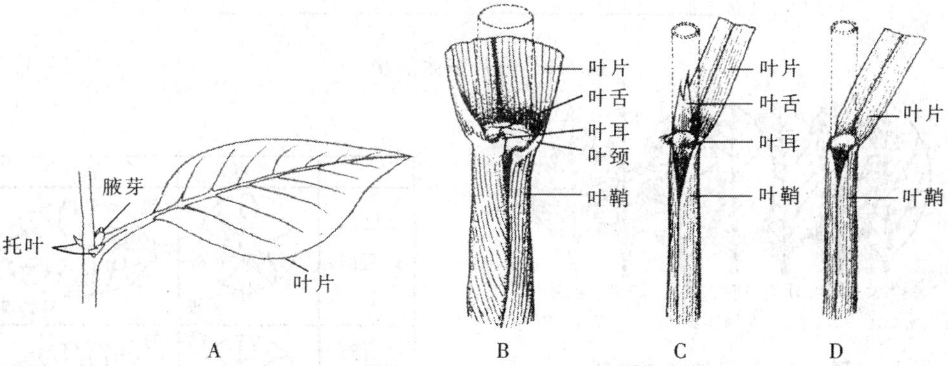

图 6-1　单叶

A. 双子叶植物的单叶，完全叶　B～D. 几种禾本科植物的叶

（引自徐汉卿）

3. 叶的大小和形状　叶的大小和形状因植物而异。以大小而言，长度可由几毫米（如卷柏）到数米（如王莲的浮水叶）。叶形变化也大，但分类地位相近的植物常相似。叶片的整体形状、叶缘（leaf margin）、叶缘分裂的程度——叶裂、叶尖（leaf apex）、叶基（leaf base）的特点与叶脉分布样式，见图 6-2 至图6-6。

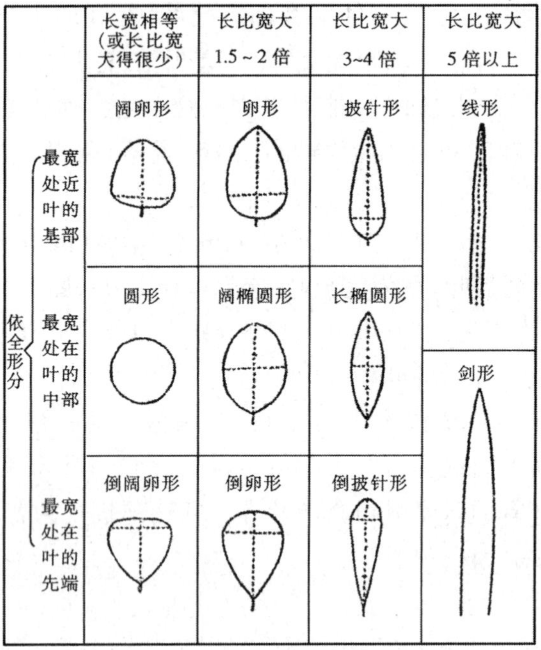

图 6-2 叶片整体形状

图 6-3 叶缘的基本类型

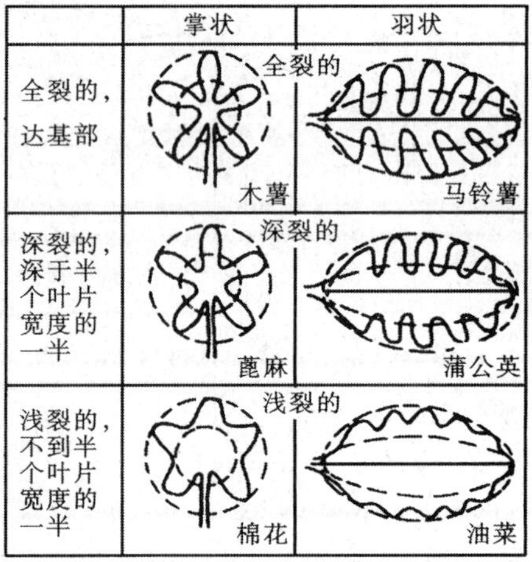

图 6-4 叶裂的类型

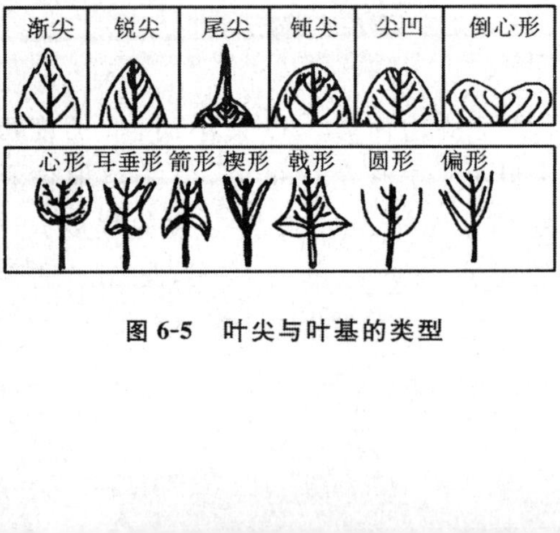

图 6-5 叶尖与叶基的类型

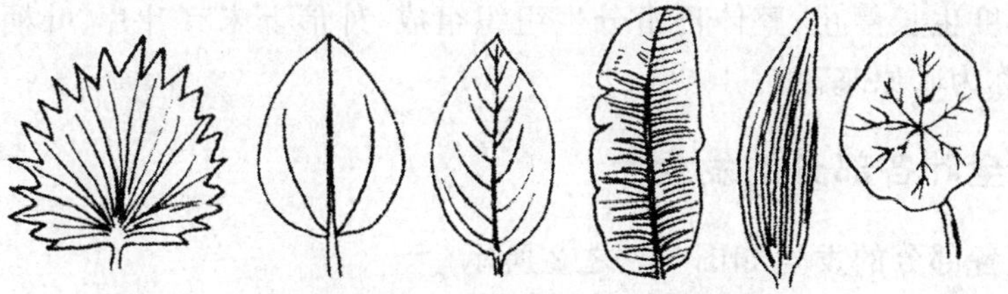

图 6-6　叶脉的分布形式图

第二节　叶的形态建成

一、生长锥上叶原基的发生

叶由叶原基发育而成。叶原基由叶芽中的生长锥侧面的表层和其下面的几层分生组织的细胞分裂所形成，属外生源。最初的突起形成后，接着向长、宽、厚三个方向生长。其中厚度生长的开始与停止均较早，使叶原基早期即成为扁平形。以后基部继续增宽，有些植物（如一些禾本科植物）其基部可包围整个生长锥（图 6-7 之 1）。

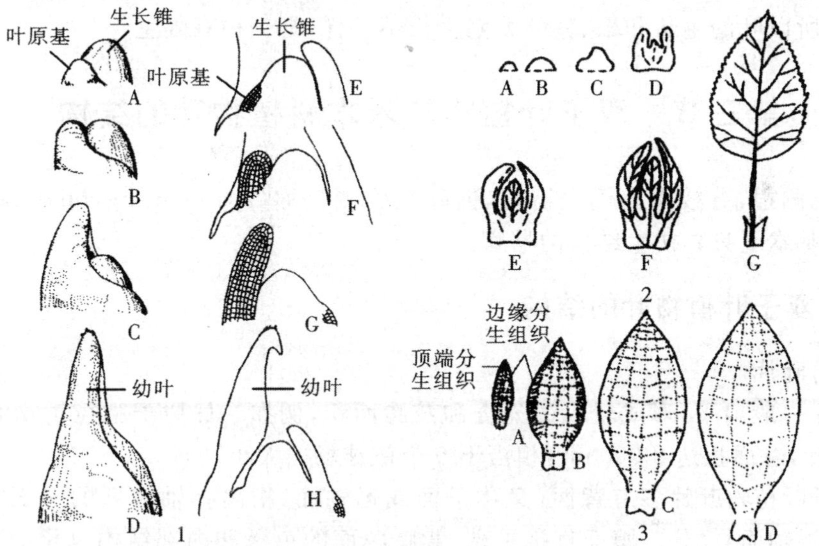

图 6-7　叶原基出现至幼叶、成熟叶形成的过程

1. 水稻叶：左侧为外形，右侧为相应发育阶段的纵剖面图　2. 双子叶植物完全叶：A、B. 叶原基的形成　C～F. 托叶原基与幼叶的形成（A～F 在芽内）　G. 成熟的完全叶　3. 烟草叶（不完全叶）：A、B. 在芽内的顶端生长与边缘生长　C、D. 幼叶从芽内伸展而出，进行居间生长，方格是添加的标记，标记随叶片的居间生长不断扩展，而仍基本维持正方形，可见这种居间生长是近似平均的生长

（A 引自星川清亲；D 引自 Esau，1977）

从突起到厚度生长停止，整体仍由分生组织组成，外形上未有叶片、叶柄、托叶的分化时，均可称为叶原基。

二、完全叶各部分的发生

完全叶各部分的发生如图 6-7 之 2 所示。

三、叶片的生长发育

叶片由叶原基上部经顶端生长、边缘生长和居间生长形成，如系无叶柄和托叶的不完全叶，则由整个叶原基形成(图 6-7 之 3)。

叶原基形成后，先由位于顶端的顶端分生组织进行顶端生长使其延长；不久在其两侧形成边缘分生组织(marginal meristem)进行边缘生长，形成有背、腹性的扁平的雏叶，如果是复叶，则通过边缘生长形成多数小叶。边缘生长进行一段时间后，顶端生长停止，当幼叶从芽内伸出、展开后，边缘生长也停止，此时整个叶片基本上由居间分生组织(初生分生组织)组成，并由其进行近似平均的初生生长，称为居间生长(intercalary growth)，使叶片继续长大，同时形成成熟的初生结构。在此过程中居间分生组织因本身分化为成熟组织而逐渐消失，以后也不再形成新的分生组织，所以叶的生长和根、茎的无限生长不一样，是一种有限生长。

第三节 双子叶植物和禾本科植物叶的结构

叶与侧根、分枝同为侧生器官，但叶是两侧对称(zygomorphy，bilateral symmetry)，基本上只具初生结构的器官。

一、双子叶植物叶的结构

(一)叶片

叶片一般扁平，形成较大的光合和蒸腾面积，例如一株树干胸径 1 m 的槭有 10 万片叶，总面积达 2 000 m^2，相当于 6 个篮球场的大小。

双子叶植物叶片多有背面(又称下面或远轴面，指离茎轴较远的一面)、腹面(上面或近轴面)之分。腹面直接受光，背腹两面的色泽和内部结构也相应出现差异，这种叶称为异面叶(bifacial leaf)。

叶片的结构可分为表皮、叶肉(mesophyll)和叶脉(vein)三大部分(图 6-8、彩插 3-8)。

1. *表皮* 由原表皮层分化，位于腹面的为上表皮，背面的为下表皮。一般皆由单层细胞组成，包括表皮细胞、气孔器或者还有表皮毛、异细胞、排水器等。

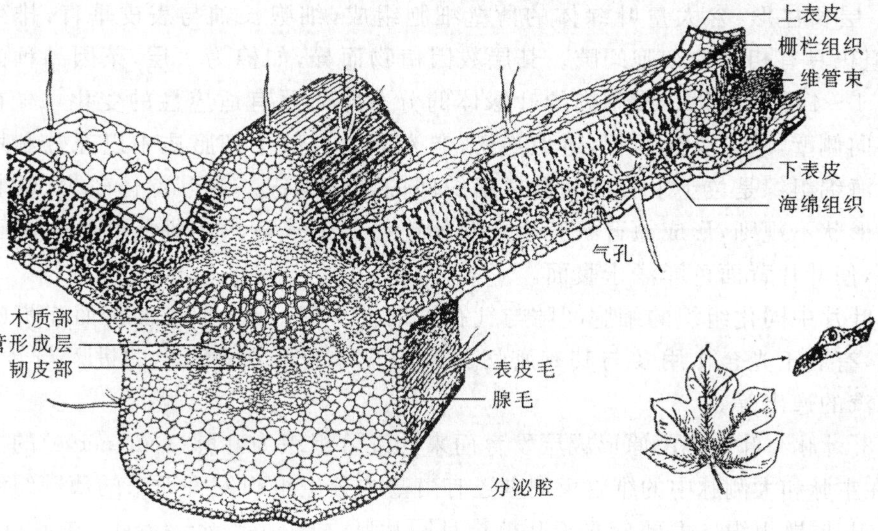

图 6-8　棉叶片经主脉的部分横剖面的立体结构及取材部位示意图

表皮细胞是表皮的基本组成。通常扁平、壁薄，垂周壁大多凹凸不齐，使细胞间互相紧密嵌合，整个表皮外被角质膜，有的还有蜡被，加强了表皮的保卫功能，并有节制过度蒸腾的作用。上表皮的角质膜较下表皮的发达，具较强的折光性，可防止过强的日光引起的损害，在热带这种作用尤为明显。表皮细胞通常无叶绿体，有的植物可含有花青素，使叶片呈现红、紫等色(彩插 2-1)。

双子叶植物的气孔由两个肾形的保卫细胞围合而成，有的植物如甘薯还有副卫细胞。叶表皮上的气孔分布密度比茎表皮大得多，大多数植物每平方毫米的下表皮有 100～300 个，一般多于上表皮。这些特点与叶片的功能及上、下表皮空间位置紧密相关。成熟叶的蒸腾量的 95%通过气孔进行，而气孔孔隙的总面积不超过叶表的 1%～2%。之所以有如此高的蒸腾效率，是因为气孔形成“小孔扩散”的边缘效应，而且彼此在叶面作合理的分布，使这种效应得以充分发挥的缘故。气孔也是分泌或吸收某些物质的通道。

表皮细胞间可能生有数量不等、单一或多种类型的表皮毛，有的植物还有晶细胞等，有的在叶缘具有排水器(图 1-40J)。

2. 叶肉　叶片表皮内最发达、最重要的部分是叶肉。叶肉由基本分生组织分化，主要由同化组织组成，是绿色植物进行光合作用的主要场所，有的植物如棉还有分泌腔，茶有大型骨状石细胞等分布其中。

双子叶植物一般是异面叶。由于叶片背、腹面受光情况不同，叶肉分化为近腹面的<u>栅栏组织</u>(palisade tissue)和近背面的<u>海绵组织</u>(spongy tissue)。栅栏组织由

1～4 层长柱形、含大量叶绿体的薄壁细胞组成，细胞长轴与表皮垂直，排列较紧密，但仍具有相当的细胞间隙。其层数因植物而异，如棉为 1 层，茶因品种的不同可有 1～4 层的变化。细胞内的叶绿体的分布对光照有适应性的变化——在强光下移向侧壁，减少受光面积，避免灼伤；弱光下则分散于细胞质中以充分利用微弱光。海绵组织是位于下表皮和栅栏组织间的同化组织。含叶绿体较少，细胞的大小和形状不规则，形成短臂状突起并互相连接而形成较大的细胞间隙。由于这些特点，使叶片背面色泽浅于腹面。

叶片中同化组织的细胞间隙与气孔器的孔下室一起，形成曲折而连贯的通气系统，有利于光合作用及与其有密切关系的气体交换——CO_2 的进入与暂贮、O_2 及水汽的逸出等。

3. 叶脉　叶片中由原形成层发育而来的维管组织为叶脉(vein，nerve)的主要部分，在主脉和大侧脉中的维管束周围还有由基本分生组织发育而来的薄壁组织和厚角组织、厚壁组织。大部分双子叶植物具网状脉序(netted venation)。中脉(midrib)和大侧脉(lateral vein)中有一至数个维管束，木质部位于叶片近腹面，韧皮部于近背面，两者间有时有活动为时短暂而微弱的形成层。维管束周围有含少量叶绿体的薄壁组织，近表皮处常有厚角组织(棉、甘薯等)或厚壁组织(棉、柑橘等)，这些组织的存在使叶脉形成隆起。叶脉愈分愈细，形成各级侧脉、小侧脉、细脉(veinlet)(最末级的侧脉)，最终为脉梢，结构也随之简化：形成层消失，机械组织逐渐减少至消失，维管束组成分子的类型和数量减少，最后只具一两个管胞。在较小侧脉、细脉和叶脉脉梢的维管束外围有维管束鞘，为一或几层排列紧密的薄壁或厚壁细胞，或两者兼具。维管束鞘由较小侧脉一直延伸至叶脉末梢，使维管组织不会暴露于叶肉细胞间隙中。主脉及大侧脉在向叶尖或向叶缘延伸时也愈变愈细，其结构同样发生上述变化。

细脉和各级叶脉的末梢贯穿于叶肉之中，向叶肉泄放蒸腾流，又是输送叶肉光合作用产物的起点。因此结构有相应的特色：木质部只有短的管胞，韧皮部中有短而窄的筛管，和增大至横径几与筛管相等的伴胞。维管组织和维管束鞘中的薄壁细胞或伴胞常形成利于短途运输的传递细胞(图 6-9)。

(二)托叶与叶柄

托叶形状各异，外形与结构大体如叶片，可行光合作用。但常不是典型的两侧对称，内部组成也较简单，分化程度较低。

叶柄(图 6-10)连接茎与叶片，是两者运输的通道；它还支持叶片，使植株上的叶呈合理排列，并可扭曲生长，随时调整叶片向光的位置。有些植物叶柄或小叶柄基部有稍稍膨大的结构，称为叶枕(pad，pedestal)，可引起叶的感性运动。如花生、合欢的小叶，受夜晚到来时温度或光强的改变的影响，叶枕内的膨压变化引起叶片

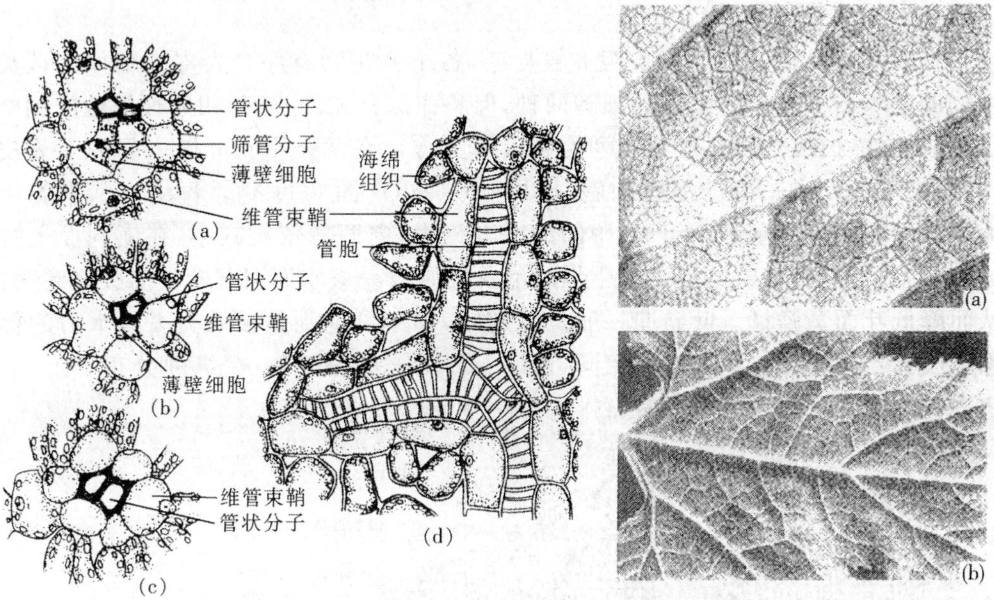

图 6-9　细脉与脉梢的结构及脉梢在叶肉中的分布方式

左:(a)～(c)梨属植物叶细脉至脉梢的横剖面 (d)脉梢的纵剖面

右:脉梢在叶肉中的开放式(a)和闭合式(b)分布

(左图引自 Esau;右图引自 Moore,1995)

合拢、叶柄下垂的感夜运动。叶枕的维管组织在中央,周围是具细胞间隙的薄壁组织,当膨压改变引起其近轴面薄壁组织收缩,远轴面扩张时小叶合拢,反之则张开。感性运动灵敏与否,可作为某些植物幼苗生长是否健壮的指标,如花生生长条件不适或遭病害时,感夜运动便表现迟钝。

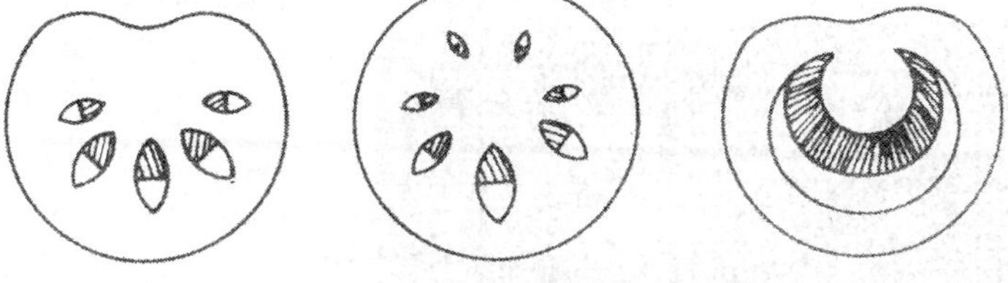

图 6-10　三种类型的叶柄横剖面

(上面为近轴面,画黑线的部分为木质部)

二、禾本科植物叶的结构

(一)叶片

由上、下表皮,叶肉和叶脉三大部分组成,与双子叶植物叶片比较,不同处如下

（彩插 3-9）：

1. 表皮　见图 6-11。表皮组成较复杂，各组分排列有序。表皮细胞如同该类植物的茎表皮一样，分为长、短细胞两种，但各作纵行相间排列，相邻长细胞的侧壁以细小的波纹彼此镶嵌，短细胞列恰在叶脉上方。在两条平行叶脉之间的上表皮内，分布着数列成一组的泡状细胞（bulliform cell）（图 6-11A）。每组泡状细胞由大小不等的长形薄壁细胞组成，中间的一列最大，向两侧依次减小，在横剖面上排成扇形，细胞内有较大的液泡。干旱时泡状细胞极易失水而引起叶片向腹面卷曲，从而降低叶面蒸腾量。叶卷曲一般是可逆的，如不可逆则是根系失去吸水力的标志。气孔器的类型与茎表皮的相同（图 6-11D），作整齐的 1～2 纵列分布于上、下表皮长细胞列之间。在叶尖常有排水器。

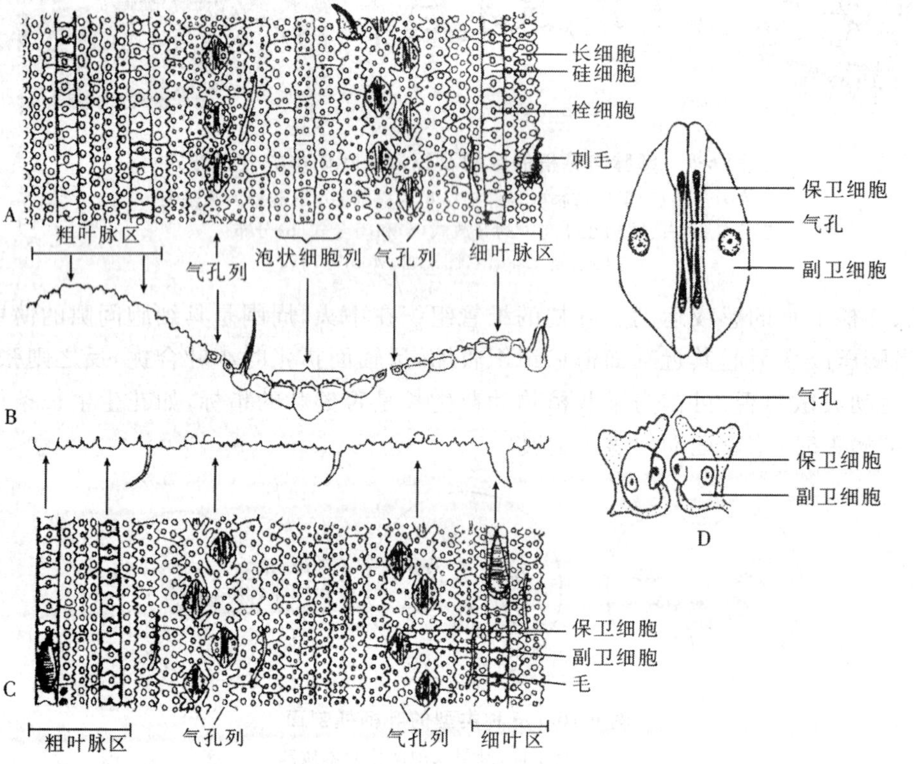

图 6-11　水稻叶表皮的结构

A. 上表皮顶面观　B. 上、下表皮横剖面示意图　C. 下表皮顶面观
D. 气孔器的顶面观（上）及横剖面（下）
（引自星川清亲）

上、下表皮外面除有角质膜和蜡被外，各细胞外壁高度硅质化，水稻还形成硅质乳突（图 6-11A、C 叶表的多数小圈），使叶分外坚硬。

2. 叶肉　叶为等面叶（isobilateral leaf），叶肉中的光合组织均由一种细胞构成，如图 6-12 所示。

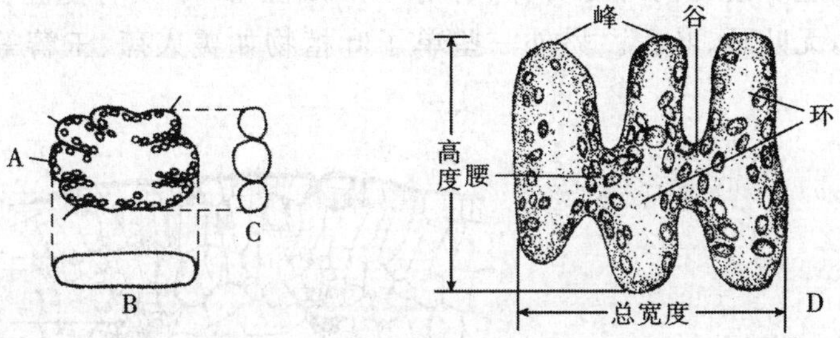

图 6-12　水稻和小麦的叶肉细胞

A. 水稻叶肉细胞横剖面　B. 与叶表面成直角的纵剖面　C. 平行于叶表的纵剖面
D. 1 个小麦叶肉细胞，注意细胞各部分的名称

3. 叶脉　为平行脉序（paralllel venation）。各纵走叶脉间有横行细脉相连，细脉通常只含单列的导管和筛管。所含维管束中均不含形成层，其他特点与双子叶植物大致相同。

（二）叶鞘、叶耳与叶舌

叶鞘围茎而生，两侧缘相叠。拔节前各叶位的叶鞘依次重叠包围着芽与幼叶（图 6-13），具有保护和加强植株的支持作用。叶颈（图 6-1B）有伸展性，可对叶片的开展度作一定的调节。叶舌可防止水分、病菌、小虫等异物落入叶鞘内。这三

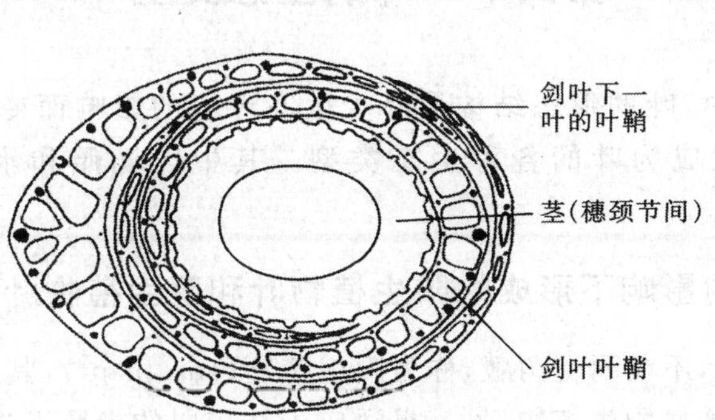

图 6-13　水稻抽穗期植株上部横部面

（示叶鞘重叠包围的状况）

（引自星川清亲）

种结构亦由表皮、基本组织和维管组织组成。但表皮中无泡状细胞,气孔和含叶绿体的同化组织少,细胞壁不形成内褶;叶鞘内大小维管束相间平行排列。叶耳、叶舌的结构更为简化。

单子叶植物葱、洋葱等具有直立的近圆筒状的典型等面叶:无上下表皮的分别,叶肉中栅栏组织沿叶肉外缘分布,叶脉不形成隆脊,中央有髓腔,如图 6-14 所示。叶有叶鞘,无叶耳、叶舌。另外一些单子叶植物如美人蕉、玉簪等,叶有叶片、叶柄的分化。

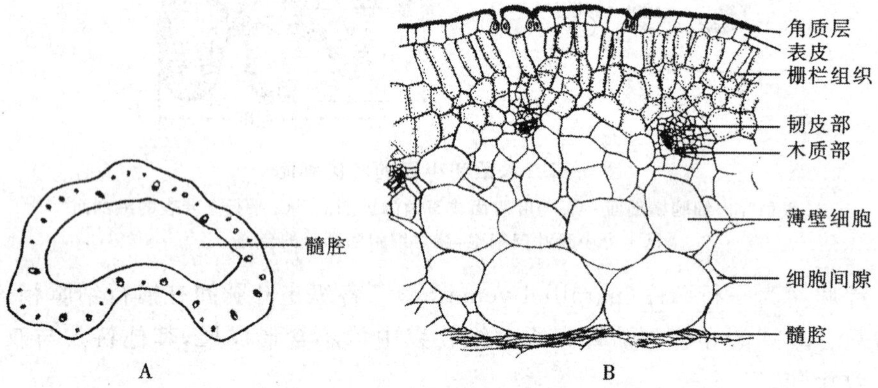

图 6-14 洋葱叶片横剖面

A. 轮廓图 B. 叶片部分细胞图(引自 Hayward)

第四节 叶的生态类型

植物各器官中,叶的形态结构最易受生态环境的影响而变化,并成为遗传性状固定下来,就成为叶的各种生态类型。其中以光照和水分的影响最为明显。

一、在光照的影响下形成的阳生植物叶和阴生植物叶

一些植物喜光,不能耐受荫蔽,称为阳生植物(sun plant),其叶为阳生叶(sun leaf),大多数农作物属阳生植物;另一类适应于在较弱的光照下进行光合作用,称为阴生植物(shade plant)(或称耐阴植物),其叶为阴生叶(shade leaf)。在同一植株上或群体中,因各叶所处位置不同,也会出现阳生叶和阴生叶之分。两者的结构差异如图 6-15 所示。

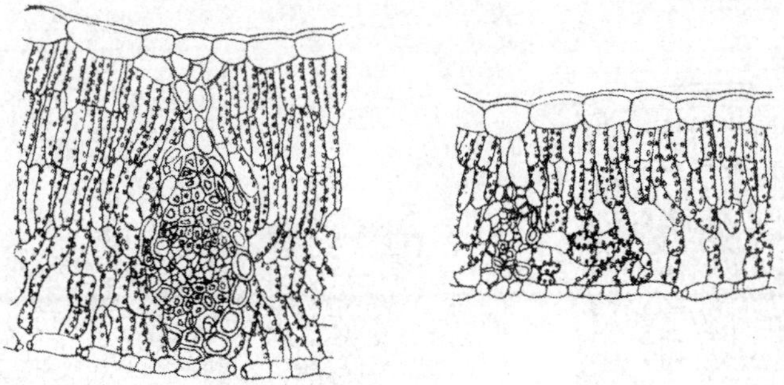

A　　　　　　　　B

图 6-15　栎树的阳生叶和阴生叶

A. 阳生叶，叶片厚而小；角质膜、栅栏组织、机械组织均发达；叶肉细胞间隙较小
B. 阴生叶，叶片较大而薄；栅栏组织发育不良；由于光合作用主要依靠富含蓝紫光的散射光，对此种光吸收力大的叶绿素 b 多，因而叶片呈黄绿色

二、在水分的影响下形成的旱生和水生植物的叶

1. 旱生植物的叶　能在干旱条件下正常生长的植物称为旱生植物（xerophyte）。其叶片的结构主要朝着降低蒸腾和发展贮水组织两个方向变化。前者如图 6-16 A 夹竹桃叶所示各特点和图 6-19 所示裸子植物中的松柏类植物叶面减小为针形叶，同时叶肉细胞多褶以扩展光合表面，角质膜和蜡被厚，气孔下陷等节制蒸腾等特点。另一类是肉质植物，如芦荟（图 6-16B）、马齿苋等，叶片有发达的贮水组织而成为肉质。

2. 水生植物的叶　植株的全部或大部分在水中生长的植物为水生植物（hydrophyte，aquatic plant），其叶漂浮或沉没水里，可以直接获得水分和溶于水的养料，但溶于水中的气体少，光为漫射光。适应特征如图 6-16C 所示。

另一些植物发展了特殊的光合作用途径以适应环境。一些生长在强光、高温、干旱的沙漠地带的肉质植物如仙人掌属、景天属等植物夜间气孔张开，吸入并固定大量 CO_2，白昼气孔关闭以减少蒸腾，同时利用已固定的 CO_2 以景天酸代谢途径还原为碳水化合物。这类植物被称为CAM（景天酸代谢）植物。另一类是分布在高温干旱的热带的植物，它们的光合作用的同化过程既包括 C_3 途径（CO_2 同化的最初产物是三碳化合物，为绝大多数植物所有，这类植物被称为 C_3 植物）又另有 C_4 途径（CO_2 同化的最初产物是四碳化合物）。两种同化过程分别在叶肉和维管束鞘细胞中进行，因而这两部分的细胞在结构上联系紧密，有的植物的叶肉细胞还沿维管束鞘作同心圆排列，称为“花环型（kranz type）”；两者的细胞内的叶绿体在结构与功能、细胞器的多寡也有不同。这类植物光合效率高于一般的 C_3 植物，被称为C_4植物。

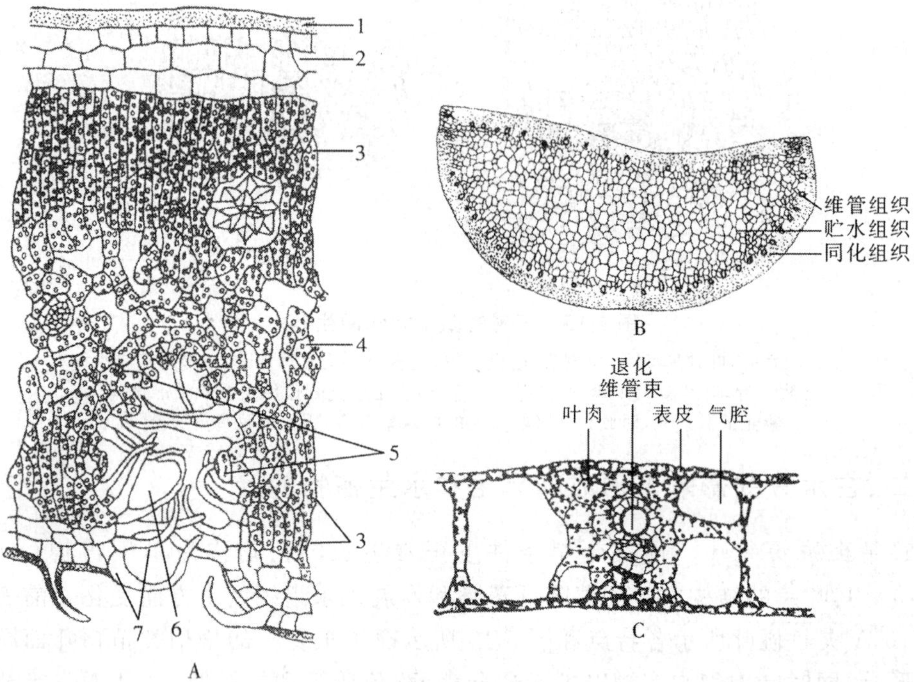

图 6-16 旱生与水生植物叶的结构特点

A. 夹竹桃叶片部分横切:1. 厚的角质膜 2. 具有贮水功能的多层表皮 3. 栅栏组织的层次多 4. 海绵组织 5. 气孔成群生于下陷的坛状的气孔窝(6)内,并有表皮毛(7)间生其间 B. 芦荟叶片横切具有发达的贮水组织 C. 水生植物眼子菜浮水叶片部分横切,注意其适应特征:表皮角质膜薄,表皮细胞内有叶绿体,叶肉细胞同型,维管组织和机械组织不发达,有发达的通气系统

第五节 叶的衰老与死亡、脱落

叶的生活期一般都短于植株。生活期的长短因植物而异,多年生木本植物如油桐、桃、李等的叶只能生活一个生长季,冬季来临时便全部脱落,称为落叶(deciduous leaf)植物;而荔枝、龙眼、芒果等的叶可生活一至几年,松可生活 3～5 年,这些植物的叶在植株上次第脱落,因而整个植株看来似四季常青,被称为常绿植物(evengreen plant)和常绿叶(evengreen leaf)。叶在脱落前要经历衰老的变化,叶片经衰老而死亡被认为也是一种细胞程序性死亡。叶片衰老时,叶肉细胞间隙扩大,细胞内蛋白质分解,气孔关闭提前,光合效率下降,同时叶绿素降解,而使不易被破坏的叶黄素、胡萝卜素以及液泡中的花青素显现,使叶转为黄、橙或紫红等色。

在叶死亡而脱落前，有的植物在叶柄基部形成离区(abscission zone)。离区常在叶片达到最大面积时就开始形成，为由叶柄基部的一些细胞经分裂形成的几层小型薄壁细胞。不久，可能因感受植株传来的脱落信号，离区中1～3层细胞胞间层中的果胶酸钙转化为可溶性的果胶和果胶酸，导致胞间层溶解，有的还伴有细胞壁甚至整个细胞的解体，输导组织此时也失效，这几层细胞便是离层(abscission layer)。离层的出现致使叶片干枯，在风雨等外力作用下叶便自离层处脱落。在脱落前，在离层下形成保护层(protective layer)(图6-17)。

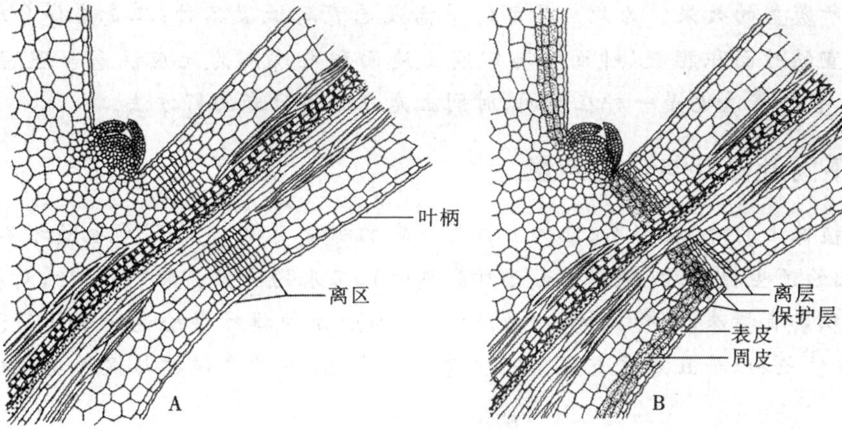

图6-17　叶落前后离区和离层的形成

A. 由叶柄基部的一些细胞进行分裂形成的离区，为多层小型薄壁细胞组成　B. 离层与保护层的形成

大多数单子叶植物和草本双子叶植物不形成离区和离层，凋萎的叶的脱落只是机械性的，小麦等植物叶的凋落只限于叶片，叶鞘留存并起作用。

一般认为叶的衰老和脱落不仅是对不良生态环境的积极适应，而且在进化上亦有意义。随着叶的脱落，具绿色皮层的小枝也常产生不透光的周皮，此时光合作用终止，蒸腾量也大大减少，有利于植株进入休眠以顺利越冬。对一些一年生植物而言，植株，尤其是叶的及时衰亡，有利于生殖器官的发育和形成，加速后代的增殖。在叶的衰老和脱落之前，植株内进行营养物的再分配：一年生植物主要流向果实，如水稻出穗后，叶中的含氮量迅速下降而向穗转移；多年生植物则将叶内部分营养转移至茎、芽和根等处。这种物质的再分配，可能对下一代或下一生长季的植物种的存续有较大的影响。还发现落叶中的铝、锌、铅等的含量几乎均高于生活叶，由此推测落叶可能具有一定的排泄作用。一些植物的落叶能释放种间抑制剂，抑制其他种植物生长；森林中的永久性落叶层也有减少林下幼苗生长的作用。

第六节 叶的生长特性与农艺实践*

一、叶的生长特性与种植方式

作物干重的90%～95%是通过光合作用形成的，但据估计，目前作物的光能利用率只有1%～3%，改进的余地是相当大的。从植物学角度看，可从下列方面着手：一是应使叶较早扩展，以达到在最长的太阳辐射周期内，有尽可能多的田间土面为叶所覆盖的效果。为此应尽可能早播或选育耐低温品种；二是应使作物群体达到适宜的叶面积指数(叶面积与田间土地面积之比)，为此应注意合理密植。此外间作、套作等法也是一种在空间、时间上充分利用日光的好方法。

二、不同叶位叶与作物产量

同一植株上的叶，在形态、结构上常呈一定的梯度变化，光合强度也随之不同。小麦、水稻的顶生穗位叶(分别称为旗叶和剑叶)，玉米的中位、(雌)穗位叶，对籽粒干物质的积累有特殊的作用，特称"功能叶"。如小麦的旗叶供给穗的干物质量约为第二、三叶之和，而且愈近成熟贡献量愈大。可见，应注意保护与促进功能叶的生长。

三、叶的再生长与草皮、牧草和饲用作物生产

一般选作绿化用草皮、牧草和青饲料的植物皆属于禾本科、豆科中的草本。这些植物具有对践踏、啮食、刈割或修剪等方面的耐受性和易于再生长的特性。禾本科植物的再生长通常来自被刈、被食叶的叶鞘内长出的新叶，或叶腋内新出的分蘖和叶；有的则由根状茎上的芽向地面萌生出新枝；豆类常由基部节上的休眠芽活动发育为新枝。上述的种种伤害常成为新器官生长的刺激。再生长时的营养一是来源于贮藏器官或组织，如根状茎、球茎、叶基或残基和根中的贮藏物，另一是保留的茎叶继续进行的光合作用的产物。因此对这类植物的管理除考虑质量和数量外，还要保留足够的叶面积或植株贮藏组织、器官的发育时间，以利其再生长。

第七节 裸子植物的营养器官*

裸子植物与被子植物同属种子植物，都是现代优势植物。裸子植物的营养体都是多年生木本植物，多数为常绿植物。其根系和茎叶系统的发育过程、内部结构

与双子叶植物大致相同，不同处如下：

维管组织：木质部一般无导管，只有兼具支持作用的管胞，在射线中有的还有射线管胞(ray tracheid)(其长径垂直于茎轴、横卧于射线中的管胞)；无典型的木纤维；木薄壁细胞有或无；韧皮部中无筛管和伴胞而有筛胞(sieve cell)(一种细长的生活细胞，无筛板，各筛胞顶端与侧壁具筛域，借此彼此相通，功能与筛管同)(图 6-18)。

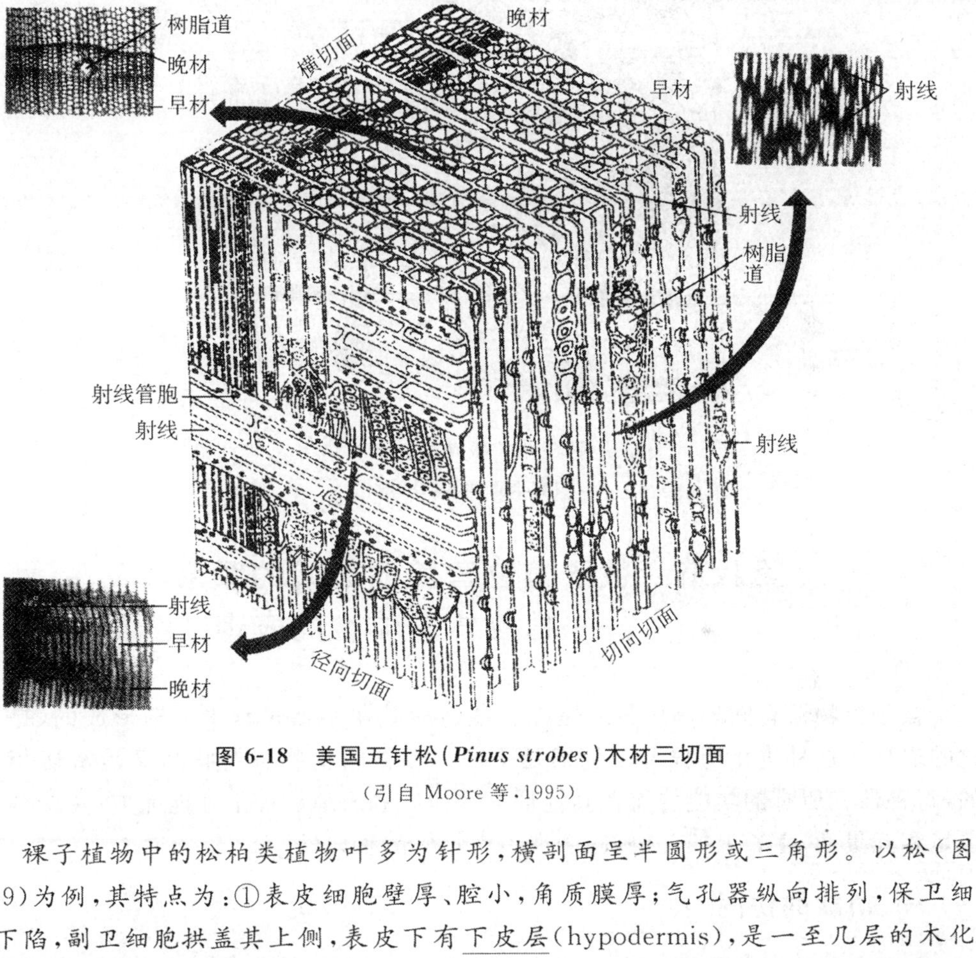

图 6-18　美国五针松(*Pinus strobes*)木材三切面

(引自 Moore 等，1995)

裸子植物中的松柏类植物叶多为针形，横剖面呈半圆形或三角形。以松(图 6-19)为例，其特点为：①表皮细胞壁厚、腔小，角质膜厚；气孔器纵向排列，保卫细胞下陷，副卫细胞拱盖其上侧，表皮下有下皮层(hypodermis)，是一至几层的木化厚壁细胞；②叶肉细胞壁具内褶，叶肉中有树脂道；③维管组织成一、二束位于中部，其周围有转输组织(transfusion tissue)包围，这种组织是叶肉与维管组织间的物质运输通道，由管胞与薄壁组织构成，靠近维管束的管胞横向伸长，壁较薄，木化程度低，远离维管束的管胞与薄壁细胞形状近似。在转输组织外方还有一层排列紧密的长形细胞，内含淀粉粒，称为内皮层。

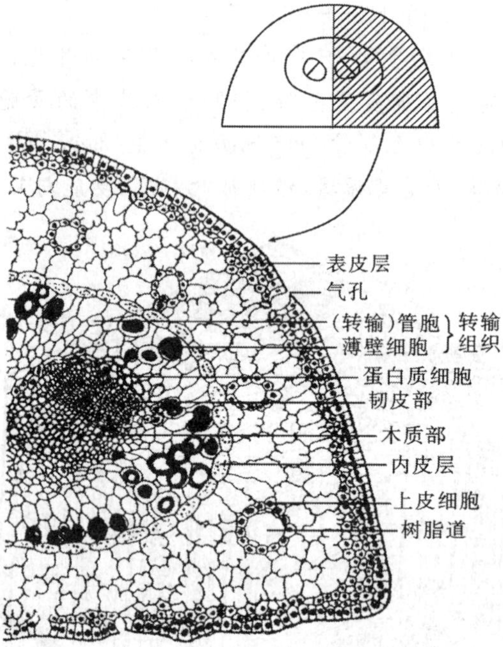

图 6-19 松叶横剖面

(引自李正理等,1984)

第八节 被子植物营养器官间的联系——植物体整体性的表现

被子植物器官间的高度分工是在长期适应陆生生活过程中逐渐形成的,是进化的表现。这种进化历程至今仍绵延不断。但被子植物各器官间又是密切相关的,每种器官所有的功能均需在其他器官的协同和整体调控下才能完成;在结构上也是相互贯通,生长上彼此协调,表现出植物体的整体性。

一、功能的协同

如根部的吸收作用,除 5%的水分是由根的生理活动引起(主动吸收)外,其余皆由被动吸收吸入。被动吸收主要是由叶和幼枝等部位的蒸腾作用所致——由于水分不断从这些部位的表面散失,使水势降低,器官中的导管里的水柱因而不断上升,进而引起根部水分不足,而从土壤吸水。如此形成贯穿整个植株的蒸腾流。又如叶的光合作用有赖于由根吸收、通过茎运输的水作原料,并借水维持叶细胞的膨压、在强光下降温等，保证执行该功能的基本条件。叶还需要茎的支持和使之定位于有利光合作用的序位，等等。

二、器官间结构的联系

配合功能的协同，各器官在结构上既各具特点而又是以种种方式相互联系，尤其是维管组织间的连接（图 6-20、图 6-21）。这些器官间的联系结构包括根-茎过渡区、叶迹和叶隙、枝迹和枝隙。

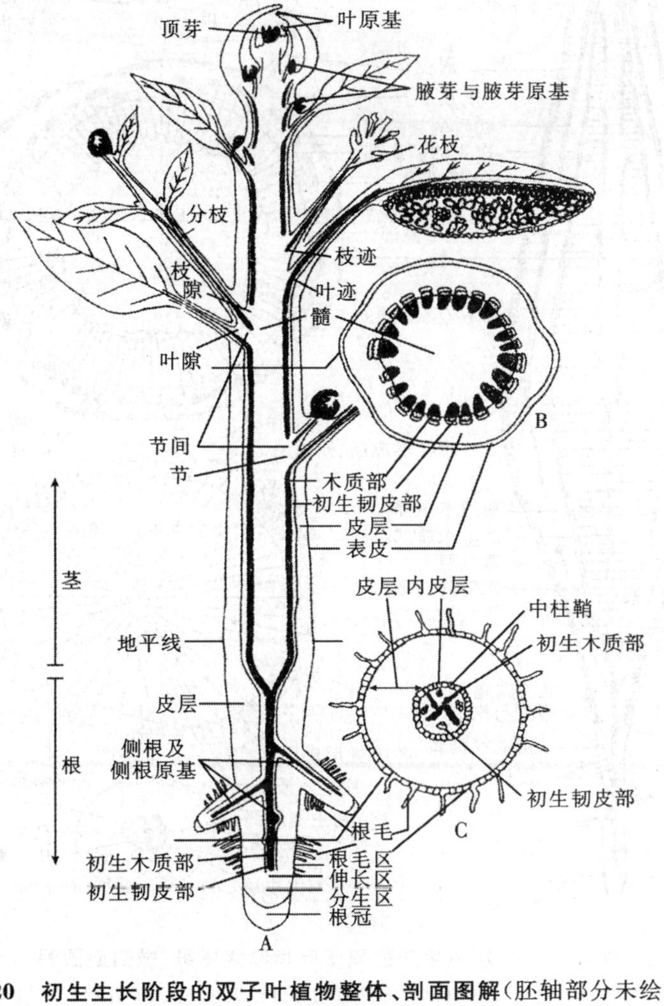

图 6-20　初生生长阶段的双子叶植物整体、剖面图解（胚轴部分未绘出）

A. 初生生长阶段的双子叶植物整体　B. 茎的初生结构横剖面简图　C. 根的初生结构横剖面简图

（引自 Esau，1977）

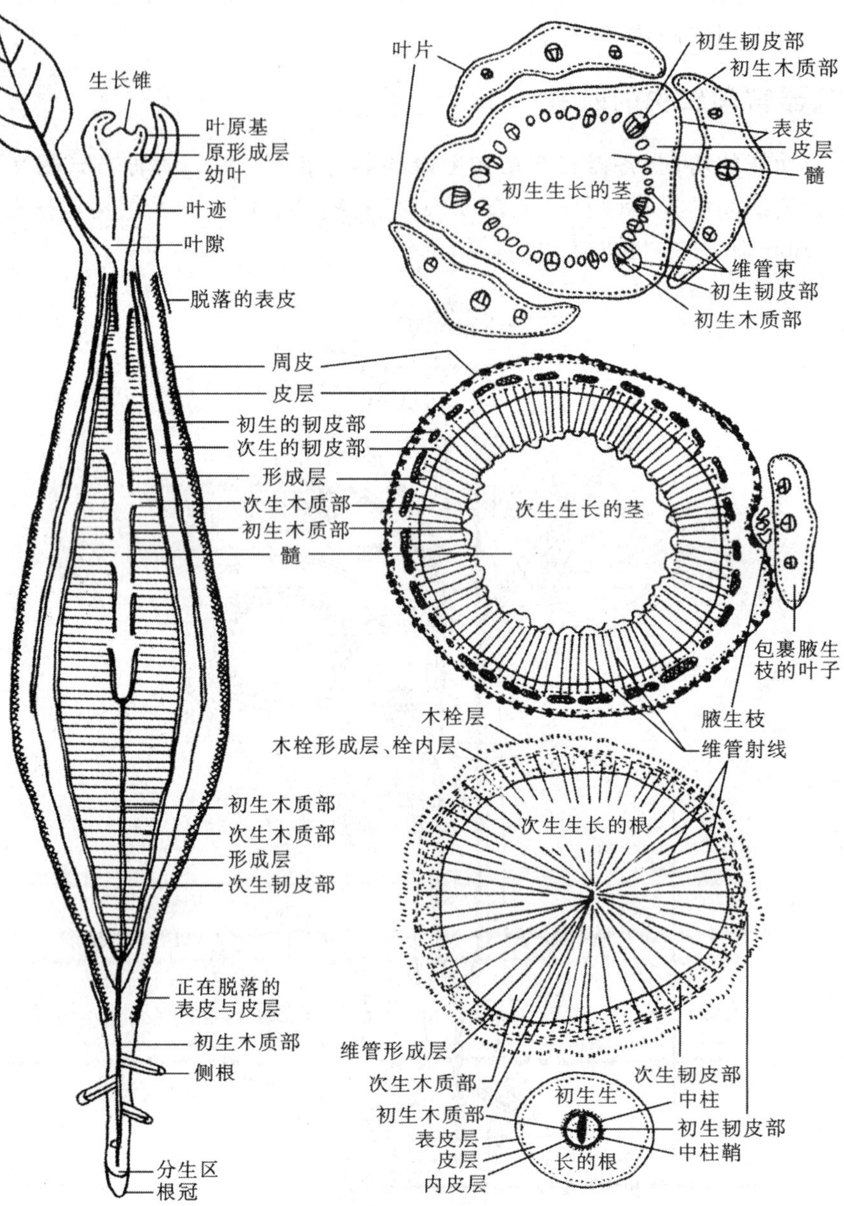

图 6-21 具次生生长的双子叶植物整体纵、横剖面图解

（左图的植株整体中部已增粗部分经缩短、夸大的处理）

（仿 Esau 和 Miller）

1. 根-茎过渡区　这是根与茎在初生结构上的连接结构。比较图 6-20B、C 根和茎的初生结构横剖面简图，可见除表皮外，两者在皮层的厚薄、髓的有无及维管系统各组分的空间排列等方面有差异。这些差异通过如图 6-22 所示的逐渐变化而使根、茎在结构上连接起来。发生这种渐进变化的区域就称为根-茎过渡区(root-stem transition zone)。过渡区位于土表附近的根、茎相接处，一般在胚轴中，或者还包括一部分主根，或者在主根的近胚轴端。

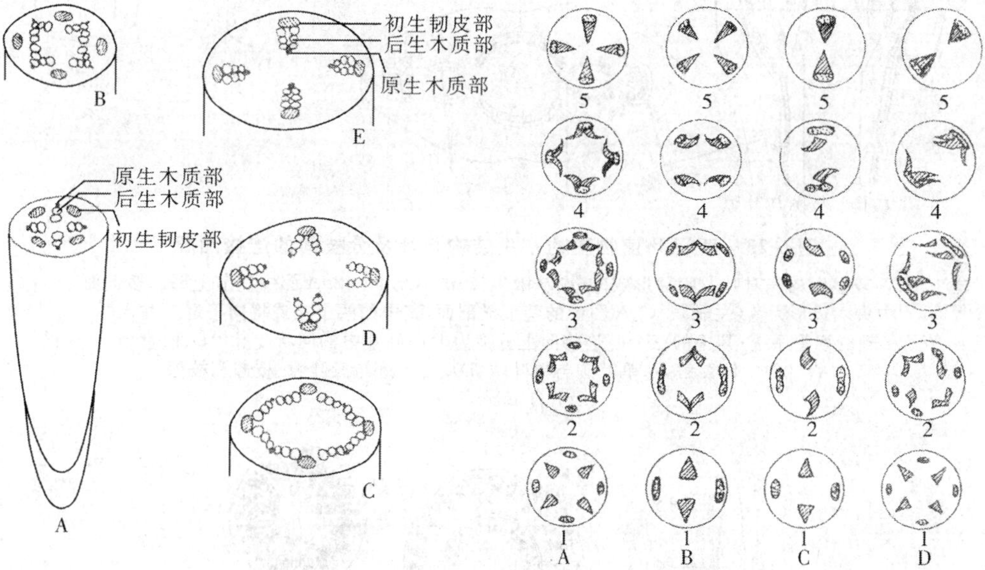

图 6-22　根-茎过渡区中的结构变化及过渡区类型图解

左：棉幼苗根-茎过渡区中初生维管系统的梯度变化图解，未显示皮层与中柱的正确比例
A～E. 皮层由厚而薄；髓出现；维管系统中通过初生木质部的一分为二，各自旋转 90°，
而由与韧皮部相间排列变为内外排列，初生木质部同时由外始式变为内始式
右：根-茎过渡区中的维管柱横剖面，示 4 种过渡类型

2. 叶迹与叶隙　是茎的初生结构与叶结构的连接结构，位于茎中。见图 6-20A、图 6-23、图 6-24。叶迹(folial trace)是茎中通向叶的一段(单叶迹)或数段(如三叶迹)维管束；叶隙(folial gap)是位于叶迹上方的薄壁组织，位于茎维管系统中，此处因叶迹的分出而缺少维管组织的其他组分。

3. 枝迹与枝隙　是茎的初生结构与分枝的连接结构，位于茎中。见图 6-20、图 6-23。枝迹(branch trace)是茎中通向分枝的一段或数段维管束，枝隙(branch gap)是枝迹上方、位于茎维管系统中的薄壁组织。

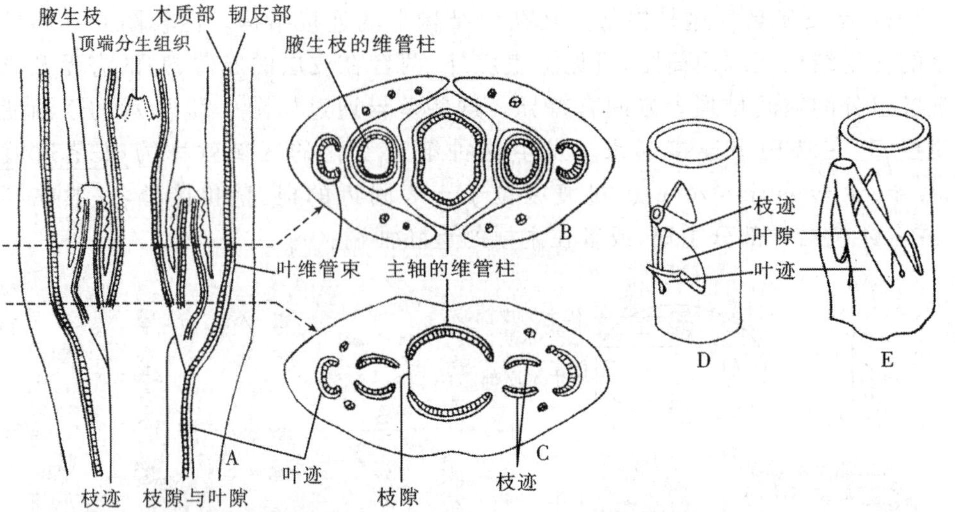

图 6-23 双子叶植物茎的初生结构与叶及分枝间的连接图解

A. 一段茎上的一对叶及腋芽形成的分枝(腋生枝)的纵剖面 B. A 图中茎节上部的横剖面，中央六边形为茎(主轴) C. A 图中的茎节横剖面，其中的两个枝迹将向下逐渐并入主轴的维管系统；其中的三个叶迹将向上分叉为 B 图叶片中的网状叶脉 D、E. 茎维管柱的立体图解，示单叶迹与单叶隙(D)、三叶迹与三叶隙、枝迹和枝隙

(引自 Esau，1977)

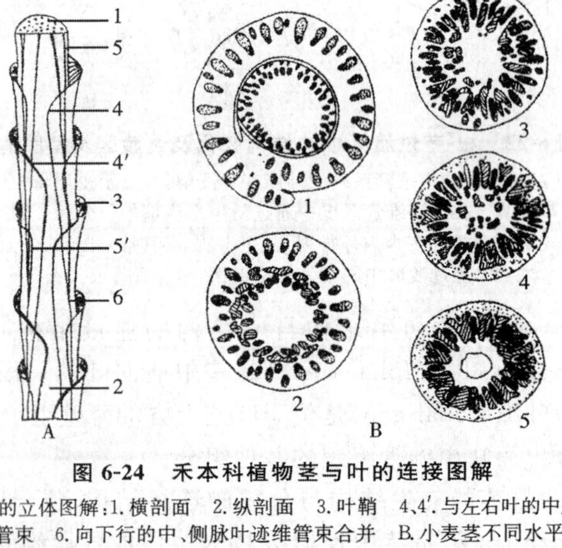

图 6-24 禾本科植物茎与叶的连接图解

A. 叶与茎维管组织联系的立体图解：1. 横剖面 2. 纵剖面 3. 叶鞘 4、4′. 与左右叶的中脉相连的叶迹 5、5′. 左右叶侧脉相连的叶迹维管束 6. 向下行的中、侧脉叶迹维管束合并 B. 小麦茎不同水平处的横剖面：1. 节以上部分，示叶鞘增厚，两侧鞘缘合并 2. 节的上部，叶鞘与茎节愈合，外围的维管束为叶迹，茎中的维管束发生斜向的分枝与联合 3、4. 节的中部，叶迹与茎维管束联合并重新排列 5. 节下部，髓腔出现

(观察各横剖面应与 A 图联系，推测它们各自取自 A 图的哪一位置)

(仿 Esau，1977)

三、营养器官生长的相关性及其调节

1. 生长的相关性 “根深叶茂”、“本固枝荣”两句成语揭示了植株茎叶系统与根系的相互依存和制约的关系，其前提是两者在生长上保持一定比例，即根条比。例如，小麦栽种过密使株间通风透光不良，或施氮肥过多，常导致茎叶徒长而根系生长被抑制，降低了根条比，就会引起减产。又如普遍存在植物中的顶端优势——顶芽对腋芽、主根对侧根的抑制作用，也反映了器官间的生长相关性。顶端优势的强弱因植物而异，例如玉米属于强型，一般腋芽终身被顶芽抑制而无分枝；稻、麦在拔节前较弱，可发生多次分蘖。营养生长和生殖生长间也密切相关，一年生植物进入生殖生长时，营养生长常削弱或终止，幼叶和茎在果熟期减缓合成和输入光合产物，而且输出一部分积累的营养物，从而加速植物在结果后的衰老与死亡。

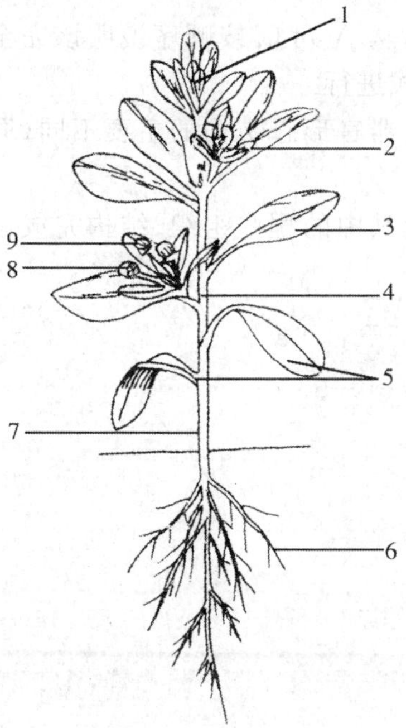

图 6-25 植物体内激素产生部位及其对生长发育的影响示意图

1. 幼叶和芽内合成赤霉素和生长素，控制茎伸长
2. 开花素从叶片向芽移动使之形成花芽
3. 细胞分裂素从根向叶移动，保持正常的根条比
4. 生长素和赤霉素促进形成层活动
5. 乙烯、脱落酸在老叶中形成，促使离层形成
6. 根中合成赤霉素及细胞分裂素运往地上部分
7. 生长素向根尖运输
8. 乙烯在果实中形成，诱导果实成熟
9. 幼果中形成细胞分裂素，刺激果实生长

（引自高信曾，1987）

2. 相关生长的调节 引起相关生长的因素是多方面的，大致可分为外部（生态环境）和在遗传性控制下的多种内在因素。虽然有关资料不够完善，对具体作用方式也不甚了解，但一些实验证明，这种影响有时是通过各器官所合成的生长激素来完成的。表 6-1 大致概括了当土壤条件变化时，根向地上部分所输送的激素种类与数量的改变，这些激素如同信使一样，使地上部分作出相应的反应。图 6-25 介

绍了几大类激素在植物体内形成的部位、移动方向及对生长发育的影响。

表 6-1　土壤条件改变时激素的变化

根部土壤条件的改变	根向上输送的激素	引起的代谢变化	地上部分生长发育的反应
干旱	生长素	气孔关闭	生长减弱或停止
淹水	细胞分裂素	光合速率	叶衰老
高、低温	赤霉素	蛋白质合成	不开花、结果
缺矿质	脱落酸	叶绿素分解	器官脱落
盐过多	乙烯	—	—

思考题

1. 试从棉和小麦的叶在茎上着生的情况及与日照的关系分析异面叶、等面叶的适应意义。

2. 观察图 6-7 之 2“双子叶植物完全叶”图，从 A 到 G 按顺序说明该完全叶的发生和成熟过程，并指出各阶段按何种生长方式进行。

3. 列表比较被子植物和裸子植物植物体及器官形态结构的主要不同（同时参考第十二章）。

4. 土壤中的水分通过植物体的哪些器官及其中的哪些组织、结构完成运输和蒸腾进入大气？试依次列出它们的名称。

第七章　营养器官的变态

提要:介绍器官变态的定义;与农艺有关的变态根、变态茎和变态叶的类型;起源(同功或同源器官)的判定;各种类型的变态器官的形态结构及主要形成过程。

以上所介绍的各种营养器官的生长过程和所形成的结构为绝大多数种子植物所具有,又可称为正常生长与正常结构。有些植物的某些营养器官出现不同于一般的生长方式与结构,称为异常生长与异常结构。另一些植物的某个器官生长到一定阶段后,会改变发育方式,不仅在形态结构上发生明显变化,而且其生理功能也部分或全部地转变,形成一种新器官。植物器官在形态结构和生理功能上的这种转化称为变态(morphological transformation),发生变态的器官称为变态器官(abnormal organ)。植物器官变态是植物个体发育进程中受遗传因子控制的自主活动,环境、营养和激素等内、外条件在很大程度上也影响其变态进程,但是这些影响是以信号诱导的方式首先作用于植株有关基因,由此启动或关闭其发育程序而体现的。

以下就与农艺有关的一些变态器官的形成与结构分述之。

第一节　变态根——贮藏根、支持根和寄生根

1. 贮藏根(storage root)　包括萝卜、胡萝卜、甜菜、甘薯、木薯、何首乌等。这一类变态根的共同特点是:整体肥大、肉质,结构以大量薄壁的贮藏组织为主,维管分子散生其间,机械组织不发达。其贮藏物是植株开花、结果或进行营养繁殖时萌生新器官的营养源,故农艺上又将它们称为“种子”。上述变态器官发生的部位见图 7-1,形成过程见图 7-2 至图 7-4,注意这些贮藏根中的大量薄壁组织的来源及异常膨大的成因。

2. 支持根(prop root)　支持根如图 7-5 所示。

3. 寄生根(parasitic root)　菟丝子、列当等寄生植物叶退化为小鳞片,不能进行光合作用,借变态的寄生根从寄主体内吸水和营养物,严重影响寄主生长(图 7-6、图 7-7)。

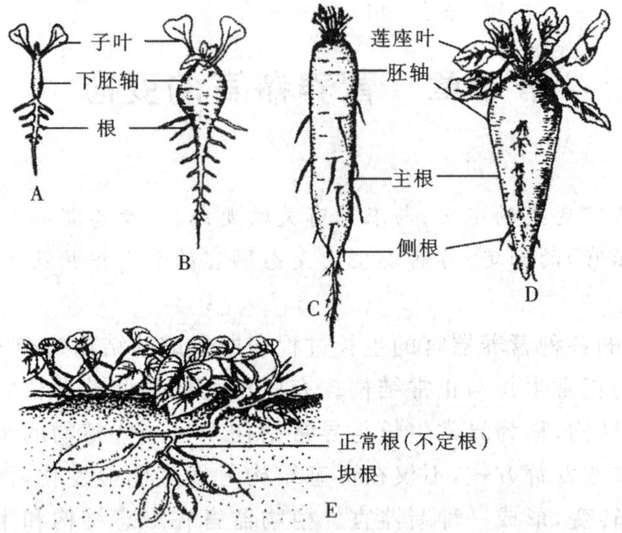

图 7-1　几种贮藏根发生部位及外形

A、B. 萝卜贮藏根,由下胚轴与主根上部膨大形成　C、D. 胡萝卜与甜菜贮藏根,来源与萝卜相同　E. 甘薯贮藏根(块根),由部分不定根的近土表部分发育

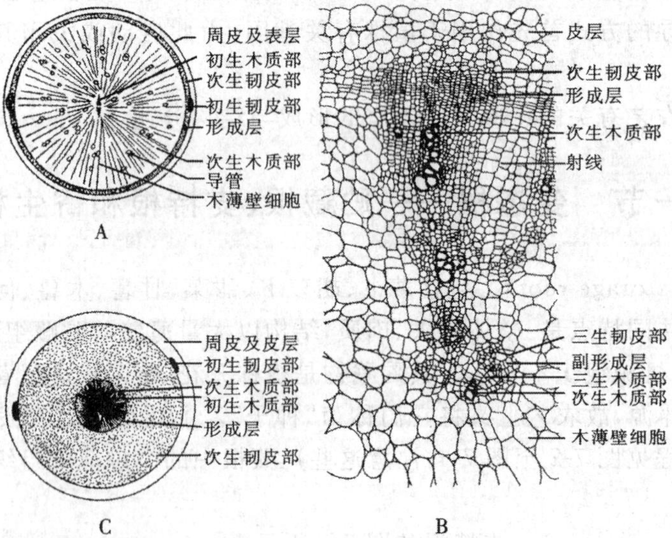

图 7-2　萝卜、胡萝卜的贮藏根的结构

A. 萝卜贮藏根横剖面简图　B. 萝卜贮藏根横剖面部分细胞图,示致使其膨大除形成层的活动外,还有副形成层的活动。副形成层由次生木质部导管周围的木薄壁细胞脱分化形成,它所产生的三生木质部和三生韧皮部以及形成层产生的维管组织均以贮藏组织为主。甘薯块根的形成过程与之相同　C. 胡萝卜贮藏根横剖面简图,示形成层产生的韧皮部特别发达,其中又以贮藏薄壁组织为主

(A、C 引自 Bnnier,B 引自 Hayward)

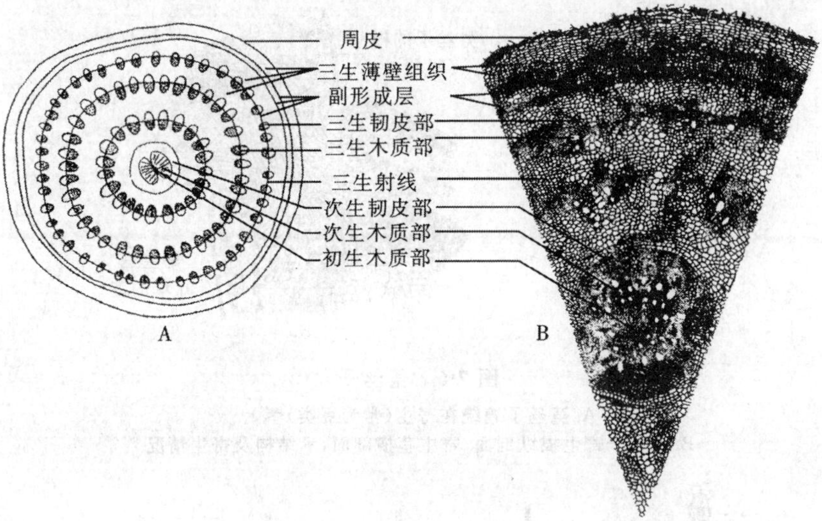

图 7-3　甜菜贮藏根的结构

A. 横剖面简图，示其膨大过程开始是形成层的活动，继而从次生韧皮部产生第一个副形成层，再由其所产生的三生韧皮部外侧的韧皮薄壁细胞依次形成第二、三……个副形成层，这些副形成层活动产生的三生维管组织作同心圆排列，组成成分均以贮藏组织为主　B. 横剖面部分细胞图

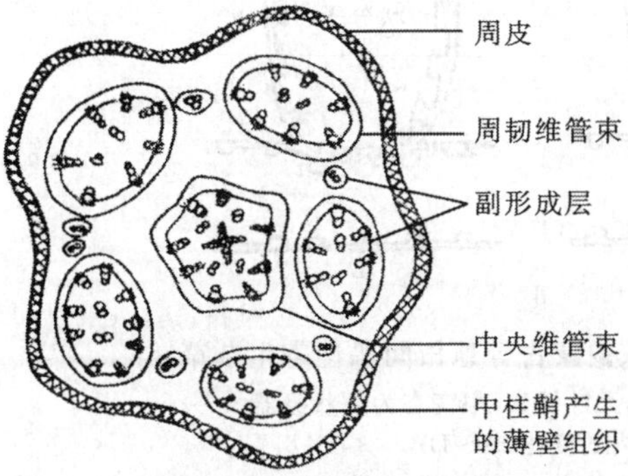

图 7-4　何首乌贮藏根(药材)横剖面图解

(何首乌有纺锤形的块根，为药用部分。由初生韧皮部为形成的副形成层产生以薄壁组织为主的维管组织，以及中柱鞘所产生的薄壁组织使块根膨大)

(引自胡正海，1993)

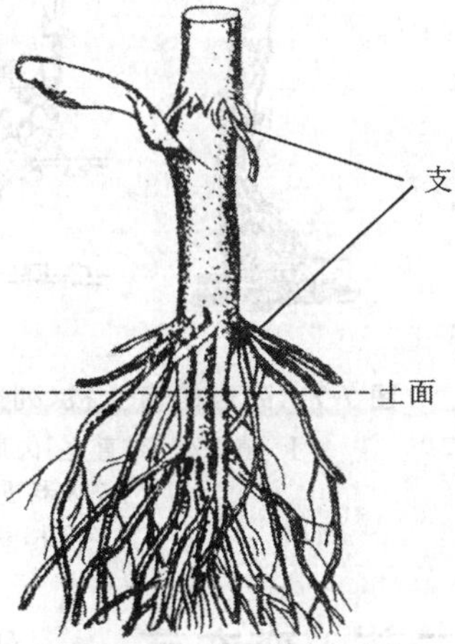

图 7-5　玉米在茎节上产生的气生支持根

(最多可达 6 层。这些不定根入土后产生侧根，有支持植株的作用)

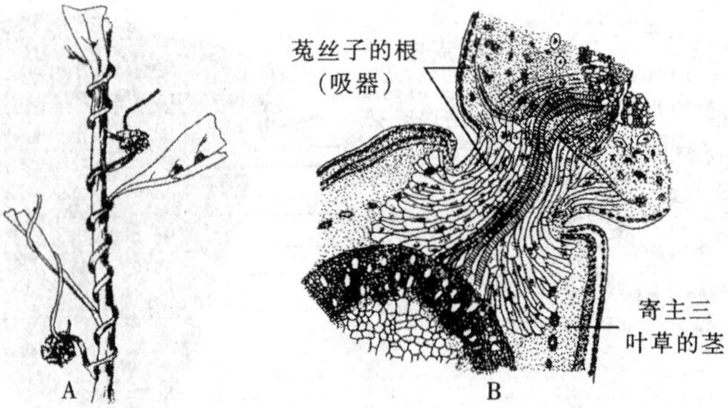

图 7-6 菟丝子

A.菟丝子缠绕在寄主(常为豆类)茎上

B.菟丝子寄生根纵剖面、寄主茎横剖面,示结构及寄生情况

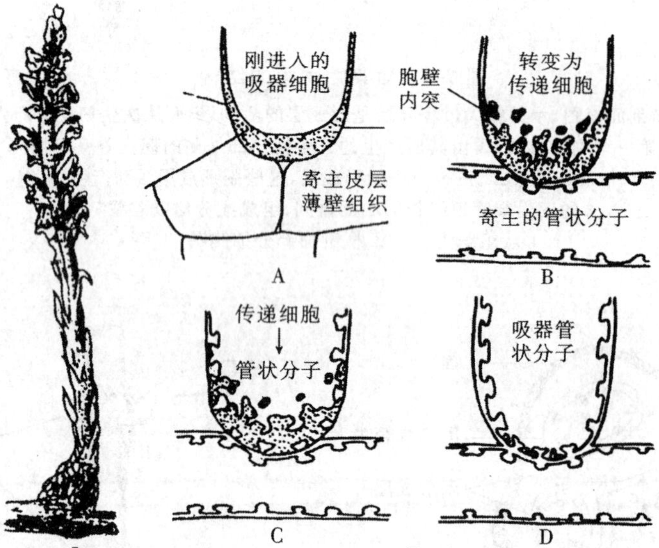

图 7-7 列当的寄生根(列当为新疆、内蒙古等地田间恶性寄生杂草)

Ⅰ.植株外形:直立,肉质,紫褐色,无叶绿素,根变态为须状吸器

Ⅱ.吸器进入寄主体内的变化(A～D)

(Ⅱ.引自 Dorr 和 Kollmann)

第二节 变态茎——地下茎与地上茎的几种变态类型

1. 地下茎(subterraneous stem)的变态 包括根(状)茎(rhizome)(图 7-8)、块茎(tuber)(图 7-9)、鳞茎(bulb)和球茎(corm)(图 7-10)等。

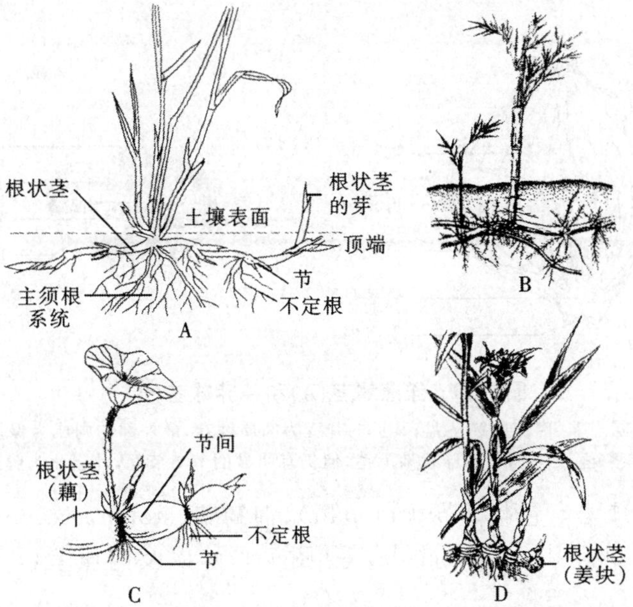

图 7-8　几种根状茎

（这些茎蔓生土表下，仍具明显的节与节间，但叶退化为非绿色的鳞片，地下茎上的芽形成钻出土面的地上枝，同时在其节上长出不定根群）　A. 禾本科杂草　B. 竹　C. 莲　D. 姜

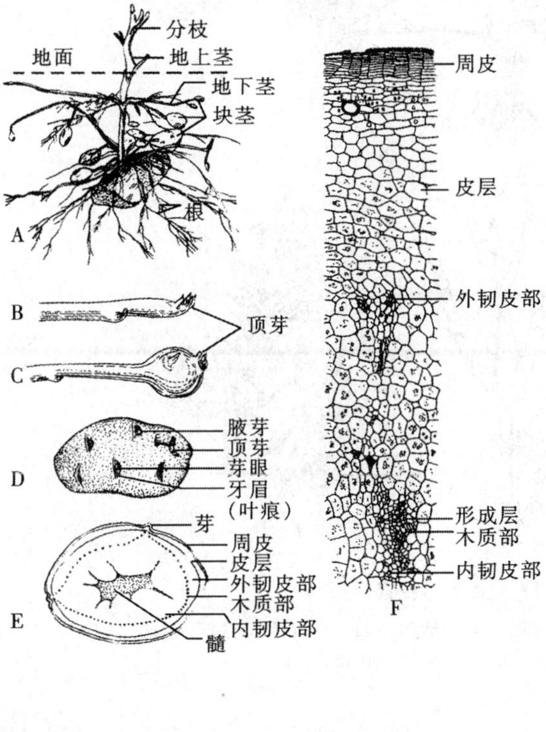

图 7-9　马铃薯的块茎

A. 部分植株外形，土下中央的大块为用于繁殖此植株的块茎一部分（将完整块茎切成几小块，每块上有芽即可）

B～D. 地下茎前端几个节和节间膨大成块茎。芽眼为块茎上的凹陷，内生芽；芽眉是鳞片叶脱落后留下的痕迹。芽眉着生处即为节

E. 成熟块茎横剖面简图

F. 块茎横剖面的一部分细胞图，注意其贮藏组织分布在皮层、外韧皮部和木质部之间，以及内韧皮部和髓的外围区域

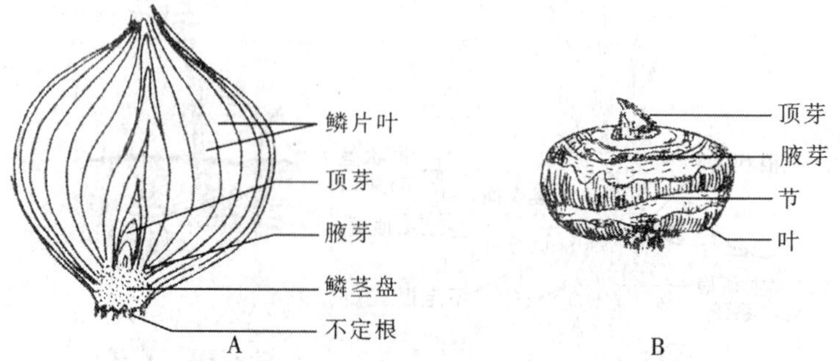

图 7-10　洋葱鳞茎(A)和荸荠球茎(B)

A. 鳞茎:茎变为节间短缩、肉质的鳞茎盘;其上的叶变为肉质鳞叶,最外部的则成为保护性的膜质鳞叶
B. 球茎:茎变为肉质的球状地下茎,但仍有明显的节与节间,叶退化为膜质

2. 地上茎的变态　包括茎卷须(tendir)、匍匐茎(stolon, creeping stem)、茎刺(spine)、叶状枝(cladode, phylloclade)等(图 7-11),以及肉质茎(fleshy stem),如莴苣、仙人掌。

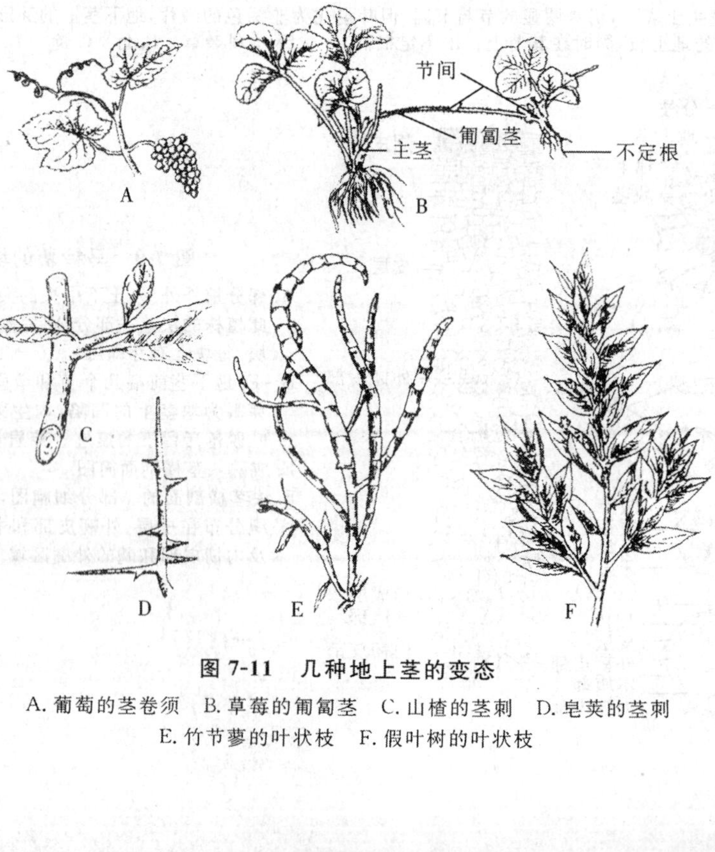

图 7-11　几种地上茎的变态

A. 葡萄的茎卷须　B. 草莓的匍匐茎　C. 山楂的茎刺　D. 皂荚的茎刺
E. 竹节蓼的叶状枝　F. 假叶树的叶状枝

第三节　变态叶——叶卷须、叶刺、托叶刺、捕虫叶和鳞叶

变态叶类型如图 7-12 所示。捕虫叶为一类长在多雨的热带、亚热带沼泽地区的植物所具有。该地区缺乏足够的氮素养料，叶特化形成捕虫器，能捕捉并消化某些小虫以满足对氮素的需要。鳞叶又可分为鳞芽（外具保护作用的芽鳞）和根状茎、球茎、块茎等变态茎上的退化叶——称为鳞叶或鳞片，以及百合、洋葱鳞茎上的肉质具贮藏作用的鳞叶。

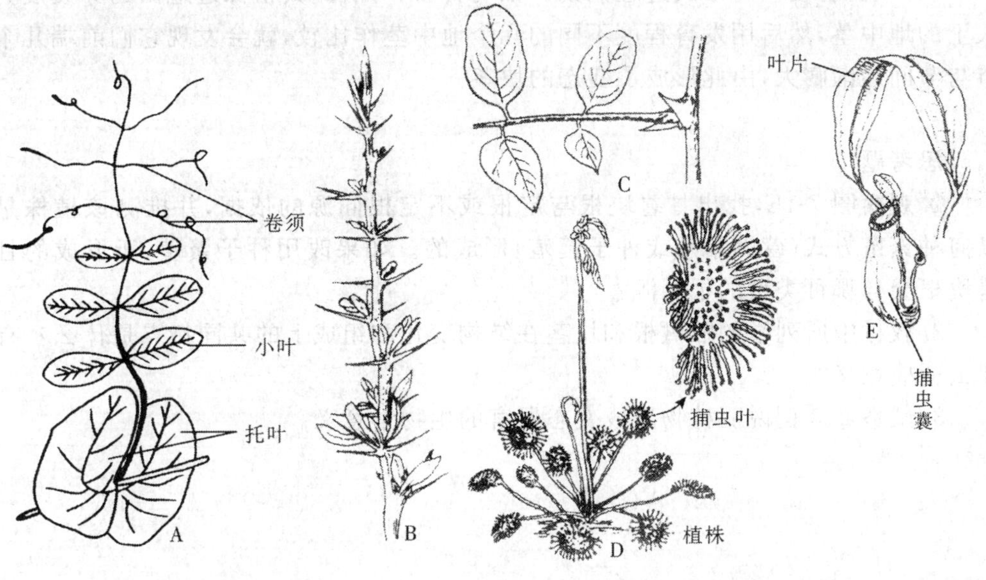

图 7-12　几种变态叶

A. 豌豆的叶卷须　B. 小檗的叶刺　C. 洋槐的托叶刺　D. 茅膏菜的植株及捕虫叶　E. 猪笼草的捕虫叶（叶柄的变态）

第四节　同功器官和同源器官

凡外形相似、功能相同，但来源不同的变态器官称为同功器官（analogous organ），例如茎刺和叶刺。凡外形与功能有别，而来源却相同者，称为同源器官（homologous organ），如茎刺和茎卷须，支持根和贮藏根。一般可根据下列数方面辨别变态器官的起源：

(1)从变态器官着生的位置判别。如刺生于叶腋的分枝的位置,即可判断其为枝的变态;生于叶的两侧的刺,则为托叶的变态;萝卜的变态部位恰占据了胚轴和主根的位置,可推测是与这些器官同源;等等。

(2)从变态器官上的侧生器官类型或外部特征判别。如萝卜贮藏根上有成列的侧根;姜的地下块茎有明显的节与节间,节上还有退化的叶;皂荚的刺像茎一样分枝,等等。

(3)从变态器官的内部结构判别。一般变态器官开始时有正常的初生生长与结构,如甘薯块根,可根据其横剖面的中央具有外始式的、辐射排列的初生木质部束而判断其与根同源。

(4)从器官发生与形成过程判别。如马铃薯,可看到其植株近地面的芽发展为入土的地中茎,然后用发育程度不同的几个地中茎作比较,就会发现它们前端几个节与节间逐渐膨大,由此形成了变态的块茎。

思考题

1. 观察图 7-1E,找出甘薯块根与定根或不定根同源的依据,并推测该植株是以何种繁殖方式(营养繁殖或种子繁殖)形成的。如果改用种子繁殖,所形成的甘薯块根会与哪种类型的根同源?

2. 教材中所列举的贮藏根和块茎在结构变化和组成上的共同特点是什么?有什么适应意义?

3. 试举 2、3 例说明植物形成变态器官的生物学意义。

第八章　生殖器官(Ⅰ)——花的形态结构与建成过程

提要:介绍花的概念及其在个体发育和系统发育中的意义;花的组成及其各部分的形态和类型;花的形态建成过程;花芽分化的时期和基本条件。

被子植物的生殖器官是指其一定生长发育阶段形成的花、果实和种子。本章主要讨论花的形态结构与建成过程,生殖器官的其他内容将分别在第九、十章中介绍。

被子植物从种子萌发开始,首先进行根、茎、叶等营养器官的生长,这一过程称为营养生长。经过一定时间的营养生长,植物体的某些部位感受光照、温度等外界条件的改变,通过内部因素如某些激素的诱导作用开始形成花,经过开花、传粉、受精再形成果实和种子。花、果实、种子的形成过程属于生殖生长。营养生长向生殖生长的转变是植物生长发育的必然趋势,两者之间存在着相互依存,相互制约的关系。营养生长是生殖生长的基础,生殖器官所需要的养分,绝大部分是由营养器官所提供。只有在根、茎、叶生长良好的基础上和所需外界条件配合下,才能顺利地完成花芽分化,开花结实,但过旺的营养生长又会抑制生殖生长。许多植物进入生殖生长后仍同时有营养生长,多年生植物常以年为周期交替进行。通过果实与种子的形成和传播,可繁衍后代、延续种群,并在数量和分布范围上扩大种群。

第一节　花的概念及其在个体发育和系统发育中的意义

一、花的概念

被子植物的完全花(complete flower)通常由花梗与花托、花萼、花冠、雄蕊群和雌蕊群等几部分组成(图 8-1)。一些植物的花可以缺少其中一或多部分,这类花称为不完全花(incomplete flower)。花可以是单生的,也可以是多数花依一定的方式和顺序排列于花序轴上形成花序(详见本教材第三部分)。从系统发育的角度看，通常认为花是节间极短而无分枝、适应于生殖的变态枝，理由如下：花梗（花柄）是花连接枝条的部分，形态、结构与茎类似，其顶端的花托有多个节间极短，因而密集在一起的节，花萼、花冠、雄蕊群和雌蕊群由外至内依次着生在花托的这些节上。萼片绿色，花瓣有各种颜色，但两者的形态结构和叶片相似；雄蕊和雌蕊虽然在形态和功能上与叶差别很大，但它们的发生（见本章第二节）、生长方式和维管系统则与叶类似。

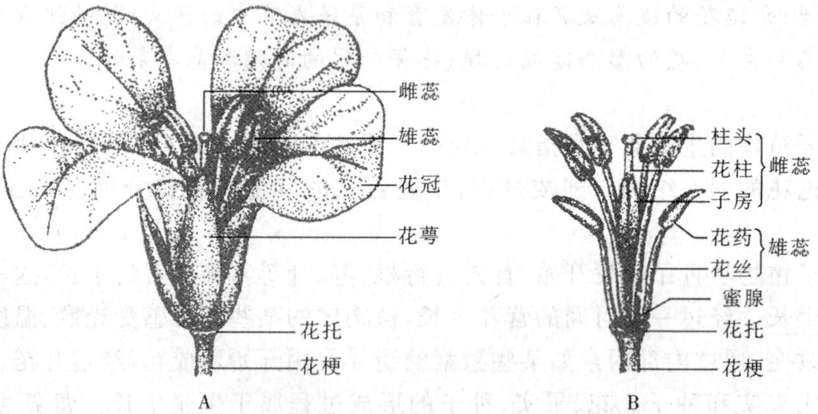

图 8-1 油菜花的组成

A. 花的全貌 B. 除去花萼及花冠，示雄蕊和雌蕊

二、花在个体发育和系统发育中的意义

花的形成在植物个体发育中标志着植物从营养生长转入了生殖生长。被子植物在花中形成有性生殖过程中的雌、雄生殖细胞，并在花器官中完成受精，进一步形成果实和种子，借以繁衍后代，延续种族。可见，花在植物的生活周期中占有极其重要的地位。

从系统发育看，花器官的形成及其生殖作用是植物繁殖方式中的最进化的类型。繁殖（propagation）是植物的重要生命活动之一。植物有多种形成新个体的方式，通常可分为三种类型：营养繁殖（vegetative propagation）、无性生殖（asexual reproduction）和有性生殖（sexual reproduction）。营养繁殖是指植物营养体的一部分从母体上分离后，直接形成新个体的方式，它是植物系统演化中出现的初级繁殖方式。许多低等植物进行营养繁殖，如藻类植物体的断裂，酵母菌的出芽；有些高等植物也保留了营养繁殖特性（见第七章“营养器官的变态”）。随着植物的进化。有些植物在其生活史中的某一时期，形成具有繁殖能力的无性的特化细胞，称为孢子（spore），孢子从母体脱离后，在适宜的条件下即可萌发为新的植物体，这种繁殖方式称为无性生殖,或孢子繁殖。孢子繁殖是藻类、菌类、苔藓和蕨类植物的主要繁殖方式。有性生殖是更为进化的繁殖方式,植物体中产生特殊的有性别差异的配子(gamete),其中分化程度最高的为精细胞和卵细胞。以后两性配子结合,形成合子(受精卵),再发育为新个体。这种通过雌、雄两性生殖细胞(配子)结合产生新个体的方式称为有性生殖。由于合子具备了双亲的遗传性,因此适应性更为全面,从而增强了后代的生活力。被子植物的花就是形成性细胞和进行有性生殖的器官,这种生殖器官结构趋于完善,如性细胞和所形成的胚胎均处于多重保护结构中;形成有利传粉的雌、雄蕊结构及特有的双受精作用的出现等诸多进化特性,更有利于保证种族的生存和发展,使植物的有性生殖达到较为完善的阶段。

第二节　花各部分的形态及类型

一、花梗与花托

1. 花梗(花柄)(pediced)　是着生花的长轴状结构,可以把花展布于一定的空间位置;其内部结构与茎相似,并且与茎连通,是各种营养物质和水分由茎向花输送的通道。当果实形成时花梗成为果柄。花梗的长短常因植物种类的不同而不同,有的植物的花没有花梗。

2. 花托(receptacle)　是花梗顶端着生花萼、花瓣、雄蕊群、雌蕊群的部分,在多数植物中花托稍微膨大(如油菜);另有伸长呈棒状或圆锥形;凹陷呈杯状或壶状等。花生的花托在受精后能迅速伸长,形成雌蕊柄,将子房推入土中,在土中形成果实。

二、花萼、花冠与花被

1. 花萼(calyx)　位于花的最外轮,由若干萼片组成,其结构与色泽与叶相似,一朵花中的萼片各自分离或多个联合。有些植物在花萼之外还有副萼,如棉花和草莓的花。棉花的副萼为3片大型的叶状苞片(图8-2)。花萼和副萼具有保护幼蕾、幼果的作用,并能进行光合作用,为子房的发育提供营养物质。有些植物如一串红的花萼颜色为鲜艳的红色,有引诱昆虫传粉的作用;茄、柿的花萼在花后宿存;蒲公英等菊科植物的花萼变成冠毛,有助于果实的传播。

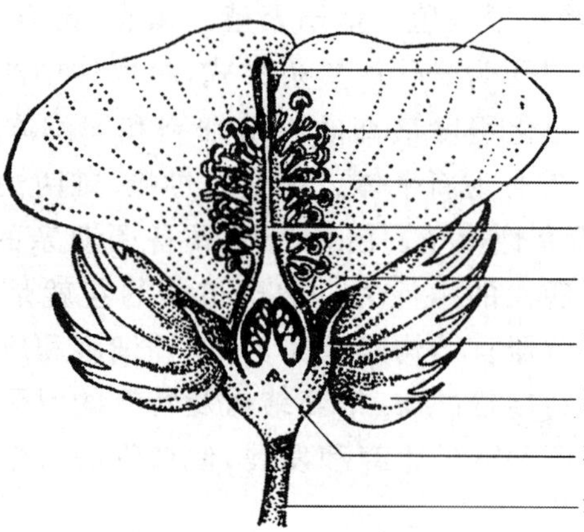

图 8-2 棉花花的纵切面(示花的组成)

2. 花冠(corolla) 位于花萼内轮,由若干花瓣组成,排为一轮或几轮,分离或有不同程度的联合。花瓣细胞中有的含有色体,有的含花青素,有的二者都有,因此花冠常有鲜艳色彩。很多植物花瓣的表皮细胞含挥发性的芳香油;有些植物在花瓣内有芳香腺,能释放出芳香气味。花冠的彩色与芳香适应于昆虫传粉。此外,花冠还有保护雌、雄蕊的作用。杨、栎、玉米、大麻等植物的花冠多退化,利于风力传粉。

3. 花被(perianth) 花萼与花冠合称花被,尤其是当花萼和花冠形态相似不易区分时,常统称花被,如洋葱、百合。

三、雄蕊群

一朵花内所有的雄蕊总称为雄蕊群(andoecium)。雄蕊(stamen)着生在花冠的内方,一朵花中雄蕊的数目常随植物种类而不同,如小麦、大麦的花有 3 枚雄蕊;油菜有 6 枚雄蕊;棉花、桃、茶的花具多枚雄蕊。

每个雄蕊由花丝(filament)和花药(anther)两部分组成。

花药是花丝顶端膨大成囊状的部分,一般由 4 个花粉囊(pollen sac)组成,少数植物为两个。花粉囊内有大量的花粉粒。花丝常细长,基部着生在花托或贴生在花冠上。花丝支持花药,使之伸展于一定的空间,有利于散粉。

四、雌蕊群

一朵花内的所有的雌蕊总称为雌蕊群(gynoecium)。但一些植物的一朵花内只有 1 个雌蕊。雌蕊(pistil)位于花的中央,是花的另一重要组成部分。

(一)心皮的概念与雌蕊的组成

心皮(carpel)为适应生殖的变态叶,是构成雌蕊的基本单位,通过系统演化,由一个心皮的两个边缘向内卷合或数个心皮互相连合形成一个雌蕊(图 8-3)。就一枚雌蕊而言,原心皮边缘相合处为腹缝线(ventral suture),心皮中央相当于叶片中脉的部位为背缝线(dorsal suture)。在腹缝线和背缝线处各有维管束通过,分别称为腹束(2 束)和背束(1 束)。

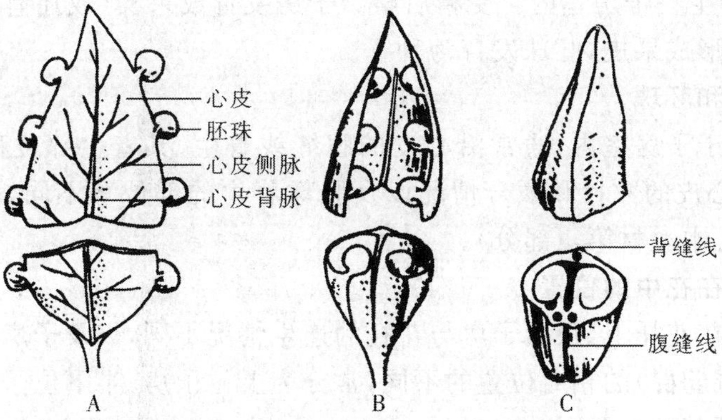

图 8-3　心皮演化为雌蕊的示意图

A. 一片张开的心皮　B. 心皮边缘内卷
C. 心皮边缘愈合形成雌蕊,黑点分别代表背束和腹束
(引自 Muller)

由于组成雌蕊的心皮数目和结合情况不同,雌蕊常可以有以下几种类型(图 8-4):由一个心皮构成的雌蕊,称为单雌蕊(simple pistil),如大豆、桃;由 2 个或 2 个以上的心皮联合而成的雌蕊,称为复雌蕊(compound pistil),如油菜由 2 心皮合成,苹果、梨为 5 心皮合成;有些植物一朵花中具有多个心皮,各个心皮均彼此分离,各自形成一个雌蕊,称为离生单雌蕊,如毛茛、草莓、蔷薇等。在植物演化过程中,离生单雌蕊为原始类型,由此向复雌蕊类型演化。

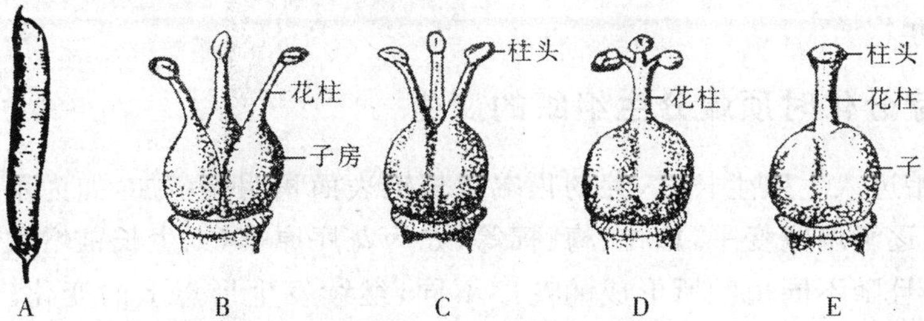

图 8-4　雌蕊类型

A. 单雌蕊　B. 离生单雌蕊　C～E. 由几个心皮不同程度联合形成的复雌蕊

由心皮形成的雌蕊，通常分化为柱头、花柱和子房 3 部分(图 8-4)。

1. 柱头(stigma)　位于雌蕊的上部，是承受花粉的地方，常常扩展成各种形状。

2. 花柱(style)　位于柱头和子房之间的柱状部分，其长短随各种植物而不同，是花粉萌发后，花粉管进入子房的通道。

3. 子房(ovary)　是雌蕊基部膨大的部分，外为子房壁，内为一至多数子房室。胚珠(ovule)着生在子房室内。受精后整个子房发育成果实(或还有花的其他部分参加)，子房壁形成果皮，胚珠发育为种子。

(二)胎座和胚珠

胚珠着生于子房室内，通常沿心皮的腹缝线着生，其着生部位称为胎座(placenta)。由于心皮的数目和联合情况以及胚珠着生的部位等不同，可形成不同类型的胎座(详见本教材第三部分)。

(三)子房在花中的位置

子房着生在花托上，根据子房与花托的连生情况不同，以及子房与花其他组分(花萼、花冠、雄蕊群)的相对位置的不同，常分为上位子房、半下位子房和下位子房(详见本教材第三部分及图 13-11)。

第三节　花的形态建成过程——花芽分化

花和花序均由花芽发育而来，花芽分化的开始是被子植物从营养生长进入生殖生长的重要标志。植物体内部因素与外界因素相互协调时，植物才能启动花芽分化的过程。植物在营养生长的一定阶段，其感受器官——叶(感受光周期)和茎生长锥(感受温度)感受了调节发育的刺激，使一些芽的分化发生了质的变化，其生长锥不再产生叶原基和腋芽原基，而分化发生花或花序的各部分原基，逐渐依次形成花或花序的各组成部分，分化成花或花序，这一过程称为花芽分化(flower bud differentiation)。

一、花芽分化时顶端分生组织的变化

植物开始进入生殖生长时，芽的顶端生长锥表面积明显增加，如为单生花的原基，生长锥便逐渐增宽变平，如桃、梅、棉等；如为花序原基，则生长锥增大呈半圆形或圆锥形，并且随不同植物所形成的花序不同，继续发生形态上的变化。以后，随着花部原基(萼片原基、花瓣原基、雄蕊原基和心皮原基的合称)或花序各部分原基的依次发生，生长锥的面积又逐渐减小，当花中心的心皮原基形成后，顶端分生组

织就完全消失(彩插 4-1)。

花芽分化时,生长锥的组织结构也会发生相应变化。中央母细胞区下部及髓分生组织区上部之间的这部分细胞最早出现活跃的有丝分裂,接着中央母细胞区的细胞分裂频率增高,与周围分生组织区的界限模糊,形成了细胞较小、染色较浓的一个分生组织套区。套区的形成是生殖生长开始的标志。与此同时,髓分生组织中央的细胞分裂速率明显下降,细胞体积增大,出现大液泡,逐渐分化成髓部的薄壁细胞,髓分生组织趋于消失。花芽分化时,茎端原套的层数常发生变化,原体的相对体积也会改变,或原套和原体的分界变得不清晰。例如水稻进入幼穗分化期,原套由 2 层减少为 1 层或为不清晰的 2 层。

在向生殖生长转化过程中细胞生理学方面的变化是:茎尖生长锥细胞中的高尔基体、线粒体的数量增加,琥珀酸氢化酶活性加强,表明呼吸强度增大。同时,可溶性糖也有增多,特别是氨基酸和蛋白质含量增加,核糖体数量增多,核酸的合成速率加快,从而提高了细胞分裂的频率。

二、花芽分化的时期和基本条件

不同植物的成花年龄有很大差别,一年生植物如辣椒、茄在播种后 1 个月便已接受环境条件的诱导而开始花芽分化,油菜和番茄还要早些。一些二年生植物,它们在第一年主要是营养生长,第二年继续完成生殖生长。一些多年生木本植物常要生长多年,如桃 2～3 年,梅 5 年,竹需数十年之久才开始花芽分化。大多数多年生木本植物和草本植物到了成熟期后,能年年重复成花,但竹类一般一生只能开一次花,花后植株即死亡。许多果树的花芽在开花前数月便已分化完成。如桃、梨、苹果等一般落叶树种,从开花前 1 年的夏季即开始花芽分化,以后转入休眠,到翌年春季,花芽继续发育至开花。柑橘、油橄榄等春、夏开花的常绿树木,它们的花芽分化大多在冬季或早春进行。而秋、冬开花的植物如油茶、茶等则在当年夏季进行花芽分化。

植物成花生理过程受遗传因子控制和外界环境条件的影响。但由于生殖器官和配子的发生与发育是一个非常复杂的过程,对其了解还很少,尚需进一步研究。外界条件对成花的影响,现已了解得比较清楚的是温度和光照两个因子。外界环境因子的影响必须在植物达到一定的生理状态才能起作用。植物在幼年期,即使有合适的外界条件也不能开花。植物进入成花期后,不同植物的花芽分化的时间又与特定季节、环境条件和植物生长状况有关,相同植物或同一品种在同一地区,每年花芽分化的时期大致接近。这样才会出现相同纬度地区,同种植物具有相近的开花期。如在南方,3 月开桃花,4 月开樱花,7 月开荷花,基本上是相对稳定的。

三、花芽分化的过程

花的各部分原基分化顺序，通常由外向内进行，萼片原基发生最早，以后依次向内产生花瓣原基、雄蕊原基、雌蕊原基。但由于植物种类不同，花部形态多样，花芽分化顺序也会出现一些变化。如棉的果枝（花枝）为合轴分枝，棉的花芽起源于每一节果枝轴的顶端，亦即由其顶芽发育而来。各原基的发育顺序如图 8-5 所示。

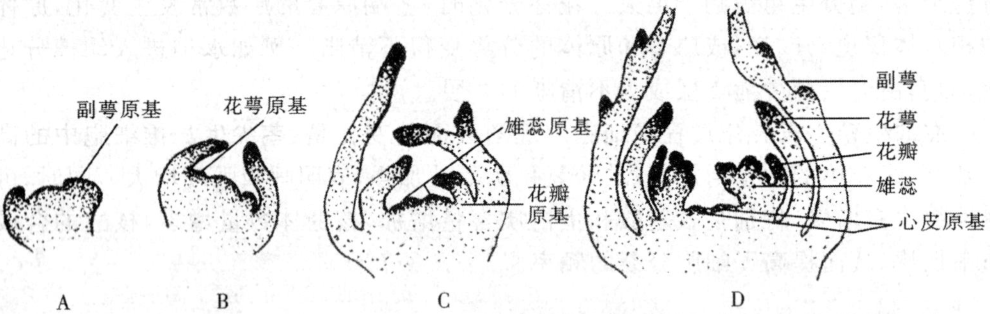

图 8-5 棉花芽的分化过程

A. 副萼原基的分化 B. 花萼原基的分化 C. 花瓣、雄蕊原基的分化 D. 心皮原基的分化

小麦的花序是复穗状花序，小穗无柄，着生在穗轴的两侧。每小穗含数朵小花。小穗、小花的组成、花序和小花分化的过程见图 8-6、图 8-7。

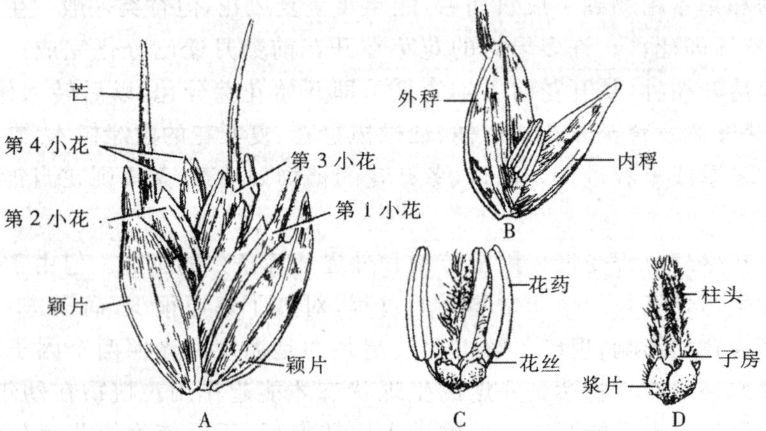

图 8-6 小麦小穗的组成

A. 小穗 B. 小花 C. 剥去内稃、外稃的小花 D. 雌蕊和浆片

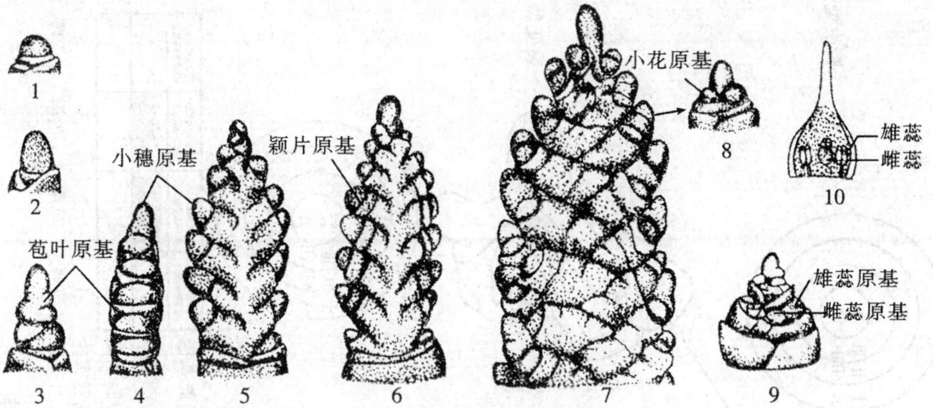

图 8-7　小麦幼穗的分化过程

1.生长锥未伸长期　2.生长锥伸长期　3.苞叶原基分化期(单棱期)　4.小穗分化期开始(二棱期)　5.小穗分化期末期　6.颖片分化期　7.小花分化期　8.一个小穗(正面观)　9.雄蕊分化期,示每一小花有 3 个雄蕊原基　10.雌蕊形成期

第四节　花器官发育的 ABC 模型

应用遗传学方法,目前已对花器官特征决定的机制有了较清楚的认识。1991 年,Coen 和 Meyerowitz 等根据对金鱼草(*Antirrhinum majus*)和拟南芥(*Arapidopsis thaliana*)中一系列与花发育相关的突变体的研究表明,花器官原基的发育由一系列编码转录因子的保守基因控制。通过对这些基因的研究,提出了基因控制花器官形态发生的 ABC 模型。该模型的要点是:花的各轮器官的分化受到三组基因 A、B、C 的控制——A 基因单独表达决定萼片的分化;A 和 B 基因同时表达决定花瓣的分化;B 与 C 基因同时表达决定雄蕊的分化;C 基因单独表达决定雌蕊的分化;任一组基因缺失都会导致花器官错位发育(图 8-8):A 组基因突变,由外到内依次形成 1 轮心皮,2 轮雄蕊以及 1 轮心皮;B 组基因突变,由外至内依次形成 2 轮花萼和 2 轮心皮;C 组基因突变,由外至内依次形成 1 轮花萼,2 轮花瓣及 1 轮花萼。

虽然 ABC 模型尚不能解释所有的有关花芽分化的现象,对于 ABC 三组基因之间的分子水平的合作等问题也缺乏足够证据,但它的提出第一次向人们表明:花的形态建成这样的复杂事件也是可以由几个简单的遗传基因控制的,其控制方式又是如此简明。因此该模型已成为目前有关花形态建成遗传机理的几种学说中被普遍认可的一种。ABC 模型揭示了花器官形成和发育的分子基础,但由于高等植物花的种类多种多样,因此,花器官形成与发育的分子基础也不尽相同。

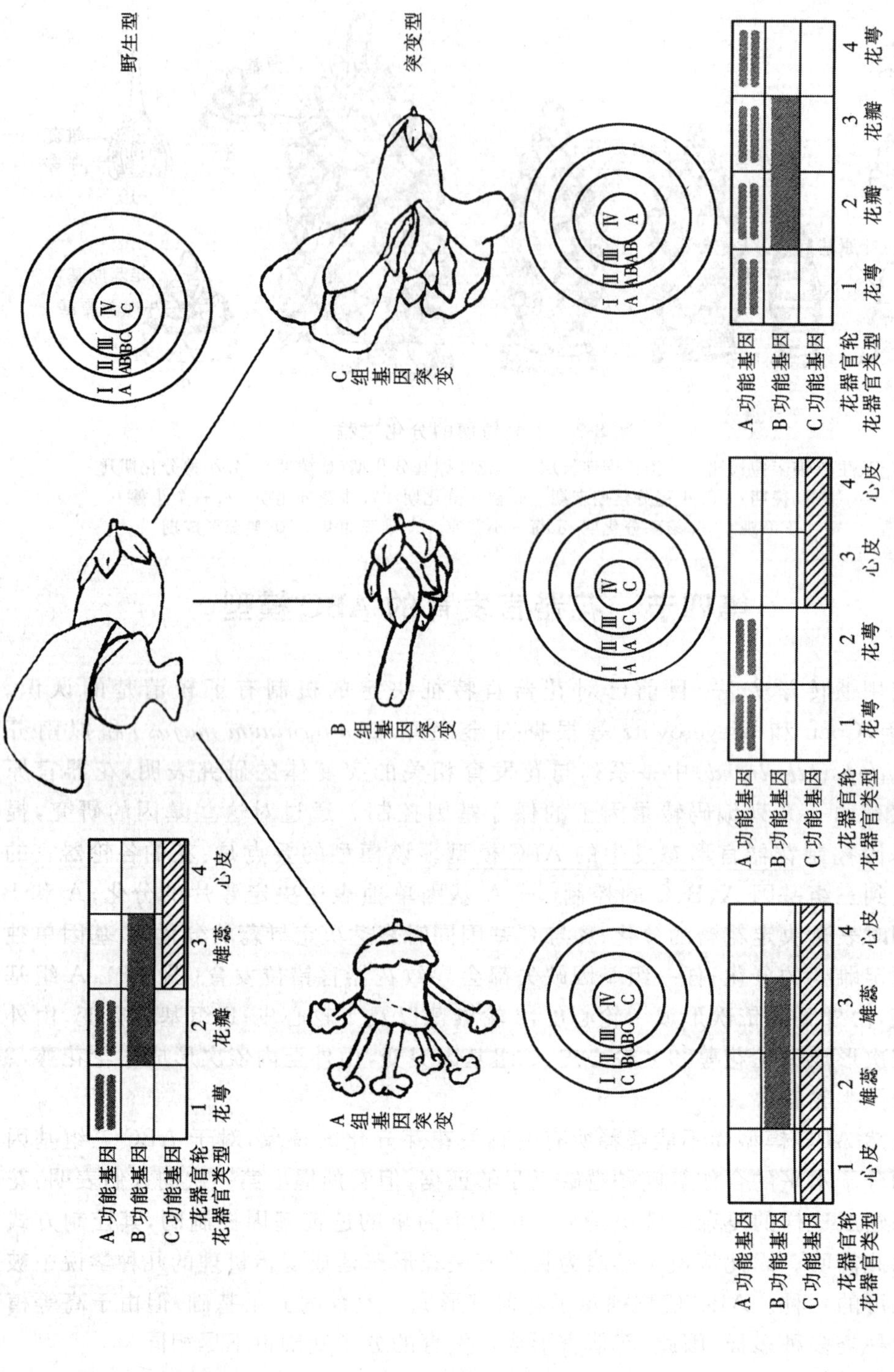

图 8-8 花器官发育的 ABC 模型及同源异型突变体

(引自杨继,1999)

第五节　花的生长特性与农、园、林实践*

从营养生长转向生殖生长，是植物生长发育的重大转变。这个时期也是农业生产上的关键时期。因此，了解有关营养器官形态发生的知识，掌握植物生殖器官的形态建成和有性生殖过程的规律，对于协调植物的两种生长的关系，提高作物产量，发展农业生产，无论在理论上还是在生产实践中都有重要意义。

农业生产中，粮食、油料、瓜果类蔬菜、果树等以收获种子和果实为目的的植物，它们的花或花序分化的好坏直接关系到产品的产量和品质。各种植物在花芽分化前，需要一定的光照条件(光周期、光质、光强)、温度、水分和肥料等良好的条件。因此，研究掌握各种植物花芽或花序分化，形成的特性，以及它们对环境条件的要求，在花芽分化前或分化中的某一阶段采取相应措施。例如水稻在二次枝梗分化前巧施穗肥，晒田以及以后的浅水灌溉；小麦在花粉母细胞分化形成四分子期适时给以灌溉及叶面营养，可以促进生殖生长，减少小花退化，为花芽分化、穗大粒多创造有利条件，从而奠定丰产基础。

对温室栽培的瓜果类蔬菜和多种花卉可人为调节温度和光照，调整播期，喷洒类激素物质，促进或延迟花芽分化，调节开花和结果时间，可以反季节生产，供应淡季蔬菜品种，节日供应花卉等。

思考题

1. 观察图 8-4，指出 D 图是单雌蕊还是复雌蕊，并提出理由。

2. 观察图 8-6 和图 8-7，回答下列问题：

(1)小麦的花是单花还是花序？据此，图 8-7 中的“生长锥(1 和 2 图)”又可给予何种名称？

(2)图 8-6 中的“小穗”是由图 8-7 之 7 图的哪一部分发育而成？着生小穗的穗轴是由哪一部分发育而成？图 8-7 之 9 图所绘的整体结构将来发育为复穗状花序的哪一部分？

3. 阅读有关文献，了解花的形成和发育的生理与遗传基础；举例说明在生产实践中调控植物的花、果期的方法。

第九章　性细胞的形成与有性生殖过程

提要：描述了被子植物雄、雌蕊的发育和结构及雄、雌性细胞的形成过程。详细论述了孕育精子的花药和孕育卵的胚珠、胚囊的发育和结构，花粉（雄配子体）和胚囊（雌配子体）的发育各阶段及其结构，包括发生于有性生殖过程中的特殊的细胞分裂形式——减数分裂的全过程。讲述了被子植物开花、传粉的习性和方式及其适应性；受精和被子植物双受精的过程及其生物学意义。

被子植物性细胞的形成与有性生殖都是在花中进行的。精细胞（雄配子）和卵细胞（雌配子）分别在雄、雌蕊中产生，并经过开花、传粉和受精作用完成有性生殖过程。

第一节　雄蕊的发育及精细胞（雄配子）的形成

一、雄蕊的发育及结构

雄蕊由花丝和花药两部分组成。花芽分化过程中，雄蕊原基经细胞分裂、分化，逐渐伸长后，顶端膨大发育为花药，基部伸长形成花丝。

花丝的结构比较简单，外具一层角质化的表皮细胞，内为薄壁组织，中央有一个维管束直达花药的药隔。开花时，花丝进行居间生长，迅速伸长，把花药送出花外，利于花粉的散播。

花药是雄蕊中的主要部分。被子植物的花药通常由 4 个（有的植物为 2 个）花粉囊（pollen sac）组成，左右各 2（或 1）个，它是花粉粒（pollen grain）形成的场所。中间由药隔相连，药隔除表皮外，由许多薄壁细胞组成，其中有一个自花丝通入的维管束。药隔对花粉囊具有支持、连接与供给水分和营养物质的作用。花粉粒成熟后，花粉两侧的花粉囊各自贯通成一室，花药开裂，花粉粒散出，进行传粉。

二、花药及花粉囊的发育和结构

雄蕊原基的顶端形成花药原始体。具 4 个花粉囊的花药发育过程如图 9-1 所示，花药原始体最外面是一层原表皮，其内为基本分生组织。以后由于在原始体 4

个角隅处的细胞分裂较快，使其呈四棱状。同时，在每一角隅的原表皮下产生一个或几个细胞体积和细胞核较大、细胞质浓的孢原细胞（archesporial cell）。每一角隅处的孢原细胞数在不同植物的花药中是不一样的，大多数植物为多个（横切面）或多列（纵切面），有的植物只有一个或一列，如小麦、棉花。孢原细胞经过一次平周分裂，形成内、外两层细胞，外层为周缘细胞（porietall cell），内层为造孢细胞（sporogenous cell）。以后，周缘细胞进行平周分裂和垂周分裂，自外向内依次逐渐形成药室内壁（endothecium）、中层（middle layer）和绒毡层（tapetum），它们共同成为花粉囊的壁，并连同原表皮发育成的表皮就构成了花药壁。在花粉囊壁分化、形成的同时，造孢细胞经多次分裂或直接发育为花粉母细胞（pollen mother cell），以后，再由花粉母细胞经减数分裂而形成许多花粉粒。精细胞将在花粉粒中进一步形成。花药中部的细胞进一步分裂、分化形成维管束和薄壁细胞，构成药隔（connective）（图 9-1 之 1～5）。

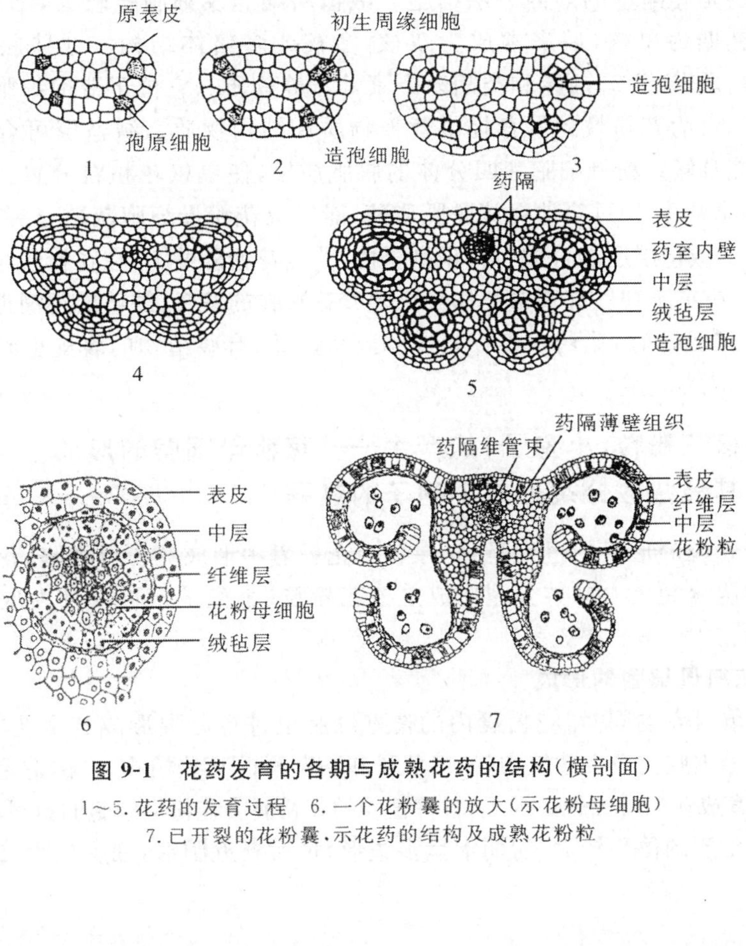

图 9-1　花药发育的各期与成熟花药的结构（横剖面）

1～5. 花药的发育过程　6. 一个花粉囊的放大（示花粉母细胞）
7. 已开裂的花粉囊，示花药的结构及成熟花粉粒

花药壁的结构与功能如下(图 9-1 之 5～7):

表皮:是由原表皮发育而来,其间分布气孔,有的植物还具毛状体。表皮细胞外切向壁外具明显的角质层,行使保护功能。

药室内壁:位于表皮的内方,多为一层细胞。初期贮藏大量淀粉和其他营养物质,随着花药的发育,细胞内的贮藏物质逐渐被吸收消失。近成熟时,该层细胞径向扩展,除外切向壁外,其他各面的均出现条纹状或螺旋状加厚,其加厚的壁物质主要为纤维素,成熟时略为木质化,所以此时将药室内壁改称为纤维层(fibrous layer)。这一结构有助于花药的开裂。有些植物,如水生植物则不发生壁的加厚现象。

中层:通常为 1～3 层细胞,位于药室内壁的内方。初期贮藏营养物质,以后在花药的发育过程中被消耗而减少,同时,由于其他层次细胞的挤压,逐渐解体并消失。因此,在成熟花药中一般不存在中层。少数植物,如百合,其最外层的中层细胞可保留至花药成熟且发生条纹状增厚。

绒毡层:是花药壁的最内一层细胞。绒毡层细胞及细胞核较大,细胞质浓,细胞器丰富,初期为单核,后来常成为双核、多核或多倍体结构。绒毡层细胞富含 RNA 和蛋白质,还含有油脂和类胡萝卜素等营养物质。它位于造孢细胞及花粉母细胞的周围,可为花粉粒的发育提供营养物质和结构物质。绒毡层可合成和分泌胼胝质酶,能分解花粉母细胞和四分体的胼胝质壁,使单核花粉粒分离。若绒毡层的发育和活动失常,如过早地释放胼胝质酶,能导致花粉母细胞减数分裂不正常,引起雄性不育。绒毡层还能合成一种识别蛋白,传至花粉外壁上,在花粉粒与柱头的相互识别中,对决定亲和性起着重要作用。随着花粉粒的发育,绒毡层逐渐退化解体。

一般花药成熟时,花药壁仅存表皮和药室内壁,有些植物的表皮也破损仅存残迹(图 9-1 之 7)。

三、单核花粉粒(小孢子)的产生——花粉母细胞的形成及其经减数分裂形成小孢子的过程

成熟花粉粒的形成的过程是:先在各个花粉囊中形成花粉母细胞,花粉母细胞经特殊的细胞分裂——减数分裂形成单核花粉粒(小孢子),再发育为成熟花粉粒(雄配子体)。

(一) 花粉母细胞的形成

在花粉囊发育的同时,花粉囊内的造孢细胞也进行分裂形成若干花粉母细胞,也叫小孢子母细胞。极少数植物(如锦葵科和葫芦科的某些植物)可由造孢细胞不经分裂直接发育成花粉母细胞。因此,各种植物的花粉囊中花粉母细胞的数目相差很大。

花粉母细胞的体积较大,初期常呈多边形,稍后渐近圆形,细胞核大,细胞质浓,

没有明显的液泡。花粉母细胞之间,以及与绒毡层细胞之间都有胞间连丝,特别是相邻的花粉母细胞间的胞间连丝常形成直径为 1～2 μm 的胞质管,将同一花粉囊内的花粉母细胞连接成为合胞体,并发现有染色体、内质网片段等细胞器及营养物质通过胞质管进行交流。这种现象与花粉囊中花粉母细胞的减数分裂同步化及营养物质、生长物质的迅速运输及分配有关。花粉母细胞发育成熟便进入减数分裂时期。

(二)减数分裂

1. 减数分裂的概念　减数分裂(meiosis)是植物生活史中的一个重要环节,它具有特定形式,只发生在植物的有性生殖中的特定时期。在被子植物中,它发生在花粉母细胞(小孢子母细胞)形成花粉粒(小孢子)和胚囊母细胞(大孢子母细胞)形成胚囊(大孢子)的时期。减数分裂包括两次连续的分裂,但 DNA 只复制一次,这样,一个花粉母细胞或胚囊母细胞经过减数分裂以后,形成了 4 个子细胞,每个子细胞的染色体数是母细胞的一半,故称为减数分裂。

2. 减数分裂的过程及小孢子的结构　减数分裂也有间期,称为减数分裂间期。高等植物此期持续的时间比有丝分裂的长得多,绝大部分的 DNA 在此期中合成。减数分裂的两次连续分裂分别称为减数分裂Ⅰ和减数分裂Ⅱ。其中减数分裂Ⅰ是具有特定形式的细胞分裂,减数分裂Ⅱ则与一般有丝分裂相似(图 9-2)。

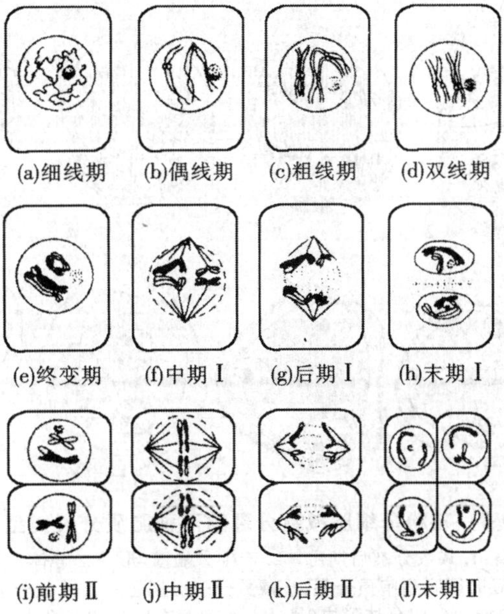

图 9-2　减数分裂图解

减数分裂Ⅰ的过程又可分为前期Ⅰ、中期Ⅰ、后期Ⅰ和末期Ⅰ。其主要特点为：一是前期Ⅰ的染色体变化复杂。前期Ⅰ又可分为5个时期，如图9-2(a)～(e)所示。其中最具特色的是在偶线期时同源染色体(一条来自父本，一条来自母本，形状、大小相同，且基因顺序也相同的染色体)两两配对，称为联会。在粗线期联会的同源染色体的非姊妹染色单体之间发生交叉，并进行片断互换和基因重组。二是在后期Ⅰ配对后的两条同源染色体(各含两条染色单体，在后期Ⅰ中两者不分开)经过片断交换后分别移向两极，所以每一极的染色体数只有原母细胞的一半。

减数分裂Ⅱ的核分裂和有丝分裂相似，进入后期Ⅱ时，每条染色体的着丝点分裂，染色单体彼此分开，移向两极。因此形成的4个子细胞仍含有与后期Ⅰ相同的染色体数。

花粉母细胞减数分裂过程所发生的胞质分裂分为连续型和同时型两种方式(图9-3)。连续型是指减数分裂的先后两次核分裂均伴随胞质分裂，其中第一次分裂形成2个细胞称为二分体，第二次分裂形成四分体。连续型多存在于单子叶植物中，如小麦、水稻、玉米等。同时型是指减数分裂的第一次核分裂不伴随胞质分裂，不出现二分体阶段，第二次分裂形成4核后，才同时发生胞质分裂而形成四分体。同时型多见于双子叶植物，如棉花、油菜等。

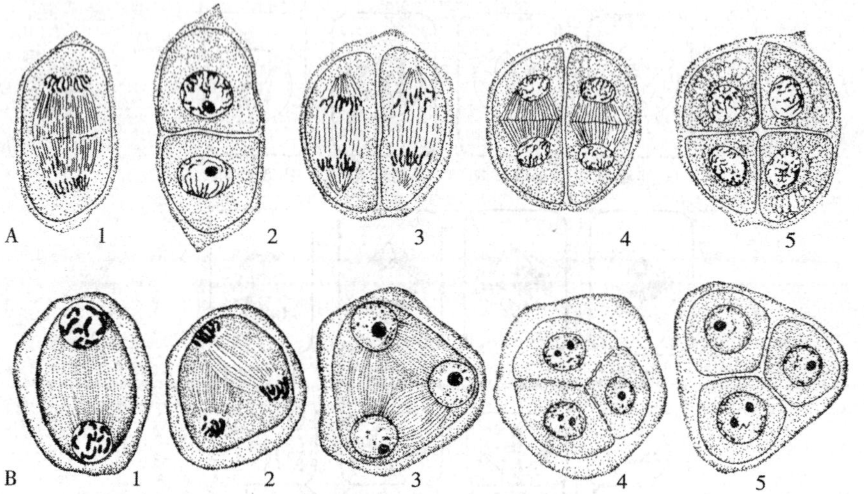

图9-3 花粉母细胞减数分裂的两种胞质分裂类型

A.小麦的连续型胞质分裂：1.减数分裂后期Ⅰ 2.产生分隔壁，形成二分体 3.后期Ⅱ 4.末期Ⅱ 5.四分体形成 B.蚕豆的同时型胞质分裂：1.减数分裂后期Ⅰ 2.减数分裂后期Ⅱ 3.末期Ⅱ 4.同时产生分隔壁 5.四分体形成(另一个小孢子在所见的三个小孢子的后方)

(引自胡适宜)

花粉母细胞经减数分裂形成的四分体(tetrad)即4个单核花粉粒,又名小孢子(microspore)。四分体被胼胝质包围,且各小孢子之间也有胼胝质分隔。胼胝质是低渗性的,营养物质可以通过,但对细胞间信息大分子的交换可能有阻止作用,从而保持了小孢子的相对独立性,这对植物的遗传进化可能有重要意义。

3. *减数分裂的生物学意义*　减数分裂具有重要的生物学意义。首先,减数分裂是有性生殖的前提,是保持物种稳定性的基础。减数分裂导致配子的染色体数目减半,而在以后的受精中,两配子结合成合子,合子的染色体重新恢复到亲本的数目。这样,每一种植物的染色体数目保持不变,也就是在遗传上具有相对的稳定性。其次,在减数分裂过程中,由于同源染色体之间发生交叉和片断互换,产生了遗传物质的重组,丰富了植物的遗传变异性。由此可见,减数分裂过程既保证物种遗传性稳定,又可导致物种发生遗传性变异,这对种族的繁衍、物种的进化以及有性杂交育种等,都具有重要的意义。

一般植物在花粉母细胞的减数分裂期间,对环境条件变化甚为敏感。例如水稻花粉母细胞减数分裂时期,正是水稻生育中的孕穗期,此时如遇干旱、低温、缺乏营养等都会影响花粉粒的正常形成,从而影响结实,降低产量,因此减数分裂时期是农业生产上加强管理的重要阶段。

四、成熟花粉粒(雄配子体)的发育和精细胞(雄配子)的形成

随着花药的发育,在绒毡层分泌的胼胝质酶的作用下,使四分体的胼胝质壁溶解,幼期单核花粉粒便从中释放出来,以后在花粉囊中进一步发育为成熟花粉粒(雄配子体)。

刚游离出来的单核花粉粒,细胞壁薄,细胞质浓,核位于细胞的中央(单核居中期)。单核花粉粒不断从解体的绒毡层细胞取得营养和水分,细胞体积迅速增大,细胞质明显液泡化,逐渐形成中央大液泡,细胞核由中央移向一侧(单核靠边期)。接着,细胞进行一次有丝分裂,先形成两个细胞核,贴近花粉壁的为生殖核,靠近大液泡的为营养核。以后发生不均等的胞质分裂,在两核之间出现弧形细胞板,形成两个大小悬殊的细胞,大的为营养细胞(vegetative cell),包括了原来的单核花粉的大液泡以及大部分细胞质和细胞器,并富含淀粉、脂肪和生理活性物质。小的为生殖细胞(generative cell),呈凸透镜状,含少量的细胞质和细胞器。两细胞之间的壁不含纤维素,主要由胼胝质组成。生殖细胞形成不久,细胞核内的DNA含量通过复制增加了1倍,为进一步形成精子奠定了基础。同时,整个细胞从最初与之紧贴的花粉粒内壁逐渐收缩、脱离开来,成为圆球形,游离在营养细胞的细胞质中,形成营养细胞中有生殖细胞的独特现象。以后,生殖细胞逐渐伸长变为长纺锤形

或长圆形。约有70%的被子植物当花药成熟时,其花粉粒发育到含营养细胞和生殖细胞时即散出进行传粉,如棉花、苹果、柑橘、茶、葱等,这种花粉称为2-细胞型花粉。2-细胞型花粉传粉后,生殖细胞在萌发的花粉管内进行一次有丝分裂而形成两个精细胞(精子,sperm)。有一些植物的花粉,其生殖细胞形成后接着进行一次有丝分裂,产生两个精子,所以它们是以一个营养细胞和两个精细胞进行传粉的,这种花粉称为3-细胞型花粉,如水稻、小麦、油菜、向日葵等(图9-4)。还有一些植物,如堇菜属和捕蝇草属中,同一植株上同时存在这两种花粉。在被子植物中,由小孢子发育而来的2-细胞型或3-细胞型花粉统称为成熟花粉粒,又称为雄配子体(male gametophyte),精细胞又称为雄配子(male gamete)。

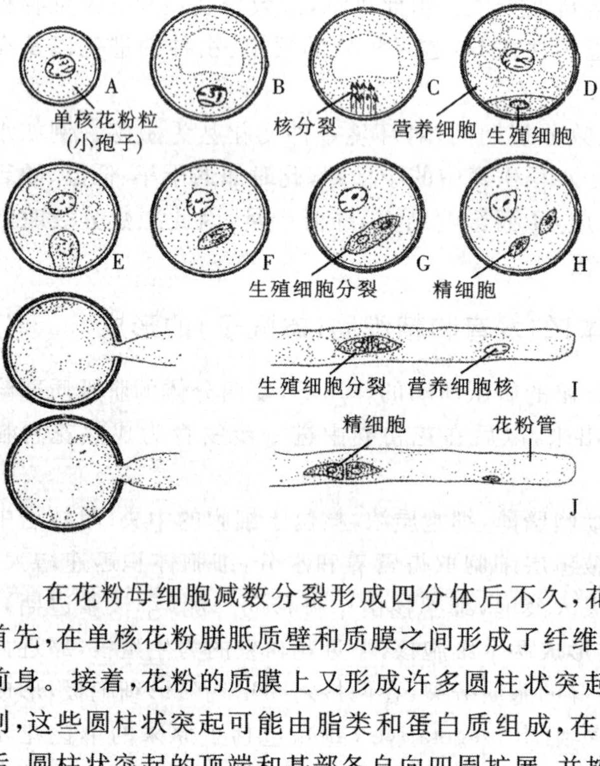

图9-4 花粉粒的发育与花粉管的形成

A. 幼期单核花粉粒
B. 后期单核花粉粒(单核靠边期)
C. 单核花粉粒的核分裂
D. 2-细胞时期,示营养细胞和生殖细胞
E. 生殖细胞开始与花粉内壁分离
F. 生殖细胞游离存在于营养细胞的细胞质中
G、H. 3-细胞型花粉,其生殖细胞分裂,形成两个精细胞
I、J. 2-细胞型花粉,其生殖细胞在花粉管中分裂,形成两个精细胞

(引自Maheshwari)

在花粉母细胞减数分裂形成四分体后不久,花粉壁也开始一系列建造过程。首先,在单核花粉胼胝质壁和质膜之间形成了纤维素的初生外壁,它是花粉外壁的前身。接着,花粉的质膜上又形成许多圆柱状突起并穿过初生外壁,作辐射状排列,这些圆柱状突起可能由脂类和蛋白质组成,在其外面进一步积累孢粉素。以后,圆柱状突起的顶端和基部各自向四周扩展,并按一定方式连接成一定形态的雕纹,此时,初生外壁已发育为花粉外壁(exine)。外壁并非均匀产生,未形成外壁的孔隙形成萌发孔(germinal pore)或萌发沟。花粉粒外壁内侧还有一层内壁(intine),它的发育常在萌发孔区开始,然后遍及其他区域。在四分体时期花粉壁物质的来源由单核花粉自身提供;当四分体解离后,则由花粉自身和绒毡层共同供应。

现将花药的结构与花粉粒的发育形成简要过程表解如下:

- 花药
  - 药隔及维管束
  - 幼花粉囊
    - 原表皮 —————— 表皮
    - 孢原细胞（2*n*）→（平周分裂）
      - 初生周缘层（外（2*n*））→（平周分裂、垂周分裂）
        - 药室内壁→纤维层（2*n*）（与花药开裂有关）
        - 中层（2*n*）（最后消失）
        - 绒毡层（2*n*）（为花粉粒发育提供养料，控制其发育，最后也消失）
        - ⟶ 花粉囊壁
      - 造孢细胞（内（2*n*））→（有丝分裂或不分裂）→ 花粉母细胞（2*n*）→（减数分裂）→ 四分体（*n*）→ 单核花粉粒（*n*）→
        - 营养细胞（*n*）
        - 生殖细胞（*n*）→（有丝分裂）
          - 精细胞（*n*）
          - 精细胞（*n*）
- ⟶ 成熟花粉囊

*20 世纪 80 年代以来，随着电镜技术和计算机技术的应用，人们发现某些被子植物成熟的 3-细胞型花粉中营养核与精子之间联系非常密切，两个精子在形态结构和遗传上存在差异的现象，提出了“雄性生殖单位”和“精子异型性”的概念。雄性生殖单位(male germ unit)是指在被子植物的有性生殖过程中，一对精子和营养核构成一个功能复合体，它们的所有雄性核和细胞质的遗传物质——DNA 包容在一起成为一个完整的连接和传递单位。在 2-细胞型花粉的植物中，雄性生殖单位的概念还扩展用于成熟花粉粒或花粉管中营养核与生殖细胞形成的联合体。精子异型性是指来自于同一生殖细胞的一对精细胞在形状、大小与细胞器的数量上存在差异的现象。上述现象最初是在白花丹(*Plumbago zeylanica*)的花粉粒中发现，以后在油菜等植物中也得到证实，但是否在被子植物中普遍存在还有待深入研究，雄性生殖单位可能是作为传递精细胞的装置，能使精细胞准确地到达雌性的靶细胞(图 9-5)。

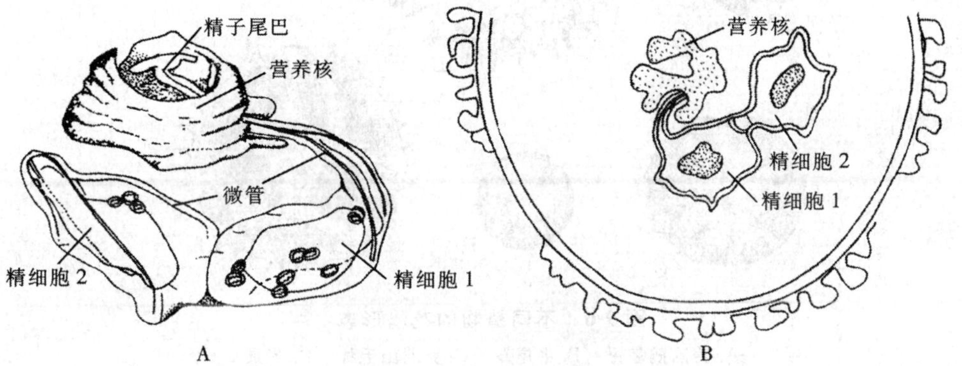

图 9-5　雄性生殖单位图

A. 油菜的雄性生殖单位（三维重组图）　B. 油菜花粉粒的一部分，示内部的雄性生殖单位

（引自 McConchie 等）

五、成熟花粉粒(雄配子体)的形态结构及其内含物

花粉粒的形状多种多样，有球形的，如水稻、小麦、玉米、棉花等，椭圆形的有油菜、百合、蚕豆、苹果等，也有呈三角形的，如椴、茶等，四角形的有落葵等，还有其他形状。有些植物，如杜鹃花科、夹竹桃科、豆科、灯芯草科等的一些属中，幼期的单核花粉粒始终保留在四分体中，发育为含 4、8、16、32、64 个花粉粒的复合花粉。被子植物花粉粒的直径多在 15～60 μm，如水稻为 42～43 μm，小麦为 45～60 μm。而南瓜则可达 150～200 μm，勿忘草的仅为 2～5 μm。花粉粒的外壁表面有的比较光滑，有的形成刺状、粒状、瘤状、棒状、条纹、网纹等各种雕纹(图 9-6)。此外，在其表面还有萌发沟或萌发孔。花粉粒的形状大小及萌发孔的数目、位置、形态以

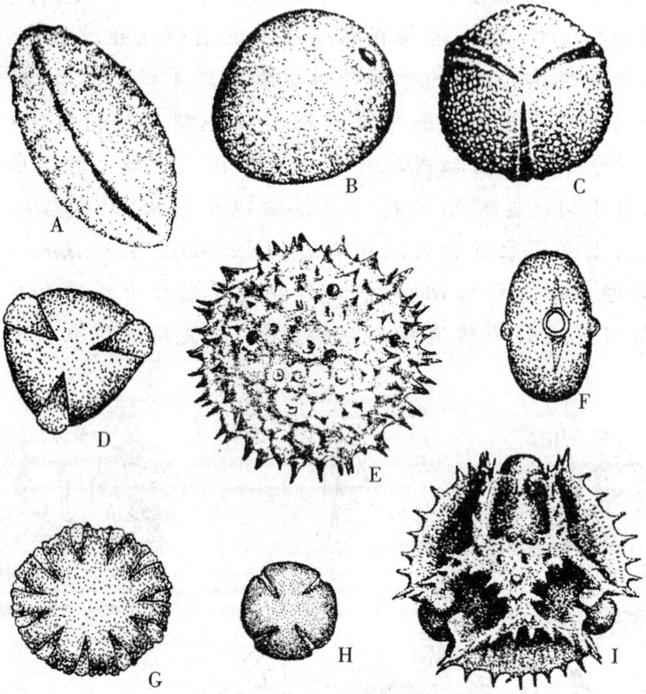

图 9-6 不同植物的花粉形态

A. 美国鹅掌楸 B. 牛尾草 C. 美洲山毛榉 D. 苹果
E. 棉花 F. 苕子 G. 芝麻 H. 柑橘 I. 药用蒲公英
(A、B、C、I 引自 Wodehouse，D、F、G 引自曹慧娟)

及花粉壁的雕纹具有较强的种属特异性，可作为研究植物的系统分类、演化和地理分布的依据。

成熟的花粉粒的结构包括花粉壁、营养细胞、生殖细胞或精细胞。花粉壁由外壁和内壁组成，外壁厚而硬，其主要成分是孢粉素，能抗酸、碱和抗生物分解；此外，还有纤维素、类胡萝卜素、类黄酮素、脂类及蛋白质等。内壁薄而软，其主要成分为纤维素、半纤维素、果胶质及蛋白质。外壁和内壁的蛋白是一种活性蛋白，具有识别功能，称为识别蛋白或花粉壁蛋白。外壁蛋白由绒毡层细胞提供，内壁蛋白由花粉自身合成。营养细胞和生殖细胞来自于同一细胞，却出现了明显的分化。前者为具壁的细胞，较大，细胞核结构松散，含酸性蛋白较多，染色较浅，细胞质多，细胞器丰富，RNA 含量较高，代谢活动较旺盛；后者多为纺锤形的裸细胞，较小，细胞核相对较大，核结构紧密，含组蛋白丰富，染色较少，细胞质很少，常无质体，代谢活动较低。生殖细胞中的微管与细胞的长轴平行，这与维持其形状有关。生殖细胞经有丝分裂形成的两个精细胞也是裸细胞，有纺锤形、蠕虫形、球形等。

花粉的内含物主要贮藏于营养细胞的细胞质中，包括营养物质和各种生理活性物质，它们对花粉的萌发和花粉管的生长有重要作用。花粉贮藏的营养物质常以淀粉和脂肪为主，此外，还含有糖类、蛋白质、氨基酸、维生素及生长调节物质等。

第二节　花粉败育和雄性不育*

由于外界条件和内在因素的影响，花粉的正常发育受阻，形成无生殖能力的花粉，这一现象称为花粉败育(pollen abortion)。花粉败育成因常不相同，或是花粉母细胞减数分裂不正常，产生不正常的四分体，或是花粉停留在单核或双核阶段，不能产生精细胞，或是绒毡层细胞延迟退化或提前解体等。温度过高或过低、水分亏缺、光照不足、施肥不当、环境污染、药剂处理等，均可能引起花粉败育。植物生活史中，对环境条件最为敏感的时期多在花粉母细胞进行减数分裂阶段。水稻在此阶段如遇 16℃ 以下低温，其花粉母细胞的分裂受到抑制，减数分裂异常，常形成大量败育花粉，造成谷粒的空壳。小麦、大麦减数分裂时，如干旱缺水，易引起细胞质的黏度增高，使减数分裂失常，败育花粉的数量增加。了解花粉败育的原因，可针对性的采取措施，保证减数分裂的正常进行，增加能育花粉的数量，对提高作物产量具有积极意义。

在正常自然条件下，个别植物由于内在生理、遗传的原因，也会产生花药或花粉不能正常发育的现象，称为雄性不育(male sterility)。这种特性一旦形成，对环境影响就不再敏感，且可遗传。雄性不育的植物，雌蕊可正常发育。

雄性不育性可遗传的品系称为雄性不育系。在杂交育种中，利用其雄性不育的特性，可免去人工去雄的工序，节省人力和时间。农业上也常用药物来促使雄性不育，称为药物杀雄。常用的杀雄药剂有2,4-D、萘乙酸、秋水仙碱、赤霉素、乙烯利等。

第三节　雌蕊的发育与卵细胞(雌配子)的形成

一、雌蕊的发育和结构

雌蕊由心皮原基发育而成，由柱头、花柱和子房三部分组成。子房是形成卵细胞(雌配子)的场所。

(一)柱头——承受、识别花粉和花粉粒萌发的场所

柱头位于雌蕊的顶端，是承受花粉的结构，也是花粉粒与雌蕊之间相互识别，以及花粉粒被接纳后开始萌发的场所。

柱头常膨大或扩展为不同形状，其表面凹凸不平，或为乳突状细胞(图9-7)，或为多细胞的毛状体。这样的构造利于接受更多的花粉。柱头的表皮及乳

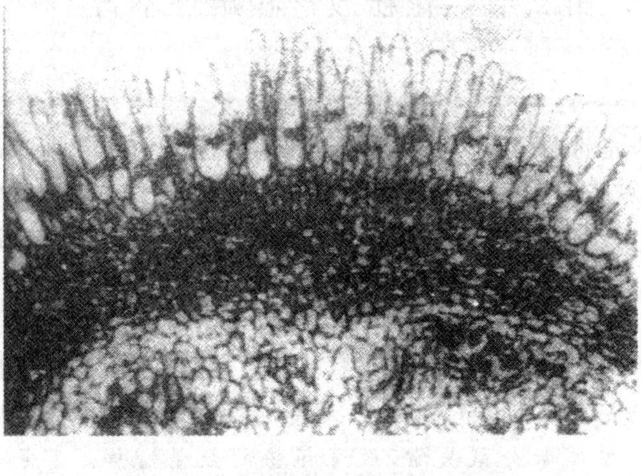

图 9-7　甘蓝型油菜的柱头纵切面

(示单细胞乳突的放大)

突的角质膜外侧，覆盖有一层亲水的蛋白质薄膜，此膜不仅有黏着花粉或提供花粉所需水分的作用，更重要的是在柱头与花粉相互识别中具有“感应器”的特性。有些植物开花时，柱头上能产生分泌物，分泌物的主要成分有脂类、酚类，也含有糖类、氨基酸以及蛋白质、激素、酶类等。糖类是花粉萌发和花粉管生长所需的营养物质，脂类有助于减少柱头失水，加强花粉黏着力，酚类化合物可防止病虫侵害柱头，并能选择性地促进或抑制花粉粒的萌发，这类柱头为湿柱头，如烟草、茄、苹果、矮牵牛等的柱头。也有些植物，如油菜、石竹、棉、柿、禾本科植物等的柱头表面，开花时并不产生分泌物，称为干柱头，这种柱头在被子植物中最为常见。由于柱头表面存在有亲水的蛋白质薄膜，通过其下层的角质膜的中断处吸收水分，能使花粉获得水分，正常萌发。

(二)花柱——花粉管生长的通道

花柱为连接柱头和子房之间的部分。花柱的长短粗细常因植物种类不同而异。如玉米的花柱细长，而小麦的极短。花柱外围为表皮，其内侧为基本组织和维管组织。空心型花柱中央形成一条不同宽窄的中空沟道，称为花柱道（stylar cannal)。花柱道内壁常为一层具有一定分泌功能的花柱道细胞。花柱道细胞代谢活跃，可从邻近的细胞中转运物质，并能加工、贮藏分泌物质。花粉管经过花柱时常沿着花柱道表面的分泌物生长。豆科、罂粟科、马兜铃科和百合科等科中的一些植物为此种花柱。实心型花柱的中央多分化出引导组织（transmitting tissue)。引导组织的细胞一般比较狭长，细胞中富含线粒体、高尔基体、粗糙内质网、核糖体等细胞器，代谢活动旺盛。白菜、番茄、灯笼椒、梅等许多植物具有此型花柱，花粉管沿引导组织的胞间隙生长。但也有些植物如垂柳、小麦、水稻等，它们的花柱结构较为简单，无引导组织分化，花粉管则从花柱中央薄壁组织的胞间隙中穿过。

(三)子房——孕育胚珠及其中的大孢子、雌配子体的结构

子房为雌蕊基部的膨大部分，其外部分化成子房壁，内部空间形成子房室，通常一个心皮组成的雌蕊为子房一室；多心皮雌蕊的子房为多室或一室。子房壁的内、外表面均有一层表皮，外表皮上有时可有气孔器和表皮毛的分化。两层表皮之间为薄壁组织，其中有维管束分布。在子房内壁沿腹缝线处的胎座上发生胚珠（图 9-8)。单核胚囊（大孢子)在胚珠中形成，并发育为含有雌配子(卵)的雌配子体。

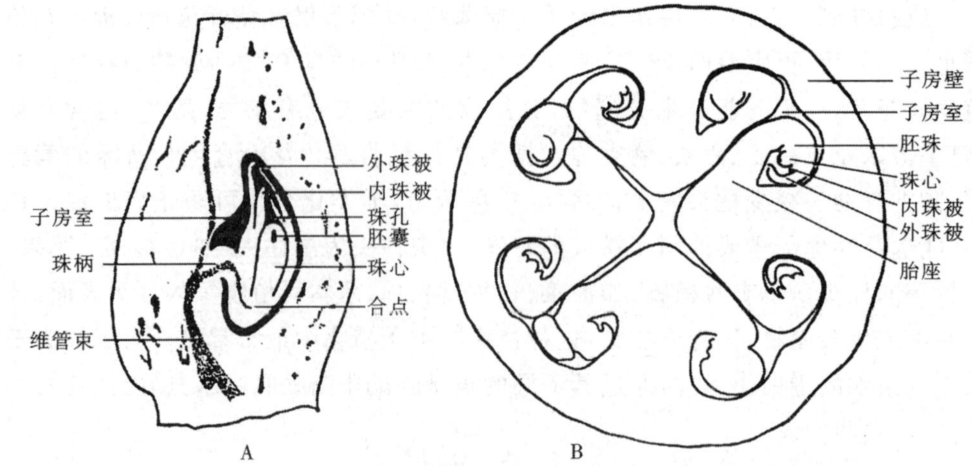

图 9-8 子房的切面(示子房室及胚珠)

A. 桃的子房纵切面 B. 棉子房横切面

二、胚珠的发育及胚囊母细胞、单核胚囊的形成

(一)胚珠的结构和发育

成熟的胚珠是由珠心、珠被、珠孔、珠柄和合点等部分组成(图 9-9)。珠心(nucellus)为胚珠的中心部分,是单核胚囊(大孢子)产生的场所;其外部覆被的保护结构为珠被(integument),通常为 1～2 层。珠被在顶端不愈合而形成的开孔为珠孔(micropyle),花粉管常由此进入。胚珠与胎座连接的部分为珠柄(funiculus),珠心、珠被、珠柄汇合的部位为合点(chalaza)。

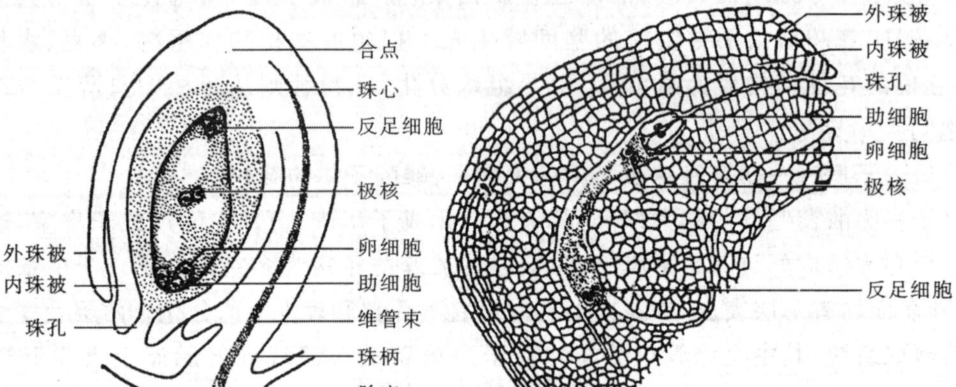

图 9-9 成熟胚珠的结构

1. 胚珠结构模式图 2. 油菜的成熟胚珠,示胚囊的结构

在雌蕊发育早期，首先由子房内胎座处的表皮下方的部分细胞进行分裂，形成一团突起的胚珠原基，其前端发育成珠心，基部发育成珠柄。以后，由于珠心基部的细胞分裂较快，产生环状突起，并逐渐向上扩展将珠心包围起来而形成珠被，顶端不愈合而形成珠孔。有的植物只有一层珠被，如番茄、向日葵、胡桃等，但多数植物具二层珠被。若二层珠被，内层的先发生为内珠被，外层发生较迟为外珠被。从胎座经珠柄而入的维管束通过合点进入胚珠，将养料输送至内部。

胚珠发育时，由于各部分生长速度的不同，使胚珠在珠柄上的着生方位也不同，从而形成了直生胚珠、倒生胚珠、横生胚珠和弯生胚珠等类型(图 9-10)。

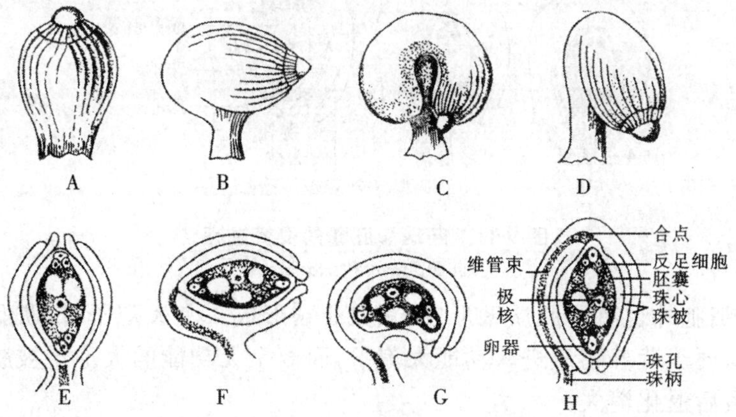

图 9-10　胚珠的类型及其结构

A～D. 胚珠外形　E～H. 胚珠纵切　A、E. 直生胚珠
B、F. 横生胚珠　C、G. 弯生胚珠　D、H. 倒生胚珠

(二)胚囊母细胞和单核胚囊(大孢子)的形成

胚珠尚为幼小时，由薄壁细胞组成的珠心外覆有一层表皮细胞，当珠被开始形成时，珠心内部也发生变化，在近珠孔端的珠心表皮下分化出一个体积大、细胞质浓、核大且明显的孢原细胞。该细胞的发育有两种方式，一种如棉花，孢原细胞先进行一次平周分裂，外侧一个成为周缘细胞，内侧一个为造孢细胞。周缘细胞可继续分裂，参与珠心的形成；造孢细胞则发育为胚囊母细胞(embryo sac mother cell)(大孢子母细胞)。另一种如小麦、水稻、向日葵等植物的孢原细胞，不经分裂，直接发育为胚囊母细胞(图 9-11)。

胚囊母细胞经过减数分裂，形成 4 个纵行排列的大孢子(macrospore)，多数植物近珠孔端的 3 个退化，近合点端的 1 个为功能大孢子，发育为单核胚囊，以后发育为成熟胚囊(雌配子体)。

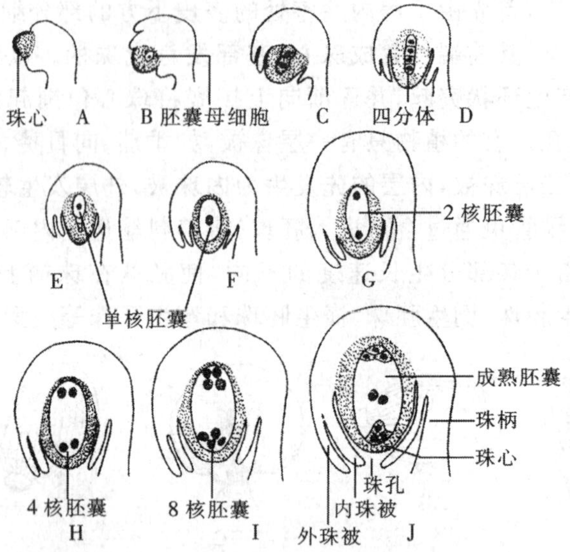

图 9-11　胚珠和胚囊的发育过程

（引自 Holman 和 Robbins）

胚囊母细胞外也有胼胝质壁形成，减数分裂形成 4 个大孢子时，胼胝质壁从合点端先消失，便于营养物质进入功能大孢子，而 3 个无功能的大孢子被胼胝质包围较长时间，最后退化消失。

（三）成熟胚囊（雌配子体）的发育和卵细胞（雌配子）的形成

单核胚囊形成后，接着进行连续三次细胞核的有丝分裂。第一次分裂形成 2 核，分别移向两端，形成2 核胚囊；接着位于两端的核各进行两次有丝分裂，先后形成4 核胚囊和8 核胚囊。不久，两端各有 1 核移向胚囊中央，并相互靠近，成为极核。随着核分裂的进行，胚囊体积迅速增大，纵向的扩延尤为明显。最后，各核之间产生细胞壁，形成细胞。珠孔端的 3 核，中间的 1 个分化为卵细胞（egg cell），两侧的 2 个分化为助细胞（synergid）。合点端的 3 核分化为 3 个反足细胞（antipodal cell）。有 2 个极核的大型细胞称为中央细胞（central cell）。从而形成了 7 细胞 8 核的成熟胚囊（embryo sac）（图 9-11、图 9-12），即被子植物的雌配子体（female gametophyte），卵细胞即为雌配子（female gamete）。这种由近合点端的一个大孢子经 3 次有丝分裂形成 7 细胞 8 核胚囊的发育方式为单孢型，因最初在蓼科的分叉蓼中描述，所以形成的胚囊称为蓼型胚囊。70％的被子植物中具有此种发育形式的胚囊，又称为标准型。除单孢型胚囊外，还有二孢型和四孢型的胚囊。

（四）成熟胚囊的结构与功能

成熟胚囊通常由 1 个卵细胞（n）、2 个助细胞（n）、3 个反足细胞（n）和 1 个中央

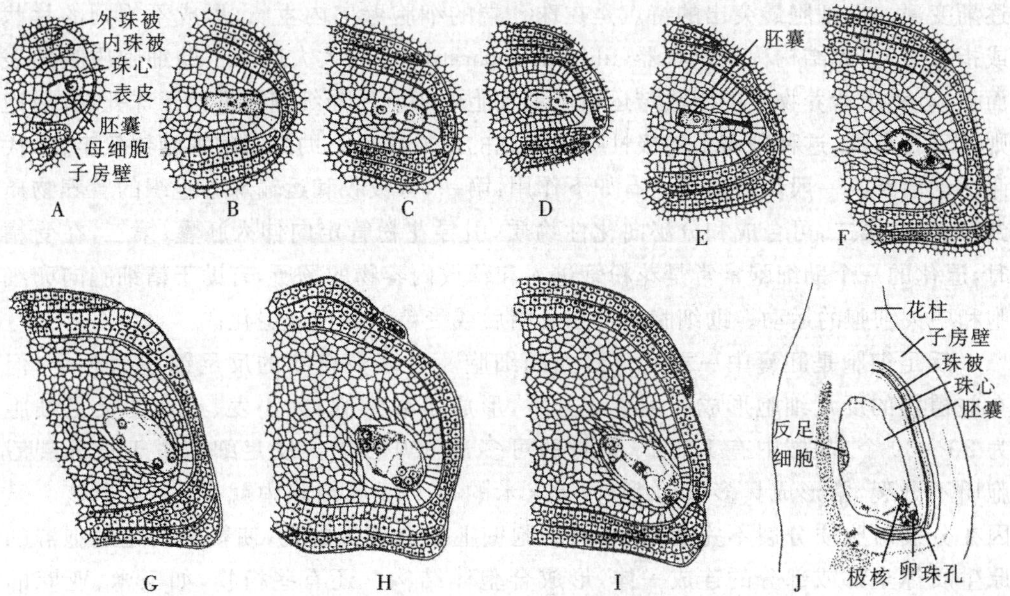

图 9-12　水稻胚珠和胚囊的发育

A. 内、外珠被发育，胚囊母细胞形成　B、C. 胚囊母细胞减数分裂Ⅰ　D. 减数分裂Ⅱ　E. 四分体的近珠孔端 3 个细胞退化　F～H. 2 核、4 核、8 核胚囊的形成　I. 8 核胚囊的两端各有一核移向中央　J. 子房纵切，示胚珠内的成熟胚囊

（A～I 引自戴伦焰，J 引自星川清亲）

细胞（$2n$）组成（图 9-12J、图 9-13）。

卵细胞是胚囊中最重要的细胞，经受精后的卵细胞（受精卵或合子）将发育为胚。卵细胞呈洋梨形，与 2 个助细胞呈三角形排列，合称为卵器（egg apparatus）。成熟的卵细胞是一个高度极性化的细胞，细胞核位于或偏于合点端，大液泡居于珠孔端。近珠孔端的细胞壁较厚，近合点端的壁逐渐变薄，甚至完全缺失。卵细胞中细胞器数量相对较少，代谢活动相对较弱。

助细胞是胚囊中结构最复杂，并在受精过程中起重要作用的细胞。2 个助细胞也高度极性化，细胞壁从珠孔端至合点端

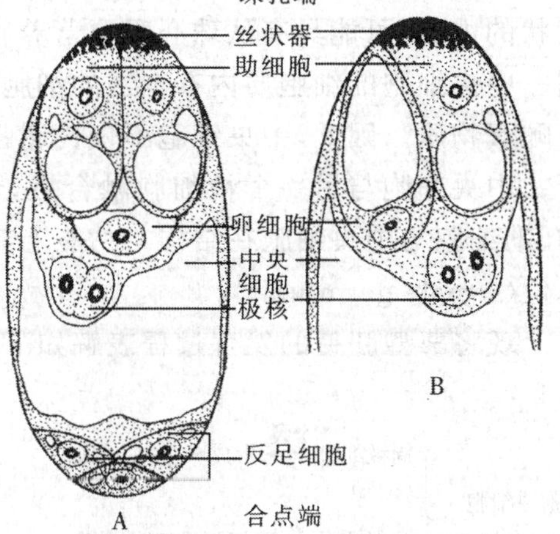

图 9-13　成熟胚囊模式图

A. 正面观　B. 侧面观

（外围粗黑线表示细胞壁和质膜）

（引自 Johri）

逐渐变薄。助细胞最突出的特点是在珠孔端的细胞壁向内生长，形成不规则的片状或指状突起，此结构称为丝状器(filiform apparatus)。它大大增加了助细胞质膜的表面积，有利于营养物质的吸收与运输。助细胞的细胞质与细胞核常偏于珠孔端，液泡则位于合点端，这种分布上的极性与卵细胞的恰好相反。助细胞的细胞器较丰富，代谢活动活跃。一般认为助细胞有如下作用：第一，可吸收和运输珠心组织的营养物质到胚囊中；第二，可合成和分泌向化性物质，引导花粉管定向伸入胚囊；第三，在受精时，退化的一个助细胞常常是花粉管进入和释放内容物的场所，有助于精细胞向卵细胞和中央细胞的运动。助细胞通常在受精后或受精前解体或退化。

反足细胞是胚囊中一群变化最大的细胞。大多数植物的反足细胞为 3 个，但有些植物的反足细胞形成后可继续分裂，形成多数细胞，如小麦、玉米的反足细胞为 20～30 个，胡椒中有 100 个，箬竹的可多达 300 多个。反足细胞由于核分裂后胞质不分裂，常形成具多核的细胞，如玉米的每个反足细胞中就有 1～4 个核。又因在分裂时胞质分裂不完全，相邻的细胞壁上留有较大的孔，使整个反足细胞群的原生质体全部或部分的连成一体，形成合胞体结构。还有些植物，如玉米、亚麻的反足细胞，在于珠心相邻的细胞壁上形成内突结构，具有传递细胞的特征。大多数植物的反足细胞在受精前后退化消失；某些植物(如小麦)，当形成多细胞胚时，仍可见到反足细胞的存在，它们与胚囊营养物质的吸收有关。

中央细胞是胚囊中体积最大且高度液泡化的细胞。通常中央细胞中有两个极核，或在受精前两个极核融合为次生极核。有些植物的中央细胞壁内侧也有许多指状的内突，可能具有从珠心吸取营养物质以及向外分泌消化珠心细胞的酶的作用。中央细胞的细胞质内有丰富的细胞器，同时还可积累大量淀粉或蛋白质、脂类等贮藏物质。因此，中央细胞不仅代谢强度高，而且是胚囊营养物质的主要贮存场所。中央细胞与另一个精细胞融合后，形成初生胚乳核，进而发育为胚乳。卵细胞、助细胞与中央细胞在结构与功能上有密切的联系，因此也有人称其为雌性生殖单位(female germ unit)。

现将蓼型胚囊的发育过程表解如下：

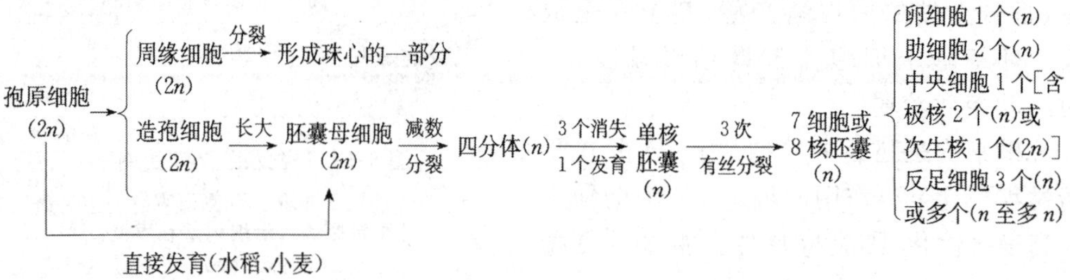

第四节 开花和传粉

一、开花

当植物生长发育到一定阶段，雄蕊中的花粉粒和雌蕊中的胚囊（或二者之一）已经成熟，花被展开，雄蕊和雌蕊露出，这种现象称为开花（anthesis）。开花是被子植物生活史中的一个重要时期，除少数闭花受精植物外，是大多数植物性成熟的标志。

各种植物由于花芽分化的时期不同，所以在开花年龄和开花季节上常有差别。一株植物从第一朵花开放到最后一朵花开毕所经历的时间，称为开花期。开花期长短因植物不同而异，如水稻、小麦的开花期1周左右，油菜为20～40天，棉花、番茄可延续一至数月，有些热带植物，如可可、柠檬、桉树能终年开花。

各种植物每朵花开放所持续的时间以及开花的昼夜周期性变化也很大，如小麦单花的开花时间只有5～30 min，水稻为1～2 h，苹果3天左右，而热带兰花则可达80天以上。小麦开花的昼夜周期有2次高峰，上午9～11时和下午3～5时。高粱常在凌晨2～3时开始开花，油菜集中在上午9～11时。南瓜清晨开放，中午闭合。棉花早晨开放，下午花冠萎缩。植物的开花习性与它们原产地的各种生态条件有关，是植物长期适应的结果，也是它们的遗传所决定的。我们了解各种植物的开花习性，不仅有利于在栽培上采取相应措施，以提高产量和品质，也有助于人工杂交育种，创造新品种。

二、传粉

成熟的花粉粒借外力传到雌蕊柱头上的过程，称为传粉（pollination）或授粉。它是受精的必要前提，是有性生殖的重要环节。不同的植物有着不同的传粉方式和对其传粉方式的适应性。

（一）自花传粉与异花传粉

自花传粉（self-pollination）是指成熟花粉粒传到同一朵花中雌蕊柱头上的过程，如大麦、小麦、豆类等。但在实际应用上含义较为广泛，在农作物中常把同株异花间的传粉及果树栽培上同品种不同株间的传粉也叫做自花传粉。最典型的自花传粉为闭花受精，如豌豆、大麦和花生植株的下部花，它们的花朵尚未开放，其成熟的花粉粒就直接在花粉囊里萌发，产生花粉管，穿过花粉囊的壁，进入雌蕊，把精子送入胚囊，完成受精。闭花受精是植物对环境条件不适于开花传粉时的一种合理的适应现象。

异花传粉（cross-pollination）是指一朵花的花粉落到另一朵花的雌蕊柱头上

的过程。它可发生在同一株的各花之间，也可发生在同一品种的不同植株或同种内的不同品种植物之间。如玉米、南瓜等都是。异花传粉是被子植物中最为普遍的一种传粉方式，从植物进化的生物学意义来看，异花传粉比自花传粉优越。异花传粉植物的优越性主要表现在生活力强、适应性广、植株强壮、开花多、结实率高、抗逆性也较强。这是因为异花传粉的卵细胞和精细胞各产生于不同的环境条件下，遗传性差异较大，经结合所产生的后代，就有较高的生活力和较强的适应性。而自花传粉的卵细胞和精细胞产生于相同的环境条件下，遗传性差异小，经结合产生的后代，其生活力较弱，适应性较差。如果长期地自花传粉，其后代将会逐渐衰退，植株变矮小，结实率降低，抗逆性减弱，易受病虫害侵袭，甚至失去栽培价值。

虽然自花传粉是一种原始的传粉方式，但自然界还存在不少自花传粉植物。这是因为当异花传粉缺乏必要的传粉条件时，自花传粉则成为保证植物繁衍的特别形式而被保留下来。在自然界里也很难找到绝对自花传粉的植物，例如，小麦为自花传粉植物，但仍有1%～5%的花为异花传粉。

由于长期自然选择和演化的结果，植物的花在结构和生理上形成了适应异花传粉的性状，表9-1列出的是常见的几种。

表9-1　植物对异花传粉的适应方式

性状	特征	代表植物
单性花	雌雄同株或异株	玉米、瓜类、大麻、菠菜
雌、雄蕊异熟	两性花，雄蕊先熟或雌蕊先熟	向日葵、苹果、油菜、甜菜
雌、雄蕊异长	两性花，花柱长花丝短或花柱短花丝长	荞麦、报春花
雌、雄蕊异位	两性花，雌蕊高于雄蕊或雌蕊柱头远离雄蕊	石竹、嘉兰
自花不孕	自花传粉不能结实，花粉不能萌发或花粉管生长缓慢不能自体受精	黑麦、荞麦

(二)风媒传粉和虫媒传粉

植物传粉，必须借助于一定的媒介，在自然条件下花粉主要靠风力和昆虫传播。以风为传粉媒介的植物称为风媒植物，其花称为风媒花，如水稻、小麦、玉米、核桃、榛树、杨树等(图9-14)。风媒植物常形成穗状或柔荑花序，花小不显著，花被不具鲜艳的色彩、小或退化，形成裸花，花无蜜腺和香味。花粉量大，花粉粒小，干而轻，适于乘风远播。有些植物(禾本科植物)的花丝细长，风吹则动，利于散发花粉；雌蕊柱头常呈羽毛状且伸出花被外，利于承受花粉。在早春开花的风媒植物，具有先花后叶或花叶同放的习性，可以减少大量枝叶对风力传粉的影响。

靠昆虫为传粉媒介的植物称为虫媒植物，其花称为虫媒花(图9-15)，如油菜、向日葵、瓜类、鼠尾草、油桐、泡桐及常见的果树、花卉等。虫媒植物的花大而显

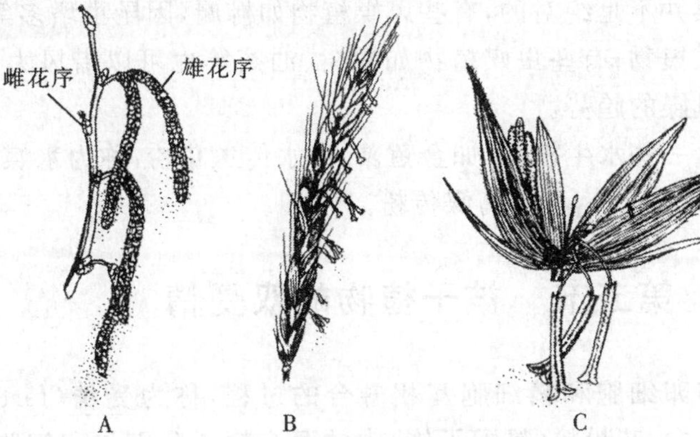

图 9-14　风媒传粉

A. 榛属花枝，雄花序散出花粉，靠风传播　B. 黑麦开花期的复穗状花序
C. 黑麦的小穗中的小花伸出散粉
（引自 Исаин）

著，花被色彩艳丽，花具蜜腺和芳香（或特殊气味），能吸引昆虫采蜜；花粉粒较大且表面粗糙，有黏性，易黏附在虫体上；花粉粒富含营养物质，可作为昆虫的食物。传粉的昆虫种类很多，常见的有蜂类、蝶类、蛾类、蚁类、蝇类等。虫媒花的大小、花的构造、蜜腺的位置等，常与虫体的大小、口器的结构等特征之间形成巧妙的适应（如图 9-15）。虫媒植物的分布、开花季节和昼夜周期性也与昆虫在自然界的分布、活动的规律性之间存在着密切的关系。

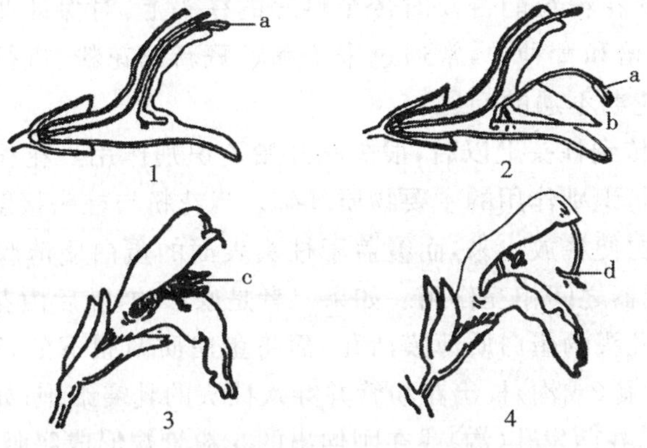

图 9-15　鼠尾草的花（示蜜蜂传粉的情形）

1. 花的纵剖面，示雄蕊的形态和着生位置　2. 花的纵剖面，示蜜蜂入花时花药由于其进入而下移　3. 示蜂进入花内采蜜时，花药就图 2 的位置与蜂体接触，这时雌蕊尚未成熟　4. 较老的花朵，雌蕊已成熟，雄蕊萎缩，花柱的伸长和柱头的下垂容易擦到进入花内采蜜的蜜蜂背部，把其带来的花粉传到柱头上

a. 花药　b. 延长的药隔　c. 采蜜的蜜蜂　d. 柱头

但是风媒和虫媒并不是绝对的，有些风媒植物如柳属，因昆虫增多等环境条件的改变而演化为虫媒植物；有些虫媒植物如椴树、油茶等也可以借风力传粉，白蜡则有从虫媒转化为风媒的趋势。

除风媒、虫媒外，一些水生植物（如金鱼藻）借水传送花粉，称为水媒传粉；借鸟类传送花粉的（如 *Solandra*），称为鸟媒传粉。

第五节 被子植物的双受精

雌、雄性细胞，即卵细胞和精细胞互相融合的过程，称为受精（fertilization）。在被子植物受精过程中，花粉粒（雄配子体）中的两个精子分别与卵细胞和中央细胞融合，故称为双受精（double fertilization）。由于被子植物的卵细胞和中央细胞位于子房内胚珠中的胚囊内，因此经传粉到雌蕊柱头上的花粉必须经过萌发，形成花粉管，并通过花粉管在花柱中的向基生长，将精子送入胚囊，与卵细胞和中央细胞相遇、融合，完成双受精过程。

一、花粉粒在柱头上的萌发

传到柱头的花粉必须具有生活力，自然条件下，大多数植物的花粉从花药散出后只能存活几小时、几天或几周。一般禾本科植物的花粉不超过 1 天，玉米为 1～2 天，水稻的花粉在田间条件下，经 3 min 就有 50%丧失生活力，5 min 后几乎全部失活。因此，成熟的花粉粒能否及时传至雌蕊的柱头上，对保证花粉的正常萌发至关重要。在农业栽培和育种中，常通过采集和贮藏新鲜花粉、进行人工辅助授粉和杂交授粉，来解决花期不遇的问题。

生活的花粉粒传到柱头上以后，很快就开始了识别作用。花粉粒和雌蕊柱头组织间产生的蛋白质是识别作用的主要物质基础。当花粉与柱头接触后，几秒钟内，花粉外壁上的识别蛋白便释放出来，而覆盖于柱头表面的蛋白质薄膜作为感受器被活化，识别蛋白与感受器之间相互作用。如果二者是亲和的，随后由花粉内壁释放出来的角质酶前体就被柱头的蛋白质薄膜活化，而将蛋白质薄膜下的角质膜溶解。同时花粉粒萌发，从萌发孔（或沟）长出花粉管并穿入柱头的乳突细胞；如果二者是不亲和的，则发生排斥反应，在萌发孔（沟）或在刚伸出的花粉管端形成胼胝质塞，阻止花粉粒的萌发和花粉管的生长；有的则在乳突细胞壁层间产生胼胝质，阻碍花粉管的进入。

花粉和柱头经识别作用后，被雌蕊柱头“认可”的花粉粒，从周围吸水，代谢活动加强，体积增大，花粉内壁由萌发孔（沟）向外突出，形成花粉管，这一过程称为花粉粒的萌发（图 9-16）。

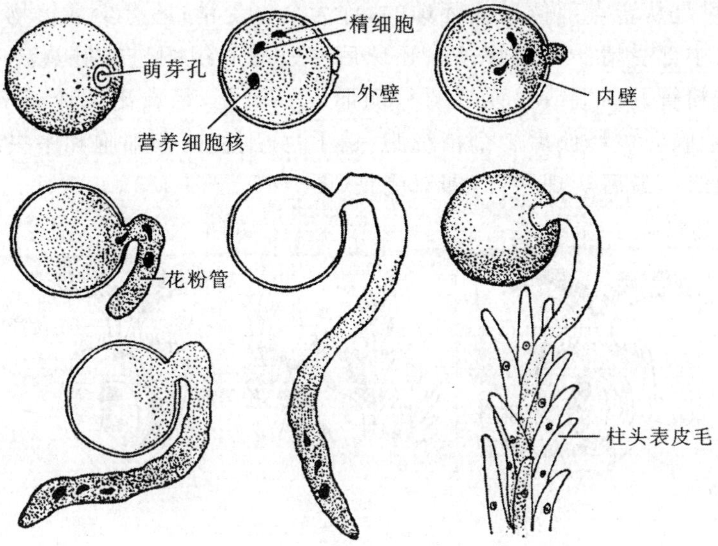

图 9-16 水稻花粉粒萌发和花粉管生长

二、花粉管在雌蕊组织中的定向生长

花粉萌发产生的花粉管，多从柱头表皮毛基部的细胞间隙进入，并向花柱中生长。在空心花柱中，花柱沿花柱道内表面在其分泌液中生长；在实心花柱中，花粉管常在引导组织或中央薄壁组织的细胞间隙中生长（番茄），或从细胞壁与质膜之间穿过（菠菜），少数植物（棉花）也可从引导组织的细胞壁中富含果胶质的层次通过。

花粉管在生长过程中，除了耗用花粉粒中的贮藏物质外，并从花柱组织吸收营养物质，以供花粉管的生长和新壁的形成。随着花粉管的向基生长，花粉粒中的内容物几乎全部集中于花粉的亚顶端。如为 3-细胞型花粉粒，则包括 1 个营养核和 2 个精细胞、细胞质和各种细胞器。如为 2-细胞型花粉粒，这时生殖细胞在花粉管中再分裂一次，形成 2 个精细胞。

花粉管通过花柱进入子房后，沿着子房壁的内表面生长，最后进入胚囊进行受精。目前有研究认为，助细胞与花粉管的定向生长有关。棉花的花粉管在雌蕊中生长时，由花粉管分泌出的赤霉素传入胚囊后，引起一个助细胞退化、解体，从其基部的丝状器释放出呈一定浓度梯度的 Ca^{2+}；花粉管朝着由低到高浓度的 Ca^{2+} 的方向生长，由助细胞的丝状器部位进入胚囊，故 Ca^{2+} 被认为是一种天然向化物质。也有人认为花粉管的向化性生长是包括硼在内的几种物质综合作用的结果。

三、花粉管进入胚珠和胚囊

花粉管一般从胚珠的珠孔进入胚珠，这种方式称为珠孔受精（图 9-17D、E）；少数植物如核桃是从合点部位进入胚珠的，称为合点受精；还有少数植物是从中部进入胚珠，称为中部受精。花粉管进入胚珠后穿过珠心组织进入胚囊。花粉管进入胚囊后，在花粉管的顶端或亚顶端的一侧形成一个孔，释放出 1 个营养核、2 个精细胞和少量细胞质。释放后 2 个精细胞（精子）分别移向卵细胞和中央细胞的无壁区并向它们靠近，最后实现融合，即双受精（图 9-17、图 9-18）。

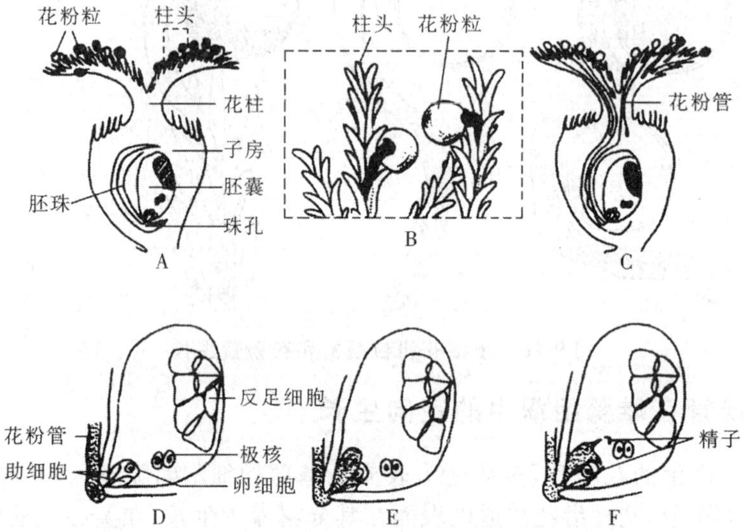

图 9-17 小麦的传粉和受精

A. 花粉粒在柱头上萌发 B. A 图框中标出部分的放大 C. 传粉后数小时雌蕊的切面 D. 花粉管到达珠孔 E. 花粉管尖端进入胚囊 F. 花粉管尖端破裂，释放出其中的两个精子

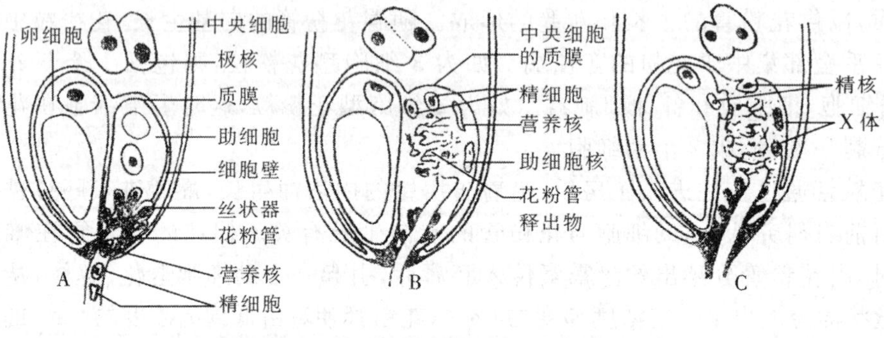

图 9-18 被子植物双受精作用中精细胞转移至卵细胞和中央细胞的图解

A. 花粉管进入胚囊 B. 花粉管释放出内容物 C. 两个精细胞分别转移至卵和中央细胞附近（X 体指退化的营养细胞核和退化的助细胞核）

（引自 Jensen）

花粉管进入胚囊有多种方式，常见的是通过退化的一个助细胞，从其丝状器进入；也有的是经卵细胞与助细胞之间或助细胞与胚囊壁之间进入胚囊。

四、双受精过程

精细胞进入胚囊与卵细胞融合时，先是质膜发生融合，然后精核进入卵细胞。接着精核与卵核接触，内、外核膜融合，两性核质相连并融合。最后精核仁和卵核仁融合成一个大核仁。至此，精、卵受精完成，形成了合子（zygote），将来发育为胚。另一个精细胞与中央细胞的融合过程与此相似，但融合的速度较精、卵融合快。精核和极核（或次生极核）融合形成 $3n$ 的初生胚乳核（primary endosperm nucleus），将来发育为胚乳（图 9-18、图 9-19）。

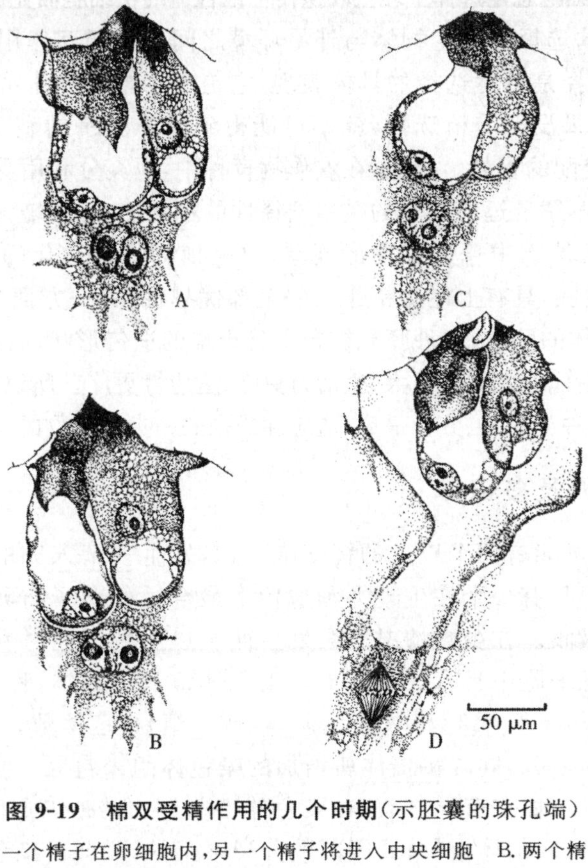

图 9-19　棉双受精作用的几个时期（示胚囊的珠孔端）

A. 受精后一个精子在卵细胞内，另一个精子将进入中央细胞　B. 两个精子分别与卵核和精核接触　C. 受精的卵核的染色质分散，注意出现雄核仁
D. 卵核与精核在融合中，初生胚乳核在分裂中期
（引自胡适宜）

五、受精和双受精的生物学意义

受精过程通过单倍体的精、卵结合，使植物体恢复了原来的染色体数目，保持了物种的相对稳定性；同时由于精、卵细胞都是减数分裂的产物，它们之间存在遗传上的差异，融合后，可丰富物种的遗传变异性。

此外，植物受精作用的全过程中，自始至终都贯穿着选择作用。从传粉开始，柱头与花粉之间即相互识别，经选择后，长入花柱中的多条花粉管通常又只有生活力强、生长迅速的一条进入胚囊，完成受精。少数植物有时出现多条花粉管先后进入一个胚囊的情况，但只有一条花粉管中的精细胞与卵细胞融合受精，其余的花粉管均被同化吸收。同一条花粉管中两个具异型性的精子分别和卵细胞、中央细胞结合，可能也存在着配子之间的选择性。总之卵细胞总是选择生理上和遗传上最合适的精细胞而完成受精过程。

受精过程中的选择性是生物体与外界环境之间发生相互作用而形成的一种适应特性，受精的选择是自然选择的具体表现，它与生物繁衍进化密切相关。达尔文首先指出，植物如果没有受精选择，就不可能得到异体受精的利益，也不可能避免自体受精或近亲交配的害处。所以，在农作物育种中，应充分利用受精的选择性的有利一面，克服自交不孕及远缘杂交的受精选择性的不利的一面，培育、创造优良品种。

双受精是被子植物中普遍存在的现象，也是植物界最进化的繁殖方式。一方面，精、卵结合形成胚，具有上述受精作用的全部优越性；另一方面，精细胞和中央细胞融合，形成三倍体的胚乳，这种胚乳综合了父母本的遗传形状，而且作为营养物质，供胚发育之需，使后代的变异性更大、生活力更强、适应性更广。所以，双受精是使被子植物成为当今世界种类最多、分布最广、适应性最强的一类群植物的重要原因之一。

六、多精入卵及多倍体

如上述，有时可能有两个以上的精细胞入卵，发生多精入卵的现象，一般通过受精过程的选择仍只有一个在生理上和遗传上最合适的精子与卵细胞融合，其余的精子则被同化吸收。在少数情况下会发生两个以上精子同时和卵结合，因而产生了多倍体。凡是细胞中具有 3 组或更多染色体组的生物体，称为多倍体。普通小麦为六倍体，$2N=6X=42$，其中 X 为基本（或一组）染色体数。多倍体有同源多倍体和异源多倍体之分，同源多倍体所增加的染色体组来自同一物种，可由二倍体细胞直接加倍而成。如在有丝分裂中，染色体已复制，但细胞质不分裂，使细胞中的染色体加倍，成为四倍体植物；或因减数分裂不正常，联会后染色体分离受阻，产生二倍体的卵或精子，它们和正常的配子受精后形成三倍体后代。同源多倍体中，可由含不同染色体组的同种植物杂交而成，如三倍体无籽西瓜就是由二倍体和四倍体的西瓜杂交而成的同源三倍体。同源多倍体还可采用物理(高温、低温、紫外线、β射线)和化学药剂(如秋水仙碱)等人工方法诱导产生。异源多倍体所增加的染色体组来自不同种或不同属的植物间的杂交。例如,普通小麦($2N=6X=42$)和黑麦($2N=2X=14$)进行远缘杂交,获得八倍体的小黑麦($N=8X=56$)。多倍体植株与二倍体植株相比,常表现在体形、气孔、花的各部分、花粉粒、果实以及种子都比较大,茎秆较粗壮,叶肉组织较厚,抗逆性较强等。所以,利用杂交或其他物理、化学手段进行多倍体育种,是获得新品种的途径之一。但多倍体尚有成熟迟、结实率低等缺点。奇数多倍体和远缘杂交的后代常不孕,有待研究解决。

第六节 有性生殖过程与农、园、林实践*

一、预测作物减数分裂时期,进行适时田间管理

减数分裂是一个活跃的生理过程,它对外界环境条件的反应很敏感,如遇低温、干旱、光照不良或供肥不当等都能影响其正常进行,从而影响花粉的形成与发育,以致不能正常传粉结实,降低产量。因此,这一时期是农业生产上加强管理的重要阶段。在生产实践中,通常利用一定的形态学指标或计算方法来预测作物花粉母细胞的减数分裂时期。例如,棉花花粉母细胞进行减数分裂的形态指标是花瓣即将露出萼片的时候,油菜是在其花蕾 2 mm 时。还可根据花药呈现的特有颜色来判断,如梨开始进行减数分裂时,花药呈紫色,桃为黄色渐变红色,苹果由无色变蓝色。而水稻、小麦等禾本科植物,常根据顶叶(花序下的叶,又称剑叶或旗叶)叶环与下一叶环之间的叶环距数值、幼穗和小穗的长度、幼穗开始分化后的天数以及积温等来预测。如水稻当剑叶和下一叶环重叠,叶环距为零,颖花长度达到全长的 55%~60%时为减数分裂盛期;小麦旗叶全部长出叶鞘(挑旗),旗叶与下一叶的叶环距为 2~4 cm 时为减数分裂时期。但因品种、地区的不同,减数分裂时期也有差异,要根据具体情况做具体的观察试验,进行综合分析,作出较准确的预测。同时,应及时采取相应的农业措施,提高减数分裂的质量,为高产优质奠定基础。

二、掌握植物的传粉规律,加以利用和控制

(一)人工辅助授粉

异花传粉植物在早春往往容易受到气温过低、缺乏传粉媒介、风雨太多等外界环境条件的不良影响,而降低传粉和受精率,造成减产。因此,在农业上常采用人工辅助授粉的方法,以弥补自然传粉的不足。人工辅助授粉,可使落在柱头上的花

粉粒增多,花粉粒所含的激素相对总量增加,酶的反应增强,甚至产生群体效应,从而促进花粉粒的萌发和花粉管的生长,以提高受精率。如玉米在一般栽培条件下,由于雄蕊先熟,到雌蕊成熟时,因得不到足够的花粉或不能及时传粉,而导致果穗顶部缺粒,产量降低。如果采取人工辅助授粉的措施,可提高结实率,增产8%~10%。人工辅助授粉能有效克服向日葵的秕粒现象,提高其结实率和含油量。果树栽培采用人工辅助授粉或田间放蜂可显著提高其坐果率。

(二)自花传粉的利用

自花传粉虽有引起后代衰退的一面,但也具有提纯作物品种的可能性。在玉米的杂交育种中,人们依据育种目标,从优良品种中选择具有某些优良性状的单株,进行人工自花传粉(即自交),经过连续4~5代严格的自交选择后,生活力虽有所下降,但在生育期、苗色、叶型、穗型、粒型等方面达到整齐一致,形成了一个稳定的自交系。利用两个这种纯化的自交系配制的杂交品种(即单交种),其增产显著。

(三)离体受精

离体受精的一般方法,是在无菌条件下取出未传粉的胚珠或子房,撒上花粉,置于培养基上生长,在试管中完成花粉萌发、花粉管伸入胚珠以至受精作用的全过程;亦可把花粉悬浮液直接注射到子房内,完成子房内授粉。20世纪60年代Kanta等以罂粟的离体胚珠为材料,经过人工授粉,获得了能正常萌发的种子。20世纪90年代成功的精、卵离体融合,实现了严格意义上的离体受精。由体内受精到离体授粉再到离体受精,标志着对植物受精的实验控制能力不断提高。在育种工作中,应用离体受精技术对于克服某些自交或杂交不亲和现象有着很大的潜力和诱人的前景。

(四)培育花粉植物

利用花药和花粉进行离体培养,产生花粉植物,可作为新的育种方法,它具有减少杂种分离、缩短育种年限、提高选择效率等优点。

此外,在医疗保健方面,由于花粉粒的营养丰富,可用花粉制造各种保健品。另外,可根据花粉的特异性,判断地质年代、勘探矿藏、鉴定蜜源、进行案件侦破等。

思考题

1. 成熟花药的哪些部分是由单倍体细胞组成?哪些部分是由双倍体细胞组成?

2. 一个具有成熟胚囊的胚珠的哪些部分是由单倍体细胞组成?哪些部分是由双倍体细胞组成?有可能出现多倍体细胞吗?

3. 花药和胚囊中的单倍体细胞各在经历了何种发育阶段后出现的?先后形成了哪些单倍体细胞?

4. 试就与性细胞发育有关的花器官的形态结构特征举数例论证其生物学意义。

第十章　生殖器官(Ⅱ)——种子与果实的形态结构与建成过程

提要:介绍了被子植物种子的基本结构及其三个基本组成部分(胚、胚乳和种皮)的形态建成过程;种子的基本类型;种子的寿命、休眠和萌发条件;无融合生殖的概念及其类型;多胚现象及其来源;胚状体的形成及人工种子。

讲述了果实的形成及其基本类型;单性结实和无籽果实的概念;果实和种子的传播方式。

作为总结,给出被子植物生活史的表解,并结合被子植物成为优势种群的原因讲解其两个基本阶段:二倍体阶段和单倍体阶段,并引出世代交替的概念。

被子植物的花经过传粉、受精之后,雌蕊子房内的胚珠逐渐发育为种子。同时,子房壁生长迅速,连同其中所包含的胚珠共同发育为果实。有些植物花的其他部分甚至花以外的结构也可参与果实的形成。种子是种子植物的特有器官。种子植物中的裸子植物,因胚珠外面无子房壁包被,所以由胚珠形成的种子是裸露的。而被子植物的种子处于果实之内,受到果皮的良好保护,对于保证后代的发育和繁衍具有重要意义,

植物通过种子繁殖来增加个体的数量,也是种子植物度过不良环境的有效结构形式。而果实既保护种子,又兼有贮藏营养和辅助种子传播的作用。种子和果实又是人类生存的物质基础,富含淀粉、蛋白质的稻、麦等作物的果实和种子,是人们食用的主粮;大豆、花生、油菜、亚麻、芝麻等的种子含油量高,是食用油的主要来源;许多瓜类的果实为优良的果品或蔬菜;可可、咖啡的种子可作饮料;巴豆、使君子、枸杞、罗汉果等的种子或果实具有药用价值。还有许多植物种子中的贮藏物,经提炼加工后,是重要的工业原料。

第一节　种子的形成和种子的基本类型

种子的基本结构包括胚、胚乳(或熟时可缺少)和种皮三部分。种子是由受精胚珠发育而成,胚和胚乳分别由合子(受精卵)和初生胚乳核(受精极核)发育形成,珠被则发育为种皮。在种子的形成过程中,原来胚珠内的珠心和胚囊内的助细胞、

反足细胞作为营养被吸收而消失。

一、双子叶植物和单子叶植物胚的发育

胚的发育从合子开始，合子是由精、卵细胞融合而成，故为二倍体。合子形成后，其表面将产生一层纤维素壁，进入休眠状态。休眠期的长短因植物种类不同而异，如水稻为 4～6 h，小麦为 16～18 h，棉花为 2～3 天，苹果为 5～6 天，可可约 15 天，茶树则需 5～6 个月，秋季开花的植物常可越冬。

合子在休眠期间，其内部仍在继续进行缓慢的代谢活动。合子核周围有大量的造粉质体和线粒体，核糖体聚合成多聚核糖体，高尔基体数量增加，同时，细胞的极性也逐渐加强，细胞质、细胞核和多种细胞器趋集于合点端，液泡缩小而分布于珠孔端。极性的加强是合子第一次分裂不对称的主要原因。

合子经休眠后，便开始分裂。从合子第一次分裂形成的 2 细胞原胚开始，至器官分化之前的胚胎发育阶段，称为原胚时期。双子叶植物和单子叶植物在原胚时期有相似的发育形态，但胚的分化过程和成熟胚的结构则有较大差异。

(一)双子叶植物胚的发育

以十字花科植物荠菜为例说明(图 10-1，彩插 4-8)。荠菜的合子经休眠后，进行不对称(或不均等)的横向分裂，形成两个大小不等的细胞(即 2 细胞原胚)，近珠孔端的细胞较大，高度液泡化，称为基细胞(basal cell)；近合点端的细胞较小，细胞质浓，称为顶细胞(apical cell)。两细胞之间有胞间连丝相通。随后，基细胞进行连续多次的横向分裂，形成单列多细胞胚柄(suspensor)。通过胚柄的延伸，将胚体(embryo proper)推向胚囊内部合适的位置，以利胚在发育中吸收周围的营养物质；同时，胚柄末端的一个细胞膨大呈泡状，起着吸器的作用，可从其周围吸收营养并转运到胚体；另外，由于胚柄固着于珠孔端，对将来由胚体分化出的胚根从珠孔处伸出有引导作用。在胚柄的生长过程中，顶细胞相应进行分裂，首先进行一次纵向分裂，接着进行与第一次分裂形成的壁垂直的第二次纵向分裂，形成四分体胚体。然后各个细胞再横向分裂一次，形成八分体胚体。八分体胚体的各细胞先进行一次平周分裂，再经过各个方向的连续分裂，形成多细胞的球形胚体。以上都属原胚时期。胚体继续增大，在顶端两侧部位的细胞分裂较多，生长较快，形成两个突起，称为子叶原基，此时胚体呈心形，子叶原基的出现标志着胚的发育进入器官分化时期。继而子叶原基生长延伸，形成两片形状、大小相似的子叶，紧接子叶基部的胚轴也相应伸长，整个胚体呈鱼雷形。之后，在两片子叶基部相连的凹陷处分化出胚芽；与胚芽相对的一端，由胚体基部细胞和与其相接的一个胚柄细胞不断分裂，共同参与胚根的分化。至此，幼胚分化完成。随着幼胚的发育，胚轴和子叶显

著延伸,在胚囊内弯曲成马蹄形,胚成熟时胚柄退化消失。这样,一个具有胚芽、胚轴、胚根和两片子叶的胚便分化完成。

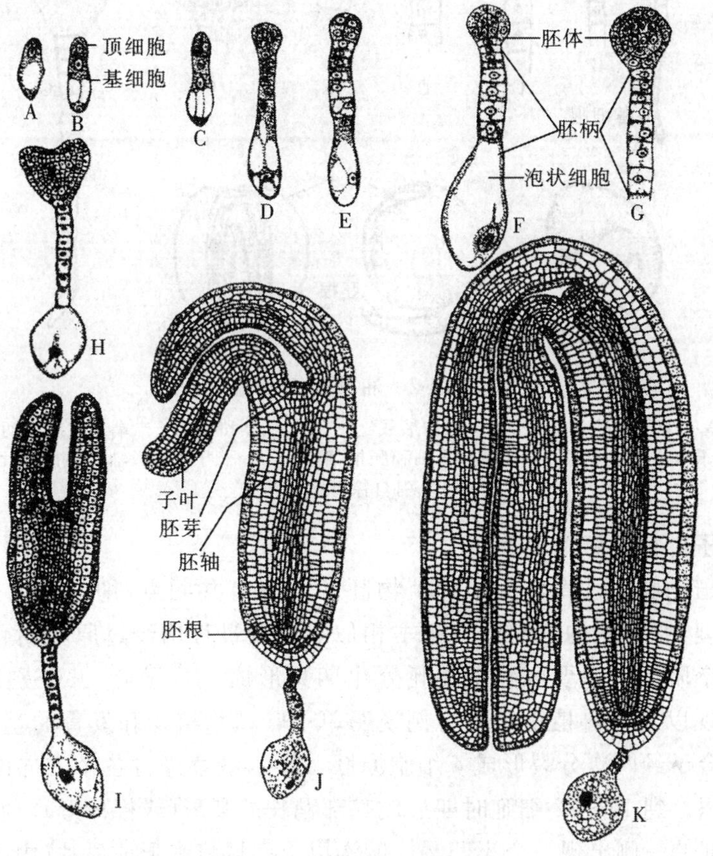

图 10-1　荠菜胚的发育

A. 合子　B. 2 细胞原胚　C. 基细胞横裂为 2 细胞胚柄,顶细胞纵裂为二分体胚体
D. 四分体胚体形成　E. 八分体胚体形成　F、G. 球形胚体形成　H. 心形胚体形成
I. 鱼雷形胚体形成　J、K. 马蹄形胚体形成,出现胚的各部分结构
(引自 Maheshwari)

油菜胚的发育基本与荠菜相似。但它的合子第一次分裂后,基细胞就逐渐伸长呈棒状,近珠孔端稍变细并弯曲,略呈钩状。当子叶、胚根发育时,胚不再纵向伸长,子叶弯曲、对折,并包住胚根和胚轴(图 10-2)。

棉胚发育时,无典型的四分体胚体。球形胚体的形成过程中,细胞的分裂不规则,没有严格的细胞形成系列。胚柄短而不明显,成熟时仅含 4～6 个细胞,并常常很早解体。受精后 6～10 天,胚体呈心形,18 天时,胚的各部均已发育完成。

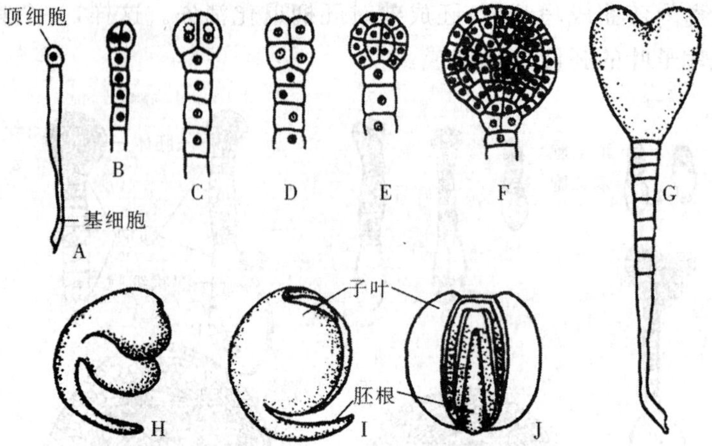

图 10-2 油菜胚的发育

A. 2 细胞原胚 B～F. 球形胚体形成 G. 心形胚体和具狭长末端细胞的胚柄
H. 子叶逐渐长大 I. 子叶褶包胚轴和胚根(侧面) J. 子叶褶包胚轴和胚根(正面)
(引自徐汉卿)

(二)单子叶植物胚的发育

单子叶植物胚的发育与双子叶植物胚的发育有共同点,即合子的第一次分裂为不对称分裂,原胚期的细胞分裂基本相似。发育过程均经过原胚期、胚分化期和胚成熟期三个阶段。主要区别是在胚分化期只形成一片子叶,并分别形成胚芽鞘和胚根鞘。现以禾本科植物小麦为例说明单子叶植物植物胚发育的基本特点。

小麦的合子经两次分裂形成 4 细胞原胚,以后,继续进行各个方向的分裂,增大了胚体的体积。到 16～32 细胞时期形成基部稍长的梨形(或棍棒形)原胚。不久,梨形原胚近上部的一侧出现一个小凹沟。凹沟以上区域将来形成盾片(内子叶)的主要部分和胚芽鞘的大部分;凹沟稍下处的附近,即原胚的中间区域,将形成胚芽鞘的其余部分和胚芽、胚轴、胚根、胚根鞘和一片不发达的外子叶;原胚的基部形成盾片的下部和胚柄(图 10-3)。冬小麦胚发育成熟所需时间为传粉后约 16 天,春小麦约 22 天。水稻胚的发育过程与小麦相似,但合子启动分裂较快,胚成熟所需时间短,约 14 天,成熟胚的胚轴弯折明显。玉米则发育缓慢,约需 45 天,且无外子叶的分化。

(三)成熟胚的结构

被子植物的成熟胚都是由胚芽、胚轴、胚根和子叶等 4 部分构成,禾本科植物在胚芽和胚根之外还有胚芽鞘和胚根鞘的特殊结构。

胚芽包括生长锥(分生区)以及几枚叶原基和数片幼叶。胚根顶端为分生区和覆盖其外的根冠原基。胚轴是连接胚芽和胚根的短轴,子叶着生其上。子叶为暂

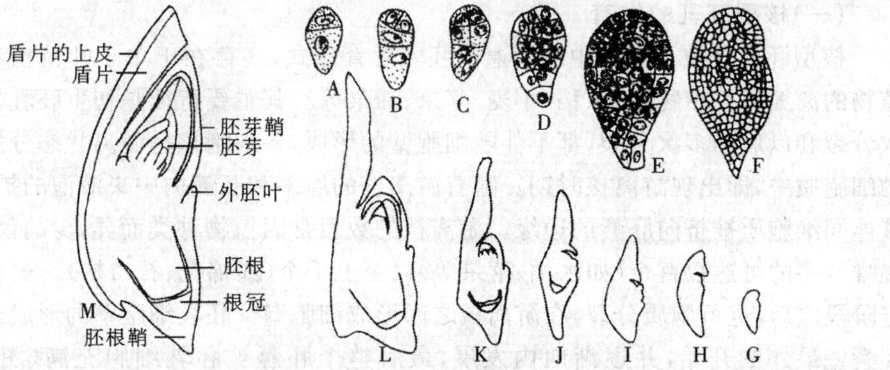

图 10-3　小麦胚的发育

A～D. 2 细胞、4 细胞、多细胞的原胚(授粉后 1、2、3、4 天)　E～G. 梨形多细胞原胚，盾片刚微露(授粉后 5～7 天)　H～K. 胚芽、胚芽鞘、胚根、胚根鞘和外胚叶逐渐分化形成(授粉后 10～15 天)　L. 胚发育比较完全(授粉后 20 天)　M. 胚发育完全(授粉后 25 天)

(引自赵世绪)

时性的叶性器官，它们的数目在被子植物中相当稳定，成熟胚只有一片子叶的称为单子叶植物，如小麦、水稻、葱、百合等；有两片子叶的称为双子叶植物，如油菜、豆类、棉花、苹果等。关于子叶的结构，常与其生理功能相联系。大豆的子叶肥厚，主要是贮藏蛋白质、脂肪等营养物质，因此，除了在两个子叶相接处的表皮内侧有 2～3 层栅状细胞外，其他部分均为充满营养的薄壁细胞。棉花的子叶宽而薄，其细胞内含有营养物质，但较为明显的特点是子叶内部已有栅栏组织和海绵组织的初步分化及早期叶绿体的形成，海绵组织内还可看到小的分泌腔，其解剖结构与叶片颇为近似，这种结构与子叶出土后很快就能进行光合作用是相适应的。水稻、小麦等禾本科植物种子的胚中只有一片发育完全的子叶，形如盾状，称之为盾片(scutellum)。它具有从胚乳中吸收养料的作用，在与胚乳相接的界面形成一层排列整齐、细胞质较浓的上皮细胞，它们分泌的植物激素能促进胚乳细胞的营养物质分解，并吸收、转移到胚，供胚生长之用。

二、胚乳的发育

被子植物胚乳的发育是从初生胚乳核(受精极核)开始，由 1 个精细胞和 2 个极核融合而成，故为三倍体。初生胚乳核通常不经过休眠(如水稻)或短暂休眠(如小麦 0.5～1 h)，即进行第一次分裂，它的分裂早于合子的分裂。胚乳核的初期分裂速度较快，当合子进行第一次分裂时，胚乳核已达到相当数量，可为幼胚的生长发育提供必需的营养物质。胚乳的发育形式常见的为核型胚乳(nuclear endosperm)和细胞型胚乳(cellular endosperm)两种类型。

(一)核型胚乳的发育

核型胚乳是被子植物中最普遍的胚乳发育形式,多存在于单子叶植物和双子叶植物的离瓣花类植物,如水稻、小麦、苹果、油菜等。其主要特征是初生胚乳核的第一次分裂和以后的多次分裂,都不伴随细胞壁的形成,各细胞核呈游离状态分散于胚囊的细胞质中,即出现游离核时期。随着游离核的增多和胚囊内中央液泡的扩大,细胞核连同细胞质被挤向胚囊的边缘。游离核的数目常因植物种类而异,少的仅 4 个(如咖啡),多的可达数百个(如水稻、苹果等)以至上千个(如棉花、石刁柏)。核分裂到一定阶段之后,进行胞质分裂,在游离核之间形成细胞壁。胚乳细胞壁的形成通常是从胚囊壁最外围开始,并逐渐向内发展,最后整个胚囊被胚乳细胞充满(图 10-4、图 10-5);但也有植物(如菜豆属)仅在原胚附近形成胚乳细胞,而合点端仍为游离核状态;有的植物(如椰子)只是在胚囊周围形成少数层次的胚乳细胞(椰肉),胚囊中央仍为胚乳游离核(椰乳);还有些植物(如旱金莲等)则至被胚吸收之前,始终为游离核状态。

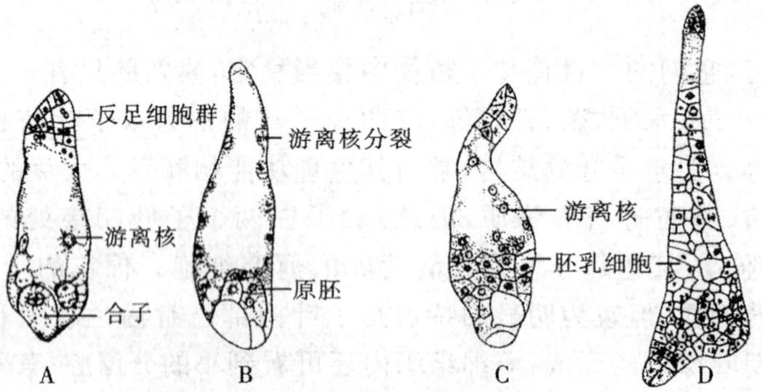

图 10-4 玉米胚囊中核型胚乳的发育过程

A. 合子和少数胚乳游离核(传粉后 26～34 h) B. 游离核分裂(传粉后 3 天) C. 珠孔端胚乳细胞开始形成(传粉后 3.5 天) D. 胚乳细胞继续形成(传粉后 4 天)

(引自陆时万等)

(二)细胞型胚乳的发育

此种类型胚乳的特点是从初生胚乳核分裂开始,随即伴随细胞壁的形成,以后各次分裂都是以细胞形式出现,无游离核时期。大多数双子叶合瓣花植物,如番茄、烟草、矮茄等胚乳的发育均属这一类型(图 10-6)。

* 此外,沼生目植物(如慈姑等)的初生胚乳核第一次分裂,胚囊被分为 1 个较大的珠孔室(近珠孔的部分)和较小的合点室(近合点的部分)。合点室核的分裂次数较少,并维持游离状态或呈退化状态;珠孔室的核进行多次分裂,成游离状态,以后形成细胞结构,完成胚乳的发育。这种胚乳的发育形式称为沼生目型胚乳,是介于核型胚乳与细胞型胚乳之间的一个类型。

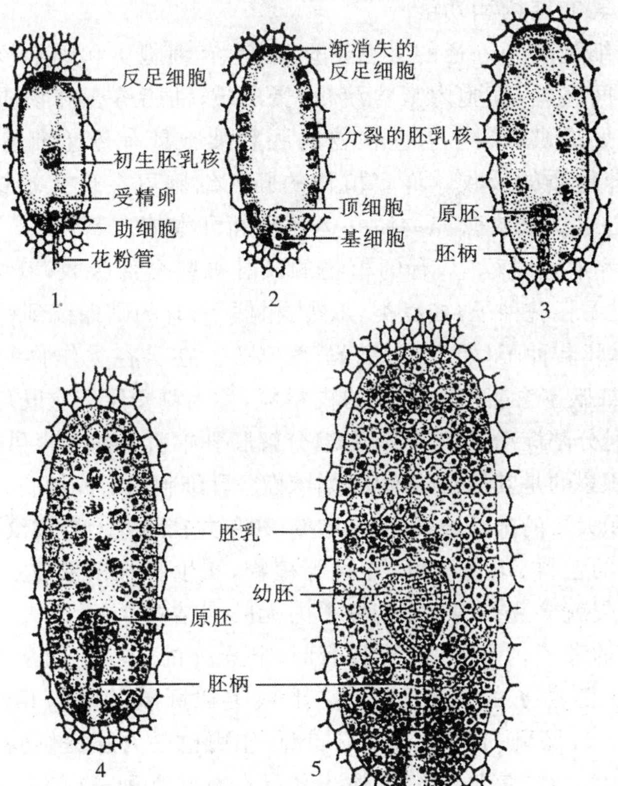

图 10-5 双子叶植物核型胚乳发育过程模式图

1.初生胚乳核开始发育 2.胚乳核继续分裂,在胚囊周边产生许多游离核,同时受精卵开始发育 3.游离核更多,由边缘逐渐向中央分布 4.由边缘向中部逐渐产生胚乳细胞 5.胚乳发育完成,胚仍在发育中

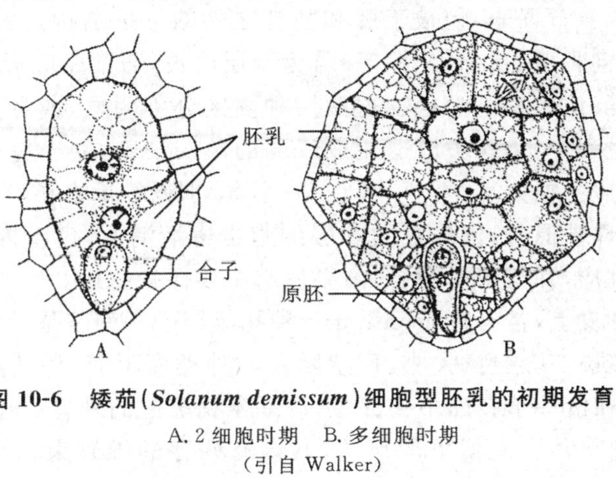

图 10-6 矮茄(*Solanum demissum*)细胞型胚乳的初期发育图

A. 2 细胞时期 B. 多细胞时期

(引自 Walker)

(三)成熟胚乳的结构和功能

成熟的胚乳细胞多为等径的大型薄壁细胞,有细胞质和细胞核,具有丰富的细胞器和发达的胞间连丝,细胞内富含淀粉、蛋白质、油脂等营养物质,可为胚的生长发育或种子的萌发提供养料。有些植物的胚乳细胞具有传递细胞的特点,具壁内突结构,利于营养物质的吸收。许多植物的胚乳细胞可在珠孔端或合点端形成吸器,从周围的珠心组织吸收营养物质并运送到胚乳本体。

在种子发育和成熟过程中,有的植物的胚乳被胚全部吸收,其中养料转存在肥大的子叶中,形成无胚乳种子,如豆类、瓜类、柑橘等;有的则保留到种子成熟,供种子萌发所用,形成有胚乳种子,如小麦、水稻、蓖麻等。在禾谷类作物的籽实(颖果)中,其胚乳的最外层细胞富含蛋白质组成的糊粉粒,称为糊粉层。它既可贮存营养物质,还能在种子萌发时分泌淀粉酶和其他酶类,分解胚乳中所含的养料供胚生长之用。有些植物的胚乳中积累的是其他营养物质,如辣椒胚乳细胞内形成油滴;咖啡和枣椰子的胚乳细胞壁上堆积大量的半纤维素,使细胞壁增厚,并在厚壁上形成纹孔和胞间连丝。

被子植物中的兰科、川苔草科、菱科等植物,初生胚乳核形成后,立即退化或只进行少数几次分裂就停止发育,所以种子内无胚乳结构。

大多数植物的种子,在胚和胚乳发育时,胚囊外的珠心组织全部被吸收。但有的植物,珠心组织随种子的发育而发育,形成类似胚乳的贮藏组织,称为外胚乳(prosembryum)。外胚乳与胚乳同功不同源,作用也是为胚提供营养物质,但外胚乳是非受精的产物,为二倍体组织。外胚乳可在有胚乳种子(如姜)中发生,也可在无胚乳种子(如石竹)中发生。

三、种皮的发育和结构

种皮是由珠被发育而来,包被于胚和胚乳之外的保护结构。具单层珠被的只形成一层种皮,如向日葵、番茄、胡桃等;若为两层珠被,通常相应形成内、外两层种皮,如油菜、蓖麻等;但也有不少植物这两层种皮区分不明显,或者虽有两层珠被,但在以后的发育过程中,内珠被已退化成纤弱的单层细胞,甚至完全消失,只由外珠被继续发育为种皮,如大豆、蚕豆、菜豆等;小麦、水稻等禾本科植物的两层珠被,在发育过程中,外珠被退化,内珠被的外层细胞也逐渐消失,仅由内层细胞干燥萎缩成一薄层状的种皮,并与果皮愈合,由果皮起主要保护作用。

成熟种子的种皮上,常有种脐(hilum)、种孔等结构。种脐是种(珠)柄脱落后,在种子上留下的痕迹,其颜色、大小、形状随植物种类而不同;种孔是原来的珠孔。倒生胚珠的植物,在沿种子腹面中央部位,有一条稍隆起的种脊(raphe),它是珠被与珠柄愈合的纵脊在种皮上留下的痕迹,其内有残存的维管束;在蓖麻种子的一端,有由外种皮延伸而成的海绵状垫状物,称为种阜(caruncle)。

种子成熟时,大多数植物的种皮外层常分化为厚壁组织,内层为薄壁组织,中间各层往往分化为纤维、石细胞或薄壁细胞。随着细胞的失水干燥,干硬的种皮使保护作用得以加强。有些植物的种皮坚实,不易透水,不易通气,可能是种子萌发时遇到不良环境的一种趋避结构,在生产上常采用除掉种皮或化学处理的方法来促使种子萌发。有些植物的种子具有肉质种皮,如石榴种子成熟时,外珠被形成坚硬的外种皮,其表层细胞辐射状向外扩展,内含糖分和汁液,为食用的部分;银杏的外种皮亦为肥厚肉质结构。还有少数植物,其种皮外包有由珠柄或胎座发育成的假种皮,如龙眼、荔枝果实内食用的肉质多汁的部分就是由珠柄发育而来的假种皮。

*各种植物的种皮组织结构差异甚大,现以几类作物种子为例,说明如下:

1. 芸薹、芥菜等十字花科植物的种皮　有外种皮和内种皮,外种皮有 2～5 层细胞,内种皮可厚达 10 层细胞。外种皮的外表皮细胞中充满了成层的黏性物质,遇水时,细胞内的物质吸水膨胀,有时可促使细胞的外壁破裂。外表皮下有薄壁组织的分化,可发育为厚壁或被挤毁吸收。外种皮的内表皮是种皮中最坚固的细胞层,其细胞在径向壁和内切向壁上发生木质化增厚。内珠被的薄壁组织以后常被挤毁,它们的内表皮变成色素层(图 10-7)。

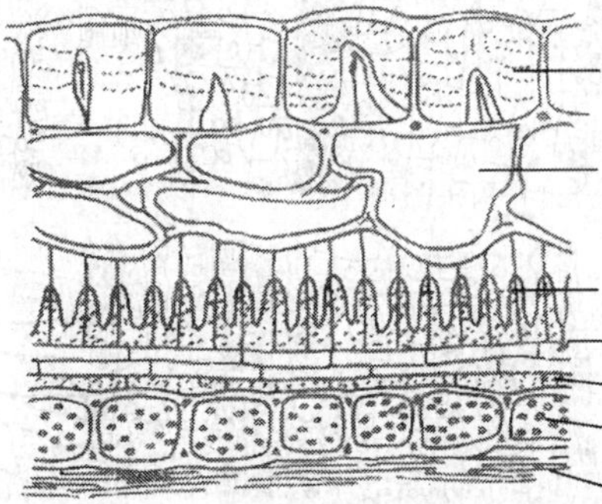

图 10-7　芥菜属(*Sinapis*)的种皮和糊粉层的横切面结构

(引自 Cernohorsky)

2. 大豆、菜豆等豆科植物的种皮　在种皮的发育过程中,内珠被消失,外珠被分化为三个层次。外层细胞是一层柱状石细胞,呈栅栏状列,称栅栏层,是豆科植物所特有的保护结构。栅栏层下面为短的骨状石细胞,细胞两端常膨大成"工字形",可增强种皮保护功能。再下面是多层薄壁细胞(图 10-8)。栅栏层发达的豆类,其种子具有高度的不透水性,会影响种子的萌发,但这种种皮坚硬的种子常有很强的抗逆性,有利于种子延长寿命。

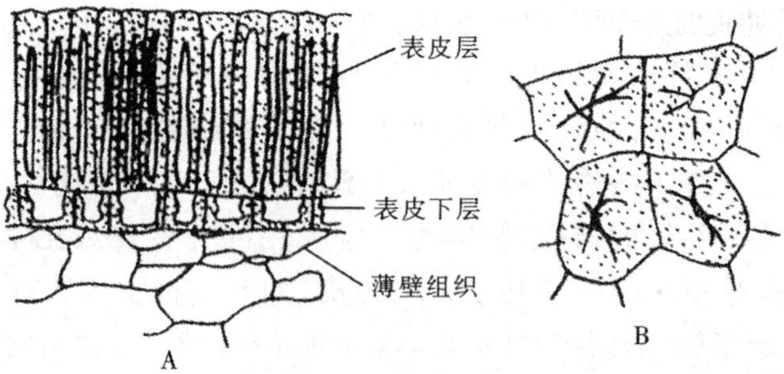

图 10-8 菜豆种皮的结构

A. 种皮的纵切面 B. 表皮层石细胞的顶面观

3. 棉的种皮 棉的种皮由内外珠被共同发育而成。外珠被分化为外表皮、外色素层和内表皮。外表皮中的部分细胞突出伸长，细胞壁沉积纤维素而形成表皮毛（“棉纤维”）。外表皮层下面为含褐色素的薄壁细胞组成的外色素层，可为表皮毛的发育提供营养。内表皮发育为厚壁细胞层。内珠被也分为三个层次，其外表皮细胞伸长，壁部增厚，称栅状层。向内依次为内色素层和乳白色层。乳白色层可能来源于内珠被的内表皮（图 10-9）。

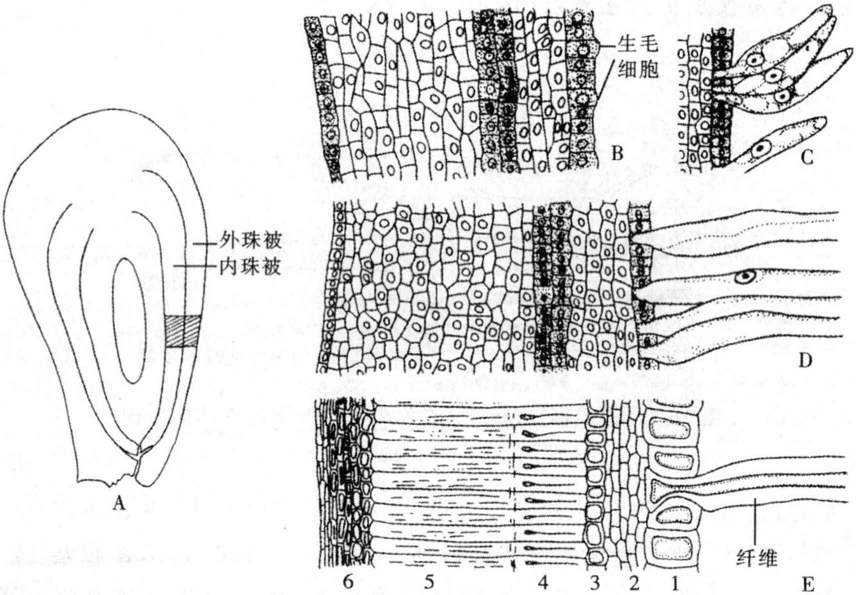

图 10-9 棉种皮的发育和结构

A. 开花时的胚珠纵切 B. A 图斜线区的放大，示外珠被表皮上的生毛细胞 C. 花后 2 天，幼期纤维细胞 D. 花后 5 天，纤维伸长 E. 成熟种皮的结构（1～3. 外种皮：1. 外表皮 2. 外色素层 3. 厚壁细胞层 4～6. 内种皮：4. 栅状层 5. 内色素层 6. 乳白层）

（依李正理改绘）

四、种子的基本结构和基本类型

种子的大小、形状、颜色常因植物种类而异。大者如椰子的球状种子，直径达15～20 cm；小的如油菜、芝麻的种子；烟草的种子则更小，犹如微细的沙粒。种子形状多种多样，肾形的如大豆、菜豆；圆形的如油菜、豌豆；椭圆形的如花生；扁形的如蚕豆等。种子的颜色也各有不同，有纯一色的，如黄色、青色、褐色、白色或黑色等；也有具花纹的，如蓖麻。这些特征在植物分类、商品检验、检疫等方面已得到应用。

虽然种子的形态存在有差异，但种子的基本结构却是一致的。现将种子的基本结构归纳如下：

种子的基本结构
- 种皮——一般是坚韧的，为种子的保护层。禾本科植物籽实的果皮与种皮不易分开。
- 胚
  - 胚芽——一般为分生区、叶原基与幼叶所构成(有些植物无幼叶)。禾本科植物的胚芽外面包有胚芽鞘
  - 胚轴——是连接胚芽、胚根的短轴，子叶着生其上，分为上胚轴和下胚轴。禾本科植物具中胚轴
  - 子叶——双子叶植物的胚具两片子叶，单子叶植物的胚具一片子叶。禾本科植物的一片子叶特称为盾片
  - 胚根——由分生区和根冠所组成。禾本科植物的胚根外面包有胚根鞘
- 胚乳——是贮藏营养物质的组织。有些植物的胚乳在种子发育过程中，为胚所吸收或转存在子叶中，形成无胚乳种子。禾本科植物的胚乳分为糊粉层和淀粉贮藏组织

可依据种子内胚乳的有无分为有胚乳种子和无胚乳种子两大类型；依子叶数的不同而分为双子叶植物种子和单子叶植物种子。

第二节 种子的寿命、休眠与萌发

一、种子的寿命和休眠

(一)种子的寿命

种子的寿命是指种子在一定条件下能继续保持生活力的最长期限，通常是以达到60%以上的发芽率的贮藏时间为种子寿命的依据。不同植物种子寿命的长短，决定于植物本身的遗传特性，同时也与母体发育是否健壮及环境条件有关。在正常的贮藏条件下，玉米、小麦、油菜、棉花种子的寿命一般为2～3年；水稻约4年；蚕豆、绿豆、豇豆、南瓜为4～6年。随着贮藏时间的延长，种子的发芽率降低，因此，在生产上一般种子只保存一年。许多杂草的种子埋在土壤中，经过多年仍能

存活，如车前的种子在土壤中可存活10年左右，马齿苋的种子寿命长达20～40年。莲的种子寿命特别长，有人曾把深埋在辽宁泥炭层千年之久的古莲子挖出后精心培育，仍能发芽、生长和开花。最近，据以色列报道，生物学家已使上千年的海枣树种子萌发，并长成了植株。与此相反，有些植物如橡胶树、柳树的种子寿命只有几个星期。

种子的贮藏条件对种子寿命的长短有十分明显的影响。低温、低湿、低氧、黑暗是一般种子贮藏的理想条件。实验证明，种子水分在4%～14%范围内，每降低1%，或者温度在0～50℃范围内，每降低5℃，种子的寿命均可延长一倍。因为在这样的条件下种子的呼吸作用较弱，种子内养料的消耗较少，有利于种子的寿命延长。如湿度大、温度高，将会加强呼吸作用，消耗大量贮藏养分，种子的寿命便会缩短。如葱的种子在自然条件下，不到3年就会死亡。若将种子含水量降至6%，温度控制在5℃以下来贮藏，20年后仍有发芽力。完全干燥的种子也不利于贮藏，因为这样会使种子的生命活动完全停止。所以，许多作物的种子入库贮存时，有一个安全含水量标准，如水稻种子贮藏安全水分约为14%，小麦、大豆为12%，棉花为9%～10%，芝麻为7%～8%。

（二）种子的休眠

有些植物的种子成熟后，在适宜的环境条件下，能立即萌发。但有些植物的种子即使环境条件适宜，仍不能进入萌发过程，必须经过一段相对静止的阶段后，才能萌发，种子的这一性质称为休眠(dormancy)。有些植物的种子休眠期很长，需要数周、数月乃至数年，如银杏、毛茛、松等；也有一些植物如小麦、水稻等的种子没有休眠期，种子成熟后，只要环境条件适宜就能很快萌发。因此，在成熟期遇到阴雨天气会使籽粒发芽，造成减产和品质下降。

种子休眠的原因有多种，有的是由于种子脱离母体时，胚在形态(如银杏)或生理(如苹果、桃)尚未完全成熟，前者经过一段继续发育才能达到萌发状态，后者必须通过后熟作用才能萌发；有的植物由于种皮太坚硬，透水性，通气性差，种子内部新陈代谢活动减弱，胚根、胚芽不易突破种皮；有的植物种子其内部产生有机酸、植物碱、植物激素等抑制物质，使种子萌发受到阻碍。这类种子，需通过休眠、后熟，或使种皮透性增大，呼吸作用和酶的活性增强，内源激素水平发生变化，抑制萌发的物质含量降低，才能使种子萌发。

二、种子的萌发

种子的胚从相对静止状态转入生理活跃状态，开始生长，并形成幼苗，这一过程称为种子的萌发。种子萌发的前提是种子完全成熟，并具有生活力。

种子萌发的主要外界条件是充足的水分、适宜的温度和足够的氧气。少数植物种子的萌发还受到光照的影响。莴苣、烟草的种子需要光，而番茄、洋葱、瓜类的种子只有在黑暗条件下才能顺利地萌发。

1.充足的水分　充足的水分是种子萌发的首要条件。水对种子的作用是多方面的，种皮吸足水后，可使其软化，增强透水性和通气性，加强呼吸作用和新陈代谢作用的进行，同时，胚根、胚芽也容易突破种皮；水也是生命活动的重要介质，可使细胞内的原生质由凝胶状态转变为溶胶状态，提高原生质的生理活性，细胞中的酶被活化，将贮藏的营养物质水解成简单化合物，供给幼胚的生长。各种植物种子萌发时吸收水量是不同的，含蛋白质较多的种子，通常需要吸收较多的水分，如大豆要吸收水分达到本身风干重的120%；含淀粉或脂肪为主的种子，吸水量较少，如水稻为40%，小麦为60%，花生为50%。土壤的含水量和物理性质对种子的萌发也有很大影响，适宜种子萌发的土壤含水量为20%～35%。

2.适宜的温度　温度是决定种子萌发速度的重要条件。种子萌发时，其内部发生一系列复杂的生物化学变化，这些变化是在各种酶的催化作用下进行的。一般来说，温度低时，酶的活动缓慢，随着温度的升高，酶的活动就加快，但酶本身是蛋白质，过高的温度会破坏酶的构型，失去催化活性。因此，种子萌发时对温度的要求表现出三基点，即最低、最适和最高温度。如：小麦、大麦的最低温度为0～4℃，最适温度为20～28℃，最高温度30～38℃；水稻的最低温度为8～12℃，最适温度为30～35℃，最高温度为38～42℃，等等。种子萌发的三基点因植物种类和地理起源不同而异，一般冬作物较低，夏作物则较高；原产北方高纬度地区的作物、果树，种子萌发的温度范围较低；起源于南方低纬度的温度范围较高。

了解作物种子萌发温度的三基点对农业生产上适时播种有重要的参考价值。但在实际应用时，要把种子萌发的适宜温度与培育壮苗统一起来，从而确定合适的播期。如棉花的种子，15℃时，15天出苗，20℃时，7～10天即可出苗，但生产上都以地温稳定在12℃左右播种，因为12℃时播种所出的苗比20℃的苗健壮、发育快。

3.足够的氧气　足够的氧气是种子萌发的另一必要条件。种子萌发是非常活跃的生命活动，并且此时种子处在异养时期，其所需的养分和能量都来自于呼吸作用。在种子得到足够的氧气时，呼吸作用加强，使种子中贮藏的有机物被氧化、分解，同时释放出能量，供各种生理活动之用，从而保证了种子的正常萌发。如果氧气不足，正常的呼吸作用就会受到影响，胚就不能正常生长；严重缺氧则导致种子无氧呼吸，消耗大量能量并引起酒精中毒，使种子失去生活力。不同作物种子萌发时需氧量不同，大多数作物种子需要空气含氧量在10%以上才能正常萌发，尤其是含脂肪较多的种子（如大豆、花生）则要求更多的氧气。若土壤积水或土壤板结，播种太深和镇压太紧等都会因氧气不足而影响种子萌发。

以上三者，对植物种子的萌发和出苗都很重要，缺一不可。它们之间既相互联系又相互制约，起着综合性的作用。农业生产上根据种子萌发的特性和要求，在播种前进行整地、松土；播种时选择适当播期和播种深度，进行浸种、催芽或晒种处理；播种后镇压保墒等一系列技术措施，其目的就是合理调整各种萌发条件之间的关系，为种子顺利萌发创造良好的环境条件。

种子在获得适宜的萌发条件时，即开始萌发形成幼苗（萌发过程见第二章）。

第三节　无融合生殖和多胚现象

一、无融合生殖

被子植物的胚通常是由受精卵发育而来，但有些植物，不经雌、雄性细胞的融合而产生有胚的种子，这种现象称为无融合生殖（apomixis）。有人认为无融合生殖是介于有性生殖和无性生殖之间的一种特殊的生殖方式。理由是它虽发生于有性器官中，却无两性细胞的融合；虽然不需精卵融合而仍形成胚，以种子形式而不是通过营养器官进行繁殖。

无融合生殖现象已在被子植物36个科的440种中发现，可分为单倍体无融合生殖和二倍体无融合生殖两大类。

1. *单倍体无融合生殖*　胚囊是由胚囊母细胞经过正常减数分裂而形成的，胚囊中的细胞都只含单倍的染色体组。若由卵细胞不经受精直接发育成胚，称为孤雌生殖（parthenogenesis），在玉米、小麦、烟草中曾有报道。若由助细胞或反足细胞直接发育为胚，称为无配子生殖（apogamy），在水稻、玉米、棉花、烟草、亚麻等植物中有过报道。这两种方式产生的胚以及由胚进一步发育成的植株都是单倍体，无法进行减数分裂，其后代常常是不育的。但通过人工或自然加倍，就可以在短期内得到遗传上稳定的纯合二倍体，从而缩短育种年限。

2. *二倍体无融合生殖*　胚囊是由未减数的孢原细胞、胚囊母细胞或珠心组织直接发育而成，其胚囊中的成员都是二倍体的。同样，可以有孤雌生殖（如芸薹属、蒲公英）或无配子生殖（如葱）。除此之外，也可由珠心或珠被细胞分裂并侵入胚囊，与受精卵形成的合子胚同时发育，形成完整的胚，称为无孢子生殖

(apospory),所产生的胚称为不定胚(adventive embryony)。这三种方式产生的胚及长成的植株均为二倍体,其后代是可育的,可利用它固定杂种优势,提高育种效率。

无融合生殖在克服远缘杂交不亲和、提纯复壮品种等方面也有广泛的应用前景。

二、多胚现象

一粒种子中具有2个或2个以上胚的现象称为多胚现象(polyembryony)。多胚形成的原因非常复杂,有的由受精卵裂生2至多个胚;有的在一个胚珠中形成两个胚囊而出现多胚(如桃、梅);但更多的情况是除了合子胚外,胚囊中的助细胞(如菜豆)和反足细胞(如韭菜)也发育成胚。上述来源的多胚最后常常不能成熟。不定胚也是形成多胚的原因之一,并且能发育成熟,如柑橘的种子中有4~5个甚至更多的胚,其中只有一个合子胚,其余均为来源于珠心的不定胚(珠心胚)。通常珠心胚无休眠期,出苗快,比合子胚优先利用种子的营养物质。因此,由珠心胚形成的幼苗(珠心苗)健壮,并能基本保持母体本身的优良特性,在生产中很有实用价值。

第四节 胚状体和人工种子*

一、胚状体

在正常情况下,被子植物的胚胎都是由受精后的合子通过顺序的发育过程形成一个成熟的胚。在自然界中,少数植物的珠心和珠被组织中的个别细胞有时也可像合子那样发育为胚状结构,并能萌发形成幼苗。有极少数植物,如叶状沼兰的叶顶端经过细胞分裂活动,可产生许多胚状结构。在人工离体培养植物细胞、组织及器官过程中,胚状结构常可在培养物的表面形成。这种在自然界或组织培养中,由非合子细胞通过与合子胚相似的发生和发育过程而形成的胚状结构,称为胚状体。

胚状体有极性分化,形成根端和茎端;体内分化出与母体不相连的维管系统。因此,成熟的胚状体可以像合子胚一样长出根、芽,萌发为再生植株。

植物离体培养细胞产生胚状体的过程称为体细胞胚胎发生。自1958年由斯图吾德(F. C. Steward)、赖纳特(J. Reinert)分别对胡萝卜根诱导出胚状体以来,至今已在近200种植物培养出了胚状体。离体培养物有根、茎、叶、下胚轴、花芽、子叶，还有子房中的合子胚、各种单细胞、花药中的小孢子、胚乳、原生质体以及胚状体本身，它们可直接或间接（通过愈伤组织）而产生胚状体。我国已在水稻、小麦、玉米、棉、烟草、茄子、甘蔗、梨、苹果、枣等植物上，应用组织培养的方法，成功地诱导出了胚状体。

胚状体的研究在理论和实践上都具有重要的意义。从受精卵以外的细胞中产生胚状体并成长为植株的事实，有力地证明了高等植物细胞具有全能性，它保留了发育为完整植物的全部遗传信息。在农业、林业和园艺生产上，已利用诱导胚状体再生的植株数量多、繁殖速度快、成苗率高的特点，对具有优良遗传性状的个体进行快速繁殖和无病毒种苗的培养。

二、人工种子

人工种子(artifiial seed)的概念是1978年美国生物学家Murashige首先提出的，它是指植物离体培养中产生的胚状体或不定芽，被包裹在含有养分和保护功能的人工胚乳和人工种皮中，从而形成能发芽出苗的颗粒体。现已在芹菜、苜蓿、番茄、山茶、莴苣、花椰菜、胡萝卜、甜菜、云杉、玉米、西洋参和杂交水稻等植物上获得了成功。

人工种子的意义在于：一是人工种子结构完整，体积小，便于贮藏和运输，可直接播种和机械化操作；二是不受季节和环境限制，胚状体数量多、繁殖快，利于工厂化生产，同时可节约大量粮食；三是对于繁殖周期长、自交不亲和、珍稀濒危的植物，也可大量繁殖无病毒材料；四是可在人工种子中加入抗生素、菌肥、农药等成分，提高种子的活力和品质；五是体细胞胚由无性繁殖体系产生，可以固定杂种优势。

目前，人工种子的研究仍处于探索阶段，但随着关键技术的突破和人工种子广泛应用，必将对作物遗传育种、良种繁育和栽培等起到巨大的推动作用。

第五节 果实的形成和果实的基本类型

一、果实的形成和发育

受精作用完成后，花的各部分变化显著，通常花冠凋谢，花萼脱落，雄蕊和花柱、柱头也都枯萎，仅子房连同其中的胚珠生长膨大，发育为果实。这种单纯由子房发育而成的果实成为真果(true fruit)，如水稻、玉米、桃、杏、棉、花生、柑橘等的果实；有些植物的果实，除子房外，还有花托、花被、甚至是花序参与发育而成的，这类果实称为假果(false fruit)，如苹果、梨、黄瓜、无花果、桑葚、菠萝等。

(一)真果的结构

真果的结构比较简单，外为果皮，内含种子。果皮是由子房壁发育而成，常可分为外果皮、中果皮和内果皮三层。如桃、李、杏、梅的果实(图 10-10)。外果皮一般较薄，是指表皮(如豌豆)或包括表皮下面数层厚角组织细胞(如桃)，常有气孔、角质、蜡被的分化，有的还有毛、钩、刺、翅等附属物。中果皮最厚，维管束分布其中。在结构上各种植物的差异也很大，有的由许多富有营养的薄壁细胞组成，为肉质可食部分，如桃、杏、李等；有的维管束极为发达，形成网状结构，如丝瓜、柑橘等。内果皮的变化也很大，有的内果皮膜质，其内表面生出许多具汁液的毛囊，为可食部分，如柑橘、柚等；有的内果皮细胞木质化加厚，变成非常坚硬的石细胞，如桃、李等；而葡萄的内果皮则分离成单个的浆汁细胞。

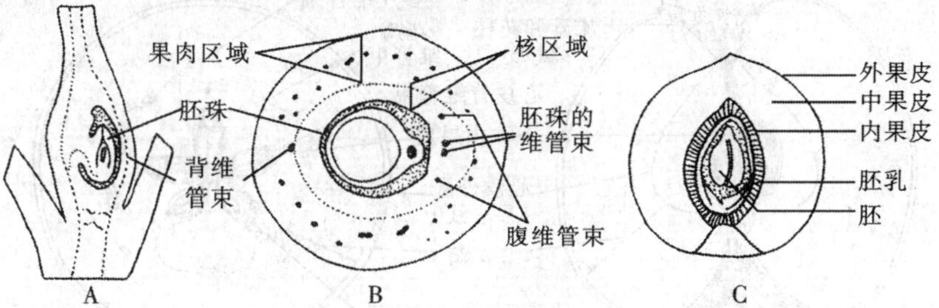

图 10-10　真果(李属果实)的发育和结构

A. 梅的子房纵切面　B. 梅的果实横切面　C. 桃的果实纵切面

(A、B 引自 Sterling)

(二)假果的结构

假果的结构比较复杂，如苹果、梨的食用部分主要是由花筒(或托杯，是花托、花被与雄蕊基部愈合的部分)发育而成，而由子房形成的真正果实只占中央的一小部分(图 10-11)。南瓜、西葫芦等瓜类的果实也属假果，其花托与外果皮愈合形成坚硬的果壁，中果皮和内果皮肉质；桑葚、菠萝和无花果的果实由花序各部分共同形成。

在果实发育过程中，随着体积的增大和重量的增加，果实的颜色和细胞内物质也发生变化，幼嫩果实中含有叶绿体，故呈现绿色，成熟时，果实细胞中产生花青素或有色体，可呈现各种鲜艳的颜色。果实内部合成醇类、酯类等芳香性物质而散发出香气。同时，果实的化学成分发生变化，单宁、有机酸减少，糖分增多，使甜味增加。此外，在果实的成熟过程中，水解酶作用活跃，使胞间层水解，果皮软化。

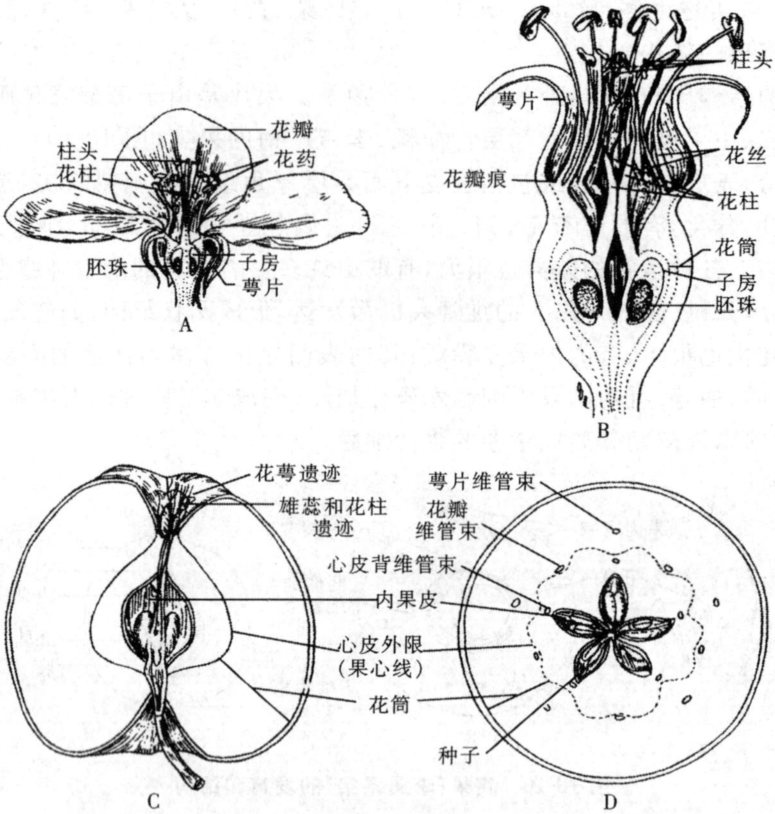

图 10-11 假果（苹果）的发育和结构

A. 花的纵切面 B. 发育中的果实纵切面 C. 果实纵切面 D. 果实横切面
（引自 Rost 等）

二、坐果和落果*

被子植物的花在受精后，雌蕊特别是子房将逐渐成为生长中心。表现为雌蕊呼吸强度增加，特别是子房、胚珠合成大量生长素，提高了调运养分的能力，使子房成为一个“引力”很强的代谢库，植物体内的大量有机物和无机盐运向子房，合成果实和种子发育所需的各种物质，以促进子房的膨大和正常发育，得以安全坐果。

自然条件下，适当数量花果的脱落与落叶一样，是一种常见的生理现象，是植物对环境的适应。过剩花果的脱落，可使营养集中供应给留下的花果，保证其发育。然而严重的脱落，如棉铃的脱落、豆荚的早落和果树的落果等，都会给农业生产造成巨大损失。因此，落果问题一直是人们研究的课题。

落果前在果实或果柄基部形成与落叶时相似的离层。它的形成是一系列生理过程的综合,是导致果实脱落的直接原因。实际上落果的原因很多,在植物生长发育过程中,常因子房未受精或胚和胚乳败育而造成落果。此外,矿质营养、光照、温度、水分等环境条件也对果实的脱落有重要影响。在生产实践中,要根据不同的情况,采取相应的栽培措施如合理施肥灌水、适时疏花疏果等,以控制和减少果实的脱落,获得高产。

三、果实的基本类型

果实的类型从其发育过程中花的参与部分不同可分为真果和假果,也可依果实是单花或花序形成、雌蕊的类型及花的非心皮组织是否参与等,将其分为单果、聚合果和聚花果。单果(simple fruit)是由一朵花内只有一个单雌蕊或复雌蕊所形成的果实,即一朵花内只结一个果实。单果按果皮的质地及开裂与否又分为若干类型(详见本教材第三部分);聚合果(aggregate fruit)是由一朵花中的许多离生单雌蕊与花托共同发育形成的果实,每一个单雌蕊发育为一个小果实,根据小果的不同又可分为多种类型(图 10-12);聚花果(multiple fruit),也称为复果,是由整个花序发育而成的果实。如桑葚,雌柔荑花序中的每朵小花形成一个小坚果,被肉质多汁的萼片所包被;凤梨为肉质的花轴和苞片以及发育的子房共同形成一个多汁肉质的果实;无花果则是由内陷成囊并肉质化的花轴及其内藏的许多小坚果组成(图 10-13)。

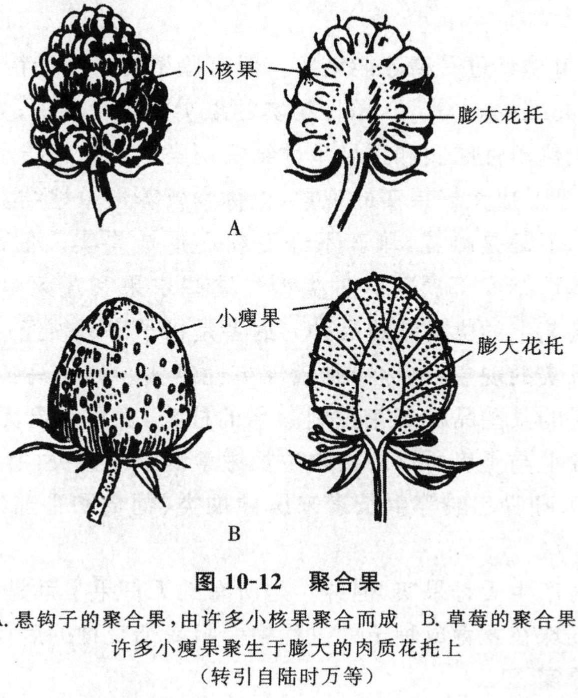

图 10-12　聚合果

A. 悬钩子的聚合果,由许多小核果聚合而成　B. 草莓的聚合果,许多小瘦果聚生于膨大的肉质花托上

(转引自陆时万等)

图 10-13 聚花果(复果)

A. 桑葚,为多数单花集生于花轴上形成的果实 B. 凤梨的果实,多汁的花轴成为果实的食用部分

C. 无花果果实的剖面,隐头花序膨大的花序轴成为果实的可食部分

(转引自陆时万等)

第六节 单性结实和无籽果实

正常情况下,植物经过受精才能结实。但有些植物不经受精也能结实,这种现象称为单性结实(parthenocarpy),单性结实的果实内不含种子,为无籽果实。

单性结实有天然单性结实和诱导单性结实两类。前者是指子房不经过传粉或其他任何刺激,就可形成无籽果实的现象,也称为营养性单性结实。如香蕉的穗状花序,上部是雄花,下部是雌花,雌蕊不经受粉而形成果实。葡萄的某些品种、柑橘、柿、瓜类等的单性结实都属于这种类型。这些水果和蔬菜由于果实中不含种子,品质优良,是园艺上的优良栽培品种。后者是指子房必须经过一定的刺激或诱导才能形成无籽果实的现象,也称为刺激性单性结实。如用马铃薯的花粉刺激番茄的柱头或用苹果的某些品种的花粉刺激梨的柱头,都可得到无籽果实。由于单性结实在一定程度上与子房所含的植物生长激素的浓度有关,所以,近年来在生产实践中常用 2,4-D、吲哚乙酸等生长素来诱导瓜类、葡萄和番茄的单性结实,并取得良好效果。

单性结实必然产生无籽果实,但并不是所有的无籽果实都是单性结实的产物。有些植物受精的胚珠在发育成种子的过程中受阻或杂交种的后代(如三倍体西瓜)也可以形成无籽果实。

第七节　果实和种子的传播

果实和种子成熟后散布各地，才能扩大后代植株的生长分布范围和保证种族繁衍昌盛。在长期自然选择过程中，植物的果实和种子形成了适应各种传播方式的多种形态特征和特性。

一、借风力传播

适应风力传播的种子，一般小而轻，常具翅或毛，能随风飘传到远方，见图10-14。

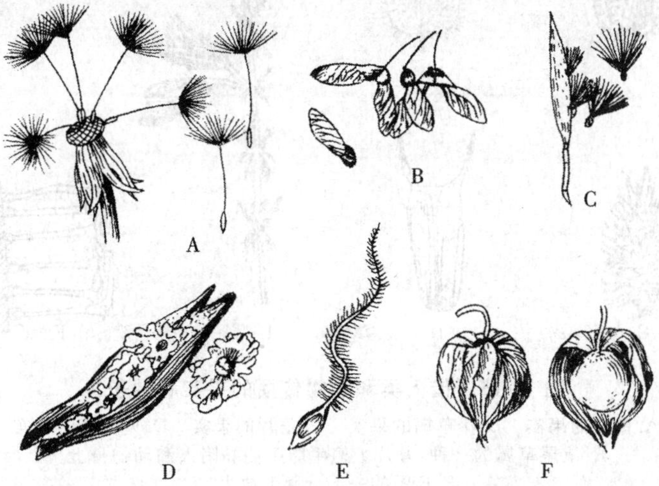

图 10-14　借风力传播的果实和种子

A. 蒲公英的果实，顶端具冠毛　B. 槭的果实，具翅　C. 马利筋的种子，顶端有种毛　D. 紫薇的种子，四周具翅　E. 铁线莲的果实，花柱残留呈羽状　F. 酸浆的果实，外包花萼形成的气囊

(A、C、E、F 转引自陆时万等；B、D 引自 Исаин)

二、借水力传播

水生和沼泽地生长的植物，果实和种子通常具有漂浮结构，以适应水力传送。如莲的小坚果，着生在疏松的海绵状通气组织所组成的莲蓬中，可漂浮在水面进行传播。生长在热带海边的椰子，其果实的中果皮疏松而富含纤维，能在水中漂浮；内果皮坚硬，防止海水侵蚀；果实内含有大量椰汁，使椰果可在咸水的环境萌发，在海滩上生根发芽，长成植株。水沟(或渠)边杂草的果实，散落水面，顺水漂流到远

处湿润土壤上萌发。

三、借人类和动物传播

这类植物的果实常具刺、倒钩或分泌黏液，能附着在动物的毛、羽或人们的衣物上，随着人和动物的活动携带到远处（图 10-15）。有的植物的果实或种子具有坚硬的果皮或种皮，被动物吞食不易受消化液的侵蚀，以后随粪便排出体外而传播。另外，有些杂草的果实和种子常与栽培植物同时成熟，借人类收获作物和播种活动而传播。如稻田中的恶性杂草——稗，随稻收割和播种，很难根除。

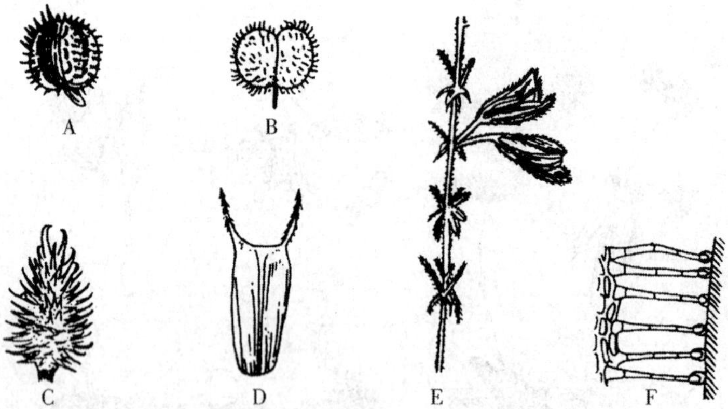

图 10-15 借人类和动物传播的果实和种子

A. 蓖麻的果实 B. 葎草属的果实 C. 苍耳的果实 D. 鬼针草的果实
E. 鼠尾草属的一种，萼片上遍生腺毛能黏附人和动物身上
F. E 图的一部分腺毛放大
（A、B 引自 Исаин；C～F 引自陆时万等）

四、借果实自身的弹力传播

有些植物果实其果皮各部分的结构和细胞的含水量不同，果实成熟干燥时，果皮各部分发生不均衡的收缩，使果皮爆裂将种子弹出，如大豆、凤仙花等植物的果实。在农业生产中，对于这类植物如大豆、绿豆、蚕豆、油菜等，果实成熟时要及时收获，避免损失。喷瓜的果实成熟时，在顶端形成一个小孔，当果实收缩时，可将种子喷射到远处（图 10-16）。

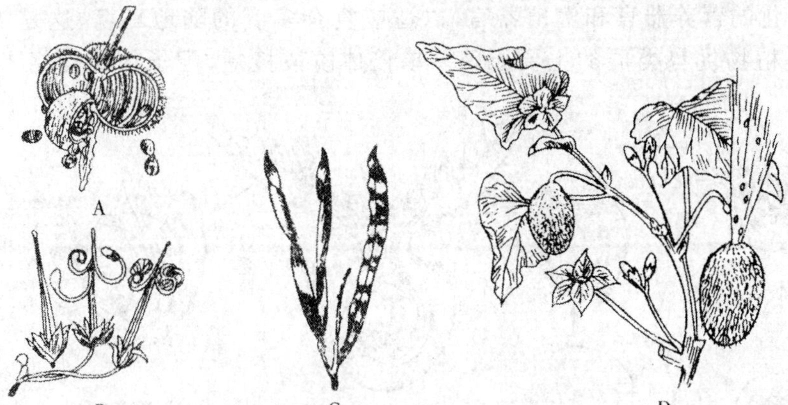

图 10-16　靠果实本身的机械力量散播种子

A. 凤仙花果实自裂，散出种子　B. 老鹳草果皮反卷，散出种子　C. 菜豆果皮扭转，散出种子　D. 喷瓜果熟后，果实脱离果柄时，由断口处喷出浆液和种子

（A、D 引自陆时万等；B、C 引自 Исаин）

第八节　被子植物的生活史

被子植物的生活史一般是从种子在适宜条件下萌发开始，形成具有根、茎、叶的植物体，经过一段时期的营养生长后，便转入生殖生长，在植株一定部位形成花芽，再发育成花，在雄蕊和雌蕊中分别产生雄、雌性配子，经过开花、传粉和两性配子融合受精后，子房发育成果实，子房中的胚珠发育成种子，从而形成了新的一代种子。通常将“从种子到新产生的种子”的全部生活历程称为被子植物的生活史(life cycle)或生活周期，这一过程与农业生产上许多大田作物每年从播种开始到收获种子的周期活动相吻合。然而，严格地说，被子植物生活史应是指从受精卵开始，经过生长发育和繁殖，直到下一代受精卵为止。水稻、小麦、棉花、番茄、南瓜、油菜等一二年生植物，在种子成熟后，整个植株不久枯死。桃、李、茶、柑橘等多年生植物则经多次结实之后才衰老死亡，其一生中，可以重复完成多次营养—繁殖的周期性活动。

在被子植物生活史中，都要经过两个基本阶段(图 10-17)。一个是从合子开始，直到胚囊母细胞和花粉母细胞减数分裂为止。这一阶段细胞内染色体的数目为二倍体($2n$)，称为二倍体阶段(或称孢子体阶段、孢子体世代、无性世代)。另一个是胚囊母细胞和花粉母细胞经过减数分裂分别形成单核胚囊和单核花粉粒开始，直到各自发育为含精子的成熟花粉粒或花粉管，以及含卵细胞的成熟胚囊为止。这时其细胞内染色体的数目为单倍体(n)，称为单倍体阶段(或配子体阶段、配子体世代、有性世代)。在被子植物的整个生活史中，二倍体阶段很长，孢子体有高度分化的营养器官和生殖器官，以适应复杂多变的陆地环境，这是被子植物成为陆生植物优势类群的主要原因。单倍体阶段极短，配子体结构相当简化，不

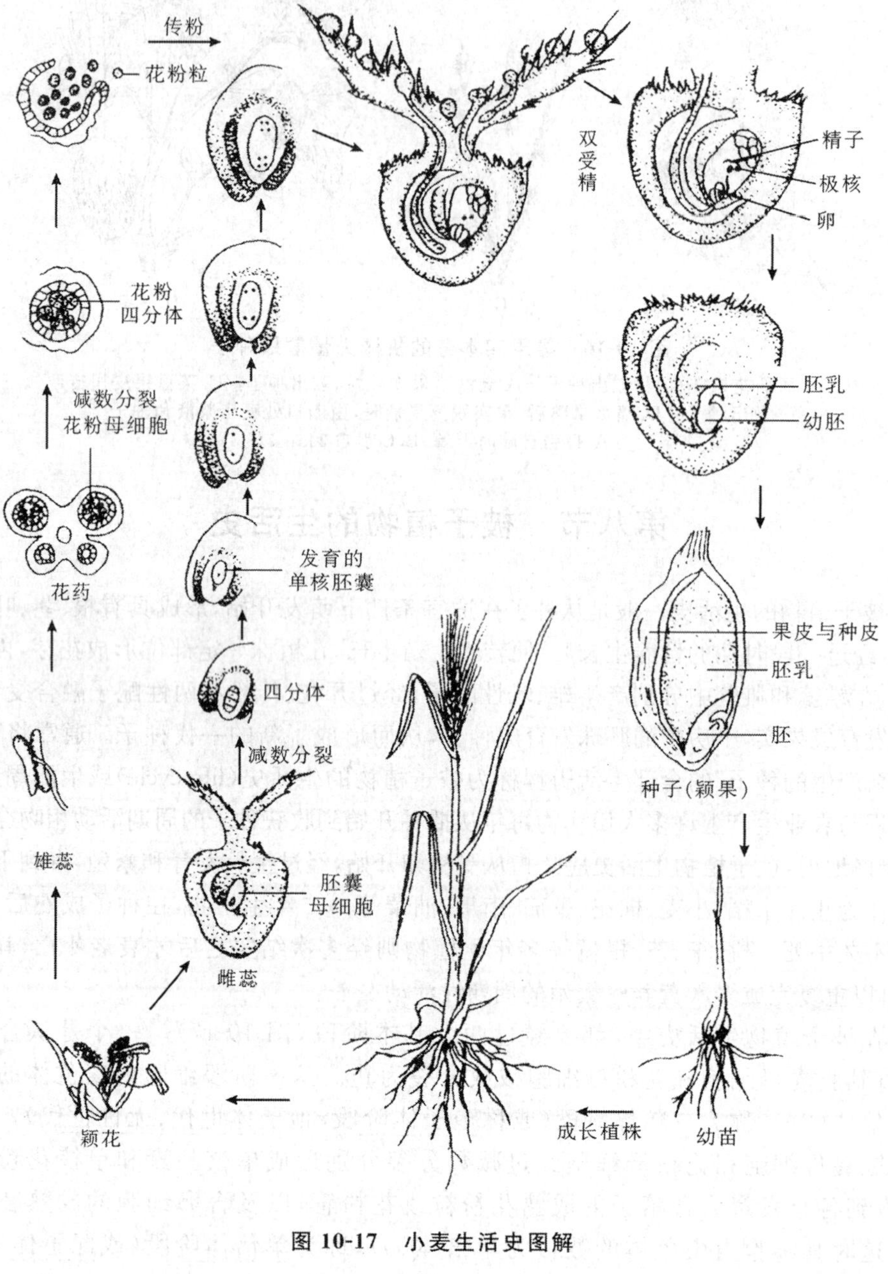

图 10-17 小麦生活史图解

能独立生活，需要附属在孢子体上生活。在生活史中，二倍体的孢子体阶段（世代）和单倍体的配子体阶段（世代）有规律交替出现的现象，称为世代交替（alternation of generation）。被子植物的世代交替中，减数分裂和双受精是两个关键环节。

被子植物生活史简表如下：

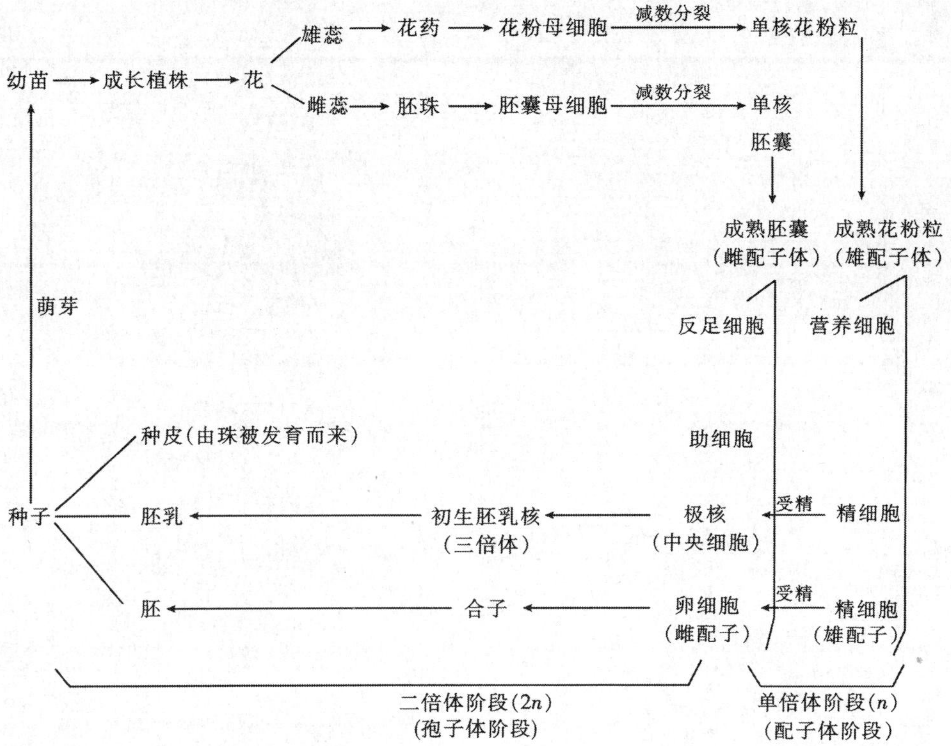

思考题

1. 观察图 10-10，指出图 C 的各部分分别由图 A 的哪一部分发育而来，并说出此时花的其他部分发生了什么变化。

2. 被子植物是惟一具有真正果实的植物类群吗？试分析它的进化意义。

3. 观察本章最后的“被子植物生活史简表”，指出分别通过哪两个关键性环节使孢子体阶段（二倍体阶段）进入配子体阶段（单倍体阶段），以及配子体阶段转入孢子体阶段。

4. 被子植物的配子体简化并附属孢子体生活有什么生物学意义？

第二部分 植物类群和演化

自然界是个整体，丰富多彩的生物是自然界最为活跃的组成部分。自地球上生命诞生以来，生物与地球协同演化，随着历史的推移，生物在不断演进。通过物种的遗传、变异和自然选择作用，推动着物种从低级到高级、从简单到复杂、从水生到陆生的系统演化过程，从而出现了现今数量浩瀚的生物种类。如此多样的生物与复杂的环境相适应，构成了一个稳定的生物圈，整个生物圈呈现为多样性的统一整体。

植物是生物圈中重要的组成部分。一个种、一个类群以至于整个植物界的形成、发展、进化的全过程即为植物的系统发育(phylogeny)。

生命诞生已经历了35亿年漫长的发展和进化过程，迄今人们已知地球上约有200万种生物，其中植物界有50余万种，要对数目如此众多，彼此又千差万别的植物进行研究，首先得分门别类，才能进一步研究；植物分类的任务不仅要识别物种、鉴定名称，而且要在进化的基础上阐明物种之间的亲缘关系，建立分类系统，进而研究物种起源、分布中心演化过程和演化趋势。我们只有确定植物界总的进化系统和各类群的关系，掌握植物系统发育的规律，才可以利用植物亲缘关系的知识，进行植物的引种、驯化和培育以及寻找新的植物资源。

在生物的不同层次上阐明其多样性是生物科学研究的主要任务之一。这部分主要从植物物种多样性及植物系统发育的规律出发介绍植物界的各大类群及其演化关系。

第十一章 生物多样性和植物分类的基础知识

提要：本章简述了生物多样性的概念、主要层次、生物多样性与人类的关系，介绍了中国生物多样性的特点及研究和保护生物多样性的意义。另外还介绍了植物分类的方法、植物分类的各级单位、植物命名法及植物的鉴定方法等有关植物分类的基础知识。

第一节 生物多样性的含义和重要性

生物多样性（biodiversity）是地球上所有生物及其与环境形成的所有形式、层次的生态复合体的多样化，是所有生物种类、种内遗传变异和它们的生存环境的总称，包括多个层次或水平：如基因、细胞、组织、器官、种群、群落、生态系统等。其中研究较多、意义较大的主要有4个层次，即遗传（基因）多样性（genetic diversity）、物种多样性（species diversity）、生态系统多样性（ecosystem diversity）和景观多样性（landscape diversity）。生物多样性是人类社会赖以生存和发展的基础，为我们提供各种物质资源和合适的环境，它们维系着自然界中的物质循环和生态平衡。因此，研究生物多样性具有非常重要的意义。

中国是生物多样性最丰富的国家之一，综合水平居世界第八位，居北半球首位。我国的高等植物种类数仅次于马来西亚和巴西，居世界第三位，约有30 000种。另外，中国的生物多样性还具有特有性高、珍稀和孑遗植物较多、生物区系起源古老和经济物种丰富、生态系统丰富多彩等特点，如高等植物中特有种约17 300种，占中国高等植物总种数的57%以上；银杏、银杉、水杉、金钱松、珙桐、鹅掌楸等都是我国特有的孑遗植物；中国是水稻和大豆的原产地，品种分别达5万个和2万个。同时，中国又是生物多样性受到最严重威胁的国家之一。据不完全统计，中国有1 000余种高等植物处于濒危状态，生态系统有40%处于退化或严重退化状态，生物生产力水平很低，已经危及到社会和经济的发展。为此，加强对生物多样性的研究和保护，具有十分重要的现实意义和应用价值。

第二节 植物分类的方法

一、人为分类法

人为分类法是人们按照自己的目的和方便或限于自己的认识，选择植物的一个或几个（如形态、习性、生态或经济上）特征作为分类的标准，不考虑植物种类彼此间的亲缘关系和在系统发育中的地位的分类方法。

如我国明朝李时珍（1518—1593）所著《本草纲目》依植物外形及用途将植物分为草、木、谷、果、菜等五部。又如瑞典的林奈（1707—1778）依据雄蕊的有无、数目及着生情况，将植物分为 24 个纲，其中 1～23 纲为显花植物（即被子植物），第 24 纲为隐花植物。按上述方法建立的分类系统均不能反映植物的亲缘关系和进化顺序，常把亲缘关系很远的植物归为一类，而把亲缘关系很近的又分开了。

虽然人为分类法不能科学地反映植物之间的亲缘关系和系统地位，但为了某种应用上的需要，各种人为分类方法及其系统至今仍在使用，如在农业上植物常分为作物、蔬菜、花卉及果树等，经济植物学中往往以油料、纤维、芳香及药用等进行分类。

二、自然分类法

该分类法是根据植物进化过程中亲缘关系的亲疏远近作标准，力求客观地反映出生物界的亲缘关系和演化发展过程的分类方法。1859 年，达尔文的《物种起源》一书出版，提出进化学说，按照生物进化的观点，植物间形态、结构、习性等的相似是由于来自共同的祖先而具有相似的遗传性所致，即类型的统一说明来源的一致。因此根据植物形态、结构、习性的相似程度就可判断它们之间亲缘关系的远近。如小麦与水稻相似的性状多，亲缘关系就近，而小麦与杨树的相同点少，则它们的亲缘关系必然远。

根据亲缘关系建立的分类系统称为自然分类系统或系统发育分类系统。百余年来建立的分类系统有数十个，尤其是很多分类学家根据各自的系统发育理论提出了许多不同的被子植物分类系统，其中有代表性的主要有：恩格勒（Engler）系统（德国），哈钦松（Hutchinson）系统（英国），塔赫他间（Takhtajan）系统（前苏联），克朗奎斯特（Cronquist）系统（美国）等（关于现代被子植物的 4 大分类系统简介见第十三章第四节）。

分类学的发展是随着各门学科的发展而发展的。传统的植物分类是以植物的形态学特征为主要分类依据，即根据根、茎、叶营养器官及生殖器官的形态特征进行分类。随着解剖学、生态学、细胞学、生物化学、遗传学以及分子生物学等生物领域分支学科的发展，植物分类学研究也吸收了这些学科的研究方法和研究成果，形成了许多新的研究方向。例如，用透射电镜研究植物内部的解剖构造特征以及用扫描电镜对植物的叶、花粉、果实和种子的表面进行观察，产生了超微结构形态学；用细胞学方法对染色体的数目、大小、形态以及行为动态进行比较研究来帮助查明物种的差异和亲缘关系而产生了染色体分类学；用生物化学的方法（如血清学技术、电泳技术、同工酶分析、氨基酸测序和DNA分子杂交等分子生物学技术）分析植物体内次生代谢物（如生物碱）、蛋白质、核酸及其他内含物的特征，从而达到用植物的化学性状来帮助解决植物分类学上的问题，产生了化学分类学；将数学、统计学原理和电子计算机技术应用于植物分类而产生了数量分类学等，因此给分类学提供了比以往更为清晰准确全面的依据。

总之，上述各种新的研究方法推动了分类学的发展，目前分类学证据涉及植物形态解剖、孢粉、胚胎、细胞、化学等多方面。但根据形态特征进行的分类在现今的植物分类中仍然是一重要的研究方法，其中植物生殖器官的特征较营养器官的特征更为稳定，其分类意义更为重要。

第三节　植物分类的各级单位

植物分类的各级单位（即植物分类阶元（unit））按照高低和从属关系顺序地排列起来，主要有：界、门、纲、目、科、属、种（表11-1）。种是植物分类的基本单位，由相近的种集合为属，相近的属集合为科，如此类推。根据实际需要，在主要分类单位中还可插入一些亚单位，如亚门、亚纲、亚科等。每种植物都可在各级分类单位中表示出它的分类地位和从属关系。

表11-1　植物分类的各级单位

分类单位			植物举例	
中文	英文	拉丁文	中文	拉丁文
界	Kingdom	Regnum	植物界	Plantae
门	Division, Phylum	Divisio	被子植物门	Angiospermae
纲	Class	Classis	单子叶植物纲	Monocotyledoneae
目	Order	Ordo	莎草目	Cyperales
科	Family	Familia	禾本科	Gramineae
属	Genus	Genus	小麦属	*Triticum*
种	Species	Species	小麦	*T. aestivum* L.

界（Kingdom）：是生物分类学的最高级单位。生物的界级分类经历了一个从

两界系统到多界系统的过程(详见绪论)。

种(species):是生物分类的基本单位,是自然界中客观存在的。同种个体具有基本相同的形态结构和生理特征;同种个体间能进行自由交配,产生有正常生育能力的后代,即种间存在生殖隔离;同种植物占有一定的自然分布区和要求适合该种生存的一定的生态条件。

种是植物界长期历史进化的产物,种的特性一方面是稳定的,其特征可代代遗传,而另一方面又是继续发展的,种是一个群体概念,通过遗传、变异和自然选择,新种会不断产生,已经形成的种也在不断发展和演变。另外,在植物界中种间远缘杂交现象时有发生,因此种的概念在实际应用中会遇到困难。

根据需要,种以下还可增设亚种、变种和变型 3 个较常用的分类单位,亚种(subspecies)是指在不同分布区的同一种植物,由于生境不同导致两地植物在形态结构或生理功能上的差异。变种 (varietas)是指具有相同分布区的同一种植物,由于微生境不同导致植物间具有可稳定遗传的形态差异。变型(forma)是指具有微小的形态学差异,但其分布没有规律的相同物种的不同个体。

品种(breed)*:是不属于植物自然分类系统的分类单位,属于栽培学上的变异类型,在农作物和园艺植物中,通常把经过人工栽培及人工选择而得到的有一定经济价值的变异(如色、香、味、形状、大小等)植物称为品种。所以品种不存在于野生植物中,而且随着生产的发展,品种也是不断发展的,旧品种常由优良的新品种取而代之。

第四节　植物命名法

无论是对植物进行研究,还是对植物进行利用,首先必须给它一个名称。由于世界各个国家的语言和文字不同,每种植物各国都有自己的名称,就是在同一国家内,不同民族、不同地区常对同一种植物也有不同的名称,因而往往会出现同物异名(synoname)或同名异物(anoname)的混乱现象。给予每一种植物以统一的名称,是进一步研究和成果交流的必要前提。瑞典生物学家林奈(Linnaeus)于 1753 年发表的《植物种志》(species plantarum)中比较完善地创立了给植物命名的双名法(binomial system)。在双名法的基础上,经过反复修改和完善,制定了国际植物命名法规(international code of botanical nomenclature)。双名法规要点如下:

(1)每种植物只能有一个合法的名称,即用双名法定的名,也称学名(scientific name)。

(2)每种植物的学名必须由两个拉丁词或拉丁化形式的词构成。第一个词为属名,第二个词为种加词。

(3)属名一般用名词单数第一格,种加词一般用形容词,并要求与属名的性、数、格一致。

(4)双名法的书写形式是:属名的第一个字母必须大写,种加词全为小写,此外,还要求在种加词后写上命名人的姓氏或姓氏缩写,第一个字母也要大写。如:向日葵:*Helianthus annuus* L.,月季:*Rosa chinensis* Jacq.。

如果命名人有两人,则在两个人姓氏中间加"et"(即"和")表示,如:水杉:*Metasequoia glyptostrobides* Hu et Cheng,命名人是中国植物学家胡先骕和郑万钧。如果两人姓氏中间用"ex"相连,则表示前一人是该植物的命名人,后一人是著文公开发表这个种的人,如:兴安天冬:*Asparagus dauricus* Fisch. ex Link。若有两个命名人,在种加词之后的人姓氏外加一括号,如:白头翁:*Pulsatilla chinensis* (Bge.)Regel,表示原来由 Bunge 命名,后由 Regel 修正。

(5)新发表的学名,必须附有用拉丁文正式发表的描述。

种以下分类单位的命名采用三名命名法。

亚种:属名+种加词+subsp. +亚种加词+亚种命名人姓氏或姓氏缩写,如中国沙棘是沙棘的亚种,其学名为:*Hippophae rhamnoides* L. subsp. *sinensis* Rousi.。

变种:属名+种加词+var. +变种加词+变种命名人姓氏或姓氏缩写,如蟠桃为桃的变种,其学名为:*Prunus persica*(L.)Batsch. var. *compressa* Bean.。

变型:属名+种加词+f. +变型加词+变型命名人姓氏或姓氏缩写,如红叶李为樱桃李的变型,其学名为:*Prunus cerasifera* Ehrh. f. *atropurpurea* (Jacq.)Rehd.。

第五节 植物的鉴定方法

植物的鉴定是植物科学中的一项最基本的技能。鉴定植物时,主要掌握两个基本环节,首先要正确运用植物分类学基础知识,其次要学会查阅工具书和资料。

在鉴定植物之前,先要对所鉴定的植物标本或新鲜材料进行全面与细心的观察,必要时还需借助放大镜或双目解剖镜等,弄清鉴定对象的各部分形态特征,依据植物形态术语的概念,作出准确的判断。还需参考野外记录及访问资料等,掌握该植物在野外的生长状况、生活环境以及地方俗名等。然后,利用分类工具书进行鉴定。

一般的植物鉴定工具书如全国或各地的"植物志"、"图鉴等",均附有分科、分属及分种的检索表,并有植物种的形态描述、产地、生境、经济用途等,并多有附图。

学会检索表的使用,是识别鉴定植物的关键。检索表的编制均采用法国拉马克(Lamarck)的二歧分类原则,即将同一关键特征分成相对应的两个分支编为相同的号码,再把每个分支中的性状又分成相对应的两个分支,按顺序编上号码,依次下去,最后可分出科属及种。

检索表的格式通常有下列两种:

1. 平行检索表 平行检索表是把每一组相对特征的描写,并列在相邻两行里,每一条特征后面注明往下查的号码或者植物名称。如蔷薇科的亚科分类检索表:

1. 果实为开裂的蓇葖果或蒴果;多无托叶 …………… 绣线菊亚科(Spiraeoideae)
1. 果实不开裂;具托叶 …………………………………………………………… 2
2. 子房下位,心皮 2～5,梨果 …………………………………… 梨亚科(Maloideae)
2. 子房上位,果实非梨果 …………………………………………………………… 3
3. 心皮 1 枚,极少 2 或 5 枚,核果 ……………………………… 李亚科(Prunoideae)
3. 心皮多数,分离,极少 1～2 枚,聚合瘦果或聚合小核果 …… 蔷薇亚科(Rosoideae)

2. 定距检索表 定距检索表是把每一组相对特征的两个分支,都编写在距左边一定距离处,并纵向相隔一定距离;而同一分支下的相对应两个分支,较先出现的又向右低一个格,这样依次类推直到要编制的终点为止。同样以蔷薇科的亚科分类检索表为例:

1. 果实不开裂;具托叶
  2. 子房上位,果实非梨果
    3. 心皮 1 枚,极少 2 或 5 枚,核果 ……………………… 李亚科(Prunoideae)
    3. 心皮多数,分离,极少 1～2,聚合瘦果或聚合小核果 … 蔷薇亚科(Rosoideae)
  2. 子房下位,心皮 2～5,梨果 ………………………………… 梨亚科(Maloideae)
1. 果实为开裂的蓇葖果或蒴果;多无托叶 …………… 绣线菊亚科(Spiraeoideae)

拿到一株不认识的植物,一般应先在当地的地方植物志中查寻,利用检索表查出该植物所属的科、属及种,再对照植物种的形态描述及插图,以确定植物的名称。如没有当地的地方性工具书时,也可查阅《中国植物志》、《中国高等植物图鉴》等工具书。检索时要求耐心细致,若发现有疑问时,应反复检索,直至完全符合时为止。学习鉴定、检索植物的过程,是掌握植物分类学知识的必经之路。

思考题

1. 联系我国的一两个实际情况,分析研究及保护生物多样性的意义。
2. 试评价两种分类法的优、缺点。
3. 试推测种的发展、演变是如何发生的。

第十二章　植物界的基本类群

提要:本章介绍了低等植物(藻类植物、菌类植物、地衣植物)和高等植物(苔藓植物、蕨类植物、种子植物)的主要特征及代表植物。各类群在地质年代中发展的大致情况以及植物进化的一般规律。

根据现代的知识,对植物界以下的分门意见不一,本教材将植物界分为以下15门:

- 植物界
  - 低等植物(无胚植物)
    - 藻类:蓝藻门、裸藻门、绿藻门、金藻门、甲藻门、红藻门、褐藻门
    - 菌类:细菌门、黏菌门、真菌门
    - 地衣门
  - 高等植物(有胚植物)
    - 苔藓植物门
    - 维管植物:蕨类植物门、裸子植物门、被子植物门

（蓝藻门至苔藓植物门为非维管植物；蓝藻门至蕨类植物门为孢子植物；裸子植物门、被子植物门为种子植物）

根据植物进化中表现的性状,还可从不同角度把植物界分成若干类群,例如,根据植物体形态构造表现的原始与进化把植物划分为低等植物(lower plant)和高等植物(higher plant)(表12-1);根据植物是否具有维管系统,划分为维管植物(vascular plant)和非维管植物(nonvascular plant);根据植物是否形成胚,划分为有胚植物(embryophyte)和无胚植物(nonembryophyte);根据是用种子繁殖还是用孢子繁殖,划分为种子植物(spermatophyte,seed plant)和孢子植物(spore plant);等等。

表 12-1　低等植物和高等植物的比较

项目	低等植物	高等植物
生活环境	多为水生	多为陆生
植物体	没有根、茎、叶的分化	有根、茎、叶的分化，体内有适应环境的维管系统
生殖器官	多数是单细胞的，极少数为多细胞	由多细胞构成
生活史	①有性生殖的合子不形成胚而直接萌发为新的植物体 ②有些植物生活史有世代交替	①合子在母体内发育为胚，再由胚萌发为新的植物体 ②具有明显的世代交替
分类	分为藻类植物、菌类植物和地衣植物	分为苔藓植物、蕨类植物、裸子植物和被子植物

第一节　藻类植物——自养的低等植物

藻类植物(Algae)一般都含有光合作用色素，能进行光合作用，制造养分供本身需要，因此它们的生活方式是自养的(autotrophic)。藻类植物多生活在水中，植物体有单细胞、群体(组成植物体各细胞形态构造相同，没有分工)和多细胞个体等多种类型，其中在多细胞类型中，又有丝状体、片状体等。植物体没有根、茎、叶的分化，组成植物体的营养细胞都有吸收水分、无机盐的作用。

藻类植物有营养繁殖、无性生殖和有性生殖等多种繁殖方式，多不形成多细胞生殖器官。

现有的藻类植物约有 18 000 种，分布极其广泛，热带、温带、寒带均有分布。

根据它们含有的色素、贮藏的养料、植物体的细胞结构以及生殖方式等的不同，藻类植物可分为 7 门：蓝藻门、绿藻门、裸藻门、金藻门、甲藻门、红藻门、褐藻门。

一、蓝藻门(Cyanophyta)——原核藻类

(一)一般特征

蓝藻是一类原始的结构简单的自养植物。蓝藻细胞均具有细胞壁，其主要成分是肽聚糖(peptidoglycan)(由乙酰氨基葡萄糖与少数氨基酸短肽链聚合而成)；蓝藻细胞的原生质体不分化为细胞质和细胞核，而分化为周质(periplasm)和中央质(centroplasm)，故蓝藻细胞无真正的核，是原核生物(procaryotes)。中央质主要由遗传物质组成，为裸露的环状 DNA 分子，没有组蛋白与之结合，不形成染色体，没有核膜、核仁结构。周质中的光合片层(photosynthetic lamella)是由很多膜围成的扁平囊状结构，光合色素附着其上(图 12-1)。所含光合色素主要是叶绿素 a(不含叶绿素 b)、藻蓝素等，故植物体呈蓝绿色。贮藏物质主要是蓝藻淀粉。

图 12-1 蓝藻(颤藻属)细胞亚显微结构示意图

蓝藻常生活于水中或湿地上。植物体有单细胞的、群体的,也有丝状的,大多数细胞外有胶质鞘(由果胶酸和黏多糖构成),群体类型还有公共胶质鞘。

蓝藻的繁殖方式主要是营养繁殖和无性生殖。目前还未发现进行有性生殖的蓝藻种类。

营养繁殖主要是通过细胞分裂、群体破裂和丝状体断裂等方式增加个体数目。单细胞类型在细胞分裂后,子细胞立即分离,形成单细胞个体。

群体类型先经细胞多次分裂形成若干小群体,然后整体破裂释放出这些小群体;丝状体类型的则因丝状体中某些细胞死亡,或形成异形胞,使丝状体断裂而产生新个体;

异形胞(heterocyst)是蓝藻中某些丝状体种类具有的一种特殊细胞,由藻丝细胞中的一些营养细胞转化而来,其细胞壁有明显的增厚,胞内不含藻胆素(藻蓝素、藻红素和别藻蓝素的总称),含叶绿素 a,但不能固定碳,所需碳化合物需从邻近的营养细胞获得。异形胞主要有两个功能,一是细胞内含固氮酶,可直接固定大气中的氮;二是异形胞将藻丝分隔成藻殖段进行营养繁殖。

蓝藻的无性生殖通过产生无性孢子进行。常见的是在一些丝状体类型中产生厚壁孢子(akinte)。厚壁孢子体积较大,细胞壁增厚,能长期休眠以度过不良的环境。在环境适宜时,孢子萌发,分裂形成新的丝状体。

(二)代表植物

蓝藻门的代表植物如图 12-2 所示。

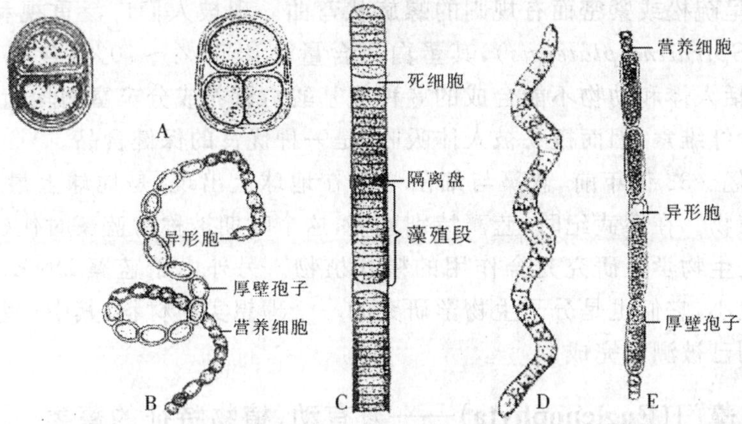

图 12-2　蓝藻的多样性

A. 色球藻属　B. 念珠藻属　C. 颤藻属　D. 螺旋藻属　E. 鱼腥藻属

1. 色球藻属(*Chroococcus*)　浮游生活于湖泊、池塘、水沟，有时也生活在湿地上、树干上或滴水的岩石上。植物体为单细胞或群体。单细胞时，细胞为球形。细胞分裂后，分裂面恢复成圆形较慢，因此群体中的细胞大多为半圆形或1/4圆形。每个细胞都有个体胶质鞘，同时还有群体公共胶质鞘包围着，胶质鞘透明无色。

2. 颤藻属(*Oscillatoria*)　生活于湿地或浅水中。植物体是一列细胞组成的丝状体(filament)。细胞短圆柱状，长比宽短，无胶质鞘，或有一层不明显的胶质鞘，但丝状体具有共同胶质鞘。由于丝状体能前后移动和左右摆动，故称作颤藻。颤藻主要以藻殖段进行营养繁殖。

3. 念珠藻属(*Nostoc*)　生活于淡水中、潮湿土壤上或岩石上。植物体是由一列细胞组成的不分枝丝状体。丝状体常常无规则地集合在一个公共的胶质鞘中，形成肉眼能看到或看不到的球形体、片状体或不规则的团块。念珠藻细胞圆形，排成一行如念珠状。丝状体隔一定距离有一个异形胞。可通过藻殖段进行营养繁殖。本属的地木耳(*N. commue*)和发菜(*N. flogelliforme*)可供食用。

4. 鱼腥藻属(*Anabaena*)　植物体为不分枝的丝状体，或集成群体；自由漂浮，或黏附基质上。整条藻丝粗细一致，或在其两端稍变细；藻丝直或弯曲，或作不规则绕曲，有的藻丝外面有透明、无色的水样胶质鞘。每条藻丝亦呈念珠状。该属和念珠藻属类似，二者的主要区别在于：①本属植物常在异形胞间形成大量的厚壁孢子。②本属群体类型无坚韧定形的公共胶质鞘(图12-2E)。本属植物能和蕨类满江红属(*Azolla*)植物共生，有明显的固氮能力。

5. 螺旋藻属(*Spirulina*)　多分布在碱性水体中。植物体通常为多细胞构成的丝状体，呈疏松或紧密而有规则的螺旋状弯曲。现被人们广泛重视和研究的钝顶螺旋藻（*Spirulina platensis*），其蛋白质含量高达 50%～70%，含有 18 种氨基酸组分（包括人体和动物不能合成的 8 种氨基酸），营养成分丰富而均衡，且其细胞壁几乎不含纤维素，因而极易被人体吸收，是一种优良的保健食品。

在 35 亿～33 亿年前，蓝藻与细菌一起在地球上出现，是地球上最原始、最古老的一群植物。在寒武纪时，蓝藻特别繁盛，这个时期被称为蓝藻时代（表 12-5）。

蓝藻是生物学上研究光合作用的模式植物。另外由于蓝藻 DNA 是裸露的，基因组比较小，它们也是分子生物学研究的一个理想实验材料，其中一些蓝藻的基因组全序列已被测定完成。

二、裸藻门（Euglenophyta）——兼有动、植物特征的藻类

裸藻门又称眼虫藻门。绝大多数裸藻植物细胞都没有细胞壁，具有 1～3 条鞭毛，是能自由移动的单细胞植物。本门有绿色和无色两大类。在绿色种类的裸藻细胞内有叶绿体，含有叶绿素 a 和叶绿素 b，β-胡萝卜素和叶黄素。贮藏的物质为裸藻淀粉（paramylum）和脂肪。在叶绿体中有一个蛋白核（pyrenoid）。裸藻门中的无色种类为动物式营养，能吞食固体食物，或为腐生。裸藻主要是通过细胞纵裂进行营养繁殖，没有有性生殖。

常见的裸藻属（*Euglena*）植物，其细胞为梭形，前端有胞口（cytostome），有一条鞭毛（flageum）从胞口伸出。胞口下有沟，沟下有胞咽（cytopharynx），细胞中的废物可经胞咽及胞口排出体外。胞咽下有一个袋状的储蓄泡（reservoir）。在储蓄泡附近有一个或多个伸缩泡（contractile vacuole），伸缩泡能膨胀和收缩，将细胞内的多余水分排出体外，有调节渗透压的功能。储蓄泡旁还有趋光性的眼点（eyespot，stigma），可以感受光。细胞内有很多叶绿体。植物体仅有一层富于弹性的表面，没有纤维素的壁，因而植物体可以伸缩变形（图 12-3）。

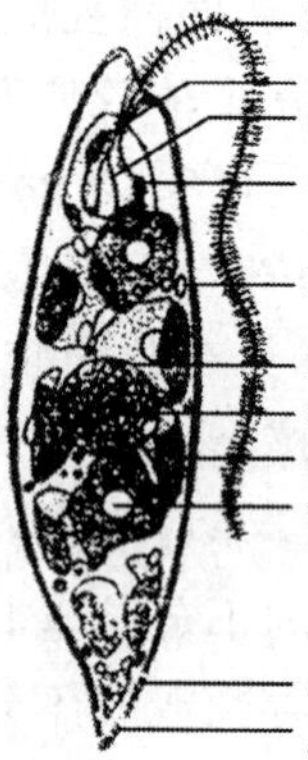

图 12-3 裸藻属细胞结构

（引自中山大学，1978）

三、绿藻门（Chlorophyta）——具有与高等植物细胞相似特征的藻类

（一）一般特征

绿藻植物的细胞含有与高等植物细胞相似的细胞核、叶绿体、色素、贮藏养分

和细胞壁成分。色素中以叶绿素 a 和叶绿素 b 为最多，还有叶黄素和胡萝卜素，因而都呈绿色。贮藏的养料有淀粉和油类。叶绿体中有一至多个蛋白核。游动细胞有 2 或 4 条等长的顶生鞭毛。

绿藻植物体有单细胞、群体和丝状体等多种形态。繁殖方式有无性繁殖和有性繁殖。绿藻的分布很广，但以淡水为多，常见于流水与静水中；陆地阴湿处及海水中也有绿藻分布。

(二)分类和代表植物

绿藻约有 430 属，6 700 种。通常分为绿藻纲(Chlorophyceae)和轮藻纲(Charophyceae)。

1. 绿藻纲(Chlorophyceae)

(1)衣藻属(*Chlamydomonus*)：本属 100 多种，生活于富含有机质的淡水沟和池塘中，在早春和晚秋时的水中较多，常形成大片群落，使水体变成绿色。植物体为单细胞，卵形，细胞内有一个核，一个杯状叶绿体，叶绿体中有蛋白核，细胞前端有 2 条等长的鞭毛，鞭毛基部有 2 个伸缩泡，旁边有 1 个红色眼点(图12-4)。

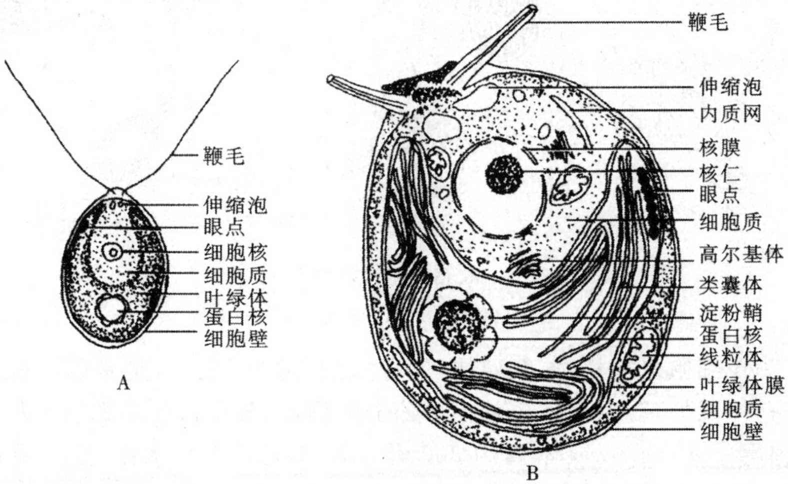

图 12-4　衣藻细胞的形态和结构

A. 光镜下的结构　B. 电镜下的亚显微结构

(引自周云龙，1999)

衣藻既可进行无性生殖又可进行有性生殖，环境适宜时多连续进行无性生殖。无性生殖常在夜间进行，生殖时藻体通常静止，鞭毛收缩或脱落变成游动孢子囊，细胞核先分裂，一般形成 4 个子核，有些种则分裂 3～4 次，形成 8～16 个子核，随后细胞质纵裂，形成 2、4、8 或 16 个子原生质体，每个子原生质体分泌一层细胞壁并生出两条鞭毛,子细胞由于母细胞壁胶化破裂而放出,长成新的植物体。有性生殖在发生多代无性生殖后进行。多数种的有性生殖为同配生殖,即配合的两个配子形状相似,大小相同,运动方式一样。生殖时,细胞内的原生质体经过分裂形成 8～64 个小细胞,称配子。配子在形态上和游动孢子无大差别,只是比游动孢子小。成熟的配子从母细胞中放出后,游动不久,即成对配合,形成 2 倍体、具 4 条鞭毛、能游动的合子。合子游动数小时后变圆,失去鞭毛,分泌壁物质形成厚壁合子。合子经过休眠,在环境适宜时萌发,经过减数分裂,产生 4 个单倍体的原生质体。以后合子壁胶化破裂,单倍体的原生质体被放出,并在几分钟之内生出 2 条鞭毛,发育为新个体(图 12-5)。

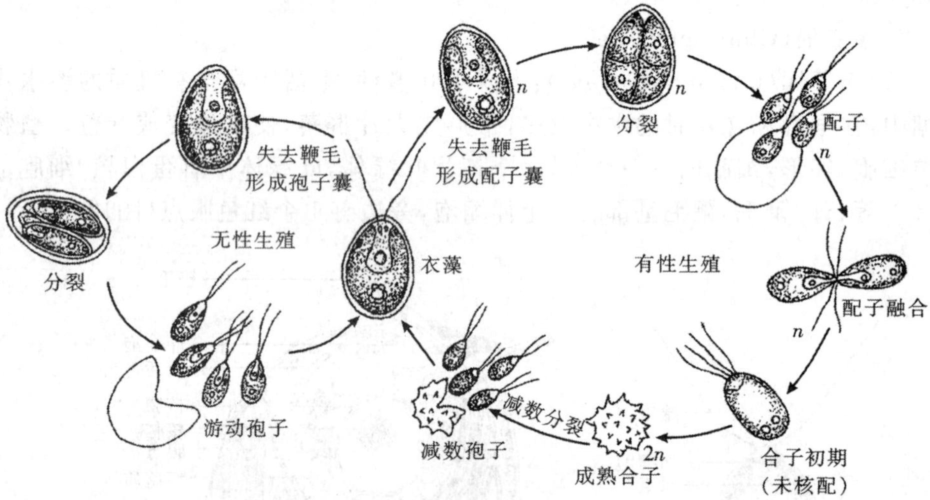

图 12-5 衣藻的生殖和生活史

(引自周云龙,1999)

衣藻作为单细胞真核植物,繁殖快,素有“绿色酵母”之称,是基因工程研究中构建基因表达体系的理想材料,也是当今分子生物学、分子遗传学的模式材料。

(2)水绵属(*Spirogyra*):本属约 300 种。全部生活于淡水中,是常见的淡水绿藻,在小河、池塘、沟渠或水田等处均可见到。繁盛时大片生于水底或大块漂浮于水面,用手触及有黏滑的感觉。植物体是由长筒形细胞连成的丝状体。每个细胞中有一至数条带状的叶绿体,螺旋形缠绕于原生质体内,上有一列蛋白核。细胞中有一个细胞核和一个大液泡(图 12-6)。细胞壁外被丰富的胶质,触手滑腻。

水绵的营养繁殖可通过丝状体断裂或由丝状体的单个细胞分裂进行。水绵的有性生殖称为接合生殖(conjugation),多发生在春季或秋季。接合生殖时两条丝

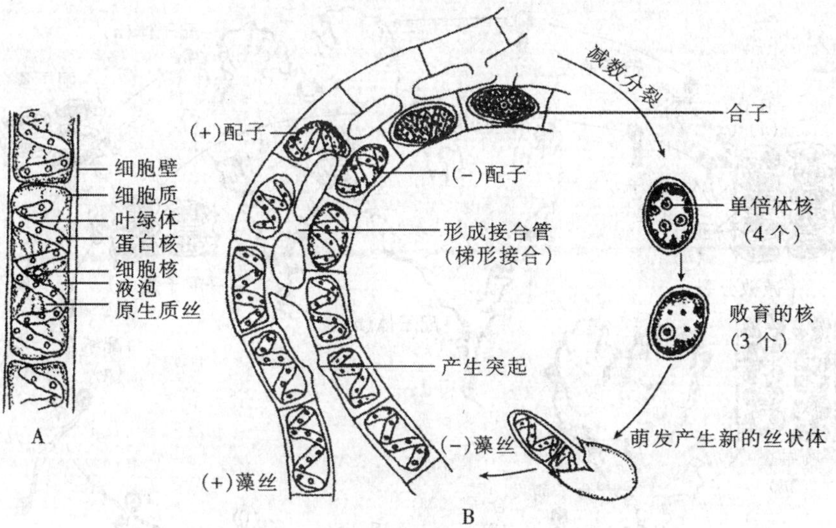

图 12-6 水绵属的细胞结构和生活史

A. 水绵的细胞构造 B. 水绵的梯形接合

(引自周云龙,1999)

状体平行靠近,在两条藻体相对一侧的细胞分别长出突起,相对的两个突起逐渐伸长后相互接触,接触的壁溶解消失连接成管,称为接合管。两条丝状体之间可以形成多个横列的接合管,外形很像梯子,因此把这种接合生殖方式称为"梯形接合"(scalariform conjugation)(图 12-6)。发生梯形接合的细胞,其原生质体收缩形成配子。一条丝状体中的配子以变形虫式运动,通过接合管移至相对的另一条丝状体的细胞中,并与细胞中的配子结合。梯形接合后,提供配子的丝状体的细胞只剩下一条空壁,此种丝状体是雄性的,所产生的配子是雄配子;而接受配子的丝状体是雌性的,其中的配子是雌配子。雌、雄配子融合时,细胞质先融合,稍后两核才融合形成合子。此外还有侧面接合(lateral conjugation)的接合生殖。合子耐旱性强,水枯不死,待环境适宜时萌发。一般合子在形成后数周或数月,甚至一年以后才萌发。合子萌发时,核先减数分裂,形成 4 个单倍核,其中 3 个消失,只有 1 个核继续发育,由此长成新的植物体(图 12-6)。

(3)石莼属(*Ulva*):石莼属植物为食用藻类,又被称作海白菜。全部为海产,生活于潮间带上部。孢子体和配子体都是 2 层细胞厚的多边形膜状体,以多细胞的固着器固着在岩石上或其他基物上。生活史具有明显的同形世代交替(图 12-7)。

2. 轮藻纲(Charophyceae)

轮藻属(*Chara*):多生于淡水,在静水或不大流动的水底大片生长,少数生长在微盐性的水中。植物体直立,具分枝,体表常常含有钙质,以单列细胞分枝的假

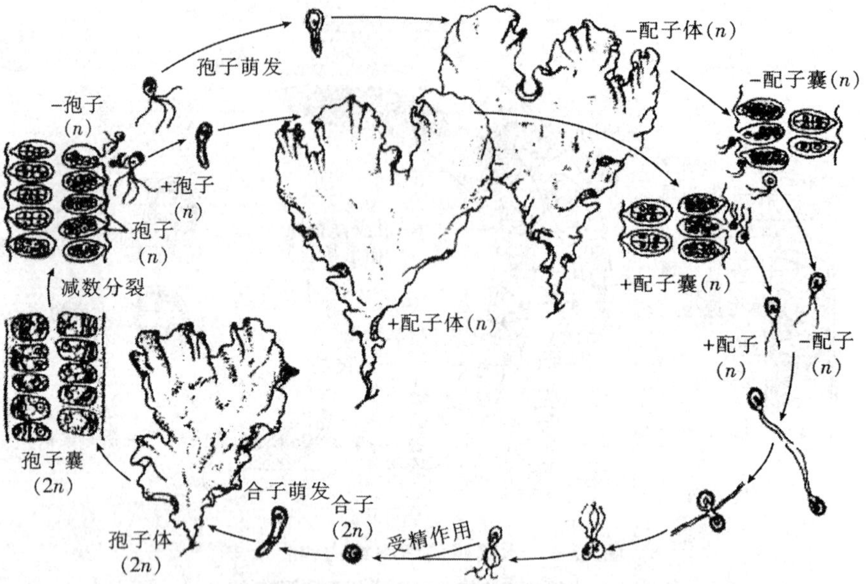

图 12-7 石莼属的形态和生活史

根固着于水底淤泥中，主枝分化成“节”和“节间”，节间的中央有一个大细胞，外围由长细胞所组成。“节”的四周轮生短枝，短枝也被称作“叶”；叶也有“节”和“节间”。无论是主枝或短枝，顶端都有一个半球形的细胞，叫做顶端细胞（apical cell）。植物的生长即由顶端细胞不断分裂形成。主枝能无限生长；短枝到一定程度便停止生长。在短枝的节上还具有单细胞刺状突起（图 12-8A）。

轮藻属的有性生殖是卵式生殖。雌性生殖器官称为“卵囊”（oogonium），雄性生殖器官称为“精子囊”（spermatangium），雌雄生殖器官皆生于短枝的节上。卵囊生于刺状体上方，长卵形，内含一个卵细胞；精子囊生于刺状体下方，其内产生精子。精子细长、螺旋形，两条鞭毛生于前端且拖向后端，成熟后的精子被释放到水中。卵囊成熟时，精子进入卵囊与卵结合。合子分泌形成厚壁，脱离藻体，休眠后经减数分裂萌发，可长出数个轮藻植株（图 12-8B）。

轮藻属也能进行营养繁殖。一种是断裂的藻体沉在水中长出“假根”和“芽”，成为新的植株；另一种是藻体的基部长出珠芽，形成新植物体。珠芽内含大量淀粉，很像种子植物的块根或块茎。

轮藻的植物体高度进化，生殖器官构造复杂，外面有一层营养细胞包围着，可以与高等植物的性器官相比，因此，有人将它们列为独立一门（轮藻门）。

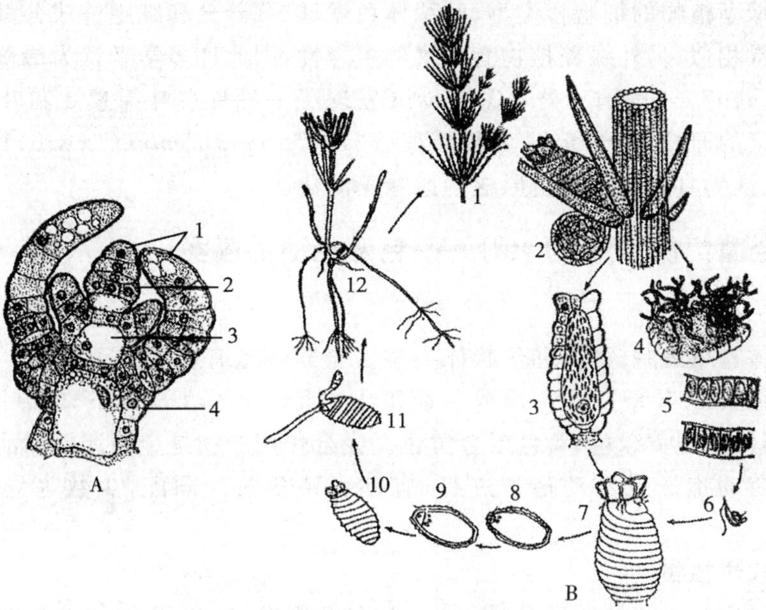

图 12-8　轮藻属植物的形态构造和生活史

A. 主枝顶端纵切面：1. 顶端细胞　2. 节细胞　3. 节间细胞　4. 皮层细胞　B. 轮藻属植物生活史：1. 植物体的一部分　2. 短枝的一部分　3. 卵囊　4. 盾形细胞精囊丝　5. 精囊丝一部分及内部精子　6. 精子　7. 受精　8～11. 合子萌发　12. 幼小植物

除上述介绍的几属绿藻以外，常见的绿藻还有小球藻属(*Chlorella*)，植物体为浮游性的单细胞，圆形或椭圆形，细胞壁薄而均匀；绿球藻属(*Chloroccum*)，单细胞植物体，幼时圆形、壁薄，细胞有一个大叶绿体，一个蛋白核及一个细胞核；栅藻属(*Scenedesmus*)，植物体为群体，细胞纺锤形或长筒形，通常 4 或 8 个横着连成一排；还有团藻属(*Volvox*)及新月藻属(*Closterium*)(图 12-9)等。

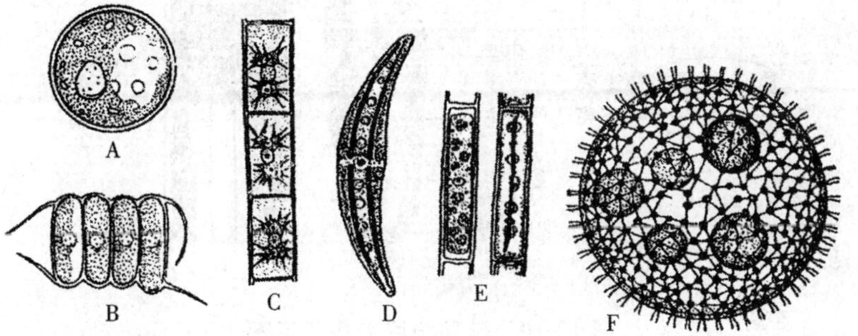

图 12-9　绿藻的多样性

A. 绿球藻属　B. 栅藻属　C. 双星藻属　D. 新月藻属　E. 转板藻属　F. 团藻属

由于绿藻植物的细胞核类型、叶绿体色素、贮藏养分和细胞壁成分都与高等植物细胞非常相似，另外绿藻植物有丰富的多样性，因此许多学者认为绿藻是高等植物的祖先。1975 年美国藻类学家 Lewin 发现了一种具有叶绿素 a 和叶绿素 b 且不含藻胆素的原核藻类，定名为原绿藻（*Prochlpron didemni*（Lewin）Lewin），此后，许多人认为真核绿藻是由原核的原绿藻演化而来。

四、金藻门（Chrysophyta）——色彩艳丽的藻类

（一）一般特征

植物体有单细胞、群体和丝状体类型。营养细胞有鞭毛或无鞭毛。光合作用色素有叶绿素 a、叶绿素 c、β-胡萝卜素和叶黄素。由于 β-胡萝卜素和叶黄素占优势，所以藻体呈现黄绿色、黄色或金黄色。光合作用产物是金藻淀粉和油。无性生殖以产生游动孢子或不动孢子进行；有性生殖多数为同配，少数为异配或卵配生殖。

（二）代表植物

硅藻（*Diatoms*）：属于硅藻纲，是一类单细胞植物，可以联合成各种群体。生活于淡水或海水中。硅藻细胞形似小盒，细胞壁是由两个套合的瓣（valve）组成，位于外面的称上壳（epitheca），里面的称下壳（hypotheca）。瓣的顶面和底面称作瓣面（valve），侧面即两个瓣套合的位置，很像一条环形的带，称作带面或环带面（gridle band）。上壳和下壳都是由果胶质和硅质组成的，没有纤维素（图 12-10）。根据瓣面上花纹的不同，硅藻可分为中心硅藻和羽纹硅藻两种类型（图 12-11）。

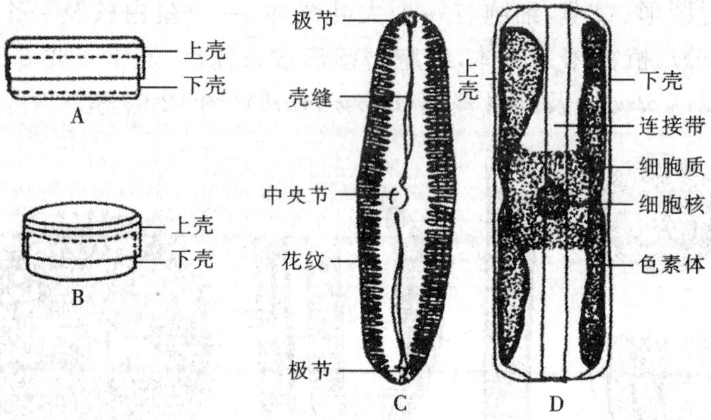

图 12-10　硅藻细胞结构示意图

A、B. 硅藻细胞上壳、下壳示意图　C. 羽纹硅藻属细胞壳面观
D. 羽纹硅藻细胞带面观

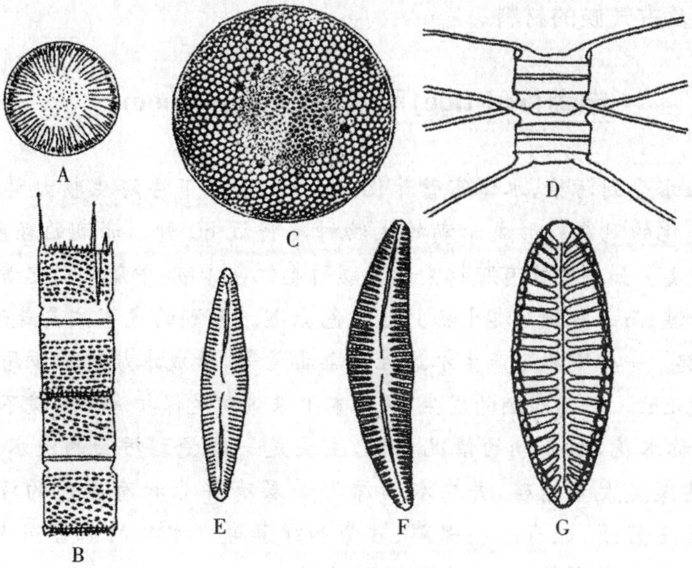

图 12-11　硅藻的多样性

A～D. 中心硅藻：A. 小环藻属　B. 直链藻属　C. 圆筛藻属　D. 角刺藻属
E～G. 羽纹硅藻：E. 舟形硅藻　F. 桥弯藻属　G. 双菱藻属
（引自周云龙，1999）

硅藻的繁殖主要通过细胞的有丝分裂和形成复大孢子(auxospore)进行。有丝分裂时，原生质体膨胀，使上下两壳略为分离，原生质体沿着与瓣面平行的方向分裂，两个子原生质体各居于母细胞的上壳和下壳内，随后各自立即分泌出另一半细胞壁，作为子细胞的下壳，老的半片作为上壳。其结果是经过几代无性繁殖后仅有一个子细胞的体积与母细胞等大，其余的越来越小。当缩小到一定程度时，以产生复大孢子的方式恢复其大小。形成复大孢子的方式有多种，一般都是通过有性生殖产生，其过程是：2 个配合的细胞相互接近，各细胞分别进行减数分裂，形成单倍体的配子，不同细胞产生的配子结合成合子，合子长大成为复大孢子。

硅藻生活史中仅出现一种二倍体植物体，在有性生殖形成配子时进行减数分裂形成单倍体的配子，其生活史属配子减数分裂型。

除了硅藻纲，金藻门还有金藻纲、黄藻纲，也有人把上述三纲划分为单独的硅藻门、金藻门和黄藻门。由于金藻门、甲藻门和褐藻门的植物体多为黄褐色，均含有较多的叶黄素类和类胡萝卜素类色素，游动细胞又具有 2 个侧生鞭毛，因此它们可能共同起源于原始鞭毛藻类。

金藻门中的植物多数生于淡水和海水中。古代硅藻大量沉积形成的硅藻土可以作为现代工业的重要原料；地质古生物学方面还可以利用硅藻化石作为研究地史、古地理以及古气候的材料。

赤潮(red tide)和水华(water dloom)*

赤潮是海水受到污染,水体富营养化,在一定条件下浮游生物大量增殖,引起海水发生颜色变化的现象。形成赤潮的生物种类将近60种。赤潮的颜色取决于导致赤潮的生物种类。如有些具有胆红素的蓝藻引起红色赤潮;甲藻常引起黄色赤潮;硅藻引起红褐色赤潮;而一些鞭毛类生物引起绿色赤潮。赤潮的危害主要是造成水体严重缺氧,阻塞鱼鳃。一些甲藻还产生水溶性剧毒毒素等,造成水质进一步恶化,引起水体中的动物大量死亡。防治赤潮的发生,从根本上来说就是保护海洋环境不受到污染。

水华,亦称水花,和赤潮的情况类似,主要是一些受到污染的淡水水体,在一定的条件下某些藻类大量增殖,并在水面漂浮一层有异味和有颜色的浮沫。形成水华的藻类主要是蓝藻,也有一些裸藻、硅藻和绿藻等。水华的危害同赤潮类似。淡水中有的藻类可产生剧毒,使水中的鱼被毒死。

五、红藻门(Rhodophyta)——红色的大型藻类

(一)一般特征

植物体多为红色或紫色,除含有叶绿素a和叶绿素d、类胡萝卜素和叶黄素外,还含有藻红素和藻蓝素。细胞壁由纤维素和藻胶组成。贮藏的养料为红藻淀粉(floridean starch)。植物体多为丝状、片状、树状和其他形状。无性生殖产生不动孢子,有性生殖为卵配生殖。有些种类出现异形世代交替。

红藻有550多属,3 700多种,多数生长于海水中,有200多种生长在淡水中。

(二)代表植物

紫菜属(*Prophyra*):约有25种,在我国海岸带常见的有8种。紫菜的植物体是叶状体,形态变化很大,有卵形、竹叶形或不规则圆形等,边缘多皱褶,基部楔形或圆形,以固着器固着于海滩、岩石上。紫菜的藻体较薄,呈现紫红色、紫色或紫蓝色,有单层或双层细胞组成,外有胶层。其细胞为单核,有一枚星芒状的色素体,中央有蛋白核。下面以甘紫菜为例介绍红藻的生活史(图12-12)。

甘紫菜(*Porphyra tenera*)的生活史是配子体发达的异形世代交替。配子体(大紫菜)是雌、雄同株植物,当水温在15℃左右产生性器官,进行有性生殖。藻体的任何一个营养细胞都可转变为精子囊,其原生质体分裂形成64个精子囊,每个精子囊中产生一个不动精子。另外一些营养细胞稍加变态形成雌性生殖器官,即果胞,其细胞一端稍隆起,伸出藻体胶质的表面,为受精丝。果胞内有一个卵。精

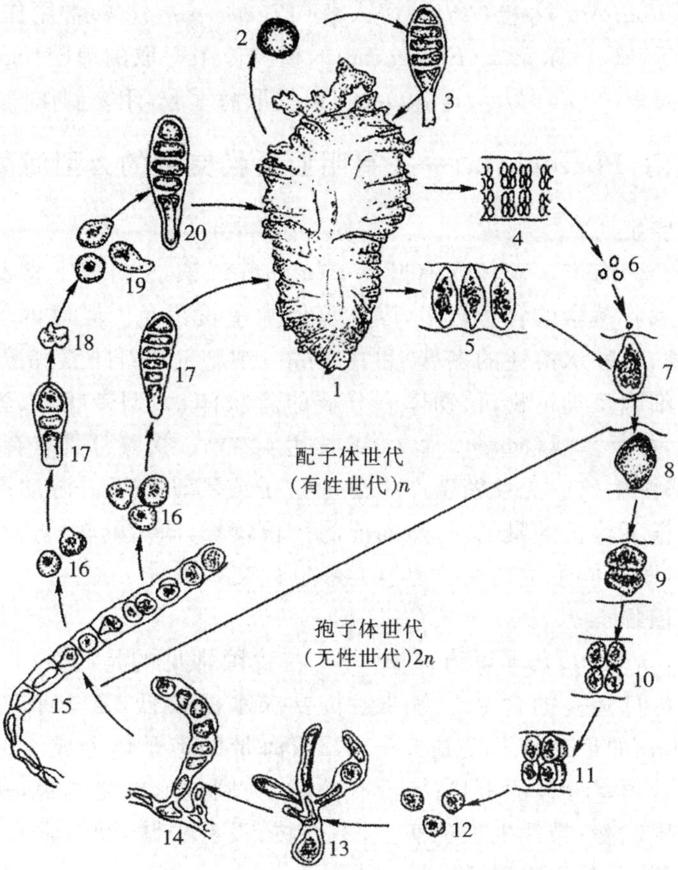

图 12-12　甘紫菜的生活史

1. 大紫菜(配子体)　2. 单孢子　3. 单孢子萌发　4. 精子囊　5. 果胞　6. 不动精子　7. 不动精子漂至果胞原始受精丝处　8. 合子　9～11. 合子有丝分裂产生果孢子　12. 释放出来的果孢子　13、14. 丝状体(壳斑藻)(孢子体);13. 丝状藻丝　14. 膨大藻丝　15. 经减数分裂产生壳孢子　16. 壳孢子　17. 壳孢子萌发　18. 小紫菜　19. 单孢子　20. 单孢子萌发

(引自周云龙,1999)

子被释放出来以后,随水漂流到受精丝上,进而进入果胞与卵结合,形成二倍体的合子。合子经过有丝分裂,形成 8 个果孢子($2n$)。果孢子成熟以后,落到文蛤、牡蛎及其他软体动物的壳上,并萌发进入壳内,长成单列分枝的丝状体,即“壳斑藻”(孢子体($2n$))。壳斑藻经过减数分裂产生壳孢(n)子,由壳孢子萌发为夏季小紫菜(配子体 n),其直径约 3 mm,小紫菜可进行无性生殖产生单孢子,单孢子晚秋萌发长成为大紫菜。当水温 15℃左右时,壳孢子也可直接发育成大紫菜(配子体)。

红藻中的植物有的可以做食用、药用,有的可以用于纺织工业。紫菜就是著名的蔬菜。可以食用的还有石花菜(*Gelidium amansii*)、江篱(*Gracilaria confervoides*)

等。鹧鸪菜(*Caloglossa leperieurii*)、海人草(*Pigenea simplex*)常用作小儿驱虫药。从石花菜属、江篱属、麒麟菜属(*Eucheuma*)的植物体中提取的琼胶(agar),可供作组织培养基。从海萝(*Gloiopellis furata*)中可以提取海萝胶,用来制作广东的香云纱。

六、褐藻门(Phaeophyta)——有明显世代交替的大型海藻

(一)一般特征

褐藻几乎全为海产。藻体含有叶绿素 a 和叶绿素 c、胡萝卜素及叶黄素。其中以胡萝卜素和叶黄素的含量较多,因此藻体常呈黄褐色。贮藏的养分主要是褐藻淀粉(海带糖,一种水溶性的多糖)和甘露醇。细胞壁由纤维素和藻胶组成。

褐藻是多细胞藻类植物,植物体有分枝的丝状体、大型带状体、管状体等。有的植物体很大,如巨藻属(*Macrocystis*)可长达 400 m。褐藻都具有有性生殖,包括同配、异配和卵配生殖。无性繁殖产生游动孢子或不动孢子。游动孢子和配子都具有侧生的两根不等长的鞭毛,一般向前的一根较长,向后的较短。生活史中通常都有世代交替,既有同形世代交替也有异形世代交替。

(二)代表植物

海带属(*Laminaria*):本属约有 30 种。在我国常见的是海带(*Laminaria japonica*),它是人们喜爱的食品。海带生长要求水温较低,夏季平均温度不超过 20℃,孢子体生长的最适宜温度是 5～10℃。海带的孢子体分成三部分:固着器、柄和带片。固着器呈分枝的根状;柄没有分枝,为圆柱形或略侧扁,柄组织分化为三层,表皮、皮层和髓;带片生长于柄上,不分枝,没有中脉,幼时常常凸凹不平,内部构造和柄相似,也分为三层。

海带的孢子体成熟时,在带片的两面产生棒状单室的游动孢子囊,孢子囊中间夹着的长细胞称隔丝(paraphysis)。孢子囊聚生为暗褐色的孢子囊群,孢子母细胞经过减数分裂及多次普通分裂,产生许多单倍体具侧生双鞭毛的同型游动孢子。游动孢子梨形,两条侧生鞭毛不等长。北方海带的孢子多在 9～10 月成熟,10 月底到 11 月底间放出大量孢子。同型的孢子在生理上是不相同的,可萌发为雌、雄配子体。雄配子体是由十几到几十个细胞组成的分枝的丝状体,其上的精子囊由一个细胞形成,可产生一个侧生双鞭毛的精子,其构造和游动孢子相似。雌配子体是由少数较大的细胞组成,分枝也很少,在 2～4 个细胞时,枝端即产生单细胞的卵囊,内有一枚大卵。卵成熟时排出附着于卵囊顶端,卵在母体外受精,形成二倍的合子。合子不离母体,几天后即萌发为新的海带。在适宜条件下,次年 6 月可长至 133～167 cm。海带的孢子体和配子体差异很大,孢子体大而有组织分化;配子体只有十几个细胞组成,因此海带生活史是孢子体发达的异形世代交替(图 12-13)。

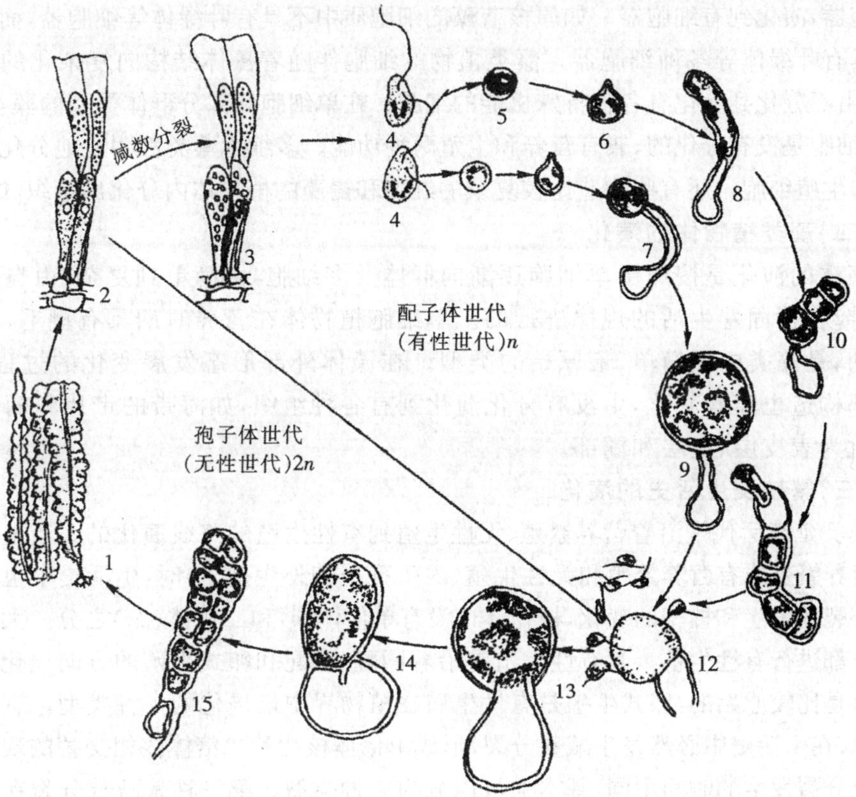

图 12-13 海带的生活史

1.孢子体 2.带片横切,示孢子母细胞 3.孢子囊中产生游动孢子 4.游动孢子 5、6.游动孢子萌发 7.雌配子体幼期 8.雄配子体幼期 9.成熟雌配子体 10.成熟雄配子体 11.雄配子体释放精子 12.附于卵囊孔上的卵和许多精子 13.合子 14.合子开始分裂 15.幼孢子体

七、藻类植物小结

自地球上出现藻类植物以来,经过了漫长的岁月直到6亿年前,它仍然是地球上惟一的绿色植物,此时期在地球生物史上被称为藻类时代。直至今日,藻类植物仍然十分繁盛,遍布世界。藻类植物在几十亿年的发展中按着植物体由单细胞到多细胞、由简单到复杂、由低级到高级的进化规律进行演化和发展。

(一)藻类细胞的演化

在35亿~33亿年前,地球上首先出现的是原核藻类——蓝藻。真核的出现是在15亿~14亿年前(表12-4)。近来又发现甲藻和隐藻细胞的核质内无蛋白质,细胞分裂时核膜不消失,称此种核为中核(mesocaryon)。因而人们认为细胞核的进化可能是由原核进化到中核,再由中核进化至真核。细胞质的进化是由细胞质中不具叶绿体等各种细胞器,演化到有细胞器。如原核蓝藻的细胞质中不具有叶绿体等细胞器,而真核藻类则具有叶绿体等各种细胞器。藻类植物的细胞伴随着藻体结构向复杂化的方面发展,也由不分化到分化有各种特殊机能的细胞。在单细胞和部分群体类型的藻类中,如衣藻,细胞是没有分化的,兼有营养和生殖两种功能。多细胞藻类都明显地分化为营养细胞和生殖细胞。还有些构造比较复杂的红藻和褐藻的植物体内分化出组织,如海带。

(二)藻类植物体的演化

藻体的演化是按照由单细胞逐渐向群体及多细胞,由简单到复杂,由自由游动到不游动、营固着生活的规律进行的。单细胞植物体在营养时期具有鞭毛,能够自由游动,是藻类中最简单、最原始的类型。在藻体外部形态发展变化的过程中,藻体内部构造也随着变化,由没有分化演化到有各种组织,如海带的带片和柄部的细胞分化为表皮层、皮层和髓部。

(三)繁殖及生活史的演化

藻类延续后代是沿着营养繁殖、无性生殖到有性生殖的路线演化的。当生活史中仅有营养繁殖或有营养繁殖和无性生殖(内生孢子和外生孢子)时,生活史中也就没有减数分裂的发生和核相的变化,植物体也没有单倍体(n)和二倍体($2n$)之分。大多数真核藻类都进行有性生殖。其有性生殖是沿着同配、异配和卵式生殖的方向演化的。同配生殖是比较原始的,卵式生殖是有性生殖在植物界中最进化的一种类型。有性生殖的出现,在生活史中必然发生减数分裂,形成单倍体核相和二倍体核相交替的现象。根据减数分裂发生的时间不同,基本上可以分为三种类型。第一种是减数分裂在合子萌发时发生,在这种藻类的生活史中,只有一种植物体——单倍体的植物体出现,合子是生活史中惟一的二倍体阶段,如衣藻、水绵和轮藻(图 12-14A)。第二种是减数分裂在配子囊形成配子时发生,这种藻类的生活史中也只有一种植物体,但不是单倍体而是二倍体植物体出现,配子是生活史中惟一的单倍体阶段,如硅藻(图 12-14B)。第三种是生活史中出现了世代交替,即有两种植物体——单倍植物体和二倍植物体交替出现。生活史中形成配子时不进行减数分裂。合子萌发时也不发生减数分裂,而是直接萌发形成一个二倍体植物,二倍体植物进行无性生殖,在孢子囊内形成孢子时进行减数分裂,孢子萌发形成单倍体植物,单倍体植物进行有性生殖。从合子开始到减数分裂发生之前,这段时期为无性世代,由孢子开始一直到配子形成,这一时期为有性世代。有性世代和无性世代的交替,称为世代交替(图 12-14C)。在藻类生活史中,孢子体和配子体植物在形态构造上相同,称为同形世代交替,如石莼。同形世代交替在进化史上是低级的,由它向异形世代交替进化。异形世代交替是由两种在外部形态和内部构造上不同的植物体进行交替。在异形世代交替的生活史中,有一类是孢子体占优势,如海带,另一类是配子体占优势,如紫菜。一般认为孢子体占优势的种类较进化,是进化发展中的主要方向。在高等植物中，除苔藓植物外，蕨类植物、裸子植物和被子植物，都是孢子体占优势。

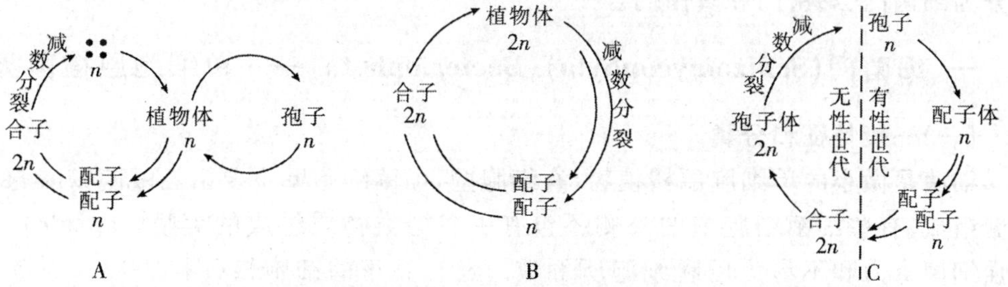

图 12-14　藻类植物生活史图解

A. 只有一种单倍体植物的生活史　B. 只有一种二倍体植物的生活史　C. 有两种或三种植物体，即单倍体植物和二倍体植物进行世代交替的生活史

（四）藻类与原生动物的分类学关系

有一些生物兼有植物和动物两方面的性状，在二界系统中很难确定把它们归于哪一界，人们只得在动物界和植物界中都安置了它们的分类位置。如藻类中的根足型种类在动物界中是属于原生动物门（Protozoa）、肉足纲（Sarcodina）、根足亚纲。

（五）藻类和其他植物的亲缘关系

蓝藻和细菌都是原核生物，都是以细胞分裂为主要的繁殖方式，在地质史上都是最早的细胞生物，两者在当初可能有共同的起源，而后分别向自养和异养两个方面发展。

藻类和其他菌类也有些类似之处，如藻状菌都是多核的，有些有接合生殖；子囊菌的产囊体受精以后的发育过程和红藻果胞受精后的发育过程有些类似，这些现象能否说明藻类和菌类的亲缘关系目前尚无定论，有待继续研究。

绿藻和高等植物之间有很多相似之处，它们有相同的色素，光合作用的产物都是淀粉，鞭毛类型都是尾鞭型。因此，多数学者认为绿藻是高等植物的祖先。绿藻门在植物界的系统发育中居于主干地位。然而高等植物究竟从那一类绿藻发展而来的，还没有肯定的答案。

第二节　菌类植物——不含光合色素的异养或化能自养植物

菌类植物（Fungi）不是一个具有自然亲缘关系的类群。它是一群没有根、茎、叶分化，一般无光合色素，并依靠现存的有机物质而生活的一类低等植物。绝大部分菌类植物的营养方式是异养（heterolrophy）的。异养的方式有寄生和腐生。凡是从活的动植物体吸取养分的称为寄生（parasitism）。凡是从死亡的植物体或无生命的有机物质中吸取养分的称为腐生(saprophytism)。菌类植物有9万余种,可分为细菌门、黏菌门和真菌门。

一、细菌门(Schizomycophyta)(Bacteriophyta)——单细胞原核菌类

(一)一般特征和分类

细菌是微小的单细胞原核植物,有细胞壁,细菌细胞壁主要由乙酰胞壁酸与肽聚糖组成;有些细菌细胞壁的外侧还包有由多糖类物质组成的荚膜(capsule),可增强细菌毒力和不易为巨噬细胞所吞噬。没有真正的细胞核(图12-15),与蓝藻同属于原核生物。在细胞的中央,有一个染色体DNA集中存在的核区,由环状双链DNA组成,没有组蛋白结合,无核膜、核仁结构,被称为“原核”。细菌的质膜可凹陷形成复杂程度不一的间体(mesosome),其内含有与能量代谢有关的酶类物质;间体还在细菌分裂时参与DNA分子的复制、横隔膜和壁的形成。很多细菌细胞中还含有一种染色体外的遗传物质——质粒(plasmid),是一种小型的环状双链DNA。一个细菌细胞中可以含几个至十几个质粒。质粒上携带着决定细菌某些遗传特性的基因,如致育、抗药性、毒性、致病性等基因。质粒能独立于细菌染色体存在并复制。质粒是很好的基因工程载体,已广泛应用于基因工程研究。

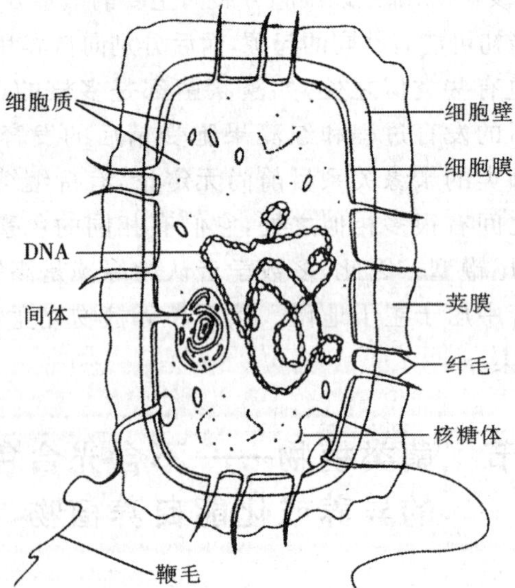

图12-15 细菌细胞的结构

(引自顾德兴,2000)

绝大多数细菌是不含叶绿素(紫细菌含有细菌叶绿素)的异养植物。有的细菌(如硫细菌、铁细菌等)是自养的,能利用 CO_2 及化学能自制养料。细菌除含有核糖体外(不同于真核细胞的核糖体,沉降系数是 70S),不含有其他细胞器。细菌主要通过细胞分裂进行繁殖,到目前为止没有发现细菌具有严格意义上的有性生殖;个别的细菌如大肠杆菌(*Escherichia coli*)可通过性菌毛实现基因重组。有的细菌可以通过形成芽孢(endospore)来度过不良环境,待环境适宜时由芽孢重新发育成一个细菌。

细菌在形态上可以分为三种基本类型(图 12-16):

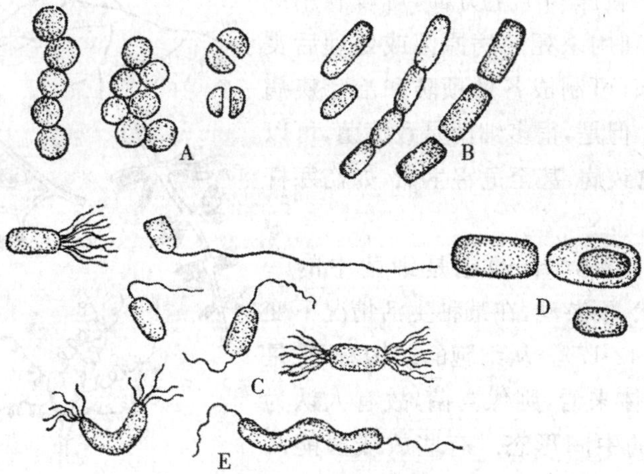

图 12-16　细菌的形态

A. 球菌　B. 杆菌　C. 带鞭毛的杆菌　D. 芽孢的形成　E. 螺旋菌

(1)球菌:细胞为球形或半球形,直径在 0.5～2 μm 的范围。

(2)杆菌:细胞呈杆棒状,长度在 1.5～10 μm 的范围。

(3)螺旋菌:细胞长而弯曲,略弯曲的称为弧菌,其形态又常因发育阶段和生活环境的不同而改变。不少杆菌和螺旋菌在其生活中的某一个时期生长出鞭毛,从而能够游动。

细菌分布很广,几乎遍布地球的各个角落,空气、水、土壤及生物体的内、外,一切物体的表面都有细菌存在。

有一些细菌如产甲烷细菌、极端嗜盐细菌、极端嗜热细菌等,生存在厌氧、高热的环境中,或能在动物的消化道内共生,这些细菌被称为古细菌。古细菌是一类在分子水平上与原核和真核细胞均有所不同的特殊生物类群。由于它们所栖息的环境和早期地球生命出现初期的可能条件有相似之处,它们保持了古老细菌的形态和生化代谢特性,在系统发育上很早就与其他细菌分开。1980—1990 年,沃尔斯(Woese)提出了生物的三原界系统(古细菌原界、细菌原界和真核生物原界)。三原界系统目前正受到人们的重视。

(二)细菌在自然界中的作用和经济意义

腐生细菌和其他腐生真菌联合起来,能把动、植物的尸体和排泄物以及各种遗弃物分解为简单的无机物,完成自然界的物质循环。与豆科植物共生的根瘤菌,可以把空气中的氮固定为含氮化合物,供给豆科植物营养。土壤中的其他固氮菌也可供给高等植物氮肥。磷细菌能把磷酸钙、磷灰石、磷灰土分解为农作物容易吸收的养分。硅酸盐细菌能促进土壤中的磷、钾转化为农作物可以吸收的物质。

细菌在化学工业、造纸、制革和炼糖等工业领域也广为应用。在医药卫生方面,可以利用细菌生产多种药物,利用杀死的病原菌或处理后丧失毒力的活病原菌,可制成各种预防和治疗疾病的疫苗和卡介苗。但是,很多细菌是致病菌,可以使人体、家畜、家禽致病,甚至危害生命,如伤寒杆菌、猪霍乱菌等。

放线菌类(*Actinomycetes*)也是细菌中的一类。其细胞为杆状,不游动,在某种生活情况下变成分枝丝状体(图 12-17)。从细胞的结构看,它是细菌;从分枝丝状体来看,则像真菌,故有人认为它是细菌和真菌的中间形态。有些放线菌能产生抗生素。常见的药物如链霉素、四环素、土霉素等,都是从放线菌类中提取出来的抗生素。

图 12-17 放线菌的气生菌丝

二、黏菌门(Myxomycophyta)——具有动、植物特征的菌类

(一)一般特征

黏菌门是介于动、植物之间的一类生物,有 500 余种。在它们的生活史中,一段时间是动物性的,另一段时间是植物性的。它的营养体是一团裸露的原生质体,含多数细胞核,没有细胞壁,被称之为变形体(plasmodium)。变形体能做变形虫(amoeba)式的运动,可吞食固体食物,这一点与动物相似。但黏菌在繁殖时期,形成孢子囊,产生具有纤维素细胞壁的孢子,而具有植物性状。黏菌多数生长在阴暗和潮湿的地方,如森林中的腐木、落叶及其他湿润的有机物上。

(二)代表植物

发网菌属(*Stemonitis*):发网菌的营养体为裸露的原生质团,称为变形体。变形体呈不规则网状,直径数厘米,在阴湿处的腐木或朽叶上缓缓爬行。在繁殖时,变形体爬到干燥光亮的地方,形成很多发状的突起,每个突起发育成一个具柄的孢子囊(子实体)。孢子囊通常长筒形,紫灰色,外有包被(peridium)。孢子囊柄深入囊内部分,称菌轴(columella),囊内有孢丝(capillitium)交织成孢网。然后原生质团中的许多核进行减数分裂,原生质团割裂成许多块单核的小原生质,每块小原生质分泌出细胞壁,变成一个孢子,藏在孢丝的网眼中,成熟时,包被破裂,借助孢网的弹力把孢子弹出。孢子在适合的环境下,即可萌发为具二条不等长鞭毛的游动细胞。游动细胞的鞭毛可以收缩,使游动细胞变成一个变形体状细胞,称变形菌胞。由游动细胞或变形菌胞两两配合,形成合子,合子不需休眠,合子核进行多次有丝分裂,形成多数双倍体核,构成一个多核的变形体(图 12-18)。

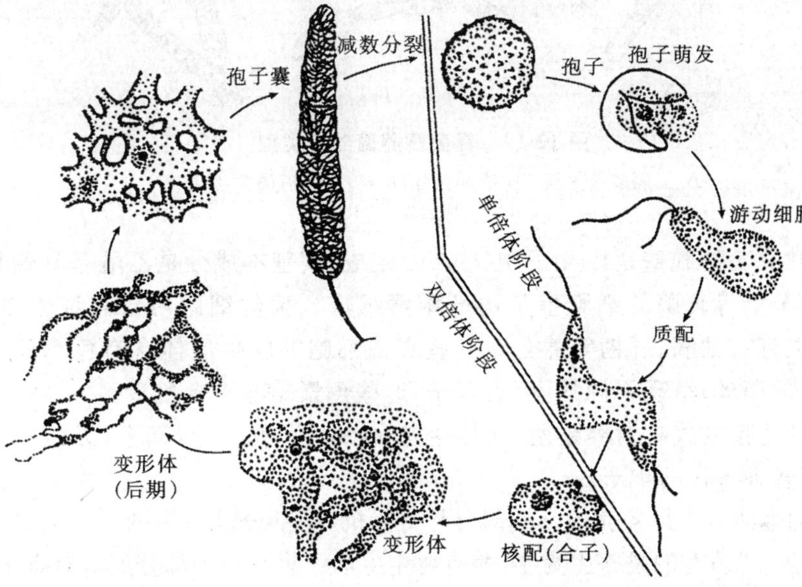

图 12-18　发网菌属的生活史

(引自中山大学,1978)

由于黏菌营养体是没有细胞壁的裸露原生质体,免除了在研究植物细胞过程中需要去壁的程序,因此黏菌(*Dictyostelium discoideum*)是研究多细胞生物发育状况的一种很好的模式生物。黏菌 6 条染色体中的占总基因组近 1/4 大小的第 2 号染色体已经完成测序工作,从演化角度讲,这一序列在蛋白水平上与多细胞动物的相似性要大于与植物和真菌的相似性,从而证实了黏菌的位置在植物界和动物界分化之后。

三、真菌门(Eumycophta)——结构较为复杂的真核菌类

(一)一般特征

真菌的营养体除少数原始种类是单细胞外,一般都是由向四周伸展的分枝丝

状体所构成，特称菌丝体(mycelium)，构成菌丝体的每一根丝称为菌丝(hyphae)。菌丝有的分隔，有的不分隔。不分隔的菌丝实为一个多核的大细胞(图 12-19)。菌丝缠绕在一起形成菌丝体。高等类型的真菌进行有性生殖时，常形成特殊的菌丝组织结构，其中产生有性孢子，此种组织结构称子实体(sporophore)。

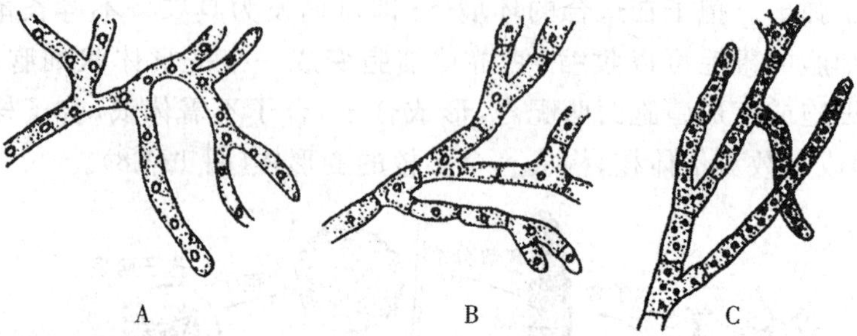

图 12-19 真菌营养菌丝的类型

A. 无隔多核菌丝 B. 有隔菌丝(单核) C. 有隔菌丝(多核)
(引自周云龙，1999)

大多数真菌细胞壁是由几丁质(chitin)组成，其基本成分是乙酰基葡萄糖直链多聚体，部分低等真菌的细胞壁是由纤维素组成。菌丝细胞内含有细胞核、细胞质、液泡，贮存有油滴、肝糖等养分。有些真菌细胞的原生质体含有色素而使菌丝(尤其是老的菌丝)呈现不同的颜色，但是，这些色素是非光合色素。

真菌的生殖方式有营养繁殖、无性生殖和有性生殖三种，其中，无性生殖极为发达，形成各种各样的孢子。

真菌的生活方式是异养的。一部分是寄生的，一部分是腐生的。有的是腐生为主，兼有寄生生活；有的是寄生为主，兼有腐生生活。只有一小部分是绝对寄生的，这部分常常造成农作物病害——如小麦秆锈病(*Puccinia graminis*)等的主要病原菌。

真菌的分布极广，陆地、水中及大气中都有，尤其以土壤中最多。

(二)代表植物

真菌的种类很多，有 3 800 多属，70 000 种以上，可分为 4 纲：藻菌纲、子囊菌纲、担子菌纲和半知菌纲。

1. 藻菌纲(Phycomycetes) 植物体多为分枝的丝状体，菌丝不具横隔，含多核。繁殖方式与某些藻类很相似。本纲有 200 多属，常见植物为黑根霉。

黑根霉(匍枝根霉)(*Rhizopus nigricans*)，也称面包霉，多腐生于富含淀粉的食物上。菌丝横生，向下生有假根；向上可生出孢子囊梗，其先端分隔形成孢子囊，其中产生许多内生孢子，孢子成熟后呈黑色，当孢子散落在适宜的基质上，就萌发成新的植物。它们可进行有性接合生殖(图 12-20)。黑根霉常使蔬菜、水果、食物等腐烂。甘薯贮藏期间，如遇高温、高湿和通风不良，常由它引起软腐病。

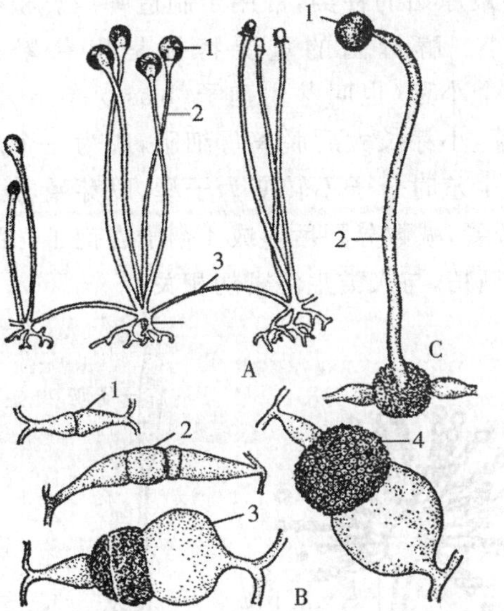

图 12-20　黑根霉的形态和繁殖

A. 菌丝体的一部分：
1. 孢子囊　2. 孢子囊梗
3. 匍匐枝　4. 假根
B. 接合过程：
1. 突起　2. 配子囊
3. 配子囊柄　4. 接合孢子
C. 接合孢子的萌发和接合孢子囊的形成：
1. 接合孢子囊　2. 孢子囊柄

2. 子囊菌纲(Ascomycetes)　菌丝有分隔，有性生殖时形成子囊(ascus)、子囊孢子(ascuspore)及子囊果。子囊是有性生殖时两性核结合的场所，经减数分裂子囊中形成子囊孢子，一般是 8 个。本纲的子实体也称为子囊果(ascocarp)，其周围是菌丝交织而成的包被(peridium)，即子囊果的壁。子囊果内排列着子囊层，子囊之间有侧丝(不育菌丝)。子囊果有如图 12-21 所示的 3 种类型。①子囊盘(apothecium)：子囊果呈盘状、杯状或碗状，子实层常露在外；②子囊壳(perithecium)：子囊果呈瓶形，顶端有孔口，这种子囊果常埋于子座(stroma)中；③闭囊壳(cleistothecium)：子囊果呈球形，无孔口，完全闭合(图 12-21)。子囊果的形状是子囊菌纲分类的重要依据，但有的种类无子囊果。

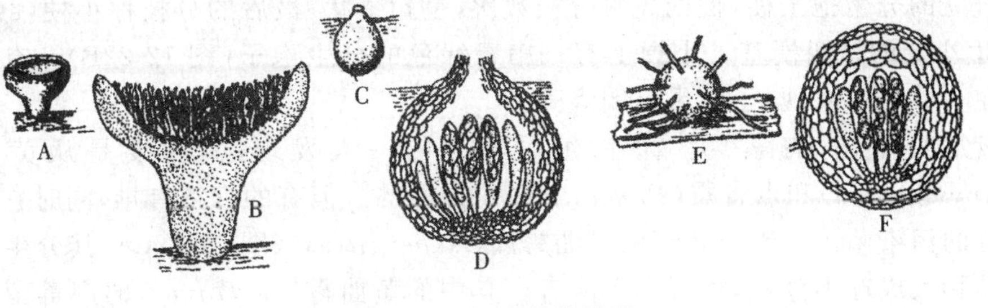

图 12-21　子囊果的类型

A. 子囊盘　B. 子囊盘纵切放大　C. 子囊壳　D. 子囊壳纵切放大
E. 闭囊壳　F. 闭囊壳纵切放大

本纲常见的属有酵母菌属、青霉属、曲霉属和虫草属。

(1)酵母菌属(*Saccharomyces*):是本纲中最原始的种类,常用于制造啤酒。植物体为单细胞,卵形,有一个大液泡,核很小。酵母菌的重要特征是出芽繁殖(图 12-22A),即首先在母细胞的一端形成一个小芽(也叫芽生孢子(blasto spore)),老核分裂后形成子核,其中一个子核移入小芽,小芽长大后脱离母细胞,成为一个新酵母菌。芽细胞可以相连成为假菌丝。有性生殖时合子不转变为子囊,以芽殖方式产生二倍体的细胞,由二倍体的细胞转变成子囊,减数分裂后形成 4 个子囊孢子。酵母能将糖类在无氧条件下分解为二氧化碳和酒精,与人类生活密切相关。

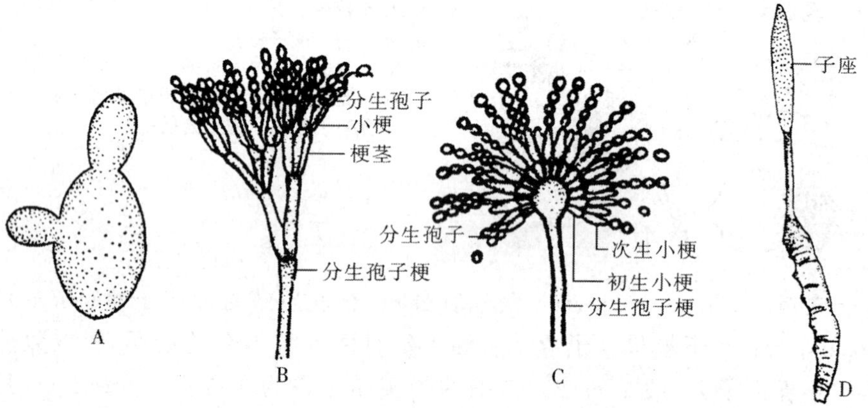

图 12-22　子囊菌的多样性

A. 酵母菌属　B. 青霉属　C. 曲霉属　D. 虫草属

目前对酵母菌的研究已非常透彻,1996 年已完成了酿酒酵母菌的基因组的测序工作,并绘制出酵母染色体的完整图谱;酵母菌是第一个被完整测序的真核生物。在基因工程研究领域酵母菌被广泛用于构建基因转化和表达体系。

(2)青霉属(*Penicillium*):主要是以分生孢子繁殖。繁殖时从菌丝体上产生很多直立的分生孢子梗,梗的先端分枝数次,呈扫帚状,最后的分枝称小梗(sterigma),生小梗的枝叫梗基。小梗上有一串青绿色的分生孢子(图 12-22B)。有性生殖仅在少数种中发现,子囊果是闭囊壳。

盘尼西林(青霉素)是 20 世纪医学上的一大发现,其主要是从黄青霉(*P. chrysogenum*)和点青霉(*P. notatum*)中提取的。但有的青霉有毒,同时它们也是常见的污染菌。与青霉相近的是曲霉属(*Aspergillus*)(图 12-22C),其分生孢子梗顶端膨大成球不分枝,可区别于前者。其中的黄曲霉(*A. flavus*)的产毒菌株产生黄曲霉素,毒性很大,能使动物致死和引起癌症。

(3)虫草属(*Cordyceps*):在鳞翅目昆虫体内寄生的子囊菌,其中冬虫夏草

(*C. sinensis*)(图 12-22D)最著名。该菌的子囊孢子秋季侵入鳞翅目幼虫体内，幼虫仅存完好的外皮，虫体内菌丝形成菌核。越冬后，次年春天从幼虫头部长出有柄的棒状子座。由于子座伸出土面，状似一颗褐色的小草，故该菌有冬虫夏草之名。该菌为我国特产，是一种名贵补药，有补肾和止血化痰之效。

3. 担子菌纲(Basidiomycetes)　菌丝有分隔，有性生殖时形成担子(basidium)，它是两性核配的场所。担子上常生有 4 个担孢子(basidiospore)。担子菌的子实体也称为担子果，是高等担子菌产生担子和担孢子的一种结构，其大小、形状、质地、色泽差异很大。

(1)伞菌属(*Agaricus*)：子实体由菌盖(pileus)、菌褶(gills)、菌柄(stipe)和菌环(annulus)(菌盖张开时残留在菌柄上的环状膜)组成。菌褶的表面是子实层，子实层由担子和不产生孢子的侧丝组成，担子不分隔、棒状，顶端有 4 个小梗，每个小梗上长 1 个担孢子。担孢子成熟后脱落，生成单核菌丝，经过复杂的变化，又生成子实体(图 12-23)。

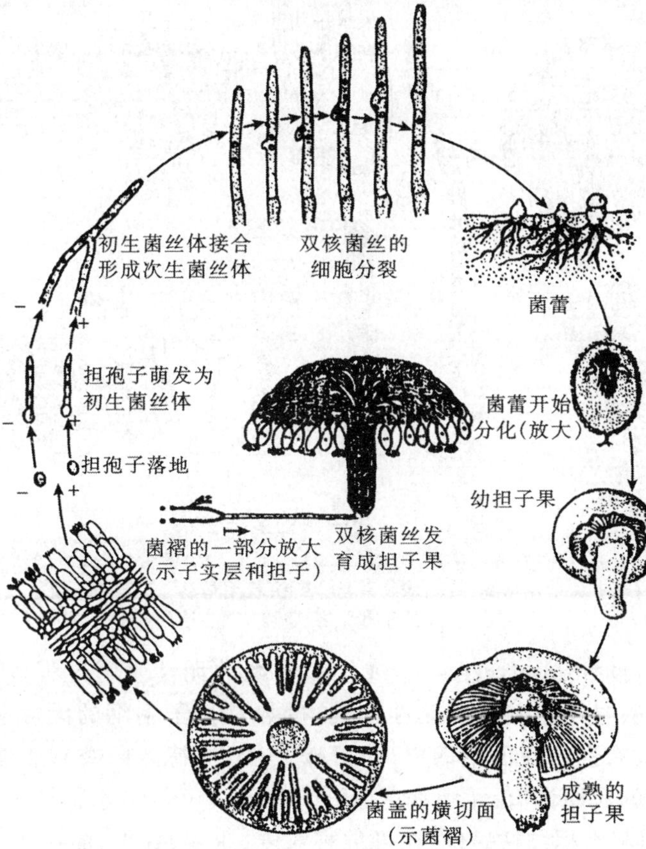

图 12-23　蘑菇的生活史

(引自中山大学，1978)

本纲常见的食用菌还有平菇(*Pleurotus ostreatus*)、香菇(*Lentinus edodes*)、口蘑(*Tricholma gambosum*)等,它们都是美味和营养丰富的食品。作为食用和药用的还有:木耳(*Auricularia auricula*)、银耳(*Tremella fusiformis*)、猴头(*Hericium erinaceus*)等。药用的有猪苓(*Polyporus umbellatus*)、灵芝(*Ganoderma lucidium*)、茯苓(*Poria cocos*)等。常见的农作物病原菌有:麦类秆锈病菌(*Puccinia graminis*)、玉米黑粉病菌(*Ustilago maydis*)等(图 12-24)。

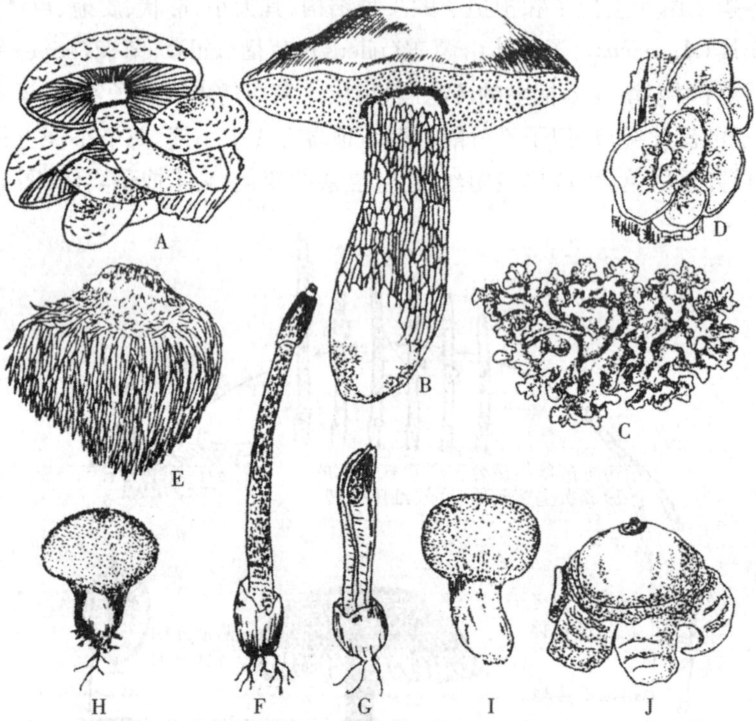

图 12-24 担子菌的多样性

A. 香菇 B. 美味牛肝菌 C. 银耳 D. 木耳 E. 猴头 F. 红鬼笔 G. 五棱散尾鬼笔 H. 网纹马勃 I. 头状秃马勃 J. 尖顶地星

(引自周云龙,1999)

4. 半知菌纲(Deuteromycetes) 现仅知本纲的无性生殖过程,不了解其有性生殖。本纲大多数是子囊菌纲的无性阶段,少数是担子菌纲的无性阶段。这些种类中,一旦发现其有性阶段的生活史,便可按其性质、特点归类到子囊菌纲或担子菌纲。本纲常见的病原菌有:稻瘟病菌(*Piricularia oryzae*),水稻纹枯病菌(*Rhizoctonia soleni*),除引起水稻纹枯病外,还可危害大麦、小麦、豆类、棉花、马铃薯等作物;棉花炭疽病菌(*Colletotrichum gossypii*)引起棉花苗期和铃期最重要的病害。

(三)真菌门的起源和演化

1. *真菌的起源和演化*　关于真菌的起源问题,有很多不同的看法,归纳起来有两种观点。

(1)多元论:认为真菌由失去叶绿素不能进行光合作用的不同藻类演化而来。这是根据真菌性器官的形态及交配的方式来推测的。如认为藻菌纲来源于绿藻门的管藻目,子囊菌纲来源于红藻门的真红藻纲。虽然也提出一些论据,但却难以令人信服。

(2)单元论:认为整个真菌门起源于原始鞭毛生物。因为藻菌纲菌类的原始类型都有游动孢子,可以认为藻菌纲是直接由原始鞭毛生物进化而来的。一般认为子囊菌纲起源于藻菌纲,担子菌起源于子囊菌。

2. *真菌从水生到陆生的演化*　藻菌纲中的若干种类是水生的,它们的游动孢子、游动配子或精子都具有鞭毛,代表着较原始的类型。子囊菌纲可能是由藻菌纲中能产生静孢子的类型进化而来的。子囊菌纲和担子菌纲的生活史完全没有游动细胞;形成的子实体的子实层的面积不断增加;孢子数量大大增多;孢子散播的方式也有了进步,有些种类利用昆虫和其他动物来散播孢子,这些都使真菌更适应陆生生活。

真菌在适应陆生生活的过程中,首先以菌丝体深入基质,避免了陆生环境的干燥和营养物质的缺乏。子实体结构的发展,保证了形成孢子所需的营养,提高孢子形成过程的保护作用;增加了产生孢子的面积,以适应不利季节的来临。真菌产生的孢子小而轻、不仅量大而且种类繁多,减低了干燥、寒冷、炎热等陆上环境对植物生存的威胁。上述这些特征使真菌适应了陆生生活,成为陆地上最繁荣的低等、异养植物。

第三节　地衣植物——藻类与真菌共生的植物

一、地衣植物的特征

地衣(Lichenes)是藻类和真菌共生的植物。共生的真菌绝大多数为子囊菌;共生的藻类主要是蓝藻(念珠藻等)和绿藻;共生藻类为整个植物体制造养分;共生菌类吸收水分和无机盐,为藻类制造养分提供原料,并围裹藻类细胞,以保持一定的湿度。

二、地衣的形态和构造

根据形态特点地衣可分为:①壳状地衣,植物体紧贴基质,难以分开;②叶状地衣，植物体有背腹面，以假根或脐固着于基物上，易于采下；③枝状地衣，植物体直立或下垂如丝，多分枝（图 12-25）。

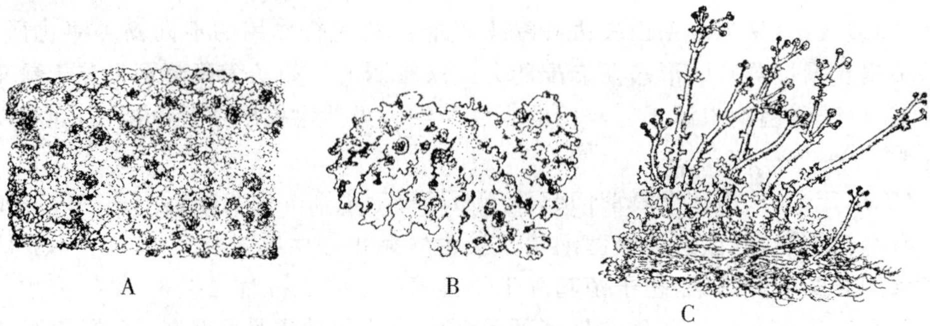

图 12-25 地衣的三种形态

A.壳状地衣 B. 叶状地衣 C. 枝状地衣

叶状地衣的植物体由上皮层、藻胞层和下皮层组成。上下皮层由横向分裂的菌丝紧密交织而成。地衣所呈现的各种色彩，主要是因为上皮层内含有大量橙色与黄色色素。藻细胞分布于上皮层之下，成层排列的，称为异层地衣；藻细胞散乱分布的地衣称为同层地衣（图 12-26）。在异层地衣中，藻胞层之下和下皮层之上为髓层，在同层地衣中则无藻胞层和髓层的区别。上下皮层并不是每种地衣都具有。

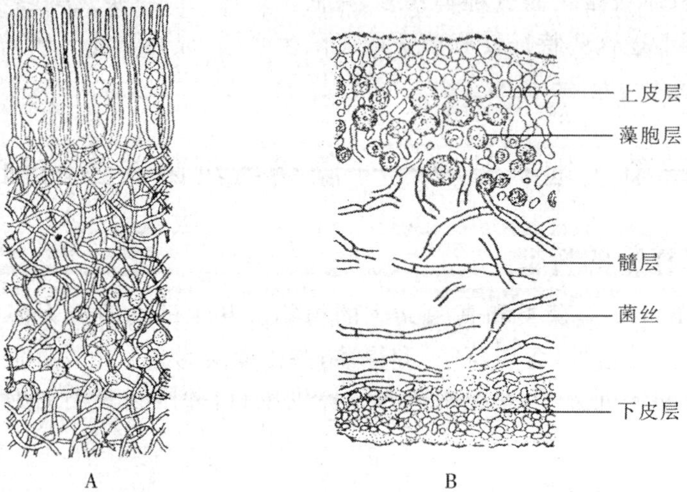

图 12-26 地衣剖面的结构

A. 同层地衣 B. 异层地衣

一般典型的壳状地衣多缺乏皮层或只有上皮层。髓层由无色的蛛网状菌丝组成，有较大的细胞腔。菌丝间有许多大的空隙。髓层的主要功能是贮存空气、水分和养分，也是多数无色地衣酸所沉积的部位。

三、地衣的繁殖

营养繁殖是地衣最普遍的繁殖形式——一个地衣断裂为数个裂片，每个裂片均可发育为一个个体。有性生殖是以其共生的真菌独立进行的。

四、地衣在自然界的作用及其经济价值

地衣能生长在裸露的岩石、土壤或树干上，寒带积雪的冻原也能生长。它对于岩石风化、土壤形成都起促进作用，并且是其他植物的开路先锋。地衣有的可作药用，如石蕊（*Cladonia cristutella*）、松萝（*Usnea subrobusta*）等。地衣酸有抗菌作用；多种地衣体内的多糖有抗癌能力。地衣中含地衣淀粉，因此，多种地衣可供食用和作饲料。另外，地衣对 SO_2 反应敏锐，工业区附近地衣不能生长，所以地衣可用作对大气污染的监测指示植物。地衣也有危害的一面，如云杉、冷杉林中，树冠上常被松萝挂满，导致树木死亡。有的地衣生长在茶树和柑橘上，危害较大。

第四节　苔藓植物——配子体发达的高等植物

苔藓植物（Bryophyta）是高等植物中最原始的陆生类群，它们虽然脱离水生环境进入陆地生活，但多数仍需生长在潮湿地区，所以它们是从水生到陆生的过渡类群。生活史中有明显的世代交替，配子体发达占优势，孢子体必须在配子体上生长发育。植物体内无维管组织分化，属非维管植物。配子体为小型多细胞绿色植物，具假根和类似茎、叶的器官分化。有性生殖时，配子体上产生多细胞的雌雄生殖器官分别称为颈卵器（darchegonium）和精子器（antheridium），在其内部分别产生卵细胞和精子（图 12-27）。精子能游动，借助于水可游至颈卵器内与卵细胞结合。受精卵（合子）在颈卵器中发育成胚，由胚发育成孢子体。孢子体包括孢蒴（孢子囊）、蒴柄和基足，基足伸入配子体的组织中吸收养料。孢子囊内的孢子成熟后释放出来，在适宜的环境条件下，萌发成原丝体，由原丝体又可形成新的配子体。

现有的苔藓植物约有 40 000 种，我国约有 2 100 种。本门分为苔纲（Hepaticae）、角苔纲（Anthocerotopsida）和藓纲（Musci）。

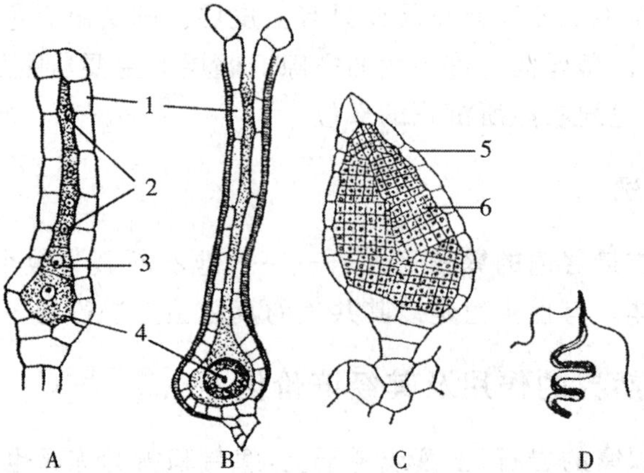

图 12-27　钱苔属的精子器与颈卵器

A、B. 不同时期的颈卵器　C. 精子器　D. 精子　1. 颈卵器的壁　2. 颈沟细胞　3. 腹沟细胞　4. 卵　5. 精子器的壁　6. 产生精子的细胞

一、苔纲(Hepaticae)

(一)一般特征

植物体为叶状体(或有拟茎、叶的分化),有背腹之分,常为两侧对称;有单细胞的假根。孢子萌发后,原丝体阶段不发达。

(二)代表植物

地钱(*Marchantia polymorpha* L.),生于阴湿之地,配子体为绿色扁平分叉的叶状体,在腹面长有假根。地钱主要以胞芽(gemma)进行营养繁殖,胞芽生于叶状体背面的胞芽杯(gemma cup)中,呈绿色圆片形,两侧有凹口,下部有柄。成熟后自柄处脱落,在土壤中萌发成新的植物体。地钱的配子体是雌雄异株,在雄配子体上产生精子器托;在雌配子体上产生颈卵器托。精子器托和颈卵器托皆由托盘和托柄两部分组成,前者托盘边缘浅裂;后者托盘边缘深裂,形成指状芒线,呈辐射芒指状,颈卵器倒生于其间。成熟精子随水进入颈卵器与卵结合形成合子,合子在颈卵器内发育成胚,由胚成长为孢子体。孢子体基部为基足(foot),伸入配子体中吸取养分;孢子体上部为孢蒴(capsule)。孢蒴下有蒴柄(seta)。孢蒴中的孢子母细胞经过减数分裂形成孢子。孢蒴中有长形、壁上有螺旋状增厚的弹丝(elater),可助孢子的散出。孢子同型异性,在适宜的环境中,萌发成异性的原丝体,进而分别生成雌、雄配子体(图 12-28)。

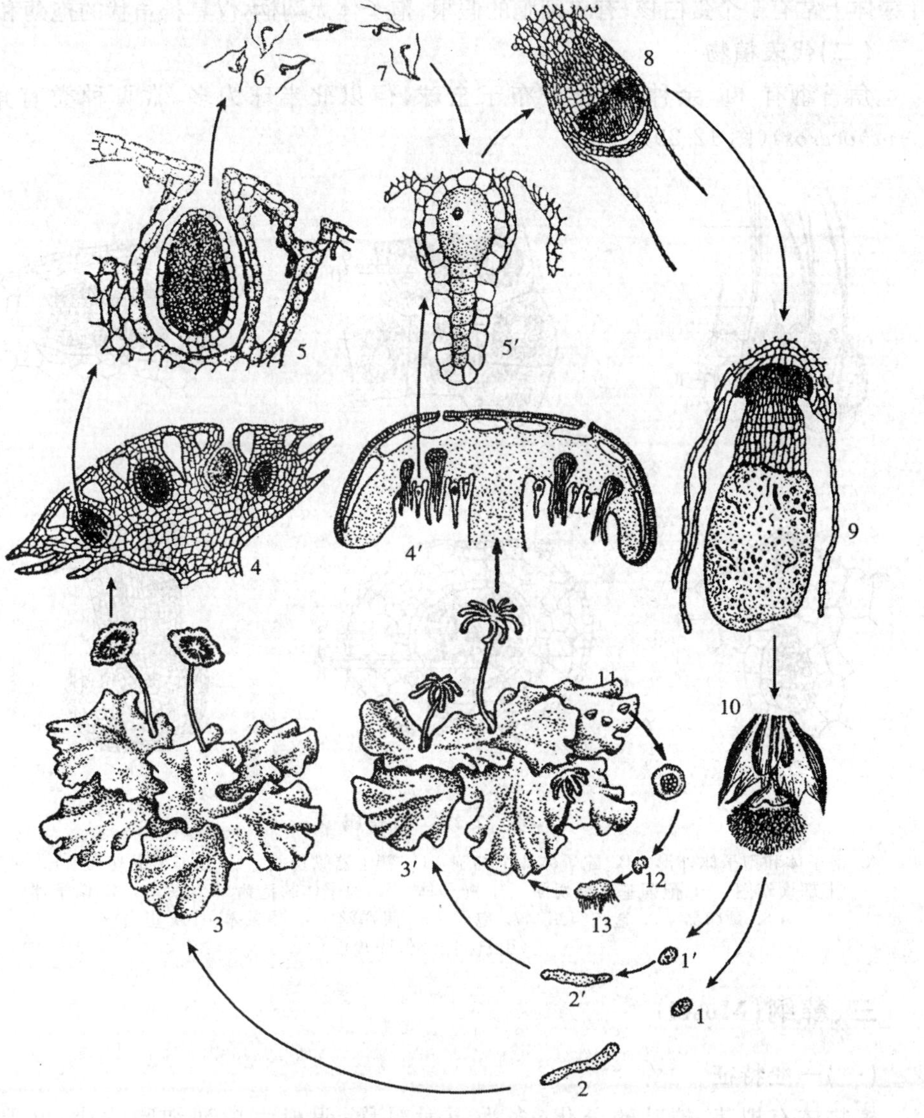

图 12-28　地钱的生活史

1、1′. 孢子　2、2′. 原丝体　3. 雄株　3′. 雌株　4. 精子器托纵切面　4′. 颈卵器托纵切面　5. 精子器　5′. 颈卵器　6. 精子　7. 精子借水的作用与卵结合　8. 受精卵发育为胚　9. 胚发育为孢子体　10. 孢子体成熟后孢子及弹丝散发　11. 芽杯内胞芽成熟　12. 胞芽脱离母体　13. 胞芽发育为新植物体

二、角苔纲(Anthocerotopsida，Anthocerotae)

(一)一般特征

植物体为叶状体;结构较简单,植物体每个细胞仅具 1 个或 2～8 个大的叶绿体,在

叶绿体上常有1个蛋白核;有单细胞的假根;孢子体无蒴柄,仅具长角状的孢蒴和基足。

(二)代表植物

角苔纲有300余种,广泛分布于全球,但以北半球为多,常见种类有角苔属(*Anthoceros*)(图12-29)。

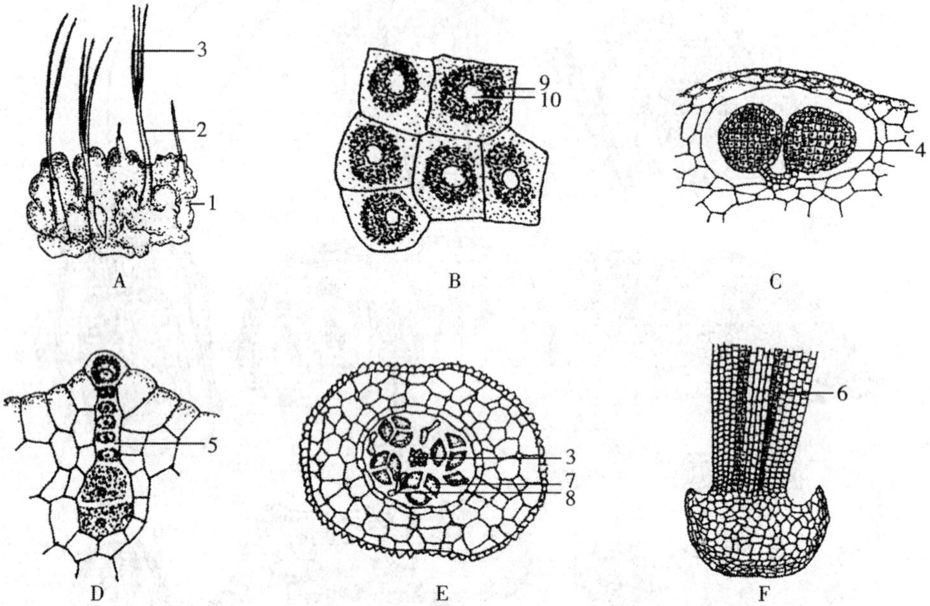

图 12-29 角苔属

A. 配子体和孢子体外形 B. 配子体几个细胞 C. 精子器纵切面 D. 颈卵器纵切面 E. 孢蒴上部横切图 F. 孢蒴基部纵切面 1. 配子体 2. 孢子体的孢蒴 3. 蒴轴 4. 精子器 5. 颈卵器 6. 造孢组织 7. 孢子 8. 假弹丝 9. 叶绿体 10. 蛋白核

(引自周云龙,1999)

三、藓纲(Musci)

(一)一般特征

植物体有拟茎、拟叶的分化,多为辐射对称;假根由单列细胞构成;叶常具中肋。孢子萌发形成原丝体(protonema)。在原丝体上生出带叶的配子枝(gametophpre)。孢子体的结构较苔类复杂,孢蒴有蒴轴。

(二)代表植物

葫芦藓(*Funaria hygrometrica* Hedw),常生活在有机质丰富的土地上。植物体(配子体)直立矮小,多呈黄绿色,具拟茎、叶分化和假根;叶生于茎的中上部,叶长舌形,有一条中肋。雌雄同株,但雌雄异枝;雄枝先生长,雌枝稍后生长。雌枝端的叶集生呈芽状，其中有几个具柄的颈卵器，但通常只有一个颈卵器发育成孢子体。雄枝端的叶较大，枝顶端集生多个精子器。当生殖器官成熟时，精子器顶端裂开，精子溢出，借助于水游入颈卵器中与卵结合。卵受精后形成合子，合子不经休眠，在颈卵器中发育成胚，胚逐渐分化发育成孢子体。颈卵器随着孢子体的增长而增长。孢子体的柄迅速增长，使颈卵器断裂成为上下两部分，上部成为蒴帽(calytra)。孢子体由孢蒴、蒴柄和基足三部分组成。孢子体的主要部分是孢蒴，其中的造孢组织发育为孢子母细胞。孢子母细胞经减数分裂形成四分体孢子。孢子成熟后从孢蒴中散出，在适宜的环境条件下萌发形成原丝体。原丝体细胞含叶绿体，能独立生活，它向上生成芽体，再形成具有拟茎、叶和假根分化的配子体(图 12-30)。

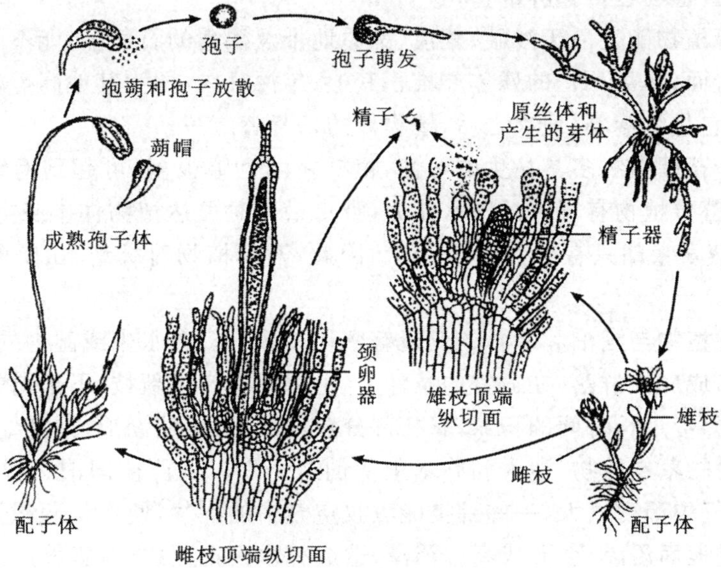

图 12-30　葫芦藓的生活史

四、苔藓植物小结

(一)苔藓植物的起源与进化

关于苔藓植物的起源，迄今仍认识不一，主要有两种观点。一种观点认为苔藓植物起源于古代绿藻类。其理由是：①它们所含的色素相同；贮藏的淀粉相同；②它们的游动细胞都具有 2 条顶生、等长的鞭毛；③苔藓植物的孢子萌发时须经过原丝体阶段，原丝体与分枝的丝状绿藻很相似。另一种观点认为苔藓植物是由裸蕨类植物退化而来。理由是裸蕨类中有的个体很像苔藓植物，没有真正的叶与根，孢子囊内亦有中轴构造，输导组织也有退化消失的情况等等。因而认为配子体占优势的苔藓植物，是由孢子体占优势的裸蕨植物通过孢子体逐步退化，配子体逐步复杂化的演变而来的。此外，根据地质年代记载，裸蕨类出现在志留纪，而苔藓植物发现于泥盆纪中期，晚出现数千万年，从年代上也可以说明其进化顺序。但是两种观点同样缺乏足够的论据。

苔藓植物的配子体虽然有茎、叶的分化，但是构造简单，没有真正的根，没有输导组织，喜欢阴湿；有性生殖时，必须借助于水，这都说明它是由水生到陆生的过渡类型，尚不能像其他孢子体发达的高等植物一样，充分适应陆生生活。另外，苔藓植物的孢子体不能独立生活，须在配子体上生长发育，因此有学者认为苔藓植物在植物界的系统演化中，只能是一个盲枝。

(二)苔藓植物在自然界的作用

(1)苔藓植物能生活于沙碛、荒漠、冻原地带及裸露的石面上，能不断分泌酸性物质，溶解岩面，本身死亡的残体亦堆积其上，年深日久，即为其他高等植物创造了生存条件。它是继蓝藻、地衣之后，植物界的拓荒者之一。

(2)由于苔藓植物多具丛生的习性，植株之间空隙很多，可起到毛细管的吸水作用。因此苔藓植物有很大的吸水能力，吸水量高时可达植物体本身重量的15～20倍，而其蒸发量却只有净水面的1/5。因此，苔藓植物对林地、山野的水土保持有一定作用。

(3)苔藓植物与湖泊和森林的变迁有密切关系。多数水生或湿生的藓类，常在湖泊、沼泽形成广大群落，在适宜的条件下，上部逐年产生新枝，下部老的植物体逐渐死亡、腐朽，经过长时间的积累，腐朽部分愈堆愈厚，可使湖泊、沼泽干枯，逐渐陆地化，为陆生的草本植物、灌木和乔木生活创造条件。从而使湖泊、沼泽演替为森林。如果空气中湿度过大，一些藓类能吸收空气中的湿气，使水长期积蓄于藓丛之中，也能促进地面沼泽化，形成高位沼泽，造成林木大批死亡，对森林危害甚大。因此，它对湖泊、沼泽的陆地化和陆地的沼泽化，起着重要的演替作用。

(4)在不同生态条件下，常出现不同种类的苔藓植物，因此，苔藓植物可作为某一生态条件的指示植物。如泥炭藓类多生于我国北方的落叶松和冷杉林中。金发藓多生于红松和云杉林中。

(5)因苔藓植物对空气中二氧化硫和氟化氢等有毒气体很敏感，可作监测大气污染的指示植物。

(6)一些苔藓植物可作药用，如大金发藓(*Poltrichum commune*)，全草能乌发、利便、活血、止血。

另外，由于苔藓植物有很强的吸水能力，在园艺上常用以包装运输新鲜苗木或作播种后的覆盖物。苔藓类形成的泥炭，可作燃料及肥料。

第五节　蕨类植物——现存最早的维管植物

一、蕨类植物的一般特征

蕨类植物(Pteriophyta)又称羊齿植物(fern),为陆生、淡水生或附生植物。生活史中具有明显的世代交替现象,孢子体占优势,但孢子体和配子体皆能独立生活。孢子体多年生,有根、茎、叶的分化,内有维管组织,是维管植物;配子体又称原叶体,结构简单。孢子体在无性生殖时产生孢子。在配子体上产生有性生殖器官精子器和颈卵器。精子有鞭毛,受精过程必须借助于水。现有的蕨类植物约有12 000种,我国约有2 600种。

二、蕨类植物的分类及代表植物

蕨类植物门包括5个纲:石松纲(Lycopodinae)、水韭纲(Isoetinae)、松叶蕨纲(Psilotinae)、木贼纲(Eguisetinae)和真蕨纲(Filicinae)。前4纲为小型叶蕨类(小型叶指叶没有叶隙和叶柄,只有一个单一不分枝的叶脉),又称为拟蕨植物(fern allies),是一些较原始而古老的蕨类植物,现有的种类较少。真蕨纲是蕨类植物中进化水平最高的类群,大多数为大型叶蕨类(大型叶是指叶有叶柄,具维管束,有或无叶隙,叶脉多分枝),是现代较为繁茂的蕨类植物。

(一)石松纲(Lycopodinae)

孢子体多为二叉式(dichotomy)分枝,小型叶(拟叶),常螺旋状排列,有时对生或轮生,有或无叶舌,孢子囊有厚壁,单生于孢子叶(sporphyll)叶腋的基部,或聚生于枝端成孢子叶球(strobile),或称为孢子叶穗(sporophyll spike)。孢子同型(homospory)(产生的孢子大小相同)或孢子异型(heterospory)(产生的孢子有大小之分)。现仅有石松目和卷柏目。常见的有卷柏(俗称九死还魂草(*Selaginella tamariscina* (Beauv.) Spr.)(图 12-31)、中华卷柏(*Selaginella*

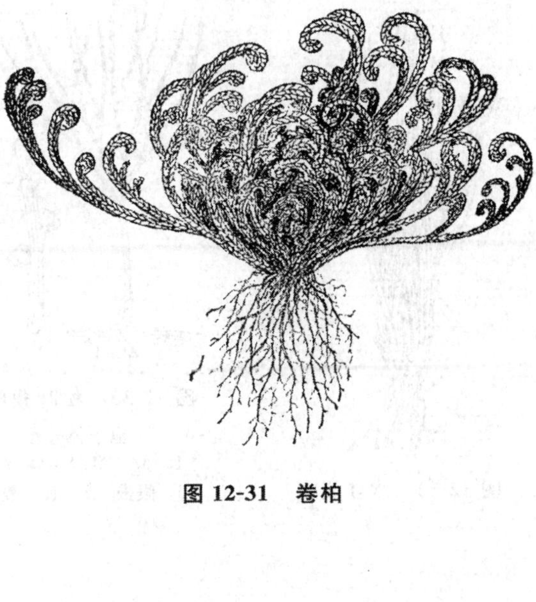

图 12-31　卷柏

sinensis(Desv.)Spr.)。

(二)水韭纲(Isoetinae)

孢子体为草本,茎粗短似块茎状,具原生中柱,有螺纹及网纹管胞。叶具叶舌,孢子叶的近轴面生长孢子囊,孢子有大小之分。游动精子具多鞭毛。水韭纲现仅存水韭属(*Isoetes*),约有70种,我国有2种,常见的为中华水韭(*I. sinensis* Palmer)(图12-32)。

(三)松叶蕨纲(Psilotinae)

也称裸蕨纲,是原始的陆生植物类群,孢子体具匍匐的根状茎和直立的气生枝,无真根,仅在根状茎上生毛状假根,这和其他维管植物不同。气生枝二叉分枝,具原生中柱,很多古代的种类无叶,现在生存的种类具小型叶,但无叶脉或仅有单一叶脉。孢子囊大都生在枝端(图12-33),这些都是比较原始的性状。

松叶蕨纲的植物绝大部分已经绝迹,成为化石植物。我国只有松叶蕨属(*Psilotum*)1属,分布于我国南方的有松叶蕨(*P. nudum*(L.)Grised.)。

(四)木贼纲(Eguisetinae)

茎有明显的节和节间,叶小,鳞片状轮生。孢子囊穗生于枝顶,孢子叶盾状,下生多个孢子囊,孢子同型,有2条弹丝(elater),螺旋形游动孢子,具有多数鞭毛。现在仅存木贼属(*Equisetum*)1属,约30种,我国约有9种。常见的有问荆(*E. Arvense* L.)(图12-34),它是一种田间杂草,入药有清热利尿的作用。节节草(*E. ramosissimum* Desf.)、木贼(*E. hiemale* L.)可作药用和磨光材料。

图12-32 水韭属

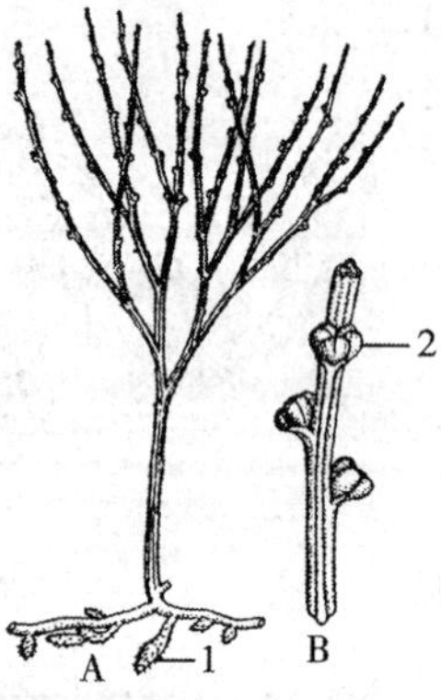

图12-33 松叶蕨属

A. 孢子体外形
B. 孢子囊着生情况
1. 假根 2. 孢子囊

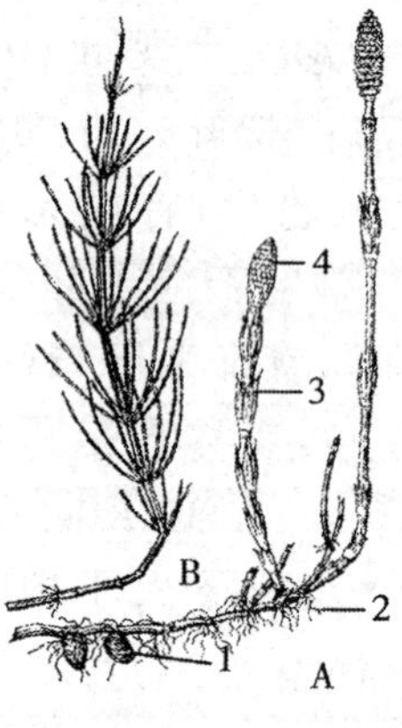

图12-34 问荆

A. 根茎及生殖枝 B. 营养枝
1. 块茎 2. 不定根
3. 轮生的叶 4. 孢子叶球

(五)真蕨纲(Filicinae)

叶为大型叶。孢子囊着生于叶缘或叶背,汇集成各种孢子囊群(sorus),有或无囊群盖(indusim)。孢子同型。配子体常为心形,生殖器官生于腹面。真蕨是现今最繁茂的蕨类植物,有10 000种以上,我国有40科,约2 500种。现以肾蕨为例说明蕨类植物生活史。

肾蕨(*Nephrolepis cordifolia*(L.) Trimen),也称蜈蚣草。有两种茎,一种是根状茎,根状茎二叉分枝,横卧地下,向上丛生大型羽状复叶,幼小的叶子顶端拳卷,生长中逐渐伸开。另一种是匍匐茎,位在地表,其顶端又可再深入土中,形成球茎。球茎和匍匐茎都有营养繁殖的能力。在茎的内部分化出同心圆的维管束,其木质部中有管胞,韧皮部中有筛胞,没有伴胞。叶片结构与双子叶植物的叶片结构非常相似,都有叶肉组织和维管束。叶肉分化为栅栏组织和海绵组织。

肾蕨的植物体是孢子体(图12-35),在叶片的背面有两行肾形的孢子囊群,孢子囊群被一层由叶片表面形成的薄膜——囊群盖所遮盖。孢子囊有一细长的柄;孢子囊壁由厚壁细胞构成,只是在近孢子囊柄的一侧有几个大的薄壁细胞(唇细胞)构成环带;孢子囊内的孢子母细胞经过减数分裂形成4个单倍体的孢子;孢子成熟后,孢子囊壁在唇细胞处开裂把孢子散出。

孢子散出落在适宜的潮湿土壤上面,萌发形成雌雄同体的配子体(图12-36),也称原叶体。原叶体呈绿色心脏形,直径数毫米,中央细胞层数较多,边缘则只有一层细胞。细胞都是薄壁细胞,细胞中含有叶绿体,能独立自养生活。在原叶体接

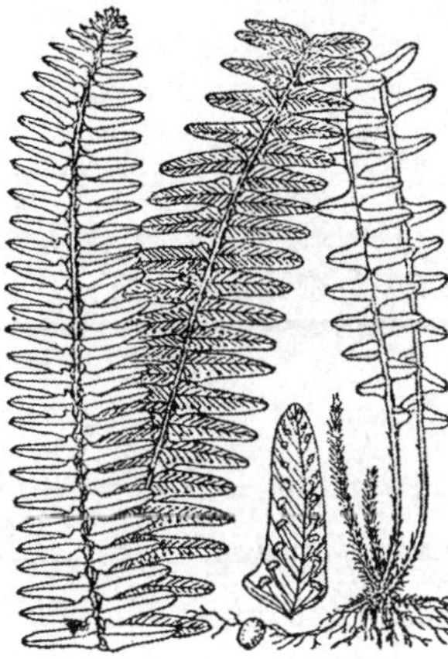

图12-35　肾蕨孢子体

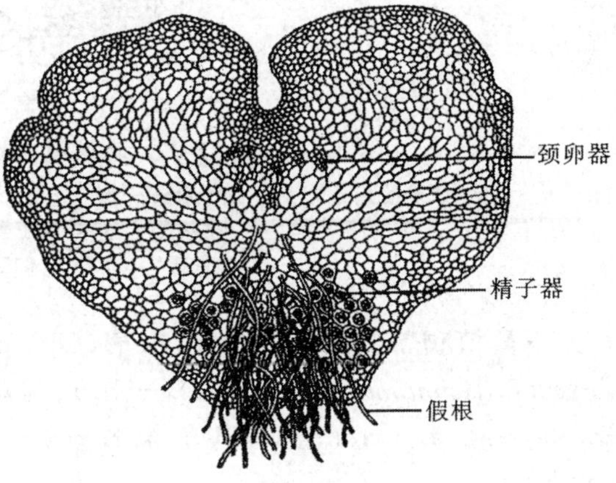

图12-36　肾蕨配子体

触地面的一侧(下面)生有许多假根。雌雄生殖器官都生在原叶体的下面。颈卵器多生于原叶体顶端凹陷处,颈卵器的腹部埋于原叶体的组织中,颈部伸出表面。精子器生于原叶体着生假根的部位,每一精子器产生数十个具有鞭毛的螺旋形的精子。成熟精子从精子器散出,借助于水游向颈卵器与卵结合受精。受精卵在颈卵器内分裂,形成具有根、茎、叶分化的幼小孢子体——胚。胚逐渐发育成独立自养生活的孢子体(图 12-37)。

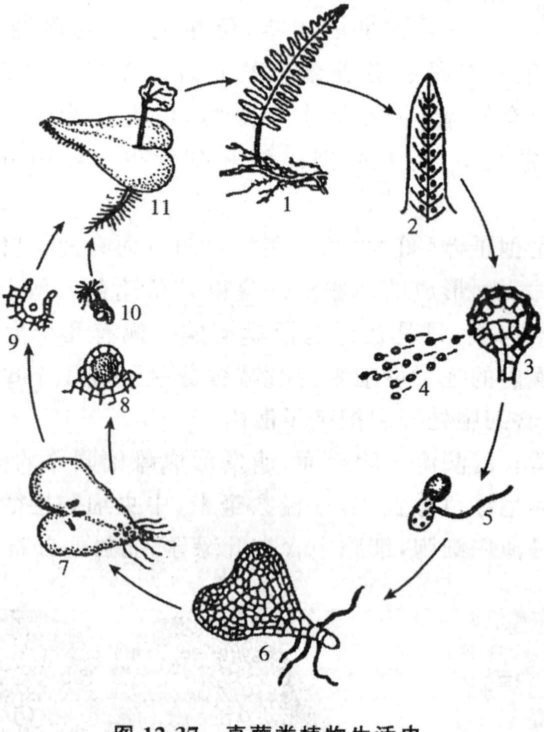

图 12-37　真蕨类植物生活史

1. 成熟的孢子体　2. 孢子叶的一部分　3. 孢子囊　4. 孢子　5. 孢子萌发　6. 幼配子体　7. 成熟配子体(具精子器及颈卵器)　8. 精子器　9. 颈卵器　10. 精子　11. 幼孢子体

真蕨类植物常见的还有瓶尔小草(*Ophioglossum vulgatum* L.)、芒萁(*Dicranopteris dichotoma* (Thunb.)Bernh.)、贯众(*Cyrtominm fortunei* J. Sm.)、槐叶苹(*Satvinia natans*(L.) All.)、满江红(*Azolla imbricata*(Roxb.) Nakai) 等(图 12-38)。

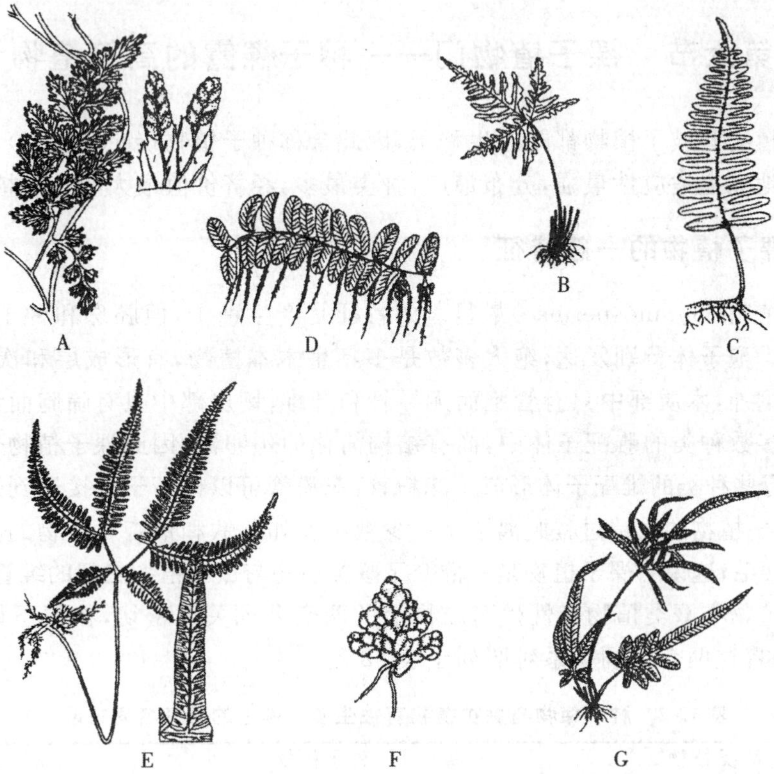

图 12-38　真蕨的多样性

A. 海金沙　B. 银粉背蕨　C. 水龙骨　D. 槐叶苹　E. 芒萁　F. 满江红　G. 井口边草

三、蕨类植物小结

(一)蕨类植物的起源与演化

一般认为蕨类植物起源于距今 4 亿年前的古裸蕨植物，而且多数学者又认为裸蕨起源于绿藻。其理由是裸蕨与绿藻有相同的叶绿素、相同的淀粉类贮藏物质，游动细胞都有等长的顶生鞭毛等。但尚缺乏足够的论据，有待进一步研究。

(二)蕨类植物在自然界的作用和经济价值

蕨类植物和人类关系十分密切。古代蕨类植物形成的煤炭，可提供大量能源；许多蕨类植物可作为药用，如卷柏、海金沙、贯众等；有些蕨可食用，如蕨菜。在工业上，石松可作为冶金工业上的优良脱膜剂；还可在火箭、信号弹、照明弹等各种照明工业上，用作突然起火的燃料。一些蕨类植物可作为环境指示剂。农业上，满江红因和蓝藻共生，是水稻良好的绿肥，也可做饲料。

第六节 裸子植物门——种子裸露的高等植物

裸子植物和被子植物都能产生种子，因此合称种子植物(seed plant)。种子植物是现代地球上适应性最强，分布最广，种类最多，经济价值最大的一类植物。

一、裸子植物的一般特征

裸子植物(Gymnospermae)最显著的特征是产生种子，但胚珠和种子裸露，不形成果实。孢子体特别发达，绝大多数是多年生木本植物，有形成层和次生生长。除买麻藤纲外，木质部中只有管胞而无导管和纤维；韧皮部中只有筛胞而无筛管和伴胞。大多数种类的雌配子体中，尚有结构简化的颈卵器，因此裸子植物也是颈卵器植物。有些种类的雄配子体形成了花粉管，花粉管可以把精子直接送到颈卵器中受精，使裸子植物的受精过程脱离了水。少数种类如苏铁和银杏属植物的游动精子具有多数鞭毛，这说明裸子植物是一群介于蕨类植物与被子植物之间的维管植物。

种子植物与蕨类植物有性生殖结构上的两套名词关系密切，在裸子植物中时常并用，现将这两套名词关系对照列于表 12-2。

表 12-2 种子植物与蕨类植物有性生殖结构上的两套名词关系

蕨类植物	种子植物
孢子叶球	花
小孢子叶	雄蕊
小孢子囊	花粉囊
小孢子母细胞	花粉母细胞
小孢子	花粉粒(单细胞时期)
雄配子体	花粉粒(2 细胞以上时期)和花粉管
大孢子叶	珠鳞(裸子植物)或心皮(被子植物)
大孢子囊	胚珠(珠心)
大孢子母细胞	胚囊母细胞
大孢子	初期胚囊(单核期)
雌配子体	成熟胚囊

二、分类及代表植物

裸子植物可分为 5 纲：苏铁纲(Cycadopsida)、银杏纲(Ginkgopsida)、松柏纲(Coniferopsida)、红豆杉纲(Taxopsida)和买麻藤纲(Gnetopsida)。

(一)苏铁纲(Cycadopsida)

常绿木本植物，茎粗壮，常不分枝。叶螺旋状排列，有鳞叶和营养叶，二者相互呈环状着生；鳞叶小，密被褐色毡毛；营养叶大，羽状深裂，集生于树干顶部。孢子叶球亦生于茎顶，雌雄异株。游动精子有多数鞭毛。

本纲植物在古生代末期二叠纪兴起，中生代的侏罗纪相当繁盛，以后逐渐趋于衰退，现仅存有 1 目，1 科，10 属，110 种。我国有苏铁科（Cycadaceae），苏铁属（*Cycas*），共 8 种。常见的有苏铁（*C. revoluta* Thunb.）。

苏铁为雌雄异株，大小孢子叶球均集生茎顶。大孢子叶两侧生有大型胚珠，具一层珠被，珠心顶端有贮粉室（pollen chamber），珠心中的大孢子母细胞经减数分裂形成大孢子，大孢子发育为雌配子体。在近珠孔处的雌配体上形成 2～5 个颈卵器。颈卵器颈部仅由 2 细胞组成，颈卵器中的腹部细胞分裂为 2 个，上面一个是腹沟细胞，不久解体，其下是一个卵细胞。小孢子叶上生有小孢子囊（花粉囊），其中的小孢子母细胞（花粉母细胞）经减数分裂，形成小孢子。成熟的小孢子，进入花粉室，生出花粉管，在花粉管中形成 2 个陀螺形、有多数鞭毛的精子。精卵结合后形成合子，继而发育为胚和种子（图 12-39）。

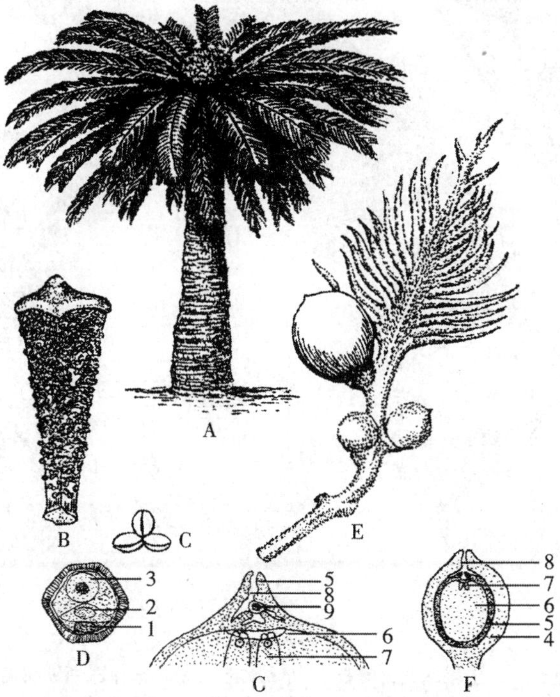

图 12-39　苏铁

A. 植株外形　B. 小孢子叶　C. 聚生的小孢子囊　D. 雄配子体　E. 大孢子叶　F. 胚珠纵切面，珠心及雌配子体的部分放大　1. 原叶细胞　2. 生殖细胞　3. 花粉管细胞（吸器细胞）4. 珠被　5. 珠心　6. 雌配子体　7. 颈卵器　8. 贮粉室　9. 贮粉室内的花粉粒

（引自周云龙，1999）

(二)银杏纲(Ginkgopsida)

本纲现仅残存1目,1科,1属,1种,即银杏科(Ginkgoaceae)的银杏(*Ginkgo biloba* L.)(图12-40)。为我国特产的孑遗植物,现已在国内外广为栽培。

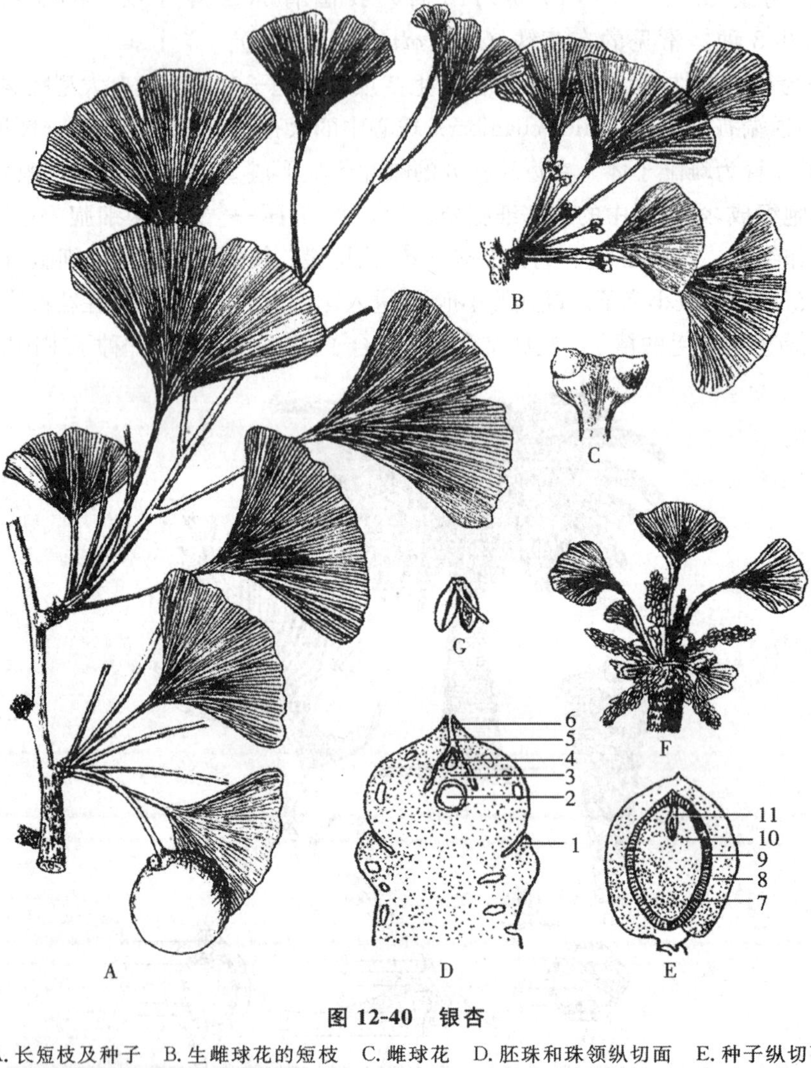

图12-40 银杏

A.长短枝及种子 B.生雌球花的短枝 C.雌球花 D.胚珠和珠领纵切面 E.种子纵切面 F.生雄球花的短枝 G.小孢子叶 1.珠领 2.雌配子体 3.珠心 4.贮粉室 5.珠孔 6.珠被 7.内种皮 8.外种皮 9.中种皮 10.胚乳 11.胚

(引自周云龙,1999)

银杏为落叶乔木,枝条有长枝和短枝之分;叶扇形,先端二裂或波状缺刻,具分叉的脉序;叶在长枝上螺旋状散生,在短枝上簇生。球花单性,雌雄异株。小孢子叶球呈柔荑花序状，生于枝顶端的鳞片内。小孢子叶有一短柄，柄端有 2 个(稀为 3～4 个，甚至 7 个)小孢子囊组成的悬垂的小孢子囊群。大孢子叶球很简单，通常仅有 1 长柄，柄端有 2 个环形的大孢子叶，又称珠领，大孢子叶各生 1 个直生胚珠，但通常只有 1 个成熟。珠被 1 层，珠心中央凹陷为贮粉室。雌配子体发育极似苏铁，不同的是珠被发育时含有叶绿素，并有明显的腹沟细胞。雄配子体的发育和受精过程也极似苏铁。具鞭毛的游动精子是受精需水的遗迹，这是苏铁与银杏所具有的原始形状。银杏种子核果状，有 3 层种皮，胚乳丰富(图 12-40)。

(三)松柏纲(Coniferopsida)

1. 一般特征　常绿或落叶乔木，稀为灌木，茎多分枝，常有长、短枝之分；茎的髓部小，次生木质部发达，由管胞组成，无导管；具树脂道。叶单生或成束，针形、鳞形、钻形、条形或刺形，螺旋着生或交互对生或轮生，叶的表皮细胞通常具较厚的角质层及下陷的气孔。孢子叶大多数聚生成球果状(strobiliform)，称孢子叶球。孢子叶球单性同株或异株。小孢子叶(雄蕊)聚生成小孢子叶球(staminate strobilus)或称雄球花。每个小孢子叶下面生有贮满小孢子(花粉)的小孢子囊(花粉囊)。小孢子有气囊或无气囊，精子无鞭毛。大孢子叶(心皮)聚生成大孢子叶球或称雌球花(female cone)。每个大孢子叶是一片宽厚的珠鳞(果鳞、种鳞)。珠鳞的上面载有 2 个胚珠，下面托有 1 片苞鳞(盖鳞)。球果的种鳞与苞鳞有离生(或仅基部合生)、半合生(顶端分离)及完全合生等类型。种子有翅或无翅，胚乳丰富，子叶 2～10 枚。松柏纲植物因叶多为针形，故称为针叶树或针叶植物；又因孢子叶常排成球果状，也称为球果植物。

现以最普遍而研究最详尽的松科的松属(*Pinus*)为代表，介绍松柏纲植物的生活史。

(1)孢子体：多年生常绿乔木，单轴分支，主干直立，旁枝轮生。具长枝和短枝。在长枝上生鳞叶，叶腋内生短枝，短枝极短，顶生 1 束针形叶，每束生长 2～5 个等长的针叶，基部有薄膜状的叶鞘 8～12 枚(由芽鳞变成)包围，叶内有 1 或 2 条维管束和几个树脂道。松属植物雌、雄同株。大孢子叶球(雌球果)生于每年新枝的顶端，幼时为红色，以后变绿。大孢子叶球是由许多大孢子叶(珠鳞)螺旋排列在一个长轴上而成，每片珠鳞远轴面基部有一较小薄片，称为苞鳞，每片珠鳞的近轴面基部长着一对侧生的胚珠(大孢子囊)。胚珠仅有一层珠被，胚珠顶端有珠孔。在珠心的中央形成大孢子母细胞，经减数分裂，形成 4 个大孢子，排成一行，通常只有远珠孔端的 1 个大孢子发育成雌配子体，其余 3 个大孢子退化。大孢子通常在春天形成，但到秋天才开始发育成雌配子体。小孢子叶球(雄球果)，生于每年新枝的基部，呈黄褐色，也是由许多小孢子叶螺旋排列于一长轴上构成的。小孢子叶的背面(远轴面)，有两个并列的小孢子囊，小孢子囊内的小孢子母细胞经减数分裂形成 4

个小孢子,小孢子发育为雄配子体。

(2)雄配子体:小孢子(单核花粉)是雄配子体的第一个细胞,小孢子在小孢子囊内萌发,细胞分裂为2,其中较小的1个是第一原叶细胞(营养细胞),另1个较大的叫胚性细胞,胚性细胞再分裂为2,小的即第二原叶细胞,大的为精子器原始细胞(中央细胞),精子器原始细胞再分裂为2,大的形成管细胞,小的为生殖细胞。成熟的雄配子体(即成熟花粉粒)含4个细胞:2个是退化的原叶细胞,1个生殖细胞和1个管细胞;具有外壁和内壁,外壁上有网状花纹,两侧突起成气囊,它使花粉易被风传播。

(3)雌配子体:大孢子是雌配子体的第一个细胞,它在大孢子囊(珠心)内萌发,先进行核分裂,不形成细胞壁,形成16～32个游离核。雌配子体的四周具一薄层细胞质,中央为一个大液泡,游离核分布于细胞质中,当冬季到来时,雌配子体即进入休眠期。第二年春天,雌配子体重新开始活跃起来,游离核继续分裂,主要表现游离核的数目显著增加,体积增大。以后雌配子体内的游离核周围开始形成细胞壁,这时珠孔端有些细胞明显膨大,成为颈卵器的原始细胞。之后,原始细胞进行一系列的分裂,形成几个颈卵器,成熟的雌配子体包含2～7个颈卵器和大量的单倍体胚乳(由其他的雌配子体细胞形成)。每个颈卵器通常只有4个颈细胞、一个腹沟细胞和一个卵细胞。

(4)传粉与受精:传粉在大孢子叶球出现的当年晚春进行,此时大孢子叶球稍微伸长,使幼嫩的苞鳞和珠鳞略微张开。同时小孢子囊背面裂一直缝,花粉逸出,被风散播。花粉借风力传播到大孢子叶球上,由珠孔溢出的传粉滴(一种黏液)将其吸引而进入珠孔。此后珠鳞闭合,大孢子叶球下垂。雄配子体中的生殖细胞分裂为2个细胞,一个称体细胞,另一个称柄细胞。而管细胞则开始伸长,迅速长出花粉管。但这时大孢子尚未形成雌配子体,花粉管进入珠心相当距离后,即暂时停止伸长,直到次年春季或夏季颈卵器分化形成后,花粉管才再继续伸长,此时体细胞再分裂形成2个精细胞(不动精子)。受精作用通常是在授粉13个月后才进行,即受精是在大孢子叶球出现的第二年晚春。这时大孢子叶球已长大并达到或将达到其最大体积,颈卵器已完全发育。花粉管穿过解体的颈沟细胞和腹沟细胞到达颈卵器内,先端破裂,2个精子、管细胞及柄细胞都一起流入卵细胞的细胞质中,其中1个具功能精子随即向中央移动,并接近卵核,最后与卵融合形成受精卵,这个过程称为受精。

(5)种子的形成:卵受精后即开始发育,经过4次分裂,形成4层16个细胞的原胚。从上到下,第一层为上层,初期有吸收作用,不久即解体。第二层为莲座层。第三层为胚柄层,发育为初生胚柄。第四层为胚细胞层,继续发育为几层细胞。接近初生胚柄的一层发育为次生胚柄,并强烈伸长而彼此分离;最前端的4个细胞,各自独立发育成胚。这种由1个受精卵因细胞分离的结果而产生多数的胚的现象,称为裂生多胚现象。同时,由于雌配子体上有几个颈卵器,其中的卵都可以受精，因此，松属的雌配子体常可发育有10多个幼胚。但通常只有1个能正常发育，成为种子中的有效胚。其他的胚都相继败育，到种子成熟时已看不到任何痕迹。成熟的胚有胚根、胚轴、胚芽和2～10枚子叶。在胚发育的同时，雌配子体的其他部分发育为胚乳；珠被发育成种皮。成熟的松属种子包括种皮、胚乳和胚三部分。种子成熟后，大孢子叶球的珠鳞木质化成为种鳞，大孢子叶球成为球果（俗称松塔）。种鳞开裂，种子散出，进入下一个生活周期（图12-41）。

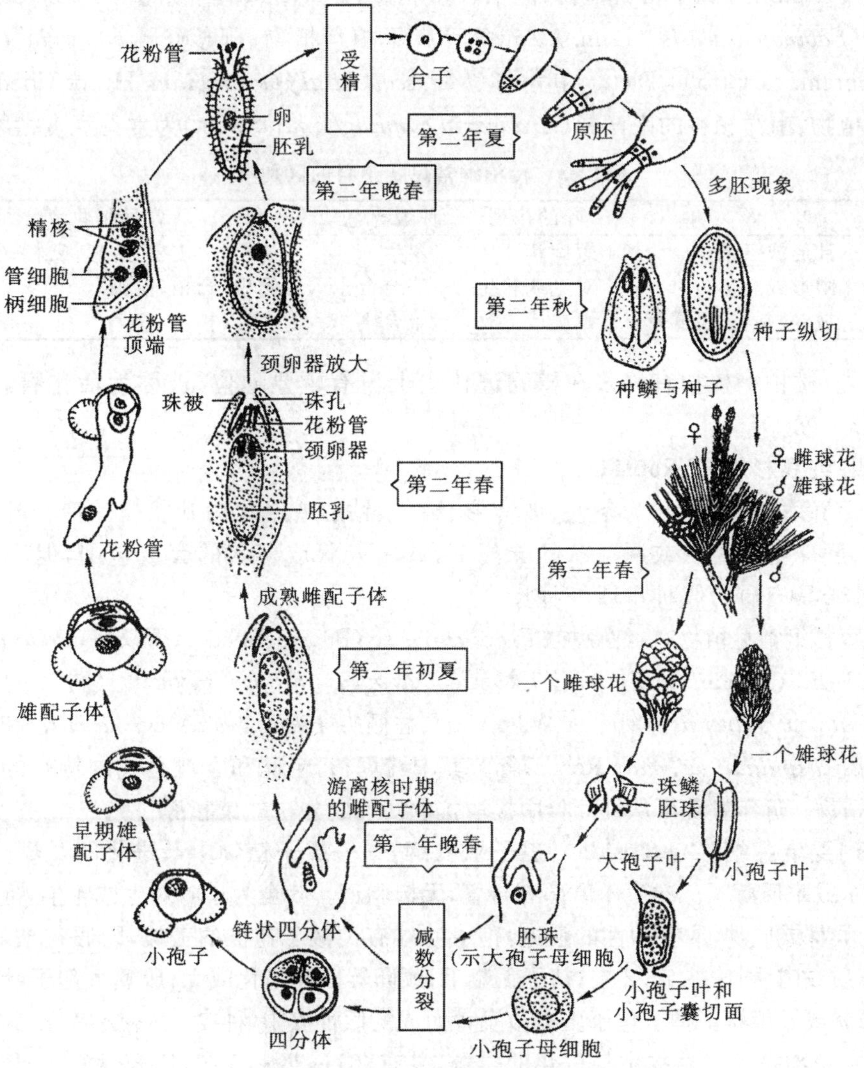

图12-41　松属生活史

（引自周云龙，1999）

松属植物的生活史从开花到种子成熟历时18个月。

2. *分类及代表植物* 本纲植物分布遍及全国，许多种类为重要大森林的组成树种，分为4个科：松科、柏科、杉科和南洋杉科(表12-3)。常见植物：油松(*Pinus tabuaeformis* Carrb.)、白皮松(*Pinus bungeana* Zucc. ex Endl.)、雪松(*Cedrus deodara* (Roxb.) G. Don)、华山松(*Pinus armandii* Franch.)、华北落叶松(*Larix principis-rupprechtii* Mayr.)、银杉(*Cathaya argyrophylla* Chun et Kuang)以及云杉属(*Picea*)和冷杉属(*Abies*)等属于松科植物；侧柏(*Platycladus orientalis* (Linn.) Franco)、圆柏(桧柏)(*Sabina chinensis* (Linn.) Ant.)等属于柏科植物；柳杉(*Cryptomeria fortunei* Hooibrenk ex Otto et Dietr.)和水杉(*Metasequoia glyptostrobides* Hu et Cheng)属于杉科植物；南洋杉科的南洋杉(*Araucaria cunninghamii* Sweet)为常见观赏植物。

表12-3 松柏纲常见3个科的区别

科	叶 形	叶的排列	种鳞与苞鳞	常见植物
松科	针形或条形	螺旋状	离生	油松、白皮松、冷杉、云杉、雪松
柏科	鳞形或刺形	对生或轮生	完全合生	侧柏、圆柏(桧柏)
杉科	披针、钻、条及鳞形	螺旋或二列	半合生	水杉、杉木

另外，松柏纲植物有许多在植物进化史上占有重要地位，被称为活化石，如水杉、银杉。

(四)红豆杉纲(Taxopsida)

常绿乔木或灌木；叶为条形、披针形、鳞形、钻形或退化为叶状枝。孢子叶球单性异株；胚珠生于盘状或漏斗状的珠托上，或由囊状或杯状的套被包围，但不形成球果；种子具肉质的假种皮或外种皮。

红豆杉纲常见植物有：红豆杉(*Taxus chinensis*(Pilger) Rehd.)、罗汉松(*Podocarpus marcrophyllus*(Thunb.)D. Don)、三尖杉(*Cephalotaxus fortunei* Hook. f.)(图12-42)、粗榧(*Cephalotaxus sinensis*(Rehd. et Wils.) Li)、香榧(*Torreya gradis* cv. *merrilli*)和矮紫杉(*Taxus caspidata* var. *nana* Rehd.)等。其中红豆杉、粗榧和香榧是我国特有的第三纪孑遗植物。近年发现可从红豆杉中提取抗癌活性成分——紫杉醇。

(五)买麻藤纲(Gnetopsida)(盖子植物纲)——裸子植物中最进化的类群

灌木或木质藤本。次生木质部有导管，无树脂道。叶全为单叶对生或轮生，孢子叶球单性，异株或同株，或有两性的痕迹，孢子叶球有类似于花被的盖被，即假花被，盖被膜质、革质或肉质；珠被1～2层；精子无鞭毛；颈卵器极其退化或无；成熟大孢子叶球果状、浆果状或长穗状。种子包于由盖被发育而成的假种皮中，种皮1～2层，胚乳丰富。

本纲植物是裸子植物中最进化的类群，共有3目，3科，3属，约80种。我国有2目，2科，2属，19种，分布几乎遍及全国。常见的有草麻黄(*Ephedra sinica* Stapf)、

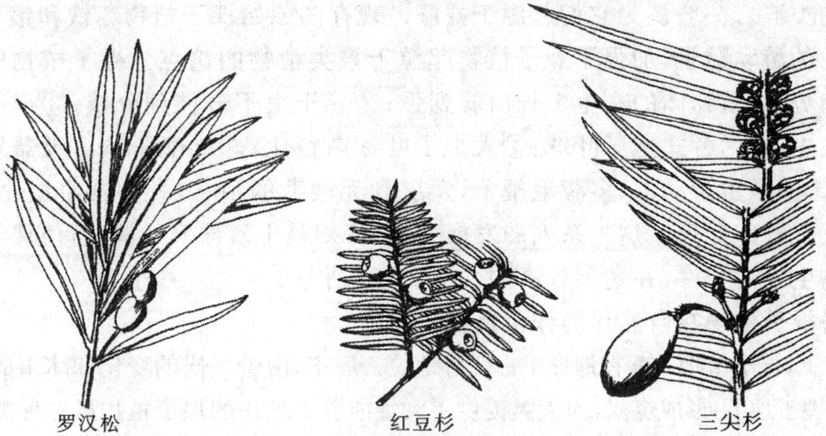

图 12-42　红豆杉纲

木贼麻黄(*E. equisetina* Bunge)、买麻藤(*Gnetum montanum* Markgr.)和百岁兰(*Welwitschia bainesii*(Hk. f.) Carr.)(图 12-42)。百岁兰为典型的旱生植物，分布于非洲西南部靠近沙漠地带。它终生只有 1 对大型带状叶子，长达 2～3 m，宽约 30 cm，可生存百年以上，故名百岁兰。

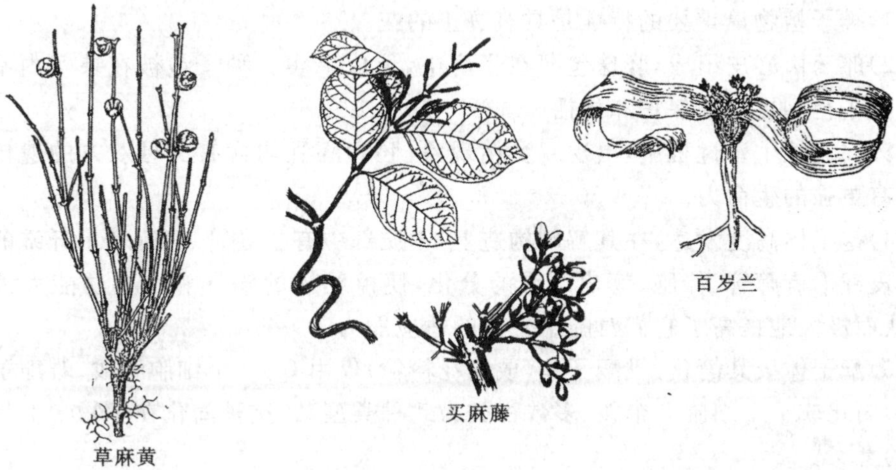

图 12-43　买麻藤纲

三、裸子植物小结

(一)裸子植物的起源与演化

裸子植物既是种子植物，又是颈卵器植物，是介于蕨类植物与被子植物之间的高等植物类群。一般认为它们起源于裸蕨。现存的原始裸子植物苏铁和银杏具有多数鞭毛的游动精子，加强了裸子植物起源于蕨类植物的论点。裸子植物的演化有如下趋势：①植物体的次生生长由弱到强；②茎干由不分枝到分枝；③孢子叶由散生到集生，成为各式孢子叶球；④大孢子叶逐渐特化；⑤雄配子体由吸器发展为花粉管，雄配子由游动的、多鞭毛精子，发展到无鞭毛的精子，颈卵器由退化、简化发展到没有颈卵器等。这一系列的发展变化，特别是生殖器官的演化，使裸子植物更适应陆生生活条件，并达到较高的系统发育水平。

(二)裸子植物在自然界的作用及经济价值

历史上，裸子植物一度在地球上占优势地位。后来，由于气候的变化和冰川的发生，很多种类埋于地下，形成煤炭，为人类提供了大量能源。现在的裸子植物虽然种类不多，但常大面积的组成针叶林，并且木材优良，为林业生产上的主要用材树种。还可提供单宁、松香等。大多数裸子植物为常绿树，树冠美丽，在美化庭院、绿化环境上有很大价值。

第七节 被子植物门——最进化的现代优势植物

一、被子植物门(Angiospermae)的一般特征

(1)被子植物最重要的特征是具有真正的花。

(2)雌蕊由心皮组成，胚珠包藏在子房中，形成果实。种子包被在果实内不裸露，使种子得到更好的保护和传播。

(3)在有性生殖过程中，出现双受精现象，胚和胚乳均含有父母双方的遗传物质，具有更强的生命力。

(4)孢子体高度发达，在其解剖构造上，木质部中有了导管、管胞和木纤维的分化，韧皮部内有筛管、伴胞、韧皮纤维的分化，使植物体的输导和支持功能大大加强。从而极大地提高了它们对陆生生活的适应能力。

(5)配子体极其简化：雄配子体（成熟花粉粒）仅由 2～3 个细胞组成；雌配子体（胚囊）简化成 7 个细胞 8 个核（多数种类为此种类型）。这种简化在生物学上具有进化的意义。

(6)生活史有明显的世代交替，但配子体不能脱离孢子体而独立生活。

(7)植物种类丰富：乔木、灌木和草本俱全；多年生、一年生和短命植物均有。

被子植物是植物界最进化、最完善的类群，它们在地球上占有绝对优势。已知被子植物约有 25 万多种，占植物界的一半。我国有 2 700 多属，约 2.5 万种。被子植物能有如此众多的种类和极其广泛的适应性，与它结构的复杂化、完善化是分不开的，特别是

生殖器官的结构和生殖过程的特点，提供了它适应、抵御各种环境的内在条件。

二、被子植物分类的原则

以植物形态、地理为根据的传统分类法，认为植物形态的异同可分析各类群之间的亲缘进化关系，原始的种类和进化的种类在相同的器官上，必然会有原始性状和进化性状的差别。多数学者支持真花说，他们对原始性状和进化性状有共同的观点，提出了一套演化规律和分类原则，见表12-4。

表12-4　被子植物形态构造的演化规律和分类原则

	初生的、原始的性状	次生的、较进化的性状
茎	1.木本	1.草本
	2.直立	2.缠绕
	3.无导管只有管胞	3.有导管
	4.具环纹、螺纹导管	4.具网纹、孔纹导管
叶	5.常绿	5.落叶
	6.单叶全缘	6.叶形复杂化
	7.互生(螺旋状排列)	7.对生或轮生
花	8.花单生	8.花形成花序
	9.有限花序	9.无限花序
	10.两性花	10.单性花
	11.雌雄同株	11.雌雄异株
	12.花部呈螺旋状排列	12.花部呈轮状排列
	13.花的各部多数而不固定	13.花的各部数目不多，有定数(3、4或5)
	14.花被同形，不分化为萼片和花瓣	14.花被分化为萼片和花瓣或退化为单被、无被花
	15.花部离生(离瓣花、离生雄蕊、离生心皮)	15.花部合生(合瓣花、具各种形式结合的雄蕊、合生心皮)
	16.整齐花	16.不整齐花
	17.子房上位	17.子房下位
	18.花粉粒具单沟	18.花粉粒具3沟或多孔
	19.胚珠多数	19.胚珠少数
	20.边缘胎座、中轴胎座	20.侧膜胎座、特立中央胎座及基底胎座
果实	21.单果、聚合果	21.聚花果
	22.真果	22.假果
种子	23.种子有发育的胚乳	23.无胚乳，种子萌发所需营养物质贮藏在子叶中
	24.胚小、直伸，子叶2	24.胚弯曲或卷曲，子叶1
生活型	25.多年生	25.一年生
	26.绿色自养植物	26.寄生、腐生植物

以上被子植物形态演化的一般规律，是判别某类植物进化地位的准则，亦即分类的原则。应当注意的是，不要孤立地只看某一条原则来判别植物，应当联系各条综合地看，认真分析，因为某一种植物器官形态特征并非在演化上同步。往往有的特征已进化，有的

还保留原始状态。被子植物与人类的生活息息相关，人类赖以为生的粮、棉、油、糖、药等经济作物，绝大多数是被子植物。关于被子植物类群较详尽的介绍见本书第三部分。

第八节　植物界基本类群小结

植物界的漫长演化史，可以从地质史上划分的不同“代”、“纪”地层中保存的植物化石资料等得到证实。从表 12-5 中可看出各主要植物类群在地质年代中发展

表 12-5　地质年代和不同时期占优势的植物和进化情况

代	纪	距今大概的年数（百万年）	进化情况	优势植物
新生代	第四纪	现代	被子植物占绝对优势，草本植物进一步发展	被子植物
		更新世　2.5		
	第三纪	后期　25	经过几次冰期之后，森林衰退，由于气候原因，造成地方植物隔离。草本植物发生，植物界面貌与现代相似	
		早期　65	被子植物进一步发展，占优势。世界各地均出现大范围的森林	
中生代	白垩纪	上　90	被子植物得到发展	裸子植物
		下　136	裸子植物衰退，被子植物逐渐代替了裸子植物	
	侏罗纪	190	裸子植物中的松柏类占优势，原始的裸子植物逐渐消失；被子植物出现	
	三叠纪	225	木本、乔木状蕨类继续衰退，真蕨类繁茂，裸子植物继续发展、繁盛	
古生代	二叠纪	上　260	裸子植物中的苏铁类、银杏类、针叶类生长繁茂	蕨类植物
		下　280	木本乔木状蕨类开始衰退	
	石炭纪	345	气候温暖湿润，巨大的乔木状蕨类植物如鳞木类、芦木类、木贼类、石松类等，遍布各地且形成森林，形成日后的大煤田。同时出现了许多矮小的真蕨植物。种子蕨进一步发展	
	泥盆纪	上　360	裸蕨类逐渐消失	
		中　370	裸蕨类植物繁盛，种子蕨出现，但为数较少；苔藓植物出现	
		下　390	为植物由水生向陆生演化的时期，在陆地上已出现了裸蕨类植物；有可能在此时期出现了原始维管束植物；藻类植物仍占优势	藻菌植物
	志留纪	435		
	奥陶纪	500	海产藻类占优势，其他类型植物群继续发展藻菌植物	
	寒武纪	570	初期出现了真核细胞藻类，后期出现了与现代藻类相似的类群	
元古代		570～1 500		
太古代		1 500～5 000	生命开始出现，35 亿～33 亿年前，细菌、蓝藻出现	

的大致情况。

通过本章对植物界基本类群的介绍及参考相关的文献资料，对植物界系统进化的了解可参看图12-44。

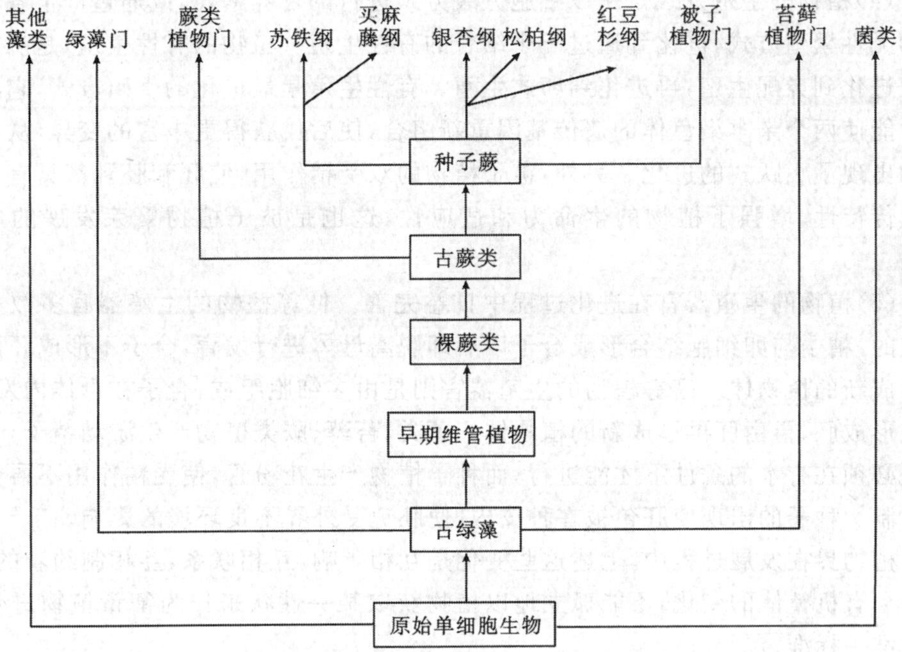

图12-44　植物界各大类群系统演化示意图

从植物各大类群的特点及系统演化过程，我们可以总结出植物发展进化过程中的一般规律性，简述如下：

(1)植物是由水生生活过渡到陆生生活。生命起源于水中，最原始的植物一般在水中生活，如低等的藻类；以后逐渐移居于阴湿地区如一些蕨类植物；最后变成能在干燥地面生长的陆地植物，如绝大多数的种子植物。

(2)植物形态结构由简单到复杂。即由单细胞到群体再到多细胞的个体。随着植物由水域向陆地发展，生态环境的变化越来越复杂，植物体也相应发生了更适宜于陆地生活的形态结构转变。例如，真根的出现与输导组织的形成和完善，使陆生植物对水分的吸收和输导更有效；保护组织、机械组织的分化和加强，对调控水分的蒸腾、支持植物体直立于地面有重要作用。

(3)植物个体生活史的演化表现在由配子体世代占优势进化到孢子体世代占优势。这也体现了植物从水生到陆生的重大发展。植物体向陆生过渡时，配子体逐渐缩小，在较短的有利的时期内完成受精作用；而孢子体是由合子萌发形成，合子继承了父母的双重遗传性，具有较强的生活力，能更好的适应多变的陆地环境，如进化地位最高级的被子植物有极为发达的孢子体，而配子体极其简化仅由几个细胞构成。

(4)植物的生殖方式是从以细胞分裂方式进行的营养繁殖，或通过产生各种孢子的无性繁殖方式，进化到通过配子结合的有性生殖。植物的有性生殖，是从同配生殖进化到异配生殖，再进化到卵式生殖。有性生殖是最进化的生殖方式，它的出现才能使两个亲本染色体的遗传基因重新组合，使后代获得更丰富的变异，从而使植物出现了飞跃式的进化。另外，被子植物的双受精作用，使胚和胚乳都具有丰富的遗传特性，增强了植物的生命力和适应性，这也是被子植物繁荣发展的内在原因。

(5)植物的生殖器官在进化过程中日益完善。低等植物的生殖器官多数是单细胞的，精子与卵细胞结合形成合子以后即脱离母体进行发育，合子不形成胚而直接形成新的植物体。高等植物的生殖器官则是由多细胞组成，合子在母体内发育，且先形成胚，再由胚再形成新的植物体。藻类、苔藓、蕨类植物产生游动精子，受精过程必须在有水的条件下才能进行，而种子植物产生花粉管，使受精作用不再受水的限制。种子的出现使胚包被在种皮内，使胚免受外界不良环境的影响。

植物界在发展过程中，上述这些变化是互相影响，互相联系，互相制约着的，它是一个有机整体的变化，不能孤立地以植物获取某一性状来作为衡量植物进化地位的惟一标准。

思考题

1. 分别举例说明藻类植物从细胞、植物体、繁殖及生活史等方面的演化规律。

2. 黑根霉是引起果、菜等致病的常见真菌之一，为什么人类至今都无法彻底消除它？

3. 为什么苔藓植物长的比较矮小且生活在潮湿的地方？

4. 举数例说明在适应陆生生活方面蕨类植物不如种子植物完善。

5. 植物在从水生生活到陆生生活的发展过程中，植物体的结构及生活方式发生了哪些适应性的变化？

第三部分　被子植物类群简介

被子植物约有 25 万种,我国约有 2.5 万种。根据它们的形态特征上的异同,通常分为双子叶植物纲(Dicotyledoneae)(木兰纲 Magnoliopsida)和单子叶植物纲(Monocotyledoneae)(百合纲 Liliopsida),两纲主要区别见下表:

被子植物两个纲的比较

双子叶植物纲(木兰纲)	单子叶植物纲(百合纲)
主根发达,多为直根系	主根不发达,多为须根系
茎内维管束环状排列,有形成层和次生结构	茎内维管束星散排列,无形成层和次生结构
叶多为网状脉	叶多为平行或弧形脉
花部常以 5 或 4 为基数,少 3 基数	花部常以 3 为基数,少 4 基数
种子的胚具有两片子叶	种子的胚具有一片子叶
花粉常具 3 个萌发孔	花粉常具单个萌发孔

根据克朗奎斯特(Cronquist)系统,双子叶植物纲有 64 目,318 科;单子叶植物纲有 19 目,65 科。我们仅选出主要农作物、杂草、常见园林植物和药用植物所属的科,以及某些具有重要进化意义的科予以适当的介绍。本教材的编写,主要以克朗奎斯特系统为依据,但某些地方又根据传统习惯作了适当调整。

第十三章　被子植物分科概述

提要：本章主要以克朗奎斯特系统为依据，重点介绍被子植物40个科(包括双子叶植物纲31个科、单子叶植物纲9个科)的主要特征和代表植物，并对被子植物分类的主要形态术语、被子植物起源演化和主要分类系统作了简要介绍。

第一节　被子植物分类主要形态术语

被子植物分类是以植物的形态特征作为主要分类依据，而各器官的形态都用一定的名词术语描述，因此，在学习或进行分类工作之前，必须熟悉、掌握这些术语，才能鉴定、描述植物，正确地进行分类。被子植物的形态术语很多，现将主要的术语介绍如下。

一、根

根系类型分为直根系和须根系(图13-1)。

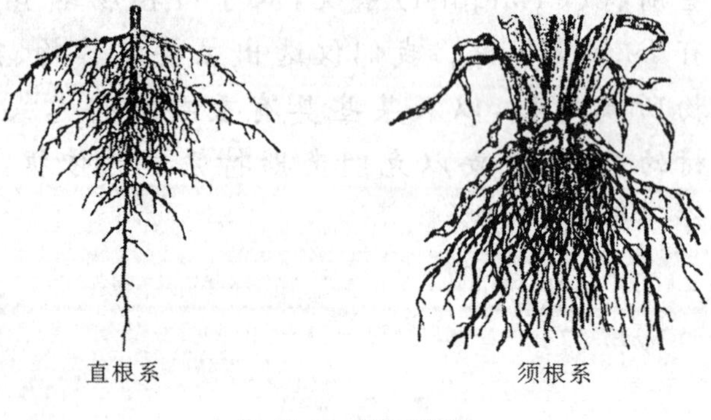

图13-1　根系类型

1. 直根系(tap root systen)　由明显而发达的主根和各级侧根组成的根系，如大豆。

2. 须根系(fibrous root system)　主要由不定根组成，各条根的粗细相差不多，呈丛生状态，如小麦、水稻等。

二、茎

1. 根据植物茎的性质、寿命分类

(1) 木本植物(woody plant)：茎的木质部发达，一般比较坚硬，这类植物的寿命较长，均为多年生的，又分为：

①乔木(tree)：指有明显主干的高大树木，高达5 m以上，分枝距地面较高，如毛白杨、旱柳等。

②灌木(shrub)：指主干不明显，分枝靠近地面，高不及5 m的木本植物，如月季、荆条等。

(2) 草本植物(herb)：茎中含木质成分很少，柔软、易折断。又可分为：

①一年生草本(annual herb)：即生活周期为一年或更短的草本植物，如水稻、玉米、棉花等。

②二年生草本(biannial herb)：生活周期为两年，第一年营养生长，第二年开花结实后枯死，如冬小麦、萝卜、白菜等。

③多年生草本(perennial herb)：能连续生存三年以上的草本植物，最少植物的地下部分生活多年，每年继续发芽生长，而地上部分每年枯死，如芍药、白头翁、萱草等。

(3) 藤本植物(vein)：植物体细而长，不能直立，只能依附于其他物体，以缠绕或攀缘方式向上生长的植物。根据茎的质地可分为木质藤本(如紫藤、葡萄)和草质藤本(如牵牛、黄瓜)。

2. 根据茎的生长习性分类(图 13-2)

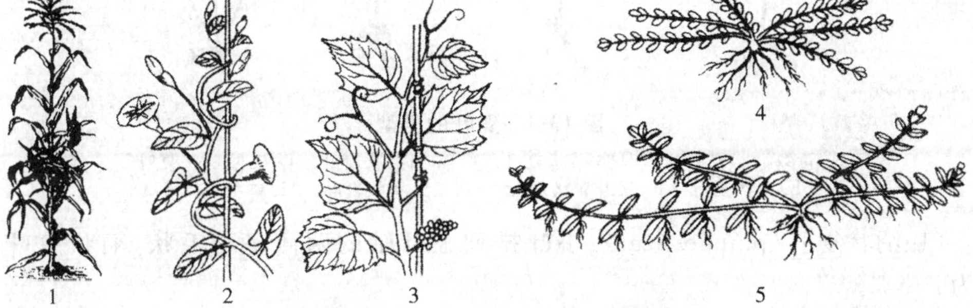

图 13-2　茎的生长习性

1. 直立茎　2. 缠绕茎　3. 攀缘茎　4. 平卧茎　5. 匍匐茎

(1) 直立茎(erect stem)：茎垂直地面直立生长，如杨树、小麦、水稻等。

(2) 平卧茎(prostrate stem)：茎平卧地面生长，不能直立，如蒺藜、地锦等。

(3)匍匐茎(repent stem):茎平卧地面生长,但节上生有不定根,如草莓、狗牙根等。

(4)攀缘茎(climbing stem):茎上产生卷须、吸盘等攀缘器官,借助攀缘器官使植物攀附于他物上,如葡萄、爬山虎、黄瓜等。

(5)缠绕茎(twining stem):茎直接缠绕于他物上,如牵牛等。

三、叶

1. 单叶和复叶

单叶(single leaf):一个叶柄上只生 1 个叶片的叫单叶。

复叶(compound leaf):一个叶柄上生有 2 至多数小叶片的叫复叶。复叶依小叶片数及其着生方式的不同可分为下列几种类型(图 13-3):

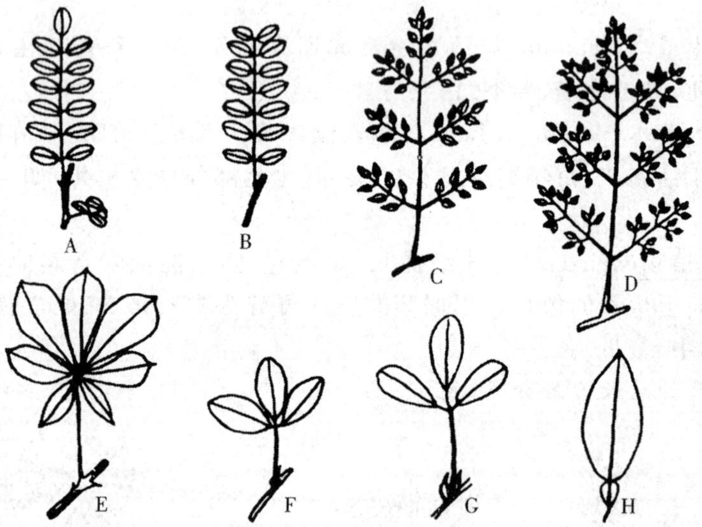

图 13-3 复叶的类型

A. 奇数羽状复叶 B. 偶数羽状复叶 C. 二回羽状复叶 D. 三回羽状复叶 E. 掌状复叶 F. 三出掌状复叶 G. 三出羽状复叶 H. 单身复叶

(1)羽状复叶(pinnate leaf):小叶排列在叶轴的两侧呈羽毛状,羽状复叶又分为:

①奇数羽状复叶(imparipinnate leaf):叶轴顶端生有一顶生小叶,小叶的数目为单数的羽状复叶,如刺槐、核桃。

②偶数羽状复叶(paripinnate leaf):叶轴顶端生有二顶生小叶,小叶的数目为双数的羽状复叶,如花生、锦鸡儿。

羽状复叶根据叶轴是否分枝及分枝次数，又可分为下列几种：叶轴不分枝，叶轴两侧生小叶片，叫一回羽状复叶，如核桃；叶轴分枝一次，各分枝两侧生小叶片，叫二回羽状复叶，如合欢；叶轴分枝两次，三级分枝两侧生小叶片，叫三回羽状复叶，如楝树。

(2)掌状复叶(palmate leaf)：小叶着生在总叶柄顶端，向各方展开而成掌状，如七叶树。

(3)三出复叶(trifoliolate leaf)：只有三个小叶着生在总叶柄上。有羽状三出复叶和掌状三出复叶之分，前者顶生小叶生于总叶柄顶端，两个侧生小叶生于总叶柄顶端以下，如大豆、草木犀；后者是三小叶都生于总叶柄的顶端，如红花车轴草等。

(4)单身复叶(unifoliate)：两个侧生小叶退化，总叶柄顶端只着生一个小叶，总叶柄顶端与小叶连接处有关节，如柑橘。

2. 叶序(phyllotaxy)　指叶在茎或枝条上排列的方式，常见的有(图 13-4)：

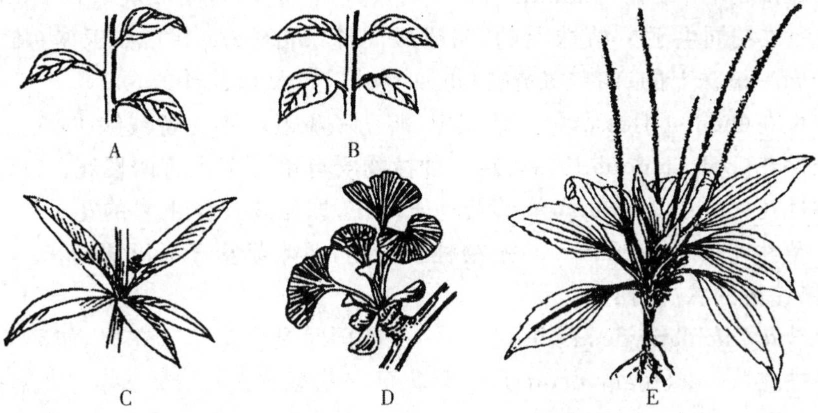

图 13-4　叶序类型

A. 互生　B. 对生　C. 轮生　D. 簇生　E. 基生

(1)互生(alternate)：每节上只着生 1 个叶，如杨、柳、小麦、棉花等。

(2)对生(opposite)：每节上相对着生 2 个叶，如丁香、一串红等。

(3)轮生(verticillate)：每节上着生 3 个或 3 个以上的叶，如夹竹桃等。

(4)簇生(fasciculate)：2 个或 2 个以上的叶着生于极度缩短的枝上，如银杏、落叶松等。

(5)基生(basilar)：叶着生于茎基部近地面处，如车前、蒲公英等。

3. 叶的形状　叶的形状包括叶片的整体形状、叶缘、叶裂、叶尖、叶基以及叶脉等方面。详见图 6-2 至图 6-6。

四、花

1.花的形态

(1)依花的组成状况分:

①完全花(complete flower):一朵花中花萼、花冠、雄蕊、雌蕊 4 部分均具有的花,如桃花。

②不完全花(incomplete flower):一朵花中花萼、花冠、雄蕊、雌蕊 4 部分任缺 1～3 部分的,如南瓜的雄花或雌花,杨树的雌、雄花等。

(2)依雌蕊与雄蕊的状况分:

①两性花(bisexual flower):一朵花中,雄蕊和雌蕊都存在而且正常发育,如小麦。

②单性花(unisexual flower):一朵花中,只有雄蕊或雌蕊存在而且正常发育,其中只有雄蕊的,叫雄花(staminate flower);只有雌蕊的,叫雌花(pistillate flower);雌花和雄花同生于一植株上的,叫雌雄同株(monoecious),如玉米;雌蕊和雄蕊不生于同一植株上的,叫雌雄异株(dioecious),如大麻、杨树。

③中性花(neuter flower):一朵花中,雌蕊和雄蕊均不完备或缺少。

④杂性花(polygamous flower):一种植物既有单性花也有两性花。

⑤孕性花(fertile flower):能够结种子的花,即雌蕊发育正常的花。

⑥不孕性花(sterile flower):不结种子的花,即雌蕊发育不正常的花。

(3)依花被的状况分:

①双被花(dichlamydeous flower):一朵花同时具有花萼和花冠,如油菜。

②单被花(monochlamydeous):一朵花只有花萼或花冠,或花萼与花冠分化不明显,如灰藜、菠菜、玉兰、百合等。

③无被花(nude flower):一朵花中花萼和花冠均缺,如杨、柳。又叫裸花。

④重瓣花(pleiopetalous flower):一些植物有数层(轮)的花瓣,如月季花。

(4)依花被的排列状况分:

①辐射对称花(actinomorphic flower):一朵花的花被片的大小、形状相似,通过花的中心,可以作两个以上的对称面,如桃、油菜,又叫整齐花(regular flower)。

②左右(两侧)对称花(zygomorphic flower):一朵花的花被片的大小、形状不同,通过它的中心,只能按一定的方向,作一个对称面,如唇形花、蝶形花,又叫不整齐花(irregular flower)。

有些植物花的花萼或花冠向下部伸长成一细管状结构叫距，常于其内藏有花蜜，如堇菜科、兰科植物。

2. 花冠的类型　由于花瓣的分离或连合，花瓣的形状、大小，花冠筒的长短不同，形成各种类型的花冠，常见有下列几种（图 13-5）。

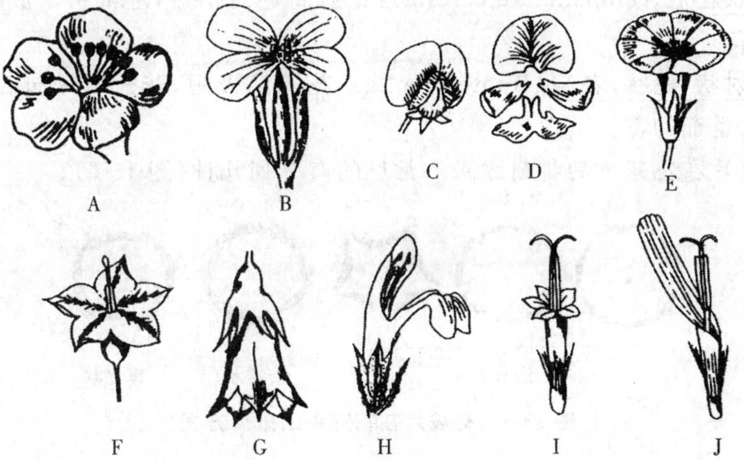

图 13-5　花冠的类型

A. 蔷薇型花冠　B. 十字形花冠　C、D. 蝶形花冠　E. 漏斗状花冠　F. 轮状花冠　G. 钟状花冠　H. 唇形花冠　I. 筒状花冠　J. 舌状花冠

（1）蔷薇型花冠（roseform corolla）：花瓣 5 片或更多，分离，成辐射状对称排列，如桃、梨、蔷薇、月季的花。

（2）十字形花冠（cruciate corolla）：花瓣 4 片，离生，排列成十字形，如十字花科植物的花。

（3）蝶形花冠（papilionaceous corolla）：花瓣 5 片，离生，成下降覆瓦状的两侧对称排列，最上一片花瓣最大，称旗瓣，位于花最外方；侧面两片较小称翼瓣；最下两片合生并弯曲成龙骨状称龙骨瓣，位于花的最内方。如豆科蝶形花亚科植物的花。

假蝶形花冠：花瓣 5 片，离生，呈上升覆瓦状的两侧对称排列，最上一片旗瓣最小，位于花的最内方。侧面两片翼瓣较小；最下两片龙骨瓣最大，位于花的最外方。如豆科云实亚科植物的花。

（4）唇形花冠（labiate corolla）：花冠基部合生成筒状，上部裂片分成二唇状，两侧对称，如唇形科植物的花。

（5）漏斗状花冠（infundibulate corolla）：花冠全部合生成漏斗形，如牵牛的花。

(6)管状(筒状)花冠(tubulate corolla):花冠连合成管状(筒状),如向日葵花序的盘花。

(7)舌状花冠(ligulate corolla):花冠基部合生成短筒,上部合生并向一边开张成扁平状,如蒲公英的花。

(8)钟状花冠(campanulate corolla):花冠筒宽而稍短,上部扩大成钟形,如桔梗、沙参的花。

(9)辐射状(轮状)花冠(rotate corolla):花冠筒极短,花冠裂片向四周辐射状伸展,如茄、番茄的花。

3. 花被片在花芽中的排列方式　常见的有下列几种(图 13-6)。

图 13-6　花被片在花芽中的排列方式

(1)镊合状(valvate):花瓣或萼片各片的边缘彼此接触,但不相互覆盖,如茄、番茄等。

(2)旋转状(convolute):花瓣或萼片每一片的一边覆盖着相邻一片的边缘,而另一边又被另一相邻片的边缘所覆盖,如夹竹桃、棉花。

(3)覆瓦状(imbricate):与旋转状排列相似,但必有一片完全在外,有一片则完全在内,如桃、梨、油茶等。

4. 雄蕊的类型、花药在花丝上着生的方式及花药开裂的方式

(1)雄蕊的类型如图 13-7 所示:

①离生雄蕊(distinct stamen):一朵花中雄蕊全部分离,如桃、梨等。

②单体雄蕊(monadelphous stamen):一朵花中雄蕊的花丝下部互相连合成一体,而花药分离,如木槿、棉花等。

③二体雄蕊(diadelphous stamen):一朵花中的雄蕊花丝合成 2 束。蝶形花亚科植物的雄蕊 10 枚,其中 9 个花丝连合,1 个单生也成二束,如刺槐、大豆等。

④多体雄蕊(polyadelphous stamen):一朵花中雄蕊的花丝连合成多束,如蓖麻、金丝桃等。

⑤聚药雄蕊(syngenesious stamen):一朵花中雄蕊的花丝分离,花药合生,如菊科植物的雄蕊。

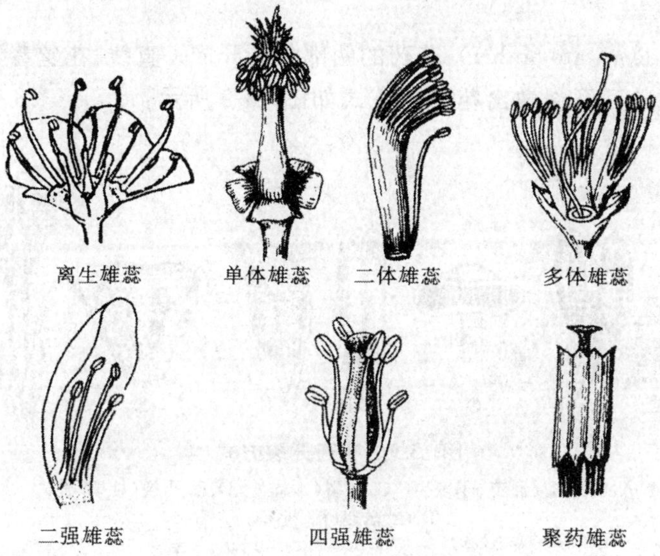

图 13-7　雄蕊的类型

⑥二强雄蕊(didynamous stamen)：一朵花中雄蕊 4 枚，二长二短，如一些唇形科植物的雄蕊。

⑦四强雄蕊(tetradynamous stamen)：一朵花中雄蕊 6 枚，四长二短，如十字花科植物的雄蕊。

(2)花药在花丝上着生的方式如图 13-8 所示：

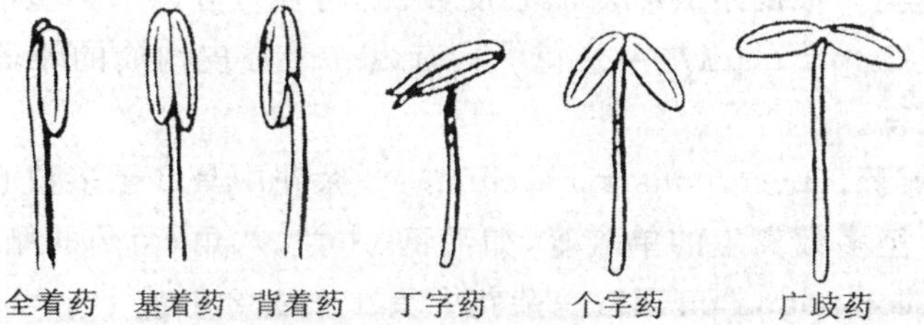

图 13-8　花药在花丝上着生方式

①全着药(adnate anther)：花药的一侧全部着生在花丝上。

②基着药(basifixed anther)：花药的基部着生在花丝的顶端。

③背着药(dorsifixed anther)：花药的背部着生在花丝上。

④丁字药(versatile anther)：花药的背部中央着生在花丝顶端。

⑤个字药(divergent anther)：花药形成两部分，基部张开，花丝着生在会合

处，整体形如个字。

⑥广歧药(divaricate anther)：花药的两部分叉开成一直线，花丝着生在会合处。

(3)花药成熟后开裂散出花粉的方式如图 13-9 所示：

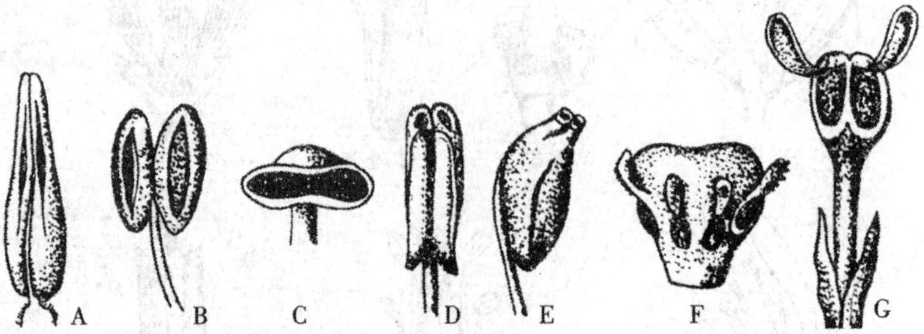

图 13-9 花药开裂方式

A、B. 纵裂(油菜、小麦) C. 横裂(木槿) D、E. 孔裂(杜鹃、茄)
F、G. 瓣裂(樟、小檗)

①纵裂(congitudinal dehiscence)：花药沿纵轴方向裂开，是一种最常见的开裂方式，如油菜、小麦、百合、桃、梨等。

②横裂(transverse dehiscence)：花药沿横轴方向裂开，如木槿。

③孔裂(porous dehiscence)：药室顶端成熟时开一小孔，花粉由小孔中散出，如茄、杜鹃。

④瓣裂(valvuler dehiscence)：花药的每个花粉囊形成活板状的瓣，成熟时，花粉由掀开的瓣下散出，如小檗、樟树。

5. 雌蕊的类型　根据组成雌蕊的心皮数目、离合可分以下类型(图 8-4)。

(1)单雌蕊(simple pistil)：一朵花中具有由一个心皮构成的雌蕊，如桃、李、杏及豆类植物的雌蕊。

(2)离生单雌蕊(apocarpous gynaecium)：一朵花中具 2 至多数心皮，每个心皮各自分离形成 2 至多数离生的单雌蕊，如毛茛、木兰、八角、芍药的雌蕊。

(3)复雌蕊(compound pistil)：一朵花中具 1 个由 2 个或 2 个以上心皮构成的雌蕊，叫复雌蕊，如丁香、苹果、梨的雌蕊。

一个复雌蕊的心皮数常可由柱头、花柱、子房室、果室及胎座的数目来判断。

6. 胎座的类型　胚珠着生的部位叫胎座，胎座有以下几种类型(图 13-10)。

(1)边缘胎座(marginal placenta)：由单心皮构成的一室子房，胚珠着生于子房的腹缝线上，如豆类的胎座。

(2)侧膜胎座(parietal placenta)：由 2 个以上心皮合生的一室子房或假数室子房，胚珠沿腹缝线着生于心皮的边缘，如瓜类的胎座。

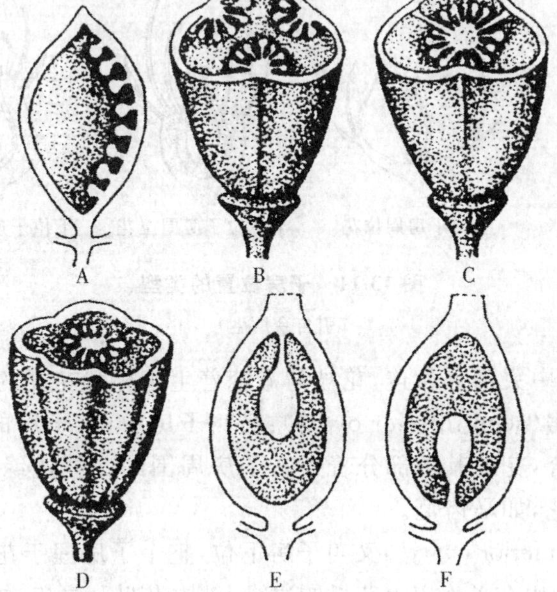

图 13-10　胎座的类型

A. 边缘胎座　B. 侧膜胎座　C. 中轴胎座　D. 特立中央胎座
E. 顶生胎座　F. 基生胎座

(3)中轴胎座(axile placenta):多心皮构成的多室子房,心皮边缘在中央处连合形成中轴,胚珠生于中轴上,如百合、番茄等。

(4)特立中央胎座(central placenta):多心皮构成的一室子房或不完全数室子房,有中轴存在,胚珠着生在中轴上,如石竹属植物的胎座。

(5)顶生胎座(apical placenta):子房一室,胚珠着生于子房室的顶部,如榆属、桑属的胎座。

(6)基生胎座(basal placenta):子房一室,胚珠着生于子房室的基部,如菊科植物的胎座。

7. 子房位置的类型　子房着生在花托上,由于与花托连生的情况不同,可分以下几种类型(图 13-11)。

(1)上位子房(epigynous ovary):又叫子房上位,子房仅以底部与花托相连,花的其余部分均不与子房相连。根据花被位置又可分为两种情况的上位子房。

①上位子房下位花(superior-hypogynous flower):即子房上位花被下位,子房仅以底部和花托相连,萼片、花瓣、雄蕊着生的位置低于子房,如刺槐。

②上位子房周位花(superior-perigynous flower):即子房上位花被周位,子房

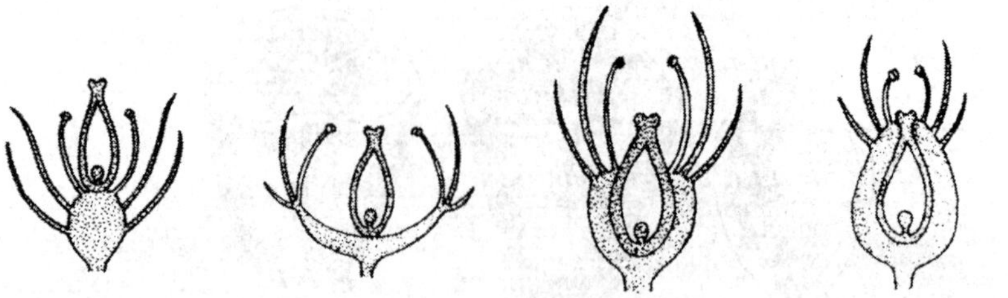

上位子房下位花　　上位子房周位花　　半下位子房周位花　　下位子房上位花

图 13-11　子房位置的类型

（引自余炳生）

底部与杯状花托的中央部分相连，花被与雄蕊着生于杯状花托的边缘，如桃、李等。

（2）半下位子房（semi-inferior ovary）：又叫子房中位，子房的下半部陷生于花托中，并与花托愈合，花的其他部分着生在子房周围的花托边缘上，从花被的位置来看，可称为周位花，如马齿苋。

（3）下位子房（inferior ovary）：又叫子房下位，整个子房埋于花托中，并与花托愈合，花的其他部分着生在子房以上花托的边缘上，故也叫上位花，如梨、苹果的花。

8. 花程式　花程式（floral formula）是用字母、符号及数字，按一定的顺序列成类似数学公式来表示花的特征。通过花程式可表明花各部分的组成、数目、排列、位置，以及它们彼此间的关系。

通常用 K 或 Ca 代表花萼（calyx）；用 C 或 Co 代表花冠（corolla）；A 为雄蕊群（androecium）；G 为雌蕊群（gynoecium）；P 为花被（perianth）（花萼和花冠无明显区别）。花的各部分数目用阿拉伯数字 1、2、3、4、5……表示，写于字母的右下角，其中以"∞"表示数目很多而不定数；"0"表示缺少或退化；在数字外加上"（）"表示该花部彼此合生，不用此符号者为分离；某部分分为数轮或数组时，则在各轮或各组的数字之间用"＋"号相连。关于子房的位置，$\underline{G}$ 表示子房上位，$\overline{\underline{G}}$ 表示子房半下位，$\overline{G}$ 表示子房下位。G 的右下角三组数字[如 $G_{(5:5:2)}$]依次表示一朵花中组成雌蕊的心皮数、每个雌蕊的子房室数和每室的胚珠数，三组数字之间用"："号相连。花程式最前面冠以"⚥"表示两性花，"♂"表示雄花，"♀"表示雌花；"＊"表示辐射对称花（整齐花），"↑"表示两侧对称花（不整齐花）。

花程式举例：

棉花：⚥ $* \ K_{(5)} \ C_5 \ A_{(\infty)} \ \underline{G}_{(3\sim5:3\sim5:\infty)}$

南瓜：♀ $* \ K_{(5)} \ C_{(5)} \ \overline{G}_{(3:1:\infty)}$　♂ $* \ K_{(5)} \ C_{(5)} \ A_{(2)+(2)+1}$

玉兰：⚥ $* \ P_{3+3+3} \ A_{\infty} \ \underline{G}_{\infty:1:2}$

五、花序

有的植物花单生于叶腋或枝顶，称花单生；有的植物数花簇生于叶腋，称花簇生；而有的植物花多数按一定的方式和顺序排列在花序轴上形成花序(inflorescence)。花序的主轴也叫花轴(rachis)。如果花序轴自地表附近及地下茎伸出，不分枝，不具叶，即叫花葶(scape)。花序中没有典型的营养叶，有时仅在花下有一变态叶，叫苞片(bract)，如整个花序基部生有一个或多数变态叶则叫总苞(involucre)。

根据花轴上花排列方式的不同，以及花轴分枝形式和生长状况不同，可分为无限花序和有限花序两大类，每大类又各分几种不同类型。

1. 无限花序(indeterminate inflorescence)(图13-12) 花轴顶端保持生长一段时间，顶部不断增长陆续形成花。开花顺序为由花序基部向上依次开放。如果花轴是扁平如盘状的，则由外向内依次开放。因此，无限花序是一种边开花边形成花芽的花序，根据花排列等特点又分下列几种：

(1)总状花序(raceme)：花柄几乎等长的两性花排列在不分枝的花轴上，如十字花科植物的花序。

(2)穗状花序(spike)：与总状花序相似，但花无柄或近无柄，如车前等。

(3)柔荑花序(ament)：单性、无柄或近无柄的花排列在细长、柔软的花轴上，因此通常花序下垂。花后整个花序或果序一齐脱落，如杨树、柳树的花序。

(4)肉穗花序(spadix)：与穗状花序相似，但花轴肉质肥厚，如玉米的雌花序。如果花序下有一大型的佛焰苞，又称为佛焰花序，如天南星科、棕榈科植物的花序。

(5)伞房花序(corymb)：与总状花序类似，但花柄不等长，花轴下部花的花柄较长，向上渐短，使整个花序的花几乎排在一平面上，如山楂、梨、苹果的花序。

(6)伞形花序(umbel)：排列在不分枝花轴顶端的各花花柄几乎等长，整个花序的花排成弧面，形似开张的伞，如报春、三桠绣球的花序。

(7)头状花序(capitulum)：许多无柄的花着生于极度缩短、膨大平展或稍凹陷、或凸出的花序轴上。花序外有多数苞片集生成总苞，如菊科植物的花序。

(8)隐头花序：花序轴特别肥大而内陷成中空状，许多无柄小花隐生于凹陷空腔的腔壁上，整个花序仅留有一小孔与外方相通，如无花果的花序。

(9)圆锥花序(panicle)：花轴分枝，整个花序张开成圆锥形状，如每一分枝为一总状花序，又可称复总状花序；如每一分枝为一穗状花序，则又称复穗状花序。如女贞、珍珠梅的花序。

(10)复伞房花序(compound corymb)：伞房花序的每一分枝再形成一伞房花序，如花楸属植物的花序。

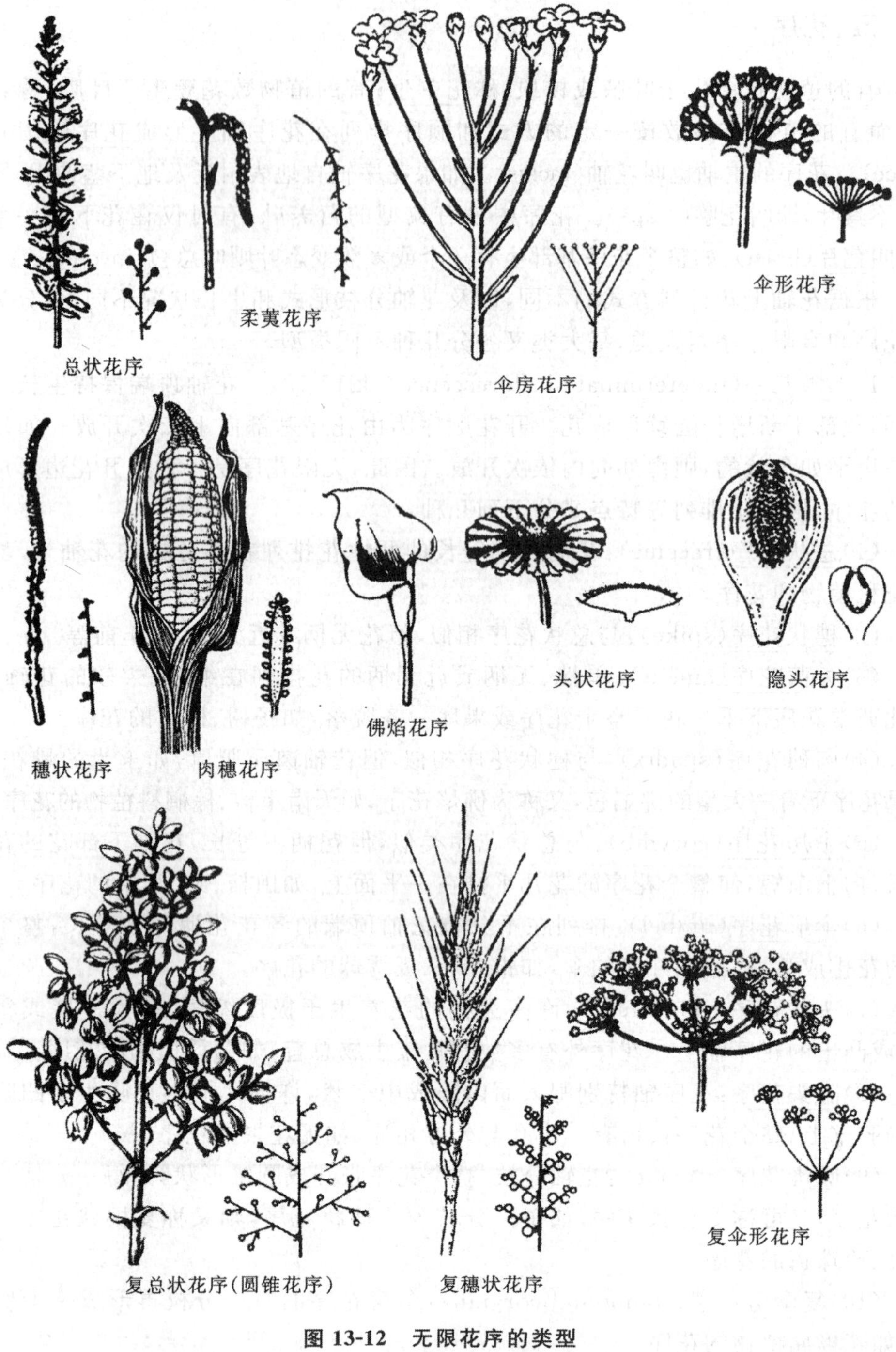

图 13-12 无限花序的类型

(11)复伞形花序(compound umbel):伞形花序的每一分枝又形成一伞形花序,如胡萝卜的花序。

2. 有限花序(determinate inflorescence)(图 13-13)　又称聚伞花序。花序主轴顶端先形成花,最先开放,开花顺序是自上而下或自中心向周围逐渐开放,依据花轴分枝不同,又可分为以下几种。

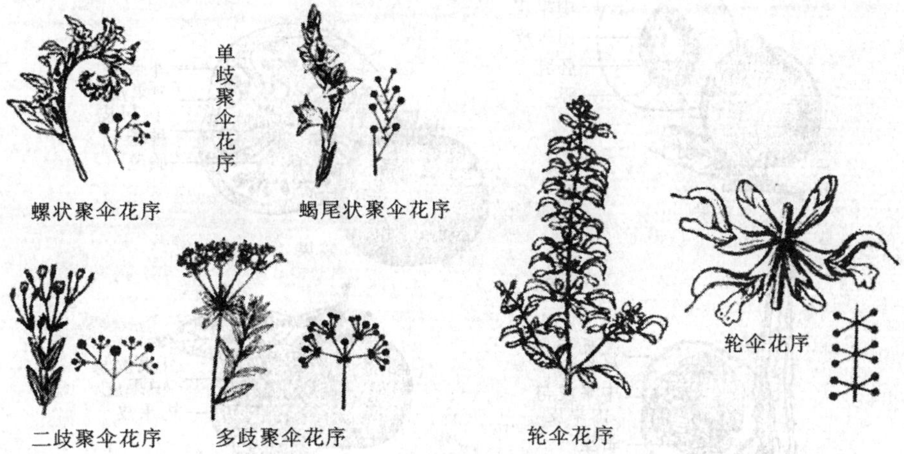

图 13-13　有限花序的类型

(1)单歧聚伞花序(monochasium):花序呈合轴分枝式,花序的顶端形成一花之后,在顶花下面的苞片腋中仅发生一侧枝,其长度超过主枝后枝顶同样形成一花,此花开放较前一朵晚,同样在它的基部又形成侧枝及花,依此类推,就形成单歧聚伞花序。如果花朵连续地左右交互出现,状如蝎尾,叫蝎尾状聚伞花序(cincinnus),如唐菖蒲的花序。如果花朵出现在同侧,形成蜷曲状,叫螺状聚伞花序(drepanium),如紫草科植物的花序。

(2)二歧聚伞花序(dichasium):当花序呈假二叉分枝时,形成二歧聚伞花序。即花轴顶端形成顶花之后,在其下伸出两个对生的侧轴,侧轴顶端又生顶花,依此类推,如石竹科植物的花序。

(3)多歧聚伞花序(pleiochasium):花序轴顶芽形成一朵花后,其下数个侧芽发育成数个侧枝,顶端各生一花,外形上类似伞形花序,但中心花先开,如大戟、猫眼草的花序。

(4)轮伞花序(verticillaster):聚伞花序着生在对生叶的叶腋,花序轴及花梗极短,呈轮状排列。如一些唇形科植物的花序。

六、果实

根据果实的形态结构可分为三大类,即单果、聚合果和复果,各类又分不同类型。其中，根据除子房外是否有花的其他部分参与形成果实，又有假果、真果之分（详见第十章）。

1. 单果(simple fruit) 由一朵花的单雌蕊或复雌蕊子房所形成的果实。根据果熟时果皮的性质不同，可分为肉质果和干果两大类。

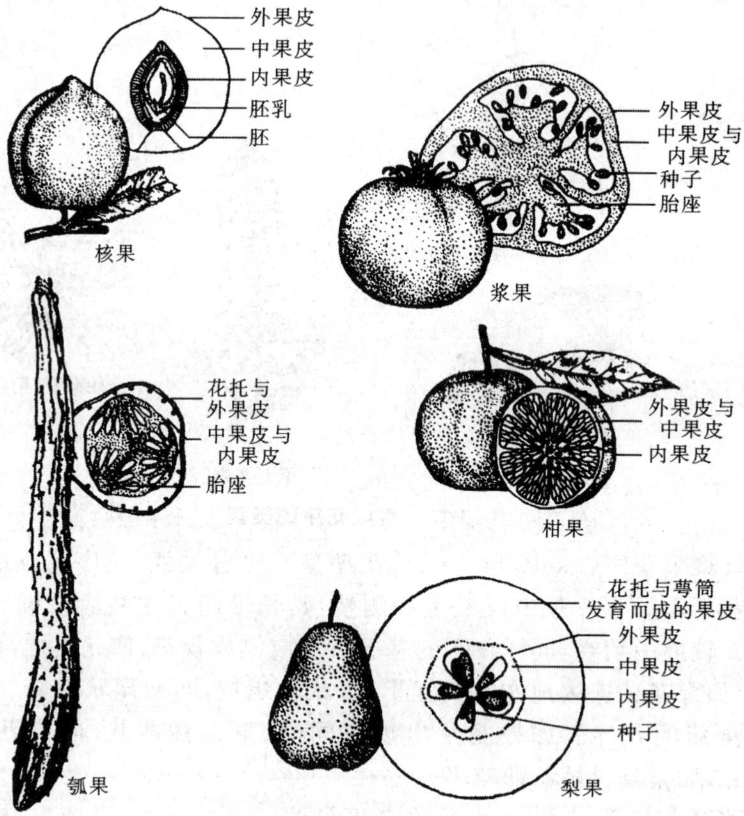

图 13-14 肉质果类型

(1)肉(质)果(ficshy fruit)：果实成熟时，果皮肉质多汁，常见的有如下类型(图 13-14)。

①浆果(berry)：由复雌蕊发育而成，外果皮薄，中果皮、内果皮均为肉质，或有时内果皮的细胞分离成汁液状，如葡萄、番茄、柿等。

②柑果(hesperidium)：由多心皮复雌蕊发育而成，外果皮革质，中果皮较疏松，并有很多维管束，内果皮形成若干室，向内生有许多肉质多汁的表皮毛，是主要的食用部分，如柑橘、柚等。

③核果(drupe):由单雌蕊或复雌蕊子房发育而成。外果皮薄,中果皮肉质,内果皮骨质坚硬,通常包围种子形成坚硬的核,如桃、杏、枣等。

④梨果(pome):由下位子房的复雌蕊形成,花托强烈增大和肉质化并与果皮愈合,外果皮,中果皮肉质化而无明显界线,内果皮革质,如梨、苹果等。

⑤瓠果(pepo):由下位子房的复雌蕊形成,花托与果皮愈合,无明显的外、中、内果皮之分,果皮和胎座肉质化,如西瓜、黄瓜等葫芦科植物的果实。

(2)干果(dry fruit):果实成熟时果皮干燥,根据果皮开裂与否,又可分为裂果和闭果。

①裂果(dehiscent fruit):果实成熟后果皮开裂,依心皮数目和开裂方式不同,分下列几种(图 13-15)。

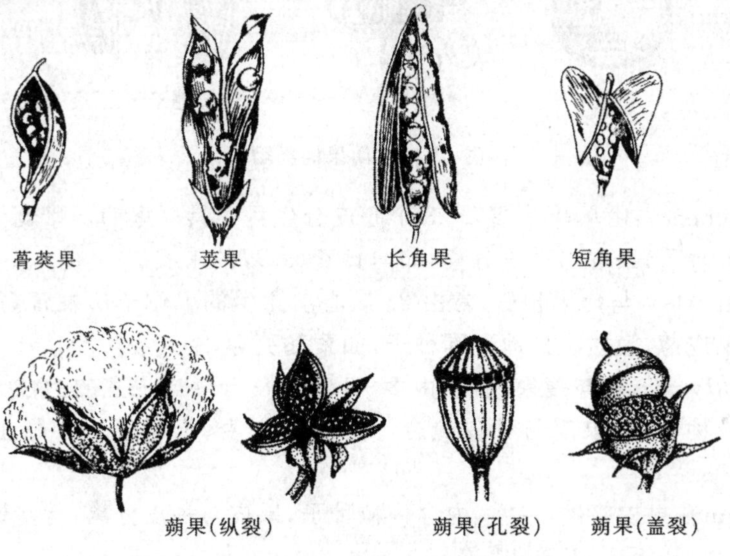

图 13-15　裂果的类型

蓇葖果(follicle):由单雌蕊(一心皮)的子房发育而成,成熟时沿背缝线或腹逢线一边开裂,如梧桐和芍药的聚合果中的每一小果为蓇葖果。

荚果(legume):由单雌蕊的子房发育而成,成熟后沿背缝线和腹缝线两边同时裂开,如豆科植物的果实。但有少数豆科植物的荚果不开裂,如落花生等。

角果:由 2 个心皮的复雌蕊子房发育而成,侧膜胎座,有假隔膜形成假二室,成熟时果皮由下而上沿两腹缝线开裂,如十字花科植物的果实。根据果实长短不同,又有长角果(silique)和短角果(silicle)的区别,前者如萝卜、白菜;后者如荠菜、葶苈。

蒴果(capsule):由两个或两个以上心皮的复雌蕊子房形成,子房室一至多室,成熟时以多种方式(如纵裂、盖裂、孔裂等)开裂,如曼陀萝、木槿、罂粟等。

②闭果(achenocarp):果实成熟后,果皮不开裂,又分下列几种(图 13-16)。

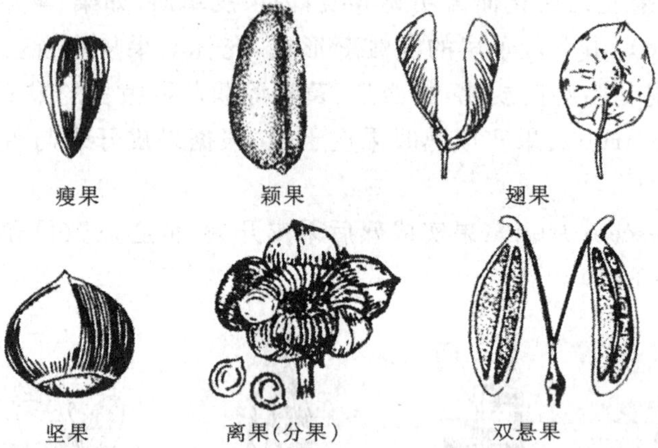

图 13-16 闭果的类型

瘦果(achene):由单雌蕊或 2～3 个心皮合生且仅具一室的复雌蕊子房发育而成,内含一粒种子,果皮与种皮分离,如向日葵、荞麦的果实。

胞果(utricle):与瘦果相似,常由 2～3 心皮合生的上位子房发育而成,具一粒种子,但其果皮薄,膜质疏松地包围种子,如藜和苋等。

颖果(caryopsis):与瘦果相似,由 2～3 个心皮合生成一室的上位子房发育而成,内含一粒种子,但果皮与种皮愈合,是水稻、小麦、玉米等禾本科植物特有的果实。

坚果(nut):果皮坚硬,一室,内含一粒种子,果皮与种皮分离,有些植物的坚果包藏于总苞内,如板栗、麻栎、榛等。

翅果(samara):果皮沿一侧、两侧或周围延伸成翅状,以适应风力传播。除翅的部分以外,其他部分实际上与坚果或瘦果相似,如五角枫、臭椿、榆等。

分果(schizocarp):复雌蕊子房发育而成,成熟后各心皮分离,形成分离的小果,但小果的果皮不开裂,如锦葵、蜀葵等。其他如伞形科植物的果实,成熟后 2 个心皮分离为 2 个分果,顶部悬挂在细长的心皮柄上,称为双悬果(cremocarp)。

唇形科和紫草科植物的果实成熟后分离为 4 个小坚果(nutlet),特称为 4 小坚果。

2. 聚合果(aggregate fruit)(图 10-3) 由一朵花中多数离生单雌蕊的子房发育而来,每一雌蕊都形成一独立的小果,集生在膨大的花托上。因小果的不同,聚合果可以是聚合蓇葖果，如八角、玉兰，也可以是聚合瘦果，如蔷薇、草莓，或者是聚合核果，如悬钩子、茅莓，或者聚合坚果，如莲等。

3. 复果(multiple fruit)(图 10-4)　由整个花序发育形成的果实，因此又叫聚花果。花序中的每朵花形成独立的小果，聚集在花序轴上，外形似一果实，如悬铃木的果球。有的复果肉质化，如桑葚和菠萝。成熟时整个果穗由母体脱落。

第二节　双子叶植物纲(Dicotyledoneae)

一、木兰科(Magnoliaceae)(木兰目)

⚥ * $P_{6\sim15}$ A_{∞} $\underline{G}_{\infty:1:1\sim\infty}$

木兰科共 15 属约 250 种，主要分布在热带及亚热带地区。我国有 11 属约 130 种。

科的特征：木本；单叶互生，托叶早落，在枝上留下环状托叶痕；花单生，两性，整齐，花被花瓣状，3 基数；雄蕊和雌蕊多数，分离，螺旋状排列于凸起的柱状花托之上，雄蕊的花药长，花丝短；花粉粒单沟型；聚合蓇葖果。种子的胚小，胚乳丰富。染色体：$X=19$。

识别要点：木本；单叶互生，有托叶；花大，单生，萼、瓣不分；花两性，雌、雄蕊多数，分离，螺旋状排列于柱状花托上；子房上位；聚合蓇葖果。

常见植物：玉兰(*Magnolia denudate* Desr.)(图 13-17)，落叶乔木，单叶互生，花大，顶生，花被片 9，分 3 轮排列，白色或带紫色，先叶开放。各地栽培，供观赏。荷花玉兰(洋玉兰)(*Magnolia grandiflora* L.)，常绿乔木，叶革质。辛夷(紫玉兰)(*Magnolia liliflora* Desr.)，落叶小乔木，花紫色，有 3 片绿色萼片，花蕾入药，治鼻炎。厚朴(*Magnolia officinalis* Rehd. et Wils.)，落叶乔木，树皮、花蕾可入药，治腹胀等。含笑(*Michelia figo*(Lour.) Spreng.)，常绿灌木，花腋生，有雌蕊柄(即雌、雄蕊间有间隔)，花乳白色，芳香。白兰花(*Michelia alba* DC.)，常绿乔木，花白色、腋生，极香。鹅掌楸(*Liriodendron*

图 13-17　玉兰

chinense(Hemsl.) Sarg.),落叶乔木,叶形奇特,顶端平截如马褂形,故又叫马褂木;果实为聚合翅果。

木兰目是现存被子植物中最原始的类群之一。其原始性状表现在:木本;单叶;花单生,萼、瓣不分;雌雄蕊多数、分离、螺旋状排列;花托柱状突起;花药长,花丝短;花粉单沟;蓇葖果;胚小,胚乳丰富等。

二、毛茛科(Ranunculaceae)(毛茛目)

⚥ *,↑ $K_{3\sim15}$ $C_{3\sim\infty}$ A_{∞} $\underline{G}_{\infty:1:1\sim\infty}$

毛茛科共50属约1900种,主产北温带。我国有43属700多种。本科有许多有毒植物及药用植物。

科的特征:草本;叶分裂或为复叶,无托叶;花两性,整齐或两侧对称,萼片3~15,常花瓣状,花瓣3至多数,稀为2或无花瓣;雄蕊和雌蕊均常为多数、离生、螺旋状排列于突起的花托上;子房上位,每心皮含一至多数胚珠;聚合瘦果或聚合蓇葖果;种子有胚乳。花粉2~3沟,多孔。染色体:$X=6\sim10,13$。

识别要点:草本;花两性,整齐,五基数,花萼和花瓣均离生;雄蕊和雌蕊多数、离生、螺旋状排列于膨大的花托上;子房上位;聚合瘦果。

常见植物:毛茛(*Ranunculus japonicus* Thunb.)(图13-18),多年生草本植物,基生叶3深裂,植株被短毛。为有毒植物。茴茴蒜(*Ranunculus chinensis* Bge.),多年生草本植物,基生叶为三出复叶,植株被长硬毛,全草有毒。石龙芮(*Ranunculus sceleratus* L.),一年生草本植物,植物体近无毛,喜水湿,全草有毒。金莲花(*Trollius chinensis* Bge.),多年生草本植物,萼片花瓣状,黄色,花入药,清热解毒。乌头(*Acanitum carmichaeli* Debx.),多年生草本植物,花两侧对称,萼片5,花瓣状,蓝紫色,上萼片盔状,块根即中药乌头,子块根经炮制为中药附子。黄连(*Coptis chinensis* Franch.),草本植物,根状茎黄色,味苦,可提取黄连素。翠雀(*Delphinium grandiflorum* L.),多年生草本植物,花两侧对称,萼片花瓣状,蓝色,上萼片有距。其根可治牙痛。白头翁(*Pulsatilla chinensis*(Bge.) Regel.),多年生草本植物,6片萼片为紫色花瓣状,花柱宿存,伸长呈白色羽毛状。根入药,清热解毒。短尾铁线莲(*Clematis brevicaudata* DC.),攀缘藤本,叶对生。瓣蕊唐松草(*Thalictrum*

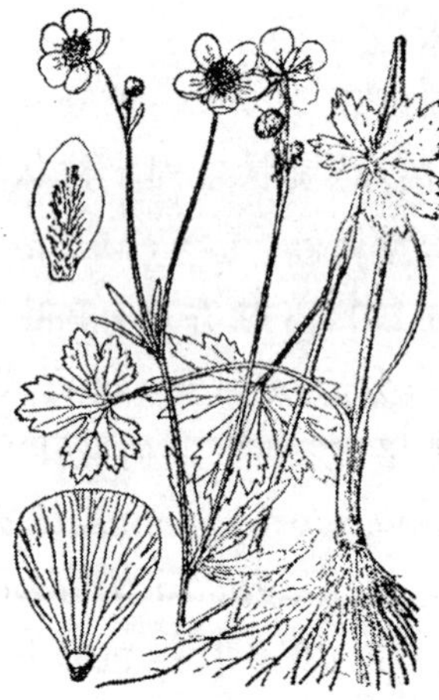

图 13-18 毛茛

petaloideum L.）花丝宽，白色花瓣状。

按传统分类方法，毛茛科中还有著名观赏花卉：牡丹（*Paeonia suffruticosa* Andr.），灌木，根皮即中药的丹皮；芍药（*Paeonia lactiflora* Pall.），草本植物，根入药称白芍。而现代分类学根据它们的雄蕊为离心式发育，有花盘，染色体基数 $X=5$ 等特征，现已另列为芍药科（Paeoniaceae）。

毛茛科是被子植物中草本类群的原始类群之一。其原始性状表现为：花被分化不明显；雌、雄蕊多数，分离，螺旋状排列于突起的花托上；蓇葖果等，与木兰科有明显的亲缘关系。但是，毛茛科有些种类为两侧对称花，花瓣退化，心皮数目减少至 3 或 1，说明又比木兰科进化。

三、睡莲科（Nymphaeaceae）（睡莲目）

⚥ * $K_{3\sim6}\ C_{3\sim\infty}\ A_{\infty}\ G_{2\sim\infty}$

睡莲科共有 5 属约 50 种，我国有 3 属，9 种

科的特征：多年生水生草本植物，有地下根状茎；叶生于地下茎节上，叶柄长，叶片浮于水面，叶心形、戟形到盾状；花大，单生，两性，辐射对称，浮于或伸出水面；萼片 3～6 片，花瓣 3 至多数；雄蕊多数；心皮 2 至多个，分离或结合成多室子房；子房上位、半下位或下位；果实浆果状。染色体：$X=12\sim29$。

识别要点：水生草本；有根状茎；叶心形至盾形；花大，单生；花萼、花瓣与雄蕊逐渐过渡；两性花，雄蕊、雌蕊多数；果实浆果状。

常见植物：睡莲（*Nymphaea tetragona* Georgi），叶片卵形，基部深裂，常浮于水面；花径 2～7.5 cm，花有白、黄、蓝紫、红紫等色，为常见水生观赏植物。芡（鸡头米，芡实）（*Euryale ferox* Salisb.），叶面脉上多刺，子房下位，果实浆果状，包于多刺之萼内，状如鸡头，内含种子 8～20 粒，称鸡头米或芡实，可供食用或药用。萍蓬草（*Nuphar pumilum*（Timm.）DC.），叶长卵形，基部箭形，子房上位，萼片 5，花瓣状，黄色，可观赏。王莲（*Victoria regia* Lindl.），叶片圆形，直径可达 100～250 cm，叶缘直立高起 7～10 cm，全叶宛如大圆盘浮于水面，具很大浮力，可承重 50 kg以上；花径 25～35 cm，花色由初开时的白色逐渐变为淡红色，最后至深红色；王莲因其叶奇花大，是美化水体的良好植物。

广义的睡莲科尚含有莲属（*Nelumbo*），常见植物有（*Nelumbo nucifera* Gaertn.）（图 13-19），具肥大多节的根状茎，俗称“莲藕”；叶片盾状圆形，常伸出水面；花径 10～25 cm，花色有红、白、黄等；花托膨大，俗称“莲蓬”，每一粒小坚果俗称“莲子”。

由于莲属植物叶片盾状，突出水面生长；心皮多数(12～40)埋藏于一大而平顶、海绵质的花托内，聚合坚果；染色体：$X=8$。克朗奎斯特等学者已将其另立为莲科(Nelumbonaceae)。

睡莲目的金鱼藻科(Ceratophyllaceae)，是一个原始的水生多心皮类，表现在维管束为分散状态，花单生，常两性整齐，花部三基数，心皮多数离生等方面。其维管束为分散状态，花部的三基数均为单子叶植物的特征，因而被看作是单子叶植物的近缘祖先。

图 13-19 莲

四、桑科(Moraceae)(荨麻目)

$♂ \ * \ K_{4\sim5} \ C_0 \ A_{4\sim5} \quad ♀ \ * \ K_{4\sim5} \ C_0 \ \underline{G}_{(2:1:1)}$

桑科共有 40 属 1 000 余种，主要分布热带和亚热带。我国有 11 属 150 余种。

科的特征：木本，常具乳汁；单叶互生，托叶早落；花单性，雌雄同株或异株，常形成柔荑、穗状、头状或隐头花序；单被花，萼片 4 片，雄蕊与萼片同数而对生；雌蕊由 2 心皮合生，子房上位，1 室，1 胚珠；果多为聚花果(复果)；种子有胚乳。染色体：$X=12\sim16$。

识别要点：木本，常有乳汁；单叶互生；花单性，单被，4 基数；子房上位；聚花果。

常见植物：桑(*Morus alba* L.)(图13-20)，雌雄异株，桑叶可饲蚕，聚花果——桑葚可食，茎韧皮纤维可作为造纸原料，根皮、枝、叶及聚花果入药，清肺热，祛风湿，补肝肾。构树(*Broussonetia papyrifera* Vent.)，茎韧皮纤维是优质的造纸原料，聚花果及根皮入药，叶和乳汁外用治癣疮。无花果(*Ficus carica* L.)，原产地中海沿岸，聚花果由隐头花序发育而来，成熟时紫黑色，可食用。榕树(*Ficus microcarpa* L.)，常绿乔木，叶革质，气生根发达，常形成“独木成林”的景观。印度橡胶树(橡皮树)(*Ficus elastica* Roxb.)，常绿乔木，叶厚革

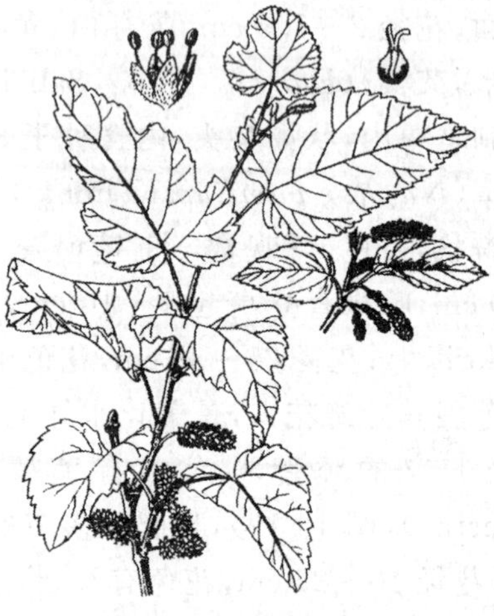

图 13-20 桑

质;乳汁可制硬性橡胶;庭院花圃栽培,供观赏。菩提树(*Ficus religiosa* L.),原产印度,其叶圆心形,有长尾尖。木菠萝(*Artocarpus heterophyllus* Lam.),也叫菠萝蜜或面包果,为著名热带果树,聚花果重达 20 kg。见血封喉(*Antiaris toxicaria* (Pers.) Lesch.),常绿乔木;树液有剧毒,可制毒箭,猎兽用。柘(*Cudrania tricuspidata* (Carr.) Bureau ex Lavall.),落叶灌木或小乔木,聚花果红色,近球形,可食用或酿酒。

五、大麻科(Cannabinaceae)(荨麻目)

$♂ \ast K_5 C_0 A_5 \quad ♀ \ast K_5 C_0 \underline{G}_{(2:1:1)}$

大麻科共有 2 属 5 种,我国有 2 属 4 种。

科的特征:直立或缠绕草本,无乳汁;单叶互生或对生,多为掌状分裂;花单性,雌雄异株;雄花序为顶生圆锥花序,雄花花被片 5,雄蕊 5;雌花序腋生穗状,每苞片内生一朵雌花,花被退化,膜质,紧包子房,子房球形,柱头 2;瘦果,种子有胚乳。染色体:$X=12\sim16$。

识别要点:草本;单叶常掌状分裂;花单性异株,5 基数;瘦果。

常见植物:大麻(*Cannabis sativa* L.)(图 13-21),直立草本。原产中亚和印度,我国各地均有栽培;茎韧皮纤维优良,为重要的纤维作物之一;种子榨油可供工业用。大麻栽于热带的一个亚种(subsp. *indica* (Lam.) Small. et Cronq.),常被用于提取麻醉剂或刺激剂。啤酒花(*Humulus lupulus* L.),缠绕草本;果穗具特殊的芳香和苦味,是制啤酒的芳香原料和苦味剂。葎草(*Humulus scandens* (Lour.) Merr.),缠绕草本,茎及叶柄密生倒钩刺,为田间及路旁常见杂草。

图 13-21　大麻

大麻科与桑科有明显的亲缘关系,其所属植物常被放在桑科中。但因这些植物为草本,无乳汁,故现多另列为大麻科。

六、　胡桃科(Juglandaceae)(胡桃目)

$♂ \ast K_{(4)} C_0 A_{3\sim\infty} \quad ♀ \ast K_{3\sim6} C_0 \overline{G}_{(2:1:1)}$

胡桃科共 8 属约 60 种,我国有 7 属 27 种。

科的特征：木本；奇数羽状复叶，互生，无托叶；花单性，雌雄同株；雄花序成下垂的柔荑花序，雄花有不规则的花被，雄蕊 3 至多枚；雌花单生或成总状或穗状排列，雌花萼片 3～6 裂；雌蕊由 2 心皮合生，子房下位，1 室，1 胚珠；核果或翅果；种子无胚乳。染色体：$X=16$。

识别要点：木本；羽状复叶；花单性，雌雄同株，雄花序为柔荑花序；子房下位；核果或翅果。

常见植物：胡桃（核桃）(*Juglans regia* L.)（图 13-22），枝条具片状髓；果实为著名干果。核桃楸(*Juglans mandshurica* Maxim.)，北方山区野生植物。山核桃(*Carya cathayensis* Sarg.)，羽状复叶的小叶背面有黄色腺体；浙江名产“小核桃”即为山核桃的果实。枫杨(*Pterocarya stenoptera* DC.)，具双翅果，果序下垂，为常见绿化树种。

图 13-22 胡桃

七、壳斗科(Fagaceae)(壳斗目)

$♂ \ * \ K_{4\sim8}\ C_0\ A_{4\sim\infty} \quad ♀ \ * \ K_{4\sim8}\ C_0\ \overline{G}_{(3\sim6:3\sim6:1\sim2)}$

壳斗科共有 8 属约 900 种，我国有 5 属 279 种，主要分布在北半球的温带和亚热带。

科的特征：木本，单叶互生，具托叶；花单性，雌雄同株，单被花，无花瓣；雄花序成柔荑花序，花萼 4～8 裂，雄蕊 4 至多枚；雌花单生或 2～5 朵簇生于总苞内，花萼 4～8 裂，子房下位，3～6 室；坚果外具木质化总苞，称壳斗；种子无胚乳，子叶肥厚。染色体：$X=12$。

识别要点：木本；单叶互生；花单性，雌雄同株，无花被；雄花为柔荑花序，雌花单生或 2～5 朵簇生于总苞内；子房下位；坚果。

常见植物：板栗(*Castanea mollissima* Bl.)（图 13-23），著名的木本粮食，其雄花序为直立的柔荑花序，坚果 1～3 个包于完全封闭带刺的壳斗内，果实成熟时壳斗常 4 裂。栓皮栎(*Quercus variabilis* Bl.)，树皮木栓层发达，可

图 13-23 板栗

做软木塞。叶背面密生灰白色星状绒毛；雄花序下垂；坚果外具半包的壳斗。麻栎（*Quercus acutissima* Carr.），似栓皮栎，但叶背淡绿色，仅在脉腋有毛。另外常见的还有圆齿栎（*Quercus aliena* Bl.）又名槲栎，柞栎（*Quercus dentata* Thunb.）又名大叶菠萝，辽东栎（*Quercus liaotungensis* Koidz.）及蒙古栎（*Quercus mongolica* Fisch.）等。

八、石竹科（Caryophyllaceae）（石竹目）

⚥ $* \ K_{(4\sim5),4\sim5}\ C_{4\sim5}\ A_{8\sim10}\ \underline{G}_{(5\sim2:1:\infty)}$

石竹科共有 75 属 2 000 余种，我国有 22 属 400 余种。

科的特征：草本，茎节部膨大；单叶，全缘，对生；花两性，辐射对称，花单生或组成聚伞花序；萼片、花瓣 4～5；雄蕊为花瓣的 2 倍，分离；心皮 2～5，合生，子房上位，1 室，特立中央胎座；蒴果，常具外胚乳。染色体：$X=6,9\sim15,17,19$。

识别要点：草本，节膨大；单叶、全缘、对生；花两性，辐射对称；雄蕊为花瓣的 2 倍；子房上位；特立中央胎座；蒴果。

常见花卉及观赏植物：石竹（*Dianthus chinensis* L.）（图 13-24），花瓣 5，顶端齿裂，颜色多样。瞿麦（*Dianthus superbus* L.），花瓣先端丝状深裂。五彩石竹（须苞石竹、美国石竹）（*Dianthus barbatus* L.），花小而多，密集成头状聚伞花序，花色有白、粉、红等；花下片苞先端须状。香石竹（康乃馨）（*Dianthus caryophyllus* L.），花通常单生，花色多样，重瓣花，是良好的鲜切花材料。锥花丝石竹（满天星）（*Gypsophila paniculata* L.），花枝多，花小，白色，常为重瓣花，常作插花。剪夏罗（*Lychnis coronata* Thunb.），原产中国，是中国的特有种。花着生于茎顶及叶腋内，橙红色。剪秋罗（*Lychnis senno* Sieb. et Zucc.），顶生聚伞花序，花深红色。

图 13-24 石竹

常见田间杂草：王不留行（麦蓝菜）（*Vaccaria segetalis*（Neck.）Garcke），直立草本，全株光滑；花淡红色，花萼连合，具 5 条肋棱，花柱 2；种子入药。麦瓶草（米瓦罐）（*Silene conoidea* L.），直立草本，全株有腺毛；花粉红色，花萼连合，具多数脉，花柱 3。繁缕（*Stellaria media*（L.）Cyr.），茎细弱；花萼分离；花白色，花瓣先端 2 裂，花柱 3。鹅肠菜（*Malachium aquaticum*（L.）Fries），茎下部伏卧，上部直立;花萼分离;花白色,花瓣先端深 2 裂,花柱 5。蚤缀(*Arenaria serpyllifolia* L.),茎直立;花萼分离;花白色,花瓣全缘,花柱 3。

九、藜科(Chenopodiaceae)(石竹目)

⚥ * $K_{2\sim5}$ C_0 $A_{2\sim5}$ $\underline{G}_{(2\sim3:1:1)}$

藜科共有 100 属 1 500 余种,分布世界各地,主产温带、寒带的海滨或土壤含盐较多的地区。我国有 39 属 188 种。

科的特征:多为草本,植株常具泡状粉粒;单叶互生,无托叶;花小,绿色,单被,两性或单性;雄蕊与花萼同数且对生,子房上位,心皮 2～3 合生,1 室,1 胚珠;胞果,常包藏于扩大宿存变硬或成翅的花萼和苞片内;胚弯生,具外胚乳。染色体:$X=6,9$。

识别要点:草本,具泡状粉粒;单叶互生,无托叶;花小,单被;雄蕊与花萼同数且对生;子房上位;胞果。

常见栽培作物:菠菜(*Spinacia oleracea* L.)(图 13-25),花单性,雌雄异株,胞果包埋于变硬的小苞片内,具刺;幼苗为重要的大众蔬菜。甜菜(*Beta vulgare* L.),花小,两性;根肥大多汁含糖分,为制糖原料。甜菜的变种莙荙菜(*Beta vulgare* var. *cicla* L.),叶可作蔬菜食用。

图 13-25 菠菜

常见杂草:藜(*Chenopodium album* L.)、灰绿藜(*Chenopodium glaucum* L.)、尖头叶藜(*Chenopodium acuminatum* Willd.)、猪毛菜(*Salsola collina* Pall.)、地肤(扫帚菜)(*Kochia scoparia* (L.) Schrad.)等。另有盐碱地指示植物碱蓬(*Suaeda glauca* Bge.)、生于沙丘或沙漠地区的沙蓬(*Agriophyllum squarrosum* (L.) Moq.)及梭梭(*Haloxylon ammodendron* Bunge),可固沙。

十、苋科(Amaranthaceae)(石竹目)

⚥ * $K_{3\sim5}$ C_0 $A_{3\sim5}$ $\underline{G}_{(2\sim3:1:1)}$

苋科有约 60 属 850 余种,我国有约 13 属 39 种。

科的特征:草本,单叶互生或对生,无托叶;花小,常两性,单生或排成穗状、头状或圆锥状的聚伞花序；单被花，苞片与花被片均为干膜质，常有色彩，雄蕊与萼片同数对生；子房上位，由 2～3 心皮合生为 1 室，1 胚珠；胞果常盖裂，种子有胚乳。染色体：$X=6\sim17$。

识别要点：草本；单叶，无托叶；花小，苞片与花被片均为干膜质；胞果常盖裂。

常见栽培蔬菜：苋（*Amaranthus tricolor* L.）（图 13-26），单叶互生，嫩茎、叶可作蔬菜，繁穗苋（*Amaranthus paniculatus* L.），圆锥状花序直立。尾穗苋（*Amaranthus caudatus* L.），圆锥状花序下垂。

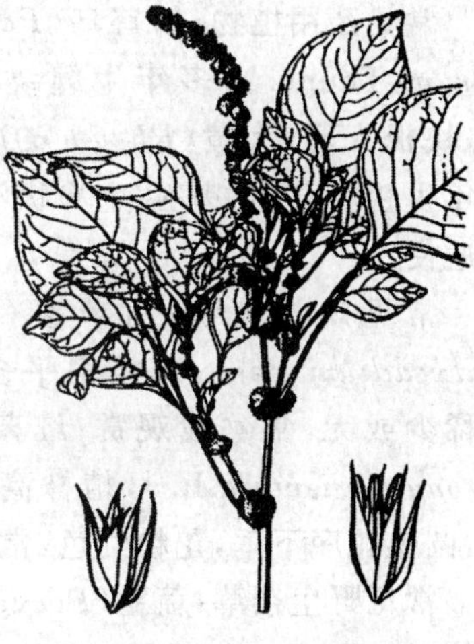

图 13-26　苋

常见观赏植物：鸡冠花（*Celosia cristata* L.），顶生穗状花序扁平如鸡冠，通常有淡红色、红色、紫色及黄色等。青葙（*Celosia argenta* L.），穗状花序圆柱形或塔形。千日红（*Gomphrena globosa* L.），叶对生，花序头状球形，红色，既可栽培观赏，又可作干花材料。锦绣苋（*Alternanthera bettzickiana* Nichols.），叶倒披针形，叶色有黄白色斑或紫褐色斑的变种，可作花坛组字及拼图的材料。

常见农田杂草：反枝苋（*Amaranthus retroflexus* L.），全株有短柔毛；皱果苋（*Amaranthus viridis* L.），全株无毛，叶面常具"V"字形斑，果皮皱，不裂；凹头苋（*Amaranthus lividus* L.），无毛，叶先端有凹缺；刺苋（*Amaranthus spinosus* L.），叶柄基部两侧各有 1 刺。

十一、蓼科（Polygonaceae）（蓼目）

⚥ $* \ K_{3\sim6}\ C_0\ A_{3\sim9}\ \underline{G}_{(2\sim3:1:1)}$

蓼科共有 40 属 800 余种，我国有 14 属 200 多种。

科的特征：多为草本，茎节部常膨大；单叶互生，有膜质托叶鞘；花两性，花序穗状或圆锥状等；单被花，无花瓣，萼片 3～6 个，雄蕊通常 3～9 枚；子房上位，心皮 2～3 合生，1 室，1 胚珠；瘦果三棱形或凸透镜形，种子含丰富的胚乳。染色体：$X=6\sim11,17$。

识别要点：草本，节膨大；单叶，全缘，互生，有膜质托叶鞘；花两性，单被；子房上位；瘦果。

常见栽培作物：荞麦（*Fagopyrum esculentum* Moench.）（图 13-27），一年生草

本，叶常为卵状三角形，瘦果三棱形，种子含60%～70%淀粉，既是粮食作物，又为蜜源植物。

常见药用植物：何首乌（*Polygonum multiflorum* Thunb.），多年生缠绕草本，叶卵状心形，块根入药；大黄（*Rheum officinale* Baill.），多年生粗壮草本，基生叶掌状浅裂，根入药，泻热通便。

常见观赏植物：竹节蓼（*Homalocladium platycadium* Bailey），枝扁平多节，绿色似叶，叶稀少或无，常盆栽观赏；红蓼（东方蓼）（*Polygonum orientale* L.），植株高大，叶宽大卵圆形，圆锥花序下垂，花粉红色，常庭院栽培。

图 13-27　荞麦

常见野生杂草：萹蓄（*Polygonum aviculare* L.），茎平卧或斜升，分枝多；酸模叶蓼（*Polygonum lapathifolium* L.），叶上面有黑斑；本氏蓼（*Polygonum bangeanum* Turcz.），茎上有倒钩刺；两栖蓼（*Polygonum amphibium* L.），水陆两栖；水蓼（*Polygonum hydropiper* L.），穗形花序细弱，花排列稀疏；巴天酸模（*Rumex patientia* Ll.），叶片较大，基部圆形或微心形；果被通常有一片具瘤状突起。

十二、山茶科（Theaceae）（山茶目）

⚥ $* K_{5\sim7}\ C_{5,(5)}\ A_{\infty}\ \underline{G}_{(2\sim10:2\sim10:2\sim\infty)}$

山茶科共有30属约700种，主产热带和亚热带地区。我国有15属约400种。

科的特征：常绿木本，单叶互生，无托叶；花两性，辐射对称，花萼5～7，花瓣5，分离或基部结合，雄蕊多数，多轮生于花瓣上，子房上位，2～10室，中轴胎座；蒴果、核果或浆果，种子具胚乳。染色体：$X=15,21$。

识别要点：常绿木本；单叶互生，叶革质；花两性，整齐，5基数；雄蕊多数，成数轮；子房上位；常为蒴果。

常见植物：茶（*Camellia sinensis* O. Ktze.）（图 13-28），为世界四大饮料之一，我国已有2 500年的栽茶及制茶历史，闻名世界；油茶（*Camellia oleifera* Abel.），种子油可食，为华南地区主要的木本油料植物；山茶（*Camellia japonica* L.），花大美丽，花瓣圆形，常红色，为我国十大名花之一；金花茶（*Camellia chrysantha*（Hu）Tuyama），花金黄色，仅产于广西西南部，是新发现的珍稀种，为国家一级保护植物。

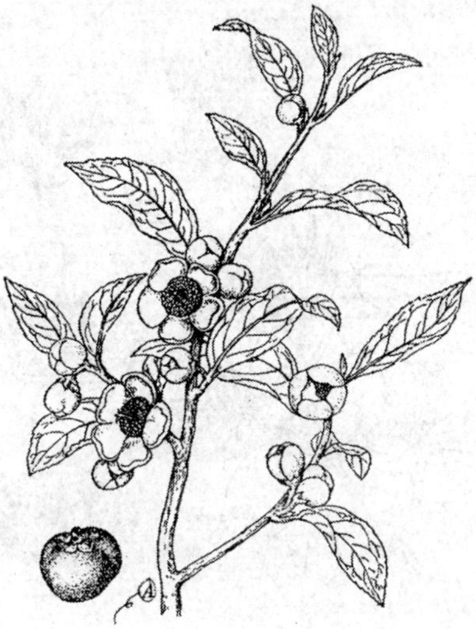

图 13-28　茶

十三、锦葵科(Malvaceae)(锦葵目)

⚥ $* \ K_{(5),5} \ C_5 \ A_{(\infty)} \ \underline{G}_{(3\sim\infty:3\sim\infty:1\sim\infty)}$

锦葵科共有约 75 属 1 500 种，我国有 16 属约 80 种。

科的特征：木本或草本，茎韧皮纤维发达；单叶互生，常为掌状裂叶，托叶早落；花两性，5 基数，辐射对称，有副萼，花瓣旋转状排列；雄蕊多数，花丝基部联合成雄蕊管，为单体雄蕊，花药 1 室，花粉粒大且具刺；子房上位，3 至多室，中轴胎座；蒴果或分果，种子有胚乳。染色体：$X=5\sim22,33,39$。

识别要点：单叶；花两性，整齐，5 基数；有副萼；单体雄蕊，花药 1 室；子房上位；蒴果或分果。

棉属(*Gossypium*)植物由于种皮的表皮细胞特化成长绵毛，即为纺纱织布的棉纤维。常见栽培的棉属植物：陆地棉(*Gossypium hirsutum* L.)(图 13-29)，我国普遍栽培；海岛棉(*Gossypium barbadense* L.)，我国南方有栽培；树棉(中棉)(*Gossypium arboreum* L.)，广植于黄河以南地区；草棉(*Gossypium herbaceum* L.)，适于西北地区栽培，生长期短，120 天左右。

茎韧皮纤维发达的栽培作物有洋麻(*Hibiscus cannabinus* L.)和苘麻(*Abutilon theophrasti* Medic.)，均是重要的纤维作物，茎韧皮纤维可织麻袋、鱼网及绳索等。

图 13-29 陆地棉

常见观赏植物：木槿（*Hibiscus syriacus* L.），落叶灌木，花冠白色、粉红色或紫色，常见公园或庭院栽培。扶桑（朱槿）（*Hibiscus rosea-sinensis* L.），常绿小灌木，花大，红色，单生于叶腋，雄蕊柱超出花冠，常盆栽观赏。吊灯花（*Hibiscus schizopetalus* Hook. f.），常绿灌木，花梗细长，花倒垂，花瓣 5，红色，深细裂成流苏状，向上反卷。木芙蓉（*Hibiscus mutabilis* L.），木本，植株密被星状毛，叶掌状 5 裂，花梗短，花直立，花粉红色，花瓣不裂。锦葵（*Malva sinensis* Cav.），直立草本，叶肾形，花簇生叶腋，花径约 3 cm。蜀葵（*Althaea rosea*（L.）Cav.），直立草本，高可达 3 m，花大而鲜艳，颜色多样。另外，冬葵（*Malva verticillata* L.）和秋葵（*Abelmoschus esculentus*（L.）Moench.）也为常见草花。

常见杂草：野西瓜苗（*Hibiscus trionum* L.），一年生草本，茎软弱或伏卧生长，全株具粗毛，叶形似西瓜叶。

十四、堇菜科（Violaceae）（堇菜目）

⚥ ↑ $K_5\ C_5\ A_5\ \underline{G}_{(3:1:\infty)}$

堇菜科共有 22 属约 900 种，我国有 4 属 130 多种。

科的特征：草本，稀木本，单叶，基生或茎生叶互生，很少对生，有托叶；花两性，两侧对称，5 基数，花瓣中最下面一枚常扩大，基部成囊状或有距；雄蕊 5，雌蕊由 3 心皮合生，子房上位，1 室，侧膜胎座，胚珠多数；蒴果或浆果，种子有胚乳。染色体：$X=6,10\sim13,17$。

识别要点：草本；单叶互生，有托叶；花两性，两侧对称，5基数，有距；子房上位；蒴果。

常见观赏植物：三色堇（蝴蝶花）(*Viola tricolor* L.)，茎直立，茎生叶互生，托叶大，羽状分裂；花大，直径3～4 cm，通常由黄、白、蓝三色组成。是布置花坛的良好材料。香堇菜(*Viola odorata* L.)，叶心状卵形至肾形，花紫色，芳香，栽培供观赏。

常见堇菜属野生植物：紫花地丁(*Viola yedoensis* Makino.)（图13-30）、早开堇菜(*Viola prionantha* Bge.)、北京堇菜(*Viola pekinensis* L.)、斑叶堇菜(*Viola variegata* Fisch ex Link.)及鸡腿堇菜(*Viola acuminata* Ledeb.)等。

图13-30　紫花地丁

十五、葫芦科(Cucurbitaceae)（堇菜目）

$♂ * K_{(5)}\ C_{(5)}\ A_{(2)+(2)+1}\quad ♀ * K_{(5)}\ C_{(5)}\ \bar{G}_{(3:1:\infty)}$

葫芦科共有约90属700种，我国有约29属140多种。

科的特征：草质藤本，有卷须；单叶互生，常掌状分裂；花单性，雌雄同株或异株，花基数5，雄蕊常两两联合，一条单独；雌蕊由3个心皮合生，子房下位，1室，侧膜胎座，胚珠多数；瓠果，少数为蒴果，种子无胚乳。染色体：$X=7 \sim 14$。

识别要点：具卷须的草质藤本；单叶互生，叶掌状分裂；花单性，5基数；子房下位，瓠果。

常见瓜类蔬菜：黄瓜(*Cucumis sativus* L.)，果常具刺或疣状突起。苦瓜(*Momordica charantia* L.)，果实表面有疣状突起，果味稍苦，常作风味蔬菜。丝瓜(*Luffa cylindrica* (L.) Roem.)、冬瓜(*Benincasa hispida* (Thunb.) Cogn.)、葫芦(*Lagenaria siceraria* (Molina) Standl.)、瓠子(*Lagenaria siceraria* var. *hispida* (Thunb.) Hara.)、南瓜(*Cucurbita moschata* (Duch.) Poir.)（图13-31）、笋瓜(*Cucurbita maxima* Duch.)、西葫芦(*Cucurbita pepo* L.)等均为常见蔬菜。

图13-31　南瓜

常见瓜类水果：西瓜（*Citrullus lanatus*（Thunb.）Mansfeld）、香瓜（甜瓜）（*Cucumis melo* L.）、新疆的哈密瓜和甘肃的白兰瓜均为香瓜的不同变种和品系。

药用植物：栝楼（*Trichosanthes kirilowii* Maxim.），根入药，可生津止渴，降火润燥；果入药清热化痰；种子入药润燥滑肠。罗汉果（*Siraitia grosvenori*（Swingle）C. Jafrey），果入药，可治咳嗽。绞股蓝（*Gynostemma pentaphyllum*（Thunb.）Makino），有镇静、催眠及降血压等功效。盒子菜（*Actinostemma racemosum* Maxim.），全草可入药。赤瓟（*Thladiantha dubia* Bge.），果实和根可入药。

观赏植物：喷瓜（*Ecballium elaterium* A. Rich.），蔓生多年生草本，无卷须；雌雄同株；花黄色；果椭圆形，受到触动的成熟果实从果柄处脱落，并由脱落处喷射出果肉的黏液和棕色的种子，黏液具毒，不可入眼；常栽培以观果。

十六、杨柳科(Salicaceae)(杨柳目)

♂ ↑ K_0 C_0 $A_{2\sim\infty}$　♀ ↑ K_0 C_0 $\underline{G}_{(2:1:\infty)}$

杨柳科有 3 属约 500 种，我国有 3 属 230 种。

科的特征：木本，单叶互生，有托叶；花单性，雌雄异株，柔荑花序，无花被，有蜜腺或花盘；雄花有雄蕊 2 至多数，雌花的雌蕊为 2 心皮，1 室，侧膜胎座；蒴果；种子无胚乳，基部具丝状毛。染色体：$X=19,22$。

识别要点：木本；单叶互生；花单性，雌雄异株，柔荑花序；无花被，有花盘或蜜腺；子房上位；蒴果，种子有长毛。

杨属（*Populus*）具顶芽，芽鳞多片，柔荑花序下垂，苞片边缘多裂，花具花盘，雄蕊 4 至多数，风媒花。常见绿化植物有：毛白杨（*Populus tomentosa* Carr.），树皮淡绿白色，叶三角状卵形，幼时叶背密被白色绒毛。银白杨（*Populus alba* L.），叶背密生银白色绵毛，叶具 3～5 裂。加拿大杨（*Populus canadensis* Moench.），树皮粗糙，有纵裂沟纹。小叶杨（*Populus simonii* Carr.），叶菱状椭圆形，背面苍白色，广布于我国东北、西北、华北、华中及西南各省区，为主要造林树种之一。

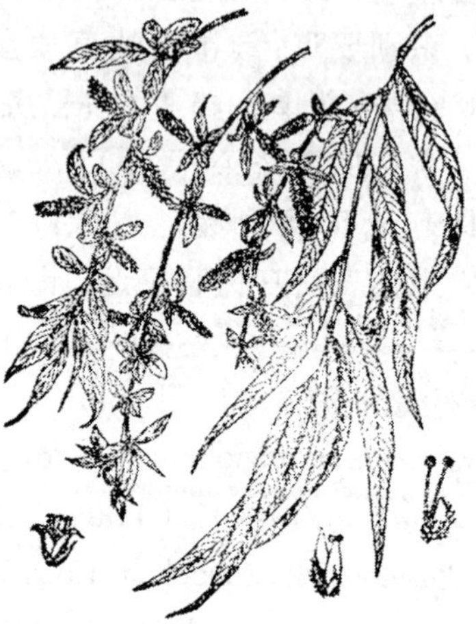

图 13-32　垂柳

柳属（*Salix*）无顶芽，芽鳞 1 片，柔荑花序直立，苞片全缘，花具蜜腺，雄蕊多为 2，虫媒花。常见绿化植物有：垂柳（*Salix babylonica* L.）（图 13-32），枝条细弱下垂，雄花有 2 个腺体，雌花只1个腺体。旱柳(*Salix matsudana* Koidz.),枝条常直立,雄花和雌花均有2个腺体。龙爪柳(*Salix matsudana* var. *tortuosa* Vilm.)枝条扭曲,绦柳(*Salix matsudana* var. *pendula* Schneid)枝条长而下垂,但雌花有2个腺体,均为旱柳之变种。

十七、十字花科(Cruciferae)(白花菜目)

$⚥ * K_{2+2}\ C_{2+2}\ A_{2+4}\ \underline{G}_{(2:1:1-\infty)}$

十字花科共有340属约3 000种,我国有90属300种。

科的特征:多为草本,常具辛辣味;基生叶常呈莲座状,茎生叶互生,无托叶;总状花序,花两性,十字形花冠,四强雄蕊,雌蕊由2心皮合生,子房上位,常有假隔膜(胎座延伸进去的薄膜)把子房分为假二室,侧膜胎座;角果,种子无胚乳。染色体:$X=4\sim15$。

识别要点:草本;花两性,整齐;十字形花冠,四强雄蕊;子房上位,侧膜胎座,具假隔膜;角果。

常见栽培蔬菜:本科出产大量蔬菜,如白菜(*Brassica pekinensis* Rupr.),为北方地区冬、春季主要蔬菜之一。卷心菜(洋白菜)(*Brassica oleracea* var. *capitata* L.),叶包裹成圆球状。花椰菜(菜花)(*Brassica oleracea* var. botyrtis L.),食用顶生球形花序。青菜(小油菜)(*Brassica chinensis* L.),叶倒卵状匙形,品种很多。球茎甘蓝(苤蓝)(*Brassica caulorapa* Pasq.),茎近地面处有块茎,肉质食用。大头菜(芥菜疙瘩)(*Brassica napiformis* L. H. Bailey.),地下有肉质圆锥形块根,常用作盐腌。芥菜(*Brassica juncea* (L.) Czern. et Coss.)及芥菜的变种榨菜(*Brassica juncea* var. *tunvida* Tsen. et Lee.)和雪里蕻(*Brassica juncea* var. *multiceps* Tsen. et Lee.)均为常见蔬菜。另外,萝卜(*Raphanus sativus* L.)也是常见蔬菜,其品种很多。荠菜(*Capsella bursa-pastoris* (L.) Medic.),为野生蔬菜。

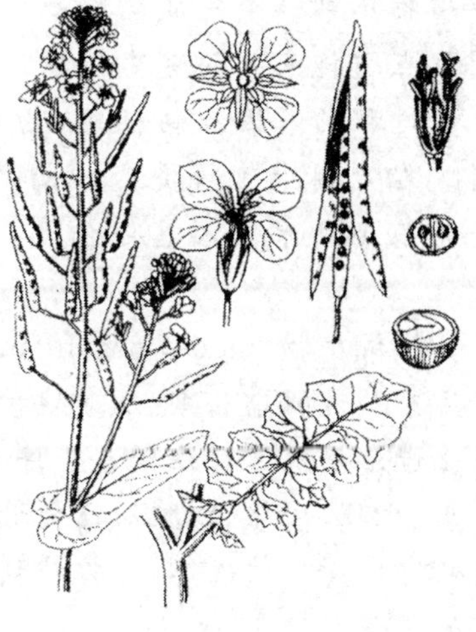

图 13-33　油菜

油菜(*Brassica campestris* L.)(图13-33),基生叶大头羽状分裂,茎生叶基部两侧有垂耳。其种子的含油量达40%,为我国四大油料作物之一。也是重要的蜜源植物。

常见药用植物:菘蓝(*Isatis tinctoria* L.),根称板蓝根,叶称大青叶,均可入药,治疗病毒性感染。

观赏植物:紫罗兰(*Matthiola incana*(L.) R. Br.)、二月兰(诸葛菜)(*Orychophragmus violaceus*(L.) O. E. Schulz.)、桂竹香(*Cheiranthus cheiri* L.)、羽衣甘蓝(*Brassica oleracea* L. var. *acephala* DC. f. *tricolor* Hout.)、香雪球(*Lobularia maritima*(L.) Desv.)等。

田间杂草:播娘蒿(*Descurainia sophia*(L.) Webb.)、独行菜(*Lepidium apetalum* Willd.)、离子草(*Chorispora tenella* DC.)、蔊菜(*Rorippa montana*(Wall.) Small.)等。

十字花科的明星——拟南芥(*Arabidopsis thaliana*)*

拟南芥是十字花科拟南芥属(*Arabidopsis*)的植物,茎直立,基生叶呈莲座状,有叶柄,茎生叶互生,叶片表面有叉状毛,总状花序,花白色,角果线形(封面中图)。

自20世纪80年代以来,拟南芥被广泛用于植物遗传学、发育生物学和分子生物学的研究,已成为一种典型的模式植物(model plant),被称为植物界的"果蝇"。作为模式植物它具有以下特点:

植株个体形态小,成熟个体高度一般为15～30 cm;生活周期短,完成一个生活周期只需6～8周时间,且生长无明显季节性;每株拟南芥可产生数千粒种子;拟南芥是典型的自交繁殖植物,在实验室条件下很易完成人工杂交。拟南芥只有5对染色体,其核基因组是目前高等植物中最小的(约130 Mb),而且是被子植物中第一个完成全部基因组测定的植物,容易被人工诱变产生大量不同基因位点遗传变异的突变植株。因此,利用拟南芥作为分子遗传学材料研究植物生命过程的基因控制机制,为人们全面理解整个植物生命现象具有重要的意义。在应用上可将突变拟南芥的一些与农艺性状有关的基因分离出来,再通过转基因技术转入其他作物,以改良农作物的农艺性状,从而产生更大的经济效益。

模式生物(model organism)是指生物的一个物种(species),它在人们研究生命现象的过程中长期、反复地被作为研究材料,并且从这个物种的研究中得出的许多生命活动规律往往代表了许多物种共同的规律。于是人们在对该物种的形态、解剖、生理、生化、细胞及遗传进行全面分析和归纳的基础上,把它作为典范,将对其研究中得出的规律,可推演到相关的生物物种中,从而加快了对其他各种生物研究的步伐。

常用的模式生物除拟南芥外,还有玉米(*Zea mays*)、水稻(*Oryza sativa*)、莱菌衣藻(*Chamydomonas reinhardi*)、大肠杆菌(*Escherichia coli*)、啤酒酵母(*Saccharomyces cerevisiae*)、秀丽广杆线虫(*Caenorhabditis elegans*)、黑腹果蝇(*Drosophila melanogaster*)、小鼠(*Mus musculus domesticus*)等。

十八、蔷薇科(Rosaceae)(蔷薇目)

$⚥ * K_5 C_5 A_\infty \underline{G}_{\infty-1}. \overline{G}_{(2-5)}$

蔷薇科有约125属3 300种,我国有52属1 000余种。

科的特征:木本或草本。叶互生,常有托叶。花两性,5基数,为整齐花;花托凸起或凹陷,具杯形、盘形或壶形花托;雄蕊多数,着生在花托的边缘;心皮1至多数,离生或合生,子房上位或下位。果实类型有蓇葖果、瘦果、核果及梨果,稀为蒴果。种子无胚乳。花粉多为3孔沟。染色体:$X=7,8,9,17$。

识别要点:叶互生,常有托叶;花两性,整齐,5基数;雄蕊常多数,着生在花托的边缘。

根据花托、雌蕊群和果实的特征蔷薇科又分为4个亚科(表13-1)。

表13-1　蔷薇科4个亚科的比较

亚科	托叶	花托	雌蕊群	子房位置	果实类型
绣线菊亚科(Spiraeoideae)	常无托叶	杯状	心皮5,离生	子房上位	聚合蓇葖果或蒴果
蔷薇亚科(Rosoideae)	有托叶	壶状或凸起	心皮多数,离生	子房上位	聚合瘦果或蔷薇果
李亚科(Prunoideae)	有托叶	杯状	心皮1枚	子房上位	核果
苹果(梨)亚科(Maloideae)	有托叶	壶状	心皮2～5,合生	子房下位	梨果

绣线菊亚科常见植物:珍珠梅(*Sorbaria kirilowii*(Regel) Maxim.)(图13-34),奇数羽状复叶,具托叶;顶生圆锥花序,花白色;心皮5,分离;聚合蓇葖果。白鹃梅(*Exochorda racemosa*(Lindl.) Rehd.),心皮5,仅花柱分离;蒴果,有5棱脊。常见的还有三裂绣线菊(*Spiraea trilobata* L.)、风箱果(*Physocarpus amurensis*(Maxim.) Maxim.)等。

蔷薇亚科常见观赏植物:月季(*Rosa chinensis* Jacq.),直立灌木,有刺,羽状复叶有3～5片小叶,叶面光亮,一年开花多次,花色多样。玫瑰(*Rosa rugosa* Thunb.),直立灌木,羽状复叶有5～9片小叶,叶面有皱纹,一年开花一次,花色为玫瑰红色。蔷薇(*Rosa multiflora* Thunb.),木质藤本,有刺,羽状复叶有 5~9 片小叶,叶面光亮,一年开花一次,花色为白色或红色。黄刺玫(*Rosa xanthina* Lindl.),直立灌木,有刺,一年开花一次,花黄色。以上 4 种植物的花托凹陷呈壶状,形成蔷薇果。棣棠(*Kerria japonica*(L.) DC.)、鸡麻(*Rhodotypos scandens*(Thunb.) Makino)也是常见观赏植物。

栽培植物:草莓(*Fragaria ananasa* Duch.)(图 13-35),草本,匍匐茎,花白色,花托隆起,成熟时肉质多汁,红色,为食用部分。

图 13-34 珍珠梅

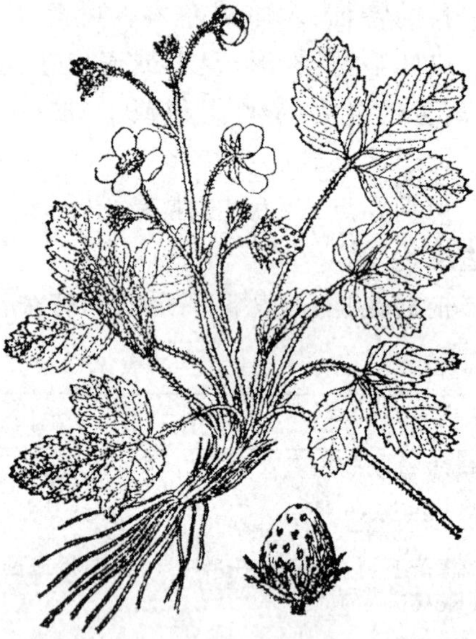

图 13-35 草莓

常见野生植物:蛇莓(*Duchesnea indica*(Andr.) Focke),草本,匍匐茎,花黄色,花托隆起,成熟时肉质。水杨梅(*Geum aleppicum* Jacq.),直立草本,花黄色,宿存花柱形成钩状长喙。朝天委陵菜(*Potentilla supina* L.),草本,茎平卧或斜升,花黄色,花托隆起,成熟时干燥。山楂叶悬钩子(*Rubus crataegifolius* Bge.),灌木,有刺,花白色,聚合小核果红色,可食。地榆(*Sanguisorba officinalis* L.),直立草本植物,根入药具收敛止血作用。

李亚科的桃(*Prunus persica*(L.) Batsch.)(图 13-36)、李(*Prunus salicina* Lindl.)、杏(*Prunus armeniaca* L.)、梅(*Prunus mume*(Sieb.) Sieb. et Zucc.)、樱桃(*Prunus pseudocerasus* Lindl.)为常见水果;榆叶梅(*Prunus triloba* Lindl.)和樱花(*Prunus serrulata* Lindl.)为常见观赏植物。

苹果亚科(梨亚科)的白梨(*Pyrus bretschneideri* Rehd.)(图 13-37)、苹果

(*Malus pumila* Mill.)、山楂(*Crataegus pinnatifida* Bge.)、海棠果(*Malus prunifolia*(Willd.) Borkh.)及枇杷(*Eriobotrya japonica*(Thunb.) Lindl.)为常见水果。

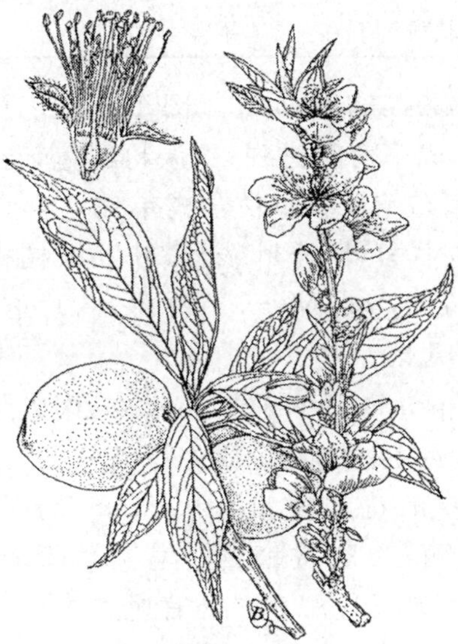

图 13-36　桃

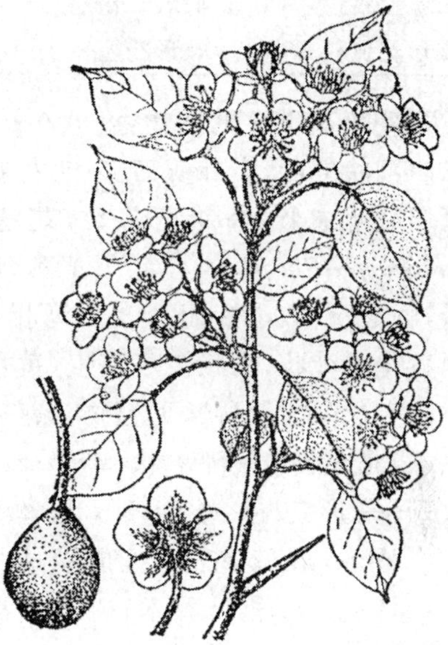

图 13-37　白梨

十九、豆科(Leguminosae)(豆目)

⚥ $*, \uparrow\ K_{(5)}\ C_5\ A_{(\infty),(9)+1,10}\ \underline{G}_{1:1:1\sim\infty}$

豆科有约 600 属 15 000 种左右,我国有 151 属 1 200 种以上,是双子叶植物中的第二大科,被子植物中的第三大科,

科的特征:木本或草本,常为复叶,少单叶,互生,有托叶。花两性,5 基数;萼片 5,结合;花瓣 5,多两侧对称,少辐射对称;雄蕊多数至定数,常 10 枚且为二体雄蕊;雌蕊 1 心皮,1 室,含多数至 1 个胚珠;荚果;种子无胚乳。染色体:$X=5\sim16$,18,20,21。

识别要点:叶常为羽状或三出复叶,有叶枕;花冠多为蝶形或假蝶形;雄蕊为二体、单体或分离;子房上位;荚果。

依据花的形状、花瓣的排列及雄蕊特点,豆科又分为含羞草亚科(Mimosoideae)、云实(苏木)亚科(Caesalpinioideae)及蝶形花亚科(Papilionoideae)(表 13-2)。

表 13-2　豆科三亚科的比较

亚科名	花冠类型	花瓣排列方式	雄蕊特点
含羞草亚科	辐射对称	镊合状排列	雄蕊常多数,合生或分离
云实亚科	假蝶形花冠	上升覆瓦状排列	雄蕊 10 枚,分离
蝶形花亚科	蝶形花冠	下降覆瓦状排列	二体雄蕊

含羞草亚科常见植物:合欢(*Albizzia julibrissin* Durazz.)(图 13-38),乔木;具二回羽状复叶,小叶镰刀形;头状花序进一步成伞房状排列;花淡粉红色,花萼、花冠均联合成管状;雄蕊多数,花丝细长,呈粉红色,基部联合成单体。含羞草(*Mimosa pudica* L.),多年生草本,叶为二回羽状复叶,小叶线形,叶及嫩枝极富敏感,触之下垂,小叶闭合。台湾相思(*Acacia confusa* Merr.),乔木,叶片退化,叶柄扁化成叶状;头状花序腋生,黄色。华南常见。

云实(苏木)亚科常见植物:紫荆(*Cercis chinensis* Bge.)(图 13-39),南方野生为乔木,北方栽培呈灌木状;单叶全缘,圆心形,互生;花紫色,簇生于老枝上,先叶开放;假蝶形花冠;雄蕊 10,花丝分离。香港市花洋紫荆(*Bauhina blakeana* Den.),乔木,叶片阔心形,顶端两裂,花大美丽,为观赏植物。皂荚(*Gleditsia sinensis* Lam.),落叶乔木,树干上常有枝刺;荚果可代肥皂。还有凤凰木(*Delonix regia* (Bojea) Raf.)、云实(*Caesalpinia sepiaria* Roxb.)、苏木(*Caesalpinia sappan* L.)等均为我国南部常见植物。

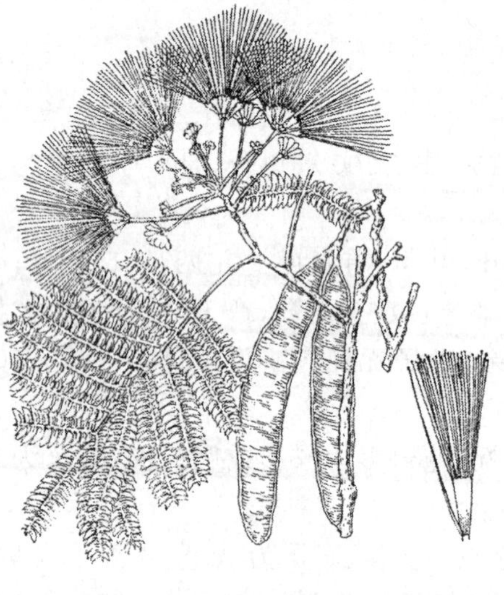

图 13-38　合欢

图 13-39　紫荆

蝶形花亚科植物种类多，用途广。常见栽培作物有豌豆（*Pisum sativum* L.）（图 13-40）、大豆（*Glycine max*（L.） Merr.）、落花生（*Arachis hypogaea* L.）、蚕豆（*Vicia faba* L.）、扁豆（*Dolichos lablab* L.）、菜豆（*Phaseolus vulgaris* L.）和豇豆（*Vigna sinensis*（L.） Savi.）等。观赏、绿化及蜜源植物有紫藤（*Wisteria sinensis*（Sims.） Sweet.）、槐（*Sophora japonica* L.）、洋槐（*Robinia pseudoacacia* L.）和紫穗槐（*Amorpha fruticosa* L.）等。牧草有紫苜蓿（*Medicago sativa* L.）、白三叶（*Trifolium repens* L.）和沙打旺（*Astragalus huangheensis* H. C. Fu et Y. H. Liu）等。药用植物有甘草（*Glycyrrhiza uralensis* Fisch.）和内蒙黄芪（*Astragalus mongholicus* Bge.）等。常见野生植物有三齿萼野豌豆（*Vicia bungei Ohwi*）、歪头菜（*Vicia unijuga* A. Br.）、糙叶黄芪（*Astragalus scaberrimus* Bge.）、米口袋（*Gueldenstaedtia multiflora* Bge.）、多花胡枝子（*Lespedeza floribunda* Bge.）、草木犀（*Melilotus suaveolens* Ledeb.）、锦鸡儿（*Caragana rosea* Turcz.）、苦参（*Sophora flavescens* Ait.）及葛（*Pueraria lobata*（Willd.） Ohwi.）等。

图 13-40　豌豆

在哈钦松系统（1959，1973）及克郎奎斯特系统（1981）中，豆科中三亚科已上升为科，而本教材为照顾传统习惯，仍保留豆科这一阶层，并下分三个亚科。

二十、大戟科（Euphorbiaceae）（大戟目）

♂ $* \ K_{0\sim5}\ C_{0\sim5}\ A_{1\sim\infty,(\infty)}$　♀ $* \ K_{0\sim5}\ C_{0\sim5}\ \underline{G}_{(3:3:1\sim2)}$

大戟科共有约 300 属 8 000 种，广布全世界，主产于热带，为一热带性大科。我国约有 66 属 364 种。

科的特征：草本、灌木或乔木，常有乳汁；单叶互生或对生，叶基部常有腺体，托叶早落；花多单性，雌雄同株或异株，花序类型复杂，常为杯状聚伞花序；花单被、双被或无被，具花盘或腺体；雄蕊 1 至多枚，花丝分离或联合；雌蕊通常由 3 心皮合生而成，子房上位，3 室，中轴胎座，每室 1～2 枚胚珠；蒴果，少数为浆果或核果，种子有胚乳。染色体：$X=7\sim12$。

识别要点：常具乳汁；多单叶；花单性；子房上位；蒴果。

重要经济植物：蓖麻（*Ricinus communis* L.）（图 13-41），种子含油率达 70%左

右，供工业和医药用，叶可饲养蓖麻蚕。橡胶树（*Hevea brasiliensis* Muell.-Arg.），乔木，乳汁含橡胶，是最优良的橡胶植物，原产巴西，现全球热带地区广为栽培。油桐（*Vernicia fordii*（Hemsl.）Airy-Shaw），种子可榨桐油，是优良的干性油，可制油漆、涂料、玻璃纸等，为我国特产，产量占世界70%。乌桕（*Sapium sebiferum*（L.）Roxb.），种子油也为干性油，供工业用。木薯（*Manihot esculenta* Crantz.），肉质块根富含淀粉，可食用或工业用，但含氰酸，食前必须浸水去毒，煮熟。巴豆（*Croton tiglium* L.），种子含巴豆油，为泻下剂。

图 13-41 蓖麻

常见观赏植物：一品红（圣诞花）（*Euphorbia pulcherrima* Willd.），灌木，开花时上部叶呈鲜红色，鲜艳美丽，花期一般在圣诞节前后。虎刺梅（*Euphorbia milii* Desmoul. ex Boiss.），肉质植物，茎上有硬刺，花序总苞洋红色。霸王鞭（*Euphorbia nerifolia* L.），肉质植物，茎上有硬刺，花序总苞绿色。银边翠（*Euphorbia marginata* Pursh.），灌木，花期茎上部叶全变为白色或叶缘变为白色。猩猩草（*Euphorbia heterophylla* L.），一年生直立草本，上部叶常基部红色或有红、白斑纹。

常见野生杂草：地锦（*Euphorbia humifusa* Willd.），平卧小草本，叶对生。还有猫儿眼（猫眼草）（*Euphorbia lunulata* Bge.）、铁苋菜（*Acalypha australis* L.）、

大戟（*Euphorbia pekinensis* Rupr.）、地构叶（*Speranskia tuberculata*（Bge.）Baill.）、一叶荻（*Securinega suffruticosa*（Pall.）Rehd.）、雀儿舌头（*Leptopus chinensis*(Bge.) Pojark.）等。

二十一、鼠李科(Rhamnaceae)(鼠李目)

⚥ $* \ K_{4\sim5}\ C_{4\sim5,0}\ A_{4\sim5}\ \underline{G}_{(2\sim4:2\sim4:1)}$

鼠李科共有55属约900种，我国有15属135种。

科的特征：乔木或灌木，常有刺；单叶互生，有托叶；花两性，辐射对称，4～5数；雄蕊与花瓣同数而对生，有花盘，周位花；子房上位，2～4室，每室1枚胚珠；核果，少蒴果或翅果，种子胚乳薄或无。染色体：$X=10\sim13$。

识别要点：单叶，不分裂；花两性，周位花，雄蕊与花瓣同数而对生；子房上位。

常见植物：枣（*Zizyphus jujuba* Mill.）（图13-42），乔木，有托叶刺，核果长圆形，可食，也是良好的蜜源植物。酸枣（*Zizyphus jujuba* var. *spinosus* Hu.），多刺灌木，核果球形，味酸可食，果仁入药有安神之效。拐枣（*Hovenia dulcis* Thunb.），乔木，托叶不成刺状，核果成熟时果序柄肉质、扭曲，红褐色，味甜可食。常见野生植物有圆叶鼠李（*Rhamnus globosa* Bge.）、小叶鼠李（*Rhamnus parvifolia* Bge.）、冻绿（*Rhamnus utilis* Decne.）等。

图13-42 枣

二十二、葡萄科(Vitaceae)(鼠李目)

⚥ $* \ K_{4\sim5}\ C_{4\sim5}\ A_{4\sim5}\ \underline{G}_{(2:2:2)}$

葡萄科共有11属约700种，我国有6属约100种。

科的特征：木质或草质藤本，具茎卷须，花序与叶对生；单叶或复叶，互生；花两性，辐射对称，4～5基数，常排成聚伞花序或圆锥花序；雄蕊与花瓣对生，心皮2，合生，子房上位，常2室，中轴胎座，每室胚珠2个；浆果，种子有胚乳。染色体：$X=11\sim20$。

识别要点：藤本，具茎卷须；叶互生；雄蕊与花瓣对生；子房上位；浆果。

常见植物：葡萄(*Vitis vinifera* L.)（图13-43），为木质藤本，叶掌状3～5裂，

圆锥花序，花瓣顶端合生，并成帽状脱落，果实为著名水果之一。野葡萄（*Vitis adstricta* Hance.），果实可食或酿酒。爬山虎（*Parthenocisissus tricuspidata* (Sieb. et Zucc.) Planch.），木质藤本，叶常3裂，浆果蓝色，卷须顶端形成吸盘，常攀缘墙壁及岩石之上，是城市立体绿化的优良材料。葎叶蛇葡萄（*Ampelopsis humulifolia* Bge.），单叶，3～5裂，质地较厚实，上面绿色，下面淡白；果熟时灰蓝色；根皮入药。白蔹（*Ampelopsis japonica* (Thunb.) Makino），三出复叶，叶轴有宽翅，浆果白色或蓝色，块根入药。

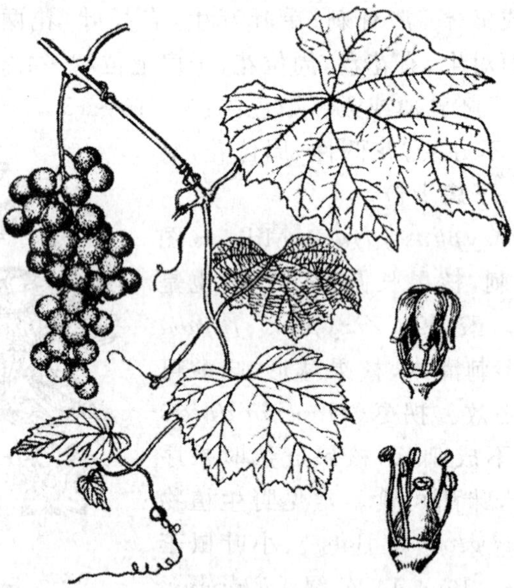

图 13-43 葡萄

二十三、芸香科（Rutaceae）（无患子目）

⚥ $* K_{4\sim5}\ C_{4\sim5}\ A_{8\sim10}\ \underline{G}_{(4\sim5.\infty:4\sim5.\infty:1\sim2.\infty)}$

芸香科共有约150属1 700种，我国有24属140多种，主要分布于热带、亚热带地区。

科的特征：常木本，有时具刺；叶具透明腺点，互生，多为羽状复叶或单身复叶，稀单叶，无托叶；花两性，稀单性，辐射对称，花萼、花冠常4～5，雄蕊常8～10，2轮，外轮与花瓣对生，花盘位于雄蕊内方；子房上位，中轴胎座；常为柑果、浆果、蒴果和蓇葖果，种子有胚乳。染色体：$X=7,8,9,11,13$。

识别要点：多木本；叶为复叶或单身复叶，互生，叶上常具透明腺点；花萼、花冠常 4～5;子房上位,花盘明显;多为柑果和浆果。

南方常见植物:柑橘类为我国南方著名水果。橘(桔)(*Citrus madurensis* Lour.),果皮平滑,易剥离。柑(*Citrus reticulata* Blanco),果皮易剥离,但表面粗糙。橙(甜橙)(*Citrus sinensis*(L.) Osbeck),果皮平滑,不易与果肉分离。柚(*Citrus grandis*(L.) Osbeck),果大,直径 10 cm 以上,果皮黄色或黄青色。柠檬(*Citrus limonia* Osbeck),果一端或两端尖,果皮较厚,果味甚酸。酸橙(*Citrus aurantium* L.),如图 13-44 所示。金橘(*Fortunella margarita*(Lour.) Swing.),果较小,直径不超过 3 cm,金黄色,可生食或制蜜饯。枸橘(*Poncirus trifoliata*(L.) Raf.),产我国中部,广泛栽种作绿篱。

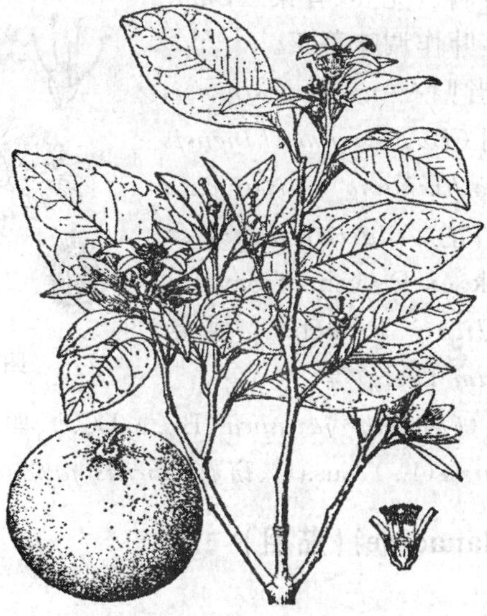

图 13-44 酸橙

北方常见植物:花椒(*Zanthoxylum bungeanum* Maxim.),灌木,具皮刺,奇数羽状复叶,蓇葖果,果皮作调味料。黄檗(*Phellodendron amurense* Rupr.),落叶大乔木,树皮厚,内层黄色,树皮入药,能清热泻火,燥湿解毒。

二十四、伞形科(Umbelliferae)(伞形目)

⚥ * $K_{(5)\sim 0}\ C_5\ A_5\ \overline{G}_{(2:2:1)}$

伞形科共有 300 属约 3 000 种,我国有 90 属约 600 种。

科的特征:草本,常有芳香气味;叶互生,常为裂叶或复叶,少单叶,叶柄基部常扩大成鞘状抱茎;复伞形花序,稀为伞形花序,花序基部有苞片或缺,花小,两性或杂性,花基数5,雄蕊与花瓣互生,着生于上位花盘的周围,雌蕊由2心皮组成,子房下位,2室,每室1胚珠;双悬果,种子有胚乳。染色体:$X=6\sim12$。

识别要点:草本;叶柄基部成鞘状抱茎;复伞形或伞形花序;子房下位;双悬果。

常见蔬菜:胡萝卜(*Daucus carota* var. *sativus* Hoffm.)(图13-45),肉质直根,橙红色,可食。芹菜(*Apium graveolens* L.),主要食用其嫩的叶柄及叶。茴香(*Foeniculum vulgare* Mill.),叶3~4回羽状全裂,裂片丝状,嫩茎叶作蔬菜,果实可作调味香料。芫荽(香菜)(*Coriandrum sativum* L.),茎叶作调味蔬菜。

图 13-45 胡萝卜

常见药用植物有当归(*Angelica sinensis* (Oliv.) Diels)、北柴胡(*Bupleurum chinensis* DC.)、防风(*Saposhnikovia divaricata* (Turcz.) Schischk.)、白芷(*Angelica dahurica* (Fisch.) Benth. et Hook. ex Fravch. et Savat)、川芎(*Ligusticum wallichii* Franch.)、独活(*Heracleum hemsleyanum* Diels)等。

常见杂草有水芹菜(*Oenanthe javanica* (Bl.) DC.)、野胡萝卜(*Daucus carota* L.)、蛇床(*Cnidium monnieri* (L.) Cuss.)、窃衣(*Torilis japonica* (Hout.) DC.)等。

二十五、茄科(Solanaceae)(茄目)

⚥ $* K_{(5)} C_{(5)} A_5 \underline{G}_{(2:2:\infty)}$

茄科共有85属约2 800种,我国有24属115种。

科的特征:直立草本或灌木;叶互生,无托叶;花两性,辐射对称,5基数,花萼宿存,雄蕊与花冠裂片同数且互生;子房上位,2心皮合生,2室,中轴胎座,胚珠多数;浆果或蒴果,种子具胚乳。染色体:$X=7\sim12,17,18,20\sim24$。

识别要点:花两性,整齐,5基数;花冠轮状,花萼宿存;花药常孔裂;子房上位;蒴果或浆果。

常见蔬菜:茄(*Solanum melongena* L.)(图13-46),一年生草本,全株具星状毛;单叶互生,花紫色,单生叶腋,果实紫色或绿色,食用。马铃薯(*Solanum tuberosum* L.),草本,羽状复叶互生,块茎富含淀粉,既可菜用,又是重要的粮食作物。番茄(西红柿)(*Lycopersicon esculentum* Mill.),草本,被腺毛,羽状复叶,聚伞圆锥花序，花黄色，浆果红色，多汁，食用。辣椒（*Capsicum annuum* L.），一年生栽培蔬菜，花白色，浆果中空，因变种多，果实形状各异，可作菜用或作调味品。

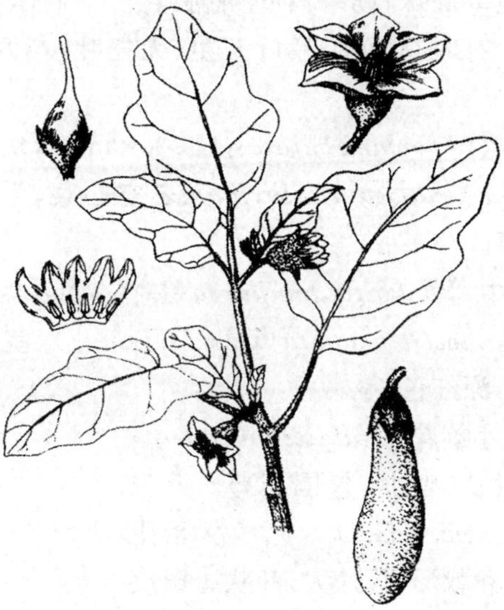

图 13-46　茄

药用植物：枸杞（*Lycium chinense* Mill.），具刺小灌木，单叶互生，花淡紫色，浆果红色，入药称枸杞子，有滋补、明目之功效。宁夏枸杞（*Lycium barbarum* L.），果实甜，无苦味，为著名滋补药，畅销国内外。曼陀罗（*Datura stramonium* L.），草本，花较大，单生叶腋，花冠长漏斗状，白色，蒴果 4 瓣裂，外面有刺，其叶、花及种子入药，有麻醉、止痛、平喘作用。龙葵（*Solanum nigrum* L.），草本，单叶，卵圆形，花白色，腋外生聚伞花序，浆果黑色，全草入药，可散淤消肿，清热解毒。另外，还有颠茄（*Atropa belladonna* L.）、酸浆（红姑娘）（*Physalis alkekengi* L. var. *franchetii* (Mast.) Makino）、天仙子（莨菪）（*Hyoscyamus niger* L.）等。

经济植物：烟草（*Nicotiana tabacum* L.），一年生草本，植物体有腺毛，叶基部抱茎，披针状长椭圆形，全缘，叶可制卷烟，全株含烟碱（尼古丁），有毒。

观赏植物：矮牵牛（碧冬茄）（*Petunia hybrida* Vilm.），直立草本植物，花冠漏斗状，似牵牛花，花色多样。

二十六、旋花科（Convolvulaceae）（茄目）

$⚥ * K_{(5)}\ C_{(5)}\ A_5\ \underline{G}_{(2\sim3:2\sim3:2)}$

旋花科共有 56 属 1 800 余种，我国有 22 属 120 多种。

科的特征：多为缠绕草本，有时具乳汁；单叶互生，无托叶；花两性，辐射对称；花萼5裂，宿存，漏斗状花冠，5浅裂，雄蕊5，与花冠裂片互生，子房上位，2～3心皮合生为2～3室，每室2胚珠；蒴果，种子有胚乳。染色体：$X=7,10\sim15$。

识别要点：茎缠绕，有时具乳汁；单叶互生，无托叶；花两性，整齐，5基数；漏斗状花冠；子房上位；蒴果。

常见栽培植物：甘薯（*Ipomaea batatas* (L.) Lam.），块根富含淀粉，为重要杂粮之一。蕹菜（*Ipomaea aquatica* Forsk.），又名空心菜，为水生或陆生草本，茎中空，无毛，茎叶用作蔬菜。

观赏植物：圆叶牵牛（*Pharbitis purpurea* (L.) Voigt.），叶为心脏圆形，全缘，花冠漏斗状。茑萝（*Quamoclit pennata* (Desr.) Bojer.），茎细弱缠绕，叶羽状深裂或全裂，花冠高脚碟状，深红色。

野生杂草：打碗花（小旋花）（*Calystegia hederacea* Wall.），叶掌状，苞片大，叶状，包围花萼。藤长苗（*Calystegia pellita* (Ledeb.) G. Don.），植株密生硬毛，叶柄短，叶片全缘和戟形，苞片大，叶状。田旋花（*Convolvulus arvensis* L.）（图13-47），叶戟形，苞片小，线形，位于花下一段距离处着生。

广义的旋花科还包括菟丝子（*Cuscuta chinensis* Lam.），为寄生植物，茎缠绕，黄色细丝状，无叶，有吸器。常寄生于豆类作物上，危害很大。种子入药，有补肝肾、益精、明目之药效。日本菟丝子（*Cuscuta japonica* Choisy），茎微红色或紫红色，粗壮。克朗奎斯特系统已另立为菟丝子科（Cuscutaceae）。

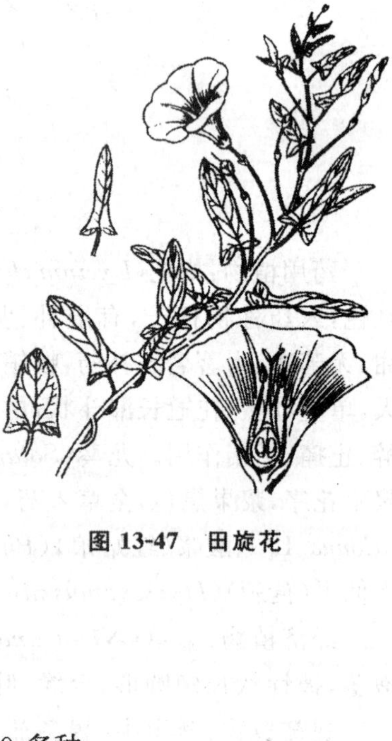

图 13-47 田旋花

二十七、唇形科(Labiatae)(唇形目)

⚥ ↑ $K_{(4\sim5)}\ C_{(4\sim5)}\ A_{2+2,2}\ \underline{G}_{(2:4:1)}$

唇形科共有200属3 200余种，我国有99属800多种。

科的特征：通常草本，茎四棱，叶对生，无托叶；花常腋生，聚伞式排列成假轮生，称轮伞花序，再组成总状、穗状或圆锥状花序；花两性，两侧对称，唇形花冠，二强雄蕊，或雄蕊2个，子房上位，由2心皮深裂成4室，每室1胚珠，花柱基生；果为4个小坚果，种子无胚乳或有少量胚乳。染色体：$X=5\sim12$。

识别要点：常草本；茎四棱，叶对生；花冠唇形；二强雄蕊；子房上位，2心皮深裂成4室；果为4个小坚果。

药用植物：益母草（*Leonurus japonicus* Houtt.）（图13-48），茎生叶3深裂或全裂，轮伞花序，花冠淡紫红色，茎叶入药可活血调经，为妇科常用药。丹参（*Salvia miltiorrhiza* Bge.），奇数羽状复叶，轮伞花序集生茎顶成总状，花冠蓝紫色，根入药，通经活血，近年用于治疗冠心病。薄荷（*Mentha haplocalyx* Briq.），单叶，长圆形，全草入药，辛凉解表。黄芩（*Scutellaria baicalensis* Georgi.），茎生叶无柄，叶片披针形，全缘，花序为顶生的总状花序，花冠蓝色，根入药，治疗上呼吸道感染。藿香（*Agastache rugosa* O.Ktze.），茎叶能消暑止吐。紫苏（*Perilla frutescens*（L.）Britt.），茎叶能发表散寒，祛风健胃。裂叶荆芥（*Schizonepeta tenuifolia*（Benth.）Briq.），带花序的茎叶入药，辛温解表，发汗祛风。夏枯草（*Prunella vulgaris* L.），全株具白色粗毛；轮伞花序成紧密的顶生穗状花序。全草入药，清肝明目，消肿散结。

图13-48　益母草

可作蔬菜的植物：草石蚕（宝塔菜，甘露子）（*Stachys sieboldii* Miq.），块茎白色，肉质，成念珠状，可制酱菜。

观赏植物：一串红（*Salvia splendens* Ker.-Gawl.），花萼与花冠均为红色，雄蕊2枚，是布置花坛的良好材料。五彩苏（彩叶草）（*Coleus scutellarioides*（L.）Benth.），叶色斑斓多彩。

常见杂草：夏至草（*Lagopsis supina*（Steph.）IK.-Gal.），叶掌状3深裂或浅裂，轮伞花序，花冠白色。荔枝草（鼠尾草）（*Salvia plebeia* R.Br.），单叶，叶片椭圆形，花小，花冠淡蓝色。还有水苏（*Stachys japonica* Miq.）、糙苏（*Phlomis umbrosa* Turcz.）等。

二十八、玄参科(Scrophulariaceae)(玄参目)

⚥ ↑ $K_{(4\sim5)}\ C_{(4\sim5)}\ A_{2+2,2}\ \underline{G}_{(2:2:\infty)}$

玄参科共有约190属4 000种，我国有约54属600多种。

科的特征：多草本，稀木本；单叶，对生、互生或轮生，无托叶；花两性，多为两侧对称，排成各种花序；花萼4～5裂，宿存；花冠裂片4～5，多为唇形花冠；雄蕊4，二强雄蕊，稀2或5；子房上位，2心皮合生为2室，中轴胎座，每室多数胚珠；蒴果，种子有胚乳。染色体：$X=6\sim16,18,20\sim26,30$。

识别要点：多草本；单叶，无托叶；单叶花两性，多为唇形花冠；二强雄蕊，子房上位，2 心皮合生为 2 室，蒴果。

常见药用植物：地黄（*Rehmannia glutinosa* Libosch.）（图 13-49），为多年生草本，叶基生，顶生总状花序，花冠紫红色。根茎肉质肥厚，为补血强壮药。毛地黄（*Digitalis purpurea* L.），又名洋地黄，草本，花大，原产欧洲，叶含强心甙，为强心药。玄参（*Scrophularia ningpoensis* Hemsl.），高大草本，花紫褐色，块根入药，能滋阴清火，行淤散结。

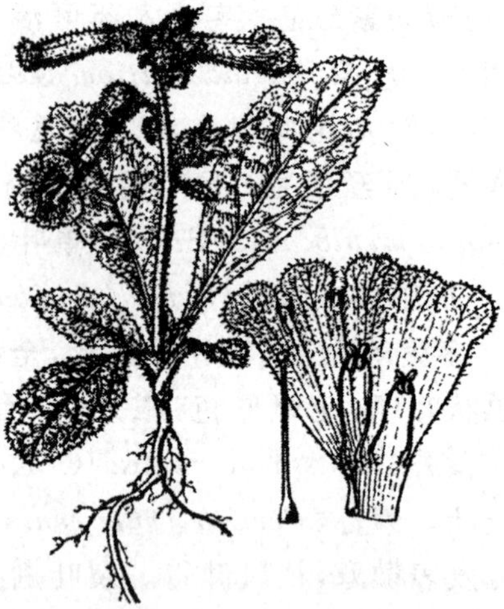
图 13-49 地黄

观赏植物：金鱼草（龙头花）（*Antirrhinum majus* L.），多年生草本，二唇形花冠基部膨大，喉部闭合，似金鱼嘴，花色多样。荷包花（蒲包花）（*Calceolaria crenatiflora* Cav.），草本，二唇花冠的下唇囊状，上唇小盖状，花色多样。爆竹花（*Russelia equisetiformis* Schlecht et Cham.），灌木，多分枝，花序成叉生聚伞状，花冠鲜红色，筒长，端 5 裂，二唇形。还有草本象牙红（*Pentstemon barbatus* Nutt.）也为常见观赏花卉。泡桐（*Paulownia tomentosa*（Thunb.）Steud.），落叶乔木，单叶对生，叶片心形；圆锥花序，花冠淡紫色，二唇形。为绿化造林的良好速生树种。

常见杂草：婆婆纳（*Veronica didyma* Tenore），水苦荬（*Veronica anagallisaquatica* L.），通泉草（*Mazus japonicus*（Thunb.）O. Kuntze），弹刀子菜（*Mazus stachydifolius* Maxim.），马先蒿（*Pedicularis striata* L.）等。

二十九、木犀科（Oleaceae）（玄参目）

⚥ $* \ K_{(4)}\ C_{(4)}\ A_2\ \underline{G}_{(2:2:2)}$

木犀科共有 30 属约 600 种，我国有 12 属 200 多种。

科的特征：乔木、灌木或藤本；单叶、三出复叶或羽状复叶，对生，极稀互生或轮生，无托叶；花两性，稀单性，辐射对称，排成圆锥花序或聚伞花序，稀单生；花萼、花冠多为 4 裂，雄蕊多为 2 枚，子房上位，2 心皮合生为 2 室，中轴胎座，每室多为 2 胚珠；蒴果、翅果、核果或浆果，种子有胚乳。染色体：$X=10, 11, 13, 14,$

23，24。

识别要点：木本；叶常对生；花整齐，花被常 4 裂；雄蕊 2；子房上位，2 心皮 2 室。

常见观赏植物：紫丁香（*Syringa oblata* Lindl.）（图 13-50），落叶灌木，单叶对生，花紫色，为腋生圆锥花序。白丁香（*Syringa oblata* Lindl. var. *affinis* Lingdelsh.），花白色，为紫丁香的变种。连翘（*Forsythia suspensa*（Thunb.）Vahl），落叶灌木，单叶对生，或具 3 小叶，花金黄色，花萼、花冠均 4 裂。探春花（*Jasminum floridum* Bge.），落叶灌木，复叶，互生，小叶 3～5，花黄色，为顶生聚伞花序。茉莉花（*Jasminum sambac*（L.）Ait.），常绿灌木，单叶对生，花白色，味清香。迎春（*Jasminum nudiflorum* Lindl.），常绿蔓性灌木，复叶对生，小叶 3 枚，花单生叶腋，黄色，花萼、花冠均为 6 裂。桂花（*Osmanthus fragrans*（Thunb.）Lour.），常绿灌木或小乔木，单叶对生，花小，簇生于叶腋，白色微带黄色，极芳香，可食用或作香料。小叶女贞（*Ligustrum quihoui* Carr.），灌木，单叶对生；花成顶生圆锥花序或穗状花序，可作绿篱。白蜡树（*Fraxinus chinensis* Roxb.），落叶乔木，羽状复叶对生，花单性，无花冠，圆锥花序顶生于当年生枝上，翅果。洋白蜡（*Fraxinus pennsylvanica* Mars. var. *subinbegerrima*（Vahl）Fernald），落叶乔木，羽状复叶对生，花单性，无花冠，圆锥花序腋生于前年生枝上，翅果。

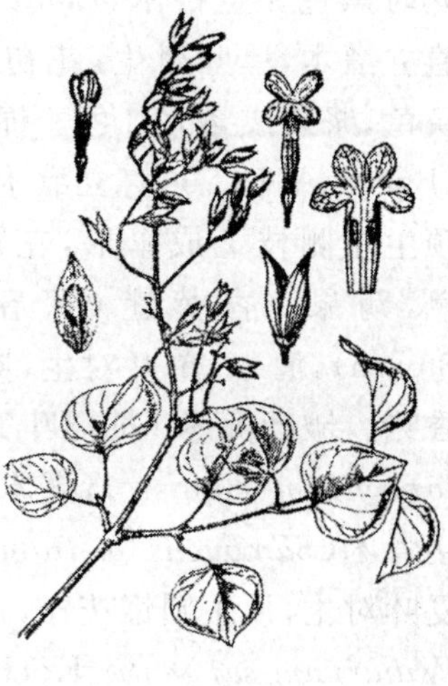

图 13-50　紫丁香

经济植物：油橄榄（*Olea europacea* L.），原产地中海沿岸，其果实可榨油，为著名的木本油料植物。

三十、忍冬科（Caprifoliaceae）（川续断目）

⚥ *，↑ $K_{(4\sim5)}$ $C_{(4\sim5)}$ $A_{4\sim5}$ $\overline{G}_{(2\sim5:2\sim5:1\sim\infty)}$

忍冬科共有 15 属 400 余种，我国有 12 属 200 余种。

科的特征：常木本；单叶或复叶对生，无托叶；花两性，辐射对称至两侧对称，花萼、花冠均 4～5 裂，雄蕊与花冠裂片同数且互生，生于花冠上；子房下位，2～5 室，每室 1 至多数胚珠；浆果、核果或蒴果，种子有胚乳。染色体：$X=8\sim12$。

识别要点：木本；叶对生，无托叶；花 4～5 基数，辐射对称或两侧对称；子房下位，常 3 室。

图 13-51 忍冬

常见观赏植物：忍冬（金银花）（*Lonicera japonica* Thunb.）（图 13-51），蔓性缠绕藤本，单叶对生，花由银白色至金黄色，极香，花蕾入药，浆果熟时黑色。金银木（*Lonicera maackii* Maxim.），直立灌木，单叶对生，花初开时银白色，后变为金黄色，浆果成熟时红色。锦带花（*Weigela florida* (Bge.) A. DC.），直立灌木，单叶对生；花 1～4 朵顶生短侧枝上成伞形，花冠漏斗状钟形，玫瑰红色，蒴果。香荚迷（探春）（*Viburnum farreri* Stearn），灌木，单叶对生，圆锥花序，花冠白色，有香味。皱叶荚迷（枇杷叶荚迷）（*Viburnum rhytidophyllum* Hemsl.），灌木，叶表面粗糙、有皱纹。接骨木（*Sambucus williamsii* Hance），直立灌木，复叶对生，顶生圆锥花序，花冠黄白色，核果熟时黑紫色，可药用。还有鸡树条荚迷（*Viburnum sargentii* Koehne）、欧洲荚迷（*Viburnum opulus* L.）、六道木（*Abelia biflora* Turcz.）。

三十一、菊科（Compositae）（菊目）

⚥，♀，♂ ＊，↑ $K_{0\sim\infty}$ $C_{(5)}$ $A_{(5)}$ $\overline{G}_{(2:1:1)}$

菊科共有约 1 100 属 20 000 多种，我国有 217 属 2 100 多种，为被子植物中最大的科。

科的特征：多为草本，稀灌木；叶互生，稀对生，无托叶；有具总苞的头状花序；花两性，少单性或中性，花萼常退化为冠毛或鳞片，花冠合瓣，管状花或舌状花；聚药雄蕊；子房下位，2 心皮 1 室，1 胚珠；瘦果，种子无胚乳。染色体：$X=3\sim29$。花冠类型见图 13-52。

识别要点：常为草本；叶多互生；头状花序，有总苞；聚药雄蕊；子房下位；瘦果。

菊科又分为管状花亚科（Tubuliflorae）和舌状花亚科（Liguliflorae）（表 13-3）。

表 13-3 菊科 2 个亚科的区别

管状花亚科	舌状花亚科
植物体无乳汁	植物体有乳汁
头状花序由管状花或兼有舌状花组成	头状花序全由舌状花组成

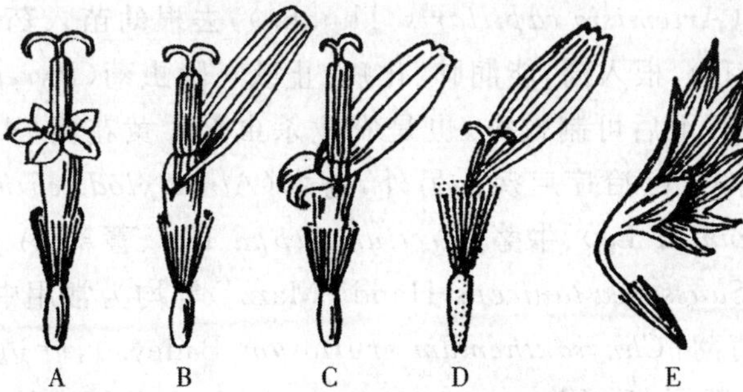

图 13-52　菊科植物花冠类型

A. 管状(筒状)花冠　B. 舌状花冠　C. 二唇形花冠
D. 假舌状花冠　E. 偏漏斗状花冠

管状花亚科常见栽培经济植物:向日葵(*Helianthus annuus* L.)(图 13-53),高大草本,单叶互生,卵圆形,头状花序外有数层叶质苞片组成的总苞;边花舌状,黄色,中性(无性);盘花管状,褐色或紫色,两性。种子可榨油,为著名油料作物之一。菊芋(洋姜)(*Helianthus tuberosus* L.),块茎可食用。甜叶菊(*Stevia rebaudiana* (Bertoni) Hemsl.),叶内含 6%～12%的糖甙,甜度为蔗糖的 300 倍,可作食品调味剂。串叶松香草(*Silphium perfoliatum* L.),是近年来广泛栽培的饲料牧草和蜜源植物。

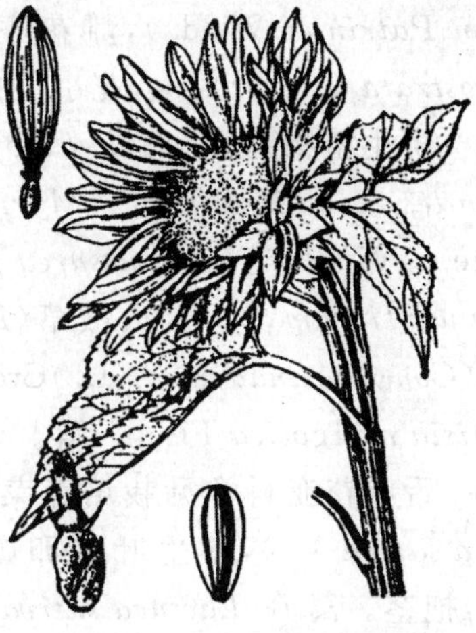

图 13-53　向日葵

观赏植物:菊花(*Dendranthema morifolium* (Ramat.) Tzvel.),为著名观赏花卉,花色多样。大丽菊(*Dahlia pinnata* Cav.),有纺锤状块根,叶对生,舌状花有白色、红色或紫色。矢车菊(*Centaurea cyanus* L.),叶线形,边花的花冠偏漏斗状,不育,中央管状花能育。金盏菊(*Calendula officinalis* L.),花金黄色,边花可育,中央花不育。一枝黄花(*Solidago serotina* Ait.),头状花序小,聚生于枝顶,组成大型圆锥花序,花黄色,常作鲜切花用。此外,翠菊(江西腊)(*Callistephus chinensis* Nees.)、瓜叶菊(*Cineraria cruenta* Mass.)、波斯菊(*Cosmos bipinnatus* Cav.)、金鸡菊(*Coreopsis basalis* (Dietr.) Blake.)、万寿菊(*Tagetes erecta* L.)、雏菊(*Bellis perennis* L.)、非洲菊(扶郎花)(*Gerbera jamesonii* Bolus ex Gard.)等均为常见的观赏植物。

药用植物:红花(*Carthamus tinctorius* L.),花入药,可活血通经;种子油为高级食用油。茵陈蒿(*Artemisia capillaris* Thunb.),去根幼苗入药,治肝炎。紫菀(*Aster tataricus* L. f.),根入药,能润肺、化痰、止咳。除虫菊(*Pyrethrum cinerariifolium* Trev.),花叶干后可制蚊香,也是农业杀虫剂。黄花蒿(*Artemisia annua* L.),全草可提青蒿素,可治疗疟疾。另外,苍术(*Atractylods chinensis* Koidz.)、旋复花(*Inula britannica* L.)、牛蒡(*Arctium lappa* L.)、蓍草(*Achillea millefolium* L.)、雪莲花(*Saussurea laniceps* Hand.-Mazz.)等均为常用中药。

栽培蔬菜:南茼蒿(*Chrysanthemum spatiosum* Bailey.),叶边缘有不规则大锯齿或羽状浅裂。蒿子杆(*Chrysanthemum carinatum* Schousb.),叶二回羽状分裂。

农田杂草:小蓟(刺儿菜)(*Cirsium segetum* Bunge),叶缘有刺,雌雄异株,头状花序全由管状花组成,具根状茎,是农田恶性杂草之一。苍耳(*Xanthium sibiricum Patrin et* Widd.),雌花序总苞联合成囊状,外边疏生钩刺。鳢肠(*Eclipta prostrata* L.),叶对生,花小,白色。

野生植物:蓝刺头(*Echinops latifolius* Tausch.),麻花头(*Serratula centaureoides* L.),蚂蚱腿子(*Myriponis dioica* Bge.),泥胡菜(*Hemistepta lyrata* Bge.),篦齿风毛菊(*Saussurea pectinata* Bge.),祁州漏卢(大口袋花)(*Rhaponticum uniflorum* DC.),火绒草(*Leontopodium leontopodioides* Beauv.),加拿大飞蓬(*Conyza canadensis* (L.)Cronq.),鬼针草(*Bidens bipinnata* L.),蒙古蒿(*Artemisia mongolica* Fisch.)等。

舌状花亚科常见栽培蔬菜:莴苣(*Lactuca sativa* L.),茎生叶倒卵圆形,基部戟形,抱茎。莴笋(*Lactuca sativa* var. *angustata* Irish.)和生菜(*Lactuca sativa* var. *romana* Hort.)均为莴苣的变种。

野生植物:蒲公英(*Taraxacum mongolicum* Hand.-Mazz.)(图 13-54),多年生草本,叶基生,头状花序全由黄色舌状花组成。瘦果具长喙,喙顶具伞状冠毛,可随风传播。全株可药用。苦菜(*Ixeris chinensis* (Thunb.) Nakai),茎生叶不抱茎。抱茎苦荬菜(*Ixeris sonchifolia* Hance),茎生叶抱茎。还有鸦葱(*Scorzonera austriaca* Willd.)、毛连菜(*Picris japonica* Thunb.)、黄鹌菜(*Youngia japonica* (L.) DC.)等。

图 13-54 蒲公英

菊科由于在形态结构上和繁殖上的种种特点，如萼片变成冠毛、刺毛，有利于果实远距离传播；部分种类具块茎、块根、匍匐茎或根状茎，有利于营养繁殖的进行；此外，花序和花的构造与虫媒传粉的相适应等，都表明菊科为双子叶植物中最进化的类群。

第三节　单子叶植物纲（Monocotyledoneae）

一、泽泻科（Alismataceae）（泽泻目）

⚥，♀，♂　$* \ P_{3+3} \ A_{6\sim\infty} \ \underline{G}_{6\sim\infty:1:1\sim2}$

泽泻科共有 12 属 75 种，我国 5 属 13 种。

科的特征：水生或沼生草本，具球茎或根状茎；叶常基生，基部鞘状，具长柄，叶形变化大；花两性或单性，总状或圆锥花序；花被两轮，每轮 3 片；雄蕊 6 至多数，雌蕊 6 至多数，分离，螺旋状排列于凸起的花托上或轮生于扁平的花托上；每室有胚珠 1～2 个，聚合瘦果，种子无胚乳。染色体：$X=5\sim13$。

识别要点：水生或沼生草本；叶常基生，基部鞘状；花被两轮，每轮 3 片；雄雌蕊多数、分离、螺旋状排列于凸起的花托上或轮生于扁平的花托上；聚合瘦果。

常见植物：慈姑（*Sagittaria sagittifolia* L.）（图 13-55），多年生沼生草本，具球茎；水上叶片箭形；总状花序；花单性，白色，花托球形；雄花位于花序上部，雄蕊多数，雌花位于花序下部，心皮多数；球茎可食用。泽泻（*Alisma orientalis*（Sam.）Juzep.），多年生沼生草本，具地下根茎和球茎；叶片长椭圆形，圆锥花序顶生；花两性，花托扁平；雄蕊 6，心皮多数；球茎可入药。

图 13-55　慈姑

泽泻目为原始的单子叶植物。由于泽泻目与毛茛目的某些属极为相似，有学者认为两者有一定的亲缘关系，而克郎奎斯特等认为泽泻目与睡莲目有共同的祖先。

二、棕榈科(Palmae)(槟榔目)

⚥,♀,♂ * P_{3+3} A_{3+3} $\underline{G}_{(3:1\sim3:1)}$

棕榈科共有约200属3 000余种,我国有22属84种,主产热带及亚热带地区。

科的特征:常绿乔木或灌木,稀为藤本,茎常不分枝;叶常绿,大形,互生,掌状分裂或为羽状复叶,多集生于茎干顶部,叶柄基部常膨大成纤维状鞘;肉穗花序大型,多分枝,圆锥状;佛焰苞1至数片;花小,淡绿色,两性或单性,花被片6,2轮,雄蕊6,子房上位,1～3室,每室1胚珠;浆果、核果或坚果,种子具丰富胚乳。染色体:$X=13\sim18$。

识别要点:木本,树干不分枝;大型叶丛生于树干顶部;肉穗花序,花3基数。

常见经济植物:油棕(*Elaeis guineensis* Jacq.),油料作物。椰子(*Cocos nucifera* L.),热带果树。槟榔(*Areca cathecu* L.),嫩果可食用或药用。桄榔(*Arenga pinnata* (Wurmb.) Merr.),糖料作物。椰枣(伊拉克枣)(*Phoenix dactylifera* L.),核果有肥厚果肉,为果树。

北方常见绿化及观赏植物:棕榈(*Trachycarpus fortunei* (Hook. f.) W. Wendl.)(图13-56),蒲葵(*Livistona chinensis* (Jacq.) R. Br.),棕竹(*Rhapis humils* Bl.),鱼尾葵(*Caryota ochlandra* Hance)等。

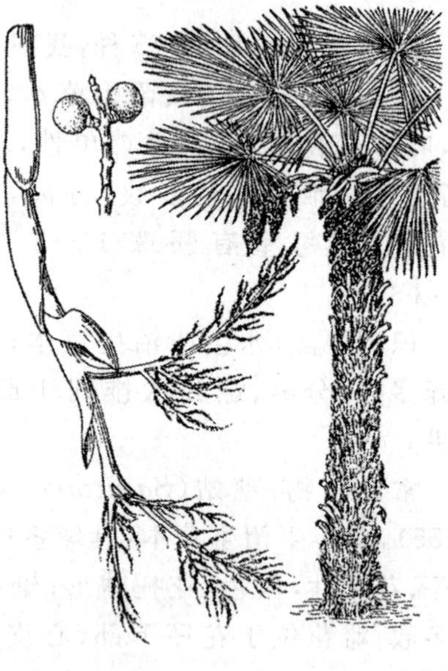

图 13-56 棕榈

三、天南星科(Araceae)(天南星目)

⚥,♀,♂ * $P_{0,4\sim6}$ $A_{2\sim8}$ $\underline{G}_{(1\sim\infty:1\sim\infty:1\sim\infty)}$

天南星科共有110属1 800多种,我国有35属206种。

科的特征:常草本,具根状茎或块茎,叶基生或茎叶互生,叶具长柄;肉穗花序,有佛焰苞;花小,单性或两性,单性花时雌雄同株,少雌雄异株;雄花位于花序上部,雌花位于下部;两性花有花被片4～6片,单性花多无花被;雄蕊多4或6,偶1或8分离或合生,子房上位,由1至多数心皮组成,1至多室,每室1至多数胚珠;浆果,种子有或无胚乳。染色体:$X=7\sim17,22$。

识别要点：草本；肉穗花序，花序外或花序下具有1片佛焰苞。

观赏植物：马蹄莲（*Zantedeschia aethiopica* Spr.），佛焰苞白色，美观，可作鲜切花或盆栽观赏。龟背竹（*Monstera delicioa* Liebm.），为大藤本，有绳状气生根，叶大型，羽状裂并有穿孔，形似龟背，为观叶植物。红鹤芋（*Anthurium andreanum* Lindl.），叶鲜绿色，长椭圆状心脏形，佛焰苞阔心脏形，表面有像漆一样具有光泽的鲜朱红色，十分美丽，常作切花或盆花栽培。观叶植物还有海芋（*Alocasia macrorrhiza* Schott.）、广东万年青（*Aglaonema modestum* Schott.）等。

药用植物：半夏（*Pinellia ternata* (Thunb.) Breit.），块茎小圆形，叶1～2，柄细长，小叶3枚，佛焰苞顶部闭合；其块茎有毒，加工后入药，有开胃健脾、止呕之功效。天南星（*Arisaema consanguineum* Schott.）（图13-57），叶单一，有小叶7至多片，辐射状排列，花雌雄异株，成熟浆果鲜红色；块茎扁球形，有毒，加工后入药，有镇痛、祛痰之效。东北天南星（*Arisaema amurense* Maxim.），与天南星相似，但叶幼时为3小叶，成熟叶由5小叶组成；块茎同天南星入药。独角莲（*Typhonium giganteum* Engl.），似天南星，但花雌雄同株；块茎入药，有祛风痰的作用。

图13-57　天南星

经济植物：芋（芋头）（*Colocasia esculenta* (L.) Schott.），块茎可食。魔芋（*Amorphophallus rivieri* Durien），块茎大，既可食用，又可入药。

四、禾本科（Gramineae）（莎草目）

⚥，♀，♂ * $P_{2\sim3}\ A_{3,6}\ \underline{G}_{(2\sim3:1:1)}$

禾本科约有500余属8 000多种，我国约有220属1 200多种，是单子叶植物的第二大科，被子植物中的第四大科。

科的特征：除竹类为木本外，多为一年生、二年生或多年生草本，茎（秆）常圆筒形，节与节间明显，节间常中空，少实心（如玉米、高粱、甘蔗）；单叶在茎上二列互生，具叶片和叶鞘，叶鞘多开放，叶片和叶鞘连接处常具叶舌、叶耳；花小，多两性，常由1至多花加上2～3枚颖片组成小穗，再以小穗为单位组成各种花序；每朵小花由外稃和内稃各1片，浆片(花被片)2或3片，雄蕊3或6，雌蕊1枚所组成；子房上位，心皮2～3合生，1室，含1倒生胚珠；多为颖果，种子有胚乳。染色体：$X=7\sim13$。

识别要点：秆常圆柱形，节与节间明显，节间常中空；叶互生，2列，叶鞘开裂；由小穗组成各种花序；子房上位；颖果。

禾本科习惯上常分为竹亚科(Bambusoideae)和禾亚科(Agrostidoideae)。

竹亚科全为多年生木本，常见植物有毛竹(*Phyllostachys pubescens* Mazel)(图13-58)、早园竹(*Phyllostachys propingua* Mcclure)等。

图13-58 毛竹

禾亚科全为草本，包括很多粮食作物和许多牧草、草坪植物。

常见粮食作物：禾本科中粮食作物很多，人类粮食的95%为禾本科植物所产生。小麦(*Triticum aestivum* L.)(图13-59)，二年生草本，复穗状花序直立，花两性，具外稃和内稃，雄蕊3，雌蕊1，颖果。水稻(*Oryza sativa* L.)，一年生草本；圆锥花序下垂；花两性，具外稃和内稃，雄蕊6，雌蕊1，颖果。玉蜀黍(玉米)(*Zea mays* L.)(图13-60)，一年生高大草本，秆实心，花单性同株，秆顶着生雄性的圆锥花序，雌花序生于叶腋，肉穗状，外有数层苞片，颖果。高粱(*Sorghum vulgare* Pers.)，一年生高大草本，秆实心，圆锥花序顶生，具柄小穗雄性，无柄小穗两性，颖果。还有大麦(*Hordeum vulgare* L.)、藏青稞(裸大麦)(*Hordeum vulgare*

L. var. *trifurcatum*(Schecht.) Alefeld.)、燕麦(*Avena sativa* L.)、莜麦(裸燕麦)(*Avena nuda* L.)、粟(谷子)(*Setaria italica*(L.) Beauv.)、黍(糜子)(*Panicum miliaceum* L.)、薏苡(*Coix lacryma-jobi* L.)及黑麦(*Secale cereale* L.)等。

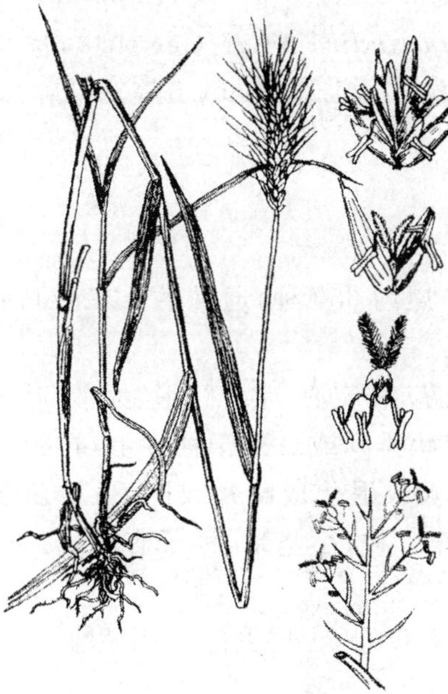

图 13-59　小麦

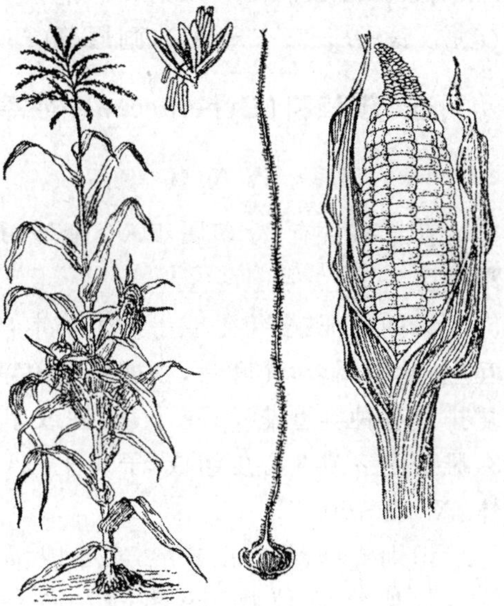

图 13-60　玉米

常见经济植物:甘蔗(*Saccharum sinense* Roxb.),多年生高大草本,茎粗壮,含糖量高,为重要糖源植物。芦苇(*Phragmites communis* Trin.),生长于河岸、池塘边,芦苇叶可包粽子,秆是编织芦席和造纸的原料,根状茎称芦根,入药有健胃、镇吐和利尿的功能。菰(茭白)(*Zizania latifolia*(Griseb.) Stapf.),生长于池沼或水田中,其秆基经真菌寄生后变形、肥嫩,即为茭笋,可作蔬菜。

常见草坪植物:野牛草(*Buchloe dactyloides*(Nutt.) Engelm.),结缕草(*Zoysia japonica* Steud.),狗牙根(*Cynodon dactylon* (L.) Pers.),草地早熟禾(*Poa pratensis* L.),红顶草(*Agrostis alba* L.),匍匐剪股颖(*Agrostis stolonifera* L.),羊茅(*Festuca ovin* L.),黑麦草(*Lolium perenne* L.),假俭草(*Eremochloa ophiuroides* (Munro) Hack.),地毯草(*Axonopus compressus*(Swartz) Baeuv.),冰草(*Agropyron cristatum*(L.) Gaertn.)等。

常见牧草:鹅观草属(*Roegneria*),雀麦属(*Bromus*),披碱草属(*Elymus*),针茅属(*Stipa*),鸭茅属(*Dactylis*),早熟禾属(*Poa*),羊茅属(*Festuca*),燕麦属(*Avena)，赖草属(*Aneurolepidium*)等。

常见杂草：稗(*Echinochloa crusgalli* (L.) Beauv.)，常生长于稻田，无叶舌。狗尾草(*Setaria viridis* Beauv.)，马唐(*Digitaria adscendens*(H. B. K.) Hern.)，白茅(*Imperata cylindrica*(L.) Beauv. var. *major* (Nees) C. E. Hubb.)，看麦娘(*Alopecurus aequalis* Sobol.)，蟋蟀草(*Eleusine indica* (L.) Gaertn.)，虎尾草(*Chloris virgata* Swartz)，画眉草(*Eragrostis pilosa*(L.) Beauv.)等。

五、莎草科(Cyperaceae)(莎草目)

⚥，♀，♂　* $P_0\ A_3\ \underline{G}_{(2-3:1:1)}$

莎草科共有 70 多属 4 000 余种，我国有 30 属约 650 种，通常生长在湿润或沼泽地区。

科的特征：多年生或一年生草本，常有根状茎，秆实心，常三棱形，无节；叶三列互生，叶鞘闭合，无叶舌；小穗较简单，鳞片螺旋状排列或二列于穗轴上，再由小穗复排成各种类型花序；花小，两性或单性，无花被或退化成鳞片或刚毛；雄蕊多为 3，雌蕊由 2 或 3 心皮组成，子房上位，1 室，胚珠 1 枚；小坚果，种子有胚乳。染色体：$X=5\sim60$。

识别要点：茎常三棱形，实心；叶常 3 列，叶鞘闭合；子房上位，小坚果。

常见经济植物：荸荠(*Eleocharis tuberosa* (Roxb.) Roem. et Schult.)，又叫马蹄，棕红色球茎可食用，也可药用。油莎豆(油莎草)(*Cyperus esculentus* L. var. *sativus* Boeck.)，根状茎多而细长，顶端有膨大块茎，其块茎可食用，根状茎含丰富脂肪，为栽培油料植物。乌拉草(*Carex meyeriana* Kunth)，叶片细长柔软，可作填充、编织或造纸用，为“东北三宝”之一。香附子(*Cyperus rotundus* L.)(图 13-61)，黑褐色块茎称“香附子”，可提取香料或作药用。

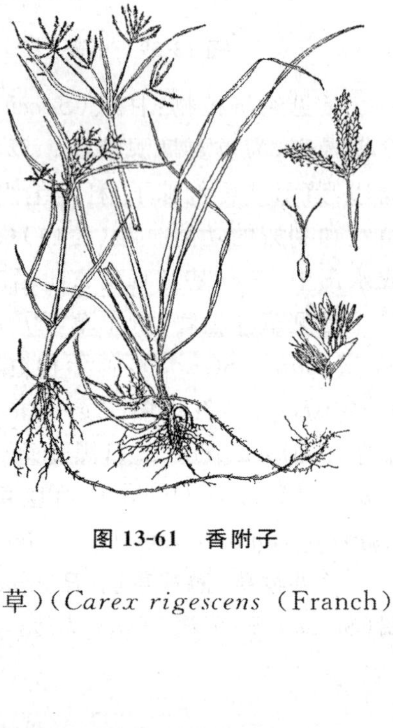

图 13-61　香附子

栽培观赏植物：水葱(*Scirpus tabernaemontani* Gmel.)，旱伞草(*Cyperus alternifolius* L.)等。

常见草坪植物：白颖苔草(细叶苔草，羊胡子草)(*Carex rigescens* (Franch)

V. Krecz.），异穗苔草（*Carex heterostachya* Bge.），扁穗莎草（*Cyperus compressus* L.）等。

常见田间杂草：藨草（*Scirpus triqueter* L.），扁秆藨草（*Scirpus planiculmis* Fr. Schmidt.），黄颖莎草（*Cyperus microiria* Steud.），水莎草（*Juncellus serotinu*（Rottb.）C. B. Clark.），球穗扁莎（*Pycreus globosus*（All.）Reichb.），牛毛毡（*Eleocharis yokoscensis* Tang et Wang），飘拂草（*Fimbristylis dichotoma*（L.）Vahl.）等。

六、百合科（Liliaceae）（百合目）

⚥ $*\ P_{3+3}\ A_{3+3}\ \underline{G}_{(3:3:\infty)}$

百合科共有约 240 属 4 000 多种，我国有约 60 属 600 多种。

科的特征：多为多年生草本，地下常有根茎、鳞茎或球茎；单叶互生，少对生或轮生，有时叶退化为鳞片状而小枝呈叶状；花两性，少单性，辐射对称；花被片 6，排成 2 轮；雄蕊 6，心皮 3，合生，子房上位，中轴胎座，胚珠多数；蒴果或浆果，种子有胚乳。染色体：$X=3\sim27$。

识别要点：单叶；整齐花，花被片 6 枚，排成两轮；雄蕊 6 枚；子房上位，3 心皮 3 室；中轴胎座；蒴果或浆果。

常见栽培蔬菜：百合（*Lilium brownii* F. E. Br. var *viridulum* Baker）（图13-62），直立草本，单叶互生；花大，白色；鳞茎由肉质肥厚的鳞叶组成，可食用或药用。葱（*Allium fistulosum* L.），鳞茎呈棒状，叶管状中空。洋葱（*Allium cepa* L.），鳞茎大而呈扁球形，鳞叶肉质肥厚。韭菜（*Allium tuberosum* Rottl. ex Spreng.），植株有根茎，基生叶线形，扁平。蒜（*Allium sativum* L.），鳞茎（蒜头）由数个或单个肉质、瓣状的小鳞茎（俗称蒜瓣）组成，基生叶带状，花葶圆柱状，称蒜薹。黄花菜（*Hemerocallis citrina* Baroni），花大，花被管长3～5 cm，小黄花菜（*Hemerocallis minor* Mill.），花小，花被管长 1～3 cm，均为

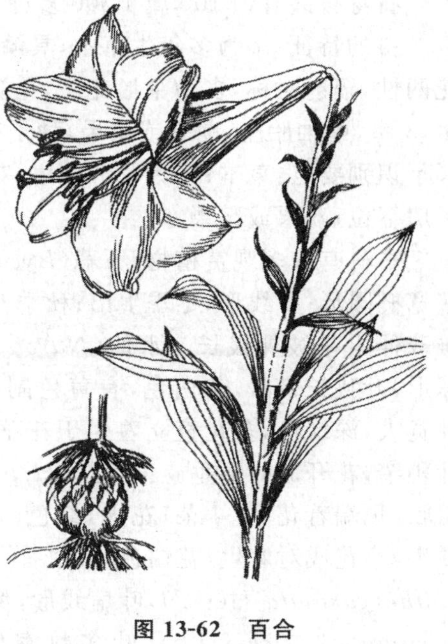

图 13-62　百合

多年生丛生草本，黄色花芽干制加工后可食。石刁柏（*Asparagus officinalis* L.），幼茎可作菜用，称芦笋。

药用植物：川贝母（*Fritillaria cirrhosa* Don.），平贝母（*Fritillaria ussuriensis* Maxim.），知母（*Anemarrhena asphodeloides* Bge.），黄精（*Polygonatum sibiricum* Delar. ex Red.），玉竹（*Polygonatum odoratum*（Mill.）Druce），麦冬（*Ophiopogon japonicus*（L. F.）Ker.-Gawl.），铃兰（*Convallaria majalis* L.）等。

观赏植物：郁金香（*Tulipa gesneriana* L.），山丹（细叶百合）（*Lilium pumilum* DC.），渥丹（*Lilium concolor* Salisb.），麝香百合（*Lilium longiflorum* Thunb.），萱草（*Hemerocallis fulva* L.），文竹（*Asparagus setaceus*（Kunth）Jessop），玉簪（*Hosta plantaginea*（Lam.）Ascherson），凤尾丝兰（*Yucca gloriosa* L.），天冬草（*Asparagus densiflorus*（Kunth）Jessop），吊兰（*Chlorophytum comosum*（Thunb.）Jacques），芦荟（*Aloe vera* L. var. *chinensis*（Saw.）Berg.），假叶树（*Ruscus aculeatus* L.），万年青（*Rohdea japonica*（Thunb.）Roth），风信子（*Hyacinthus orientalis* L.），葡萄风信子（麝香兰）（*Muscari botryoides* Mill.）等。

七、石蒜科（Amaryllidaceae）（百合目）

$⚥ * P_{3+3}\ A_{3+3}\ \overline{G}_{(3:3:\infty)}$

石蒜科共有约 100 属 1 300 多种，我国有 17 属 44 种。

科的特征：多为多年生草本，具鳞茎或根茎；叶通常由地下部生出，细长，全缘；花两性，辐射对称，多为伞形花序，花被片 6，排成 2 轮，雄蕊 6，子房下位，3 心皮合生，3 室，中轴胎座；蒴果或浆果，种子有胚乳。染色体：$X=6\sim12,14,15,23$。

识别要点：草本；多为伞形花序；花两性；花被片 6 枚，排列成两轮；雄蕊 6 枚；子房下位；蒴果或浆果。

本科有许多观赏植物：石蒜（*Lycoris radiata*（L. Her.）Herb.）（图 13-63），鳞茎宽椭圆形；叶线形，冬季生出；秋季开花，此时已无叶；花红色，花被裂片反卷，雌雄蕊伸出花被外很长。水仙（*Narcissus tazetta* var. *chinensis* Roem.），鳞茎卵状球形，叶狭长带状，花白色，有黄色副花冠。大花君子兰（*Clivia miniata* Regel），叶宽大，深绿色，多花直立着生于花葶顶端。垂笑君子兰（*Clivia nobilis* Lindl.），叶稍窄，花开放时下垂。朱顶红（*Hippeastrum rutilum* Herb.），鳞茎近球形，花葶粗壮，顶端着花 2～4 朵，花大，红色。晚香玉（*Polianthes tuberosa* L.），穗形花序顶生，小花成对着生，花白色，具浓香，至夜晚香气更浓。韭菜莲（菖蒲莲）（*Zephyranthes carinata* Herb.），叶扁线形，似韭菜叶，花单生，玫瑰红或粉红色。文殊兰（*Crinum asiaticum* L.），叶多数密生，条状披针形，花白色，具芳香。网球花

(*Haemanthus multiflorus* Martyn)，鳞茎扁球形，叶宽而钝头，花多数组成密集的伞形花序，花被片线形，雄蕊多数，血红色，突出花被筒外。龙舌兰(*Agave americana* L.)，叶革质，常大而边缘有刺。

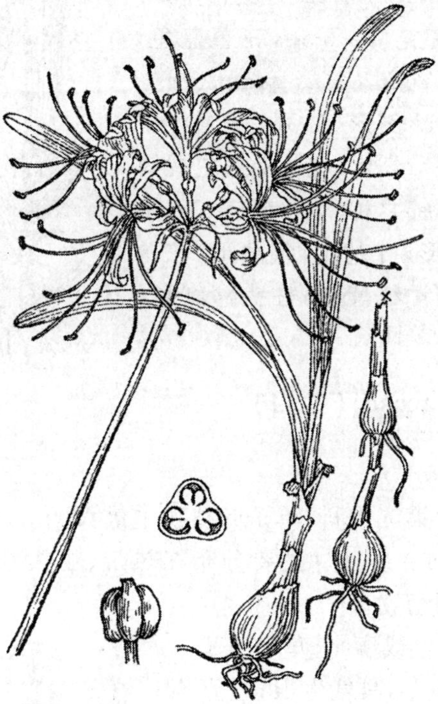

图 13-63　石蒜

八、鸢尾科(Iridaceae)(百合目)

⚥ * $P_{3+3}\ A_3\ \overline{G}_{(3:3:\infty)}$

鸢尾科共有 80 属 1 500 多种，我国有 11 属 71 种。

科的特征：多年生草本，有根茎、鳞茎或球茎；叶常基生成二列，叶鞘基部套摺呈扁平状，叶片剑形或线形；花两性，蝎尾状聚伞花序顶生，花被片 6，2 轮，雄蕊 3，子房下位，3 心皮合生，3 室，中轴胎座；蒴果，种子有胚乳。染色体：$X=3\sim18,22$。

识别要点：草本；叶常基生成二列，叶鞘基部套摺呈扁平状；蝎尾状聚伞花序顶生；花两性，花被片 6 枚，2 轮；雄蕊 3；子房下位；蒴果。

常见观赏植物：鸢尾（*Iris tectorum* Maxim.）（图 13-64），具根茎，叶剑形，花蓝紫色，花柱分枝宽展成花瓣状。马蔺（*Iris lactea* Pall. var *chinensis*（Fisch.）Koidz.），具根茎，叶丛生，狭线形，每花茎着花 2～3 朵，花堇蓝色。唐菖蒲（剑兰，十样锦）（*Gladiolus gandavensis* Houtt.），具扁形球茎，叶剑形，二列，蝎尾状聚伞花序顶生，着花 12～24 朵，花大形，左右对称，色彩丰富，故有十样锦之称。番红花（*Crocus sativus* L.），球茎扁圆形，叶基生，狭线形，花单生葶顶，花大，芳香，通常红紫色，柱头深红色，为名贵中药。

图 13-64　鸢尾

九、兰科（Orchidaceae）（兰目）

⚥ ↑ P_{3+3} $A_{1\sim2}$ $\overline{G}_{(3:1:\infty)}$

兰科为被子植物中第二大科，单子叶植物中最大的一科，共有 1 000 属 20 000 余种，我国有 145 属 1 000 余种。主要分布在热带、亚热带和温带，尤以热带为最丰富。常为观赏或药用植物。

科的特征：陆生、附生或腐生；草本或攀缘藤本；常具根状茎或块茎，具气生根；茎直立、悬垂或攀缘，常在基部或全部膨大为假鳞茎；叶互生、对生或轮生，常为肉质或退化为鳞片状；花单生或形成各种花序；花两性，两侧对称，花被片 6，外轮 3 片萼片状，内轮 3 片花瓣状，其中间向轴的一片形状奇特称为唇瓣；唇瓣基部囊状或有距；雄蕊1～2，与花柱、柱头通常合生成合蕊柱，花粉常胶连成花粉块；子房下位，常作 180°扭转（图 13-65），3 心皮 1 室，侧膜胎座；蒴果，种子无胚乳。染色体：$X=6\sim29$。

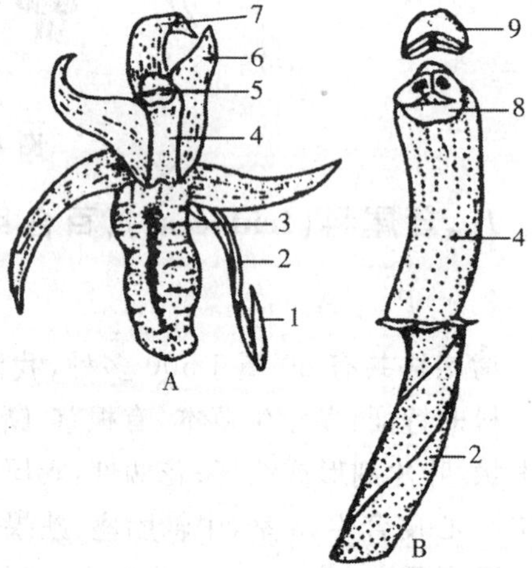

图 13-65　兰科花的结构

A. 花　B. 合蕊柱和子房　1. 小苞片　2. 子房 180°扭曲　3. 唇瓣　4. 合蕊柱　5. 蕊喙　6. 花瓣　7. 中萼片　8. 柱头　9. 花药

识别要点：草本；花两侧对称，形成唇

瓣;雄蕊与雌蕊结合成合蕊柱;花粉结合成花粉块;子房下位,3 心皮 1 室;蒴果。

常见观赏植物:春兰(*Cymbidium goeringii*(Rchb. f.) Rchb. f.),叶 4～6 片集生,狭线形,花单生,花葶直立,花黄绿色,花期 2～3 月份。蕙兰(夏兰)(*Cymbidium faberi* Rolfe),叶线形,5～7 片,花葶直立,总状花序,花淡黄绿色,唇瓣绿白色,具紫红斑点,花期 4～5 月份。建兰(秋兰)(*Cymbidium ensifolium*(L.) Sw.)(图 13-66),叶带状丛生,总状花序具多花,花淡黄绿色,有暗紫色条纹,香气幽雅,花期 7～9 月份。寒兰(*Cymbidium kanran* Makino),叶狭线形丛生,总状花序直立,外花被片狭长,内花被片短而宽,花色多样,花期 9～12 月份。墨兰(报岁兰)(*Cymbidium sinense* (Andr.) Wild.),叶剑形丛生,总状花序具多花,花瓣多具紫褐色条纹,花期 11 月份至翌年 1 月份。石斛(*Dendrobium nobile* Lindl.),茎丛生,直立,叶近革质,矩圆形,总状花序,花大,白色顶端带淡紫色;为重要盆花和切花。卡特兰(*Cattleya labiata* Lindl.)、大花杓兰(*Cypripedium macranthum* Sw.)和白芨(*Bletilla striata*(Thunb.) Rchb. f.)等也为常见观赏花卉。

药用植物:天麻(*Gastrodia elata* Blume)(图 13-67),为腐生草本植物,其块茎肉质,呈卵形至长椭圆形,入药有镇痉熄风之功效,为名贵药材,现人工栽植已经成功,但必须要有密环菌共生才能使块茎肥大。

图 13-66 建兰

图 13-67 天麻

关于兰目的系统发育位置,一般认为兰目来自于百合目,并与百合目中具有上位花的科属最为接近。兰科几乎被植物学家公认为代表单子叶植物最进化的类群。

第四节 被子植物的起源及被子植物分类系统简介

一、被子植物的起源

被子植物起源包括起源的时间、地点和祖先的来源等问题。研究被子植物的起源，主要依赖化石证据的发现，但由于被子植物化石的贫乏，在很大程度上限制了我们对被子植物起源方面的了解，所以现在的许多观点和看法还有待进一步证实。

(一)被子植物起源的时间

当前多数学者认为被子植物起源于白垩纪或晚侏罗纪，其早期进化和初期的重要分化发生在距今约1.2亿年以前的中生代末的白垩纪，而到了距今9 000万～8 000万年前的白垩纪末期，被子植物已在地球上的大部分地区占了统治地位。

中国学者陶君容等于1990年报道了吉林延吉早白垩纪地层中的10种被子植物叶痕化石，在美国也发现了近20种早白垩纪时期的被子植物叶痕化石。陶君容等于1992年发现了早白垩纪的喙柱始木兰(*Archimagnolia rostrato-stylosa*)的花的化石，被认为是一种尚未分化的原始木兰科的植物。在美国加利福尼亚州距今约1.2亿的早白垩纪地层中，发现了被子植物的果实化石——加州洞核(*Onoana californía*)。更值得关注的是我国的孙革等于1998年在辽宁北票地区晚侏罗纪的地层中发现了被子植物“辽宁古果”(*Archaefructus liaoningensis* Sun. et al)的植株、果实、种子和花粉的化石，1998年11月27日，《科学》杂志以封面文章发表了孙革等撰写的《追索最早的花——中国东北侏罗纪被子植物:古果》的论文，向全世界宣告:地球上最古老的花开在中国。这一“迄今最早的花”的存在时代是距今1.45亿年的侏罗纪晚期，较之以往认为的全球被子植物起源时间(白垩纪早期)至少早1 500万年以上。

(二)被子植物起源的地点

对于被子植物的起源地点问题，主要有两种观点，即高纬度起源说和低纬度起源说。

1. 高纬度起源说　希尔(Heer)根据对北极化石区系分析的基础上认为，被子植物首先是在北半球高纬度地区出现，并通过3个方面向南分布:①由欧洲向非洲南进;②从欧亚大陆向南发展到中国和日本，再向南延伸到马来西亚和澳大利亚;③由加拿大经美国进入拉丁美洲，最后扩展到全球。这一观点被许多学者反对，因为近数十年来的资料表明，大量被子植物化石在中、低纬度出现的时间早于高纬度。

2. 中低纬度起源说　根据现存的和化石的木兰类在亚洲东南部和太平洋西南部占优势，在低纬度热带地区白垩纪地层中发现有最古老的被子植物单沟花粉，另外现今存活的300多科被子植物多分布于热带和亚热带地区，特别是一些原始的科多在低纬度地区分布，因而多数学者支持被子植物很可能起源于中低纬度地区。

关于被子植物起源的地点依然处于推测阶段，由于化石植物的缺乏和对过去发生的地质、气候变化还不十分清楚，虽多数学者支持中低纬度起源，但确切回答被子植物的起源地点问题还很困难，有待今后更深入地研究。

（三）被子植物的祖先

要了解被子植物可能的祖先，首先要确定被子植物的原始类群与进化类群各自具有什么特征，而形成花是被子植物区别于其他类群植物的最主要特征，被子植物的花从何而来，目前，对此问题尚无定论，其主要原因是缺乏原始被子植物的化石证据。当前流行的主要有真花说（euanthium theory）和假花说（pseudo-anthium theory）两个学说。

1. 真花说　认为被子植物起源于原始的早已灭绝的裸子植物——本内苏铁目（Bennettitalel）中具有两性孢子叶球的植物（图13-68 A～B）。即由本内苏铁的两性孢子叶球演化成被子植物的两性花：由孢子叶球主轴缩短为花轴，上部大孢子叶发展成雌蕊（心皮），下部小孢子叶发展成雄蕊，而最下部不育的孢子叶演变成花被。

图13-68　真花说与假花说示意图

A→B. 真花说示意图　C→D. 假花说示意图

根据此学说，被子植物中具有木本、花单生、两性、花轴伸长、花的各部分多数、分离、螺旋状排列的类群应为原始类群。因此认为木兰目植物应是现代被子植物中较原始的类群。

目前，多数学者认为较原始的被子植物应为常绿木本，木质部仅具管胞而无导管；花为顶生的单花，花的各部分多数、分离、螺旋状排列，辐射对称，花轴伸长；雌蕊尚未明显分化为柱头、花柱和子房;雄蕊叶片状,无花丝的分化;花粉为大型单沟舟形且表面光滑的单粒花粉。现代的木兰目植物是具有上述特点的代表植物。

由于木兰目与本内苏铁具有许多相似性特征,因此本内苏铁可能是木兰目的近似祖先,又由于二者之间也有不同之处,很可能两者共同起源于种子蕨。

坚持真花说常被称为毛茛学派,被子植物的分类系统中,英国的 Hutchinson(1926,1934,1959,1973),前苏联的 Takhtajan(1954,1959,1980,1987)以及美国的 Cronquist(1968,1981,1988)等都是以真花说为基础建立的。

2.假花说 认为被子植物起源于裸子植物的进化类群——麻黄类中具有雌雄异花序的弯柄麻黄(Ephedra campylopoda)(图 13-68C～D)。即被子植物的花是由裸子植物的单性孢子叶球演化而来(先有单性花);每一个雄蕊和心皮分别相当于一个极端退化的雄花和雌花;雄花的苞片变为花被,雌花的苞片变为心皮;每个雄花的小苞片消失后只剩下一个雄蕊,雌花的小苞片退化后只剩下胚珠,着生于子房基部(两性花源于单性花);心皮是苞片变来的,而不是大孢子叶。

根据此学说,被子植物中具有单性花、无花被或单被、风媒传粉的类群应为原始类群。所以现代被子植物中的柔荑花序类植物(如杨柳目、壳斗目等)是原始类群。

该学说主要是以德国的 Engler(1897,1909)和奥地利的 Wettstein(1901,1935)为代表。

现代多数系统学家认为该学说的依据不足,认为柔荑花序类的单性花、无花被或单被、风媒传粉、合点受精和单层珠被等特点虽然与裸子植物具有相似性,但也可以看成是进化过程中的退化现象,因为花被的简化是高度适应风媒传粉而产生的次生现象;单层珠被是由双层珠被退化而来等。相反,从解剖构造和花粉粒类型上看,柔荑花序类次生木质部具导管,花粉粒具 3 沟等都是进化的特征。所以,该学说的观点受到许多学者的反对。

(四)单子叶植物的起源

以上所述的有关被子植物起源的各种假说和推论,一般指双子叶植物而言,关于单子叶植物的起源问题,目前多数学者认为双子叶植物比单子叶植物更原始,推测单子叶植物是从已灭绝的最原始的草本双子叶植物演变而来的。然而单子叶植物具体是从哪一类祖先进化而来?现存单子叶植物中哪一群是原始的?对此问题的回答则有多种假说和推论。主要有两种观点:一种认为单子叶植物起源于水生无导管的睡莲目的代表,即通过莼菜科(Cabombaceae)中可能已绝灭的原始种类进化到泽泻目,再演化出其他各类单子叶植物;另一种观点认为单子叶植物起源于陆生的多心皮、离生、原始的草本群毛茛类。上述观点均缺乏可靠的化石证据,仍需多学科的长期探索。

二、被子植物分类系统简介

按照植物亲缘关系对被子植物进行分类，建立一个分类系统，说明被子植物间的演化关系，是植物分类学家的重要任务。自 19 世纪后半期以来，有许多植物分类工作者，根据各自的系统发育理论，提出了许多不同的被子植物分类系统，但由于被子植物种类繁多，古老的原始类群和中间类型已大部分绝灭，有关被子植物起源、演化的知识和证据不足，到目前为止，还没有一个比较完美的分类系统，当前较为流行的有下面几个系统。

1. 恩格勒系统　这一系统由德国植物分类学家恩格勒(Engler)和帕兰特(Prantl)于 1897 年在《植物自然分科志》一书中发表的系统，是分类学史上第一个较完善的自然分类系统。该系统将植物界分为 13 门，其中第 13 门为种子植物门，包括裸子植物亚门和被子植物亚门。被子植物分为单子叶植物和双子叶植物两个纲，双子叶植物又分为离瓣花亚纲和合瓣花亚纲。该系统的特点是：坚持假花说，把柔荑花序类植物作为被子植物的原始类型；认为被子植物为二元起源，并将单子叶植物放于双子叶植物之前(即单子叶植物比双子叶植物原始)。

恩格勒系统几经修订，在 1964 年出版的《植物分科志要》第 12 版中已将单子叶植物放于双子叶植物之后，修正了单子叶植物比双子叶植物原始的错误观点，并把植物界分为 17 个门，被子植物独立成被子植物门，共包括 2 个纲，62 目，344 科。虽然恩格勒系统对植物亲缘关系的一些解释，受到了多数植物学者的反对，但其发表早，沿用久，而且包括了整个植物界，在使用上有一定的便利，所以国内外许多较大的标本室、中国植物志、前苏联植物志以及国内许多地方植物志都曾采用这一系统。

2. 哈钦松系统　这个系统由英国植物学家哈钦松(Hutchinson)以英国边沁(Bentham)和虎克(Hooker)以及美国柏施(Bessey)系统为基础建立的系统。1926 年和 1934 年在其《有花植物科志》一书中提出(分两册出版)，1973 年在该书第三版作了最后修订，从原来的 332 科增加到 411 科。该系统的特点是：坚持真花说，认为被子植物为单元起源，将双子叶植物分为木本和草本两大平行发展支，木本支从木兰目开始，草本支以毛茛目为起点；柔荑花序类要比离生心皮类进化，无被花是由有被花蜕化而来；单子叶植物起源于双子叶植物的毛茛目，并在早期分化为萼花群、冠花群和颖花群。

哈钦松系统为毛茛学派奠定了基础，能够比较明确地指出被子植物系统发育的规律和分类原则，为一些植物学家所赞同，我国有一些植物分类学书籍和教材以及标本室排列采用这一系统。但由于本系统坚持将木本和草本作为第一级区分，导致许多亲缘关系近的科远远被分开，如草本的伞形科和木本的山茱萸科及五加科，草本的唇形科和木本的马鞭草科等。所以，许多学者认为把被子植物首先分为木本群和草本群是错误的。

3. 塔赫他间系统　本系统由前苏联学者塔赫他间（Takhtajan）于 1954 年在《被子植物起源》一书中首次公布于世，直到 1980 年曾经多次修订。该系统的特点是：坚持真花说，主张被子植物单元起源，认为被子植物起源于种子蕨，并通过幼态成熟（neoteny）演化而成；草本植物由木本植物演化而来，单子叶植物起源于原始的水生双子叶植物的单沟舟形花粉的睡莲目莼菜科。

幼态成熟：一般指较初始和先发生的阶段变成终结阶段或成年阶段，个体发育的末期阶段为早期阶段所代替，导致个体发育的过早完成。具体来讲，幼态成熟就是某一器官或组织的发育早期便停止分化而滞留在这一阶段，并成熟形成类似早期特点的新器官和新组织，最终导致新类群的产生。

塔赫他间 1980 年发表的被子植物系统图，把被子植物分成 2 个纲 10 个亚纲 28 个超目，总计共 92 目 410 科。该系统认为木兰目是最原始的被子植物代表，再由木兰目发展出毛茛目和睡莲目，所有的单子叶植物来自狭义的睡莲目。不足的是，该系统科的数目达 411 科，并增设"超目"一级分类单元，不利于教学中应用。

4. 克朗奎斯特系统　本系统由美国学者克朗奎斯特（Cronquist）于 1958 年在《双子叶植物目科新系统纲要》一书中发表，至 1988 年又经多次修订。该系统亦坚持真花说和单元起源的观点。认为有花植物起源于已经灭绝的种子蕨；木兰亚纲是被子植物的基础复合群，木兰目是被子植物的原始类型；柔荑花序类各目起源于金缕梅目；单子叶植物起源于类似现代睡莲目的祖先。

图 13-69 是克朗奎斯特在 1981 年经过修订后的系统，他把被子植物分为两个纲：木兰纲（双子叶植物纲）和百合纲（单子叶植物纲），在木兰纲下有 6 亚纲 64 目 318 科，百合纲下有 5 亚纲 19 目 65 科，合计 11 亚纲 83 目 383 科。

克朗奎斯特系统接近于塔赫他间系统，并简化了塔赫他间系统，在各级分类系统的安排上，似乎比前几个分类系统更为合理，科的数目及范围较适中。为此，本教材的编写，主要以克朗奎斯特系统为依据。

尽管以上这些系统都属于自然分类系统，但由于被子植物起源于 1.36 亿年以前的侏罗纪或更早，最原始的代表植物已经绝迹，被保存下来的化石又很不完善，因此，只能从现存的被子植物代表，或原始的种子植物化石以及它们现存的代表进行比较，来推测被子植物的起源。因此，虽然同是自然分类系统，但由于研究者的

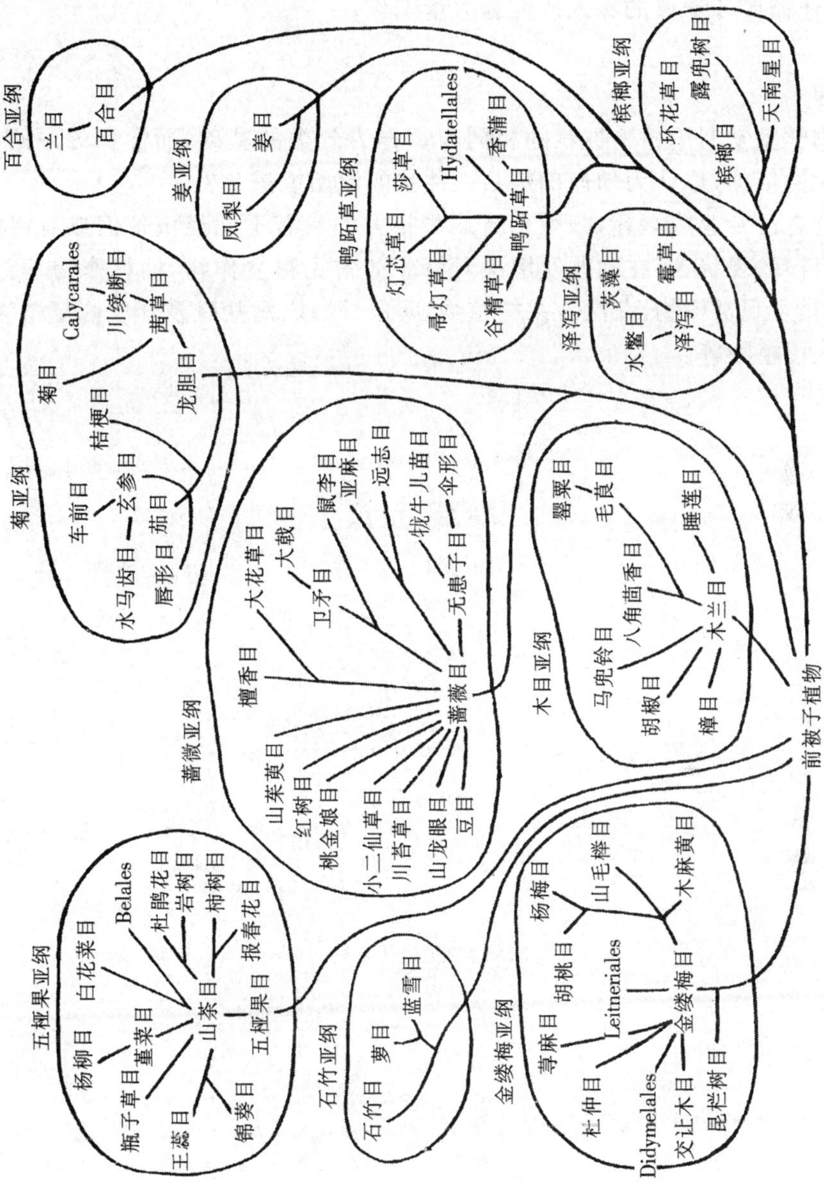

图 13-69 克郎奎斯特被子植物分类系统(1981)

论据不同，所建立的系统也是不同的，甚至有的部分是相互矛盾的。到目前为止，还没有一个为大家所公认的、完美的、真正反映系统发育的分类系统，当然，要达到这个目的，还需要各学科的深入研究和大量工作。

思考题

1. 植物学家常利用植物性状的相同与否作为分类的基础，而性状的原始与进化则是演化的依据，你认为如何确定某一性状的原始或进化？

2. 结合自己专业或兴趣，归纳总结某些相关的具有不同经济价值或有害植物（注明所属科）的现状、存在问题及解决对策。如常见粮食作物，油料作物，药用植物，园林绿化及观赏植物，蔬菜及果树植物，防风、固沙、耐盐碱及环境修复植物，杂草及外来入侵植物等。

名词简释

教材中出现的名词均以下划线标出，凡已作集中定义的这里不再列入。所列名词按汉语拼音排序。

B

伴胞 被子植物韧皮部中位于筛管分子(节)旁的一个细长小细胞，或再经横分裂成为纵列细胞群。伴胞和筛管分子由同一母细胞经不等分裂产生，与筛管分子在生理功能上也有密切联系。

孢子体 指有世代交替生活史中的二倍体植株，由合子发育而来，孢子体经减数分裂产生孢子。

胞间连丝 贯穿两相邻细胞间的管状结构，使植物体各细胞的原生质相互连接，成为细胞间物质和信息交流的直接通道。其结构为：两相邻细胞的质膜相连成为该管状结构周围的质膜；内质网也在纹孔中相连成为链样管(压缩内质网、连丝微管)。链样管中间色深，称为中央柱；质膜与链样管之间为细胞质通道，是物质通过的主要渠道。胞间连丝两端形成较窄的颈区，可调节胞间连丝通透性。

孢原细胞 是出现于幼期花粉囊和胚珠中的分生组织性质的细胞。在各个花粉囊中成单纵列分布于角隅处；在珠心中是位于近珠孔端的珠心表皮下的一个细胞。由这些细胞分裂形成周缘细胞和造孢细胞；在有的植物中，可由珠心中的这个孢原细胞直接长大形成胚囊母细胞。

保卫细胞 组成气孔的一对特化的表皮细胞，肾形或哑铃形(禾本科植物)。两者的细胞壁在中央裂开形成开孔(气孔)，开孔处壁较厚；细胞质丰富，内含叶绿体。保卫细胞以其膨压的改变调节气孔的开闭。

边缘分生组织 是一种在叶原基形成幼叶过程中，继顶端生长后不久出现的初生分生组织，位于叶原基两侧边缘。由其向两侧进行初生生长性质的边缘生长，形成扁平的叶片。

不活动中心 在许多植物的根的分生区顶端有一群分裂活动甚弱的细胞群，它们合成核酸和蛋白质的速度缓慢，线粒体等细胞器较少，被称为不活动中心。

C

侧生分生组织 位于根、茎侧面的一种能形成次生结构的分生组织，一般为双子叶植物所具有，包括维管形成层和木栓形成层。就其性质而言属于次生分生组织。

成膜体 是细胞分裂进入新壁建成阶段时最早出现的结构，由连续纺锤丝的中间部分在两子核间的赤道面处密集，成为扁桶状结构，即是成膜体。

成熟区 存在于根尖、茎尖中，为具有成熟结构的部分，由伸长区细胞生长、分化而来。

初生壁 位于胞间层之内的壁层。一般较薄，有韧性。构成初生壁构架物质纤维素形成的微纤丝呈网状排列，其间有多个凹陷，是微纤丝排列较疏松的部分。凹陷成群，有多束胞间连丝穿过，每群凹陷即一个初生纹孔场。

初生木质部 存在于根、茎、叶的初生维管系统中的木质部，由原形成层产生。又可按成熟的先后分为原生木质部和后生木质部两部分。

初生韧皮部 存在于根、茎、叶的初生维管系统中的韧皮部，由原形成层产生。又可按成熟的先后分为原生韧皮部和后生韧皮部两部分。

初生生长 由初生分生组织的活动产生初生结构的过程。

初生结构 由初生生长所产生的成熟结构。在根、茎中，由初生生长所形成的初生结构的积累导致这两种器官的伸长。

初生维管组织 由原形成层产生的维管组织，由初生木质部和初生韧皮部组成。

次生维管组织 由形成层产生的维管组织，包括次生木质部和次生韧皮部及维管射线(由木射线和韧皮射线组成)。

垂周分裂、垂周壁 胞质分裂时新形成的子细胞壁垂直于所在器官的表面，称为垂周分裂；细胞中垂直于所在器官表面的壁称为垂周壁。

雌配子 在被子植物中，指位于成熟胚囊(雌配子体)中近珠孔端的卵细胞。

雌配子体 在被子植物中，指一般具 7 个细胞 8 个核的成熟胚囊。珠孔端为由 2 个助细胞、一个卵细胞组成的卵器；合点端为 3 个反足细胞；中央为具 2 个核的中央细胞。

初生增厚分生组织 由顶端分生组织衍生的一种初生分生组织。由其进行初生生长形成茎的加粗。仅在某些单子叶植物中存在，如玉米。

次生壁 是在初生壁形成之后在其内方经均匀或不均匀附加生长形成的壁层，其时细胞往往已停止或部分停止生长。组成其构架的纤维素中的微纤丝作规则的斜向排列，有时因取向的不同而可分为外、中、内三层。次生壁中分布有纹孔。次生壁较初生壁伸展性低，硬度和支持力则增强。

次生生长 由次生(侧生)分生组织形成次生结构的过程为次生生长。常存在于裸子植物和被子植物中的双子叶植物中，在这些植物中的次生分生组织是维管形成层和木栓形成层，两者的活动所添加的次生结构使根、茎增粗。

次生结构 由次生分生组织(包括维管形成层和木栓形成层)进行次生生长所形成的结构。

D

大孢子 在被子植物中指由胚囊母细胞经减数分裂所形成的 4 个单倍体细胞。这 4 个细胞组成四分体，多数情况下是仅合点端的一个成为有功能的大孢子，由其逐渐增大、发育为成熟的大孢子——单核胚囊。

大孢子母细胞 在被子植物中指由造孢细胞或孢原细胞发育而成的胚囊母细胞。由其经减数分裂而形成大孢子——单核胚囊。

单穿孔 导管的穿孔板上惟一的一个大穿孔。

单纹孔 次生壁上纹孔的一种。为圆形小孔(因此处无次生壁而形成)，小孔中有由初生壁和相邻两细胞间的胞间层组成的纹孔膜,胞间连丝由此通过。纹孔与胞间连丝组成了细胞间的联络结构。

导管 普遍存在于被子植物木质部中的运输水分和无机盐的输导组织,由许多长筒形的死细胞——导管分子组成。每个导管分子侧壁不均匀木化,形成环纹、螺纹、梯纹、网纹和孔纹等各种类型的花纹,端壁形成具单穿孔或复穿孔的穿孔板。

低等植物 低等植物是地球上出现最早的一群古老而原始的植物,植物体没有根、茎、叶的分化,是原植体植物。生殖器官是单细胞的,极少数为多细胞。有性生殖的合子不形成胚而直接萌发成新的植物体。低等植物可分为藻类植物、菌类植物和地衣植物。

淀粉鞘 某些幼嫩植物茎中(如蚕豆),皮层最内一层或数层的细胞富含淀粉粒,该部分被称为淀粉鞘。

顶端生长 根尖、茎尖及叶原基中由顶端分生组织所进行的生长。一般属于初生生长,所形成的初生结构使所在器官伸长。

顶端原始细胞区 按茎生长锥的"细胞组织分区说"的划分,为茎生长锥顶端的一群原分生组织细胞构成的区域,由该区分化出周围分生组织区。

多原型 "原"指根中初生木质部的束。束数超过7束的类型称为多原型,一般为单子叶植物所具有。

F

纺锤状原始细胞 是组成根、茎中的形成层的两种原始细胞之一。为长度超过宽度数十至数百倍的锐端细胞,其切向切面又略宽于径向切面,因而在横切面上呈切向扁平状。由其形成维管组织中长形分子,如导管、管胞、筛管、纤维等。

反足细胞 成熟胚囊中位于合点端的细胞。一般为3个,有的植物如小麦,这3个反足细胞可经有丝分裂形成反足细胞群。反足细胞一般在卵细胞受精后消失,个别植物的反足细胞可进行无融合生殖,发育成反足胚。

分生区 存在于根尖的根冠内方或茎尖顶端的区域,由原分生组织及其所衍生的初生分生组织组成。

副卫细胞 与保卫细胞邻接的一个或多个和表皮细胞形状不同的细胞,在发育和机能上与保卫细胞关系密切。并因植物的种类而呈一定的排列次序。为某些植物具有。

辐射对称、两侧对称 通过某器官的中心可作无数个对称的剖面时,该器官为辐射对称,如根和茎;如通过其中心只能作一个对称剖面的,则为两侧对称,如叶。

副形成层 又名额外形成层。是由次生结构中的薄壁组织经脱分化产生的分生组织,属于三生分生组织,该分牛组织活动产生三生维管组织。一般出现于变态器官中,如甘薯、甜菜的变态为贮藏和繁殖的根。

腐生 生物从死的动、植物体或无生命的有机物质中吸取养分的生活方式。

G

高等植物 绝大多数高等植物为陆生植物,其结构较复杂,一般都有根、茎、叶的分化(除苔藓植物以外),具有适应陆生环境的维管系统;生活史具明显的世代交替;生殖器官由多细胞构成。卵受精后在母体内发育成胚,再长成植物体。高等植物可分为苔藓植物门、蕨类植物门、裸子植物物门和被子植物门。

个体发育 指某种生物从它生命中的某个阶段(孢子、合子、种子)开始,经过一些发展阶段,再出现当初这个阶段的整个过程,其中包括形态和生殖上的各个方面的发展变化。

根被 为一些气生根外的套筒状结构。由多层排列紧密的细胞构成,细胞壁部分栓化、加厚,后期细胞原生质体瓦解,细胞腔内充满空气,成为降雨时吸水、平时减少蒸腾和具保护作用的结构。

根冠 是根尖顶端由薄壁细胞组成的帽状结构。其作用是:保护被其包被的分生区;外层细胞排列疏松,可分泌和释放黏液,加上这些细胞本身在根进行伸长时与土壤摩擦,不断地脱落并黏液化,犹如润滑剂,可减少根向土壤纵深处推进时的摩擦力;中央的细胞内有称为“平衡石”的造粉器,在根的向地性生长方面起作用。

根尖 是根顶端至着生根毛处的一段根,是根系中生命活动最旺盛的部分,根的若干功能如吸收、合成、分泌、贮藏等主要在根尖进行;与根系扩展有关的根的伸长也通过根尖进行。

根(状)茎 是变态茎的一种。这种茎蔓生土表下,茎、叶均不具叶绿体,叶退化为鳞片叶,但仍有明显的节与节间。其叶腋的芽可形成钻出土表的地上枝,同时在所在茎节上长出不定根群。

根-茎过渡区 存在于根、茎之间的一段初生结构的过渡区域,常位于胚轴中,或还包括一部分主根,或在主根的近胚轴端。在这个过渡区中的结构变化大致为:由根至茎髓逐渐出现并扩大(双子叶植物);皮层逐渐变薄;各初生木质部束纵裂为二,各裂片作180°旋转、移至初生韧皮部内方,并两两合并,因而原生木质部由根中的位于外方(外始式),成为与茎一致的位于内方(内始式),初生木质部与韧皮部的相对位置也由相间排列变为内、外排列。从而使根、茎的初生结构沟通、连接起来。

管胞 是两端斜尖的长梭形死细胞,细胞壁呈环纹、螺纹、梯纹、网纹和孔纹状加厚。是裸子植物和绝大多数蕨类植物的惟一输导水分和无机盐的输导组织,在多数被子植物中,则与导管同时并存于木质部中。管胞还兼有一定的支持作用。

硅质细胞 是禾本科植物茎和叶表皮中的一种短形表皮细胞,该细胞具有硅化壁,细胞腔内有硅质胶体。

H

后生木质部 初生木质部中较晚成熟的一部分木质部,由原形成层形成。

后生韧皮部 初生韧皮部中较晚成熟的一部分韧皮部,由原形成层形成。

海绵组织 是叶肉中的同化组织的一种。常存在于双子叶植物的异面叶中,位于下表皮和栅栏组织之间。细胞形状不规则,形成短臂状突起,相互连接而形成较大的细胞间隙,含叶绿体较栅栏组织细胞少。是一种兼有通气作用的同化组织。

花粉 在被子植物中,或指由花粉母细胞经减数分裂形成的单倍体细胞、单核细胞,又名单核花粉、小孢子;或指单核花粉再经一或两次有丝分裂形成的两细胞、三细胞的成熟花粉,又名雄配子体。

花粉管 花粉粒萌发时,由其内壁从萌发孔/沟处向外形成的管状物,穿过柱头、花柱、子房壁,进入胚珠,将精细胞/精子送入胚囊,完成受精作用。

花粉外壁 花粉粒表面的壁层,其上形成雕纹和萌发孔沟。外壁坚硬,主要成分是孢粉素并有活性蛋白、脂类、纤维素等。其活性蛋白可与柱头的活性蛋白起相互识别作用。

花粉内壁 位于花粉外壁内方,与外壁共同组成成熟花粉粒的壁。内壁较薄而柔,但在萌发孔沟处较厚,有暂时封闭萌发孔的作用。在花粉萌发时,此处的内壁向萌发孔外延伸成为花粉管。内壁的主要成分为纤维素、半纤维素、果胶酶和活性蛋白。

J

接合生殖 为有性生殖的一种特殊形式。指两个没有鞭毛能变形的配子通过接合管结合的生殖方式,如水绵、黑根霉的有性生殖方式。

基本分生组织 一种初生分生组织,经过分裂、分化形成皮层、髓或基本组织。

基本组织 表皮以内、维管组织以外的全部成熟组织。一般存在于叶柄和禾本科植物茎中。

基细胞 被子植物的合子第一次不等横分裂所形成的2个细胞中,靠近珠孔端的1个。将来形成胚柄。

极核 为在胚囊发育过程中,各由胚囊的两端移至其中央的2个单倍体细胞核。胚囊成熟时,这两枚极核与周围的细胞质一起形成中央细胞。

角质膜 被于整个表皮外方的透明膜层。由表皮细胞外壁经角质化形成,因成分不同又可分为外层的角质层和内层的角化层。

径(向)切面 为纵切面的一种,是通过轴器官(如根、茎)的直径的切面。

颈卵器 为苔藓、蕨类和裸子植物的雌性生殖器官。颈卵器外形如瓶状,外围有一层细胞构成颈卵器的壁。上部是细长的颈部,下部为膨大的腹部。颈部内有一串颈沟细胞,腹部内有1个腹沟细胞和1个卵细胞。颈卵器成熟时,颈沟细胞和腹沟细胞消失,仅有1个卵细胞留在底部。苔藓、蕨类和裸子植物又可称为颈卵器植物。裸子植物的颈卵器在结构上已简化。

精子器 是苔藓、蕨类植物的雄性生殖器官。外形多为棒状或球形,外层有一层壁细胞,其内产生许多能游动的精子。

卷须 由茎或叶形成的须状变态器官,可借其缠绕他物,使植株攀缘向上。

寄生 生物从生活的动、植物体上吸取养分的生活方式。

K

凯氏带、凯氏点 凯氏带位于根内皮层细胞的上、下横壁和径向壁上,是带状的木化和栓化的加厚区域,特化的部位透入初生壁和胞间层。凯氏带的形成使根吸入的溶质只能通过内皮层的原生质体,保证了根的选择性吸收。凯氏点是指对根的初生结构通过内皮层作横或径向剖面时，内皮层细胞壁上的凯氏带也被切开而呈现的点状结构。

L

卵式生殖 存在于高等植物和部分低等植物中的一种有性生殖。相结合的2个配子在形状、大小和运动能力上都不相同，大而无鞭毛不能运动的为卵，小而能运动的为精子，精卵结合称为卵式生殖。卵式生殖为有性生殖中的最进化形式。

离区、离层、保护层 是一些植物的叶、花或果等器官脱落前，在叶柄、花柄、果柄基部先后形成的结构。离区最先出现，是由多层小型薄壁细胞组成的区域；以后不久，可能是感受到植株传来的脱落信号，离区中1～3层细胞胞间层中的果胶酸钙转化为可溶的果胶和果胶酸，有时还伴有细胞壁甚至整个细胞的溶解，这几层细胞就是离层。离层的出现使叶、花或果干枯、脱落；在这些器官脱落前，在近植株的离层下方的几层细胞栓化，形成伤口表面的保护层。

肋状分生组织 又称髓分生组织。按细胞组织分区说将茎端划分为数区中的一区。由中央母细胞区形成，位于其下方；由其分裂形成茎的髓部。

鳞叶 变态为鳞片状的叶。或位于地上，如鳞芽外的芽鳞；或位于地下，如洋葱鳞茎上的鳞叶、马铃薯块茎芽眉上的膜状叶。

M

脉序 叶片上叶脉分布的方式。

木栓形成层 次生(侧生)分生组织的一种，其活动形成次生保护组织周皮、皮孔和树皮。

N

内皮层 皮层最内排列紧密的一层细胞。这层细胞结构特殊，或具有凯氏带(常见于双子叶植物根)；或除具凯氏带的通道细胞外，各细胞的细胞壁均五面加厚(常见于禾本科植物根)；或富含淀粉粒成为淀粉鞘存在于某些植物(如蚕豆)茎或叶(如美国五针松)中。

内生源、外生源 指侧生器官的起源部位，如起源于较深层的内部组织，称为内生源，如侧根；起源于浅层组织的称为外生源，如腋芽。

内始式、外始式 指初生韧皮部或初生木质部组成结构的成熟次序：由内而外成熟为内始式；由外而内成熟为外始式。

P

胚 由受精卵发育而成的雏形植物体。在种子植物中，胚包藏在种子内，包括胚根、胚芽、胚轴和子叶几部分。禾本科植物还有胚根鞘和胚芽鞘。

胚柄 在胚发育过程中由基细胞发育形成的结构。有固着胚体的作用；并通过胚柄的延伸将胚体推向胚囊中部，以利其吸收营养。胚形成后，胚柄消失。

胚根 是胚中将来形成主根的部分。

胚根鞘 是包围在胚根外的套状结构，胚根萌动后即被突破。为禾本科植物所特有。

胚囊 胚珠中卵细胞形成的场所。由胚囊母细胞经减数分裂形成的单倍体细胞(单核,又名大孢子)发育而成单核胚囊。成熟胚囊又名雌配子体,内有7个细胞8个细胞核——2个助细胞和1个卵细胞、3个反足细胞、1个具2个极核的中央细胞。

胚乳 在种子发育过程中,由受精的(就被子植物而言)或不受精的(就裸子植物而言)极核形成的贮藏营养的结构。有的植物在种子发育过程中胚乳被吸收,营养物转贮至子叶中;有的则保留成为成熟种子的组分——即有胚乳种子。少数植物的珠心可发育为外胚乳。

胚芽 胚的组分之一,是种子植物的第一个芽,萌动后形成主茎和其上的叶和芽。

胚芽鞘 是包被在胚芽外的鞘状结构,为禾本科植物所特有。

胚体 在胚的发育过程中,由顶细胞经多次分裂所形成的多细胞结构,由其进一步形成成熟胚。

胚轴 胚的组分之一,为连接胚芽、子叶、胚根的部分。可分为上胚轴(胚芽、子叶之间)、下胚轴(子叶和胚根之间)和中胚轴(胚芽鞘节与盾片节之间,为一些禾本科植物特有)。种子萌发时下胚轴是否伸长,决定幼苗的类型——伸长形成子叶出土幼苗;不伸长形成子叶留土幼苗。

胚珠 种子的前身,着生于子房壁的胎座处。成熟的胚珠由珠柄、珠被、珠孔、合点、珠心、胚囊等几部分组成。受精作用完成后整个胚珠逐渐发育成为种子。

配子体 指有世代交替生活史中的单倍体植物体,由减数分裂产生的孢子发育而来,配子体经有丝分裂产生配子。其中产生雌配子的植物体称雌配子体;产生雄配子的植物体称雄配子体。

皮层 由基本分生组织形成的一种初生结构,位于根和双子叶植物茎的表皮和维管组织之间。其组分基本为薄壁组织,也可以有通气组织、分泌组织、厚角组织、同化组织等参与,有时其内层或/和外层细胞特化,分别称为内皮层和外皮层。

皮孔 是遍布于茎的节间周皮上的许多微小疤痕状通气结构,由多数排列疏松的补充组织(或者还有栓化细胞组成的封闭层)组成。在木栓形成层活动时与周皮同时形成。

平衡石 位于根冠内部细胞中的一种造粉体,可随根的位置改变而在细胞中移动,使之始终保持在近地的一面。平衡石的移动可能影响根内钙和生长素的分泌和运输,从而引起根的向地性生长。

Q

侵填体 薄壁细胞通过与其相邻的导管或管胞的纹孔向其细胞腔内生长而形成的囊状突出物,其内部并常有单宁、树脂等物质积累,最后可将导管或管胞堵塞,使其失去输送水分的能力。由于侵填体的多处形成,可使木材坚硬耐腐。

R

韧皮射线 分布于次生韧皮部中的维管射线。

肉质茎 茎变态为肥大、多汁的绿色肉质状,不仅有贮藏作用,还可进行光合作用。如莴苣、苤蓝等的茎。

S

筛胞 裸子植物韧皮部内的一种运输组织。为细长的生活细胞，顶端与侧壁均有筛域分布。其作用相当于筛管。

射线 为成束状的薄壁细胞群，有不同高度、宽度，径向伸展成带状，多束作径向排列于器官中。一种是在一些双子叶植物茎的初生结构中出现的、内连髓部外接皮层的髓射线；另一种是由维管形成层中的射线原始细胞产生的维管射线，分布于次生维管系统中，又可根据分布位置分为韧皮射线和木射线。

射线管胞 是存在于裸子植物的木射线中的长细胞，其长轴与茎轴垂直，具较薄的、有具缘纹孔分布其中的次生壁，成熟时原生质体消失。

射线原始细胞 为形成层中近等径的原始细胞，由其形成维管射线（木射线和韧皮射线）。

伸长区 位于根尖、茎尖中，由分生区衍生，为基本由初生分生组织组成的柱状部分。该区细胞明显伸长，细胞分裂能力减弱，并初步分化为原表皮层、基本分生组织和原形成层。由该区产生根中的根毛区和茎中的成熟区。

生毛细胞 根的根毛区表皮中的特化细胞，由这些细胞形成根毛。

生长锥、生长点 根尖和茎尖的分生区整体如圆锥状，所以又名生长锥；生长点是根分生区的较早时期的名称。

生长轮、年轮 生长轮是多年生木本植物的木材中的质地致密、疏松及色泽深、浅交替的同心圆结构，因形成层的季节活动或其他环境影响而形成。若只受季节影响，则每年生成一环，环数可代表树木的生长年限，这种生长轮又称年轮。

生长锥 一般指茎尖中由原分生组织组成的区域，因整体形如圆锥状故又名生长锥。

树皮 在多年生植物中，历次形成的周皮积累物统称树皮，包括因新周皮的产生而死去的一些其他组织。这种树皮以最新产生的周皮（最内方的周皮）为界线，又称“硬树皮”；在木材加工中由形成层处剥离的树皮则称为“软树皮”，这种树皮还包含全部韧皮部。

束中形成层、束间形成层 是组成茎的形成层的两种组分。束中形成层来自遗留在初生木质部和初生韧皮部之间的原形成层；束间形成层由位于初生维管束之间的髓射线细胞脱分化后形成，与束中形成层合而为一圆筒状，在横剖面上则为圆环状。

世代交替 在植物的生活史中，单倍体的配子体世代（有性世代）和双倍体的孢子体世代（无性世代）有规律的循环交替的现象称为世代交替。

髓 由薄壁组织组成的整体如柱状的结构。由基本分生组织分化而成。普遍存在于双子叶植物茎和单子叶植物根的初生结构中央。

栓化细胞 一种细胞壁栓化的短细胞，为禾本科植物茎和叶表皮的组分。

髓分生组织区 是根据细胞组织分区说将茎的生长锥划分成几区中的一区。又名肋状分生组织，由中央母细胞区形成，位于其下。由髓分生组织区形成基本分生组织，再形成髓。

T

同配生殖 有性生殖过程中产生的配子大小、形状、行为完全一样，这种同型配子相结合的生殖方式称为同配生殖。

同形世代交替 在世代交替的生活史中，如果配子体和孢子体的形态构造基本上相同，就叫做同形世代交替。

W

外皮层 若皮层最外层的细胞结构特殊，则称为外皮层。如有的植物外皮层细胞具凯氏带，有的植物外皮层细胞小而排列紧密，当表皮脱落时成为栓化细胞层，等等。

维管柱、中柱 根和茎中由原形成层发育而来、以维管组织为主的、位于茎中央的柱状部分称为维管柱；根中的相应部分，其外方有中柱鞘包围，又称中柱。

维管束鞘 包围在维管束外围的鞘状结构。由厚壁组织或薄壁组织组成，细胞层数一、二层不等。如禾本科植物的茎中的维管束鞘；普遍存在于叶片的较小叶脉外围的维管束鞘。

维管形成层、形成层 维管形成层即形成层。是一种次生分生组织（或侧生分生组织），存在于裸子植物和双子叶植物根、茎和较大的叶脉中。由纺锤状原始细胞和射线原始细胞组成。由其经过次生生长形成次生维管组织。

无限维管束、有限维管束 在木质部和韧皮部之间有束中形成层的维管束为无限维管束，一般为双子叶植物具有；维管束中无形成层的为有限维管束，一般为单子叶植物具有。

无性生殖 不经雌、雄性细胞的结合而由母体直接产生子代的繁殖方式。狭义的指孢子繁殖——植物体产生具有繁殖能力的特化细胞，称为孢子，孢子离开母体后在适宜环境下可直接萌发成新个体的繁殖方式。广义而言，还包括营养繁殖，即植物营养体的一部分脱离母体后，在适宜环境中可成长为独立植物的繁殖方式。

X

下皮层 存在于裸子植物松柏类植物叶的表皮下，是一至几层木化厚壁细胞。

系统发育 指生物种族的发展史，可以指一个类群形成的历史，也可以指生命在地球上起源和演化的整个历史过程。

心材、边材 心材包括木材中的髓和靠内方较早形成的木质部，这些部分因木化或侵填体产生等原因失去机能，并常因细胞壁和细胞腔中树胶、树脂、单宁和油类等物质的沉积而色泽变深、质地致密；边材是木材的较外部分（较晚产生），为执行机能的次生木质部部分。心材、边材的出现，反映出木材更新的情况。

心皮 是组成雌蕊的基本单位。由 1 个心皮组成的雌蕊为单雌蕊；由 2 个或 2 个以上的心皮组成的雌蕊为复雌蕊。几个心皮也可分别形成单雌蕊，共同着生在一个花托上，这样的心皮称为离生心皮；组成复雌蕊的心皮称为合生心皮。从起源上看，心皮是由叶变态而来。

形成层状过渡区 根据细胞组织分区说，茎的生长锥可按细胞特征和组织分化动态分为若干区，形成层状过渡区是其中一区。为某些植物所特有，位于周围分生组织区和髓分生组织区上方，整体如浅盘状，其细胞在生长锥的纵切面上为扁平形，排列整齐，如同形成层及其衍生细胞所形成的形成层带，故名。

形态建成 植物体及其各组成器官的形态结构形成过程。也称形态发生。

学名 按照国际植物命名法规定,每种植物只能有一个国际通用的合法名称,是用双名法定的名,即学名,植物的学名必须由两个拉丁词或拉丁化形式的词构成,第一个词为属名,第二个词为种加词。

Y

芽眼 指马铃薯块茎的节上着生芽的凹陷部位。

叶脉 呈掌状、羽状等种种形状分布于叶肉中的脉状结构。其主要部分为由原形成层发育而来的维管组织,每条叶脉可含一至几条维管束,在主脉和较大的侧脉的维管束周围还有由基本分生组织发育而来的薄壁组织和/或厚角组织等。较小的侧脉维管束外围有维管束鞘。

叶枕 指某些双子叶植物叶柄基部的稍膨大的部分,其膨压的改变引起这些叶的感性运动;或指禾本科植物叶位于叶片与叶鞘相接处的环状结构(又名叶颈、叶环),可对叶片的开展度做一定的调节。

异面叶、等面叶 叶片的背、腹面色泽和内部叶肉细胞形态结构有差异的叶为异面叶;背、腹面色泽、内部结构近似的叶为等面叶。

异配生殖 有性生殖过程中相结合的两种配子形状相似,但大小、行为有些不同;大的不活泼,为雌配子,小而比较活泼的为雄配子。

异细胞 形状、大小或还有后含物都与同一组织中的其他细胞不同的少数细胞。如禾本科植物茎表皮中的短细胞,一些植物叶肉中的成单个存在的石细胞等。

异形世代交替 在世代交替的生活史中,如果配子体和孢子体的形态构造不相同,就叫做异形世代交替。

有性生殖 植物在个体发育的一定阶段形成特殊的生殖细胞——配子。由两个配子相互融合形成的合子萌发为一个新个体的繁殖方式称为有性生殖。

原表皮层 一种存在于根、茎、叶中的初生分生组织,位于幼小器官最外方。由其分化形成表皮。

原基 由原分生组织组成的结构,将来形成新器官。如叶原基、侧根原基、不定根原基、腋芽原基、花原基等。

原生木质部、原生韧皮部 分别为初生木质部和初生韧皮部中较早成熟的部分。

原形成层 一种存在于根、茎、叶中的初生分生组织的组分,由其形成初生维管组织。

原丝体 指苔藓类植物的成熟孢子在适宜的生活环境中萌发成的丝状体,其形如丝状绿藻类,称为原丝体。

原叶体 指蕨类植物的配子体。一般体形小、结构简单、生活期较短,绝大多数蕨类的配子体为绿色、有腹背分化的叶状体,能独立生活,在其腹面产生颈卵器和精子器。

Z

造孢细胞 在花药和胚珠中由孢原细胞经有丝分裂产生的细胞。由其形成孢子母细胞(花粉母细胞和胚囊母细胞），经减数分裂形成小孢子（单核花粉）和大孢子（单核胚囊）。

中央细胞 被子植物成熟胚囊中央具 2 个极核的细胞。经双受精后发育为胚乳。

中央母细胞区 是茎生长锥中根据细胞特征和生长动态划分的几区之一。由顶端原始细胞区分化，并位于其下，由该区形成髓分生组织区。

中柱鞘 一般指根的初生结构中位于中柱最外方的一或数层薄壁细胞，具有脱分化的能力，在特定时间可恢复分裂能力，或形成形成层的一部分，或形成木栓形成层，或形成侧根原基等。

周围分生组织 茎的生长锥中按细胞特征和分化动向划分的几区中的一区，由顶端原始细胞区形成。可由其形成初生分生组织中的原表皮层、原形成层和部分基本分生组织。

珠心 成熟胚珠的珠被内、胚囊外的部分。胚珠形成种子时一般被吸收，个别植物可发育为外胚乳。

转输组织 指裸子植物松柏类植物叶中央的维管组织周围的一些组织。这种组织是叶肉与维管组织间的运输通道，由特殊的管胞和薄壁细胞组成，靠近维管组织的管胞横向伸长，壁较薄，木化程度较低，远离维管组织的管胞的结构与薄壁细胞更为近似。

子叶、盾片 子叶是胚的组分之一；盾片指禾本科植物胚中发育的单片子叶。

子实体 高等真菌进行有性生殖时，常形成特殊的菌丝组成的结构，其中产生有性孢子，此种结构就叫做子实体。

子囊果 子囊菌的子实体称为子囊果，通常有子囊盘、子囊壳及闭囊壳三种类型。

参考文献

1. 高信曾．植物学(形态解剖部分)．北京:人民教育出版社,1978
2. 中山大学,南京大学．植物学(下册)．北京:人民教育出版社,1982
3. 华东师范大学．植物学(上、下册)．北京:高等教育出版社,1982
4. 李扬汉．植物学．上海:上海科学技术出版社,1984
5. 吴万春．植物学．北京:高等教育出版社,1991
6. 陆时万．植物学(上册).2版.北京:高等教育出版社,1991
7. 吴国芳等．植物学(下册).2版.北京:高等教育出版社,1992
8. 吴万春．植物学．广州:华南理工大学出版社,1999
9. 徐汉卿．植物学．北京:中国农业大学出版社,1996
10. 张宪省等．植物学．北京:中国农业出版社,2003
11. 贺学礼等．植物学．北京:高等教育出版社,2004
12. 胡宝忠等．植物学．北京:中国农业出版社,2003
13. 胡适宜．被子植物胚胎学．北京:人民教育出版社,1980
14. 杨继．植物生物学．北京:高等教育出版社,1999
15. 杨世杰．植物生物学．北京:科学出版社,2000
16. 叶创兴等．植物生物学．北京:科学出版社,2000
17. 周云龙．植物生物学.1版,2版．北京:高等教育出版社,1999,2004
18. 李正理等．植物解剖学．北京:高等教育出版社,1983
19. 刘杰平．植物形态解剖学．北京:北京师范学院出版社,1991
20. 胡正海等．植物异常结构解剖学．北京:高等教育出版社,1993
21. 陈机．植物发育解剖学(上、下册)．济南:山东大学出版社,1996
22. 刘穆．种子植物形态解剖学导论.2版．北京:科学出版社,2004
23. 李雄彪等．植物细胞壁．北京:北京大学出版社,1993
24. 徐是雄等．植物细胞骨架．北京:科学出版社,1996
25. 孙敬三等．植物细胞的结构与功能．北京:科学出版社,1988
26. 郑国锠．细胞生物学.2版．北京:高等教育出版社,1992
27. 汪堃仁等．细胞生物学.2版．北京:北京师范大学出版社,1998
28. 翟中和等．细胞生物学．北京:高等教育出版社,2000
29. 韩贻仁．分子细胞生物学．北京:科学出版社,2001
30. 阎隆飞等．分子生物学．北京:北京农业大学出版社,1993
31. 余叔文．植物生理与分子生物学.2版．北京:科学出版社,1998

32. 王忠．植物生理学．北京：中国农业出版社，2000
33. 武维华等．植物生理学．北京：科学出版社，2003
34. 王伏雄．植物学名词解释．北京：科学出版社，1982
35. 张景钺，梁家骥．植物系统学．北京：人民教育出版社，1965
36. 马炜梁．高等植物多样性．北京：高等教育出版社．海得堡：施普林格出版社，1998
37. 李光晨等．园艺通论．北京：科学文献出版社，1992
38. 孟繁静．植物花的分子生物学．北京：中国农业出版社，2000
39. 韩碧文．植物生长与分化．北京：中国农业大学出版社，2003
40. 曹仪植．拟南芥．北京：高等教育出版社，2004
41. 许智宏等．植物发育的分子机理．北京：科学出版社，1998
42. 国家自然科学基金委员会生命科学部．植物科学．北京：中国林业出版社，1994
43. 李承森．植物科学进展（第1卷）．北京：高等教育出版社，2001
44. 李承森．植物科学进展（第3卷）．北京：高等教育出版社，2001
45. 李承森．植物科学进展（第4卷）．北京：高等教育出版社，2001
46. Rick Parker. Introduction to Plan Science. Washington: Dehmar Publishers, Inc, 1997
47. Cronguist A. Basic of Botany. USA: Harper & Row Publishers, Inc, 1982
48. Raven P H, et al. Biology of plants (sixth edition). New York: Worth Publishers, Inc, 1999
49. Moore R, et al. Botany. Dubugue: IA. Wm. C. Brown Communications, Inc, 1995

图版简释

封面

中:拟南芥(十字花科)(刘朝辉摄)

左下:王莲(睡莲科)是叶片最大的双子叶植物(王丽摄)

左上:洋紫荆(豆科)为香港市花(刘永刚摄)

右上:珙桐(*Davidia involucrata*)(珙桐科,蓝果树科)又名鸽子花(刘永刚摄)

右下:鹤望兰(*Strelitzia reginae*)(旅人蕉科)又名天堂鸟花(王雅琴摄)

封 2

1. 钝顶螺旋藻装片(蓝藻门)(王丽摄)
2. 水绵属装片(绿藻门),示接合生殖(王丽摄)
3. 地衣(地衣门),为生于岩石表面的壳状地衣(邵小明摄)
4. 地钱(苔藓植物门,苔纲),示具指状雌生殖托的雌配子体(左)、盘状雄生殖托的雄配子体(右)(马炜梁摄)
5. 葫芦藓(苔藓植物门,藓纲),示有绿色拟茎叶分化的配子体和生于配子体上不同发育阶段的孢子体(马炜梁摄)
6. 肾蕨(蕨类植物门,真蕨纲),示叶背面的孢子囊群(王丽摄)
7. 苏铁(裸子植物门,苏铁纲)雌株,示大孢子叶球(邵小明摄)
8. 银杏(裸子植物门,银杏纲)雌株,种子成熟时似杏,表面银白,又名白果树或公孙树(王丽摄)
9. 云杉(裸子植物门,松柏纲,松科)雌雄同株,示具有大小孢子叶球(王丽摄)
10. 罗汉松(裸子植物门,红豆杉纲)种子核果状,生于肉质种托上,种托由绿转红再变为紫黑色(马炜梁摄)

彩插 1

1. 光镜下植物细胞剖面(CW 细胞壁,N 细胞核,Nu 核仁,NM 核膜,M 线粒体,V 液泡,P 前质体,Ch 染色质)
2. 透射电镜下麝香兰(*Muscari*)伴胞细胞剖面,注意与 1 图相比,分辨率差异(CW 为细胞壁,PM 为质膜,Nu 为核仁,NM 为核膜,M 为线粒体,V 为液

泡，PD 为胞间连丝，ER 为内质网）（引自 Brian E. S. Gunning）

3. 透射电镜下线粒体（M）、粗糙内质网（rER）及核糖体（CR）（引自 P. Bartels）
4. 透射电镜下的高尔基体 D：下为纵剖面显示由一叠 4～8 个扁平的泡囊（cisternae）堆叠而成，上为顶面观显示边缘分支形成复杂的管状网络（peripheral net）；中间为光滑内质网（sER）（引自 E. G. Cutter）
5. 透射电镜下的叶绿体，叶绿体被膜（CM）、基粒（G）、基粒类囊体（GT）及基质类囊体（ST）（引自 R. M. Leech et al.）
6. 百合花粉内微丝骨架分布。带荧光素的鬼笔环肽标记，共焦激光扫描显微镜观察（李岩摄）
7. 洋葱根尖分生细胞（中期）微管骨架的分布。微管抗体标记，共焦激光扫描显微镜观察（李岩摄）

彩插 2

1. 光镜下蚕豆叶的下表皮装片（固绿染色），注意气孔开放，外有两个肾形的保卫细胞，表皮细胞形状不规则（周仪摄）
2. 光镜下玉米叶的表皮装片（固绿染色）。气孔闭合，外有两个哑铃形保卫细胞及两个菱形副卫细胞，表皮细胞有长细胞与短细胞之分（王丽摄）
3. 南瓜茎中的双韧无限维管束横切面（石蜡制片，番红-固绿对染）（汪矛、王丽摄）
4. 小麦茎中的外韧有限维管束横切面（石蜡制片，番红-固绿对染）（汪矛、王丽摄）
5. 番茄茎横切，示腺毛及多细胞表皮毛（临时制片）（王丽摄）
6. 偏光镜下甘薯叶柄横切面临时制片，示厚角组织（郑湘如摄）
7. 梨果肉中的砂粒压片，示石细胞群（盐酸-间苯三酚染色）（王丽摄）
8. 南瓜茎中筛管的纵切，右下角为筛板正面观（石蜡制片，番红-固绿对染）（汪矛、王丽摄）

彩插 3（全为石蜡制片，番红-固绿对染）

1. 蚕豆（双子叶植物）根初生结构横切面（汪矛、王丽摄）
2. 蚕豆根初生结构横切面部分放大，示凯氏点（箭头）及外始式的初生木质部束（周仪摄）
3. 鸢尾（单子叶植物）根横切面示初生结构（汪矛、王丽摄）
4. 花生（双子叶植物）根次生结构横切面（汪矛、王丽摄）
5. 向日葵（双子叶植物）茎初生结构横切面，注意外韧无限维管束（汪矛、王丽摄）
6. 椴树（双子叶植物）茎次生结构横切面（四年生）（汪矛、王丽摄）

7. 玉米(单子叶植物)茎初生结构横切面,注意维管束散生(汪矛、王丽摄)
8. 棉(双子叶植物)叶片过主脉横切面(汪矛、王丽摄)
9. 水稻(单子叶植物)叶片过主脉横切面(汪矛、王丽摄)

彩插4(除图4外,全为石蜡制片,番红-固绿对染)

1. 百合花芽横切,示子房(中央)及6枚花药横切面(引自 T. Elliot weier et al.)
2. 百合幼嫩花药横切,示同侧1对花粉囊,注意花药壁细胞层(引自 T. Elliot weier et al.)
3. 百合成熟花药横切,示同侧1对花粉囊裂开,注意花药壁细胞层变化(引自 T. Elliot weier et al.)
4. 扫描电镜下的黄瓜花粉,注意萌发孔及壁上饰纹(引自 T. Elliot weier et al.)
5. 百合的2-细胞型花粉(王丽摄)
6. 慈姑的3-细胞型花粉(王丽摄)
7. 百合子房横切面,示3心皮3室,其中倒生胚珠被纵切(汪矛、王丽摄)
8. 荠菜胚珠纵切,示双子叶植物胚的结构组成(汪矛、王丽摄)
9. 小麦颖果纵切,示单子叶植物胚的结构组成(汪矛、王丽摄)

封3

1. 黍(玉米)(禾本科),粮食作物(王丽摄)
2. 高粱(禾本科),粮食作物(王丽摄)
3. 大豆(豆科),油料及高蛋白作物(王丽摄)
4. 芝麻(*Sesamum indicum*)(胡麻科),油料作物(王丽摄)
5. 甜菜(藜科),糖料作物(王丽摄)
6. 黄瓜(葫芦科),常见蔬菜(王丽摄)
7. 陆地棉(锦葵科),纤维植物(王丽摄)
8. 中国沙棘(*Hippophae rhamnoides*)(胡颓子科),野生资源植物。主要利用其果实加工成各种饮料和食品(邵小明摄)
9. 软枣猕猴桃(*Actinidia arguta*)(猕猴桃科),果实富含维生素C,为著名水果(王丽摄)

封底

1. 彩叶草(唇形科)(王丽摄)
2. 猪笼草(*Nepenthes mirabilis*)(猪笼草科),食虫植物,叶特化形成瓶状捕虫

器(王丽摄)

3. 郁金香(百合科)(王丽摄)

4. 扶桑(锦葵科)(王丽摄)

5. 水仙(石蒜科)(王雅琴摄)

6. 兰花(兰科)(王雅琴摄)

7. 三色堇(堇菜科)(王丽摄)

8. 仙客来(*Cyclamen persicum*)(报春花科)又名兔耳花(王丽摄)

9. 红鹤芋(天南星科)又名火鹤、红掌等(王丽摄)

图书在版编目(CIP)数据

植物学/郑湘如，王丽主编. —2 版. —北京：中国农业大学出版社，2006.12
(2021.9 重印)
(普通高等教育"十一五"国家级规划教材)
ISBN 978-7-81066-955-9

Ⅰ.植…　Ⅱ.①郑…②王…　Ⅲ.植物学-高等学校-教材　Ⅳ.Q94

中国版本图书馆 CIP 数据核字(2005)第 103716 号

书　名　植物学(第 2 版)
作　者　郑湘如　王　丽　主编

策划编辑　赵　艳　孙　勇　　　责任编辑　韩元凤
封面设计　郑　川　　　责任校对　陈　莹　王晓凤
出版发行　中国农业大学出版社
社　址　北京市海淀区圆明园西路 2 号　　　邮政编码　100193
电　话　发行部 010-62818525,8625　　　读者服务部 010-62732336
　　　　编辑部 010-62732617,2618　　　出　版　部 010-62733440
网　址　http://www.cau.edu.cn/caup　　　E-mail：caup@public.bta.net.cn
经　销　新华书店
印　刷　北京鑫丰华彩印有限公司
版　次　2007 年 1 月第 2 版　2021 年 9 月第 15 次印刷
规　格　787×980　16 开本　23 印张　425 千字　彩插 3
定　价　53.00 元

图书如有质量问题本社发行部负责调换

国家中等职业教育改革发展
示范校核心课程系列教材

农村经济合作组织与农产品经纪人基础知识

Nongcun Jingji Hezuo Zuzhi yu
Nongchanpin Jingjiren Jichu Zhishi

金英华 主编

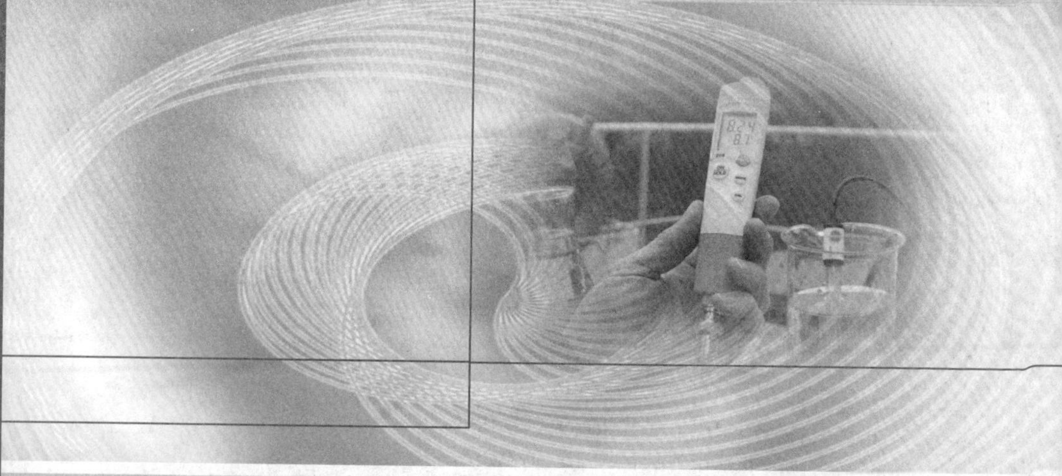

中国农业大学出版社
CHINA AGRICULTURAL UNIVERSITY PRESS

内容简介

本书主要包括农产品经纪人概论，农产品市场营销，农产品市场信息，常见农产品的品级鉴别，农村合作经济组织，农村经济合作组织章程，农产品经纪人和农村经济合作组织相关的法律法规等内容。

图书在版编目(CIP)数据

农村经济合作组织与农产品经纪人基础知识/金英华主编. —北京:中国农业大学出版社，2016.3

ISBN 978-7-5655-1487-6

Ⅰ.①农… Ⅱ.①金… Ⅲ.①农业合作组织－基本知识－中国②农产品－经纪人－基本知识 Ⅳ.①F321.42②F323.7

中国版本图书馆CIP数据核字(2016)第017055号

书　　名 农村经济合作组织与农产品经纪人基础知识
作　　者 金英华　主编

策　　划 赵　中　　**责任编辑** 冯雪梅
封面设计 郑　川　　**责任校对** 王晓凤
出版发行 中国农业大学出版社
社　　址 北京市海淀区圆明园西路2号　　**邮政编码** 100193
电　　话 发行部 010-62818525,8625　　读者服务部 010-62732336
编辑部 010-62732617,2618　　出　版　部 010-62733440
网　　址 http://www.cau.edu.cn/caup　　**e-mail** cbsszs@cau.edu.cn
经　　销 新华书店
印　　刷 涿州市星河印刷有限公司
版　　次 2016年3月第1版　　2016年3月第1次印刷
规　　格 787×980　16开本　13.75印张　250千字
定　　价 27.00元

国家中等职业教育改革发展示范校核心课程系列教材
建设委员会成员名单

主　编　金英华

参　编　关　阳　江凤平　徐　萌　王　静

　　　　刘明昕　王力尧

序言

职业教育是“以服务发展为宗旨，以促进就业为导向”的教育，中等职业学校开设的课程是为课程学习者构建通向就业的桥梁。无论是课程设置、专业教学计划制定、教材选择和开发，还是教学方案的设计，都要围绕课程学习者将来就业所必需的职业能力形成这一核心目标，从宏观到微观逐级强化。教材是教学活动的基础，是知识和技能的有效载体，它决定了中等职业学校的办学目标和课程特点。因此，教材选择和开发关系着中等职业学校的学生知识、技能和综合素质的形成质量，同时对中等职业学校端正办学方向、提高师资水平、确保教学质量也显得尤为重要。

2015 年国务院颁布的《关于加快发展现代职业教育的决定》提出：“建立专业教学标准和职业标准联动开发机制，推进专业设置、专业课程内容与职业标准相衔接，形成对接紧密、特色鲜明、动态调整的职业教育课程体系”等要求。这对于探索职业教育的规律和特点，推进课程改革和教材建设以及提高教育教学质量，具有重要的指导作用和深远的历史意义。

目前，职业教育课程改革和教材建设从整体上看进展缓慢，特别是在“以促进就业为导向”的办学思想指导下，开发、编写符合学生认知和技能形成规律，体现以应用为主线，符合工作过程系统化逻辑，具有鲜明职教特色的教材等方面还有很大差距。主要是中等职业学校现有部分课程及教材不适应社会对专业技能的需要和学校发展的需求，迫切需要学校自主开发适合学校特点的校本课程，编写具有实用价值的校本教材。

校本教材是学校实施教学改革对教学内容进行研究后开发的教与学的素材，是为了弥补国家规划教材满足不了教学的实际需要而补充的教材。抚顺市农业特产学校经过十多年的改革探索和两年的示范校建设，在课程改革和教材建设上取得了一些成就，特别是示范校建设中的 18 本校本教材现均已结稿付梓，即将与同行和同学们见面交流。

本系列教材力求以职业能力培养为主线，以工作过程为导向、以典型工作任务和生产项目为载体，对接行业企业一线的岗位要求与职业标准，用新知识、新技术、新工艺、新方法，来增强教材的实效性。同时还考虑到学生的起点水平，从学生就业够用、创业适用的角度，使知识点及其难度既与学生当前的文化基础相适应，也更利于学生的能力培养、职业素养形成和职业生涯发展。

本套校本教材的正式出版，是学校不断深化人才培养模式和课程体系改革的结果，更是国家示范校建设的一项重要成果。本套校本教材是我们多年来按农时季节、工作程流、工作程序开展教学活动的一次理性升华，也是借鉴国内外职教经验的一次探索，这里面凝聚了各位编审人员的大量心血与智慧。希望该系列校本教材的出版能够补充国家规划教材，有利于学校课程体系建设和提高教学质量，能为全国农业中职学校的教材建设起到积极的引领和示范作用。当然，本系列校本教材涉及的专业较多，编者对现代职教理念的理解不一，难免存在各种各样的问题，希望得到专家的斧正和同行的指点，以便我们改进。

该系列校本教材的正式出版得到了蒋锦标、刘瑞军、苏允平等职教专家的悉心指导，同时，也得到了中国农业大学出版社以及相关行业企业专家和有关兄弟院校的大力支持，在此一并表示感谢！

教材编写委员会

2015年8月

前言

党的十七大报告明确指出:“统筹城乡发展,推进社会主义新农村建设。”“解决三农问题事关全面建设小康社会大局,是全党工作的重中之重。”“三农”问题的核心是农产品的流通问题,是农业生产和市场需求之间的有效衔接问题。如何破解这个难题?党的十七大报告提出“发展农民专业合作组织,支持农业产业化经营和龙头企业发展”,为农村经济发展指明了方向。发展农村合作经济组织不仅是促进农业增效、农民增收的主要方法,更是有效推进农业专业化、标准化、规模化、现代化水平的重要途径。农产品经纪人一手牵着农民生产,一手牵着市场需求,在农民和市场之间发挥着重要的纽带和桥梁的作用,培育和发展壮大农产品经纪人队伍,成为有效解决农业经济矛盾的关键,是解决“三农”问题的重要途径,是建立社会主义新农村的有力“推动器”。

伴随农村经济社会的发展,农村合作经济组织与农村经纪人若想在未来激烈的市场竞争中不断发展壮大,需要了解学习农产品经纪人和农村经济合作组织相关的法律法规,必须努力学习各种新知识,及时调整自己的知识结构。为了适应市场经济的要求和经纪业务的需要,农产品经纪人的知识结构应该是多种学科知识的高度复合,农产品经纪人应是一种“通才”,其知识结构也应体现“通才”的特点。因此,我们编写了《农村经济合作组织与农产品经纪人基础知识》一书。该书通俗易懂,适用于广大农民读书学习,也适用于农产品经纪人和农村经济合作组织成员阅读,既可作为农产品经纪人和农村经济合作组织培训的参考书,也可作为中等职业教育农村合作经纪人专业的教学用书。

本教材由金英华担任主编。编写分工如下:项目一、项目五由关阳编写;项目二的任务一至三由徐萌编写;项目二的任务四由刘明昕编写;项目三由王静编写;项目四由江凤平编写;项目六、项目七由金英华编写。本教材由王力尧担任统稿,由刘心贵老师担任本书主审。

本书在编写过程中，参阅和引用了很多作者的相关资料，汲取了一些专家和学者的观点或成果，本教材编写工作得到了抚顺市统计局农村处张杰处长的大力支持，在此一并表示感谢。

由于编者水平限制，本书难免存在不当之处，请广大读者谅解，并提出宝贵意见，以便今后进一步修订与完善。

编　者

2015 年 4 月 10 日

目录

项目一　农产品经纪人概论……………………………………………………… 1
任务一　农产品经纪人应具备的知识、能力、素质…………………………… 1
任务二　农产品经纪人各级职业资格应具备的条件及内容………………… 8
项目二　农产品市场营销 ……………………………………………………… 15
任务一　农产品营销策略 ……………………………………………………… 15
任务二　农产品宣传、包装、运输 …………………………………………… 25
任务三　农产品网络营销 ……………………………………………………… 35
任务四　合作社产品的营销 …………………………………………………… 41
项目三　农产品市场信息 ……………………………………………………… 53
任务一　农产品市场调查 ……………………………………………………… 53
任务二　农产品信息处理 ……………………………………………………… 65
任务三　农产品市场预测 ……………………………………………………… 73
项目四　常见农产品的品级鉴别 ……………………………………………… 85
任务一　粮食品级鉴别 ………………………………………………………… 86
任务二　蔬菜品级鉴别 ………………………………………………………… 89
任务三　果品品级鉴别 ………………………………………………………… 92
任务四　花卉品级鉴别 ………………………………………………………… 95
任务五　其他农副产品品级鉴别 ……………………………………………… 97
项目五　农村合作经济组织…………………………………………………… 113
任务一　农村合作经济组织概念、类型 …………………………………… 113
任务二　农村经济合作组织的特点、功能 ………………………………… 118
项目六　农村经济合作组织章程…………………………………………… 128
任务一　农村经济合作组织章程…………………………………………… 128
任务二　农民专业合作社示范章程………………………………………… 136

项目七 农产品经纪人和农村经济合作组织相关的法律法规……………………152
任务一 法律常识……………………………………………………152
任务二 合作社法……………………………………………………165
任务三 农产品质量安全法……………………………………………171
任务四 合同法………………………………………………………176
任务五 产品质量法…………………………………………………186
参考文献………………………………………………………………207

项目一　农产品经纪人概论

任务一　农产品经纪人应具备的知识、能力、素质

【知识目标】

进一步提高学生对农产品经纪人的认识；明确作为农产品经纪人所具备的各项基本素质和能力。

【技能目标】

具有为"三农"服务的技能；培养农产品经纪人应具备的素质。

党的十七大报告明确指出："统筹城乡发展，推进社会主义新农村建设。""解决三农问题事关全面建设小康社会大局，是全党工作的重中之重。""三农"问题的核心是农产品的流通问题，是农业生产和市场需求之间的有效衔接问题。如何破解这个难题？农产品经纪人一手牵着农民生产，一手牵着市场需求，在农民和市场之间发挥着重要的纽带和桥梁的作用，培育和发展壮大农产品经纪人队伍，成为有效解决农业经济矛盾的关键，是解决"三农"问题的重要途径，是建立社会主义新农村的有力"推动器"。

本任务主要是通过学习，了解农产品经纪人的概念、特征、发展过程、作用，掌握农产品经纪人应具备的知识结构、应具备的能力、应具备的素质等相关知识。

一、农产品经纪人的概念

农产品经纪人是指根据市场需求，从事农产品收购、储藏、运输、销售及代理、信息推广、服务等中介活动，并且从中获取相应的佣金或利润的从业人员。农产品

经纪人是市场中介组织的重要组成部分，是为他人之间实现交易而从事沟通、服务活动的中间人。

二、农产品经纪人的特征

1.农产品经纪人以收取佣金为目的

农产品经纪人提供经纪服务，其最终目的是在交易成功后向委托人收取相应的费用作为酬劳，以求得自身的存续发展。这种酬劳在性质上是作为劳务报酬的佣金，而不是商品流通过程中产生的交易差价。这使其有别于靠转卖商品牟取交易差价的经销商。

2.农产品经纪人为促成他人交易而提供服务

农产品经纪人提供经济服务是为促成他人之间的交易，并非是为自己完成商品交易。农产品经纪人不是交易的最终受益者，而是交易的促成者或实施者，是交易成功的间接受益者。

3.农产品经纪人的活动主要包括居间、行纪、代理等业务形式

(1)居间　是指农产品经纪人为交易双方提供交易信息，或作为交易媒介撮合交易成功的商业行为。在居间中，农产品经纪人只以自己的名义替双方媒介交易或报告订立合同的机会，并不具体代表任何一方，不是任何一方的代言人，没有代为订约的权利，具体的交易由交易双方自行完成。

(2)行纪　是指农产品经纪人接受委托人的委托，以自己的名义与第三方进行交易的商业活动。如代购、代销、寄卖等。在行纪中，农产品经纪人是形式上独立的交易主体，但本质上是在接受委托人的委托后，才以农产品经纪人自己的名义与他人交易，最终也是为了实现委托人的利益。

(3)代理　是指农产品经纪人接受委托人委托，在受托权限内，以委托人名义与第三方进行交易，由委托人直接承受相应法律责任的商业行为。在代理中，农产品经纪人不具有独立的法律地位，其从事活动必须严格依据委托人的授权范围并以委托人名义进行，行为的后果也由委托人承担。

4.农产品经纪人行业在市场经济中的作用与其他行业不同

农产品经纪人行业的出现，是社会主义市场经济发展的必然。建立社会主义市场经济体制是为了充分发挥市场的功能，促进我国经济的快速发展。农产品经纪人虽然不直接从事生产经营活动，但农产品经纪人以自身的信誉、所掌握的知识和信息为交易双方服务，促进交易顺利达成，并在启动各类市场、提高市场组织化程度和市场交换率、进一步深化社会分工、促进社会资源的合理配置等方面发挥积极作用。

三、农产品经纪人的发展过程

长期以来，特别是改革开放以来，随着生产力的发展，农村经济逐渐繁荣，农民生产的大量农产品迫切需要在市场上销售。但是，由于农业生产与现代、开放、规模化的市场相互分割，农民在相对封闭的状态下，分散生产，对多样化的市场需求知之甚少，非常需要中间人将他们的产品与市场需求衔接起来。在这种强烈的需求下，农民中的一批“能人”应运而生。这些能人头脑灵活，有知识，有信誉，掌握信息，了解市场。他们根据需要，将农产品有效地组织起来，成为农业生产和市场需求之间的桥梁。这些“能人”就是我们所说的农村经纪人。2003 年国务院一号文件正式将其定名为“农民经纪人”。2003 年国家劳动和社会保障部制定国家职业标准时，正式将其定名为“农产品经纪人”。农产品经纪人从事的活动一般采用“市场＋经纪人＋农户”模式。起初，经纪活动主要以牲畜、粮食等为主，现已基本覆盖了所有产品，有的已进入农村工业领域，牵线搭桥，有力地促进了农民与市场的对接，在当前产、供、销一条龙农业产业化链条中发挥了重要的纽带和桥梁的作用。

目前，全国已有常年从业的农产品经纪人 600 多万人，加上季节性的从业者，总数可达 1 000 万人，主要农产品的 80％以上是经由农产品经纪人交易完成的，年经营农产品超万亿元。农产品经纪人已成为农产品市场主体中的骨干力量和最活跃的群体，成为推动农村经济发展不可或缺的重要力量，被纳入国家正规职业范畴，并得到了党和政府的高度认可。

四、农产品经纪人的作用

1. 促进商品流通，实现产销衔接

改革开放后，农村经济得到极大的发展，一大批具有专业资质的农产品基地逐渐落成。把农产品推向市场，加快农产品转化为商品的速度，需要有良好的流通渠道。农产品经纪人的出现，在农产品生产和需求之间架起了一座桥梁，有力地促进了农户和企业之间的联系，把市场需求和本地生产紧密连接起来，在本地形成强大的商品优势，并使资源优势快速转化为市场优势。目前，我国农产品经纪人的业务已经从传统的粮食、蔬菜、水果、牲畜、苗木、水产品、扩展到了生产资料等方面，有力地促进了农村商品生产的流通和农村消费的发展。

2. 优化农村产业结构，加快农业产业化经营

农产品经纪人和经纪组织是从事生产、加工、销售一体化服务的个体和群众自治组织，同时也是经济实体。农产品经纪人见多识广，信息渠道广泛，熟悉市场变化规律，能根据市场的信息需求向农民提供生产意见和信息咨询。一方面，作为生

产和消费的纽带，如何使农民的生产经营与市场需求相适应，农产品经纪人可以发挥其桥梁作用，让二者有机地结合起来，使农业的产业结构顺应市场发展趋势而逐渐趋于合理。另一方面，农产品经纪人是促成农民与他人交易的关键连接点。农产品经纪人掌握着农产品供求状况，担负着农产品市场变化的信息传递任务，对农业生产起着一定的引导作用，而且可以把零散的农产品集中起来进行交易，从而加快农业产业化的经营。

3.更新农民生产经营观念，加强农民的市场意识和竞争力

农产品经纪人依赖市场生存，必须在具体经纪活动的过程中了解经营，学会管理，掌握市场的变化形势，还必须随时调整经营理念。无论是农产品的生产、包装、还是储运、销售等方面，农产品经纪人都可以了解到最新的符合时代要求的做法。因此，农产品经纪人往往有着较强的市场经济意识、一定的组织能力。农产品经纪人以自身的行为和观念作为先导，把新的信息、好的观念带到农村，传给农民，培养和加强农民的市场意识，使农产品更快、更好地走向市场。

4.扩大农产品流通范围，增加农民收入

农产品经纪人在引导和调整农民市场的同时，利用自身的市场资源将农民的产品推销出去，使农民的生产活动能够持续有效地转变为不断增长的收入，从而保证了农民增收。其主要体现在以下两个方面：一是通过农产品经纪人，农产品实现了更大的价值。促进了农产品在更广地域的流通，在很大程度上解决了农产品卖难的问题，促进农民增收；二是通过农产品经纪人中的经纪组织，实现了规模和品牌经营。

五、农产品经纪人应具备的知识结构

在激烈竞争的市场经济环境中从事经纪活动的农产品经纪人，也必须努力学习各种新知识，及时调整自己的知识结构。为了适应市场经济的要求和经纪业务的需要，农产品经纪人的知识结构应该是多种学科知识的高度复合，农产品经纪人应是一种“通才”，其知识结构也应体现“通才”的特点。很难设想，一位知识贫乏、视野狭窄的农产品经纪人能在现代市场经济的大舞台上取得成功。广泛的科学知识和合理的知识结构是现代农产品经纪人走向成功所必须具备的素质。文化知识是整个知识结构的基础，从事不同经纪业务的农产品经纪人，其文化知识的要求是各不相同的。一般而言，文化程度越高，对经纪业务的适应能力越强，成为出色农产品经纪人的可能性就越大。任何农产品经纪人必须具备与自身业务相应的文化知识。除此之外，在农产品经纪人的知识结构中，还应包括以下几个方面的学科知识：

1.农产品商品的基础知识

农产品涉及的范围广泛，随着市场经济的发展，农产品细分化的趋势愈加明显。农产品经纪人应根据自己的实际情况，有针对性地掌握自己所经纪的农产品的分布范围、品种类别、等级鉴定、市场价格、总体数量等相关内容，做到心中有数。同时也应多了解经纪范围之外的农产品情况，抓住机会，拓宽经纪领域。

2.经营管理知识

农产品经纪人虽然提供的是中介服务，但整个经纪活动中蕴涵着丰富的经营管理思想。经纪活动不是简单地联系农产品供需双方，而是一系列的经营活动。在这个经营活动中，需要经纪人了解市场需求，掌握农产品的采购，销售的若干方法；能根据实际情况对农产品发展趋势做出合理的判断与预测；对农产品成本做出正确的核算。从经纪人本身的发展着眼，如何运作整个经纪队伍，同样需要经营管理知识的帮助。

3.经济地理知识

农产品地域性很强，而且我国幅员辽阔，农产品种类丰富多样，作为农产品经纪人，应该多掌握农产品的分布概况、具体产地、交通状况等基本地理知识。必要的时候，还要对国外相关的农产品分布情况加以了解和熟悉，以扩大经纪空间。

4.法律知识

市场经济是法制经济，经纪活动是一种法律活动，它广泛存在于经济生活的各个领域，涉及各方面的利益关系。农产品经纪人为了正常开展经纪业务，必须有法制意识和法制观念，做到懂法、守法，依法保护自己和其他当事人的合法权益，具备相应的法律意识。

农产品经纪人必须具备的法律知识主要包括民法、合同法、国际商法、税法、知识产权法等相关知识，这些法律主要是调整平等主体之间，即公民之间、法人之间以及公民与法人之间一定范围内的财产关系、相互之间的权利与义务关系等。另外，随着市场经济的发展，为规范市场经济主体行为而制定的法律规范也已逐步产生，如反不正当竞争法、消费者权益保护法、产品质量法等，农产品经纪人对此都应该掌握。

5.计算机网络知识

作为农产品经纪人，要驰骋于市场经济的战场，只有懂得计算机和网络知识，才能卓有成效地开展经纪业务。在未来社会里，不懂计算机，不会操作计算机，将被视为新一代的“文盲”，计算机已经发展成为一种重要的劳动工具，没有这种工具，任何经济活动都难以进行。农产品经纪人从采集信息到整理、分类信息，以及日后的处理、传递信息，都离不开计算机。利用计算机及其网络，可以把国内外一切相关的商品信息收集起来，建立起广泛的信息联系，大大有利于经纪业务的展开。

6.心理学知识

心理学是研究人的心理规律，即认知、情感、意志等心理过程和能力、性格等心理特征的规律科学。农产品经纪人应掌握一定的心理学知识，丰富对人的本质的全面理解，以便形成准确的心理判断能力，恰如其分地揣摩买卖双方的意图、形成较好的谈判技巧，排除谈判过程中遇到的障碍。一定的心理学知识能够帮助农产品经纪人提高经纪业务的效率。心理学除了基本原理外，还有许多分支，农产品经纪人应着重掌握一些应用心理学知识。

总之，农产品经纪人必须不断地更新自己的知识，合理地调整自身的知识结构。这其中既包括丰富的理论知识，也包括在广阔的市场经济实践中积累起来的实践知识。只有将二者有机地结合起来，才能真正成为高素质的农产品经纪人，才能在激烈的市场竞争中立于不败之地。

六、农产品经纪人应具备的能力

对于一个合格的农产品经纪人来说，要优化自身的素质结构，不但要掌握知识，而且要发展能力，在调整知识结构的同时，要形成合理的能力结构。对于农产品经纪人来说，应该是知能并重、有知有能的人才。具体来说，农产品经纪人应具备的能力结构主要包括以下几个方面：

1.一般能力

一般能力主要包括创造力、理解力和判断力等。创造力是农产品经纪人应该具备的一种能力。农产品经纪人处理经纪业务，一个很重要的方面，就是要在复杂多变的环境中独立解决和分析问题。解决特殊的问题需要有特殊的方法，当面临着前所未有的难题时，杰出的农产品经纪人应充分展开自己的想象力，对以往的经验教训加以综合，从而构建出全新的解决办法，创造性地开展工作。理解力是对事物的明察，是对事物内在的机理的顿悟，是对人类情感、行为的一种深刻认识。农产品经纪人随时处于人、财、物的交叉、失衡、重新平衡的错综复杂的关系之中，不具备深刻的理解力是不会有所成就的。判断力是指农产品经纪人根据经验掌握的各种情报和信息，对环境和形式做出冷静、客观、全面的分析，进而做出明智的判断，并采取相应的行为方式的能力。

2.业务能力

农产品经纪人的业务能力包括调查研究能力、协调能力、应变能力、经营能力等。调研能力就是农产品经纪人在着手一项经纪业务之前，首先要对买卖双方的供需情况、涉及的价格、产品质量、服务、信誉等进行认真的调研,并把获得的资料同具有可比性的同类业务进行比较。这样,才能做到有的放矢,在经纪业务中争取主动,并保证双方当事人的合法权益,做到公正经纪。协调能力是农产品经纪人必须具备的另一种能力。要使双方在价格等方面存在的较大差距逐步缩小,直至促成交易,其关键要靠农产品经纪人从中撮合协调。应变能力对农产品经纪人来说也是必备的。一旦市场或各方面的条件发生变化,农产品经纪人必须保持清醒的头脑,及时做出反应,随机应变。同时,农产品经纪人还应具备经营能力。如何做到少投入、多产出,获得最大的利益,全凭自身的经营能力。

3.公关能力

任何组织或个人都处于某种公共关系状态之中,而公共关系的好坏,直接影响到组织和个人在公众心目中的形象,进而影响其经营目标的实现。因此,任何一个组织机构或个人都希望自己处于良好的公共关系状态,即在社会公众中享有美好的形象和声誉。公共关系是一种为组织创造美好形象的艺术,它强调成功的人际关系、和谐的人事气氛、最佳的社会舆论,以及赢得社会各界的了解、信任、好感和合作。一个好的农产品经纪人,也应该是一名好的公关专家。良好的公关形象是农产品经纪人的立足之本。农产品经纪人赢得客户的资本,只能是良好的声誉和信誉。不能想象,一个声名扫地的人能够赢得他人的信任。

七、农产品经纪人应具备的素质

1.对待事业要自信

自信是农产品经纪人职业心理最基本的要求,也是农产品经纪人对自己所从事职业的认同和热爱。作为农产品经纪人,首先应对自己的职业有自豪感。特别是在我国市场经济还不成熟,人们对农产品经纪人的性质、地位和作用还没有完全认同,甚至还存在某些传统偏见的情况下,农产品经纪人更应对自己的职业树立荣誉感和神圣感。当然,自信绝非盲目自大。就个人而言,自信等于实力,自信来源于对自我的认识和把握。农产品经纪人在经纪业务活动中,应充分表现其所长,而这取决于对市场信息的全面了解和自己坚厚充实的知识技能功底。总之,自信是农产品经纪人获得成功的保证。

2.心境要宽松平静

要求农产品经纪人精神轻松愉快,心情开朗乐观,思想平稳,对于任何事情或变化了的情况都能够"装得了,放得下",要有那种"宰相肚里能撑船"的大将风度。在日常经纪活动中,要情绪稳定,精神饱满,心地友善,热衷于经纪工作,不受外界干扰,始终保持旺盛的工作热情。

3.情绪控制能力要强

农产品经纪人在开展业务活动中,经常会遇到各种复杂的场合,出现各种各样的情况。这要求农产品经纪人能够保持稳定的情绪,不能感情用事。面对敌意和不利于自己的场合,要能自我控制。农产品经纪人的心理结构应该是平衡的、和谐的,虽然有情绪反应,但不应被消极情绪所驱使而使行为失调。有了较为平静的心境、清醒的头脑和行为的控制,就能做到冷静而有礼貌,诚恳而不软弱,耐心而不激化矛盾,从而喜不露形,怒不变色,急不显貌。

4.心胸要开朗豁达

农产品经纪人的心胸必须是开朗豁达。这是事业成功的基本保证,是工作中拼搏进取的思想基础。农产品经纪人的心胸开朗豁达主要表现在对待业务有信心、克服困难有胜心、纠正失误有决心、遇到挫折不灰心、面对非议不上心等各个方面。

5.人际关系的适应要好

人际关系是农产品经纪人事业的基础。健康的人际关系应该是相互关心、相互尊重、相互容纳、相互坦诚以及相互支撑。

6.要有充沛的精力

经纪行业本身对从业人员的年龄并没有过严的限制,也不强求一定要有强健的体魄,但农产品经纪人的精力一定要充沛。这是因为经纪业务的市场覆盖面比较宽,有的经纪业务要奔波于不同的市场之间,甚至还要长途跋涉;有的经纪业务时间要求过紧,可能要整日整夜地工作,这就要求农产品经纪人不论在何种状态下都必须有充沛的精力,从动作、语言、表情等方面,能给对方以气度不凡的感觉。无精打采、呆滞颓丧的神情,绝不是农产品经纪人的形象。

【任务小结】

本任务主要是通过学习了解农产品经纪人的概念、特征、发展过程、作用,掌握农产品经纪人应具备的知识结构、应具备的能力、应具备的素质等相关知识,从而做好农产品经纪人的工作。

任务二 农产品经纪人各级职业资格应具备的条件及内容

【知识目标】

了解职业资格证书与职业资格证书制度;理解农产品经纪人国家职业标准的相关要求;资格取得的基本要求。

【技能目标】

培养农产品经纪人应具备的职业道德。

本任务主要是通过学习，了解职业资格证书与职业资格证书制度、职业资格证书对劳动者的作用，理解农产品经纪人国家职业标准的相关要求、资格取得的基本要求，掌握农产品经纪人应具备的职业道德等相关知识内容。

一、职业资格证书与职业资格证书制度

1.从业资格和职业资格

职业资格是对将要从事某职业的劳动者所必备的学识、技术和能力的基本要求。1994年劳动部和人事部实施的国家《职业资格证书》制度，明确了职业资格包括从业资格和执业资格。

从业资格是指从事某一专业的学识、技术和能力的起点标准，也就是基本的标准。执业资格是指国家对某些责任较大，社会通用性强，关系国家、社会公共利益的专业实行的准入控制，是依法独立开业或从事某一特定专业学识、技术和能力的必备标准。

2.职业资格证书

职业资格证书就是国家对达到职业资格规定的必备的学识、技能和能力的劳动者颁发的证明。获得职业资格证书必须通过考试、考核。职业资格分别由国务院、人事、劳动行政部门及其委托的机构，通过学历认定、资格考试、专家评定、职业技能鉴定等方式评价，对合格者授予国家职业资格证书。其中资格考试，一般分为笔试和口试，同时还有多种多样的实际操作考核。职业资格证书是求职任职、独立开业和用人单位录用的主要依据。

3.职业资格证书制度

我国现行的职业资格证书制度是国家证书制度的主体。职业资格证书制度是国家劳动就业制度的一项重要内容，也是一种特殊形式的国家考试制度。主要内容是按照国家制定的职业技能标准或任职资格条件，通过政府认定的考核鉴定机构，对劳动者的专业知识和技能水平或职业资格进行客观公正，科学规范的评价和鉴定，对合格者授予相应的国家职业资格证书。

4.学历证书和职业资格证书的关系

学历证书是一个人接受教育的年限，所具有的文化程度或者学历程度的证明，由教育部颁发。职业资格的合格证书是反映劳动者专业知识和职业技能水平的证明，是劳动者通过职业技能鉴定进入就业岗位的凭证。是由国家劳动和社会保障

部授权的职业资格认证机构颁发的。

不同职业对学历有不同的要求，我国是实行九年制义务教育的，因此，获得职业资格的起点学历应该是初中毕业。学历并不等于能力，有些人学历不高但能力却很高，最典型的要属微软公司的总裁，世界首富比尔·盖茨。有些人虽然学历不高，但靠自学达到某一层次的同等学力，一样也能成才。另外，学历也是一个人的文化程度、学习能力、知识水平的证明，较高的学历更有利于其综合能力的培养、提高，有利于职业能力的培养和提高。所以，学历证书和职业资格证书的相互包含的。我国改革开放以来，坚持全面提高劳动者素质，正在逐步推广和实行学历证书和职业资格证书"双证"制度，这就要求我们在校期间既要努力学习科学文化知识，取得相关职业资格证书，这样有利于适应多种专业岗位的需求，为就业广开门路。

二、职业资格证书对劳动者的作用

1.职业资格证书就是就业的"入场券"

在现代社会，劳动力市场，求职的首要条件是必须拥有职业资格证书，各种职业都有其资格标准，如果达不到标准，就不具备这一职业能力，就不能胜任这一工作，用人单位也就不会录用你。如果你拥有职业资格证书，那就证明你对某一岗位的职业、职业要求、职业知识、职业技能已经掌握。因此说职业资格证书就是求职的"入场券"。

2.职业资格证书是择业的"通行证"

在求职的过程中，资格证书越多，选择职业的范围也就越广，择业的优势也就越大。例如，一个会计专业毕业的学生，如果有外语水平等级证书，就可能到外资企业竞争，如果还有文秘证书、计算机证书，那么就可能选择适合自已发展的最好岗位。所以，"多证在手，择业不愁。"

3.职业资格证书是转业的"桥梁"

目前社会发展变化迅速，市场竞争激烈，年轻人对事业有更高的追求，所以就业不是一劳永逸的。由于主客观原因，需要面临多次择业。因此，拥有多种职业资格证书，有利于提高你就业后的职业转换能力，是你"跳槽"、转业的桥梁。

三、农产品经纪人国家职业标准的相关要求

（一）职业等级及职业能力要求

1.职业等级

本职业共设三个等级，分别为：初级（国家职业资格五级），中级（国家职业资格四级），高级（国家职业资格三级）。

2.职业能力要求

具有一定的判断、推理、计算、语言表达能力,色、嗅、味、触等感官灵敏,空间感、形体感强。

(二)职业等级标准要求

1.初级(具备以下条件之一者)

(1)经本职业初级正规培训达到规定标准学时数,并取得毕(结)业证书。

(2)在本职业连续工作2年以上。

2.中级(具备以下条件之一者)

(1)取得本职业初级职业资格证书后,连续从事本职业2年以上,经本职业中级正规培训达到规定标准学时数,并取得毕(结)业证书。

(2)取得本职业初级职业资格证书后,连续从事本职业4年以上。

(3)取得经劳动保障行政部门审核认定的,以中级技能为培养目标的职业学校本职业(相关专业)毕业证书,从事本职业工作1年以上。

3.高级(具备以下条件之一者)

(1)取得本职业初级职业资格证书后,连续从事本职业3年以上,经本职业中级正规培训达到规定标准学时数,并取得毕(结)业证书。

(2)取得本职业初级职业资格证书后,连续从事本职业6年以上。

(3)取得本职业中级职业资格证书的大专以上毕业生,并连续从事本职业工作2年以上。

(4)取得高级技工学校或经劳动保障行政部门审核认定的,以高级技能为培养目标的职业学校本职业(相关专业)毕业证书,从事本职业工作1年以上。

(三)职业培训内容

农产品经纪人大都是从农民转化而来的,其自身文化程度、知识水平、适应能力、市场知识、法律观念等素质,还不符合市场经济发展的客观要求。为此,必须加强对农民经纪人基础知识的培训,提高农民经纪人的整体素质,以适应农村经济与社会发展的需要。

1.基础知识

含职业道德规范、农产品市场营销、农产品商品分类、法律与法规、安全生产、世界贸易组织与我国农业发展等。

2.技能知识

(1)初级经纪人技能知识　市场信息采集及分析、建立客户与谈判定约、农产品鉴别及等级评定、农产品储运、核算与结算等。

(2)中级经纪人技能知识　市场信息采集及分析、建立客户与谈判定约、农产品鉴别及等级评定、农产品储运、财务会计等。

(3)高级经纪人技能知识　市场信息采集及分析、建立客户与谈判定约、农产品鉴别及等级评定、农产品储运、财务会计、经济地理、信息技术应用等。

四、资格取得的基本要求

(一)从业人员

具有初中以上文化程度的农民、农村基层干部、个体经营大户、农业科技人员、其他准备从事本职业的人员均可成为农产品经纪人。

(二)取得农产品经纪人资格的流程

1.当地供销社报名

年满18周岁,具有完全民事行为能力,能独立承担民事责任的自然人,有志于从事农产品经纪活动的,可到当地供销社参加培训。

2.参加相应天数的培训

初级职业资格证书培训时间不少于200标准学时;中级职业资格证书培训时间不少于150标准学时;高级职业资格证书培训时间不少于100标准学时。

3.考试合格取得相应职业资格,并登记注册

农产品经纪人取得相应的职业资格,应接受农产品商品基础知识、操作技能、市场营销、会计知识、职业道德、法律法规等相关知识的系统培训。

五、农产品经纪人应具备的职业道德

(一)爱岗敬业,诚实守信

1.爱岗敬业

爱岗敬业是从业人员做好本职工作所应具备的基本思想品格,是产生乐业的思想动力。农产品经纪人应该立足经纪事业,全身投入,高度负责,不断提高对农产品知识和技能的水平,更好地为农村经济的发展服务。

2.诚实守信

诚实守信是为人之本、从业之要。诚信是市场经济的基本规则,是我们为人处世的根本要求。作为农产品经纪人,对交易双方应该知道的情况下不该有所隐瞒;不能提供虚假的信息、以次充好。而对于应当保守的机密,必须严格保守,尊重委托人的利益,维护自身的信用。

(二)遵纪守法,办事公道

1.遵纪守法

遵纪守法是农产品经纪人正常进行经纪活动的重要保证。经纪人必须遵守职业纪律和相关的法律、法规和政策,遵守职业道德。要学习相关的知识,提高对法律、政策的领会能力,并运用法律武器和政策维护自身的利益。

2.办事公道

办事公道是指人们在处理问题时,站在公正的立场,公正合理、不偏不倚,这是经纪人开展活动的根本要求。经纪人的活动,一手托着两家甚至是多家,必须公平、公正,不能偏袒其中任何的一方。在公平的前提下,还要顾及国家的利益。

(三)精通业务,讲求效益

1.精通业务

精通业务是农产品经纪人必须具备的条件。经纪人应根据所从事的业务内容,不断学习,努力钻研,全面掌握相关农产品的属性特点、鉴别方法、最新的发展状况等;能自如运用和经纪活动相联系的知识。不仅做好农产品的经纪工作,还应成为农产品的专业人士。这样,才能更好地进行经纪活动。

2.讲求效益

讲求效益是指要依据一定的条件,以最小的投入获取较大的收益。这是经纪人进行工作的内在动力。也是维持经纪活动继续的一个保证。这就要求农产品经纪人在活动的过程中,厉行节俭,搞好核算,使效益最大化。

(四)服务群众,奉献社会

1.服务群众

服务群众是农产品经纪人进行经纪活动的宗旨。农产品经纪人大多数来自人民群众,其活动直接促进了农产品的流通。只有本着为群众服务的宗旨,才能更好地从事农产品的经纪活动。

2.奉献社会

奉献社会是农产品经纪人高尚品格的体现。建立社会主义市场经济体制,需要每个社会成员的共同努力。农产品经纪人在经纪活动中,应站在一定的高度,在坚持效益的前提下,乐于奉献,为农村经济的发展出力,为社会主义的建设添砖加瓦。

(五)规范操作,保障安全

规范操作是对农产品经纪人在经纪活动过程中的具体要求。农产品的经纪活动经常涉及农产品的加工、储备、运输等业务,在操作过程中,应熟悉产品生产的要求、交通工具和机械设备的正确使用，注意防火、防盗，学会一些自救知识等。这样，才可能使自身和他人及整个经纪活动的安全得到保障。

【任务小结】

本任务主要是通过学习了解职业资格证书与职业资格证书制度、职业资格证书对劳动者的作用，理解农产品经纪人国家职业标准的相关要求、资格取得的基本要求，掌握农产品经纪人应具备的职业道德等相关内容，从而成为推动农业市场化的进程、推动农村科技、传播农业信息和发展农村贸易的重要中介力量。

【知识测试】

一、名词解释

农产品经纪人　行纪　居间　职业资格　从业资格　执业资格　职业资格证书

二、填空题

1. 农产品经纪人应具备的知识结构具体包括________、________、________、________、________、________、________。

2. 农产品经纪人必须具备的法律知识主要包括________、________、______、税法、知识产权法等相关知识。

3. 农产品经纪人应具备的能力包括________、________、________。

4. 农产品经纪人的业务能力包括________、________、________、经营能力等。

5. 农产品经纪人的一般能力主要包括________、________和________等。

6. 农产品经纪人应具备的素质包括________、________、________、________、________、________、________。

7. 职业资格证书对劳动者的作用包括________、________、________。

8. 1994 年劳动部和人事部实施的国家《职业资格证书》制度，明确了职业资格包括________和________。

三、简答题

1. 农产品经纪人的特征有哪些？

2. 在社会主义市场经济中，农产品经纪人发挥怎样的作用？

3. 农产品经纪人可以用哪些方式进行经纪活动？

4. 取得农产品经纪人资格的基本要求有哪些？

5. 农产品经纪人应具备的职业道德有哪些？

6. 农产品经纪人国家职业标准的相关要求有哪些？

项目二　农产品市场营销

随着现代农业的发展，农业标准化作为组织现代农业生产和流通的有效手段的作用日益凸显，农产品经纪人只有了解农产品营销知识，掌握农产品的特性和营销技能，才能完成农产品的选择、处理、包装、运输等一系列活动，最后到达销售领域，获得有利商机，取得最佳的经济效益。

任务一　农产品营销策略

【知识目标】

掌握农产品营销策略的种类；了解销售渠道的类型；了解定价方法与定价策略。

【技能目标】

学会对农产品各种营销策略进行分析；能够运用农产品的产品策略、价格策略。

【案例一】

太平大米又“香”起米了

山东省临沂市河东区太平镇盛产的“太平大米”籽粒饱满、色泽鲜亮，素有“一家煮米，三里闻香”的美誉。然而，近年来太平大米却因有品无牌，失掉了市场。

太平镇地处沂沭河之间的冲积平原上，土质肥沃，水利充盈，每年种植水稻5万亩以上，总产达2 500万千克，被誉为“沂蒙粮仓”。自1990年以来，全镇中、小型稻米加工企业发展到40多家。可是，由于受多年来形成的“赚个加工钱”思维经营定式的影响，各家企业品牌和商标意识淡薄，不仅没有想到注册商标和使用条形码，反而使自己的大米没了销路。

严酷的现实像一盆冷水浇醒了太平镇的“米老板”，在镇政府和工商部门的指导下，各企业纷纷为自己的加工米注册了响亮的商标，并联合起来成立了稻米加工协会，注册了集体产地商标——“太平大米”。

如今，有了品牌的太平镇稻米加工重又恢复了往日的生机，天南海北的经销客商的订单纷至沓来。石家庄米老板蔡向阳说：“过去我们明明知道太平大米好，但卖的时候也只能冒用别人的牌子。现如今好了，我们可以名正言顺地经营了。”

随着现代农业的发展，农业标准化作为组织现代农业生产和流通的有效手段的作用日益凸显。本任务通过介绍农产品市场、农产品消费特点和农产品营销策略，具体了解农产品的营销策略的方式方法，根据农产品的种类、产量、生产地点及销售地区等的不同，制定相对应的营销策略，以获得利润的最大化。农产品经纪人只有了解农产品营销基础知识，学会对农产品营销进行分析，掌握营销策略，才能够取得最佳经济效益。

一、我国农产品的消费特点

我国现在的农产品消费已经呈现出它的特点，主要体现在以下几点：

一是我国城市目前的农产品消费已经达到富裕型的水平，农村的农产品消费已经达到自给自足的水平。

二是各大中型城市与外埠市场的联系越来越紧密，这些大城市的农产品来源基本上是属于郊区供应和外埠供应并重的格局。其中，那些批发和摊贩销售中，通常是以外埠为主；而在那些连锁超市中，则以郊区为主。

三是农产品的团体消费日益突出，这些团体主要是学校、大型餐饮企业和连锁餐饮企业以及农贸市场等。由于群体消费的特殊性，对农产品的质量要求也显得非常重要，稍有不慎，就会造成群体性的食物中毒事件，引发严重的社会影响。

四是农产品的质量越来越受到重视，人们对农产品的需求不再是停留在“吃得饱、穿得暖”上，而是上升到了“吃得好、穿得好”的高度；对于食品不再简单地以解决温饱为目标，而是更加注重食品的营养和功能，农产品消费从低蛋白、高脂肪向高蛋白、低脂肪转变，传统的粮油和肉类产品的比例不断下降，而时鲜瓜果和牛奶等营养丰富的农产品的比例不断上升。另外，有关部门对农产品的生产进行了严格的检测和监控，确保生产出来的农产品更加安全。

五是特色农产品越来越受到人们的喜欢。对于那些高收入的人群来说，对绿色、无公害和有机食品的追求,已经成为一种时尚。还有一部分特色农产品,就是那些外形新颖、质量优越、品牌效应强的农产品,正在受到人们的喜爱。

二、农产品市场

(一)农产品市场销售的特点

一是农产品生产的季节性和地域性比较强。俗话说"人误地一时,地误人一季",说的就是这个道理,生产季节性、地域性和销售的季节性、地域性是密切相关的,因此,为了保证农产品的全年供应、均衡上市、品种多样、价廉物美,就一定要做好农产品的储藏、运输工作,才能保证其均衡上市、全年供应,这样有利于保持物价稳定,维护社会经济稳定。

二是农产品具有易腐性、易损性的特点。因此,对于那些新鲜农产品流通来说,市场流通应及时、畅通,做到货畅其流、周转迅捷,才能保持其良好、新鲜的商品品质,减少腐烂损耗。为此需要产、供、销协调配合,尽量实行产销直接挂钩,减少流通环节,提高运输中转效率。

三是生产出来的农产品必须适应市场需要。通过加强市场信息调查,预测行情变化趋势,根据调查预测结果有效组织,才能扩大销售,取得最佳效益。

(二)对农产品销售市场进行调研的方法和作用

对农产品销售市场进行调研,实际上就是运用科学的方法,有目的、有系统地收集、记录、整理、分析与农产品市场有关的各种信息资料,为农产品企业进行市场预测和市场销售做出依据。它的调研对象是那些具有消费农产品能力的市场和消费者,主要是取得相应农产品过去一个时段和现在的相关信息资料,以帮助决策者对未来一个时期内农产品市场的走向及销售方式做出决定;市场调研采用科学的方法,运用综合手段,通过对采集到的资料进行系统分析,从而形成一种对农产品流通领域的决策层具有参考价值的信息。

通过对市场进行调研,可以起到以下作用:

一是为营销组织对市场进行科学的预测和决策提供准确的信息;

二是通过市场调研,有利于促进农产品的销售;

三是通过市场调研,有利于农产品提高市场竞争力。

三、农产品营销组合策略

营销组合是指为生产与目标市场互相满意的交换而设计的产品、定价、渠道、促销的特定组合。为满足目标市场的需求,需要对营销组合策略进行不断地调整,它反映了企业为获得竞争优势而制定的基本营销策略。

(一)产品策略

产品策略是指企业在其产品营销战略确定后,在实施中所采取的一系列有关产品本身的具体营销策略。

1.农产品整体概念

农产品的整体策略是指针对产品的不同形式,为实现多层次、多角度的营销策划,开发产品各种形式的功能,推进产品经营的创新(图 2-1)。

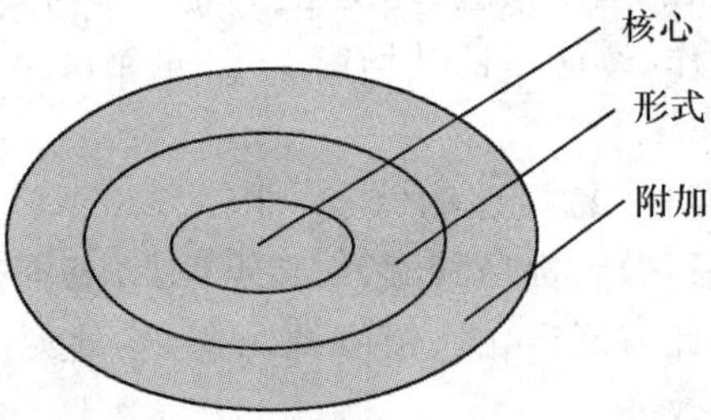

图 2-1 农产品营销中产品整体概念

(1)核心产品 是指产品的基本需求效用和利益,是消费者真正的购买目的所在。如消费者购买鸡蛋,是为了从鸡蛋中获得蛋白质;购买蔬菜、水果是为了获取维生素等。顾客购买的是农产品的营养而不是农产品本身。

(2)形式产品 是农产品核心产品实现的形式,即向市场提供的农产品实体的外观。它由五个标志组成,即农产品的质量、特征、形态、品牌和包装。其中农产品质量是农产品能否畅销与否的关键因素。如五彩辣椒、樱桃番茄等的出现,打破了人们对传统农产品的认识,这些农产品在外观、形状等方面进行创新后,深受消费者欢迎,尽管价格高但销售却很好。

(3)附加产品 是指消费者在取得农产品或使用农产品过程中所能获得的形式产品以外的利益,它包括提供农产品的信贷、免费送货、保证售后服务、农产品知识介绍、种子栽培技术指导等。如农民购买大型农资设备可以申请贷款,国家也于2004 年出台了相关的补贴政策。

2.开发新产品策略

采用先进科学技术,更换、开发名特优新产品,促使农产品提早和推迟上市。

(1)错季节策略 农产品生产的季节性与市场需求的均衡性矛盾日益突出,由此带来的季节性差价蕴藏着巨大的商机。

(2)嫩乳策略　近年来人们的消费习惯正在悄悄发生变化,烤乳猪、吃乳鸽、煮青豆、嫩玉米是人们崇尚嫩鲜食品的表现。

(3)高品质策略　人们已不再满足于吃饱,而是更注重吃好,吃出营养和品位,优质农产品的市场前景十分看好。

(4)名、优、新策略　根据市场需求,引进、开发和推广一些名、优、稀、特新品种,以新品种来引导新需求、开拓新市场。

(5)求新、求异策略　农产品不仅要求其新度高、营养丰富、美味可口、还要具备一定的观赏功能,以满足消费者日益增长的求新、求异心理。

(6)自然化策略　随着人们观念的更新,胃口的变化,不少消费者的口味正向自然化回归,热衷于自然产品,粮食兴吃粗粮,禽畜兴吃草食的禽畜,蔬菜兴吃野菜。因此,天然、野生、土特型的农产品需求将不断增加。

(7)绿色化策略　绿色农产品有利于增强人们体质,改善生存环境。当今世界,人们对绿色农产品越来越青睐。世纪之初,我国已全面启动"开辟绿色通道,培育绿色市场,倡导绿色消费"的"三绿工程"。

3.农产品包装策略

包装是为了便于消费者消费、储存、携带、运输等,还要向分级化、多变化、环保化、特色化方向发展。

(1)等级包装策略　也就是按不同农产品的价格由高到低、农产品的质量由好到差,或者是为了不同的购买目的而实行的一种包装策略,按这些条件,可以将农产品的包装细分为精美华贵包装、简便实用包装和普通包装三类。

(2)馈赠包装策略　就是在包装时附带馈赠礼品,也就是我们通常所见的买一赠一的促销活动。

(3)组合包装策略　就是将有相应保健价值或营养价值的多种农产品小包装集中装在一个大包装内,形成一种配套的组合产品。这种包装通常用于有特殊保健或营养功能的农产品中。

(4)家庭包装策略　就是营销企业根据家庭的具体购买力、购买习惯等情况,将一些农产品做成相同的包装,包括文字说明、图案、造型、注明等,形成家庭产品系列。

(5)其他包装策略　包括实用的方便包装、用于促销的宣传包装、品牌产品的系列包装等。

4.农产品品牌策略

品牌是一个名称、名词、符号或设计,或者是它们的组合,一般包括两个部分:品牌名称和品牌标志,是用来表示产品生产者的一种标识,为了向消费者声明自己的身份或来历，并使之同竞争对手的产品有所区别(图 2-2)。

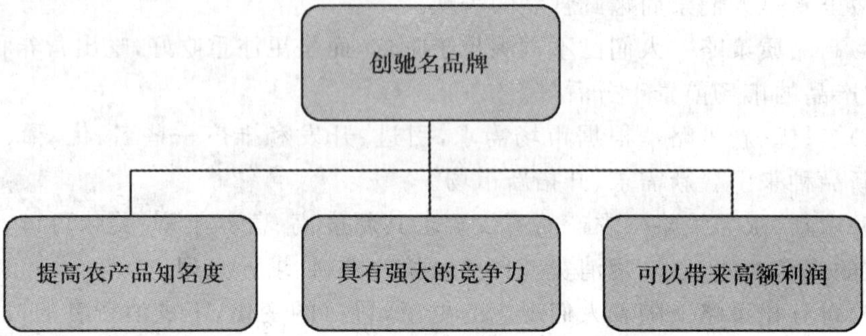

图 2-2　农产品品牌策略

(二)价格策略

价格是企业或产品的意愿价格同市场交流的纽带，同时也是唯一能创造收益的因素。

1.我国农产品价格特点

(1)以前是由国家管控统一定价，随着改革开放以后，农产品的价格已经陆续放开，完全市场化了。

(2)由于品种特点，农产品价格不同。

(3)常规农产品的价格基本上是持平或者是缓慢变化的，一旦农产品价格变化过快，可能会影响国民生活质量甚至会导致社会不安定，国家就会及时出手，从宏观上进行价格调整。

(4)同一种农产品由于它们的质量、规格、供应时间、地区差和新鲜度等因素，价格是存在一定的差异性的。

(5)一些名特优新农产品的价格是比较高的，它们是为了迎合部分高端市场而定的价格。

2.农产品定价方法

农产品生产经营在特定的定价目标指导下，对农产品价格进行计算的具体方法。

(1)成本导向定价　以成本为依据，加上预期利润来确定价格的这种成本导向定价法是营销者最常用、最基本的定价方法。如某养殖场养殖大闸蟹总固定成本300 万元，每只大闸蟹的变动成本 4 元，预计销售量 50 万只，平均每只重约 150 克，销售利润率为 20%，计算加成价格，单位成本 10 元，加成价格 12.5 元。

(2)需求导向定价　根据社会的需求来合理定价。这种定价方式一般是农产品特产的定价,价位相对较高,要考虑到市场地位、人们的消费心理、农产品的需求价格弹性等因素。如 2013 年,有日本培育的方形西瓜收到了俄罗斯富人的追捧,最初售价 700 美元,随着需求增加,价格一路飙升到 860 美元,是普通西瓜的 300 倍。

(3)竞争导向定价　依据竞争者的价格来定价,视其产品质量和需求情况,或与主要竞争者价格相同,或高于、低于竞争者的价格。其特点是只考虑竞争者价格的高低,而不考虑产品成本和需求的变化,使产品价格保持在一个与竞争者价格相应的水平上。

3.农产品定价策略

(1)折扣价格策略

①现金折扣　对及时付清账款的购买者的一种价格折扣。

②数量折扣　销售商因买方购买量大而给予的一种折扣。

③功能折扣　产品生产者和加工商向中间商提供的折扣。

④季节折扣　对在淡季购买产品的顾客降低价格,以维持均衡生产经营。

⑤折让　根据价目表给顾客的价格折扣的一种形式。

(2)差别定价策略　根据交易对象、交易时间、交易地点等的不同,对某一种产品制定出两种或多种不同的价格,以满足各种顾客的不同需要,从而达到扩大销售、增加收益的目的。

①顾客细分定价　同样的产品,对不同的顾客采取不同的价格。

②产品种类定价　在产品质量和成本相同而花色或样式不同的情况下,对不同种类(花色或样式)的产品制定不同的价格。

③形象定价　根据不同的形象给同一种产品定出不同的价格。

④时间定价　不同季节、不同日期甚至在同一天的不同时间,同种产品可以有不同的价格。

(3)心理定价策略　运用心理学的原理,根据不同类型消费者的购买心理来制定价格。

①尾数定价　采用吉利数字作为尾数的定价,如 9.8 元、1.18 元等。如苹果最贵时 6～10 元/斤(1 斤＝500 克),但在出售时,标价 5.98 元/斤的苹果常常比 6 元/斤的更容易卖。

②零头定价　大多数消费者在购买产品时,乐于接受位数价格。如 10 元与 9.88 元,尽管只差 0.12 元,但消费者认为这种价格是经过精确计算的,购买不会吃亏,产生信任感。而且有一种便宜的感觉,符合消费者的心理愿望。

③声望定价　对消费者心中享有一定声望、具有较高信誉的产品制定高价。如新疆葡萄干、东北人参、西藏虫草等产品，往往采取高价位策略。

(4)新产品定价策略

①撇脂定价　由于农产品具有一定的生产周期，当一种新农产品进入市场，而其他生产者在短期内难以生产同类农产品时，企业可以定一个较高价格，以便在这个时间差内获取高额利润。

【案例二】

美国大黑樱桃撇脂定价

俗话说"樱桃好吃，树难栽"。由于科技创新，目前在冬季人们也能吃到新鲜的樱桃。某生产基地通过科技推广技术，引种并培育了美国大黑樱桃，并在北京上市，此时其他种植户要想种植，需要2年时间。在"人无我有"的特殊市场供给下，该经营者将樱桃以每斤100元的价格出售，很好地实现了销售目标。

②渗透定价策略　当农产品刚投放到市场时，可以采取较低价位吸引大量的消费者，引起他们的关注和兴趣，并产生购买欲望。这是迅速扩大市场占有率的定价方法。

(三)渠道策略

1.影响农产品营销渠道选择的因素

(1)地域影响　不同产地产品会有不同的客户群，决定了采用哪种产品营销渠道。

(2)农产品流通性质　农产品的保存本身有着其时间条件等多方面的影响，就像小白菜等新鲜蔬菜，运输的时间不能过长，而会选择在一定范围内进行快速消费。

(3)产品附加值　农产品的产品附加值的不同会产生不同渠道，如草莓，或者台湾番石榴等产品会选择高档保鲜技术，从而选择进入商超或者是特殊渠道，如机关的渠道进行销售。

(4)基础类农产品加工渠道　是农产品大额消费主要渠道，如粮食加工企业等。

2.农产品的直接销售

直接销售渠道是生产厂商不经过中间环节，直接将产品出售给消费者或用户的营销方式。

(1)订单直销　订单直销是由农产品加工企业或最终用户与生产者在安排生产之前,直接签订购销合同的直销形式。又称合同农业。许多农产品如畜禽、蔬菜、水果、粮食等,由于市场变化大,产销衔接不畅,影响了生产效益和农民收入的提高,如果先进行市场调查,根据需求订单安排生产,把农产品的销售逐步推上了"订单"农业的轨道,可以解决农产品销售的问题,为发展产销对接奠定良好的基础。

【案例三】

容城菜园牵手菜摊农民超市谋求双赢

在河北省容城县城子、陈阳、午方等几大设施蔬菜示范区,一幢幢成方连片的设施蔬菜大棚,在阳光的映照下显得格外壮观。容城县城子村大棚西红柿种植户张文革介绍说:"前几年,我村蔬菜都是到容城周边县、市销售,收购渠道不稳定,价格波动大,自从村里成立了瓜菜合作社,与北京、天津等多家蔬菜批发市场和超市签订购销合同后,种植户们足不出村就能将菜卖到大城市的餐桌,而且价格稳定,比以前提高了两成收入。"据了解,目前全县已发展起来一万余亩设施蔬菜,800多座高标准日光温室全部投入生产,产出的黄瓜、茄子、西红柿等新鲜蔬菜,通过与超市直接牵手对接销售,全部销往北京。

(2)观光采摘直销　观光采摘直销就是通过观光、采摘、垂钓等方式,直接销售自己农产品和服务的一种直销形式。观光采摘能够在消费者直接接触、观赏美的享受、与自然和谐相融的氛围中,引发消费欲望,促进农产品直接销售。

(3)社区直供直销　随着城市快速发展,人口越来越集中,社区消费潜力增大,成为推进农产品营销最具吸引力的目标。因此,农业企业、政府都在大力推动农产品社区直销经营。

【案例四】

直销压下菜价

2011年由北京市商务局组织的蔬菜直销点进社区后,北京市多个直销店拥有丰富的蔬菜品种,每个摊位日销量均达到2吨以上,基本满足400户居民小区的需要。蔬菜直销点进社区3周后,北京各大农贸市场受此波动,菜价下降,对平抑蔬菜价格上涨起到了良好作用。

3.农产品间接销售

(1)进军超市　随着人们对自身健康以及对食品安全的不断重视,越来越多的人开始进超市买菜,超市是近10年兴起的新兴零售业,也是农产品一条可供选择的销售渠道。如生鲜连锁超市,主要是以生鲜食品为主的社区型小型超市,在各大城市迅速发展,具有很大的竞争力。

(2)批发市场　批发市场是一个汇聚买卖双方的集散地,是购物平台,可以成批量地实现农产品的销售,成为目前农产品销售的主渠道之一。与批发市场的经销商建立起客户关系,对于开发农产品市场具有积极的帮助。

(3)打包外销　“打包外销”就是避开在国内市场与同行的竞争,通过外销渠道与境外采购商进行合作,将农产品出口。现已有不少蔬菜通过航空运输等方式将农产品销售到境外市场,获得良好的收益。

4.农产品营销渠道模式

生产者—消费者（直销）

生产者—零售商—消费者

生产者—批发商—零售商—消费者

生产者—收购商—批发商—零售商—消费者

生产者—加工商—批发商—零售商—消费者

生产者—收购商—加工商—批发商—零售商—消费者

生产者—代理商—收购商—加工商—批发商—零售商—消费者

环节越多,损耗越大,加价越多。因此,应该尽量减少中间环节,与大型零售超市或销售地批发商合作。

(四)促销策略

促销策略是指农业生产者、经营者运用各种方式方法,传递产品信息,帮助与说服顾客购买本企业产品,或使顾客对企业产生好感和信任,以激发消费者的购买欲望,促进消费者的消费行为,从而扩大农产品的销售。

1.农产品推广会

以品种推介和产销对接为主要内容,集中展示新农业和新成果,对企业名优特农产品进行推广,促进产销直接见面,包括网络推介和现场推介。

2.季节性热卖

根据收获季节周期,设计适合的促销方案,选择适合产品运输和消费者光临的地点,开展促销活动。

3.公共关系

利用政府力量,获得宣传支持,引导消费,扩大有效需求。

(1)召开新闻发布会 向新闻界发出相关组织信息,解释组织重大事件而举办的活动。

(2)利用电视促销的形式 通过形象和音乐冲击,引起消费者高度注意,产生消费。

(3)利用电子网络广告的方式进行促销 根据消费者的收入层次和需求确定产品市场定位,确定广告内容。

(4)开展有创意、有设计的活动项目 在注重人们物质生活方面的追求的同时注重人们精神生活方面的追求。

【任务小结】

本任务通过介绍农产品市场、农产品消费特点和农产品营销策略,具体了解农产品的营销策略的方式方法,根据农产品的种类、产量、生产地点及销售地区等的不同,制定相对应的营销策略,以获得利润的最大化。

【实践与思考】

(1)我国农产品的消费特点有哪些?

(2)对农产品市场进行调研的作用有哪些?

(3)试述如何运用促销策略进行农产品营销?

(4)如何成功打造农产品的品牌?

任务二 农产品宣传、包装、运输

【知识目标】

掌握农产品宣传的策略;了解农产品包装的分类;了解农产品运输的方式。

【技能目标】

学会农产品包装的技巧;能够运用农产品的宣传方式进行营销。

【引导案例】

中国人参被韩国"抢"了

中国历史悠久,地大物博,人口众多,但是无论如何也不应该是中国传统文化和属地物产被别国抢占的理由。现实告诉我们,中国的好东西正在被韩国抢占。

2004年韩国成功地将端午祭向联合国教科文组织申报为本国文化遗产之后,似乎上了瘾,又先后欲把中医、针灸、风水等申遗;考证孔子、西施和李时珍其祖宗为“韩国籍”;中国的浑天仪也被印到了最新版的一万元韩币上,成了韩国人的符号……近年,我们吃惊地发现,韩国欲将自己包装成人参的发源地!

一边是韩国企业从中国大量购买人参原料(韩国人参产量少),加工后以成本价格的十几倍甚至几十倍卖到欧美、东南亚,同时大量返销给中国,一边是韩国政府、商界、学术界刻意包装韩国为人参“发源地”和“宗主国”。韩国联合通讯社报道称:“中国试图通过推出‘×××人参’成为人参宗主国。对此,韩国以高丽参的品牌对中国市场进行反击。”韩国《朝鲜日报》也报道称:“随着中国推出‘×××人参’来挑战人参宗主国的地位,著名的‘韩国人参公社’开始通过高丽人参名牌战略,在全球最大的人参消费市场——中国市场发起反攻。”

本任务主要通过介绍农产品宣传的策略和包装的分类,具体了解根据销售地点的不同,采取不同的运输方式,从而进行更好的宣传、包装、营销。

一、农产品宣传

在我国市场经济迅速发展的新形势下，农产品市场竞争越来越激烈，农产品宣传的积极意义越来越明显。现在我国的农产品宣传中存在广告意识淡薄、广告主体缺位、舍不得投入及高端广告行业机构在中国农产品营销中明显缺位等问题，严重影响着农产品市场的发展。为此,必须树立宣传意识，培育宣传主体，增加宣传投入。

(一)农产品宣传的积极作用

1.传递产品的信息

当产品准备或者已经进入市场以后,需要向顾客和中间商提供产品信息,以提高企业对产品的知名度,激发顾客的购买欲望,调动中间商的积极性。对顾客来说,在获得了某产品的相关信息以后,会对该产品产生注意。对中间商来说,为了采购销售对路的商品,也需要企业提供相关产品信息。

2.增加产品的需求

广告是指导顾客购买,扩大需求的有力手段。顾客群体虽然有自己的消费经验和购买习惯,但在很大程度上仍然会受企业广告宣传的影响。如果企业采取有效的广告方式激发需求,可以促使潜在需求转变成现实的需求,使市场朝着有利于企业的方向发展。

例如，早在20世纪90年代初，中国有很多的家庭已经有吃零食的习惯了，但是很多生产零食的企业却没有意识到利用广告来宣传品牌的重要性，而“喜之郎”“达利”则利用了广告的促销方式，大力地宣传自己的产品。现在他们已经成为国内小食品市场上的强者，其品牌的知名度是家喻户晓。

3.加快农民增收速度

虽然农户引进了名、优、特品种，销路不畅，价格上不去，农民增产不增收。原因是营销中的广告宣传不够，使产品知名度不高，无人问津，严重影响农民生产的积极性。如果能够实施好农产品营销的宣传策略，一方面解决了农产品的销售问题，同时农民也可以获得可观的经济效益。

总之，宣传能起到联系顾客，沟通商情，传递信息，实现企业目标等重要作用，它能为企业的产品在市场上建立良好的品牌形象和成功的销售铺平道路，是市场营销的一个重要工具。

(二)农产品宣传的策略

1.书证

书证即通过展示获得的权威机构认证的证书来为产品质量证明，提供有力的说服证据，从而进行安全心理的诉求。消费者不能直观地做出正确判断的时候，往往是依靠外部因素来评价产品质量。

如新疆的“库尔勒香梨”、福建的“漳州芦柑”、重庆的“涪陵榨菜”、山东的“章丘大葱”等，一大批各具特色的地理标志农产品对消费者选购产品提供了很好的帮助。同时我国权威机构的质量认证有“无公害农产品”“绿色农产品”“有机农产品”，还有各种级别的评优，如中华名果等。奉节脐橙，就在广告中展示其获得的各项证书，如农业部优质水果证书、金牛奖杯、第二届中国国际农业博览会金牌、中国国际农业博览会认定为“名牌产品”“重庆名果”等，给消费者提供了理性的识别。

2.数证

数证即以精准、有形的数字做出承诺，给消费者提供理性的、充分的购买理由，进而增进安全心理。数字是人类进化发展史上最原始最直观的语言，数字已经超脱了原始的计数功能，而与广告内容巧妙地融合，成为一种独特的创意元素。引用数据可以令消费者对产品和服务产生更具体的认知，翔实的数据远比空洞的、概念化的陈述更有力量。

如“品位432年的历史，国窖1973，历史悠久，品质卓越。”思维亚衣料广告中说“我们纺织品的缩水率绝不会超过1%”，中心词是“缩水率”，用来修饰“1%”，既显示产品过硬的质量，又提供了一个灵活度，使广告不至于绝对化。通过语言、数据、图表等表达方式，给消费者以潜移默化的影响，使其有充分的理由做出选择，具有很强的说服力。

3.人证

人证即通过大量使用者的使用情景和消费者证言，建立群体认同感，进而进行安全心理诉求。在宣传中，要多运用"家庭幸福""健康长寿"等概念，因洋溢着对消费者的祝福和深情而更易于被人们所接受。

如"大红枣儿甜又香，送给亲人保健康"就充分地运用了这一策略。同时，大量使用者的说辞，遵从消费者从众的心理，与群体大多数人的行为保持一致从而减少冒险带来的心理风险，从而获得更多心理安全，所以可以运用消费者的证言来确立这种群体认同，如大家一起举杯说"维维豆奶，欢乐开怀"。

4.情景证

情景证即通过展示产品生产环节的过程，来证明产品的质量，从而进行安全心理诉求。因为一个产品在终端销售之前的环节，消费者是看不到的，通过适当展示这些环节，可以增加消费者对产品的认识而增进信心。

如统一鲜橙多广告中把冰箱放在了橙子果园里，强调"在橙子摘下的第一时间，即刻被冷藏起来，为的是将最新鲜的营养和美味带给消费者"，广告中把果品的冷链技术展示出来。又如鲁花在广告中表现"5S纯物理压榨工艺"，突出"榨取花生第一道原汁"，通过生产情景来说明新工艺的使用，从而证明产品的质量。

5.自我保证

自我保证即企业通过企业理念的阐述或传播，建立情感认同，从而建立安全感。有研究表明，建立消费者对品牌或企业价值观的认同，可以建立更持久、更深厚的信任关系。如很多企业在广告中突出企业的"生产、生活、生态"平衡关系，这样迎合了生态可持续发展的大趋势，无形中树立了企业和产品品牌形象。同时，企业对产品进行质量保证，也是促进消费者心理安全的一个重要因素。

如"嘉士伯，可能是世界上最好的啤酒"，突出其对产品质量的信心。又如椰树牌椰汁，郑重承诺"正宗椰树牌椰汁，白白嫩嫩"，突出"正宗产品"，给消费者心理安全感。

6.知识证

知识证即通过提供商品识别的方法，进行消费指导，不同的消费者的认识能力是不同的。针对消费者的识别特点，农产品广告中可以把商品的优劣两方面都告诉消费者，也可以明确指出商品的优势，直接劝告他们应该购买产品。

如美国的新奇士就是个很好的成功例子，他在爱荷华全州散发印有"吃柑橘有利健康，到加州挣钱忙"的广告，消费者接受"吃柑橘有利健康"的消费观念，并促使当时柑橘的销售量提高了50%。又如蒙牛的特仑苏牛奶"并不是所有的牛奶都叫特仑苏”,与其他牛奶区别开来,也是一种消费信息的指导。通过对商品信息的介绍为消费提供指导,增加消费者的安全感。

二、农产品包装

(一)包装及农产品包装的含义

1.包装的含义

包装是在流通过程中为了保护产品,方便储运,促进销售,按一定的技术方法所用的容器、材料和辅助物等的总体名称;也指为达到上述目的在采用容器,材料和辅助物的过程中施加一定技术方法等的操作活动。

2.农产品包装的含义

指对即将进入或已经进入流通领域的农产品或农产品加工品采用一定的容器或材料加以保护和装饰。农产品包装是农产品商品流通的重要条件。

(二)农产品包装的方法

改进农产品包装是提高农产品档次,开拓销售市场,提高农业经济效益的根本途径。每当收获的季节,我们经常看到橘子、柚子等水果堆放在路边,以低廉的价格出售,农民的辛勤劳动得不到应有的报酬,实在令人惋惜。相反,在城市大商场,水果柜上精心包装的洋水果却价格昂贵,销路很好。农产品包装的改进,必须在材料选择、包装设计等方面充分考虑农副产品的特性、销售市场的特点、消费者的消费心理等因素,从而使包装与产品完美地结合,达到促进销售的目的。

1.一般农产品的包装

(1)水果类包装 目前水果包装仍处于初级阶段。许多水果在旺季根本没有包装,堆在路边叫卖,或用竹篓、塑料编织袋包装,几十千克一件,而现在的城镇多是三四口人的小家庭,不愿意购买此种包装的水果。其实,一部分有远见的商贩已意识到包装的价值,如挑选几种水果放在一只精致的小篮子中,再包裹彩色透明塑料膜,贴上塑料花,价格就可以翻几倍,且生意红火。

(2)蔬菜包装 要全面提高蔬菜种植业的经济效益,就必须从包装抓起。

首先,蔬菜的运输尤其是中、远途运输,应该进行包装,目的是防止运输途中压坏蔬菜造成损失。这种包装应当简易,能有效防止挤压,且能重复使用,包装成本低。也可以在运输车箱上专门设计安装隔层,将蔬菜一层一层放置,层与层之间距离不能大,这样能达到防挤压的目的。

其次,加快发展净菜市场,在蔬菜种植基地搞净菜加工,采用先进技术进行包装,实现产业化是提高蔬菜种植业经济效益的基本思路。

(3)粮食包装　传统上大米包装都以麻袋、塑料编织袋为主,每袋15千克、25千克、50千克不等,再开包零售。随着人们生活水平的不断提高,优质大米深受城镇居民欢迎,传统包装显然不能满足优质大米的包装要求。如湖南湘利软包装有限公司开发生产的塑料复合大米包装袋,印刷精美的图案、文字、商标、条码,能起到吸引顾客,促进销售的作用。这种包装能抽成真空,延长优质大米保质期,防潮、防霉、防虫效果十分理想。还可分为2.5千克、5千克、10千克等适合三口之家的小型包装。

2.特殊农产品的包装

(1)鲜活农产品的包装　需保鲜的产品,尤其是切好了的产品,如鲜肉类,菌类,鲜辣椒,水果,去皮蒜瓣等都可以放置在方形的黑色塑料盒或者透明塑料盒外包一层保鲜膜,贴上价格标签。清洗处理好的葱、花菜、冬瓜、西瓜、卷心菜等都可以直接用保鲜膜包装,贴上价格标签。海鲜则需要冷冻包装,在包装箱里面铺一层或两层冰。

(2)中药材的包装　一般药材多使用麻袋做包装,其中有的药材(如蒲黄、松花粉、海金沙)需内衬布袋。矿石类、贝壳类药材使用塑料编织袋包装。贵重药材(如人参、三七)、易变质药材(如枸杞子、山茱萸)、易碎药材(如鸡内金、月季花),及需用玻璃器皿作内包装的药材(如竹沥),宜选用瓦楞纸箱做包装,箱内多衬防潮纸或塑料薄膜,箱面涂防潮油或箱外裹包麻布、麻袋,再用塑料带捆扎。

(三)农产品包装的要求

1.农产品包装材料的分类

(1)塑料包装　塑料包装材料及容器是因其来源丰富、成本低廉、性能优良等优点是农产品保鲜包装用得最多的。但生鲜农产品的生命活力与其本身的特性及环境因素相关。这种相关的因素和特性正是塑料包装材料可通过施加一定的技术处理而得到保鲜。

(2)纸质包装　对于农产品纸质包装,此类纸制品要求防潮、保温、杀菌、防腐等功能。此外,纸具有许多优良的特性,原料广,造价低,便于回收和自行降解。这些特性在包装上发挥了重要作用。农产品及食品都可用纸质包装,粮食用纸器,新鲜蔬菜用纸袋,果品用纸箱。

(3)金属包装　金属包装材料具有优良的性能,具有阻气、隔光、保香的功能,对许多气体具有阻隔的效果,同时阻隔紫外线。

(4)玻璃和陶瓷包装　具有耐风化、抗腐蚀和密封性好的性能。其包装形状、色彩、造型极其丰富多彩,而且不会变形和耐热阻燃,易于清洗和反复使用,同时它们制造方便且原料丰富。

(5)纳米复合材料包装 首先,活性自由基具有很高的能量,能够氧化分解各类有机物,最易生成二氧化碳和水,对于果蔬保鲜包装非常有用。其次,纳米二氧化钛在光的照射下产生氧化性很强的活性自由基,这些活性自由基可使蛋白质变性,抑制微生物的生长甚至杀死微生物,可有效灭菌,对于果蔬保鲜包装非常有用。

2.农产品包装容器的分类

(1)筐类 包括荆条筐、竹筐。筐类一般就地取材、价格低廉,但规格不一致,质地粗糙,不牢固,极易对农产品造成伤害。

(2)木箱 包括木板、条板、胶合板或纤维板为材料制作的各种规格的长方形箱。木箱弹力大、耐压、抗湿、自重大、价格高,使用越来越少。

(3)纸箱 特别是瓦楞纸箱发展速度快,在包装水果、蔬菜中使用广泛,其自重小,可批量生产,有利于装卸、搬运。

(4)网袋 用天然或者合成纤维编织成的网状袋子,多用于马铃薯、红薯、洋葱、大蒜等根茎类包装。且网袋包装费用较低,而且轻便,还可以回收利用。

3.农产品包装的设计理念

包装设计除了满足保护农产品、储存产品等基本功能以外,还要美观、有一定的文化内涵,有独特的卖点才能吸引消费者,获得较好的经济效益,好的农产品包装可以减少农产品在储存和运输过程中不必要的二次污染,同时对农产品的品牌也起到了良好的宣传效果,一举两得。

4.农产品的包装技术

(1)防潮包装 采用具有一定隔绝水蒸气能力的材料对农产品进行包封,隔绝外界湿度对产品的影响,使农产品能在恒温和恒湿的条件下保存。这对果蔬的保鲜具有非常重要的意义。如中药材,若是较贵重的药材,如虫草、鹿茸等,可先用密封袋封装或防潮纸包裹。茶叶是一种干品,极易吸湿受潮而产生质变,它对水分、异味的吸附很强,而香气又极易挥发。

(2)防霉包装 为防止农产品在受霉菌作用时发生霉变和腐败,使物品质量受到损害而采取的一定防护措施的包装。如豆制品,大豆含有较高的油分和非常丰富的蛋白质,较难储藏,长期安全贮水分含量必须达12%以下,最好在9%~10%之间,超过13%有霉变危险。入仓前要将破损粒、冻伤粒、虫蛀粒和病变粒剔除干净,提高储藏稳定性。入仓后经过一段时间,种子进行后热作用,放出大量湿气和热量,即入仓后3~4周,应趁晴天进行倒仓通风散湿,结合过筛除杂,防霉变。

(3)真空包装 可以减少包装袋内氧气的含量,防止食品腐败变质。多采用塑料及塑料与纸和铝箔等复合软包装材料进行真空包装。如块茎类蔬菜和硬质水果可采用此包装技术,防止蔬菜老化。

(4)气调包装　通常与冷藏相结合，冷藏基础上的气调包装具有安全、卫生、经济、保鲜效果良好等其他保鲜包装所无法比拟的优点，在国内外得到广泛应用。

(5)无菌包装　使接触物品的包装材料、容器进行无菌处理，并在无菌环境中进行物品包装。

(6)保鲜包装　使新鲜水果、蔬菜在一定时间和条件下能保持原有产品色、香、味的一种包装方法。如肉类食品需放到冷藏冰箱中保存，以保持色、香、营养。

三、农产品运输

农产品生产具有较强的地域性，为了实现农产品异地销售，运输在生产与消费之间起到了桥梁作用，是商品流通中必不可少的重要环节。

(一)运输的含义

运输是实现人和物空间位置变化的活动，与人类的生产生活息息相关。因此，可以说运输的历史和人类的历史同样悠久。

(二)农产品运输方式、运输工具和运输路线

1.运输方式

指交通运输的性质(海、陆、空)。运输路线是指交通运输的地理途径。运输工具是指运输承载物。运输方式是运输路线和运输工具的表现形式，运输路线和运输工具是运输方式的载体。三者是不能孤立存在的，是影响农产品运输的 3 个密切相关的因素。

(1)交通运输的主要方式　铁路运输、公路运输、水路运输、航空运输、管道运输等。

(2)交通运输的主要工具　火车、汽车、轮船、飞机和管道。还大量使用一些民间运输工具，如拖拉机、帆船、驳船、畜力车、牲畜等。

(3)运输路线的特点

①火车　大宗农产品远程运输。因为火车具有运量大、运费低、运行快、比较安全、准确性和连续性较高等特点。

②汽车　对于短途农产品运输。因为汽车运输具有装卸便利、机动灵活、可直达仓库，对自然地理条件和性质不同的农产品适应性强等特点。

③轮船　对于鲜活农产品，可根据鲜活性、成熟度，选择具有相应保养条件的运输快的运输工具和运输方式，大宗耐储运农产品运输。因为轮船运输运量大、运费低，但速度慢一些。那些特殊性急需的农产品运输，

④飞机　对于鲜活农产品，可根据鲜活性、成熟度进行选择，因为飞机速度快。

但由于运费太高，一般情况下不宜采用。

⑤管道 液体农产品的特殊运输。管道运输虽然一次性投资大，但具有长期受益，综合效益高，自动化程度高，安全可靠，运输损耗少，免受污染等优点。

（三）采用直达、直线、直拨运输

1. 直达运输

直达运输是指将农产品从产地或供应地，直接运送到消费地区、销售单位或主要用户，中间不经过其他经营环节和转换运输工具的一种运输方式。采用这种运输方式运送农产品，能大大缩短商品待运和在途时间，减少在途损耗，节约运输费用。农产品，尤其是易腐易损农产品的运输，应尽可能采用直达运输方式。有些农产品，如粮食、棉花、烟叶等，虽然耐储运，但由于供销关系比较固定，而且一般购销数量多、运量大、品种单一，采用直达运输方式也很适宜。在组织农产品直达运输中，应当和“四就直拨”（就地、就厂、就站、就库直接调拨）的发运形式结合起来，灵活运用，其经济效益会更好。

2. 直线运输

直线运输是指在农产品运输过程中，从起运地至到达地有两条以上的运输路线时，应选择里程最短、运费最少的运输路线，以避免或减少迂回、绕道等不合理运输现象。直线运输和直达运输的主要区别在于：直线运输解决的主要是缩短运输里程问题，直达运输解决的主要是减少运输中间环节问题。在实际工作中，把二者结合在一起考虑，会收到双重效果。所以，通常合称直达直线运输。

3. 直拨运输

直拨运输是指调出农产品直接在产地组织分拨各地，调进农产品直接在调进地组织分拨调运。直拨运输一般适用于品种规格比较简单，挑选不大的大宗农产品运输。

（四）中转运输

通常是指农产品集散地的批发机构，将农产品集中收购起来，然后再分运出去。中转运输也是组织农产品运输的一种必要方式，有许多功能：可以把分散收购的农产品集中起来，再根据市场需要转运各地，有利于农产品经营单位按计划组织调拨；可以根据农产品的收购、储存情况和市场需求的缓急程度，正确编制运输计划，提高农产品运输的计划性；便于选择合理的运输方式、运输路线和运输工具，开展直达、直线、直拨运输，使农产品运输更加合理化。

（五）联运

联运是指运用两种以上的运输工具的换装衔接，联合完成农产品从发运地到收货地的运输全过程。联运的最大特点是，农产品经营部门只办理一次手续即可完成全过程的托运。现阶段我国的联运主要是水陆、水水（江、河、湖、海）、陆陆（铁路、公路）联运和航空、铁路、公路三联运。

开展农产品联运，既适应我国交通运输的客观条件和运输能力，也综合农产品产销遍布全国、点多面广的特点。只要联运衔接合理，就可缩短待运时间，加速运输过程。

组织联运是一项复杂工作。在组织农产品联运时，购销双方要和交通运输部门密切配合，加强协作，提高联运的计划性、合理性。要通过签订联运合同，落实保证联运顺利进行的措施和责任，以提高联运效果。

（六）集装箱运输

集装箱是交通运输部门根据其运输工具的特点和要求，特制的装载商品的货箱。我国铁路运输集装箱有1～30吨的几种不同规格。选用时，要根据农产品的重量和用以装载的车型来确定，以求装满载足，减少亏吨。

集装箱运输过程机械化、自动化操作程度高，是现代高效运输形式。采用集装箱运输，有利于保证商品安全，简化节约包装，节约装载、搬运费，加快运输速度，便于开展直运和联运。集装箱运输适应农产品易腐易变的特点和运输要求，应大力发展这种运输方式。

（七）提高运输工具的使用效率和装载技术

运输工具的使用效率是指实际装运重量与标记载重的比率。提高运输工具使用效率的要求是，既要装足吨位，又要装满车船容积。这就要求必须提高装载技术。

提高运输工具使用效率和装载技术可以挖掘运输工具潜力，运送更多的商品，降低运输成本，节约运费开支。

提高运输工具使用效率和装载技术的主要途径有：

(1)改进包装技术　比如，对轻泡物资科学打包，压缩体积，统一包装规格等。

(2)大力推行科学堆码和混装、套装等技术　要根据不同农产品、不同包装和不同运输工具的情况，大力推行科学堆码和混装、套装等技术。这些技术，都是当前充分利用运输工具的容积和吨位，扩大技术装载量比较切实可行的措施。如把轻泡商品和实重商品合理地配装起来，就能收到车满载量足的良好效果。

(3)改进装载方式方法　如粮食运输由袋装改为散装，不仅节约了大量包装费，也大大提高了装载量。

(4)大力组织双程运输　减少运输工具空驶；组织快装、快卸，加速运输工具周转。

（八）推广“冷藏链”运输

“冷藏链”运输是指对鲜活农产品从始发地运送到接受地，每一环节的转运或换装都保持在规定的低温条件下进行。比如鲜鱼的运输，就应用冷藏船运到冷藏汽车，再运到冷藏火车，下站后再用冷藏汽车运到冷库。

“冷藏链”运输能抑制微生物繁殖细菌的活动，防止农产品腐变和减少在途损耗。如长距离运输蔬菜，采用一般运输，损耗率大于20%，有的高达50%，而采用“冷藏链”运输，损耗率可控制在3%～5%。同时，还能延长其储存期，有利于调节其市场供求。可见，“冷藏链”运输对于保证农产品质量，减少农产品运输损耗，改进农产品经营很有好处，应该积极推广，特别是对易腐变的鲜活农产品运输，更应该创造条件采用。

【任务小结】

本任务通过介绍农产品的宣传策略、农产品包装特点，具体了解农产品运输的方式方法，根据农产品种类、产量、生产及销售地点不同，进行不同的宣传营销。农产品经纪人只有了解农产品营销基础知识，学会对农产品营销进行分析，掌握营销策略才能够取得最佳经济效益。

任务三　农产品网络营销

【知识目标】

了解网络营销的概念和基本方法；掌握农产品网络营销中不同形式的操作方法。

【技能目标】

掌握农产品网络营销操作的基本技能；能够根据市场的具体条件和农产品特点，成功进行网络营销。

【案例一】

成安五成农产品实现网上销售

“为了小麦‘一播全苗’，建议因地造墒，精细整地；秸秆还田……”深秋季节的上午，成安县何横城村村民王建军正在地里忙着整地时，手机的信息铃声响起，他忙拿出来看。每到农忙时节，该县农民的手机上都会收到适时的耕作信息给农民及时指导。

成安县以电脑、电话、电视为载体，建立起功能完善、快捷便利的立体信息服务网络，创办了网上农业专家在线咨询系统，10 多名农业专家在线为农民解疑释惑，实现了农业科技信息与农民的零距离传播、零距离服务、零距离培训；并且每天通过手机短信息、电视滚动字幕等形式发布适时的农技推广、农事指南、农产品供求等信息。农业局还与电讯部门联手，建立了“农信通”语音电话热线服务系统和农业专家移动总机服务系统，方便农民技术咨询；在电视台开辟“农民之友”专题栏目，农民可随时收看市场供求信息。近 3 年来，该县通过电话咨询、网络查询、农业专家系统，解答农民技术难题 5 300 多次，全县棉花、草莓、蔬菜、花木等农产品销售额的 55％来自网上销售。

随着互联网产业的快速普及，农产品网络营销的发展也进入了快车道，农产品经纪人只有了解网络营销的基本知识、不同形式的操作方法，并能够根据市场的具体条件和农产品特点，进行网络销售，才能获取最大的利益。

一、农产品网络营销的概述

(一)农产品网络营销的概念

农产品网络营销被称为“鼠标＋大白菜”式营销，是指利用互联网开展农产品营销活动，包括网上农产品市场分析、农产品价格与供求信息收集与发布、网上宣传与促销、交易洽谈、付款结算等活动，最终依托农产品基地和物流配送系统，促进农产品个人与组织交易活动的实现。

(二)网络市场与传统市场的对比

见表 2-1。

表 2-1　网络市场与传统市场的对比

项目	传统市场	网络市场
商品印象形成	通过视觉、触觉、嗅觉等感官系统对商品形成直接印象	通过商家或网站对该商品的描述形成对商品的印象
信息特点	信息不灵、不对称	完全开放
市场功能	功能较少	功能强大、齐全
地理区位阻隔	界限较明显	模糊甚至消失(全球性的市场)
交易速度	较慢	迅速

(三)农产品网络营销外部环境存在的问题

(1)网络营销起步较晚,网络发展水平不高。

(2)网络普及率低、基础设施跟不上。

(3)法律体系不健全,存在网络安全问题。

(4)物流网络不配套。

(四)我国农业信息化水平基本情况

见表 2-2。

表 2-2 我国农业信息化水平

1986 年	组建农业部信息中心
1995 年	组建"中国农业信息网",并通过 DDN 方式接入国际互联网。与 30 个省、市、区的农业部门,近百个地区、县,200 多个农副产品批发市场实现了联网,直接和网络联系各地生产和管理用户已超过 3 000 家
2001 年	国内涉农网站 2 200 家,正常运营的 1 600 多家,占 70%。在信息网络向基层延伸方面,北京、上海、安徽、黑龙江、江苏、浙江、天津等地工作进展很快,经济欠发达的贵州省 2001 年也延伸到了 31 个县和 200 多个乡镇

二、我国农产品网络营销问题与对策

(一)我国农产品网络营销问题

(1)农村、农业网络基础设施薄弱。

(2)农产品物流配送体系不健全。

(3)农产品网络营销人才缺乏。

(4)农产品标准化程度低。

(5)农产品自身特点的限制。

(二)我国农产品网络营销发展对策

(1)加强农产品网络营销基础设施建设。

(2)加快农产品网络营销站点建设。

(3)加强农产品网络营销示范体系与环境建设。

(4)加强农产品物流配送体系建设。我国生鲜农产品冷链物流运作模式见图 2-3至图 2-5。

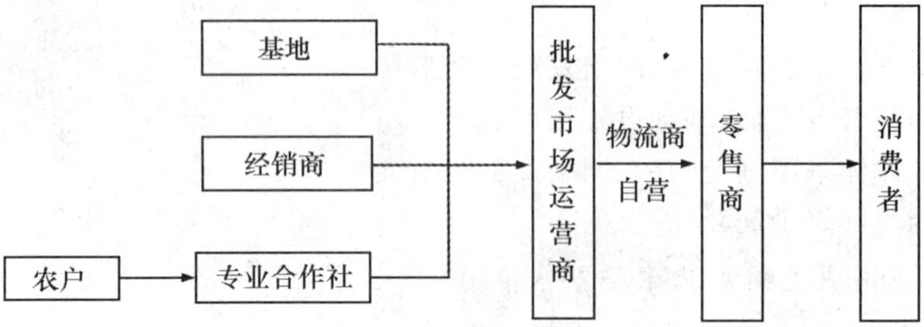

图 2-3　以批发市场为主导的生鲜农产品物流模式

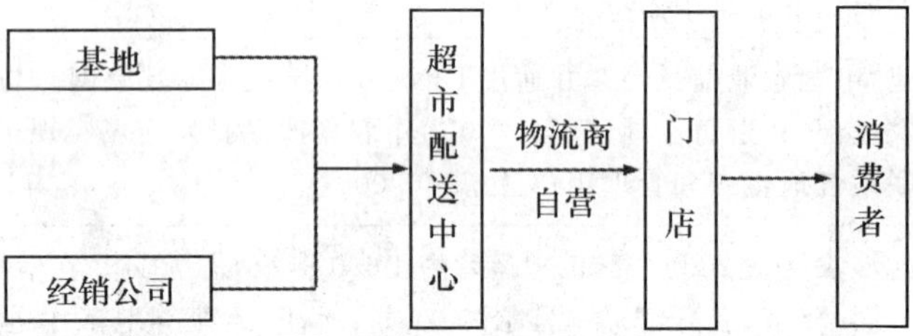

图 2-4　以超市为主导的生鲜农产品物流模式

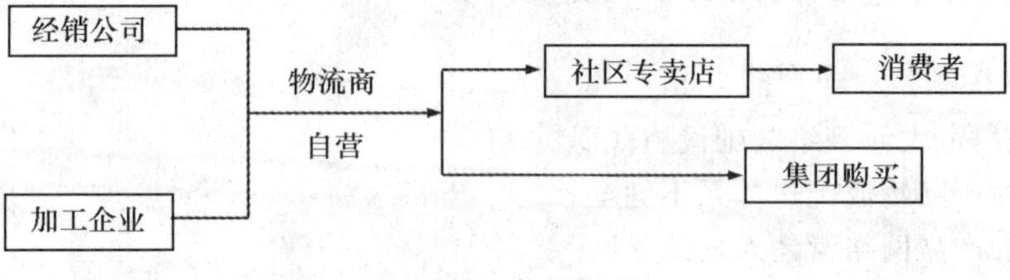

图 2-5　以经销公司或加工企业为主导的生鲜农产品物流模式

(5)建立网上农产品品牌推广基地。

(6)培育农产品网络营销主题,提高"网农"素质。

(7)实施农产品网络营销对策。

①农产品包装策略。

②农产品网络品牌推广策略。

③农产品网上促销策略。

④农产品网络营销定价策略。

⑤农产品行业信息网络策略。

⑥农产品网络广告策略。

三、农产品网络营销的应用

(一)开展农产品网络营销的环境与条件

(1)环境 指网络营销基础平台、相关的法律环境、政策环境、一定数量的上网企业和上网人口、必要的互联网信息资源、农产品品质分级标准化、包装规格化及产品编码化程度等。

(2)条件 包括农产品特性、财务状况和人力资源。

(二)无站点农产品网络营销

(1)通过互联网调查市场情况 在农产品营销过程中,了解农产品的价格、需求等市场信息是非常重要的环节。在传统的方式下,了解市场信息工作量大、时间长,而利用互联网,这个过程可以很方便地完成。例如,可以登陆农业信息网站来获得国内和国外的农产品价格信息、农产品的需求信息。

(2)免费发布农产品信息 在互联网上,有许多网站为农户和企业发布供求信息提供平台,一般可以免费发布信息,可以根据产品的特性发布在相关类别。有时这种简单的方式也会收到意想不到的效果。例如,可以在阿里巴巴全球贸易网免费发布信息。

(3)加入专业经贸信息网和行业信息网 行业信息网是一个行业的门户网站,由于汇集了整个行业的资源,为供应商和客户了解行业信息提供了巨大的方便,形成了一个网上虚拟的专业市场。如果农户和企业所在的行业已经建立了这样的专业信息网。专业信息网和行业信息网有时需要交纳一定的费用,只要可以带来潜在的收益,这些投入也是值得的。

(4)网上拍卖 网上拍卖是电子商务领域比较成功的一种商业模式,国外一些知名网站如 Ebay. com 等已经取得了很好的经营业绩。在国内也已经有几家具有一定规模的网上拍卖网站。例如,易趣网、淘宝网等。这种方式比较简单,只要在网站进行注册,然后按照提示,很容易就可以发布产品买卖信息。

(5)网络广告 网络广告具有形式简单、费用低廉、发布快捷、信息集中、便于查询等优点。可以分为专业的广告网站和综合性网站开设的频道和栏目。

(三)基于网站的农产品网络营销

(1)农产品营销网站的功能 主要有品牌形象、产品展示、信息发布、顾客服务、顾客关系、网上调查、网上联盟、网上销售。

(2)农产品营销网站的三种基本形式 包括信息发布型企业网站、网上销售型企业网站、电子商务综合网站。

(3)网站的规划与建设　确定网站建设的解决方案、为网站选取域名、站点的设计与开发、营销网站的推广和维护。

四、我国农产品网络营销的优势

(一)农产品网络营销业务特点

(1)为农产品交易提供网络信息服务。如网络平台上发布企业信息和产品信息。大型农业集团建立的超大现代农业网。

(2)提供了网上竞标、网上竞拍、委托买卖等在线交易形式,交易会员可以直接在网上与自己需要的运输公司洽谈,但尚未实现交易资金的网上支付。

(3)农产品网络营销不仅实现农产品电子商情的网上发布和农产品在线交易,还实现了交易货款的网上支付,是完全意义上的网络营销。

(二)网络营销农产品的优势

(1)有利于削减过多的农产品流通中间环节,有利于供应企业与消费者进行直接交流,缩短产品流通链,消费者可以以更低的价格购买农产品,同时农业生产企业和营销部门也可以及时了解市场需求,按需生产。

(2)有利于降低农产品的流通成本。网络营销可以通过减少农产品流通环节,从而进一步缩短产品流通链。这不仅能降低农产品流通的运输保险成本和时间成本,也能节约交易中介的运营费用及抽取的利润。

(3)有利于健全农产品市场机制和功能。通过电子商务这个网络平台,各地的农产品批发市场能相互连通,形成全国性的农产品流通大市场。在互联网上,可以进行网上拍卖、网上询价、供求信息发布,确保用户能从同一平台上获得即时、全面、有价值的信息。

【案例二】

安徽省特色农产品通过网络销售模式"走出去"

"合肥老母鸡、三河土菜在本地耳熟能详,但是在上海,没多少人知道。太平猴魁和茅台酒一样获得1915年巴拿马万国博览会金奖,可咱们安徽的太平猴魁却没出名。"昨天,在合肥市名特优新农产品进上海销售对接会上,来自上海一家大型农产企业执行官胡威一语道破"天机"。而通过这次对接会,合肥的农产品可以通过网络走向上海甚至整个世界。

【任务小结】

本任务主要介绍了农产品网络营销的概念、基本方法和具体的操作方法，掌握了农产品网络营销操作的基本技能，并且能够根据市场的具体条件和农产品特点，成功进行网络营销。

任务四 合作社产品的营销

【知识目标】

了解合作社产品营销的意义及存在的主要问题；掌握合作社产品营销策略和典型形式。

【技能目标】

具备制订农产品营销策略的能力。

本任务主要是学习了解合作社产品营销的意义及我国合作社产品营销中存在的主要问题；掌握合作社产品营销策略和我国合作社产品营销的典型形式等相关知识内容。

一、合作社产品营销的意义

农民专业合作社是在农村家庭承包经营基础上，同类农产品的生产经营者或者同类农业生产经营服务的提供者、利用者，自愿联合、民主管理的互助性经济组织。目前，全国农民专业合作社已超过68.9万家，实有成员超过5 300万户。我国县级以上示范社达到10多万家，国家11个部门联合评定了6 663家全国示范社。

农民专业合作社成员在各自生产的基础上联合经营，把个体经济转变为集体经济，特别是在合作社产品销售环节上，更加体现了互助经济组织的优越性。因此，组织好合作社产品的营销，可以增加合作社社员的收入，提高农民的生活水平，促进农业产业集团化的发展，带动整个农村经济的快速增长。我国农民专业合作社已进入快速发展新阶段，专业农户联合起来后，开展产品营销服务显得十分紧迫。

二、我国合作社产品营销中存在的主要问题

1.合作社产品营销基础投入不足

主要是产品市场、渠道不够，产品储存设施、产品营销冷链建设不足和农产品

营销中税收运输优惠不利等。

2.合作社产品营销专业人才较少

目前,合作社产品营销人员大部分是农民,过去多为生产兼营销,现虽有一批小商小贩发展成专业产品营销的经纪人,但多缺乏专业培训,很难融合现代营销,将产品生产、营销策划、销售实施连为一体的复合人才更是难找,这与我们的农业大国格格不入。

3.合作社产品标准化、品牌化成本偏高,农产品市场营销规则有待规范

当前我国虽然建立起产品质量生产、销售的系列标准和认证体系,但是标准使用、建设、管理需要花很多费用,农民承担不起;此外,市场竞争不公平、农民利益得不到保护、流通环节不畅、优质不优价现象普遍存在。

4.农业信息网络建设薄弱

农民及时、准确地获得市场信息很难,生产和消费市场信息不对称。加上部分农民素质和自我保护意识不够,对各种各样的信息不知如何分析、判断、鉴别,只凭主观判断,往往不能有效进行市场细划和准确的做出产品定位,造成产品单一化、同质化严重,往往是人家赚钱后跟着学,结果再出来的产品却不被市场接纳。

三、合作社产品营销策略

如何规避合作社产品营销中存在的主要问题,切实推进标准化生产,创建合作社产品品牌,加强产品加工策略,合理规划市场方向是农村合作社产品发展的关键步骤。

1.实行标准化生产策略

我国农民专业合作社发展势头强劲,成为构建新型农业经营体系的亮点。现在最大的瓶颈是产后环节,采摘、分选、包装、流通、配送、渠道建设等。农业是个很长的链条,在这个链条上,合作社应该做的是生产出优质的农产品,以符合市场的需求。合作社要因地制宜,根据自身的条件(规模、力量、产品)选择好自己的产品。

2.农产品营销品牌化策略

品牌作用不仅仅表现在产品识别上,更重要的是将产品质量、市场信誉传导给消费者,给消费者以信心和市场影响力,在给消费者物质享受的同时,带给消费者一定的精神享受。

在实践中,一是以名创牌,对市场竞争力强的优势产品实行商标注册;二是以质创牌,严格按照质量标准生产、提高产品品位;三是以包装创牌,美化农产品外表;四是加大创牌宣传力度,树立良好品牌形象;五是做好名牌保护工作,企业要对自己的品牌进行商标注册,求得法律保护。同时,应加强内部管理,提高产品信誉,

提高产品质量，珍惜和维护品牌信誉。

3.农产品加工策略

农产品加工是指通过与农业龙头企业联合，对农产品进行一定的工程技术处理，使其改变外观形态或内在属性、品质风味，从而达到延长保质期、提高产品品质和增加产品价值的过程。如速冻、脱水、腌制、分割、包装和配送等，拉长农产品营销时间、提高农产品附加值；此外，同一种农产品由于上市时间不同则效益相差很大，有的盈利，有的甚至亏本，一般可采取尝鲜早卖、储存待卖、节日多卖等方式。

4.市场定向和差别化策略

任何一个地方进行农产品生产和营销都应根据本地气候、资源、区位、市场和消费群体来确定，农民应注意掌握瓜菜等农产品旺季和淡季价格差异的客观规律，尽量积极发展早熟或反季节品种，蓄意制造“时间差”，使产品上市时间提前或推迟，适时卖上好价钱。农民要学会市场细划来生产农产品。提前上市不仅畅销，而且价格比同样老熟了的产品高，这是因为人们的消费习惯发生了变化，崇尚鲜嫩食品。因而，对这些农产品实行提前采摘上市，可获取较高的效益，不必拘泥于等到产品成熟后再收获上市。

5.农产品绿色化策略

农产品绿色化营销策略是随着当前农产品环境污染和人民生活水平提高而产生的。目前，消费者日益重视食品安全，对消费无公害农产品、绿色食品已成为一种趋势。为此，我们要把握机遇，发展农产品的绿色营销。首先树立绿色营销观念，及时收集农产品的绿色市场信息，深入研究信息的真实性和可行性，发现和识别消费者“未满足的绿色需求”；然后结合企业的自身情况，制定和具体实施农产品绿色营销策略；制定绿色计划，开发绿色资源，对于本地农业资源要认真研究和保护，遵循可持续发展原则，加强对生态环境的保护，科学合理地与外界合作开发利用农业资源，以科研部门为依托，通过权威部门产品检测和认证，使用绿色标志进行绿色营销。如将鸡放养在山坡林地散养来生产“土鸡”，利用边角地生产野菜等。

6.媒体网络广告策略

在网络上进行产品宣传将越来越流行，什么样的产品信息均可以在网上找到。网络重点介绍产品的生产、销售过程，重点突出产品的营养价值、什么样的消费者适应、有什么好处、食后能对身体有什么改变等，这样的宣传在网上越流行，产品的知名度就越高，越能够与消费家庭融合。必要的时候可以利用电视与报纸传媒结合起来，加快农产品的现代化营销步伐。

四、我国合作社产品营销的典型形式

1.合作社设专营店直销

合作社自己设立专营店经营产品，自产自销，节约费用成本，但出售产品价格较低，获利较少。专营店成为合作社产品流通的主要渠道之一。

2.社超对接营销

鲜活产品如水果，蔬菜，有机食品如粮食、豆油等通过超市进行销售，合作社可以减少产品流通环节，既保持产品新鲜度，又满足了百姓的消费要求。对超市而言则降低了超市采购成本，双方互惠互利。合作社还可以把深加工的产品做成礼盒包装，在超市销售给高端客户，大大提高产品价值。以配送、超市、大卖场等为主的现代流通方式发展势头迅猛。这成为合作社产品营销渠道体系里的新成员，与传统的市场在零售终端展开了激烈竞争。

3.合作社与加工龙头企业对接营销

合作社将生产的产品直接批发给加工企业，由企业对农产品进行深加工，冠以企业产品商标，投放市场。这样，一些企业为了获得低廉的原材料价格便主动上门帮助合作社制订生产计划，及时地配送农资，因而建立了一种长期的供货关系，而合作社自身的生产和销售也具有了稳定性和方向性。

4.合作社联合社营销

合作社之间形成联合体，对外与经销商签订供应的合同，保证产品稳定的销售。各种农产品主体，如个体户、专业户、联合体不断发展壮大，使得农民一家一户的小规模生产与大市场实现了对接，改变过去产销脱节的尴尬局面，有效地缓解了农产品卖难的问题。它们的出现带动了上游生产基地的发育壮大，带领农民走向市场，帮助农民致富，对地区农业发展起到了一定的积极作用。

5.合作社电子商务营销

电商是个刚刚兴起营销渠道，在传统渠道难以解决中国农业发展的今天，它能为我们带来什么，也是我们今天要关注的问题。在未来，任何组织都会成为互联网的组织，包括我们合作社。电商平台就是非常好的平台。充分利用电商平台可以把合作社产品跨地域。例如，京东商城针对合作社产品采取了两种运营方法，一是合作社可以在京东网上开自己的商铺，自己卖自己的产品，京东还可以为商铺提供仓储和物流；二是合作社可以直接把产品卖给京东，由京东再来卖给消费者。而本来生活网是为合作社的产品寻找消费者，从去年到今年为止，本来生活网已经积累了 11 万消费者。本来生活网可以帮助合作社更好地与客户进行对接，完成产品销售的最后一公里。

真正意义上的合作社，是真正把弱者联合起来，合作社的经营目标是实现一个个小农户的集体利益，真正发挥出组织引领的模范带头作用。“生产在家，服务在社”的模式是我国目前比较普遍意义上的合作社。这些同类农产品的生产者，比如种桃、种苹果、种水稻的农户，数量比较多，而且每户种植的面积也相差不大，大家都是自己亲自参与农业生产，都有着基本相同的服务需求。合作社把大家组织起来，为社员提供农资、生产、加工、销售等一系列服务。对内实行民主管理，对外是一个有组织的联合体，参与市场竞争，实现产值最大化。

【案例一】

国外合作社市场营销案例——“新奇士”

说到成功的合作社产品品牌，不得不提美国新奇士。新奇士始于种植者自发组织起来的合作社。由 6 000 个柑橘种植者共同拥有，柑橘种植者联合起来组成一个大的合作社，命名为南加州水果农业合作社(Cooperative Southern California Fruit Growers Exchange)，并开始启用“新奇士”的名字，每个种植者都要和新奇士签订一个书面的成员协议。新奇士自下而上有严密的组织结构，现在新奇士是世界最大的柑橘合作社、著名的品牌农产品、成功的饮料生产商和全球公认的柑橘供应商，拥有 600 余种商品，远销 45 个国家，在全球脐橙市场的占有率、卖价都高居榜首。新奇士商标已成为新鲜、健康、品质的代名词，这些成就不是一蹴而就的。

那么美国新奇士是如何取得辉煌的成就呢？除了严密的组织结构、合理的利益分配，高品质的产品，还有的就是具有市场竞争力营销策略。

新奇士积极地寻求品牌合作的策略。新奇士推出一套商标许可程序，不同的产品都可以使用新奇士商标。新奇士和 50 多家食品或饮料公司确认了商标使用许可。这一策略非常有效，商标使用许可的费用，以及商家授权，为新奇士带来了百万美元的收入，使得公司进一步开拓本地和国际市场，使新奇士的品牌更加多样化。新奇士长期投放广告以提升品牌知名度。新奇士和吉利贝、吉百利、通用磨坊、森永乳业、七叶等企业都有密切合作，共同研发了水果谷物棒、水果糖、果饮、果冻果汁、橙味苏打、开心果、杏仁粉等产品。

新奇士的营销主题都是围绕健康、营养，例如“在食品和饮料中加入柑橘，能够使消费者的膳食更加健康”的创意。新奇士对食用柑橘的益处做了大量的研究，并将这些知识传递给消费者。

新奇士的成功还在于它要为所有的成员找到销路。目前新奇士柑橘在日本、韩国、中国香港和其他亚洲国家及地区非常有竞争力。新奇士的高层也尽量采取简化流程和降低成本的方法以提高新奇士的竞争力。包括销售的集中化、提高工厂和设备的利用率、和生产者更好地沟通以优化柑橘的品种结构以适应市场、更好地利用资本等。

随着国家三农政策的不断更新,越来越多的农民合作社出现在现在农业发展大潮之中,但是,传统的农业思维已经不再适用于当今的社会发展,农民专业合作社要综合运用产品、渠道、促销等途径,结合自身的特点与优势来确定营销组合策略,提升合作社农产品的营销能力。

【任务小结】

本任务主要是让学生学习了解合作社产品营销的意义及我国合作社产品营销中存在的主要问题;掌握合作社产品营销策略和我国合作社产品营销的典型形式等相关知识内容,从而学会制订农产品营销策略的能力。

【知识测试】

一、名词解释

市场营销观念　农产品营销　网上拍卖　网络品牌推广　低价策略

分销渠道　营销推广　食品冷藏链　农产品网络营销　农产品物流

二、填空题

1. 农产品价格要由________和税收和利润两部分组成。

2. 农产品营销,适宜使用________,而不适宜直销形式。

3. 农产品营销是________的重要组成部分。

4. 农产品营销策略包括________、价格策略、渠道策略、促销策略。

5. 渠道策略的销售模式生产商—零售商—________。

6. 包装的功能包括保护产品和________。

7. 使新鲜水果、蔬菜在一定时间和条件下能保持原有产品色、香、味的一种包装方法叫________。

8. 运输路线是指交通运输的地理途径,运输工具是指运输________。

9. 对轻泡物资科学打包,压缩体积,统一包装规格等属于________。

10. 农产品包装的容器分为筐类、________、纸箱、网袋。

11. 实施网络软营销中的基本出发点是网络社区和________。

12. 网络广告最根本的特性是________。

13. 问卷调查属于________调查。

14.与传统促销相比，________是网络营销独有的促销手段。

15.通常网络广告是以________，嵌在网页中，用以表现广告内容。

16.我国合作社产品营销的典型形式包括________、________、________、________、________。

17.我国合作社产品营销中存在的主要问题有________、________、________、________。

18.合作社产品营销策略包括________、________、________、________、________、________。

三、判断题

1.市场的发展是一个由消费者买方决定，而由生产者卖方推动的动态过程。(　)

2.通常，保龄球馆不会向节俭者群体推广保龄球运动。(　)

3.只要产品价格低得让顾客动心，消费者定会购买，经营者的全部活动就是生产，以生产为中心，“以产定销”。(　)

4.消费者十分重视商品的牌子，认为“一分钱一分货”，是名牌，价格高些也买，对于不熟悉的新产品价格便宜也不敢买，这种心理称为自尊心理。(　)

5.产品价格比较高、昂贵时，不适宜人员促销。(　)

6.产品策略中产品是基础，市场是关键，消费者是中心。(　)

7.产品组合策略是农户和企业对于自己产品线的设计和开发。(　)

8.核心产品是指消费者购买某种农产品时所追求的实际利益，是消费者真正要买的东西。(　)

9.农产品的市场生命周期包括成长期、成熟期、衰退期。(　)

10.现金折扣是对那些及时付清账款的购买者的一种价格折扣。(　)

11.一般长途运输适宜使用火车、飞机等运输工具，尤其飞机的运输速度快，适宜鲜活农产品运输，但运价昂贵。(　)

12.集装箱运输过程机械化、自动化操作程度高，是现代高效运输形式。(　)

13.在商品处于衰退期阶段时，适当改变商品包装形状，可以延长产品的寿命周期。(　)

14.广告促销就是通过媒体向用户和消费者传递有关商品和劳务信息，达到促进销售的目的的一种促销手段。(　)

15.运输和储存条件对某些农产品的生产企业是十分重要的。(　)

16.网络消费者整体收入水平高。(　)

17.农产品网络市场通过商家或网站对该商品的描述形成对商品的印象。

( )

18.电子商务是局部贸易活动的自动化和电子化。( )

19.合作营销、绿色营销和网络营销都是在传统营销理论上发展起来的。( )

20.通常人们说的网上市场就是指能在网上进行买卖形成的“虚拟的”无实物形态的市场。( )

四、选择题

1.康佳电视中的“康佳”二字是( )。

A.招牌　　B.品牌名称

C.品牌标志　　D.都不是

2.农产品营销是( )。

A.一门科学销售　　B.市场营销的重要组成部分

C.社会的管理过程　　D.农产品的生产者与产品市场经营

3.消费者的心理需要的特点包括( )。

A.个人因素　　B.社会因素

C.情感因素　　D.需要的联系性和可代替性

4.农产品间接销售是将生产者与消费者连接的纽带,其特点主要( )。

A.高效性　　B.灵活性

C.主动性　　D.上面说法都对

5.消费者的消费心理不包括( )。

A.求变心理　　B.求新心理

C.求同心理　　D.求美心理

6.利用人员推销和其他营业推广手段,把产品“推”向市场是( )。

A.拉引策略　　B.推动策略

C.攻击型策略　　D.引进策略

7.作为一种促销工具,公共关系的优势在于( )。

A.促销成本低　　B.促销效果明显

C.辐射面广　　D.有利于建立企业形象和信誉

8.茶叶应该选择哪种包装形式( )。

A.防潮包装　　B.防霉包装

C.真空包装　　D.气调包装

9.硬质水果应该选择哪种包装形式( )。

A.防潮包装　　B.防霉包装

C. 真空包装　　　　　　　　D. 气调包装

10. 哪种运输方式一次性投资大，但具有长期受益，综合效益高，自动化程度高，安全可靠，运输损耗少，免受污染等优点。（　）

A. 火车　　　　　　　　　　B. 轮船

C. 飞机　　　　　　　　　　D. 管道

11. 以下哪种因素很难构成网络营销企业的竞争优势。（　）

A. 产品优势　　　　　　　　B. 配送优势

C. 服务优势　　　　　　　　D. 价格优势

12. 网上商店能每天24小时，每周7天随时随地地提供全球性营销服务，这是由于网络营销具有什么特点？（　）

A. 超前性　　　　　　　　　B. 拟人性

C. 跨时空性　　　　　　　　D. 整合性

13. 动态定价是网络环境下一种新的定价方法，关于动态定价以下说法哪个是错误的？（　）

A. 动态定价即个性化定价

B. 动态定价原则上不再有讨价还价的余地

C. 动态定价需要先进的技术支撑

D. 动态定价可以给企业带来竞争优势

14. 完整的网络营销活动需要五种基本的运作平台：信息平台、制造平台、交易平台、物流平台和服务平台。其中作为其他四个平台运作的基础的是（　）。

A. 信息平台　　　　　　　　B. 制造平台

C. 交易平台　　　　　　　　D. 服务平台

15. 以下对网络营销概念的理解哪个是错误的？（　）

A. 网络营销离不开现代信息技术

B. 网络营销的实质是顾客需求管理

C. 网络营销就是网上销售

D. 网络营销是现代企业整体营销的一部分

五、案例分析

【案例一】

红叶超市的购物环境

红叶超级市场营业面积260米^2，位于居民聚集的主要街道上，附近有许多各类商场和同类超级市场。营业额和利润虽然还过得去，但是与同等面积的商场相比，还是觉得不理想。通过询问部分顾客，得知顾客认为店内拥挤杂乱，商品质量差、档次低。听到这种反映，红叶超市经理感到诧异，因为红叶超市的顾客没有同类超市多，每每看到别的超市人头攒动而本店较为冷清，怎会拥挤呢？本店的商品都是货真价实的，与别的超市相同，怎说质量差档次低呢？经过对红叶超市购物环境的分析，发现了真实原因。原来，红叶超市为了充分利用商场的空间，柜台安放过多，过道太狭窄，购物高峰时期就会造成拥挤，顾客不愿入内，即使入内也不易找到所需的商品，往往是草草转一圈就很快离去；商场灯光暗淡，货架陈旧，墙壁和屋顶多年没有装修，优质商品放在这种背景下也会显得质量差、档次低。为了提高竞争力，红叶超市的经理痛下决心，拿出一笔资金对商店购物环境进行彻底改造。对商店的地板、墙壁、照明和屋顶都进行了装修；减少了柜台的数量，加宽了走道，仿照别的超市摆放柜台和商品，以方便顾客找到商品。整修一新开业后，立刻见到了效果，头一个星期的销售额和利润比过去增加了70%。可是随后的销售额和利润又不断下降，半个月后降到了以往的水平，一个月后低于以往的水平。为什么出现这种情况呢？观察发现，有些老顾客不来购物了，增加了一批新顾客，但是新增的顾客没有流失的老顾客多。对部分顾客的调查表明，顾客认为购物环境是比原先好了，商品档次也提高了，但是商品摆放依然不太合理，同时商品价格也提高了，别的商店更便宜些，一批老顾客就到别处购买了。听到这种反映，红叶超市的经理再次感到诧异，因为一般来说，红叶超市装修后商品的价格并未提高，只是调整了商品结构，减少了部分微利商品，增加正常利润和厚利商品，其价格与其他超市相同。

思考题：

究竟怎样才能适应顾客呢？

【案例二】

"棉花——超乎你的想象"

美国棉花公司是在1970年由美国棉花生产商和棉织品进口商出资成立的，公司诞生之初的主要任务是解决因消费者转向合成纤维产品而造成的棉织品市场份额流失问题。那时除了牛仔裤、T恤衫和浴巾之外，市场上几乎没有棉织品。为挽救棉花和棉织品市场，美国棉花公司采用了"推—拉"的市场战略，坚持在全球范围内，通过棉纺技术研究和推广活动，以提高棉花的需求量和附加值为目标，通过产品和工艺研发"推动"棉织物的创新以满足客户需求，同时通过广告和促销"拉动"棉织产品销售。公司在宣传中，把棉花定义为美国发展历程的一部分，打出了"感受棉花,享受生活”的口号,向消费者传达着棉织品舒适、环保的理念。公司不仅致力于产品市场的宣传,更强调高品质的产品质量。美国棉花公司拥有一个世界级的研究中心,从事新产品开发,寻求提高产品品质的更多方法等。美国棉花公司还帮助生产商更有效地生产、加工高质量棉花。为了准确地把握市场需求,美国棉花公司的市场调研部门对全球及各国、各地区的棉花经济、消费行为和市场状况进行广泛调查,时刻追踪时尚和面料色彩的流行趋势,并将这些信息提供给全球的业界决策者。经过一番艰苦努力,到 1983 年,美国棉花公司成功地止住了棉织品市场份额的下滑,在很长一段时期内保持了消费者人数和市场份额的稳定增长。服装和家纺等棉织产品的市场零售份额在 1998 年达到了 60%。这标志着从 20 世纪 60 年代引入合成纤维以来,棉花首次占据了纺织市场的主导地位。

为了打开中国的棉花消费市场,早在 1997 年,美国棉花公司就设立了中国上海办事处,以其丰富的棉花营销经验在中国展开了美国棉花营销战略。美国棉花公司通过调研发现,长期以来中国人普遍将棉花与舒适、环保画上等号,而往往忽略棉制服装的时尚感。因此,扩大中国棉花消费市场亟须提升中国消费者对棉制品的认知,改变中国人对棉花缺乏时尚感的固有看法,增强中国消费者对棉制品的喜好和消费。从 2006 年起美国棉花公司开始在华推广其旨在传达棉花不仅仅是一种简单的纤维,它更代表了一种环保、时尚的生活态度的理念,全面实施“棉花—超出你的想象”营销战略。整个营销战略以建立和强化中国消费者对于棉花的益处、多功能性和时尚性的认知和理解,增强消费者购买棉制品的喜好为目标,以一、二线城市,中等以上收入水平的 18～40 岁的女性和 18～50 岁的男性为主要受众,并把通过杂志、网络媒体等获取资讯的消费者和易为朋友、同事所影响,并关注海外流行趋势的消费者作为重点对象。

从 2006 年开始,美国棉花公司每年都举办大学生棉花设计大赛,通过与高校合作鼓励新锐青年设计师发挥想象展示棉花的时尚性及多功能性,向中国消费者展露棉花的特性。通过组织连续性的媒体活动,不断激发媒体的兴趣及大赛的媒体曝光率。评选胜出的学生设计作品被制成成衣,在路演中向公众展示,以提升公众对棉花时尚性的认识。

美国棉花公司还于 2006 年为中国消费者特别创立了“棉花——超乎你的想象”主题网站,以大大低于广告宣传费用的方式良好地展示了棉花的舒适本质和时尚性,以及棉花生活方式的益处。在积极建设企业推广网站的同时,美国棉花公司还借助与中国最大的时尚网络平台—新浪伊人频道的合作,通过设立“棉花—超乎你的想象”专栏,把 18～35 岁的具有理性、时尚性的女性作为目标消费群,不断地增强棉花特性的介绍与宣传。同时与北京电视台《魅力前线》栏目合作开始了一系列关于棉花时尚及流行趋势选题的节目制作与播出。

这一系列的推广活动使“棉花—超乎你的想象”的主题公关传播取得了“超乎想象”的成果。从学生棉花设计大赛到全国范围的棉花路演，媒体对“棉花—超乎你的想象”的关注不断提升。而随着消费者网络票选活动的展开和颁奖仪式的举行，将公众和媒体对这一主题活动的关注同时推向了高潮。截至2007年11月30日，超过667家媒体对这一活动进行了不同程度的报道，创造了客观的广告价值。更为重要的是，多层次、多角度的公关活动与大众消费者进行了直接而有效的交流。包括学生设计师、棉制品护理知识教育、时尚导向的新闻稿和创新的应用电视和网络媒体等具有丰富创造性的传播手段和活动，实现了对行业和消费类媒体传达“棉花是益处、多功能性和时尚性的纤维”理念的目标。与此同时，美国棉花在中国的消费量也与日俱增。

思考题

1. 美国棉花公司在中国开展了哪些营销战略？
2. 美国棉花公司如何推广宣传？

项目三　农产品市场信息

任务一　农产品市场调查

【知识目标】

了解市场调查的种类；掌握市场调查的内容和步骤、市场调查方案和调查问卷的设计方法，会撰写农产品市场调查报告。

【技能目标】

能理解各种常用市场调查的特点和应用条件；可以根据农产品企业的经营与管理需要制定调查方案和调查问卷，组织实施简单的市场调查。

现代社会是一个信息社会，农产品经营企业在市场竞争中的地位很大程度上取决于它所拥有的信息资源。要拥有信息，农产品经营企业则需要有效地运用市场调查，从而对市场未来做出正确的判断。农产品经营企业营销人员的主要工作任务就是利用市场营销调查的步骤、流程、操作方法，为企业进行市场信息的收集和分析，从而使企业获得市场先机，把握市场命脉。

本任务主要是了解市场调查的种类，能理解各种常用市场调查的特点和应用条件；掌握市场调查的内容和步骤、市场调查方案和调查问卷的设计方法，会撰写农产品市场调查报告。可以根据农产品企业的经营与管理需要制定调查方案和调查问卷，组织实施简单的市场调查。

一、农产品市场调查的内涵

（一）市场调查的含义

市场调查是指运用科学的方法，有目的、有系统地搜集、记录、整理有关市场营销信息和资料，分析市场情况，了解市场的现状及其发展趋势，为市场预测和营销决策提供客观、正确的资料。

（二）农产品市场信息的分类及来源

农产品市场信息资料一般分为两类：一类为第一手资料，又称原始资料，是调查人员通过现场实地调查所收集的资料；另一类为第二手资料，是他人为某种目的而收集并经过整理的资料。第二手资料的来源包括：

(1)农产品经营企业内部资料，包括企业内部各有关部门的记录、统计表、报告、财务决算、用户来函等。

(2)政府机关的统计资料，如统计公报、统计资料汇编、农业年鉴等。

(3)公开出版的期刊、文献、报纸、杂志、书籍、研究报告等。

(4)农产品市场研究机构、广告公司等公布的资料。

(5)农产品行业协会公布的行业信息。

(6)农业展览会、展销会公开发送的资料。

(7)信息网络、供应商、分销商提供的信息资料。

（三）农产品市场调查的内容

由于影响农产品经营企业营销的因素很多，所以市场调查的内容非常广泛。凡是直接或间接影响农产品经营企业营销活动、与企业营销决策有关的因素都可能被纳入调查的范围。

1.宏观环境发展状况

农产品经营企业是社会经济的细胞，是整个国民经济有机整体的组成部分。社会对农产品品种、规格、质量和数量等各方面的要求，是受整个社会总需求制约的。而社会总需求的动态是与国家的宏观环境直接相关的。

对宏观环境因素的调研，包括对经济环境、自然环境、人口环境、政治法律环境、技术环境、社会文化环境等的调研。

2.农产品市场需求状况

农产品的市场需求是指在特定的地理区域、特定的时间、特定的营销环境中，特定的顾客愿意购买的总量，包括现实的需求量和潜在的需求量。因此，市场需求调查包括对消费者的特点进行调查，消费者不同，其需要的特点也不同；还包括对影响用户需要的各种因素进行调查，如购买力、购买动机等。

3.农产品销售状况

调查内容包括以下四点：

(1)农产品经营企业现有产品所处的生命周期阶段及相应的产品策略、新产品开发情况、产品现阶段销售、成本、售后服务情况以及产品包装、品牌知名度等方面。

(2)消费者对农产品可接受的价格水平、对产品价格变动的反应、新产品的定价方法及市场反应、定价策略的运用等。

(3)农产品经营企业现有的销售力量是否适应需要、现有的销售渠道是否合理。

(4)目前农产品经营企业采用了哪些促销手段,广告销售效果、媒体选择、方案设计调查,及相关促销方式调查。

4.竞争状况

竞争状况包括行业竞争对手的数量、名称、经济实力、生产能力、产品特点、市场分布、销售策略、市场占有率及其竞争发展战略等。

二、农产品市场调查的步骤

对于农产品经营企业经营者来说,市场调查是最根本的一个步骤。如果调查的方向和内容错了,将会给企业带来很大的损失。一个好的调查结果,有可能将一个濒临停产的产品拯救回来,并为企业创造收益。

一般来说,市场调查可分为四个阶段:调查前的准备阶段、正式调查阶段、综合分析资料阶段和提出调查报告阶段。

(一)调查前的准备阶段

对农产品经营企业提供的资料进行初步的分析,找出问题存在的征兆,明确调查课题的关键和范围,选择最主要也是最需要的调查目标,制订出市场调查的方案。其主要包括:市场调查的内容、方法和步骤,调查计划的可行性、经费预算、调查时间等。

(二)正式调查阶段

市场调查内容有多个方面,因农产品经营企业和情况而异,综合起来,分为以下四类。

1.市场需求调查

即调查农产品经营企业产品在过去几年中的销售总额、现在市场的需求量及其影响因素,要重点进行购买力调查、购买动机调查和潜在需求调查,其核心是寻找市场经营机会。

2.竞争者情况调查

包括竞争对手的基本情况、竞争对手的竞争能力、经营战略、新产品、新技术开发情况和售后服务情况。

3.对农产品经营企业经营战略决策执行情况调查

如产品的价格、销售渠道、广告及推销方面情况、产品的商标及外包装情况、存在的问题及改进情况。

4.政策法规情况调查

政府政策的变化,法律、法规的实施,都对农产品经营企业有重大影响。例如,税收政策、银行信用情况、能源交通情况、行业的限制等,都和农产品经营企业、产品关系重大,也是市场调查不可分割的一部分。

(三)综合分析资料阶段

当统计分析研究和现场直接调查完成后,市场调查人员拥有大量的第一手资料。对这些资料首先要编辑,选取一切有关的、重要的资料,剔除没有参考价值的资料。然后,对这些资料首先编辑或分类,使之成为某种可供备用的形式。最后,把有关资料用适当的表格形式展示出来,以便说明问题或从中发现某种典型的模式。

(四)提出调查报告阶段

经过对调查材料的综合分析整理,便可根据调查目的撰写出一份调查报告,得出调查的结论。特别需要注意的是,调查人员不应当把调查报告看作市场调查的结束,而应继续注意市场行情变化,以检验调查结果的准确程度,并发现新的市场趋势,为改进以后的调查打好基础。

三、农产品市场调查的方法

(一)第二手资料的搜集方法

第二手资料搜集方法又称案头调查法,是指调查人员通过查找、索取有关文献资料的方法搜集信息,具有花费少、不受时空限制、信息真实客观的优点。因此,市场调查人员为了节省时间、精力和成本,往往先从搜集第二手信息资料开始。第二手信息的搜集方法包括:内部资料索取法、资料检索法和情报筛选法。其搜索渠道详见“农产品市场信息的分类及来源”。

(二)第一手资料的搜集方法

第一手资料的搜集方法又称实地调查法或直接调查法,是指在周密的设计和组织下,由调查人员依照调查方案直接向被调查者搜集原始资料的调查方法。其具有针对性、实用性和真实性,而且由于信息来源可知、搜集方法可控、调查方法可选,所以信息资料更具可靠性、准确性和适应性。第一手信息的搜集方法有观察法、实验法、访问法三种。

1.观察法

观察法是指通过观察被调研者的活动从而获得第一手资料的调研方法。观察法简便易行,灵活性强,观察结果客观真实,时效性强,可作为其他方法的补充。观察法的方法很多,包括:

(1)现场观察法 例如,在节假日到商场蔬菜和水果摊位上观看消费者购买情况,了解消费者的购买数量和频率。

(2)实际痕迹观察法 例如,在商店内某些水果罐头产品货架上安装摄像机,记录顾客目光的移动过程,以弄清顾客如何浏览水果罐头的各种品牌。

(3)比较观察法 例如,某果汁生产企业要了解何种包装的果汁对消费者最具吸引力,于是把需求比较大的玻璃瓶、塑料瓶和纸盒装的果汁放在同一商场内销售,以观察消费者的购买态度。

2.实验法

实验法是指从影响调研对象的若干因素中选出一个或几个作为实验因素,在不发生变化的条件下,了解实验因素的变化对调研对象的影响过程。实验法方法科学,能排除主观性偏差,结果比较准确,能直接真实地反映市场需求。实验法分为以下类型。

(1)无控制组前后对比试验 只是记录实验组前后的测量值,通过对比测量值,了解实验效果。

(2)有控制组的前后对比实验 是以实验单位的实验结果同控制组的情况进行比较而获取市场信息的一种实验调研方法。

(3)实验组同控制组前后对比实验 这种方法既可考察实验组的变动情况,又可考察控制组的变动结果,以消除外来因素的影响。

【案例一】

某蜜饯厂话梅销量增加原因分析

某一蜜饯厂,想知道话梅大包装和小包装的销量情况,采用实验法进行测试。将同一品牌的话梅一部分采用大包装;另一部分采用小包袋,选择甲、乙超市作为实验市场(这两个超市规模、客流量、周边环境等条件相似),进行为期两个月的销售实验。第一个月大包装的给甲超市,小包装的给乙超市;第二个月把大包装的给乙超市,小包装的给甲超市。这样对调的目的在于减少由于起市自身和环境的差别所引起的误差。

实验结果：对调实验市场后，小包装话梅的销量比大包装话梅的销量增加25%。

3.访问法

访问法是调查人员直接向被调查者提出问题，以获得信息资料的搜集方法。访问法在实际应用中，按传递访问内容的方式以及调查者与被调查者接触的方式不同，分为面谈调查法、邮寄调查法、电话调查法以及留置问卷调查法等。

(1)面谈调查法　是指调查人员直接面对被调查者了解情况，获取资料的方法，是一种最常用的方法。面谈访问法简单、灵活，能获得深入、有用的信息。运用此种方法时，要求调查人员有较高的谈话技巧，善于启发和引导被调查者的思路。该调查方法常用调查消费者的购买动机、消费倾向、产品质量等问题。

(2)邮寄调查法　是指将设计好的问卷，通过邮寄的方式送到被调研者手中，请他们答卷后寄回。邮寄访问法费用低，范围广，能减少主观影响，被访问者有充足的时间答卷，匿名性强，可得到直接访问得不到的信息。

(3)电话调查法　是指通过电话与被调查者交谈，从而获得调查资料的办法。该方法搜集信息资料速度快，节省调查费用与时间，受访员影响较少。

(4)留置问卷调查法　是指由调查人员将事先设计好的问卷或调查表当面交给被调查对象，并说明回答问题的要求，留给调查对象填写，然后再登门取回填好的问卷，具有匿名性强和回收率高的特点。

【案例二】

确定牛奶西瓜市场的调查方法

据专家介绍，近年经常见诸报端的牛奶西瓜口感香甜可口、瓜脆多汁，但其价格也是普通西瓜的好几倍，消费者所持态度不一。假设你是一牛奶西瓜的销售商，欲调查牛奶西瓜的市场需求量，你将用到哪些调研方法？

业务分析：结合农产品经营企业实际，通过分析各种调查方法的优劣，选择相应的调查方法。

业务程序：农产品经营企业可以在各大农贸市场、超市、水果超市等目标顾客可能出现的场所，首先运用观察法，找到符合要求的调查对象，再采用拦截访问的形式调查；为了更进一步了解消费者的消费心理，可采用发放调查问卷的方法，对消费者对牛奶西瓜认知度、所关心的产品价格、安全性、营养价值等问题做进一步的了解。

业务说明：此次调查的目的是预测牛奶西瓜的市场。在调查之前，应明确调查的对象、调查的范围，最终确定对农产品经营企业切实有效的调查方法。

四、农产品市场调查问卷设计

调查问卷又称调查表或询问表，它是市场调查的一种重要工具，用以记载和反映市场的重要内容。

（一）调查问卷的组成部分

一份正式的调查问卷一般包括以下三个组成部分。

第一部分：前言。这一部分主要说明调查的主题、调查的目的、调查的意义以及向被调查者表示感谢。

第二部分：正文。这是调查问卷的主体部分，一般设计若干问题要求被调查者回答。

第三部分：附录。这一部分可以将被调查者的有关情况加以登记，为进一步的统计分析搜集资料。

（二）调查问卷设计的原则

问卷设计时应注意以下原则：

(1)问卷上所列问题应该都是必要的，可要可不要的问题不需列入。

(2)所问问题是被调查者所了解的。所问问题不应是被调查者不了解或难以答复的，使人感到困惑的问题会让你得到“我不知道”的答案。在“是”或“否”的答案后，应有一个“为什么”。回答问题所用时间最多不超过半小时。

(3)在询问问题时不要转弯抹角。如果想知道消费者为什么选择到你的花店买鲜花，就不要问：“你为什么不去李四的花店购买?”因为此时你得到的答案是他们为什么不喜欢李四的店铺，但你真正需要的了解是他们为什么喜欢你的花店。根据顾客对其他花店的看法来了解顾客为什么喜欢你的花店，可能会导致错误的推测。

(4)注意询问语句的措辞和语气。在语句的措辞和语气方面，一般应注意以下几点：

①问题要提得清楚、明确、具体。

②要明确问题的界限与范围，问句的字义（词义）要清楚，否则容易造成误解，影响调查结果。

③避免用引导性问题或带有暗示性的问题。诱导人们按某种方式回答问题，会使你得到你自己提供的答案。

④避免提问使人尴尬的问题。

⑤对调查的目的要有真实的说明，不要说假话。

⑥需要理解被调查者所说的一切。

⑦不要对任何答案做出负面反应。

（三）调查问卷提问的方式

调查问卷提问的方式可以分为以下两种形式：

（1）封闭式提问　也就是在每个问题后面给出若干个选择答案，被调查者只能在这些备选答案中选择自己的答案。

（2）开放式提问　也就是允许被调查用自己的话来回答问题。由于采取这种方式提问会得到各种不同的答案，不利于资料统计分析，因此在调查问卷中一般不超过3个。

（四）调查问卷的设计要求

在设计调查问卷时，设计者应该注意遵循以下基本要求：

（1）问卷不宜过长，问题不能过多，一般控制在20分钟左右回答完毕。

（2）能够得到被调查者的密切合作，充分考虑被调查者的身份背景，不要提出对方不感兴趣的问题。

（3）要有利于使被调查者做出真实的选择。因此，答案切忌模棱两可，使对方难以选择。

（4）问题的排列顺序要合理，一般先提出概括性的问题，逐步启发被调查者，做到循序渐进。

（5）将比较难回答的问题和涉及被调查者个人隐私的问题放在最后。

（6）提问不能有任何暗示，措辞要恰当。

（五）调查问卷设计的注意事项

（1）问卷必须与调查主题紧密相关　问卷的设计一定要结合调查的主题，不能泛泛而谈，面面俱到，否则很难抓住重点，会失去调查的意义。例如，在调查以玫瑰花为主题的时候，若只针对价格、包装等进行调查，那么只需要对这些内容进行设计问题，而不需要对产地、渠道、季节等进行全面调查。

（2）问题的设置是否具有普遍意义　这是问卷设计的一个基本要求，但我们仍然能够在很多问卷中发现这类带有一定常识性的错误。例如，以下是一个“消费者对超市水果消费情况”的调查。

问题：你会经常选择购买哪些水果？

A.苹果　B.香蕉　C.梨　D.橘子　E.其他

而如果答案是另一种形式：

A. 苹果　B. 香蕉　C. 梨　D. 橘子　E. 菠萝　F. 樱桃

G. 椰子　H. ……

如果我们的统计指标没有那么细(或根本没必要)，那我们就犯了一个“特殊性”的错误，从而导致某些问题的回答实际上是对调查无益的。

(3)问卷的设计要有整体感　这种整体感是指问题与问题之间要有逻辑性，独立的问题本身也不能出现逻辑上的谬误，从而使问卷成为一个相对完善的小系统。

【案例三】

设计调查鲜花购买渠道的问卷题目

业务分析：问卷题目的设计要密切注意问题本身的逻辑性和严谨性。要获得消费者购买鲜花的渠道，首先要确认此消费者是否有过购买鲜花的经历。否则，消费者无从作答。

业务程序：根据问卷题目设计的要求，设计三个问题如下。

①你通常会在什么时候购买鲜花？

A. 基本不买　B. 情人节　C. 七夕节　D. 亲朋好友生日　E. 其他重要节日

②若你购买，你通常购买多少价位的鲜花？

A. 50 元　B. 50～100 元　C. 100～200 元　D. 200 元以上

③如果你选择购买鲜花，通常情况下，你选择购买鲜花的渠道是哪种？(多选题)

业务说明：在以上的几个问题中，由于问题设置紧密相关，因而能够获得比较完整的信息。调查对象也会感到问题集中、提问有章法。相反，假如问题是发散的、带有意识流痕迹的，问卷就会给人以随意性而不是严谨性的感觉，得到的答案也会是随意性的。

(4)所问问题要清晰明确、便于回答。所问问题必须清晰明确，尽量少用“差不多”、“好像”、“大概”等意思含糊不清、让被调查者很难回答的措辞。

(5)问题要设置在中性位置，不参与提示或主观臆断，不使用诱导性词语。

(6)便于整理、分析。成功的问卷设计除了考虑到紧密结合调查主题与方便信息收集外，还要考虑到调查结果容易得出，调查结果有说服力。

【案例四】

水蜜桃市场消费情况的调查问卷

您好！

我是本地一所职业技术学院的学生，为了了解本市水蜜桃在农产品市场的销售现状，我们开展了此项调查。此项调查采用匿名形式，完全用于学习研究，不涉及商业运作。您的回答对我们非常重要，衷心地感谢您对我们工作的大力支持。

1. 您的性别是(　　)。

A. 男　　B. 女

2. 您的年龄是(　　)。

A. 20 岁以下　　B. 21～30 岁　　C. 31～40 岁

D. 41～50 岁　　E. 51～60 岁　　F. 60 岁以上

3. 您认为当前水果产品的市场价格合理吗？(　　)

A. 合理　　B. 一般　　C. 不合理

4. 您希望吃到(　　)样的水果产品。

A. 有机水果　　B. 无公害水果　　C. 绿色水果

D. 原生态水果　　E. 其他

5. 您一年消费水果总量约(　　)斤。

A. ≤100　　B. 100～200　　C. 300～400

D. ≥400

6. 您平均(　　)购买一次水蜜桃？

A. 1～3 天　　B. 1 周　　C. 10 天左右

D. 每天一次　　E. 几乎没有

7. 您购买水蜜桃首先考虑(　　)因素。(多选题)

A. 价格　　B. 质量　　C. 服务　　D. 品牌

E. 包装　　F. 产地　　G. 其他

8. 您经常在(　　)购买水蜜桃。(按频率排序选样)

A. 水果批发市场　　B. 小区附近的农贸市场

D. 采摘果园　　E. 水果专卖店

9. 您能接受的水蜜桃价格是(　　)元一斤。

A. ≤10　　B. 11～20　　C. 21～30　　D. ≥31

10. 您一般(　　)去买水蜜桃。

A. 上午　　B. 中午　　C. 下午

D. 晚上　　E. 不确定

11. 您喜欢(　)的水蜜桃。

A. 河北深州蜜桃　　B. 浙江奉化玉露桃　　C. 山东肥城桃

D. 湖北"四月白"　　E. 其他

12. 您喜欢吃(　)的水蜜桃。

A. 细脆多汁　　B. 绵软多汁　　C. 都可以

13. 您喜欢(　)的水蜜桃。

A. 甜的　　B. 酸的

C. 酸甜适中　　D. 无所谓

14. 您喜欢水蜜桃的果汁制品吗?(　)

A. 喜欢　　B. 不喜欢　　C. 还可以

五、撰写农产品市场调查报告

市场调查报告没有固定的统一格式,结构上一般包括标题和正文两部分。

(一)标题

农产品市场调查报告的标题应概括全文的基本内容,做到准确、简洁、醒目。常见的写法有以下几种:

(1)单行标题可由调查对象、调查内容(范围)构成,如"浙江花卉在国内外市场地位的调查"。

(2)直接揭示调查结论,如"广西荔枝在济南市场畅销"。

(3)提出问题,如"蓝色妖姬为何如此受情侣们喜欢"。

(二)正文

正文一般由前言和主体两部分构成。

(1)前言常见的写法有以下几种。

①交代调查活动的一般情况,写明调查目的、时间、地点、对象、范围、方式、结果等。

②介绍调查对象的基本情况。

③提出问题。例如,曾经风靡一时的云南普洱茶今年的销售状况如何?市场调查表明:昔日风光无限的普洱茶陷入了繁华后的"大萧条"时期。

(2)主体部分也是调查报告的核心部分,一般包括三个方面的内容。

①基本情况。调查对象过去和现在的客观情况,如发展历史、市场布局、销售情况等。

②分析结论。对调查所收集的材料进行科学的分析,从分析中得出结论性意见。

③措施与建议。根据调查结论,提出相应的措施和建议。

【任务小结】

农产品市场信息资料一般分为两类:一类为第一手资料,另一类为第二手资料。农产品市场调查的内容包括宏观环境发展状况、农产品市场需求状况、农产品销售状况。农产品市场调查的步骤有调查前的准备阶段、正式调查阶段、综合分析资料阶段、提出调查报告阶段。农产品市场调查的方法包括第二手资料的搜集方法和第一手资料的搜集方法。第一手资料搜集方法有观察法、实验法、访问法。在调查中收集资料的重要工具是问卷,问卷的设计和提问的技巧是农产品市场调查工作者必须掌握的基本技能。学生要学会撰写农产品市场调查报告。

【实践与思考】

(一)制订水果加工厂的市场调查方案

1.训练要求

根据团队合作的目的,模拟市场调查人员与被调查者之间的调查过程,要注意不应故意刁难,其他同学应以客观的视角做出评价。

2.训练内容

某县盛产蜜橘、金橘等橘类产品,投资商A拟在该县投资兴办一家橘类产品加工厂,他想知道该县的橘类产品的资源分布、产品产量和结构、投资环境、有无同类产品加工厂及其生产能力;还想论证和评估市场需求、项目背景、技术方案、环境保护、效益与风险、投资规模,项目实施条件等方面的可行性。假设你是此项目负责人,需要采用哪些调查办法,并设计可行性研究方案。

3.过程设计

(1)事先将学生按照4~6人进行分组。

(2)各组派代表扮演水果加工厂老板、市场调查人员、顾客、普通人员、相关政府机构人员等,模拟市场调查活动。

(3)各组对整个市场调查的过程进行评价,并评价水果加工厂的市场调查问卷、市场调查步骤等。

(4)各组撰写市场调查方案,包括调查问卷设计。

(5)点评、完善与交流各组设计的市场调查方案。

(二)撰写某市花卉市场调查报告

1.训练要求

通过实训,要求学生按照市场调查的基本内容、步骤展开市场调查,并能熟练运用市场调查的基本方法及设计具有可操作性的调查问卷,从而撰写调查报告。

2.训练内容

(1)设计调查问卷。

(2)对某市花店分布规律及发展情况展开调查。

(3)撰写调查报告。

3.训练准备

先要求学生利用业余时间,对本市花店的发展情况进行简单了解。

4.训练资料

上述调查所得的第一手资料及通过相关网站和政府咨询获得的第二手资料。

5.训练步骤

第一步,按照市场调查的方法,选择本次背景行业调查的基本方法。

第二步,按照市场调查问卷设计的方式,对本次问卷进行设计。

第三步,对调查的区域进行划分,并分配具体任务给小组成员。

第四步,选择有代表性的样本,进行问卷调查。

第五步,收集并整理问卷调查的内容。

第六步,按照调查报告的格式,撰写本次活动的调查报告。

6.训练成果

某市花店分布规律及发展情况调查报告。

任务二 农产品信息处理

【知识目标】

理解农产品市场调查资料审核、整理的意义、内容和方法;掌握农产品市场调查数据的排序、分类汇总、分组分析、集中与离中趋势分析以及用 Excel 制作统计图的方法和技术。

【技能目标】

能够根据农产品经营企业管理和决策要求,对市场调查数据进行基本整理和分析。

运用各种农产品市场调查方法取得的调查数据，必须经过加工整理，使之系统化、条理化，才能符合市场调研的要求。这是因为调查得到的大量原始资料是分散的、不系统的，只能说明局部的、个别的现象，不能说明现象总体，必须按照科学的原则加以整理，使之由“个别”上升到“一般”，成为“成品”资料，以便能够从中了解、分析农产品市场的具体情况，对农产品市场的未来变化做出预测。数据的整理包括调查资料的审核、分组等一系列的工作。

本任务主要是学习理解农产品市场调查资料审核、整理的意义、内容和方法；掌握农产品市场调查数据的排序、分类汇总、分组分析、集中与离中趋势分析以及用 Excel 制作统计图的方法和技术等相关知识内容。

一、数据资料的处理

在数据的整理中，常用到一些科学的方法和工具，可供选择处理数据的主要方法有两种分类：直接人工处理和委托专业机构处理。

(一)直接人工处理

直接人工处理即调查单位或调查人对获得资料的自行处理。此法主要适用于在统计分析中要求进行简单处理的项目(自行能处理好，没必要委托专业机构或使用计算机处理的)，如想小规模的调查项目和不经常反复出现的项目等。

(二)委托专业机构处理

特别是在调查单位没有专业的数据处理人员或者调查规模很大、资料多、对分析的要求很高时，就可委托专业机构(如专业调查公司或计算公司等)代为进行数据的处理。

其好处：

(1)他们有较好的数据处理设备和成熟的数据分析处理方法，处理速度快、可缩短获得调查结果的时间。

(2)他们有丰富的数据处理经验，计算能力较强，可减少甚至避免数据处理过程的错误。

二、数据资料的整理

(一)原始资料的审核

在农产品市场调查中，由于种种原因(如时间、能力、方式方法、人为因素等的局限)势必会导致获得的原始资料不够准确或有错误。因此，在对资料进行加工整理时首先要对收集到的原始资料进行验证，以确保调查结果的准确性。

1.错误种类

(1)登记性误差　是指调查采访过程中出现的人为错误。如：

①虚假的采访(根本就没进行采访)。

②错误的信息(被访者不如实回答,见于对方有隐私或不愿配合)。

③不一致性(对问题回答的前后矛盾即信息资料逻辑上的不一致,如前面回答没看过这则广告,后面问题回答却说广告效果很好等)。

④不充分的回答(即回答不完整或模棱两可的回答,如要求选择 3 个答案的只选择了一或两个)。

⑤不相关的回答(如答非所问)等。

在校正时对出现的上述错误要及时剔掉。

(2)代表性误差　是指由于使用抽样方法所带来的误差。

对于这类错误在校正时我们可以再选取一部分被调查者进行二次调查,以验证结果的准确性。

2.审核内容

市场调查资料审核的内容主要有及时性、完整性、有效性和准确性。

(1)及时性　主要是审查资料是否按规定日期填写和送出,填写的资料是否是最新的资料(只有代表农产品市场活动最新状态的信息才是最有价值的信息)。

(2)完整性　就是检查应报送的单位和项目有无遗漏。如果有遗漏,应及时查明原因加以补充(如审查被调查单位是否都包括了;问卷是否有缺损;填写是否齐全;是否有模糊不清的答案等)。

(3)协调性　就是要检查各种调查资料或各种调查资料之间,是否连贯、一致,是否有对立和明显差异的地方等。

(4)准确性　就是检查调查资料是否存在逻辑和技术方面的错误。常用的审查方法是逻辑审核和计算审核。逻辑审核,是检查资料的内容是否合理、项目之间有无相互矛盾之处或不符合客观实际的情况。计算审核,是通过计算表中的各项数字有无差错,各项指标的计算方法、计算结果、计算单位、指标口径有无差错,有关指标间的平衡关系是否得到保持等各方面进行检查的。

(二)数据分组

数据分组是指按照调查目的和任务的要求,根据调查对象的特点,采用一定的标准将调查总体按照一定的标志分为若干个组成部分的一种统计方法。数据分组是数据整理的核心工作。

1.作用

(1)研究总体内部结构问题　通过分组,把总体划分成了若干个类别,在此基础上，可以计算、分析总体在各方面的结构性比重和比例。例如表3-1所示为浙江2004—2007年的人口结构。

表3-1 浙江2004—2007年的人口结构表

万人

分类		2004年	2005年	2006年	2007年
城乡结构	城镇	1224.06	1266.81	1312.17	1351.13
	乡村	3353.16	3335.30	3317.26	3308.21
性别结构	男	2345.26	2354.19	2364.97	2377.12
	女	2231.96	2247.91	2264.46	2282.22

注：资料来自《浙江统计年鉴》

(2)区分和判断社会经济现象的类型特征　统计分组及分析，显示了总体的结构比重，反映了各个组成部分对总体的影响和决定程度，从而为判断总体的类型特征提供了依据。如表3-2所示，从表3-2中可以看出，浙江城市人口的比重逐步增大。

表3-2 浙江人口分布比较

%

人口比重	2004年	2005年	2006年	2007年
城市人口占总人口比重	54	56	56.5	57.2
农村人口占总人口比重	46	44	43.5	42.8

注：资料来自《浙江统计年鉴》

(3)揭示变量之间的依存关系　按某一变量分组，来观察与其相关的其他变量取值的变化特点，从而可以揭示出分组变量与其他相关变量之间在方向上和数量上的相互关系的相互关系，这是进行深入的量化分析的前提和基础。如表3-3所示，从分组结果可以看出，随着劳动生产率的提高，粮食商品化程度也在不断提高。

表3-3 某省各地区粮食生产商品率

人均粮食产量/千克	粮食商品率/%	人均粮食产量/千克	粮食商品率/%
300以下	26.6	400～500	47.0
300～350	30.7	500～600	51.5
350～400	40.6	600以上	55.7

2.分组的步骤

此项工作的关键就是如何进行分组及确定分组的数量，它主要是根据调查的目的和资料的特点而定。其具体步骤包括：

(1)确定分组标志 分组标志是将总体资料划分为各个性质不同的部分的标准。分组标志较多,通常可分为:

①品质标志分组 是指按反映事物属性的标志来分组,如蔬菜种类、收入来源、林种用途、经济成分、农产品名称等都属于品质标志。如表3-4所示,农产品名称即为品质标志,其分组情况如下:

表3-4 抚顺市2008年各种农产品产量

农产品名称	单位	农产品产量
粮食产量	万吨	60.7
稻谷	万吨	12.9
玉米	万吨	44.6
大豆	万吨	1.4
薯类	万吨	1.6
蔬菜	万吨	38.2
水果	万吨	6.5
食用菌	吨	4 154
油料作物	吨	1 719

②数量标志分组 是指按照某一标志的不同数量,将总体单位划分为若干组,如收入、产量、重量、面积等都属于数量标志。

(2)确定分组界限 分组标志确定后,就需要划分和确定分组界限。分组界限是指组与组之间划分的界限。对于品质标志分组界限的确定是很简单、很明确的,我们可以按规定的标准来确定。如按林种用途分,森林可分为用材林、经济林、防护林、薪炭林、特种用途林等。

对于数量标志分组,它包括以下内容的确定:

①组数 即分组的数量,应以明确显示总体分布趋势为原则。

②组距 就是各组中最大值和最小值之间的差额。

若标志值的变化比较均匀(即组距相同)可采取等距分组,反之为不等距分组。

③组限 是指每组的上限和下限。

若一组中只有上限没下限(如500元以下),或者只有下限没上限(如2 000元以上),此组我们就称为开口组;若上下限都齐全的则称为闭口组。

关于组限的确定,需要注意的一个问题是每一总体单位只能计数一次。对于恰好重叠在组限上的变量值,应纳入下一个组的下限,即遵循“上限不在内”原则。

④组中值　即上限与下限之间的中点数值。它是各组标志值的代表值。

计算公式为：组中值＝(上限＋下限)/2

若为开口组，只有上限的，则组中值＝上限 － 相邻组的组距/2

只有下限的，则组中值＝下限 ＋ 相邻组的组距/2

(3)编制变量数列　按数量标志分组形成的数列也称变量数列。如表3-5所示某市按食用菌产量分组的合作社数量分布情况统计表，即是一个开口组的变量数列。

表3-5　某市食用菌产量情况统计

食用菌产量/千克	合作社数量
500以下	2
500～700	4
700～900	5
900～1 100	3
1 100以上	1
合计	15

(三)资料的汇编与图表制作

1.汇编技术

资料的汇编是指按照调查的目的和要求，对分组后的调查资料、数据进行计算、编辑和汇总，使之成为能反映调查对象客观情况的系统、完整、集中、简明的材料。

(1)汇总的方法

①手工汇总方法

a.划记法　即在预先设计的汇总表上画点或画线为记号的汇总方法。适用于对频数的统计。

b.折叠法　是把调查表所要汇总的同一项目的数值折叠，在一条线上进行汇总，并填入汇总表。它较适用于对标志值进行汇总。

c.过录法　是指先将调查资料过录到预先设计的汇总表上，然后计算加总，得出各组数值的合计数，填入统计表。此法既可汇总频数、又可汇总标志值。

d.卡片法　是指利用特制的摘录卡片作为分组记数的工具进行汇总，此法较适用于调查资料多，分组细的情况。

②计算机汇总法　在Excel的统计函数中有专门的统计汇总功能。

2.制表和制图

将整理后的资料以表格或图表的形式归纳出来，以简明地反映总体变化情况及其规律性。

(1)统计表　即用表格的形式来表达数据。从其结构来看，统计表是一种纵横交叉表格形式，是由标题、横行、纵栏和数字资料构成。

(2)统计图　为了生动、直观地再现调查结果，农产品市场调查常以统计图的形式来表达分析结果。

目前较常使用的统计图有：直方图、饼形图、趋势图、散点图。

①直方图　是指在坐标平面上利用一定的柱状图形，表达一定数据资料消息的一种统计图。

②饼形图　是以一个圆代表一个研究对象的全部，记为100%，每一部分的面积表示某个变量对应取值的百分数，以此来表示各个变量数值的对比。

③趋势图　在坐标平面上，将现象的发展变化用一定的趋势线反映出来。

④散点图　类似于趋势图，只不过它是用点反映出来。

三、数据资料的描述分析

(一)绝对数和相对数的计算

绝对数(统计上常称为总量指标)是反映社会经济现象发展的总规模、总水平的综合指标。它是对调查所取得的原始资料经过分组、汇总得到的各项总计数字，是数据整理阶段的直接成果。最常用的计算方法是求和和计数。在Excel中，求和可用SUM函数，或者单击“常用”工具栏的自动求和按钮Σ；计数可用COUNT函数。

相对数(统计上常称为相对指标)是由两个有相互联系的现象数量对比求得的，用以反映现象的发展程度、结构、强度、普遍程度、比例关系等，广泛存在于社会经济现象中。它把两个具体数值抽象化，使人们对现象之间所存在的固有联系有较为深刻的认识。在Excel中，常编制公式来计算相对数。

绝对数和相对数的不同点：绝对数能反映现象的总规模和总水平，但不能揭示事物的内部联系和现象的对比关系；相对数能揭示事物的内部联系和现象的对比关系，但又隐蔽了现象的具体规模和绝对水平。所以，要对事物有较全面的认识，必须把绝对数和相对数结合起来进行分析，否则，得到的只能是片面的、不完整的结论。

(二)集中趋势的描述

在对数据进行描述时我们常采用一些特征值(如均值、中位数、众数、分位数等）来表示数据的集中趋势。

（1）均值　均值是反映数据集中趋势最常用的特征值，通常称为算术平均数，它是将所有数据加总后除以数值个数求得。

（2）中位数　中位数是一组数据按大小顺序排列后，处于中间位置的数值。

（3）众数　众数是一组数据中出现次数最多的变量值。

（4）分位数　分位数是把数据按照从小到大的顺序排列后，将数据分成若干等份的数值。

（三）离散程度的描述

对调查数据的描述，仅仅对数据资料的中心位置进行描述还不够，因为不同尺度描述的中心位置是不一样的，我们还要掌握数据资料围绕中心位置表现出来的离散状况，即数据的离中趋势。描述离散程度的特征值有极差、标准差、方差、变异系数等。

1. 极差

极差是一组数据的最大值与最小值之间的差。

2. 方差和标准差

方差和标准差是以均值为中心的、反映全部数据的离散程度的最重要、最常用的特征值。

方差公式：

$$s^2=\frac{(x_1-M)^2+(x_2-M)^2+(x_3-M)^2+\cdots+(x_n-M)^2}{n}$$

式中：x_i 为变量值；M 为平均数；n 为变量值的个数；s^2 为方差。标准差就是方差的算术平方根。

3. 变异系数

鉴于标准差是有计量单位的，计量单位不同的两组数据，不能直接比较其离散程度。即使是两组同类数据，也因为标准差的大小不仅取决于离散程度，而且还与变量值的大小有关。变异系数就是标准差与均值对比的比值，一般用百分数表示。

【任务小结】

农产品调查数据的处理可以直接人工处理或者委托专业机构处理。数据的整理包括调查资料的审核、分组等一系列的工作。市场调查资料审核的内容主要有及时性、完整性、有效性和正确性。按照一定的研究目的对原始资料进行科学加工叫作资料整理，资料整理的内容主要有分类、汇总、计算频数和频率，以及制作统计表、统计图等。数据分组的作用有研究总体内部结构问题、区分和判断社会经济现象的类型特征、揭示变量之间的依存关系。数据分组的关键是选择分组标志和确定分组界限。数据分析包括集中趋势分析和离散程度分析。集中趋势分析重点把握算术平均数、众数、中位数的计算。离散程度分析主要把握标准差和标准差系数的计算。

【实践与思考】

据调查统计，某年辽宁地区出口食品农产品被国外通报100批次，平均每月通报8.3批次。其中，上半年通报62批次，占全年通报的62.0%，月平均通报10.3批次，1—6月通报数量分别为13批、13批、10批、5批、12批、9批；下半年通报38批次，占全年通报的38.0%，月平均通报6.3批次，7—12月通报数量分别为9批、6批、7批、6批、7批、3批。通报产品类别涉及水产品63批次，食品16批次，植物产品15批次，肉类6批次。涉及美国、韩国、日本、加拿大、俄罗斯、欧盟、澳大利亚等国家和地区。通报不合格原因主要包括卫生控制不佳、药物残留、微生物及毒素超标、添加剂问题和其他问题。

请对上述资料加以整理，并分析辽宁地区该如何进一步做好农产品出口工作以降低通报率？

任务三 农产品市场预测

【知识目标】

了解农产品市场预测的概念、特征和种类；掌握农产品市场预测的原理、内容、步骤和方法。

【技能目标】

能够根据农产品市场研究需要，确定农产品预测内容、选择预测方法、设计预测方案。

农产品市场营销活动的根本宗旨在于最大限度地满足农产品消费者的需求和欲望，获得最佳的经济效益。在以农产品市场导向为特征的农产品市场经济中，企业对农产品市场需求状况的研究具有超前性，不仅要着眼于现实，更重要的是把握和预测未来。也就是说，农产品企业根据农产品消费者过去和现实的需求状况，分析和研究农产品需求变化的规律,并以此对一定时期潜在和未来的需求变化趋势进行科学推断。由此可见,农产品市场预测在农产品企业的经营活动中起着较为重要的作用。

本任务主要是学习了解农产品市场预测的概念、特征和种类;掌握农产品市场预测的原理、内容、步骤和方法。通过运用科学的方法,对农产品市场未来一定时期的变化发展趋势所做的估计和推断,以为营销决策者制定决策提供可靠的依据。

一、农产品市场预测的概念及内容

(一)农产品市场预测概念

农产品市场预测是指在农产品市场调研已获资料的基础上,运用科学的方法,对农产品市场未来一定时期的变化发展趋势所做的估计和推断,为营销决策者制定决策提供可靠的依据。

农产品市场预测与农产品市场调查二者的关系在于:农产品市场调查是人们对农产品市场的过去和现在的认识、它是农产品市场预测的基础;农产品市场预测是人们对农产品市场未来的认识,是企业决策的前提。

(二)农产品市场预测的内容

由于农产品市场预测是建立在农产品市场调查的基础上,因此,预测的内容与农产品市场调查的内容相近。具体包括:

1.农产品市场需求预测

农产品市场需求预测是预测农产品消费者在一定时间、地点和一定市场范围内,有货币支付能力的对农产品的需求。它包括农产品需求量的预测和对农产品需求的品种、规格、质量、包装、商标、需要时间等变动趋势的预测。农产品市场需求预测包括质与量两个方面。从质的方面考察,农产品市场需求预测要解决“需要什么”的问题;从量的方面考察,农产品市场需求需要解决“需要多少”的问题。

2.农产品市场供给预测

农产品市场供给预测,是指对进入市场的农产品资源总量及其构成和各种具体农产品可供量的变化趋势预测。它同农产品市场需求预测结合起来,可以预见未来农产品市场供求矛盾的变化趋势。

3.农产品市场营销环境预测

农产品市场活动受政治、经济、社会、科技、文化等多重因素的影响,这就形成了一定历史条件下的市场环境。对于农产品经营企业而言,企业的营销环境主要受制于市场环境的影响。因此,农产品市场环境的预测一方面是对农产品市场政治环境、农产品市场经济环境和社会文化环境等因素的预测;另一方面是对农产品总体市场的状况的预测。

二、农产品市场预测的种类

农产品市场预测的种类较多,不同的标准有不同的划分,常见于以下几种类型。

(1)按预测期的时间长短划分,农产品市场预测可分为短期预测、中期预测和长期预测

①短期预测　是指以日、周、旬、月为单位,预测期在一年以内的预测。此预测由于预测的时间短、目标明确、背景资料接近农产品市场现状,受外界因素干扰少,所以预测的结果准确度较高。因此,企业常根据预测的结果安排制定短期内的任务或具体实施方案及措施。如年度计划、季度计划等。

②中期预测　是指以年为单位,预测期在1年以上5年以内的预测。此预测由于是在1～5年内,时间不算太长,预测中的不确定因素不会太多,其准确度稍比短期预测要差些。因此,企业常利用中期预测来考察:农产品市场潜力、价格变化、商品供求等变化趋势的情况。如制定中期经营发展战略和经济发展五年计划。

③长期预测　是指以年为单位,预测期在五年以上的预测。此预测由于时间跨度大,不确定的因素较多,其结果的准确性太差,企业在经营活动中不常用。一般在制定企业长期发展规划、产品开发计划、投资计划、生产规模扩充计划等时采用。

(2)按农产品市场预测的空间划分,农产品市场预测可分为国际农产品市场预测和国内农产品市场预测

①国际农产品市场预测　是以世界范围内某个国家或地区的农产品市场需求及变化为对象进行的预测。这里的国际农产品市场既包括国际地区农产品市场,如欧洲农产品市场、北美农产品市场;也包括个别国家的国内农产品市场,如美国农产品市场、英国农产品市场等。这主要是为国家或企业参与国际竞争、扩大出口贸易做准备。

②国内农产品市场预测　是以全国范围内的农产品市场状况为预测对象进行的预测。它包括国内统一农产品市场预测、地域性农产品市场预测(如东北农产品市场、西南农产品市场等预测)和地方性农产品市场预测(如深圳农产品市场、贵阳农产品市场等)。此预测主要是为了企业确定生产发展的方向、调节全国商品的产供销关系及货源的组织分配等提供依据。

(3)按农产品市场预测的范围划分,农产品市场预测可分为宏观农产品市场预

测和微观农产品市场预测

①宏观农产品市场预测　是指在全面充分地进行了农产品市场调查后，对各种影响农产品市场供求关系的社会因素进行的预测。此预测主要针对的是未来一定时期内农产品市场的总供给与总需求的发展变化趋势。

②微观农产品市场预测　是指将预测的范围缩小到某行业、某企业甚至某一类产品或某一项产品上的预测。如行业、企业生产经营的发展变化趋势、某类产品、某项产品的农产品市场需求变化等。

(4)按预测方法划分，农产品市场预测可分为定性预测与定量预测。

①定性预测　是指凭借个人的知识、经验和能力，利用现有的直观材料，根据规范的逻辑推理程序，对预测对象进行的主观估计和推断。

②定量预测　是指依据大量的数据资料，运用统计分析和数学方法建立预测模型，描述预测对象与其影响因素的关系和规律，以计算出的结果作为预测值。

三、农产品市场预测的步骤

(一)确定预测目标

预测目标是预测的主题，确定预测目标就是要规定预测的内容、范围、要求、期限。

确定预测目标是农产品市场预测的首要阶段，也是一项极其重要的工作。整个农产品市场预测都是围绕预测目标展开的，目标确定的好坏直接影响到预测的结果。因此，目标确定要求做到：准确、清楚和具体。

(二)拟订预测计划

即根据预测目标的内容和要求，对整个预测工作的总体设计。拟订的内容包括：预测的项目、预测信息的来源、预测的时间安排、预测的预算估计、预测的分析方法、预测的人员安排及预测结果的提交方式等。

(三)收集和整理资料

即通过各种调查形式，收集、整理、筛选、分析与主题有关的各种资料。这是进行农产品市场预测的一项重要的基础工作，收集的资料可以是原始资料、也可以是二手资料，在收集整理资料时要注意资料筛选的三个原则：即相关性原则、可靠性原则、时效性原则。

(四)选择适当的预测方法

农产品市场预测的方法较多，但并不是每一种方法都适合所有的预测问题，方法的选用是否得当，将直接影响到预测结果的精确性和可靠性。因此，在方法的选择上要根据预测的目的、费用、时间、设备和人员等条件选择合适的方法。

在农产品市场预测中，常采用的预测方法不外乎两大类，即定性预测法和定量预测法。每一类又有许多具体的方法。而每一种方法有着各自的特点和适用范围。

选择方法时要遵循以下三点原则：

(1)应服从于预测目标　也就是说方法的选择应满足目标的要求。因为目标不同，预测的范围、准确度、时间长短等方面就不同。这样选择的方法也就不一样。

(2)要考虑预测对象本身的特点　因为不同的预测对象，具有不同的属性和内在的变化特点。所以在方法的选择上也就不一样。

(3)要考虑预测的经济性和对准确度的要求　也就是说，要根据预测的目的、费用、时间、设备和人员等条件选择适合的方法。尽可能以最少的支出获得最佳的结果。

(五)建立预测模型

建立预测模型是定量预测的关键。是指根据已获的数据资料，运用选定的预测方法，先求出参数估计值，再建立预测模型(即预测方程式)。通过这个模型就可以分析各种变量间的关系，得出初步的预测值。

(六)分析、评价预测结果

也就是对初步预测结果的可靠性和准确性的验证，以此来估计预测误差的大小。

(七)提出农产品市场预测报告

即撰写并提交预测报告，其主要内容包括：列出预测目标、预测对象、预测时间、参加人员、参考的资料、具体的预测方法、建立的预测模型，相关因素的分析结果，对预测值的误差大小进行的控制和检验过程、确定的最终预测值以及实现预测结果的建议和补充。最后是附件部分。

四、农产品市场预测方法

(一)定性预测法

1.定义

是指凭借个人的知识、经验和能力，利用现有的直观资料，根据规范的逻辑推理过程，对预测对象进行的主观估计和判断。

在实际工作中，由于影响农产品市场发展的因素错综复杂，许多资料难以数量化，比如，一定时间内农产品市场形势的发展变化情况，国家某项政策出台对消费倾向、农产品市场前景的影响，我国加入世贸后我国农产品企业的利弊影响等，这些情况下的预测一般只能采用定性预测法。

2.特点

(1)优点　具有较大的灵活性、方法简便快捷、易于掌握、省时省费用(因为此法是基于人的主观判断，注重对事物发展在性质方面的预测)。

(2)缺点　受主观因素的影响较大(特别是预测者的经验和主观判断能力)、结果准确度不高(不能用数量来描述)

3.适用情况

(1)出现复杂的、难以识别的、模糊的农产品市场现象时。

(2)在掌握的历史资料不多、不够准确或主要因素无法用数字描述时。

(3)在宏观预测或对没有前例的偶发性事物的预测时。

(4)在只需要进行推理判断，不需要进行大量计算，或无法进行计算预测的情况时。

4.具体方法

(1)意见集合法　意见集合法是由预测者召集有关人员，要求他们根据已收集的信息资料和个人的经验，各自对未来的农产品市场做出判断和预测，然后由组织者把各参与人员的预测方案和意见集合起来进行统计处理，并根据实际情况进行修正，最终取得预测结果的方法。适用情况：企业的近期或短期预测可采用这种方法。

(2)专家意见法　专家意见法就是根据农产品市场预测的目的和要求，向有关专家提供一定的背景资料，请他们就农产品市场未来的发展变化做出判断和预测。在实践中，常根据组织形式的不同，专家意见法主要有两种基本方法：专家会议意见法和专家函询意见法。

①专家会议意见法　是指邀请有关方面的专家，通过会议的形式对企业的生产经营活动的未来发展趋势做出评价，然后综合专家们的意见做出预测。

优点：能获得广泛的信息、创意，互相启发，集思广益。

缺点：结果准确度的不确定性(表现在：预测的准确性可能会受到参加者的人数和素质的限制，且权威人士的意见容易影响到其他专家，使最后的综合意见失去代表性)。

②专家函询意见法　又称德尔菲法，是指以匿名函询的方式，轮番征求专家对某一预测问题的意见，然后进行综合、整理、分析，得出预测结果。是综合有关领域专家意见而进行预测的一种定性预测方法。

特点：匿名性、收敛性、反馈性，且能实现集思广益。有利于探索性解决问题，应用范围广泛。

(3)主观概率法　主观概率是指人们凭借个人的经验或预感而估算出来的概率。也即是人们对现象出现可能性的主观判断。它与客观概率不同,客观概率是根据事件发展的客观性统计出来的一种概率,多数情况下人们无法统计出客观概率,因而只有用主观概率来描述事件发生的概率。

主观概率法是指预测者对预测事件发生的概率做出主观估计,然后计算其平均值,以此作为预测事件的结论。

(二)定量预测法

定量预测法是指依据大量的数据资料,运用统计分析和数学方法描述预测对象与影响因素之间的关系和规律,并通过建立预测模型,计算出结果作为预测值的方法。

实际应用中要具备2个基本条件:

一是要有充分的历史数据资料(因为它需要从大量的历史数据资料中找出影响因素与预测对象之间的函数关系,以建立数学模型);

二是影响预测对象发展变化的因素要相对稳定(只有这样,才能找出它们之间的规律性,以作为建立数学模型的依据)。

1.时间序列预测法的含义和数据分布类型

(1)时间序列预测法的含义　时间序列预测法是指将某一农产品市场现象(如产值、购买力增长、销量变化等)同一变数的一组观测值,按照时间顺序加以排列,然后运用一定的数学模型(数理方法),使其向外延伸或外推,以预测未来的发展变化趋势。此法是根据农产品市场现象过去的发展变化规律,确定时间变动的条件下,估计农产品市场现象未来变动趋势或所达到的水平。所以它要求要有准确、完整的时间序列资料。因此,此法主要适用于:农产品市场比较稳定,价格弹性较小的商品。尤其适用于:短期的预测。

(2)时间序列的数据分布类型

①长期变动的趋势　是指经济现象在较长的时期内呈现出的发展动向。

②不规则变动(随机变动)趋势　是指社会经济现象受偶然因素的影响而呈现忽上忽下、不规则的变动趋势。如战争、自然灾害、政策变更等,它们的出现往往是局部的、临时的、非决定性的、其对经济现象作用的大小、方向是不确定的,表现为上下波动、时起时伏,变化规律不明显,难于掌握。

③季节性变动(周期性变化)趋势　是指现象受季节性影响,按照固定周期呈现出有规律性的波动变化。一般以一年为周期,每年重复出现规律性变动。如由自然气候、风俗习惯、地理环境等因素引起的季节性商品需求变化、节假日对商品、

服务、旅游景点等需求变化。

④循环变动趋势　是指经济现象在较长(如5年、10年、数十年)的周期内，呈现出有规则的上升或下降的循环变动状态。如商业周期、开工新建纪检项目、期货价格等。

以上现象的变化不管是有无规则，都可通过一定的时间序列预测法，找出经济现象的某种规律性。

2.时间序列预测的具体方法

时间序列预测的具体方法主要有：平均预测法、指数平滑法、季节指数法和趋势外推法四种。

(1)平均预测法　此法是以一定观察期内农产品市场现象时间数列的平均数作为某个未来期的预测值。一般适用于：对没有明显的增减倾向，且又具有随机波动的趋势(如水平变动趋势)。此法在实际应用中又可细分为：简单平均法、加权平均法、移动平均法。

(2)指数平滑法　是指通过对预测目标历史统计序列的逐层的平滑计算，消除随机因素造成的影响，找出预测目标的基本变化趋势，并以此预测未来的方法。此法实际上是在移动平均法基础上发展起来的一种时间序列分析预测法，它是根据定出的平滑系数计算出指数平滑值，配合一定的时间序列预测模型对现象的未来进行预测。

(3)趋势延伸法　又称为数学模型法，是指通过建立一定的数学模型，对时间序列拟合恰当的趋势线，将其外推或延伸，用以预测经济现象未来可能达到的水平。常用的方法主要有：直线趋势延伸法、曲线趋势延伸法。

(4)季节指数法(季节变动法)　季节变动是指某些农产品市场现象由于受自然因素(如气候、生产条件、生活习惯)等因素的影响，在一定时间中随季节的变化而呈现出周期性的变化规律。对季节变动进行分析研究，掌握其变动规律，可以预测季节型时间序列的季节变动值。

季节变动的特点是每年都会重复出现，各年同月(或季)具有相同的变动方向，且变动的幅度一般相差不大。若将逐年各期重复出现的季节变动的方向和幅度加以归纳，就可形成季节变动模型。借助该模型就可预测未来同期的预测值。此法在编排时间序列资料时应以月(或季)为单位，观察期资料至少要有3年或3年以上的农产品市场现象各月(各季)资料。

季节指数法就是根据经济现象每年重复出现的周期性季节变动指数，预测其季节性变动趋势的一种预测方法。此法主要是针对呈现季节性变化的农产品销售量预测。

【任务小结】

农产品市场预测是指在农产品市场调研已获资料的基础上，运用科学的方法，对农产品市场未来一定时期的变化发展趋势所做的估计和推断，为营销决策者制定决策提供可靠的依据。农产品市场预测的内容包括农产品市场需求预测、农产品市场供给预测、农产品市场营销环境预测。农产品市场预测按预测期的时间长短划分，可分为短期预测、中期预测和长期预测；按农产品市场预测的范围划分，可分为宏观农产品市场预测和微观农产品市场预测；按预测方法划分，可分为定性预测与定量预测。农产品市场预测的步骤包括：确定预测目标，拟订预测计划，收集和整理资料，选择适当的预测方法，建立预测模型，分析、评价预测结果，提出农产品市场预测报告。农产品市场预测方法包括定性预测法和定量预测法。

【实践与思考】

绿色农产品消费心理与行为现状的调查与预测

1. 实训目的

(1)培养学生敢于进入社会，掌握与企业、人打交道的能力

(2)培养学生有意识地运用知识把握社会心理现象的能力

(3)锻炼学生学会研究现实问题的途径和方法

(4)学会设计调查方案、调查问卷，实施市场调查并完成调查分析报告，整理资料，做出预测

2. 实训组织

(1)组织学生进行分组调查，5 人/组

(2)设计绿色农产品消费需求与行为调查方案和调查问卷(问题不少于 10 个，如年龄、性别、选择的品种、规格、价位、数量、用途等)

(3)自主选择市场进行问卷调查，可以是超市、批发、贸易市场等

3. 实训内容与安排

(1)对调查问卷进行统计、数据整理分析，做出预测，撰写报告

(2)以小组为单位进行交流、点评

(3)修改调查报告，并最终提交绿色农产品消费心理与行为现状调查报告

4. 实训要求

(1)调查人数不得少于 50 人

(2)调查的对象应兼顾各类人群，具有代表性

(3)调查的绿色农产品可以有所选择

(4)数据资料的分析要深入，采用定性预测法得出预测结果

(5)调查报告要求:文字清楚有条理,数据分析真实,有依据

5.实训环境

各大超市、农贸市场等。

【知识测试】

一、名词解释

市场调查	农产品的市场需求	留置问卷调查法	访问法
封闭式提问	数据分组	绝对数	相对数
变异系数	农产品市场预测	定性预测	定量预测

二、填空题

1.第一手资料的搜集方法又称实地调查法或直接调查法,包括＿＿＿＿＿、＿＿＿＿＿、＿＿＿＿＿三种。

2.访问法按传递访问内容的方式以及调查者与被调查者接触的方式不同,分为＿＿＿＿、＿＿＿＿、＿＿＿＿、＿＿＿＿等。

3.一份正式的调查问卷一般包括＿＿＿＿、＿＿＿＿、＿＿＿＿三个组成部分。

4.＿＿＿＿是数据整理的核心工作。

5.导致原始资料错误的原因有＿＿＿＿、＿＿＿＿。

6.市场调查资料审核的内容主要有＿＿＿＿、＿＿＿＿、＿＿＿＿和＿＿＿＿。

7.手工汇总方法包括＿＿＿＿、＿＿＿＿、＿＿＿＿、＿＿＿＿。

8.目前较常使用的统计图有:＿＿＿＿、＿＿＿＿、＿＿＿＿、＿＿＿＿。

9.表示数据的集中趋势的特征值有＿＿＿＿、＿＿＿＿、＿＿＿＿、＿＿＿＿等。

10.描述离散程度的特征值有＿＿＿＿、＿＿＿＿、＿＿＿＿、＿＿＿＿等。

11.＿＿＿＿是数据整理的核心工作。

12.导致原始资料错误的原因有＿＿＿＿、＿＿＿＿。

13.市场调查资料审核的内容主要有＿＿＿＿＿、＿＿＿＿＿、＿＿＿＿＿和＿＿＿＿＿。

14.手工汇总方法包括＿＿＿＿、＿＿＿＿、＿＿＿＿、＿＿＿＿。

15.目前较常使用的统计图有＿＿＿＿、＿＿＿＿、＿＿＿＿、＿＿＿＿。

16.表示数据的集中趋势的特征值有＿＿＿＿、＿＿＿＿、＿＿＿＿、＿＿＿＿等。

17.描述离散程度的特征值有＿＿＿＿、＿＿＿＿、＿＿＿＿、＿＿＿＿等。

18.按预测期的时间长短划分,农产品市场预测可分为＿＿＿＿预测＿＿＿＿预测和＿＿＿＿预测。

19.按农产品市场预测的空间划分，农产品市场预测可分为________农产品市场预测和________农产品市场预测。

20.按农产品市场预测的范围划分，农产品市场预测可分为________农产品市场预测和________农产品市场预测。

21.按预测方法划分，农产品市场预测可分为________预测与________预测

22.定性预测法包括________、________、________。

23.时间序列预测法主要适用于________比较稳定，________的商品。

24.时间序列预测的具体方法主要有________法、________法、________法和________法四种。

25.长期变动的趋势是指经济现象在________内呈现出的发展动向。

26.不规则变动（随机变动）是指社会经济现象受________的影响而呈现忽上忽下、不规则的变动趋势。

三、单项选择题

1.检查市场调查资料的准确性的方法是（　）。

A.逻辑审核法和计算审核法　　B.经验判断、逻辑审核方法

C.分层审查、计算审核方法　　D.逐级审查、逻辑审核方法

2.访问调查的具体方法有（　）。

A.面谈调查、邮寄调查、座谈会、网络调查

B.电话调查、留置调查、网络调查、拦截调查

C.面谈调查、邮寄调查、电话调查、留置调查

D.邮寄调查、座谈会、网络调查、拦截调查

3.市场预测过程中的第一步工作是（　）。

A.搜集与整理资料　　B.确定市场预测目的

C.建立预测模型　　D.提出预测结果报告

4.短期预测是指（　）。

A.月度以内的预测　　B.半年以内的预测

C.年度以内的预测　　D.季度以内的预测

5.定性预测（　）。

A.只对事物性质做出的预测

B.只对事物的数量做出的预测

C.是凭借知识、经验和判断能力对事物未来状况的估计、判断和测算

D.是凭借数量分析方法对事物未来状况的估计、判断和测算

四、问答题

1. 在设计调查问卷时，设计者应该遵循哪些要求？
2. 设计调查问卷时，如何注意询问语句的措辞和语气？
3. 一般来说，市场调查可分为哪几个阶段？
4. 农产品市场调查报告在结构上一般包括哪些内容？
5. 数据分组有哪些作用？
6. 要想对事物有较全面的认识，为什么必须把绝对数和相对数结合起来进行分析？
7. 在描述数列的离散程度时，什么情况下要使用变异系数而不能使用标准差？
8. 农产品市场预测的内容有哪些。
9. 简述定性预测法的优缺点及适用情况。
10. 定量预测法在实际应用中要具备哪两个基本条件？

项目四　常见农产品的品级鉴别

一、安全农产品生产

①农产品的安全性　与人们日常生活密切相关的。人们上街购买的鱼、肉、禽、蛋、牛奶等鲜活产品的时候，总要查看一下是否腐败、异味或病虫污染。在食品柜台上，印有“不含添加剂”“纯天然”“绿色食品”“有机食品”等标志的商品，特别吸引消费者的关注。尽管如此，食用农产品的安全性问题还是经常发生，特别是我国加入世界贸易组织后，对我国农畜产品出口提出了比较苛刻的要求。因此，食用农产品的安全性就显得尤为重要。

②食品安全　指一种物质（包括化学的和生物的）在规定的使用方式、用量和通常情况下，对人体健康不产生任何损害，即不引起急性、慢性中毒或损伤，也不至于对接触者（包括老、弱、病、幼和孕妇）及后代产生潜在的危害。

二、农产品生产的国家标准

①有机农产品　是根据有机农业和有机食品生产、加工标准，并且生产加工出来的经过授权的有机食品颁证组织颁发证书供人们食用的一切食品称作有机食品。它是一类真正无污染、纯天然、高品位、高质量的安全食品（三个要求：禁止使用农药、化肥、激素等，而且不允许使用转基因技术；土地生产有机农产品需要2～3年的转换期；定地块、定产量）。

②绿色农产品　指经过专门机构认定，许可使用绿色食品标志的无污染的安全、优质、营养的食品（三个特点：强调产品出自良好生态环境；对产品实行“从土地到餐桌”全程质量控制；对产品依法实行统一的标志和管理）。绿色食品可分为两个级别：A级绿色食品和AA及绿色食品（等同于有机食品）。

③无公害农产品　指产地生态环境清洁，按照特定的生产技术规程，将有毒有害物质控制在规定标准内，并有授权部门审定批准，允许使用无公害农产品标志的安全、优质、面向大众消费的初级农产品及其加工产品。

任务一 粮食品级鉴别

【知识目标】

具备粮食的感官性能及理化性质的相关知识；具备粮食的品质识别和验收知识；具备粮食品级鉴别所需材料和设备的使用知识；具备粮食的一般验收方法及品质评定知识。

【技能目标】

使学生了解和熟悉粮食的感官性能及理化成分；具体能够进行粮食的品级鉴别。

一、粮食检验方法

（一）粮食质量要求

（1）感官要求 包括外形、色泽、气味、口感、质地等。

（2）理化要求 包括应有成分指标蛋白质、脂肪、糖类、维生素等；不应有的成分指标，如汞、铬、砷、铅、镉等重金属和六六六、DDT 等国家禁用的农药残留。

（3）微生物要求 包括必须保持的活性酵母、乳酸菌等；必须限定的，如霉菌、金黄色葡萄球菌、沙门氏菌等。

（二）粮食检验方法

（1）检验的一般的原则按《GB/T 5490—1985 粮食、油料及植物油脂检验一般规则》执行。

（2）扦样、份样按《GB/T 5491—1985 粮食、油料检验扦样、分样法》执行。

（3）色泽、气味鉴定按《GB/T 5492—1985 粮食、油料检验色泽、气味口味鉴定法》执行。

（4）类型、角质率检验按《GB/T 5493—1985 粮食、油料检验类型及互混检验法》执行。

（5）杂质、不完善粒检验按《GB/T 5494—1985 粮食、油料检验杂质、不完善粒检验法》执行。

（6）粗糙率检验按《GB/T 5495—1985 粮食、油料检验稻谷出糙率检验法》执行。

(7)黄粒米及裂纹粒检验按《GB/T 5496—1985 粮食、油料检验黄粒米及裂纹粒检验法》执行。

(8)水分检验按《GB/T 5497—1986 粮食、油料检验水分测定法》执行。

(9)容重检验按《GB/T 5498—1985 粮食、油料检验容重测定法》执行。

二、粮食质量标准

稻谷质量标准主要包括籼稻谷质量标准和粳稻谷质量标准。

1.籼稻谷质量标准

见表 4-1。

表 4-1 籼稻谷质量标准

等级	粗糙率/%	整精米率/%	杂质/%	水分/%	色泽、气味
1	≥79.0	≥50	≤1.0	≤13.5	正常
2	≥77.0	≥50			
3	≥75.0	≥50			
4	≥73.0	≥50			
5	≥71.0	≥50			

2.粳稻谷质量标准

见表 4-2。

表 4-2 粳稻谷质量标准

等级	粗糙率/%	整精米率/%	杂质/%	水分/%	色泽、气味
1	≥81.0	≥60	≤1.0	≤14.5	正常
2	≥79.0	≥60			
3	≥77.0	≥60			
4	≥75.0	≥60			
5	≥73.0	≥60			

三、典型案例

1.稻谷分类及品质鉴别

稻谷分为早籼稻谷、晚籼稻谷、粳稻谷、籼糯稻谷、粳糯稻谷五类。品质鉴别见表 4-3。

表 4-3 稻谷品质鉴别

项目	良质稻谷	次质稻谷	劣质稻谷
色泽	外壳呈黄色、浅黄色或金黄色，色泽鲜艳一致，具有光泽，无黄粒米	色泽灰暗无光泽，黄粒米超过 2%	色泽变暗或外壳呈褐色、黑色，肉眼可见霉菌菌丝。有大量黄粒 或褐色米粒
外观	颗粒饱满、完整，大小均匀，无虫害及霉变，无杂质	有未成熟颗粒，少量虫蚀粒、生芽粒及病斑粒等，大小不均，有杂质	有大量虫蚀粒、生芽粒及霉变粒等，大小不均，有结团、结块现象，有杂质
气味	具有纯正的稻香味，无其他任何异味	稻香味微弱，稍有异味	有霉味、酸臭味、腐败味等不良气味

2. 大豆分类及品质鉴别

按大豆的种皮颜色和粒形分为两类。品质鉴别见表 4-4。

表 4-4 大豆品质鉴别

项目	良质大豆	劣质大豆
色泽	皮色呈各种大豆固有的颜色，无油彩亮，洁净而有光泽；脐色呈黄色或淡褐色	皮色灰暗无光泽，脐色呈褐色或深褐色
外观	颗粒饱满，完整均匀，无未成熟粒及虫害粒，无霉变，无杂质	颗粒大小不均，有未成熟粒，有虫蚀粒及霉变粒，有杂质
含水量	水分子 12%以下	水分子 12%以上

3. 玉米分类及品质鉴别

根据玉米种皮颜色分为三类：黄玉米、白玉米、混合玉米。品质鉴别见表 4-5。

表 4-5 玉米品质鉴别

项目	良质玉米	次质玉米	劣质玉米
色泽	具有各种玉米的正常颜色，色泽鲜艳，有光泽	颜色发暗，无光泽	颜色灰暗，无光泽。胚部有黄色或绿色、黑色菌丝
外观	颗粒饱满、完整，大小均匀一致，质地紧密，无破损粒，无杂质	颗粒饱满度差，有破损粒、未成熟颗粒、少量虫蚀粒、生芽粒及病斑粒等，大小不均，有杂质	有大量虫蚀粒、生芽粒及霉变粒等，大小不均，质地疏松易损，有杂质

续表 4-5

项目	良质玉米	次质玉米	劣质玉米
气味	具有玉米固有的气味，无其他任何异味	玉米气味弱，稍有异味	有霉味、腐败变质味等不良气味
滋味	具有玉米固有的滋味，微甜	微有异味	有酸味、苦味、辛辣味等不良滋味

【任务小结】

本任务主要使学生了解和熟悉粮食的感官性能及理化成分，能够具体进行粮食的品级鉴别工作。

任务二 蔬菜品级鉴别

【知识目标】

具备果蔬的感官性能及理化性质的相关知识；具备蔬菜的品质识别和验收知识；具备蔬菜品级鉴别所需材料和设备的使用知识；具备蔬菜的一般验收方法及品质评定知识。

【技能目标】

使学生了解和熟悉蔬菜的感官性能及理化成分；具体能够进行蔬菜的品级鉴别。

一、蔬菜检验方法

（一）蔬菜的分类

按照蔬菜食用部分的器官形态，可以将其分成叶菜类、茄果类、瓜类、根菜类、薯芋类、葱蒜类、豆类、水生类多年生类、芽苗类共十大主要类型。

（1）叶菜类 白菜、甘蓝、花椰菜、菠菜、芹菜等。

（2）茄果类 西红柿、茄子、辣椒等。

（3）瓜类 黄瓜、丝瓜、苦瓜、冬瓜、南瓜、佛手瓜等。

（4）根菜类 胡萝卜、白萝卜、大头菜、芜菁等。

（5）薯芋类 马铃薯、薯蓣、芋头、姜等。

(6)葱蒜类　大葱、韭菜、大蒜、四季葱等。

(7)豆类　豇豆、豌豆、蚕豆、毛豆、扁豆等。

(8)水生类　藕、荸荠、菱角等。

(9)多年生类　竹笋、芦笋、黄花菜等。

(10)芽苗类　绿豆芽、黄豆芽、豌豆芽、香椿苗等。

(二)蔬菜调整与分级方法

蔬菜在需分级时需依蔬菜种类之不同加以细部整理。现将整理方法与程度分别说明如下：

1.叶菜类

叶菜类，黄叶、老叶、腐料要完全去除，保持叶片不脱落即可，并切去根部老化部分。但带根的蔬菜，如芹菜、蕹菜、青葱、大蒜等需将根部泥土洗净、并将须根剪短。

2.花果菜类

花果菜类，如西红柿、苦瓜、丝瓜、扁蒲、茄子，需将果梗脐蒂剪平；花椰菜梗，留长10厘米并修剪齐一；青花菜不留外叶，茎长留15厘米。

3.根茎菜类

根茎菜类，萝卜叶梗留8厘米以下，根部去除泥土；胡萝卜叶梗完全切除；球茎甘蓝保留顶部叶柄约5厘米；大心芥菜留1/3叶片，茎基部约2/3的老叶完全切除；嫩茎莴苣留顶部的1/5叶片，其余茎基部叶片完全切除。

二、无公害蔬菜的安全要求

1.无公害蔬菜重金属及有害物质限量

见表4-6。

表4-6　蔬菜重金属及有害物质限量

项目	含量/(mg/kg)
铬(以Cr计)	≤0.5
镉(以Cd计)	≤0.05
汞(以Hg计)	≤0.01
砷(以As计)	≤0.5
铅(以Pb计)	≤0.2
氟(以F计)	≤1.0
亚硝酸盐($NaNO_2$)	≤4.0

2. 无公害蔬菜农药最大残留量

见表 4-7。

表 4-7　蔬菜农药最大残留量

通用名	毒性	最高残留限量/(mg/kg)
氧化乐果	高	不得检出
六六六	高	0.2
DDT(滴滴涕)	中	0.1
敌百虫	低	0.1
溴氰菊酯	中	0.5
多菌灵	低	0.5
百菌清	低	1.0
除虫脲	低	20.0(叶菜类)

三、蔬菜的感官质量鉴别

1. 叶菜类

食用器官主要为叶片，如白菜类、甘蓝类、其他绿叶菜类。

绿叶菜：肉质鲜嫩，形态好，色泽正常。无黄叶、病虫叶、无泥土、无焦叶、无抽薹。

结球叶菜：结球紧实。

花椰菜：形态正常，肉质鲜嫩，不带叶柄，色泽洁白(青绿)，无枯蕾、无腐烂。

2. 茄果类

食用器官为果实，主要有茄子、辣椒、西红柿。果实圆整，光洁，成熟适度，无烂果，无病虫害。

3. 瓜类

食用器官为果实。如各种瓜类。形状整齐一致，色泽正，果形正常，新鲜、果面清洁。应有的成熟度，无疤痕，无畸形，无病虫，无烂瓜，无机械伤。无异味、冷害、冻害。规格：同规格的样品其整齐应≥90%。

4. 根菜类

食用器官为地下膨大的根。如萝卜、胡萝卜、大头菜、芜菁、甘蓝。色泽鲜嫩，大小均匀，捆扎成把，不带须根，肉质松脆，不抽薹，不糠心，不带黄叶，枯叶和烂叶。

5. 薯芋类

食用器官为地下肥大的块根、块茎。如马铃薯、芋、姜、豆薯等。

马铃薯：薯块肥大而匀称，皮脆薄而干净，不带毛根和泥土；无干疤和糙皮，无病斑，无虫咬和机械外伤，不萎蔫、不变软，无发酵酒精气味，薯块不发芽，不变绿。

6.葱蒜类

如大葱、大蒜、洋葱、韭菜等。叶色青绿，无枯尖和干枯霉烂的叶鞘，不湿水，葱株均匀，完整而不折断，扎成捆，干净无泥，不夹杂异物，无斑点叶及枯霉叶。

7.豆类

如豇豆、四季豆、毛豆、扁豆、豌豆、刀豆等。有食荚类、食豆仁类。

8.水生蔬菜类

生长在水中，如茭白、藕、荸荠、慈姑。

9.多年生菜类

如黄花菜、竹笋等。黄花菜菜的色泽以金黄色为佳，深黄略带微红次之，色泽萎黄带褐色者更次。黄花菜以条粗壮肥嫩的为佳，如果条短瘦弱者为次。

10.芽苗菜类

绿豆芽、黄豆芽、花生芽等。

香椿芽：良质豆芽——颜色洁白，根部显白色或淡褐色，头部显淡黄色，色泽鲜艳而有光泽。

【任务小结】

本任务通过安排实训使学生了解和熟悉蔬菜的感官性能及理化成分，能够具体进行蔬菜的品级鉴别工作。

任务三　果品品级鉴别

【知识目标】

具备果品的感官性能及理化性质的相关知识；具备果品的品质识别和验收知识；具备果品级鉴别所需材料和设备的使用知识；具备果品的一般验收方法及品质评定知识。

【技能目标】

使学生了解和熟悉果品的感官性能及理化成分；具体能够进行果品的品级鉴别。

一、果品检验方法

果菜依蔬果形状、色泽、老嫩、成熟、病虫害之有无区分为特、优、良三个等级，依据长度、果(花)径、果重区分为大、中、小三级。等级与大小规模彼此并无绝对相关;亦即特级品有大、中、小三个规格，优级品也可有大、中、小三个规格。在包装方面，包装标准系规定每一包装之单位重量。容器标准，规定使用容器种类、规格与标示事项。蔬果分级包装标准为提供生产者、包装者、贩卖者、消费者执行分级、包装、交易、公布行情，共同计价的必备依据。

二、果品质量标准

无公害水果安全要求(GB 18406.2—2001)：

1.无公害水果重金属及有害物质限量

见表 4-8。

表 4-8 水果重金属及有害物质限量

项目	含量/(mg/kg)
铬(以 Cr 计)	≤0.5
镉(以 Cd 计)	≤0.03(0.05)
汞(以 Hg 计)	≤0.01
砷(以 As 计)	≤0.5
铅(以 Pb 计)	≤0.2
氟(以 F 计)	≤0.5(1.0)
硝酸盐(NaNO3)	≤400(600)

2.无公害水果的农药最大残留量

见表 4-9。

表 4-9 水果的农药最大残留量

通用名	最高残留限量/(mg/kg)
马拉硫磷	不得检出
对硫磷	不得检出
甲硫磷	不得检出
久效磷	不得检出

续表 4-9

通用名	最高残留限量/(mg/kg)
氧化乐果	不得检出
克百威	不得检出
甲基对硫磷	不得检出
水胺硫磷	≤0.02
氰戊菊酯	≤0.2
杀螟硫磷	≤0.4
辛硫磷	≤0.05
氟氰戊菊酯	≤0.5
倍硫磷	≤0.05
六六六	≤0.1
DDT(滴滴涕)	≤0.1
敌敌畏	≤0.2
溴氰菊酯	≤0.1
多菌灵	≤0.5
百菌清	≤1.0
氟氯氢菊酯	≤0.2

三、果品品质鉴别

(一)香蕉质量的鉴别

色泽鲜黄、表面无瑕的香蕉并非最佳选择。香蕉的口感与其成熟度及品种有关。

从感官上讲，果皮黄黑泛红，稍带黑斑，表皮有皱纹的香蕉，风味最佳。

(二)苹果品级鉴别

特级苹果：

表面色泽——色泽均匀而鲜艳，表面洁净光亮，红者艳如珊瑚、玛瑙，青者黄里透出微红。

气味与滋味——具有各自品种固有的清香味，果肉香甜鲜脆，味美可口。

外观形态——个头以中上等大小且均匀一致为佳，无病虫害，无外伤。

一级苹果：

表面色泽——青香蕉的色泽是青色透出微黄，黄元帅色泽为金黄色。

气味与滋味——青香蕉表现为清香鲜甜，滋味以清心解渴的舒适感为主。黄元帅气味醇香扑鼻，滋味酸甜适度，果肉细腻而多汁，香润可口，给人以新鲜开胃的感觉。

外观形态——个头以中等大，均匀一致为佳，无虫害，无外伤，无锈斑。

二级苹果：

表面色泽——这类苹果色泽不一，但具有光泽，洁净。

气味与滋味——具有本品种的香气，国光滋味酸甜稍淡，吃起来清脆，而红玉及鸡冠，颜色相似，苹果酸度较大。

外观形态——个头以中上等大，均匀一致为佳，无虫害，无锈斑，无外伤。

三级苹果：

表面色泽——这类苹果色泽鲜红，有光泽，洁净。

气味与滋味——具有本品种的香气，但这类苹果纤维量高，质量较粗糙，甜度和酸度低，口味差。

外观形态——一般果形较大。

【任务小结】

本任务使学生了解和熟悉果品的感官性能及理化成分，能够具体进行果品的品级鉴别工作。

任务四　花卉品级鉴别

【知识目标】

具备花卉的感官性能及理化性质的相关知识；具备花卉的品质识别和验收知识；具备花卉品级鉴别所需材料和设备的使用知识；具备花卉的一般验收方法及品质评定知识。

【技能目标】

使学生了解和熟悉花卉的感官性能；具体能够进行花卉的品级鉴别。

一、花卉的检验方法

(一)鲜切花品级鉴别

1.切花包括

切叶、切花、切果、切枝。

2.鲜切花质量检测方法

(1)整体效果　整体感、新鲜度、成熟适度、洁净度、品种典型性、比例。

(2)主要观赏器官质量　花(花形、花色、花茎)、叶、果、枝。

(3)病虫害　检查花、枝和叶上是否有危险性病虫害的病状。

(4)各种缺陷斑　药斑、肥害斑、机械伤、缺损、冻伤、灼伤。

(二)盆景品级鉴别

1.分类

栽培于花盆中的各种造景、造型观赏植物。如桩景类、观花类、观果类。

2.盆景评级鉴别

栽培于花盆中的各种造景、造型观赏植物。如桩景类、观花类、观果类。

(1)造型、造景效果　株型有特色,枝条排列合理,线条美,层次分明,枝叶生长良好,植株高度,植株与花盆协调。

(2)花生长状况　花形、花色、花姿。

(3)枝、叶生长状况　叶色、叶形、光泽。

(4)果生长状况　果形、果色、大小、奇特。

二、鲜切花品级鉴别

(1)切花月季一级品　品种优秀,耐插性好;开放程度为微放;枝条、花梗硬挺,无弯头产品;无病虫害及药害斑点;每束花内要做到5个一致;枝长大于60 cm。

(2)切花菊花一级品　茎秆长度在60 cm以上,且茎长颈短,瓣质厚硬,茎秆粗壮挺拔,节间均匀,叶片肉厚平展,鲜绿有光泽,花瓣成熟度一般,无物理损伤,无病虫害,花外形美观,色泽为正常本色,且花型大。

【任务小结】

本任务使学生了解和熟悉花卉的感官性能,能够具体进行花卉的品级鉴别。

任务五　其他农副产品品级鉴别

【知识目标】

具备乳品、肉品、蛋品及其他农副产品的感官性能及理化性质的相关知识；具备乳品、肉品、蛋品及其他农副产品的品质识别和验收知识；具备乳品、肉品、蛋品及其他农副产品品级鉴别所需材料和设备的使用知识；具备乳品、肉品、蛋品及其他农副产品的一般验收方法及品质评定知识。

【技能目标】

使学生了解和熟悉畜禽及水产品的感官性能及理化成分；具体能够进行畜禽及水产品的品级鉴别。

一、乳品的质量检验

(一)乳品的质量鉴别方法

要制造优质乳制品，必须要采用优质原料乳，牛乳送到收乳站或乳品加工厂时，必须根据指标规定，及时进行质量检验，以便按质论价和分别处理，避免收购腐败变质乳。

(1)感官检验　一般对原料乳首先进行嗅觉、味觉、外观、尘埃等方面的检验。观察乳中有无异物杂质，色泽、气味是否正常，乳液状态是否均匀一致。

(2)相对密度测定　原料乳必须逐桶采样作相对密度测定，一般采用乳稠计来测定，牛乳的相对密度为1.030～1.034，如果测定出相对密度值在此下限，则说明乳过稀，可能掺入了水。

(3)新鲜度检查　可采用滴定酸度法、酒精实验法、煮沸实验法等方法来进行。原料乳的滴定酸度一般是16～20 °T，牛奶存放时间过长，新鲜度下降之后，由于微生物作用产酸，会使牛奶的滴定酸度升高，酒精实验会出现阳性反应，煮沸实验容易产生沉淀。在检查时可采用其中一种方法，也可用几种方法结合起来判断。

(4)乳成分检查　主要是测定乳脂率。常规方法有格伯氏法和巴布克氏法，也可采用乳脂仪来测定。乳脂仪操作方便，测定快捷，但需要经常校正。乳脂的含量在2.8%～5.0%之间。乳脂率越高，则说明乳的质量越好，价格也越高。在有条件的情况下，也可测定全乳固形物、蛋白质含量等项目。目前的多功能乳成分分析仪，一次可测定出乳脂率、蛋白质、乳糖、水分等多个数据。

(5)微生物、抗生素残留检验　本项目可定期抽查或对可疑样品进行检查。微生物检验一般有大肠杆菌数、总菌数两个项目。

(二)乳品的质量标准

乳的感官鉴别要点:感官鉴别乳品,只要是指眼观其色泽和组织状态、嗅其气味和尝其滋味,应该做到三者并重,缺一不可。对于乳而言应该注意其色泽是否正常、质地是否均匀细腻、滋味是否纯正及乳香味如何。同时留意杂质、沉淀、异味等情况,以便做出判断。

1.乳品的质量感官鉴别

见表4-10。

表4-10　乳品的质量感官鉴别

项目	良性鲜乳	次质鲜乳	劣质鲜乳
色泽	色泽为乳白色或稍带微黄色	色泽较良性鲜乳稍差,白色中稍带青色	呈浅粉色或显著的黄绿色,或色泽灰暗
组织状态	呈均匀的流体,无沉淀、凝块和机械杂质;无黏稠和浓厚现象	呈均匀的流体,无凝块,但可见少量微小的颗粒,脂肪聚黏表层呈液化状态	呈稠而不均的溶液状态,有乳凝结成的致密凝块或絮状物
气味	具有乳特有的乳香味,无其他任何异味	乳中特有的乳香味稍小,稍有异味	有明显的异味,如酸臭味、牛粪味、金属味、鱼腥味、汽油味等
滋味	具有鲜乳独特的纯香味,滋味可口稍甜,无其他任何异常滋味	有微酸味(表面乳已经开始酸败),或有其他轻微的异味	有酸味、咸味、苦味等

2.乳品的新鲜度快速检验

(1)煮沸实验　取乳样10毫升于试管中,置于沸水中加热5分钟后观察,不得有凝块或絮片状物产生,否则表明乳不新鲜,其酸度大于26 °T。

(2)酒精实验　试管中取少量的中性酒精和牛乳混合(一般1～2毫升)振摇后不出现絮状物的牛乳,表面其酸度小于18 °T,为新鲜乳。如出现絮状物,则表明酸度大于18 °T,为次鲜乳或变质乳(或掺入了陈乳)。

(三)牛乳掺假检出法

在收购牛乳的过程中常会碰到掺假行为,如添加碱性物质以降低酸度;为增加重量而掺水、淀粉、豆浆等。如不对此进行检验,就会降低原料乳的质量,造成经济上的损失。

牛乳中一些常见掺假行为:

(1)乳中掺水检出法 正常牛乳相对密度为1.028～1.035,水的相对密度为1,乳中掺水会使乳的相对密度降低。乳的相对密度小于1.027时,就有掺水的可能。由下式可计算出掺水量。

掺水(%)=(正常乳相对密度－被检乳相对密度)×100/正常乳相对密度

也可按非脂乳固体含量计算掺水百分率。一般牛乳的非脂固体在8.9%～9.0%之间,最低限为8.5%,若低于8.5%时,就有掺水的可能。

掺水(%)=[正常乳非脂固体(%)－被检乳非脂固体(%)]×100/正常乳非脂固体(%)

(2)掺入淀粉的检出法 取被检乳2毫升置于试管中,加入2%碘液2滴,如有淀粉存在,则出现蓝色沉淀。

(3)豆浆检出法 取被检乳5毫升于试管中,加入3毫升乙醇乙醚等量混合液,再加25%的氢氧化钠溶液2毫升,在5～10分钟内观察颜色变化,同时用正常乳作对照,若出现黄色,则表明掺有豆浆。

(4)乳中加食盐检出法 取被检乳1毫升于试管中,滴入铬酸钾2～3滴,加入0.01摩尔/毫升硝酸银溶液5毫升,搅匀后观察颜色的变化。若混合液呈淡黄色,表示掺有食盐,若为砖红色,则没掺食盐。

(5)掺入过氧化氢的检出法 取1毫升被检乳于试管中,加1滴稀释1倍的硫酸溶液,滴加1%碘化钾淀粉液3～4滴,混合均匀,如混合后立即出现蓝色,则可判定掺入了过氧化氢。

(四)小结

使学生了解和熟悉乳品的感官性能及理化成分,能够具体进行乳品的品级鉴别工作。

(五)思考与练习题

(1)在收购牛奶时,如何检验奶的质量?

(2)我国对乳品加工的原料乳有何要求?

(3)如何鉴别牛乳中一些常见掺假行为?

二、肉品的质量检验

(一)肉品的质量感官鉴别原则

(1)看其外观、色泽、组织状态,特别应注意肉的表面和切口处的颜色和光泽,再看有无色泽灰暗、是否存在淤血、水肿、囊肿和污染等情况。

(2)闻肉的气味,不仅要了解肉表面的气味,还应感知其切口时和试煮后的气味,注意是否有腥臭味。

(3)用手指按压、触摸,以感知其弹性和黏度,结合脂肪以及试煮后肉汤的情况。

(二)肉品的卫生感官指标

1.猪肉的新鲜度感官指标

见表4-11。

表4-11 猪肉的新鲜度感官指标

项目	鲜猪肉	次鲜猪肉	变质猪肉
色泽及黏度	表面有一层微干或微湿的外膜,呈暗灰色,有光泽,切断面稍湿,不粘手,肉汁透明	表面有一层风干或潮湿的外膜,呈暗灰色,无光泽,切断面的色泽比新鲜的肉暗,有黏性,肉汁混浊	表面外膜极度干燥或粘手,呈灰色或淡绿色、发黏并有霉变现象,切断面也呈暗灰或淡绿色,很黏,肉汁严重混浊
脂肪	脂肪呈白色,具有光泽,有时呈肌肉红色,柔软而富于弹性	脂肪呈灰色,无光泽,容易粘手,有时略带油脂酸败味和哈喇味	脂肪表面污秽、有黏液,霉变呈淡绿色,脂肪组织很软,具有油脂酸败气味
弹性	新鲜猪肉质地紧密却富有弹性,用手指按压凹陷后会立即复原	肉质比新鲜肉柔软、弹性小,用指头按压凹陷后不能完全复原	腐败变质肉由于自身被分解严重,组织失去原有的弹性而出现不同程度的腐烂,用指头按压后凹陷,不但不能复原,有时手指还可以把肉刺穿
气味	具有鲜猪肉正常的气味	在肉的表层能嗅到轻微的氨味,酸味或酸霉味,但在肉的深层却没有这些气味	腐败变质的肉,不论在肉的表层还是深层均有腐臭气味
煮沸后肉汤	肉汤透明、芳香,汤表面聚集大量油滴,油脂的气味和滋味鲜美	肉汤混浊,汤表面浮油滴较少,没有鲜香的滋味,常略有轻微的油脂酸败的气味及味道	肉汤极混浊,汤内漂浮着犹如絮状的烂肉片,汤表面几乎无油滴,具有浓厚的油脂酸败或显著的腐败臭味

2.牛、羊肉新鲜度感官指标

见表4-12。

表 4-12 牛、羊肉新鲜度感官指标

项目	新鲜	次鲜	变质
色泽	肌肉有光泽，红色均匀，脂肪乳白色或乳黄色	肌肉色泽稍转暗，切面尚有光泽，但脂肪无光泽	肌肉色泽呈暗红色，无光泽，脂肪发暗直至呈绿色
组织状态	纤维清晰，有坚韧性	肉质紧密，坚实	肉质质地疏松
黏度	外表湿润或微干、有风干膜，不粘手切面湿润	外表干燥或粘手，切面湿润不粘手	外表明显干燥或发黏，新切面也粘手
弹性	指压后凹陷立即恢复	指压后凹陷能恢复，但不能完整恢复	指压后凹陷不能恢复，并且留有明显的痕迹
气味	具有鲜牛、羊肉固有的气味，如土腥味或膻味	稍有氨气味或酸味	有腐臭味
煮沸后肉汤	肉汤澄清透明，脂肪团聚于表面，具有特有的香味	汤汁稍有混浊，脂肪呈小滴浮于表面，香味差或无香味	汤汁混浊，有黄色或白色絮状物，浮于表面的脂肪极少，具有明显的腐臭味

3. 牛、羊肉卫生感官指标

见表 4-13。

表 4-13 牛、羊肉卫生感官指标

项目	鲜牛、羊肉	冻牛、羊肉
色泽	肌肉有光泽，红色均匀，脂肪乳白色或微黄色	肌肉有光泽，红色或稍暗，脂肪洁白或微黄色
组织状态	纤维清晰，有坚韧性	肉质紧密，坚实
黏度	外表微干或湿润，不粘手切面湿润	外表微干或有风干膜，或外表湿润不粘手，切面湿润不粘手
弹性	指压后凹陷立即恢复	解冻后指压后凹陷恢复缓慢
气味	具有鲜牛、羊肉固有的气味，无臭味，去异味	解冻后具有鲜牛、羊肉固有的气味，无臭味，去异味
煮沸后肉汤	澄清透明，脂肪团聚于表面，具有特有的香味	澄清透明或稍有混浊，脂肪团聚于表面，具有特有的香味

4.健康畜肉与病死、毒死畜肉感官鉴别

见表4-14。

表4-14 健康畜肉与死畜肉感官指标

项目	健康畜肉	死畜肉
色泽	肌肉鲜红有光泽，红色均匀，脂肪洁白(牛肉脂肪为黄色)有光泽	肌肉光泽暗红或带有血迹，脂肪呈桃红色
组织状态	肌肉结实紧密不易撕开，纤维清晰有弹性，指压后凹陷立即恢复	肌肉松软，肌纤维易撕开，肌肉弹性差
血管状况	全身血管中无凝结血液，胸膜腔内无瘀血，浆膜光亮	全身血管中充满了凝结的血液，尤其是毛细血管中更为明显，胸膜腔呈现暗红色，无光泽

(三)猪肉品质鉴别

食肉要讲究卫生，保证上市的肉品的新鲜度十分重要。为此必须事先经过检验。屠宰场里屠宰后的肉尸，随时都在发生变化。这是由于动物已经死亡，它体内的新陈代谢已经停止，但动物体内的某些物质还在分解，由于没有氧气的供应，这种分解是在无氧状态下进行的。例如，肌肉内的糖原，在没有氧的条件下，分解出乳酸，从而使肌肉的酸度增加；当分解乳酸达到一定限度时，另一些酶的活性就大大增加，使肌肉内一种叫腺苷三磷酸的物质很快分解，形成了磷酸。乳酸和磷酸的形成，可使肌肉从原来的中性或微碱性变为酸性，改变了肌纤维的性质和结构，这时，肌肉组织变为比较柔软和有弹性，鲜味增加。这一过程，称为肉的成熟，这就是人们日常吃的新鲜肉。

新鲜的肉如果不冷藏，由于外界温度的影响，存在于肉尸内的各种消化酶和消化液就会进行自体组织的消化溶解。首先是胃肠的自溶，时间久一些，肌肉也会自溶。在内脏和肌肉发生自溶的过程中，组织中的蛋白质发生强烈的分解，同时产生一种叫硫化氢的物质，它与血液中的血红蛋白相结合，形成了含硫血红蛋白，使溶解的肌肉呈暗红色、灰红色乃至绿色或黑色。发生自溶的肉，虽不含细菌，但具有异味。

肉的腐败是由于微生物的作用，使包括肌肉在内的组织发生分解。在腐败过程中，产生了多量的气体如二氧化碳、氨、甲烷、硫化氢等。这时，肉出现了难闻的臭味。

新鲜的猪肉与变质、腐败的猪肉区别要点如下：

(1)新鲜猪肉　肌肉有光泽，脂肪洁白，呈淡红色，色泽均匀，表面干，不会粘手，无异常气味，以手指按压时，感觉有一定弹性。

(2)变质与腐败猪肉　肌肉和脂肪无光泽，呈暗红色或灰红色，甚至变为灰绿色或黑色，粘手，按压时留下的指痕不易平复，有臭味。已变质和腐败的猪肉，不能食用。

(四)小结

使学生了解和熟悉肉品的感官性能及理化成分，能够具体进行肉品的品级鉴别工作。

(五)思考与练习题

(1)如何鉴别鲜猪肉的质量？

(2)怎样鉴别新鲜猪肉与变质、腐败猪肉？

(3)怎样鉴别新鲜牛、羊肉与变质腐败的牛、羊肉？

(4)鉴别冻牛肉质量的方法有哪些？

三、蛋品的质量检验

(一)蛋品的质量检验方法

1.感官指标

鲜鸡蛋要求蛋壳清洁完整，灯光透视时全蛋呈微红色，蛋黄不见或略有阴影。打开后蛋黄凸起完整并有韧性，蛋白澄清透明，稀稠分明，冷藏鲜鸡蛋经冷藏后其品质应符合鲜鸡蛋标准。化学储藏蛋经化学方法(石灰水、泡花碱等)储藏后，其品质也应符合鲜蛋标准。

2.理化指标

理化指标主要是指汞的含量，鲜鸡蛋汞的含量(mg/kg 以 Hg 计)应小于 0.05。

(二)蛋品的质量检验标准

蛋的品质标准和分级一般从两个方面来综合确定：一是外观检查，二是光照鉴别。在分级时，应注意蛋壳的洁净度、色泽、重量和形状，蛋白、蛋黄、胚胎的能见度及其强度和位置，气室大小等。

1.国家卫生标准

参见 GB 2748—81 鲜蛋卫生标准。

2.收购等级标准

收购鲜蛋一般不分等级，没有统一的标准，但有些地区制订了收购标准。

一级蛋　不分鸡、鸭、鹅品种，不论大小(除仔鸭蛋)，必须新鲜、清洁、完整、无破损。

二级蛋　品质新鲜，蛋壳完整，沾有污物或受雨淋水湿的蛋。

三级蛋　严重污壳，面积超过50％的蛋和仔鸭蛋。

在加工腌制蛋时，一、二级鸭蛋宜加工彩蛋或糟蛋，三级蛋用于加工咸蛋。

在冷藏时，一级蛋可储存9个月以上，二级蛋可储存6个月左右，三级蛋可短期储存或及时安排销售。

3.鲜蛋的分级

鲜蛋的分级是在蛋的质量评定的基础上，综合蛋的外部和内部质量及蛋重来进行。对蛋进行分级，有利于做到按质论价，优质优价，确保进入流通领域的鲜蛋的质量。维护生产者、经营者和消费者的利益。

我国在收购鲜蛋时，尚未有统一的国家标准或部颁标准，但一般按下面来分级。

一级蛋：鸡蛋、鸭蛋、鹅蛋均不分大小，以新鲜、清洁、干燥、无破损为主要标准。在炎热季节，鸡蛋具有少量的小血圈、小血筋，仍作一级蛋收购。

二级蛋：品质新鲜，蛋壳上的泥污、粪污、血污面积不超过50％。

三级蛋：新鲜雨淋蛋、水湿蛋、洗白蛋、仔鸭蛋和污壳面积超过50％的鸭蛋。

4.冷藏鲜蛋

一级冷藏蛋：蛋的外壳清洁，坚固完整，稍有斑痕。透视时气室允许微活动，高度不超过1厘米；蛋白透明，稍浓厚；蛋黄紧密，明显发红色，位置略偏离中央，胚胎无发育现象。一级冷藏蛋除夏季不可加工变蛋、咸蛋外，其他季节都可加工。

二级冷藏蛋：蛋的外壳坚固完整，有少许泥污或斑迹。在透视时气室高度不能超过1.2厘米，允许波动；蛋白透明稀薄，允许有水泡；蛋黄稍紧密，明显发红色，位置偏离中央，黄大扁平，转动时正常，胚胎稍大。二级冷藏蛋可以加工咸蛋，只在冬季可以加工变蛋。

三级冷藏蛋：蛋的外壳完整，有脏迹而且脆薄。透视时气室允许移动，空头大，但不允许超过全蛋的1/4；蛋白稀薄如水，蛋黄大且扁平，色泽显著发红，明显偏离中央，胚胎明显扩大。三级冷藏蛋不宜加工变蛋、咸蛋。

（三）蛋品的具体分级

鲜蛋的分级是在蛋的质量评定的基础上，综合蛋的外部和内部质量及蛋重来进行。对蛋进行分级，有利于做到按质论价，优质优价，确保进入流通领域的鲜蛋的质量。维护生产者、经营者和消费者的利益。

我国在收购鲜蛋时，尚未有统一的国家标准或部颁标准，但一般按下面来分级。

一级蛋：鸡蛋、鸭蛋、鹅蛋均不分大小，以新鲜、清洁、干燥、无破损为主要标准。在炎热季节，鸡蛋具有少量的小血圈、小血筋，仍作一级蛋收购。

二级蛋：品质新鲜，蛋壳上的泥污、粪污、血污面积不超过50％。

三级蛋：新鲜雨淋蛋、水湿蛋、洗白蛋、仔鸭蛋和污壳面积超过50%的鸭蛋。

我国出口鲜蛋时，将蛋分为三级。

一级蛋：蛋壳清洁、完整、坚固。气室高度在5毫米以上的不超过10%，蛋白清晰，浓厚、蛋黄不明显、胚胎不发育。

二级蛋：蛋壳清洁、完整、坚固。气室高度在5毫米以上的不超过10%，蛋白清晰，较浓厚，蛋黄略明显，但仍固定，胚胎不发育。

三级蛋：污壳蛋不超过1%，气室高度在7～8毫米的不超过25%，蛋白清晰，质稍稀薄，蛋黄明显，而略移动，胚胎微有发育。

出口鲜蛋的分级标准往往变化较大，对不同国家和地区其分级标准也有所不同。也可按重量来分级。鸡蛋分为四级。

一级蛋：每箱360枚净重不低于19.8千克。

二级蛋：每箱360枚净重不低于18.0千克。

三级蛋：每箱360枚净重不低于16.7千克。

四级蛋：每箱360枚净重不低于15.5千克。

鸭蛋也分为四级。

一级：每360枚蛋重21千克以上。

二级：每360枚蛋重19～20千克。

三级：每360枚蛋重17～18千克。

四级：每360枚蛋重15～16千克。

（四）小结

使学生了解和熟悉蛋品的感官性能及理化成分，能够具体进行蛋品的品级鉴别工作。

（五）思考与练习题

(1)鲜蛋的质量指标有哪些？

(2)内销鲜蛋的分级标准是什么？

(3)如何对蛋进行分级？

四、水产品的质量检验

（一）水产品的质量检验方法（以鱼类为例）

1.感官指标

水产品要求体表、鳃、眼球、肛门清洁完整程度。鳞片较完整不易脱落，黏液无混浊，肌肉组织致密有弹性，鳃丝较清晰，色鲜红或暗红，黏液不混浊，无异臭味，眼球饱满，角膜透明或稍有混浊。肛门紧缩或稍有凸起。

2.理化指标

理化指标主要是指组胺的含量，鲜水产品组胺的含量（毫克/千克以 Hg 计）应小于 0.05。

（二）水产品感官质量标准（以鱼类为例）

1.淡水鱼卫生标准（GB 2736—1994）

适用于青鱼、草鱼、鲤鱼、鲢鱼、鲫鱼、鲶鱼等淡水鱼。

体表——有光泽，鳞片较完整不易脱落，黏液无混浊，肌肉组织致密有弹性。

鳃——鳃丝清晰，色鲜红或暗红，无异臭味。

眼球——眼球饱满，角膜透明或稍有混浊。

肛门——紧缩或稍有凸起。

2.海水鱼卫生标准（GB 2733—1994）

适用于黄鱼、带鱼、鲳鱼、鳗鱼、鲐鱼、鲱鱼等海水鱼。

体表——鳞片完整或较完整，不易脱落，体表黏液透明无异臭味，具有固有色泽。

鳃——鳃丝较清晰，色鲜红或暗红，黏液不混浊，无异臭味。

眼球——眼球饱满，角膜透明或稍有混浊。

肌肉——组织有弹性，切面有光泽，肌纤维清晰。

（三）水产品质量鉴别

1.新鲜鱼

新鲜的鱼鱼体僵硬（指未经冰冻冷藏的鱼）。鱼体的僵硬一般出现在鱼死亡后4～5 小时之内，以后慢慢缓解以至消失。处于僵硬期间的鱼，因死亡不久，较为新鲜。此外，新鲜鱼的鳞片紧附体表，通常无脱落现象。眼球饱满，不下陷。鳃呈红色或暗红色。腹部不膨胀。体表光洁。肌肉有弹性，当用手指按压时，形成的凹陷迅速平复。切开时，肉与骨骼不易分开，无异常臭味。

2.变质鱼

变质鱼在鱼体应该僵硬的期间（死后 4～5 小时内）不僵硬。鱼身颜色暗淡，光泽度较差。鳃多呈淡红色、暗红色至紫红色。眼珠不饱满，稍见下凹。鳞片已有脱落，用手指稍为撕动，也易于剥落。油腻粘手。腹部有轻度膨胀。肌肉弹性减弱，用手指按压，留下的凹陷平复很慢，鱼体有腥臭味。

3.腐败鱼

鱼体失去原有光泽，色泽变为暗淡。眼球下凹，混浊。鳃呈淡红、暗红或黑红色，鳃丝松弛或已脱落。鳞片脱落。腹部膨满，呈浅绿色或绿色。肌肉失去弹性，以手指按压时，形成的凹陷不能平复。鱼体有腐败臭味。鱼的肌肉与骨骼分离。

4.毒鱼和有毒鱼的识别

含有毒素的鱼种类很多，它们生活在淡水或海水水域。既有硬骨鱼，也有软骨鱼。按鱼毒的种类区分，常见的有以下几种：

(1)含神经毒素的鱼　如众所周知的河豚，它的卵巢、肝脏、血液和肾脏中均含有侵害神经组织的剧毒物质。仅0.5毫克的河豚毒素就可使人致死。

(2)含血毒的鱼　这种鱼的血液中含有鱼血毒素。在江河中生活的黄鳝和鳗鱼都含有血毒。血毒经高温处理可以失效。但人类喜欢生吃黄鳝血，说有滋补作用，有时可对胃造成毒害。

(3)含卵毒的鱼　含卵毒的主要是某些裂腹鱼亚科的鱼类。成熟的鱼卵毒性最大。毒物是珠朊型蛋白。高温处理后仍有毒性。人吃进100～200克鱼卵即会中毒，但肉无毒。

(4)含胆毒的鱼　以鲩鱼、鳙鱼(大头鱼)、鲢鱼(鳊鱼)和鲤鱼的胆毒毒力最强。常引发人的中毒。胆毒主要损害肾、肝、心、脑等组织。有人误认为鱼胆可以治病而吞食，严重时可发生死亡。

(5)含组胺酸过多的鱼　鱼内含过多的组胺酸也可引发人的中毒，这一类鱼大部是青色的皮肤，红色的肉。如青鳞鱼、鲐鱼、师鱼和金线鱼等。当在适宜的条件下，存在于这些鱼体内的组胺酸经过分解，可生成大量的组胺与一种叫秋刀鱼毒素的物质使人中毒。

至于识别有毒的鱼产品的问题比较复杂，特别是当将有毒的鱼加工为鱼脯、鱼粉或其他半成品与成品之后，由于鱼的原来面目皆非，这时，这些产品只有通过实验室的检测，才能判定其中是否含有毒素。

5.新鲜与不新鲜的生虾及虾产品识别

虾是一种甲壳类水产品，生活在湖泊、江河、海洋各处，种类繁多。虾肉味美，有很高的食用价值。

新鲜虾与不新鲜虾的鉴别要点如下：

(1)新鲜虾　活虾在离开水环境后，尚有短时间活存，能够弓曲、伸直身体，做跳跃状，并且其口旁的颚足和头胸部下面的步足，尚能活动。新鲜的虾外形完整，虾壳透亮。视虾的品种而定，体表呈淡青色、青绿色或淡褐色。有的有节纹。虾体洁净，质地硬实，而有弹性。以手触摸无黏腻感。

(2)不新鲜的虾　已变质的不新鲜虾，虾体变为暗红色或红色，质度变软，虾壳与虾肉松开，有黏腻手感。有的还见头节掉落。腐败的虾可闻恶臭味。

(3)虾干或虾米　虾干都带有外壳，虾米不带壳。良质虾干外壳和体形完整，虾体干爽，虾肉坚挺，呈鲜明红色，有光泽。无黏腻手感，有虾香味。劣质虾干外壳和体形不完整，多有残缺。虾肉色灰暗，潮湿或已霉烂，无光泽，易碎。有氨味与臭味。劣质虾米其表面且常有碎壳存在。

不新鲜的虾与劣质的虾干和虾米，不符合卫生，不可食用。

6.新鲜与不新鲜蟹的识别

蟹属于甲壳类水产品，它们生活在淡水与海水的水域里。在自然条件下生活的，主要是穿凿堤岸造穴而居；人工饲养的则有箱笼饲养或池塘散养。

蟹的额部有一对有柄的复眼，它能竖起或横卧于眼窝之内。蟹善横行与游泳。遇见敌害，或迅速走避，或竖起复眼、张舞起状如钳子的左右螯足呈抗御姿势。

蟹富含蛋白质，味鲜美，有很好的食用价值。但食蟹必须讲求新鲜。当蟹死之后，会迅速形成一些对人体有害的有毒物质，不可食用。

新鲜蟹与变质蟹的鉴别要点如下：

(1)新鲜蟹　蟹体清洁，光泽度良好，甲壳坚硬，无碎裂。1对螯足和4对步足完整(人为因素折断者外)。动作灵活，行走迅速。复眼光亮，伸缩自如。人捕捉时常竖起复眼和张舞左右两个螯足。蟹体无臭味。

(2)变质死蟹　蟹体颜色暗淡无光，质地松软。螯足和步足残缺不全。复眼与螯足无反应。不能爬行与翻身。发出恶臭气味。

7.新鲜与不新鲜贝类的识别

贝类或贝甲类的动物种类很多，人们日常较多食用的有螺、蚬、蚌、蛤、蚶、蚝(牡蛎)、贻贝等。这些水产品营养丰富，味道鲜美，具有很高的食用价值。但由于它们富含水分，不耐久藏；且因是生活在水域中的生物，易受污染。尤其是各种细菌、病毒常常侵入其体内，容易发生变质与腐败，生成各种各样的有毒物质，使人发生中毒。因此，食用者必须小心在意。

现将新鲜与不新鲜的贝甲类水产品的区别要点列举如下：

(1)新鲜贝甲类　活的贝甲类动物，外壳紧紧闭合，当加水至一定程度并稍静置后，可以见到它们有的张开外壳；有的沿容器的周围物体紧紧吸附。当触动时迅速闭合或掉落。呈长方形的活蛏，在水中还可见它伸出体内的“水管”，做“喷水”动作。对于活体的贝甲类动物，要打开它紧闭着的外壳比较困难，贝甲的肉体结实，有的紧附在内壳上，不易剥落。壳内积存的水分澄清透亮，无臭味。

(2)不新鲜贝甲类　外壳不闭合或闭合不紧，易于用手掀开。壳内的贝肉呈灰黄色、暗灰色，肉体干瘪，无光泽，所含水分混浊不清，有恶臭味。已变质、死亡的田螺自水中浮起。不新鲜的贝甲类水产品含有毒物质，不可食用。

（四）小结

使学生了解和熟悉畜禽及水产品的感官性能及理化成分，能够具体进行水产品的品级鉴别工作。

（五）思考与练习题

(1)新鲜鱼、不新鲜鱼与变质腐败鱼的鉴别方法如何？

(2)怎样识别新鲜与不新鲜的生虾及虾产品？

(3)怎样识别新鲜与不新鲜的蟹？

(4)如何识别毒鱼和有毒鱼？

【任务小结】

本任务通过安排实训，使学生了解和熟悉乳品、肉品、蛋品、畜禽及水产品的感官性能及理化成分，能够具体进行乳品、肉品、蛋品、畜禽及水产品的品级鉴别工作。

【知识测试】

一、名词解释

无公害农产品　　绿色农产品　　有机农产品　　农产品品质检验

食品安全　　肉的成熟　　肉的腐败　　肉的变质　　肉的自溶

二、填空题

1.稻谷分为________、________、________、________、________五类。

2.根据玉米种皮颜色分为________、________、________三类。

3.农产品检验分为________、________、________三种。

4.乳品掺伪掺杂检验包括________、________、________、________、________、________等内容的检验。

5.蛋的结构________、________、________三部分。

6.正常乳的比重________，密度________，酸度________，pH________。

7.绿色食品分为________级和________级。

8.农产品分为________、________、________、________。

9.感官鉴别谷类质量的优劣时，一般依据________、________、________、________等项目进行综合评价。

10. 大米分为四个等级，即________米，________米、________米和________米。

11. 影响无公害蔬菜产品安全质量的主要因素有________、________、________、________。

12. 按照蔬菜食用部分的器官形态，可以将其分成__________、__________、__________、__________。

13. 叶菜类分为________、________、________、________、________等。

14. 茄果类分为________、________、________等。

15. 瓜类蔬菜分为________、________、________、________、________、________等。

16. 根菜类分为________、________、________、________等。

17. 薯芋类分为________、________、________、________等。

18. 葱蒜类分为________、________、________、________等。

19. 豆类分为________、________、________、________、________等。

20. 水生类分为________、________、________等。

21. 多年生类分为________、________、________等。

22. 芽苗类分为________、________、________、________等。

23. 乳按泌乳时期的不同分为________、________、________三种。

24. 乳品的质量感官鉴别分为________、________、________、________四个项目。

三、判断题

1. 无公害食品、绿色食品和有机食品的工作是协调统一、各有侧重和相互衔接的。(　)

2. 鉴别糯米中掺有大米的化学方法是糯米面遇到碘液变为蓝色，而大米面遇到碘液不变色。(　)

3. 食品绝对不能加入农药 。(　)

4. 香肠加工时必须用一级肉。(　)

5. 乳品加工时所需的原料乳酸度大于 24℃。(　)

6. 初乳、常乳、末乳都可以作为原料乳。(　)

7. 变蛋又称为松花蛋。(　)

8. 苹果的品级鉴别分为特级苹果和劣质苹果。(　)

9. 鲜切花品级鉴别中切花包括切叶、切花、切果、切枝。(　)

10. 正常乳的酸度为 16～18 °T。(　)

四、简答题

1. 简述农产品品质检验的目的、意义。
2. 农产品品质检验任务和主要内容是什么?
3. 肉的腐败变质及对人体的影响有哪些?
4. 畜禽肉感官鉴别要点有哪些?
5. 如何鉴别健康畜肉和病死畜肉?
6. 简述乳及乳制品的感官鉴别要点。
7. 原料乳卫生状况对乳及乳制品质量有怎样的影响?
8. 微生物污染对乳及乳制品质量有怎样的影响?
9. 简述如何鉴别鲜乳的质量。
10. 简述乳中掺伪掺杂的检验方法?
11. 鲜蛋的质量指标有哪些?
12. 简述内销鲜蛋的分级标准。
13. 简述禽蛋发生变质和腐败的原因和特征。
14. 简述蛋内可能出现的异物及其形成原因。
15. 粮食质量要求有哪些?
16. 如何鉴别稻谷的质量?
17. 如何鉴别玉米的质量?
18. 如何鉴别小麦的质量?
19. 蔬菜分级一般包括哪些?
20. 简述蔬菜分级的目的与意义。
21. 简述蔬菜调整与分级方法。
22. 简述制定分级标准的目的与意义。
23. 简述青果调整与分级方法。
24. 简述苹果品级如何鉴别。
25. 简述鲜切花的品级鉴别方法。
26. 简述盆景品级鉴别方泆。
27. 在收购牛奶时,如何检验奶的质量?
28. 我国对乳品加工的原料乳有何要求?
29. 如何鉴别牛乳中一些常见掺假行为?
30. 如何鉴别鲜猪肉的质量?
31. 怎样鉴别新鲜猪肉与变质、腐败猪肉?

32. 怎样鉴别新鲜牛、羊肉与变质腐败的牛、羊肉？
33. 简述鉴别冻牛肉质量的方法。
34. 鲜蛋的质量指标有哪些？
35. 如何对蛋进行分级？
36. 如何识别毒鱼和有毒鱼？
37. 新鲜鱼、不新鲜鱼与变质腐败鱼的鉴别方法如何？
38. 怎样识别新鲜与不新鲜的生虾及虾产品？
39. 怎样识别新鲜与不新鲜的蟹？

项目五　农村合作经济组织

改革开放三十年，农业和农村经济在家庭承包经营的基础上得到了稳定发展。但与发达地区相比，农村发展速度不快，农业发展层次不高，农民收入增长缓慢。如何破解三农问题的主要矛盾？党的十七大报告提出“发展农民专业合作组织，支持农业产业化经营和龙头企业发展”，为农村经济发展指明了方向。发展农村合作经济组织不仅是促进农业增效、农民增收的主要方法，更是有效推进农业专业化、标准化、规模化、现代化水平的重要途径。

任务一　农村合作经济组织概念、类型

【知识目标】

进一步提高学生农村合作经济组织的认识，明确农村经济合作组织的概念、类型，与集体经济组织的共性与区别。

【技能目标】

培养学生创新精神，能够实际组建、参与农村合作经济组织，发挥该组织的作用。

本任务主要是通过学习，让学生进一步提高对农村合作经济组织的认识，明确对农村合作经济组织概念、类型，了解农村合作经济组织与集体经济的共性与区别等相关知识内容。

一、农村合作经济组织的概念

农村经济组织是在农村联产承包责任制基础上，以农户为主要成员，围绕某个

专业或产品按照自愿、自立、互助原则，组织起来的，在技术、资金、生产、购销、加工、储运等环节，开展互助合作的经济和技术组织。

20 世纪 90 年代初，辽宁省抚顺市各县区相继出现一些以技术交流传播为主要活动内容的各类专业协会、研究会。进入 21 世纪后，农业生产商品化和市场化进程加快，农村合作经济组织得到了蓬勃发展。目前，抚顺各类农民专业合作组织总数已超过 1 000 个(含未登记的组织)，其中在民政和工商部门登记注册的协会 146 个，农民专业合作社 226 个，入会(社)农户近 2.9 万户。

二、农村合作经济组织的类型

我国目前学术界对于农村合作经济组织大致有三层理解，一是最广义的理解，农村合作经济组织包括各种类型的农民专业合作社、农民专业协会、乡镇村集体经济组织、农村股份合作制企业以及供销合作社和信用合作社；二是比较广义的理解，农村合作经济组织包括各种类型的农民专业合作社、农民专业协会、乡镇村集体经济组织、农村股份合作制企业；三是狭义的理解，农村合作经济组织主要指农民专业合作经济组织，即农民专业合作社和农民专业协会。

农村合作经济组织则有多种分类：

根据农村合作经济组织的功能，可以分为生产型、采购型、销售型、加工型、(技术)服务型、综合型六种基本类型。

根据农村合作经济组织创办者与政府的关系，可以分为自办型、官办型以及官民结合型三种基本类型。

根据农村合作经济组织创办者的身份，可以分为能人牵头型、龙头企业带动型、农村服务部门兴办型、政府发起型等类型。

目前，比较权威的分类方法是农业部“按照农民合作的紧密程度”，将农村合作经济组织分为专业合作社、股份合作社和专业协会三种基本类型。

(一)专业合作社

专业合作社作为农村专业合作经济组织的典型形式，可以认为是农民联合自助组织的目标模式。其基本特征是从事专业生产的农民自愿入社，退社自由，平等持股、自我服务、民主管理、合作经营的经济组织。这类合作组织一般是实体性的，内部制度比较健全、管理比较规范、与农民利益联系紧密，形成劳动者约定共营企业和社会利益共同体。农民入股需交纳一定股金，合作社除按股息外，主要按购销产品数量向社员返还利润。专业合作社也是企业，有的在工商管理部门登记为企业法人。专业合作社在东部地区较多，中部地区次之，西部极少。

例如，辽宁省抚顺市抚顺县北研特产农业有限公司(北研鲜食玉米蔬菜种植专业合作社)，整合耕地2万多亩，带动农户8 000多户，拥有全国知名的“唐老大”商标，每年加工的甜食玉米达到1 000万棒。其筹建的北方农业科学研究所，在种子业、杂粮加工业和蔬菜种植业中取得了多项科技创新成果，效益显著，仅西红柿种子一项，就占据了全国60%的市场份额。

(二)股份合作社

股份合作社是在合作制基础上实行股份制的一种新型合作经济组织。其本质特点是实行劳动联合与资本联合相结合、按劳动分配与按股分红相结合。与一般专业合作社不同的是，资本在股份合作企业的生产经营活动和收益分配中，占有比较重要的地位。这类组织一般也是实体性和紧密型的，全国各地都有，尤其在东部较多，近年发展较快。农民在兴办龙头企业或龙头企业牵头兴办合作组织，进行农产品加工、销售、运输、储藏、资源开发和水利建设等方面多采取这种形式。

(三)专业协会

专业协会是一种较为松散的合作形式，包括农业服务协会和专业协会等。农业服务协会为农户提供综合性系列化服务。专业协会主要是从事专项农产品生产、销售、加工的农民，按照自愿互利的原则，以产品和技术为纽带，组建的社团性合作经济组织。协会着重为会员提供技术和运销服务，并在民政部门登记，注册为社团组织，其前途是向具有实体的合作社方向发展。凡是从事专业生产并达到一定规模的农民都可以加入协会，协会对会员进行无偿和低偿服务，入会农民根据协会的要求进行生产销售。

例如，辽宁省抚顺市大多数农村合作经济组织都是围绕着当地的主导产业和特色产品建立起来的，与抚顺市的农业产业区域的分布大体一致。从事特色种植、养殖及中草药材生产、加工的多集中在东部山区；从事水稻、杂粮等粮食作物生产、加工、销售的主要分布在东南部靠近水域地区；从事瓜果、花卉、蔬菜生产、加工的多分布在市区周边经济带。辽宁省抚顺市清原满族自治县肉鸡养殖协会(毛毛专业合作社)发展会员485户，遍布14个乡镇，累计免费培训农户2 600人次，肉鸡饲养量达600多万只，肉鸡优良品种率达到98%，每年为会员增加收入600多万元。新宾县养猪协会(永合养猪专业合作社)发展会员738户，遍布16个乡镇，年均存栏母猪5 000头，出栏生猪8万头。2007年初，在辽宁省抚顺市委、市政府领导的高度重视下和市委组织部及市民政部门的大力支持下，由市供销社引领成立了“抚顺市农村合作经济组织联合会”(简称“农合联”)和“抚顺市农民经纪人协会”。“两会”共发展会员631家(户)。2007年7月1日，《农民专业合作社法》颁布实施后，市供销社及时建立为农服务的抚顺金桥网站，发布各类助农增收信息，并适时出台了《农村合作经济组织工作指导意见》和《农村合作经济组织规范建设的实施方案》积极主动地帮助和指导各县区规范组建各类专业合作社，在全市确定了20家合作社，作为市“农合联”的第一批工作联系点，发挥示范作用。

三、农村合作经济组织与集体经济的共性与区别

集体经济组织与合租经济组织在我国经常被混淆，这二者在许多方面既有共性又有区别。

（一）农村合作经济组织与集体经济的共性

(1)都是在个体经济（即私有制）基础上发展起来的。也就是个体农民为了克服自身的局限和困难性，有利生产的发展而组织起来的，形成合力的一种经济组织，都是从私有制向公有制过渡的一种形态，建立了一种新的生产关系。

(2)都为社员之间加强联系，建立平等互惠的人际关系创造了条件，并为实现民主管理创造了前提。也就是说在分户经营的农村，创造了一种新的人际关系环境条件。

(3)都为了消除中间剥削，实行按劳分配创造了条件。

(4)都为了充分发挥组织起来的人力、物力和财力等资源，集中力量办大事创造了条件。

(5)都是以服务社员为宗旨，以共同富裕为目的。

（二）农村合作经济组织与集体经济的区别

1.产生的社会背景和动因不同

合作经济组织是广大个体农民，为了克服单家独户的困难和局限，遵循积极领导、稳步前进的方针，先试点后推广，由小到大，逐步发展起来的，所以说，合作经济组织是生产发展的需要，是按照经济规律发展的。

集体经济是在“左”的急躁冒进思想指导下，在农业合作化高潮的政治运动推动下，为了快步跨进社会主义，一拥而上的办法，在不到一年的时间内，就一刀切地把初级社全部转为高级社，消灭了农民对土地和其他主要生产资料的私有制，实现了社会主义的集体所有制。

2.产权基础和明细程度不同

农村合作经济组织是建立在个体农民生产资料私有制基础上的经济联合体，产权明晰。土地和其他主要生产资料入社后仍保留私有权，土地入股，参加分红；其他主要生产资料，也分不同情况，给予适当补偿。由于产权和个人利益直接挂钩，使社员对合作经济的生产资料和生产成果关心程度加强，社员的生产积极性提高。

集体经济是建立在生产资料集体所有制的基础上，从理论上讲，产权比较清晰，属全体农民集体所有，农民是集体的主人，本应积极生产、关心集体。但是在实际工作中，往往产权落不到实处，使集体经济的成员对集体经济资产没有一点实权，这就直接影响了集体农民对集体经济的关心程度，也影响了农民作为主人翁的积极性和主动性。

3.自愿互利原则和平均主义程度各不相同

合作经济组织能较好地贯彻自愿互利原则，主要体现在以下几个方面：农民可以自愿申请入社，也可以自由退社，退社时还可以带走入社时属于自己的土地和为拆价入社的其他主要生产资料，并可将记在自己名下的股金抽回。农民的土地入股，保留私有，可参加分红，实行劳动与土地按比例分红。其他主要生产资料，也是私有公用，并分别按照不同的办法和标准，给予适当补偿。这些做法，实现了互惠互利，为自愿奠定了基础。

在集体经济中，土地一律无偿归集体所有，其他主要生产资料也归集体所有，虽然规定分不同情况作价归社，价款抵交股份基金，如有多余记在账上分期偿还，但实际上未能兑现。集体经济实行平均主义。

4.管理体制和民主管理机制不同

合作经济组织一般规模较小，人员较少，实行一级管理一级核算，可以经常定期不定期地召开各种会议，共同讨论研究问题，管理人员由社员直接选举，社员参与力度大，办事透明度高。特别是随着章程的不断完善，一切都按章办事，克服了少数人独断专行的弊端。如果管理人员不称职，社员可以直接改选或罢免，社员也可以退社，并带走自己入社时的土地和其他主要生产资料和股份基金。合作经济组织实行民主控制、民主管理的有效形式，符合现代企业制度特征。

集体经济一般规模较大，一村一社，实行村社合一，社内实行社、队两级管理，统一核算，不便召开社员大会，只能定期或不定期召开干部会议。久而久之，必然削弱了社员参与程度的意识，造成权力过于集中，有可能发展成个人独断专行，造成干群关系紧张，严重影响群众的生产积极性。集体经济组织所说的民主管理，仅停留于意识形态，缺乏可操作性。

5.分配形式和分配制度不同

合作经济组织盈余主要按成员与组织的交易量分配。而集体经济组织实行按劳分配，否定个人的所有者权益，利润也不向个人返还，由利润形成的“公共积累”归主体不确定的“集体”所有，往往造成资产的莫名流失。

6.所有制结构不同

合作经济组织由社员出资，资本由社员控制。合作经济组织承认和确保社员个人的所有者权益。集体经济组织不仅取消和否定集体中个人对企业的所有权益,而且集体所有的所谓"集体"范围的大小往往也是模糊的、不确定的。

合作经济组织与集体经济既有区别又有联系,分别属于不同性质的经济,不要混为一谈,要区分开,分别对待,分别研究。

【任务小结】

本任务主要是通过学习,让学生进一步提高了对农村合作经济组织的认识,明确对农村合作经济组织概念、类型,了解农村合作经济组织与集体经济的共性与区别等相关知识内容。从而培养学生创新精神,能够实际组建、参与农村合作经济组织,发挥该组织的作用。

任务二　农村经济合作组织的特点、功能

【知识目标】

理解发展农村合作经济组织的意义、地位和作用;掌握农村经济合作组织的特点、功能。

【技能目标】

培养学生创新精神,能够针对农村经济合作组织发展中存在的问题采取具体措施。

本任务主要学习理解发展农村合作经济组织的意义、地位和作用,理解我国农村合作经济组织的发展现状,掌握农村经济合作组织的特点、功能,学会针对我国农村经济合作组织发展中存在着问题应该采取的具体措施。

早在1923年,在河北省的香河和定县就创办了信用、购销合作社,到1935年农村中的合作社发展到2 600多个,在抗日战争和解放战争时期,中国共产党领导的解放区和敌后根据地,分别创办了犁牛合作社、粮食合作社、消费合作社、信用合作社等。土地改革以后,新获得土地而缺少其他生产资料的农民为了生产自愿走上合作道路,办起了互助组,在互助组基础上,办起了初级农业生产合作社,简称初级社,自1955年全国共建立初级社633 000多个,约占农户总数的14.2%,相继又创办高级农业生产合作社,简称高级社,到1956年底,全国共创办高级社54万多个,约占农户总数的87.8%。1958年建立了人民公社,这种农村经济体制一直延

续到我国农村经济体制改革之前。农村经济体制改革以后,又出现了新型的农村经济合作组织,就是现在的农村经济合作组织。

一、农村合作经济组织的特点

1. 活动领域明确

农村合作经济组织是经济性的组织,活动范围主要是经济领域,这一点十分明确。它是农村土生土长的新事物,扎根于农村,为农业生产服务,为农民提供帮助。例如,农民专业合作社就是在农村家庭承包经营基础上,同类农产品的生产经营者或者同类农业生产经营的提供者、利用者,自愿联合、民主管理的互助性经济组织。

2. 服务对象明确

农村合作经济组织以其组织内的成员为主要服务对象,提供农业生产资料的购买,农产品的销售、加工、运输、储藏以及与农业生产经营有关的技术、信息等服务。按照服务内容分类,有为农业生产服务的,如播种、除虫、收割的专业服务机构;有为销售和技术推广服务的,如银耳生产协会、养蜂协会、养猪协会等;还有一些资金互助会,可以为农户项目提供小额融资。这些组织能把资金、技术、劳动力、信息等生产要素有效的整合起来,进行合理配置,促进农业生产力的发展。

3. 合作形式多样

农村合作经济组织合作的形式是多样的,有公有制形式、私有制形式、公私合营、股份制和股份合作制等。农民专业合作组织以农民为组织主体,如农民专业合作社。农村集体经济组织也是农村合作组织的一种,只是和农民专业合作社在某些方面有些差异。

4. 区域范围明确

"农村"所显示的是"农村合作经济组织"的区域特征。"农村"一词,使其与城市中的合作经济组织区别开来,它指的是在农村区域中存在的合作经济组织。这一词语,首先,意味着地域上的不同。新中国成立以后相当长的一段历史时期,我国农村和城市中都存在着合作经济组织。其次,它意味着在传统二元经济结构体制下,在以农补工的计划经济时期,农村合作经济组织在功能、作用、意义等方面与"城市"中的合作经济组织有着巨大的不同。相比城市中的合作经济来说,农村合作经济组织承担着更多特殊的功能。

5. 主体特征明显

"农民组织"所显示的,是"农村集体经济组织"的主体特征。农民组织是服务农民并以农民作为主要成员的组织。农民组织有广义和狭义两种。从广义上看,农民组织是指以农民为行为主体,以追求一定的组织目标而结成的关系结构和行为集团。从狭义的角度看,农民组织是由农民自发组织的,或者是农民在政府的推动下组织的,但参与主体主要由农民构成的,目标在于更好的实现农民政治、经济利益或完成某种社会保障功能而组建成的民间社团。传统意义上的农民集体经济组织,显然是从广义上来使用的。在实践中,有的人也称之为农村组织或农业组织。冠以“农村”强调的是地域的范畴,冠以“农民”强调的是主体的范畴,冠以“农业”强调的是产业的范畴。

二、农村合作经济组织的功能

1.服务的功能

农村合作社要为农民服务,使农民能够以低廉的价格购置所需要的生产资料和生活资料,以较高的价格销售自己的产品;给社员提供技术和信息,给社员提供机会和渠道;学习发达国家合作社的经验,力争服务的范围越来越广,服务的水平越来越上档次。

2.纽带的职能

合作社必须成为政府和农民的纽带,上情下达,下情上报,协助政府贯彻和落实农业和农村政策,把农民的意愿反馈给政府,为政府施政提供第一手材料。合作社也必须成为农民与市场、农民与龙头企业的纽带,使农民有通畅的销路,商家有稳定的货源,为商家和农民架起一座双赢的金桥。

3.保护的职能

作为弱势群体的代表,合作社必须成为农民利益的代言人,为减轻农民的负担,保护农民的利益不受侵害而努力。同时,合作社也要成为农民生活的空间——农村的利益代表,发挥其农民联合体的作用,保护农村的环境,保护农村的资源,使我国的农业能够可持续地发展。

4.教育的职能

也可以称为培训的职能。合作社作为农民的联合体,必须为提高社员素质而努力。农业结构的调整、科技的转化、技术的普及、生产经营与管理水平的提高,都离不开社员素质的提高。目前,在农村劳动力中,小学及小学以下文化程度的劳动力占总劳动力的40%,文盲和半文盲约占总劳动力的18%。这种现状,将不适应今后农业现代化、机械化、信息化和集约化的要求。

5.示范的职能

据1999年的一项统计,利益关系比较紧密,真正称得上农业产业化组织的只有1.2万个左右,联结农户约2千万户,必须通过自身的发展,带动更多的合作社的成立,带动更多的农民参加,并在实践中发展一批成功的、具有示范作用的样板社，以带动更多的成功社出现。

6.发展的职能

要总结过去的经验教训，学习发达国家合作社的成功经验，更要结合中国的实际情况进行探索与突破。合作制的内容非常广泛，合作社的形式也是多种多样，把计划经济与市场经济进行有机结合，有可能会创造出合作社的一种全新模式。

7.合作的职能

合作社的特点是合作，但我国现在的农村合作经济组织是作而不合。几种合作社自成体系，只有纵向的指导，而无横向的联合。反观发达国家的合作社，都是既有纵向的合作，又有横向的联合，合力非常强大。要迎接国际强势农业的冲击，今后中国的农村合作社必须加强上下、左右、周边各体系间的协调与合作，最终实现一元化的联合。

如果能实现并完善上述七大职能，按照自愿、自治、互助、公平、民主管理等合作社基本原则去发展，中国的合作社就会大有希望。农业产业化核心载体的价值也就不会虚化，产业化也就不再只是理论上设计的几种模式。

三、发展农村合作经济组织的意义

建立和发展农村合作经济组织，是专业化生产、集约化经营、社会化服务的客观需要，世界各国农业和农村的发展，无不采取互相合作的方式，通过这种特殊的社会经济形式和合作关系，使农民获得更高收益。随着我国社会主义市场经济体制的确立和完善，规模小、经营分散的传统农业生产其自然和市场两重风险越来越大。因此，提高农业组织化程度，增强自我保护功能，已成为的迫切希望。在农业现代化进程中，农业合作经济组织是增加投入，改善生产条件，依靠科技进步，健全社会化服务，提高劳动者素质的重要载体。因此，不管从国外、国内看，还是从历史、现实看，农村合作组织都具有产生的土壤，生存的空间和发展的必要。

1.农村合作经济组织有利于形成主导产业

主导产业是农业产业化经营的重要依托。专业合作经济组织利用自身的优势，及时掌握生产技术和市场动态，组织和指导广大农民生产适销对路、技术含量较高的新品种，为形成主导产业和专业生产提供了物质基础，这与农业产业化经营的本质要求是一致的。

2.农村合作经济组织有利于培育龙头企业

农业产业化经营需要龙头企业来带动。在家庭分散经营的基础上，依靠农村专业合作经济组织，广大农民自筹资金联合发展加工和流通企业，从农产品加工和销售环节获得平均利润，为培育发展龙头企业创造了条件，是建立以产供销一条龙、贸工农一体化为主要特征的农业产业化体系的重要途径。

3.农村合作经济组织有利于优化配置农业资源

农业产业化经营最终促使农业资源得到优化配置。专业合作经济组织服务于农业生产的各个环节,产前提供各种农业生产要素,产中实施技术指导,产后进行运销和深度加工。提供各种专业化服务,专业合作经济组织扩大了农业生产专业分工的细密程度,促进了土地、资金和技术等生产要素的流动和重组,为合理利用、优化配置农业资源提供了可靠的渠道。

4.农业合作经济组织有利于普及推广农业科技

科学技术是第一生产力,农业的根本出路在于科技的普及和推广,农业产业化经营需要科技来支撑。不少专业合作组织,尤其是“农”字头的协会、学会和研究会,具有引进、消化、传播、推广农业实用技术和最新科技成果的能力。涉农部门的现代农业科技知识和技术、经营能手的致富经验对广大农民来说,看得见,摸得着,学得上,这有利于农业科学技术的传播。广大农民以农技、种子、畜牧等涉农部门为依托,以专业合作经济组织为后盾,以技术经营能手为核心科学种田、科技致富就有了保证。专业合作经济组织规模越大,传播越广,受益的农民也就越多。

四、农村合作经济组织的地位和作用

“十七大”报告指出:“探索集体经济有效实现形式,发展红米专业合作组织,支持农业产业化经营和龙头企业发展。”这是报告对近些年来农村合作经济组织发展的高度肯定和对其未来的一种展望。建立和发展新型农村合作经济组织是实现农业个体经营和大市场有效对接的途径,是推进农业产业化的需要,是健全和完善农村公共服务体系的需要,是适应中国农业入世的要求,是参与国际竞争的需要,它为解决“三农”问题,建设社会主义新农村提供了一种组织上的保障。

中国目前正处于从传统的农业社会向现代工业社会转型的时期,农村、农业人口还占相当大的比重,农业仍是个弱势产业,以农户为单位的个体经营,无法面对市场的诸多不确定因素,只有把各生产要素有效整合,提高经营水平和质量,使其效益最大化,才能规避市场风险,把产业产品做大、做强、做精。中国要实现从农业大国向农业强国转变就必须充分发挥农村合作经济组织的作用。

五、我国农村合作经济组织的发展现状

1983年1月,中共中央正式颁布《当前农村经济政策的若干问题》,从理论上肯定了家庭联产承包责任制“是在党的领导下中国农民的伟大创造,是马克思主义农业合作化理论在我国实践中的新发展”,并要求全面推行家庭承包责任制。随着

我国农村改革的不断完善和深入，农村经济得到了迅速发展和提升，农业逐渐向市场化、专业化、产业化和国际化的方向发展。与之相适应，我国农村除原有的社区合作经济组织之外，各类农村合作经济组织应运而生。20 世纪 80 年代以科普协会、农业技术协会、研究会为主；20 世纪 90 年代后期以专业协会、专业合作社为主。20 世纪初，农村合作经济组织出现了合作组织成员共同投资、兴建经济实体的发展态势。具体情况如下：

（一）我国农村合作经济组织数量、规模不断扩大，整体发展水平还有待于提高

截至 2006 年底，我国农村合作经济组织大约有 15 万个，农村合作组织成员数约为 3 878 万户，占全国农户总数的 15.6%。农村合作经济组织带动成员增收幅度比一般农户普遍高出 20%～50%。农村合作组织拥有注册商标约 2.6 万个，取得无公害产品、绿色食品、有机食品及无公害生产基地认证 3 200 多个。2006 年，农村合作组织为成员统一组织购买化肥、农膜、饲料、农药、兽药等农业生产资料 896 亿多元；统一组织销售粮食、蔬菜、瓜果、肉、蛋、奶、水产品等各类农产品1.7 亿吨；对成员开展各类技术培训 3 340 万人次。2006 年开展产加销综合服务的专业合作组织占总数的 44.5%，以技术信息服务为主的占 20.2%，以运销服务为主的占 8.8%，以加工服务为主的占 7.9%，以仓储服务为主的占 2.1%，开展其他服务的占 16.5%。2006 年全国农村合作经济组织经营服务盈余 325 亿元，其中将 22.5%的盈余共计 73 亿元返还给成员，将 23%的盈余共计 75 亿元用于股金分红，平均每个成员获得盈余返还和股金分红收入 381 元，成员收入普遍比非成员农户收入高出 20%左右。从目前看，我国农村合作经济组织发展趋势良好，群众基础深厚，对农村经济发展起到了积极的带动作用。

但就整体而言，我国的农村合作经济组织发展是不均衡的，主要表现在以下几个方面：

1.农村合作经济组织的数量在各地区的差异较大

根据 2004 年农业部的统计资料，拥有农村合作经济组织数量最多的 5 个省份分布为山东、湖南、陕西、河南和湖北；最少的 5 个省、市和自治区分别为青海、海南、宁夏、新疆和福建。其中以拥有农村合作经济组织数量最多与最少的两个省份作比较：山东省当年的农村合作经济组织数量为 15 395 个，青海为 128 个，山东拥有的农村合作经济组织数量是青海的 120 倍多，而山东省的乡村户数为青海省乡村户数的 27 倍多。

2.农村合作经济组织的入社农户占乡村总户数的比例低且在各地区的差异较大

全国 26 个省、市、自治区中，合作经济组织中的入社农户占乡村总户数平均比例为 5.27%，北京最高达到 34.92%，而比例最低的青海则仅为 0.41%。以发展

农村合作经济组织比较好的吉林省为例，吉林省供销社牵头创办的各类农村合作经济组织发展到3 850个，发展农产品经纪人8万多人；参与农户36万个，带动农户145.2万个，但也只分别占全省农户总数的9.9%和36.4%。从全国范围看，这个比例则是以中部地区最多，东部次之，西部最少。

3.农村合作经济组织在不同地区区域内的发展呈现出不平衡的态势

根据农业部课题组的研究报告，河北省石家庄等6个城市的农村合作经济组织为1 781个，占据了全省总数的80%，而河北省尚有20%～40%的县还有待于农村合作经济组织的建立和发展。再如，宁夏回族自治区在商品农业比较发达的引黄灌区的农村合作经济组织的数量占到了全区总数的88.2%，数量上居于绝对优势。

（二）农村合作经济组织在农业产业内部的绝大多数行业里都有所分布，但各自的发展程度有所不同

根据全国人民代表大会农业与农村委员会课题组的研究报告，我国19个省、市、自治区的农村合作经济组织在不同行业的分布情况如下：种植业拥有农村合作经济组织的数量占总体数量的42.87%，比例最高。养殖业的比例为33.98%，其他产业为23.15%。这与种植业、养殖业产值在农业总产值中的高比例相关。而具体到种植业中的粮食、棉花、油料等作物等行业，拥有的合作经济组织数量较少，比例一般不超过10%，但粮、棉、油等大宗农产品在农业总产值中的比例却能占到24.5%。蔬菜、水果等行业的合作经济组织数量占总数量的比例均高于20%，而这两个行业的产值在农业总产值中的比例分别为15.4%和5%。以浙江省为例，2006年底，农村合作经济组织3 900家，其中属于农业的占78%，林业的占9.1%，渔业占8.5%，其他的占4.4%。农业中又以畜牧、水果、蔬菜等产业居多，粮、棉、油等大宗农产品生产经营中的合作经济组织较少。以上结果可以看出，农村合作经济组织的行业分布与农产品行业的特性有一定关系。商品化程度高、不易保存的农产品在实践中更容易形成合作经济组织，对组织的依赖程度也比较高。

（三）农村合作经济组织的经济活动范围大多以本地区为主

根据有关部门的调查结果，农村合作经济组织的生产经营活动基本上以本地区为主，在被调查的15个省、市、自治区的农村合作经济组织中，有90%以上停留在本乡镇。而内蒙古、青海等地区这个比例甚至超过96%。另有10个省、市、自治区的农村合作经济组织的活动甚至只局限于本村范围。活动范围相对较大的农村合作经济组织主要集中于北京、上海、福建和广东等发达省、市。由此可见，经济发达地区的农村合作经济组织的活动范围相对比较宽广，经济欠发达的农村合作经济组织还需要扩大经济活动范围。但就总体看，我国农村经济合作组织跨地区

的经济活动能力还很弱，各地区间的交流、贸易、合作还需要不断地加强。

(四)我国农村合作经济组织在合作项目上内容还不够丰富

大多数合作经济组织内容局限于技术、信息服务和农产品销售方面，在农产品加工、农业生产资料供应、融资服务等领域开展合作的比例较小。而其中的技术服务又主要以开展技术指导。经验交流和新技术引进为主，技术培训和示范相对较弱，同时跨区域合作项目较少。随着生产专业化、社会化程度日益提高，核心生产环节不断简化，产前产后服务内容日益丰富，入社农民迫切要求产前产后服务由合作经济组织承担。这就使得其必须按行政区划、经济区域、产品项目等实行深层次的联合。

(五)微观组织制度初步形成，还需要进一步完善

目前农村合作经济组织主要依托于供销社、农技站、科协等社会组织和专业大户成立，农民自己平等出资成立的较少。而这种农民分化现象导致了组织产权主体的异质性增加，深刻影响着组织的产权和治理结构。

六、国家税务总局的相关规定

财政部、国家税务总局关于农民专业合作社有关税收政策的通知(财税[2008]81号)规定：对农民专业合作社销售本社成员生产的农业产品，视同农业生产者销售自产农业产品免征增值税。增值税一般纳税人从农民专业合作社购进的免税农业产品，可按13%扣除率计算抵扣增值税进项税额。对农民专业合作社向本社成员销售的农膜、种子、种苗、化肥、农药、农机，免征增值税。对农民专业合作社与本社成员签订的农业产品和农业生产资料购销合同，免征印花税。

2000年7月11日国家税务总局做出了关于农村信用合作社县联社管理费问题的批复，要求农村信用合作社县联社应按照《国家税务总局关于农村信用合作社管理机构提取管理费问题的通知》的规定提取管理费，不得加大比例向基层信用社提取或分摊管理费。县联社按规定提取的管理费不足使用的，经主管税务机关批准后，其差额部分，可向直属营业部分摊，并准予其直属营业部在税前扣除。

2000年5月26日国家税务总局、中国人民银行根据《企业税务通则》、金融企业财务制度及税法等法律、法规规定，制定《农村信用合作社财务管理实施办法》。

七、针对我国农村经济合作组织发展中存在着问题将采取的措施

(一)采取多种形式兴办更多更好的农村经济合作组织

1.巩固农民经营主体，扩大合作基础

全面落实党在农村经济方面的政策，确保农民家庭资产所有权的投资、合作、

分配的权力，扩大农民独立的经营自主权力，巩固完善土地承包制度，在此基础上，建立土地流转制度，强调只能在农民自觉、自愿的前提下转让土地经营权，大力发展以专业户为主要形式的家庭商品生产，提高专业化程度和农民收入水平、资本积累能力。

2.政府推动与农民自愿相组合

要坚持自愿互利民主决策的原则，在农民经济合作组织中，只做引导不加干涉。

3.因地因时制宜鼓励多种形式发展

在组织形式上可以是合作社，专业协会，也可以是股份合作经济组织，还可以是其他经济合作组织。在兴办主体上，可以由农民自己办，也可以依托龙头企业办，还可由涉农部门牵头办，可以兴办新的，也可以把一些企业改造成合作经济组织。

（二）加大政府对农村经济合作组织的保护力度，优化外部环境

国家的金融政策、税费政策、产业结构政策，应向农村经济合作组织倾斜。

（三）进一步完善内部运行机制，确保农村经济合作组织的健康发展

首先，建立科学的组织内部管理制度，依据国家有关法律和合作组织章程，制定出切实可行的管理制度。其次，要建立有效利益机制，对于合作社和农民协会其利润可以按交易额进行分配，也可以按交易额分配与按股分配相结合。再次，建立健全社会监督与内部监督相结合的监督机制。政府有关职能部门要监督经济合作组织是否按国家的法律法规从事经营及社会活动，同时，充分发挥经济合作组织中监督部门和参加农民的监督作用，实行社务公开、财务公开。

（四）把经济合作组织与农业产业化经营、发展壮大了的农村集体经济有机结合起来

不断增强农村经济合作组织的实力，兴办“公司＋农村经济合作组织＋农户”的新型的农村经济合作组织。

【任务小结】

本任务主要学习理解发展农村合作经济组织的意义、地位和作用，理解我国农村合作经济组织的发展现状，掌握农村经济合作组织的特点、功能，学会针对我国农村经济合作组织发展中存在着问题应该采取的具体措施。

【知识测试】

一、名词解释

农村合作经济组织

二、填空题

1. 狭义的理解农村合作经济组织，主要指________，即________和________。

2. 根据农村合作经济组织的功能，可以分为________、________、________、加工型、________、________等六种基本类型。

3. 根据农村合作经济组织创办者的身份，可以分为________、________带动型、________型、________等类型。

4. 目前比较权威的分类方法是农业部“按照农民合作的紧密程度”，将农村合作经济组织分为________、________和________三种基本类型。

5. 农村合作经济组织的功能包括：________、________、________、________、________、________、________。

三、简答题

1. 农村合作经济组织的类型有哪些？

2. 简述农村合作经济组织的特点。

3. 农村合作经济组织与集体经济的区别有哪些？

4. 针对我国农村经济合作组织发展中存在着问题将采取的措施有哪些？

5. 试阐述如何解决现如今我国农村合作经济组织中存在的缺陷。

项目六　农村经济合作组织章程

任务一　农村经济合作组织章程

【知识目标】

掌握发起人的内涵；理解农村经济合作组织章程内容；理解可行性分析论证的要点。

【技能目标】

培养学生遵纪守法，按章办事；能够运用示范章程结合当地农村情况制定新的农村合作经济组织章程。

【范例】

××县农村合作经济组织联合会章程

第一章　总则

第一条　名称：本会定名为××县农村合作经济组织联合会，简称“农经联”。

第二条　性质：本会是以××县供销合作社系统已经兴办和领办的农村合作经济组织为基础吸收其他农村合作经济组织、涉农单位和个人会员组成的全县联合性、专业性、自愿性的非营利性社会经济组织，具有社团法人地位。

第三条　本会的宗旨是：在中国共产党的领导下，团结会员，严格遵守国家法律、法规，认真贯彻党在农村的各项方针、政策，按照“三个代表”的要求，以服务“三农”为己任，以联合会作为纽带，引导和组织农村合作经济组织规范运作，健康发展，提高农民进入市场的组织化程度，推动农业产业化经营，促进农业结构调整和农民增收，维护农村合作经济组织的权益，密切党和政府与农民的联系，为繁荣我县农村经济，全面建设小康社会发挥应有的作用。

第四条　本会接受县供销合作总社的业务指导和县民政局的监督管理。

第五条　本会住所地：××××××

第二章　业务范围

第六条　本会的业务范围：

（一）认真贯彻执行党和政府有关农业、农村经济工作的方针和政策，负责组织、指导、协调、管理、规范和发展我县农村合作经济组织。

（二）研究合作经济的基本理论及探讨农村合作经济发展和运行的客观规律。

（三）研究和探讨合作经济组织改革、建设和发展战略，总结和交流发展农村合作经济组织的经验，向政府和有关部门提供研究成果或建议，为县委、县政府制定农村经济发展决策提供参考。

（四）开展对会员的专业教育和业务培训，为全县农村各类合作经济组织提供科技、信息、经贸、管理、市场营销、农副产品综合开发利用等业务咨询服务。

（五）组织业务相关会员单位之间、会员单位与商家开展联合与合作，推动产、加、销产业链条有序形成，促进农村合作经济组织的不断发展。

（六）承担政府和有关部门委托学术研究、政策研究任务以及其他相关事宜。

第三章　会员

第七条　本会的会员分为团体会员和个人会员。

第八条　申请加入本协会的会员，必须具备以下条件：

（一）有加入本团体的意愿。

（二）拥护本团体章程。

（三）凡我县农村各类合作经济组织、农产品协会、农民经纪人、农民联合体、农业产业化龙头企业，涉农的有关企业、事业单位、社会团体均可申请入会，对关心和热爱农村合作经济事业，有一定社会影响的专家、学者，由本会邀请，单位同意可作为特邀会员。

（四）会员入会必须提交入会申请，填写入会登记表，经理事会批准后即成为正式会员，由本会发给会员证。

第九条　会员享有下列权利：

（一）本会的选举权、被选举权和表决权。

（二）本会各项活动的参加权。

（三）享受本会提供的各项服务和利用本会研究成果的优先权。

(四)对本会工作的批评权、建议权和监督权。

(五)入会自愿、退会自由权。

第十条 会员履行下列义务:

(一)遵守本会的章程。

(二)执行本会的决议,积极参加本会举办的各项活动,支持本会履行职责。

(三)维护本会的合法权益。

(四)关心本会工作,及时向本会反映情况,提供有关资料,提出意见和建议。

(五)按规定交纳会费。

第十一条 会员退会应书面通知本会,并交回会员证。会员如果不交纳会费或经常不参加本会活动的,视为自动退会。

第十二条 会员如有严重违反本章程的行为,经理事会或常务理事会表决通过,予以除名。

第四章 组织机构

第十三条 本会的最高权力机构是会员代表大会,其职权是:

(一)决定本会的工作方针和任务。

(二)审议理事会的工作报告和财务报告。

(三)选举产生和罢免本届理事。

(四)制定和修改章程,决定本会终止事宜。

(五)决定其他重大事项。

第十四条 会员代表大会须有2/3以上的会员代表出席方能召开,其决议须经到会会员代表半数以上表决通过方能生效。

第十五条 本会会员代表大会每年至少召开一次。会员大会的代表在单位会员、个人会员和特邀会员中产生。因特殊情况需要提前或延期换届的,须由常务理事会表决通过,报业务主管单位审查并经社团登记管理机关批准同意。但延期换届最长不超过1年。

第十六条 本会理事会由会员代表大会选举产生,为会员代表大会的执行机构,在闭会期间领导本会开展日常工作,对会员代表大会负责。

第十七条 理事会的职权是:

(一)执行会员代表大会的决议,审定本会的工作计划。

(二)选举和罢免会长、副会长、秘书长。

(三)向会员代表大会报告工作和财力状况。

(四)决定会员的奖惩、吸收或除名。

(五)决定设立办事机构、分支机构、代表机构和实体机构。

（六）决定副秘书长、各机构主要负责人的聘任。

（七）制定本会各项管理制度。

（八）决定其他重大事项。

第十八条 理事会须有2/3以上理事出席方能召开，其决议须经到会理事半数以上表决通过方能生效。

第十九条 理事会每年召开一次会议，情况特殊的，也可采用通讯形式召开。

第二十条 本会设立常务理事会。常务理事会由理事会选举产生，在理事会闭会期间行使理事会职权，对理事会负责。

第二十一条 常务理事会须有2/3以上常务理事出席方能召开，其决议须经到会常务理事2/3以上表决通过方能生效。

第二十二条 本会的会长、副会长、秘书长必须具备下列条件：

（一）坚持党的路线、方针、政策、政治素质好。

（二）本会业务领域内有较大影响。

（三）会长、副会长、秘书长的最高任职年龄不超过55周岁，身体健康，能坚持正常工作。

第二十四条 本团体会长、副会长、秘书长如超过最高任职年龄的，须经理事会表决通过，报业务主管单位审查并经社团登记管理机关批准同意后，方可任职。

第二十五条 本会会长、副会长、秘书长任期五年。根据需要可设名誉会长。

第二十六条 本协会会长为法定代表人。本协会法定代表人不得兼任其他团体法定代表人。

第二十七条 本会会长行使下列职权：

（一）召集和主持常务理事会。

（二）检查会员代表大会、常务理事会决议的落实情况。

（三）代表本会签署重要文件。

第二十八条 本会秘书长行使下列职权：

（一）主持办事机构开展日常工作，组织实施年度工作计划。

（二）协调各分支机构、代表机构、实体机构开展工作。

（三）提名副秘书长以及各办事机构、分支机构、代表机构和实体机构主要负责人人选，交常务理事会决定。

（四）决定办事机构、代表机构、实体机构专职工作人员的聘用。

（五）处理其他日常事务。

第五章 资产管理

第二十九条 本会经费来源：

(一)会员交纳的会费。

(二)县供销合作总社的专项拨赠。

(三)争取有关企业事业单位、个人的资助和捐赠。

(四)在核准的业务范围内开展活动或服务的收入。

第三十条　本会经费必须用于本章程规定的业务范围和事业的发展。

第三十一条　本会建立严格的财务管理制度,保证会计资料合法、真实、准确、完整。本会换届或更换法定代表人之前必须接受社团登记管理机关和业务主管单位组织的财务审计。

第三十二条　本会的资产,任何单位、个人不得侵占、私分和挪用。

第六章　章程的修改程序

第三十三条　对本会章程的修改,须经理事会表决通过后报会员代表大会审议通过,并报社团管理机关核准后,方可生效。

第七章　终止程序

第三十四条　本会完成宗旨或自行解散或由于分立、合并等原因需要注销的,由常务理事会提出终止协议。

第三十五条　本会终止协议须经会员代表大会表决通过,并报业务主管单位审查同意。

第三十六条　本会终止前,须在业务主管单位指导下成立清算组织,清理债权债务,处理善后事宜,经社团登记管理机关办理注销登记手续后即终止。

第八章　附则

第三十七条　章程经 2008 年×月×日会员代表大会表决通过。

第三十八条　章程的解释权属本会的理事会;章程自社团登记管理机关核准之日起生效。

《国民经济和社会发展第十二个五年规划纲要》在“强农惠农,加快社会主义新农村建设”一章中也指出“培育多元化的农业社会化服务组织,支持农民专业合作组织、供销合作社、农民经纪人、龙头企业等提供多种形式的生产经营服务。”发展农民合作经济组织,是深化农村经营体制改革、实现农业产业化、增加农民收入的客观要求,是统筹城乡发展,加快社会主义新农村建设的必然选择,也是构建现代农业、发展农村经济、全面建设小康社会的重大战略举措。

【信息连接】

甘肃临泽鸭暖镇农民专业合作组织得到了快速发展

临泽县鸭暖镇把扶持、壮大农民专业合作组织作为发展现代农业、农业提质增效、农民致富增收为目标，通过合作、入股、联合经营等多种形式，把农民有限的资金、土地、机械、技术和劳动力集中起来，形成了一批以土地整合为核心具有经济效益好、带动能力强的典型示范合作组织，使"小合作变成了大联合，大联合促进了大发展"，实现了"建一个组织、兴一个产业、活一方经济、富一批群众"的目标，全镇已注册发展种植、养殖、林果、农机服务等农民专业合作 64 家，仅 2014 年注册成立 17 家。

农民面对激烈的市场竞争和国际大环境，在生产经营中除了运用先进科技改进生产技术，增加生产投入，还需要进一步完善组织形式，改革管理方法，走联合与合作的路子，逐步提高自身组织化程度。农业合作组织是农民利益的代表者，是农业生产者的自我服务组织。在市场经济条件下，合作经济组织和农民的根本利益是一致的，地位是完全平等的。

本任务主要是解决如何组建农村经济合作组织、发起人应当具备什么样的条件、如何规定章程内容、怎样办理相关的手续、如何召开成立大会等内容是农民必须要在理解的基础上掌握的知识。

根据国家有关法律、法规和我省有关文件精神，组建农村专业合作经济组织（主要是各类专业合作社和各类专业经济协会，包括各类专业联合社和各类专业技术协会、技术研究会、专业联合会等），要经过一定的法律程序取得法人资格，才能参与民事和经济活动，为自己取得民事权利，确立民事义务。组建的具体方法是：

一、明确发起人

1.发起人内涵

发起人就是发起并创办农村专业合作经济组织的创始人。在农村专业合作经济组织组建的筹备阶段，主要工作要由发起人来做。农村专业合作经济组织的发起人可以是自然人，也可以是企业法人。发起人最低不得少于 3 人，并组成筹备小组。

2.自然人作为发起人应具备的条件

(1)坚持党的路线、方针、政策，政治素质好，组织能力较强；

(2)在本地区、本行业内有较大的影响力，一般为专业大户；

(3)具有完全民事行为能力。

二、进行可行性分析论证

可行性分析论证是组建农村专业合作经济组织的基础性工作。发起人要对本地区、本行业农民群众进行专业合作的需求状况、专业生产的现状、市场前景、竞争对手等进行认真调查研究，确定所要组建的合作经济组织的活动和经营范围。根据有关示范章程和我省农村经济、社会资源状况，各农村专业合作经济组织可根据自己的实际情况，选择以下一项或几项作为本组织的业务范围：

(1)提供本组织成员在生产、加工、销售方面所需的资金；

(2)对组织成员进行技术指导和服务，引进新技术、新品种，举办技术培训、示范，开展技术交流，组织内外经济技术合作；

(3)采购和供应组织成员所需的生产资料和生活资料；

(4)收购和推销组织成员生产或加工的产品；

(5)从事农产品的运输、加工、储藏和销售等业务；

(6)对外签订合同(在现行法律法规许可内)、开展与经济部门、科研单位及其他经济组织的合作；

(7)向组织成员提供有关经济、技术信息；

(8)本组织需要的其他业务。

三、起草农村专业合作经济组织章程

章程是组织、社团经特定的程序制定的关于组织规程和办事规则的法规文书，是一种根本性的规章制度。

农村专业合作经济组织章程(目前有专业合作社章程和专业协会章程两种形式)，是为规范农村专业合作经济组织内部关系，统一开展生产经营活动的原则和办事程序而制定的规程，章程的制定是一项非常重要的工作。

章程的起草由发起人负责，可参照各类示范章程，并根据自己的实际情况，充分体现合作制的基本原则。

章程内容包括：

(1)农村专业合作经济组织的名称、活动内容、合作活动的地域范围；

(2)成为专业合作组织成员的条件及加入、退出的手续；

(3)会员的权利和义务；

(4)加入合作组织的资金规定，各种活动费用的负担方法；

(5)利润的分配方法和亏损的处理方法；

(6)成员大会的权限和活动,理事会、监事会的人数、产生办法、职务设定、领导人员任免方法及职责权限规定;

(7)会(社)员、资产与财务管理等内部管理制度;

(8)经营结果的公告;

(9)章程的修改程序;

(10)终止与清算处理等。

四、吸收成员

本着自愿的原则,在本地区或本行业,凡是承认本专业合作组织章程,个人提出申请并交纳组织的股金或组织费的生产经营农户和农业生产、加工、经营组织都可以成为本专业合作组织的成员。

五、注册登记,取得法人资格

农村专业合作经济组织实行分级分类登记。农村专业经济协会由各级民政部门根据民政部发布的"关于加强农村专业经济协会培育发展和登记管理工作的指导意见"精神进行登记管理;农村专业合作社由工商行政管理部门依照《企业法人登记管理条例》或《公司登记管理条例》进行登记,发给营业执照,准许其围绕成员的生产或加工、销售从事经营活动。

六、召开成立大会

会(社)员人数和入会(社)股金达到章程规定的数额,具备了组建的各项条件后,由发起人筹备小组主持召开农村专业合作经济组织成立大会。成立大会也是第一次成员大会,听取筹备小组报告本组织筹备工作情况。

成立大会主要议程有四项:

(1)选举理事会和监事会成员并选举产生理事会理事长、副理事长、秘书长及监事会主席等;

(2)讨论和通过本组织的章程;

(3)讨论和通过本组织内部各项管理制度和运行机制;

(4)讨论和通过本组织年度工作计划和其他有关事项等。

需要强调的是,农村专业合作经济组织申请登记取得法人资格时,登记机关要简化相关手续,及时办理。农村专业合作经济组织兴办经济实体,登记、发照按民营企业对待,登记、发照和年检时只收取证照成本费。

【任务小结】

本任务主要解决了如何组建农村经济合作组织、发起人应当具备的条件、章程内容、怎样办理相关的手续、如何召开成立大会等必须要掌握的知识，达到了预定的目标。

任务二　农民专业合作社示范章程

【知识目标】

掌握合作社的设立宗旨和业务范围；理解农民专业合作社章程应当载明的事项。

【技能目标】

培养学生遵纪守法，按章办事；能够运用示范章程结合当地农村情况制定新的农民专业合作社章程。

【范例】

中华人民共和国农业部令

第 4 号

《农民专业合作社示范章程》已经 2007 年 6 月 29 日农业部第 9 次常务会议审议通过，现予公布，自 2007 年 7 月 1 日起施行。2006 年 1 月 23 日《农业部关于印发〈农民专业合作经济组织示范章程〉（试行）的通知》（农经发〔2006〕1 号）同时废止。

部长　孙政才

二〇〇七年六月二十九日

农民专业合作社示范章程

农民专业合作社根据自身实际情况，参照本示范章程制订和修正本社章程。

________专业合作社章程

【______年____月____日召开设立大会，由全体设立人一致通过。】

第一章　总　则

第一条　为保护成员的合法权益，增加成员收入，促进本社发展，依照《中华人民共和国农民专业合作社法》和有关法律、法规、政策，制定本章程。

第二条　本社由＿＿＿＿＿＿【注：全部发起人姓名或名称】等＿＿人发起，于＿＿＿年＿＿月＿＿日召开设立大会。

本社名称：＿＿＿＿＿＿合作社，成员出资总额＿＿＿元。

本社法定代表人：＿＿＿＿＿＿【注：理事长姓名】。

本社住所：＿＿＿＿＿＿＿＿＿＿＿，邮政编码：＿＿＿＿＿。

第三条　本社以服务成员、谋求全体成员的共同利益为宗旨。成员入社自愿，退社自由，地位平等，民主管理，实行自主经营，自负盈亏，利益共享，风险共担，盈余主要按照成员与本社的交易量（额）比例返还。

第四条　本社以成员为主要服务对象，依法为成员提供农业生产资料的购买，农产品的销售、加工、运输、储藏以及与农业生产经营有关的技术、信息等服务。主要业务范围如下：【注：根据实际情况填写。如：

（一）组织采购、供应成员所需的生产资料；

（二）组织收购、销售成员生产的产品；

（三）开展成员所需的运输、储藏、加工、包装等服务；

（四）引进新技术、新品种，开展技术培训、技术交流和咨询服务；……等。

上述内容应与工商行政管理部门颁发的《农民专业合作社法人营业执照》中规定的主要业务内容相符。】

第五条　本社对由成员出资、公积金、国家财政直接补助、他人捐赠以及合法取得的其他资产所形成的财产，享有占有、使用和处分的权利，并以上述财产对债务承担责任。

第六条　本社每年提取的公积金，按照成员与本社业务交易量（额）【注：或者出资额，也可以二者相结合】依比例量化为每个成员所有的份额。由国家财政直接补助和他人捐赠形成的财产平均量化为每个成员的份额，作为可分配盈余分配的依据之一。

本社为每个成员设立个人账户，主要记载该成员的出资额、量化为该成员的公积金份额以及该成员与本社的业务交易量（额）。

本社成员以其个人账户内记载的出资额和公积金份额为限对本社承担责任。

第七条　经成员大会讨论通过，本社投资兴办与本社业务内容相关的经济实体；接受与本社业务有关的单位委托，办理代购代销等中介服务；向政府有关部门申请或者接受政府有关部门委托，组织实施国家支持发展农业和农村经济的建设项目；按决定的数额和方式参加社会公益捐赠。【注：上述业务农民专业合作社可选择进行。】

第八条　本社及全体成员遵守社会公德和商业道德，依法开展生产经营活动。

第二章　成　　员

第九条　具有民事行为能力的公民，从事________【注：业务范围内的主业农副产品名称】生产经营，能够利用并接受本社提供的服务，承认并遵守本章程，履行本章程规定的入社手续的，可申请成为本社成员。本社吸收从事与本社业务直接有关的生产经营活动的企业、事业单位或者社会团体为团体成员【注：农民专业合作社可以根据自身发展的实际情况决定是否吸收团体成员】。具有管理公共事务职能的单位不得加入本社。本社成员中，农民成员至少占成员总数的百分之八十。

【注：农民专业合作社章程还可以规定入社成员的其他条件，如：具有一定的生产经营规模或经营服务能力等。具体可表述为：养殖规模达到____以上或者种植规模达到____以上，……。】

第十条　凡符合前条规定，向本社理事会【注：或者理事长】提交书面入社申请，经成员大会【注：或者理事会】审核并讨论通过者，即成为本社成员。

第十一条　本社成员的权利：

(一)参加成员大会，并享有表决权、选举权和被选举权；

(二)利用本社提供的服务和生产经营设施；

(三)按照本章程规定或者成员大会决议分享本社盈余；

(四)查阅本社章程、成员名册、成员大会记录、理事会会议决议、监事会会议决议、财务会计报告和会计账簿；

(五)对本社的工作提出质询、批评和建议；

(六)提议召开临时成员大会；

(七)自由提出退社声明，依照本章程规定退出本社；

(八)成员共同议决的其他权利。【注：如不作具体规定此项可删除】

第十二条　本社成员大会选举和表决，实行一人一票制，成员各享有一票基本表决权。

出资额占本社成员出资总额百分之____以上或者与本社业务交易量(额)占本社总交易量(额)百分之____以上的成员，在本社____________等事项【注：如，重大财产处置、投资兴办经济实体、对外担保和生产经营活动中的其他事项】决策方面，最多享有____票的附加表决权【注：附加表决权总票数，依法不得超过本社成员基本表决权总票数的百分之二十】。享有附加表决权的成员及其享有的附加表决权数，在每次成员大会召开时告知出席会议的成员。

第十三条　本社成员的义务：

(一)遵守本社章程和各项规章制度，执行成员大会和理事会的决议；

（二）按照章程规定向本社出资；

（三）积极参加本社各项业务活动，接受本社提供的技术指导，按照本社规定的质量标准和生产技术规程从事生产，履行与本社签订的业务合同，发扬互助协作精神，谋求共同发展；

（四）维护本社利益，爱护生产经营设施，保护本社成员共有财产；

（五）不从事损害本社成员共同利益的活动；

（六）不得以其对本社或者本社其他成员所拥有的债权，抵销已认购或已认购但尚未缴清的出资额；不得以已缴纳的出资额，抵销其对本社或者本社其他成员的债务；

（七）承担本社的亏损；

（八）成员共同议决的其他义务。【注：如不作具体规定此项可删除】

第十四条　成员有下列情形之一的，终止其成员资格：

（一）主动要求退社的；

（二）丧失民事行为能力的；

（三）死亡的；

（四）团体成员所属企业或组织破产、解散的；

（五）被本社除名的。

第十五条　成员要求退社的，须在会计年度终了的三个月前向理事会提出书面声明，方可办理退社手续；其中，团体成员退社的，须在会计年度终了的六个月前提出。退社成员的成员资格于该会计年度结束时终止。资格终止的成员须分摊资格终止前本社的亏损及债务。

成员资格终止的，在该会计年度决算后____个月内【注：不应超过三个月】，退还记载在该成员账户内的出资额和公积金份额。如本社经营盈余，按照本章程规定返还其相应的盈余所得；如经营亏损，扣除其应分摊的亏损金额。

成员在其资格终止前与本社已订立的业务合同应当继续履行【注：也可以依照退社时与本社的约定确定】。

第十六条　成员死亡的，其法定继承人符合法律及本章程规定的条件的，在____个月内提出入社申请，经成员大会【注：或者理事会】讨论通过后办理入社手续，并承继被继承人与本社的债权债务。否则，按照第十五条的规定办理退社手续。

第十七条　成员有下列情形之一的，经成员大会【注：或者理事会】讨论通过予以除名：

（一）不履行成员义务，经教育无效的；

(二)给本社名誉或者利益带来严重损害的;

(三)成员共同议决的其他情形【注:如不作具体规定此项可删除】。

本社对被除名成员,退还记载在该成员账户内的出资额和公积金份额,结清其应承担的债务,返还其相应的盈余所得。因前款第二项被除名的,须对本社做出相应赔偿。

第三章 组织机构

第十八条 成员大会是本社的最高权力机构,由全体成员组成。

成员大会行使下列职权:

(一)审议、修改本社章程和各项规章制度;

(二)选举和罢免理事长、理事、执行监事或者监事会成员;

(三)决定成员入社、退社、继承、除名、奖励、处分等事项【注:如设立理事会此项可删除】;

(四)决定成员出资标准及增加或者减少出资;

(五)审议本社的发展规划和年度业务经营计划;

(六)审议批准年度财务预算和决算方案;

(七)审议批准年度盈余分配方案和亏损处理方案;

(八)审议批准理事会、执行监事或者监事会提交的年度业务报告;

(九)决定重大财产处置、对外投资、对外担保和生产经营活动中的其他重大事项;

(十)对合并、分立、解散、清算和对外联合等做出决议;

(十一)决定聘用经营管理人员和专业技术人员的数量、资格、报酬和任期;

(十二)听取理事长或者理事会关于成员变动情况的报告;

(十三)决定其他重大事项【注:如不作具体规定此项可删除】。

第十九条 本社成员超过一百五十人时,每____名成员选举产生一名成员代表,组成成员代表大会。成员代表大会履行成员大会的________、________等【注:部分或者全部】职权。成员代表任期____年,可以连选连任。

【注:成员总数达到一百五十人的农民专业合作社可以根据自身发展的实际情况决定是否设立成员代表大会。如不设立,此条可删除】

第二十条 本社每年召开____次成员大会【注:至少于会计年度末召开一次成员大会。】成员大会由________【注:理事长或者理事会】负责召集,并提前十五日向全体成员通报会议内容。

第二十一条 有下列情形之一的,本社在二十日内召开临时成员大会:

(一)百分之三十以上的成员提议;

（二）执行监事或者监事会提议；【注：如不设立执行监事或监事会，此项可删除】

（三）理事会提议；

（四）成员共同议决的其他情形【注：如不作具体规定此项可删除】。

理事长【注：或者理事会】不能履行或者在规定期限内没有正当理由不履行职责召集临时成员大会的，执行监事或者监事会在____日内召集并主持临时成员大会。【注：如不设立执行监事或监事会，此条可删除】

第二十二条　成员大会须有本社成员总数的三分之二以上出席方可召开。成员因故不能参加成员大会，可以书面委托其他成员代理。一名成员最多只能代理____名成员表决。

成员大会选举或者做出决议，须经本社成员表决权总数过半数通过；对修改本社章程，改变成员出资标准，增加或者减少成员出资，合并、分立、解散、清算和对外联合等重大事项做出决议的，须经成员表决权总数三分之二以上的票数通过。成员代表大会的代表以其受成员书面委托的意见及表决权数，在成员代表大会上行使表决权。

第二十三条　本社设理事长一名，为本社的法定代表人。理事长任期____年，可连选连任。

理事长行使下列职权：

（一）主持成员大会，召集并主持理事会会议；

（二）签署本社成员出资证明；

（三）签署聘任或者解聘本社经理、财务会计人员和其他专业技术人员聘书；

（四）组织实施成员大会和理事会决议，检查决议实施情况；

（五）代表本社签订合同等；

（六）履行成员大会授予的其他职权【注：如不作具体规定此项可删除】。

第二十四条　本社设理事会，对成员大会负责，由____名成员组成，设副理事长____人。理事会成员任期____年，可连选连任。

理事会【注：或者理事长】行使下列职权：

（一）组织召开成员大会并报告工作，执行成员大会决议；

（二）制订本社发展规划、年度业务经营计划、内部管理规章制度等，提交成员大会审议；

（三）制定年度财务预决算、盈余分配和亏损弥补等方案，提交成员大会审议；

（四）组织开展成员培训和各种协作活动；

（五）管理本社的资产和财务，保障本社的财产安全；

（六）接受、答复、处理执行监事或者监事会提出的有关质询和建议；

（七）决定成员入社、退社、继承、除名、奖励、处分等事项【注：如不设立理事会此项可删除】；

（八）决定聘任或者解聘本社经理、财务会计人员和其他专业技术人员；

（九）履行成员大会授予的其他职权【注：如不作具体规定此项可删除】。

第二十五条　理事会会议的表决，实行一人一票。重大事项集体讨论，并经三分之二以上理事同意方可形成决定。理事个人对某项决议有不同意见时，其意见记入会议记录并签名。理事会会议邀请执行监事或者监事长、经理和____名成员代表列席，列席者无表决权。

【注：农民专业合作社可以根据自身发展的实际情况决定是否设立理事会。如不设立理事会，第二十四条第一款、第二十五条中的相关内容可删除。】

第二十六条　本社设执行监事一名，代表全体成员监督检查理事会和工作人员的工作。执行监事列席理事会会议。

第二十七条　本社设监事会，由____名监事组成，设监事长一人，监事长和监事会成员任期____年，可连选连任。监事长列席理事会会议。

监事会【注：或者执行监事】行使下列职权：

（一）监督理事会对成员大会决议和本社章程的执行情况；

（二）监督检查本社的生产经营业务情况，负责本社财务审核监察工作；

（三）监督理事长或者理事会成员和经理履行职责情况；

（四）向成员大会提出年度监察报告；

（五）向理事长或者理事会提出工作质询和改进工作的建议；

（六）提议召开临时成员大会；

（七）代表本社负责记录理事与本社发生业务交易时的业务交易量（额）情况；

（八）履行成员大会授予的其他职责【注：如不作具体规定此项可删除】。

卸任理事须待卸任____年后【注：填写本章程第二十三条规定的理事长任期】方能当选监事。

第二十八条　监事会会议由监事长召集，会议决议以书面形式通知理事会。理事会在接到通知后____日内就有关质询做出答复。

第二十九条　监事会会议的表决实行一人一票。监事会会议须有三分之二以上的监事出席方能召开。重大事项的决议须经三分之二以上监事同意方能生效。监事个人对某项决议有不同意见时，其意见记入会议记录并签名。

【注：农民专业合作社可以根据自身发展的实际情况决定是否设执行监事和监事会。如不设立，第二十七条、第二十八条、第二十九条相关内容可删除。】

第三十条　本社经理由理事会【注：或者理事长】聘任或者解聘，对理事会【注：

或者理事长】负责，行使下列职权：

（一）主持本社的生产经营工作，组织实施理事会决议；

（二）组织实施年度生产经营计划和投资方案；

（三）拟订经营管理制度；

（四）提请聘任或者解聘财务会计人员和其他经营管理人员；

（五）聘任或者解聘除应由理事会聘任或者解聘之外的经营管理人员和其他工作人员；

（六）理事会授予的其他职权【注：如不作具体规定此项可删除】。

本社理事长或者理事可以兼任经理。

第三十一条　本社现任理事长、理事、经理和财务会计人员不得兼任监事。

第三十二条　本社理事长、理事和管理人员不得有下列行为：

（一）侵占、挪用或者私分本社资产；

（二）违反章程规定或者未经成员大会同意，将本社资金借贷给他人或者以本社资产为他人提供担保；

（三）接受他人与本社交易的佣金归为己有；

（四）从事损害本社经济利益的其他活动；

（五）兼任业务性质相同的其他农民专业合作社的理事长、理事、监事、经理。

理事长、理事和管理人员违反前款第（一）项至第（四）项规定所得的收入，归本社所有；给本社造成损失的，须承担赔偿责任。

第四章　财务管理

第三十三条　本社实行独立的财务管理和会计核算，严格按照国务院财政部门制定的农民专业合作社财务制度和会计制度核定生产经营和管理服务过程中的成本与费用。

第三十四条　本社依照有关法律、行政法规和政府有关主管部门的规定，建立健全财务和会计制度，实行每月____日【注：或者每季度第____月____日】财务定期公开制度。

本社财会人员应持有会计从业资格证书，会计和出纳互不兼任。理事会、监事会成员及其直系亲属不得担任本社的财会人员。

第三十五条　成员与本社的所有业务交易，实名记载于各该成员的个人账户中，作为按交易量（额）进行可分配盈余返还分配的依据。利用本社提供服务的非成员与本社的所有业务交易，实行单独记账，分别核算。

第三十六条　会计年度终了时，由理事长【注：或者理事会】按照本章程规定，组织编制本社年度业务报告、盈余分配方案、亏损处理方案以及财务会计报告，经执行监事或者监事会审核后，于成员大会召开十五日前，置备于办公地点，供成员查阅并接受成员的质询。

第三十七条　本社资金来源包括以下几项：

（一）成员出资；

（二）每个会计年度从盈余中提取的公积金、公益金；

（三）未分配收益；

（四）国家扶持补助资金；

（五）他人捐赠款；

（六）其他资金。

第三十八条　本社成员可以用货币出资，也可以用库房、加工设备、运输设备、农机具、农产品等实物、技术、知识产权或者其他财产权利作价出资，但不得以劳务、信用、自然人姓名、商誉、特许经营权或者设定担保的财产等作价出资。成员以非货币方式出资的，由全体成员评估作价。

第三十九条　本社成员认缴的出资额，须在____个月内缴清。

第四十条　以非货币方式作价出资的成员与以货币方式出资的成员享受同等权利，承担相同义务。

经理事长【注：或者理事会】审核，成员大会讨论通过，成员出资可以转让给本社其他成员。

第四十一条　为实现本社及全体成员的发展目标需要调整成员出资时，经成员大会讨论通过，形成决议，每个成员须按照成员大会决议的方式和金额调整成员出资。

第四十二条　本社向成员颁发成员证书，并载明成员的出资额。成员证书同时加盖本社财务印章和理事长印鉴。

第四十三条　本社从当年盈余中提取百分之____的公积金，用于扩大生产经营、弥补亏损或者转为成员出资。

【注：农民专业合作社可以根据自身发展的实际情况决定是否提取公积金。】

第四十四条　本社从当年盈余中提取百分之____的公益金，用于成员的技术培训、合作社知识教育以及文化、福利事业和生活上的互助互济。其中，用于成员技术培训与合作社知识教育的比例不少于公益金数额的百分之____。

【注：农民专业合作社可以根据自身发展的实际情况决定是否提取公益金。】

第四十五条　本社接受的国家财政直接补助和他人捐赠，均按本章程规定的方法确定的金额入账，作为本社的资金（产），按照规定用途和捐赠者意愿用于本社的发展。在解散、破产清算时，由国家财政直接补助形成的财产，不得作为可分配剩余资产分配给成员，处置办法按照国家有关规定执行；接受他人的捐赠，与捐赠者另有约定的，按约定办法处置。

第四十六条　当年扣除生产经营和管理服务成本，弥补亏损、提取公积金和公益金后的可分配盈余，经成员大会决议，按照下列顺序分配：

（一）按成员与本社的业务交易量（额）比例返还，返还总额不低于可分配盈余的百分之____【注：依法不低于百分之六十，具体比例由成员大会讨论决定】；

（二）按前项规定返还后的剩余部分，以成员账户中记载的出资额和公积金份额，以及本社接受国家财政直接补助和他人捐赠形成的财产平均量化到成员的份额，按比例分配给本社成员，并记载在成员个人账户中。

第四十七条　本社如有亏损，经成员大会讨论通过，用公积金弥补，不足部分也可以用以后年度盈余弥补。

本社的债务用本社公积金或者盈余清偿，不足部分依照成员个人账户中记载的财产份额，按比例分担，但不超过成员账户中记载的出资额和公积金份额。

第四十八条　执行监事或者监事会负责本社的日常财务审核监督。根据成员大会【注：或者理事会】的决定【注：或者监事会的要求】，本社委托________审计机构对本社财务进行年度审计、专项审计和换届、离任审计。

第五章　合并、分立、解散和清算

第四十九条　本社与他社合并，须经成员大会决议，自合并决议做之日起十日内通知债权人。合并后的债权、债务由合并后存续或者新设的组织承继。

第五十条　经成员大会决议分立时，本社的财产作相应分割，并自分立决议做之日起十日内通知债权人。分立前的债务由分立后的组织承担连带责任。但是，在分立前与债权人就债务清偿达成的书面协议另有约定的除外。

第五十一条　本社有下列情形之一，经成员大会决议，报登记机关核准后解散：

（一）本社成员人数少于五人；

（二）成员大会决议解散；

（三）本社分立或者与其他农民专业合作社合并后需要解散；

（四）因不可抗力因素致使本社无法继续经营；

（五）依法被吊销营业执照或者被撤销；

（六）成员共同议决的其他情形。【注：如不作具体规定此项可删除】

第五十二条　本社因前条第一项、第二项、第四项、第五项、第六项情形解散的，在解散情形发生之日起十五日内，由成员大会推举____名成员组成清算组接管本社，开始解散清算。逾期未能组成清算组时，成员、债权人可以向人民法院申请指定成员组成清算组进行清算。

第五十三条　清算组负责处理与清算有关未了结业务，清理本社的财产和债权、债务，制定清偿方案，分配清偿债务后的剩余财产，代表本社参与诉讼、仲裁或者其他法律程序，并在清算结束后，于____日内向成员公布清算情况，向原登记机关办理注销登记。

第五十四条　清算组自成立起十日内通知成员和债权人，并于六十日内在报纸上公告。

第五十五条　本社财产优先支付清算费用和共益债务后，按下列顺序清偿：

（一）与农民成员已发生交易所欠款项；

（二）所欠员工的工资及社会保险费用；

（三）所欠税款；

（四）所欠其他债务；

（五）归还成员出资、公积金；

（六）按清算方案分配剩余财产。

清算方案须经成员大会通过或者申请人民法院确认后实施。本社财产不足以清偿债务时，依法向人民法院申请破产。

第六章　附　　则

第五十六条　本社需要向成员公告的事项，采取________方式发布，需要向社会公告的事项，采取________方式发布。

第五十七条　本章程由设立大会表决通过，全体设立人签字后生效。

第五十八条　修改本章程，须经半数以上成员或者理事会提出，理事长【注：或者理事会】负责修订，成员大会讨论通过后实施。

第五十九条　本章程由本社理事会【注：或者理事长】负责解释。

全体设立人签名、盖章：

【信息链接】

桃江县发展农民专业合作社55家 家庭农场229家

为促进农村种养殖业发展和农民增收，县政务中心工商局窗口采取三举措扶植发展农民专业合作社和家庭农场。截至2014年6月23日，共发展农民专业合作社55家（其中农民专业合作社联合社3家），发展家庭农场229家。

本任务主要是学习在合作社发展较快的今天，如何设立农民专业合作社、业务范围、章程、出资方式及组织机构的设置及职权确定，需要我们一一详细学习，在了解的基础上掌握相关知识。

一、制定农民专业合作社章程的目的及法律依据

根据农业部关于《农民专业合作经济组织示范章程（试行）》的通知的第1条规定，为规范合作社活动行为，保护成员的合法权益，增加成员收入，促进合作社发展，依照《农民专业合作社法》有关法律、法规和政策，制定本章程。

二、合作社的设立宗旨和业务范围

1.合作社的设立宗旨

合作社按照“民办、民管、民受益”的原则，以服务成员、谋求全体成员的共同利益为宗旨，实行自主经营，民主管理，盈余返还。成员地位平等、加入自愿、退出自由、利益共享、风险共担。

《农民专业合作社法》第十条规定了设立农民专业合作社，应当具备的条件：有五名以上符合本法第十四条、第十五条规定的成员；有符合本法规定的章程；有符合本法规定的组织机构；有符合法律、行政法规规定的名称和章程确定的住所；有符合章程规定的成员出资。

根据《农民专业合作社法》第十三条规定，设立农民专业合作社，应当向工商行政管理部门申请设立登记，提交下列文件：登记申请书；全体设立人签名、盖章的设立大会纪要；全体设立人签名、盖章的章程；法定代表人、理事的任职文件及身份证明；出资成员签名、盖章的出资清单；住所使用证明；法律、行政法规规定的其他文件。登记机关应当自受理登记申请之日起二十日内办理完毕，向符合登记条件的申请者颁发营业执照。农民专业合作社法定登记事项变更的，应当申请变更登记。

2.合作社的业务范围

为合作社成员提供农业生产资料购买，农产品销售、加工、运输、储藏以及与生产经营相关的技术、信息服务。

三、农民专业合作社章程应当载明的事项

章程应当载明下列事项：

（1）名称和住所；

（2）业务范围；

（3）成员资格及入社、退社和除名；

（4）成员的权利和义务；

(5)组织机构及其产生办法、职权、任期、议事规则；

(6)成员的出资方式、出资额；

(7)财务管理和盈余分配、亏损处理；

(8)章程修改程序；

(9)解散事由和清算办法；

(10)公告事项及发布方式；

(11)需要规定的其他事项。

四、合作社成员出资方式

合作社由成员共同出资。具体出资方式为：货币、实物、知识产权等可以用货币估价，并可用依法转让的非货币财产出资，成员以非货币财产出资的，由全体成员评估作价(或由法定资产评估机构评估作价)。成员不能以劳务、信用、自然人姓名、商誉、特许经营权和设定担保的财产作价出资。

五、合作社成员对合作社债务承担方式

合作社存续期间由公共积累形成的财产，由国家财政直接补助、他人捐赠所形成的财产，平均量化为每个成员所有的份额。合作社成员以其账户内记载的出资额和公积金份额为限对合作社承担责任。合作社以自身全部资产对债务承担责任。

六、加入合作社组织以及办理的相关手续

具有民事行为能力的公民和从事与合作社业务直接有关的生产经营活动的企业、事业单位或社会团体，承认并遵守章程，履行章程规定的加入手续，可申请成为合作社成员。合作社成员以农民为主(农户占社员总数的80%以上)。加入合作社须履行以下程序：

(1)提交书面申请，承诺遵守章程规定的各项义务，承诺按章程规定出资；

(2)经合作社成员大会(或理事会)审核并讨论通过。

七、合作社组织机构及其职权划分

(一)合作社的组织机构

组织机构是把人力、物力和智力等按一定的形式和结构，为实现共同的目标、任务或利益有秩序有成效地组合起来而开展活动的社会单位。合作社的组织机构由成员大会、理事会、监事会构成。

(二)合作社组织机构的职权划分

1.成员大会

成员大会由全体成员组成,是合作社的最高权力机构。成员(代表)大会由理事会负责召集。召开成员(代表)大会,理事长(会)须提前十五日向成员(代表)通报会议内容。

《农民专业合作社法》第二十二条规定了成员大会行使下列职权:修改章程;选举和罢免理事长、理事、执行监事或者监事会成员;决定重大财产处置、对外投资、对外担保和生产经营活动中的其他重大事项;批准年度业务报告、盈余分配方案、亏损处理方案;对合并、分立、解散、清算做出决议;决定聘用经营管理人员和专业技术人员的数量、资格和任期;听取理事长或者理事会关于成员变动情况的报告;章程规定的其他职权。

《农民专业合作社法》第二十三条规定了农民专业合作社召开成员大会,出席人数应当达到成员总数三分之二以上。成员大会选举或者作出决议,应当由本社成员表决权总数过半数通过;做出修改章程或者合并、分立、解散的决议应当由本社成员表决权总数的三分之二以上通过。章程对表决权数有较高规定的,从其规定。农民专业合作社成员大会每年至少召开一次,会议的召集由章程规定。

2.理事会

理事会是合作社的执行机构,对成员(代表)大会负责。理事会实行充分协商一致原则,理事会成员各享有一票表决权,重大事项集体讨论,并经三分之二以上理事同意方可形成决定。理事长为本社的法定代表人。理事个人对某项决议有不同意见时,其意见记入会议记录。

3.监事会

监事会是合作社的监察机构,代表全体成员监督检查理事会和工作人员的工作。监事会会议由监事长召集,会议决议以书面形式通知理事会。合作社监事会成员各享有一票表决权。监事会会议须有三分之二以上的监事出席方能召开。重大事项的决议须经三分之二以上监事同意方能生效。监事个人对某项决议有不同意见时,其意见记入会议记录。合作社经营管理负责人由理事会聘任或者解聘,对理事会负责。合作社现任理事长、理事以及理事长和理事的直系亲属、经营管理负责人和财务会计人员不得兼任监事。

八、合作社的财务和盈余返还制度

(一)合作社的财务制度

合作社组织是经济核算主体,实行独立的财务管理和会计核算。经营自主,盈亏自负，有权拒绝任何单位与个人平调、挪用本组织资产的要求。组织依照有关法律、行政法规和政府有关主管部门的规定，建立健全财务和会计制度，实行财务定期公开制度。成员与本组织的所有业务交易，实行实名专户记账，作为按交易量（额）进行盈余二次返还分配的依据。财务年度终了时，由理事会按照本章程规定，组织编制本组织财务年度盈余分配方案以及资产负债表、损益表、财务状况变动表等其他财务会计报告，经监事会审核同意后，于成员（代表）大会召开十五日前，置备于办公地点，供成员查阅并接受成员的质询。

（二）合作社的盈余返还制度

根据成员（代表）大会决议，本组织从当年盈余中提取百分之______的公益金，用于成员的技术培训、合作知识教育以及文化、福利事业和生活上的互助互济。其中，用于成员技术培训与合作知识教育的比例不少于百分之______。组织严格按照有关财务会计制度核定生产经营和管理服务过程中的成本费用。扣除当年生产经营和管理服务成本，提取公积金、公益金和风险金后的可分配盈余，经成员（代表）大会决议，按照下列顺序分配：

(1)股份分红或者股息支付；

(2)按成员与本组织业务交易量（额）的比例分配。

成员分得的股份红利或者股息，可以被首先用于冲抵该成员欠缴的股份金额。组织的债务依照成员股份按比例分担。监事会负责本组织的日常财务审计监督。根据成员（代表）大会或理事会的决定、监事会的要求，本组织可以委托 县（市、旗、区）农业行政主管部门或者其他审计机构对本组织财务进行年度审计和专项、换届审计。组织根据________县（市、旗、区）农业行政主管部门的要求，定期向其上报有关财务、会计和统计报表。

【任务小结】

本任务主要解决了如何设立农民专业合作社、业务范围、章程、出资方式、组织机构的设置及职权如何确定，如何去办理相关的手续，完成了预定的任务。

【知识测试】

一、名词解释

农村专业合作经济组织章程　　农民专业合作社　　发起人

二、填空题

1. 合作社的组织机构由________、________、________构成。成员大会由________组成，是合作社的________机构。

2. 合作社成员以其账户内记载的________和________份额为限对合作社承担责任。合作社以________对债务承担责任。

3. 合作社存续期间由________形成的财产，由国家________、他人________所形成的财产，________为每个成员所有的份额。

4. 合作社由成员________出资。具体出资方式为________、________、________等可以用货币估价，并可用依法转让的非货币财产出资。

5. 农村专业合作经济组织的发起人可以是________，也可以是________。发起人最低不得少于________人，并组成筹备小组。

6. 监事会是合作社的________机构，代表全体成员________理事会和工作人员的工作。

三、判断题

1. 合作社组织是经济核算主体，实行独立的财务管理和会计核算。（　）

2. 理事会是合作社的权力机构，对成员（代表）大会负责。（　）

3. 合作社监事会会议须有二分之一以上的监事出席方能召开。（　）

4. 合作社经营管理负责人和财务会计人员不得兼任监事。（　）

5. 成员可以以劳务、信用、自然人姓名、商誉、特许经营权和设定担保的财产作价出资。（　）

6. 农村专业合作经济组织实行分级分类登记。（　）

7. 合作社成员与本组织的所有业务交易，实行无记名专户记账。（　）

四、选择题（单选）

1. 农民专业合作社的成员中，农民至少应当占成员总数的百分之（　）。

A. 60　　B. 70　　C. 80　　D. 90

2. 农民专业合作社召开成员大会，出席人数应当达到成员总数（　）以上。

A. 二分之一　　B. 三分之一　　C. 四分之一　　D. 三分之二

3. 农民专业合作社成员大会每年至少召开（　）次，会议的召集由章程规定。

A. 1　　B. 2　　C. 3　　D. 4

五、简答题

1. 合作社的设立宗旨是什么？

2. 合作社的业务范围是什么？

3. 农民专业合作社章程应当载明的事项有哪些？

4. 加入合作社须履行哪些程序？

5. 合作社成员对合作社债务承担方式是怎样的？

6. 自然人作为发起人应具备哪些条件？

项目七 农产品经纪人和农村经济合作组织相关的法律法规

任务一 法律常识

【知识目标】

了解消费者的含义及九项权利；了解消费者和经营者发生争议时的解决途径；理解民事责任的种类；理解证据种类。

【技能目标】

培养学生遵纪守法，具备维权能力。

伴随农村经济社会的发展，农村合作经济组织与农村经纪人若想在未来激烈的市场竞争中不断发展壮大，需要了解学习农产品经纪人和农村经济合作组织相关的法律法规。

本任务主要学习《消费者权益保护法》和《民事诉讼法》相关的法律常识。主要是学习了解消费者内涵及消费者的基本权利、经营者的基本义务、消费者和经营者发生争议时的解决途径、民事诉讼的受案范围、民事诉讼的制度、民事诉讼的案件管辖、证据种类、民事诉讼时效期间、民事责任内涵及承担方式等知识内容。

【案例一】

可以向哪个公司索赔?

〖**案情**〗在甲公司举办的商品展销会期间，消费者李红从标明参展单位为乙公司的展位柜台购买了一台丙公司生产的家用电暖气，使用时发现有漏电现象，无法正常使用。由于展销会已经结束，李红先后找到甲公司、乙公司，方得知展销会期间乙公司将租赁的部分柜台转租给了丁公司，该电暖气系由丁公司卖出的。在这种情况下，李红可以向谁要求赔偿？

1983年，国际消费者联盟确定每年3月15日为“国际消费者权益日”，我国《消费者权益保护法》已由第八届全国人大常委会第四次会议于1993年10月31日通过，自1994年1月1日起施行。第十二届全国人大常委会第五次会议于2013年10月25日通过了《关于修改〈消费者权益保护法〉的决定》，自2014年3月15日起施行。该法是保护消费者合法权益的基本法律。

一、消费者内涵及消费者的基本权利

（一）消费者的内涵

根据《消费者权益保护法》规定，消费者主要是指为生活消费需要购买、使用商品或者接受服务的人。例如，到商场购买电器、到饭店吃饭等就属于消费者。包括农民购买、使用直接用于农业生产的生产资料，参照本法执行。例如，农民购买种子、化肥、农药等情形也属于消费者。

（二）消费者权益内涵

消费者权益是指消费者依法享有的权利及该权利受到保护时给消费者带来的应得的利益。消费者权益的核心是消费者的权利。消费者权益保护机关有两类：即行政执法机关和行业主管部门。行政执法部门包括工商行政管理部门、技术监督部门、卫生监督管理部门、进出口商品检验部门等。行业主管部门即中国消费者协会，是中国广大消费者的组织，是一个具有半官方性质的群众性社会团体。中国消费者协会和地方各级消费者协会，是由同级人民政府批准，经过民政部门核准登记而设立的，因而具有社会团体法人资格。

消费者组织不得从事商品经营和营利性服务，不得以牟利为目的向社会推荐商品和服务。消费者协会的任务有两项，一是对商品和服务进行社会监督，二是保护消费者权益。我国《消费者权益保护法》第三十二条规定了消费者协会有七项职能，即：

(1)向消费者提供消费信息和咨询服务；

(2)参与有关行政部门对商品和服务的监督、检查；

(3)就有关消费者合法权益的问题，向有关行政部门反映、查询，提出建议；

(4)受理消费者的投诉，并对投诉事项进行调查、调解；

(5)投诉事项涉及商品和服务质量问题的，可以提请鉴定部门鉴定，鉴定部门应当告知鉴定结论；

(6)就损害消费者合法权益的行为，支持受损害的消费者提起诉讼；

(7)对损害消费者合法权益的行为，通过大众传播媒介予以揭露、批评。

各级人民政府对消费者协会履行职能应当予以支持。

(三)消费者的基本权利

消费者的权利是消费者权益保护法的核心。根据消费者权益保护法的规定，消费者享有九项权利，具体包括：

第一，安全权。消费者在购买、使用商品和接受服务时享有人身、财产安全不受损害的权利。例如，食品必须做到无毒、无害、符合应有的营养要求；食品的包装、存放、运输必须清洁卫生，过期、变质的食品不能出售；药品必须严格按照工艺规程生产，其化学成分及含量应符合有关规定。

第二，知情权。消费者享有知悉其购买、使用的商品或者接受的服务的真实情况的权利。消费者有权根据商品或者服务的不同情况，要求经营者提供商品的价格、产地、生产者、用途、性能、规格、等级、主要成分、生产日期、有效期限、检验合格证明、使用方法说明书、售后服务或者服务的内容、规格、费用等有关情况。

第三，自主选择权。消费者享有自主选择商品或者服务的权利。如自主选择提供商品或服务的经营者及商品品种或服务的方式、自主选择购买或不购买商品、接受或不接受服务等权利。消费者在自主选择商品或者服务时，有权进行比较、鉴别和挑选。例如，小周在一家商店选购某电视机时觉得该电视机的款式、质量不合心意，打算离开时，被该产品的促销员拦住，称小周必须要买一台，否则不允许离开。促销员的行为侵犯了小周的自主选择权。

第四，公平交易权。消费者享有公平交易的权利。消费者在购买商品或者接受服务时，有权获得质量保障、价格合理、计量正确等公平交易条件，有权拒绝经营者的强制交易行为。如旅馆强拉客人住宿行为就属于强制交易行为，违反了公平交易权。

第五，损害赔偿请求权。消费者因购买、使用商品或者接受服务受到人身、财产损害的，享有依法获得赔偿的权利。例如，某甲喜好品酒，某日花 500 元在乙商场购买茅台酒一瓶，饮酒后产生种种不适症状，住院治疗共花费 1 000 元。经检验，某甲所购茅台酒为假酒。某甲可以要求乙商场赔偿损失。

第六，结社权。消费者享有依法成立维护自身合法权益的社会团体的权利。如成立消费者协会等。消费者协会是依据《消费者权益保护法》规定，依法成立的对商品和服务进行社会监督的保护消费者合法权益的社会团体。

第七，获得有关知识的权利。消费者享有获得有关消费和消费者权益保护方面的知识的权利。目的在于消费者更好地掌握所需商品或服务的知识和使用技能,正确使用商品,提高自我保护能力。

第八,人格尊严不受侵犯的权利。消费者在购买、使用商品和接受服务时,享有其人格尊严、民族风俗习惯得到尊重的权利。经营者不得对消费者进行侮辱、诽谤,不得搜查消费者的身体及其携带的物品,不得侵犯消费者的人身自由。例如,一位衣着破旧的消费者在某商场,看中一个 1 200 多元的台灯,要求售货员拿过来看一下,售货员不仅不拿,还对其冷嘲热讽。售货员这种行为违反了不得侵犯消费者人格权利的义务。

第九,监督权。消费者享有对商品和服务以及保护消费者权益工作进行监督的权利。此外,还有检举、控告侵害消费者权益的行为和国家机关及工作人员在保护消费者权益工作中的违法失职行为,有权对保护消费者权益工作提出批评、建议。

因为消费者所购买并使用的商品或者所接受的服务是由经营者提供的,所以,在保护消费者权益方面,经营者首先负有直接的义务。

在我国,假冒伪劣产品充斥于市,服务质量不高的原因虽然是多方面的,但是缺乏对消费者权利的强有力的保护,缺乏对损害消费者权利的行为严厉打击和惩罚也是一个重要因素。如果政府能够切实保护消费者权利,那么,那些靠制造假冒伪劣产品,靠欺骗消费者赚钱的企业和个人就无法生存下去。大多数企业的合法权益也可以得到充分保护,从而在全社会形成一种靠正当经营,正当竞争来提高经济效益的良好商业道德。这样就有利于促使企业努力加强管理,不断提高产品质量和服务质量,提高经济效益,推动社会进步。

二、经营者的基本义务

根据消费者权益保护法的规定,经营者应当承担的义务包括:

(一)严格履行法定和约定的义务

经营者向消费者提供商品或者服务,应当依照《产品质量法》和其他有关法律、法规的规定履行义务。经营者与消费者有约定的,应当按照约定履行义务,但双方约定不得违背法律、法规的规定。

(二)接受社会监督的义务

经营者应当听取消费者对其提供的商品或者服务的意见,接受消费者的监督。

(三)保证消费者安全的义务

经营者应当保证其提供的商品或者服务符合保障人身财产安全的要求。对可能危及人身财产安全的商品和服务，应当向消费者做出真实的说明和明确的警示，并说明和标明正确使用商品或者接受服务的方法以及防止危害发生的办法。例如，罐装杀虫剂包装上必须标明“防火、不能食用、不要被儿童拿着玩耍；若误入眼内，请用大量清水清洗并及时就医”等警示。

（四）不作虚假宣传的义务

经营者应当向消费者提供有关商品或者服务的真实信息，不得作引人误解的虚假宣传，如某些经营者故意夸大宣传某些保健品所并不具备的药效范围。

（五）签发凭证和单据的义务

经营者提供商品或者服务，应当按照国家有关规定或商业惯例向消费者出具购货凭证或者服务单据；消费者索要购货凭证或者服务单据的，经营者必须出具。

（六）提供符合要求的商品或服务的义务

经营者应当保证其提供的商品或服务应当具有的质量、性能、用途和有效期限，但消费者在购买该商品或接受该服务之前已知道其存在瑕疵的除外。

（七）承担“三包”的义务

经营者提供商品或者服务，应当按照国家规定或者与消费者的约定，承担包修、包换、包退或者其他责任，不得故意拖延或者无理拒绝。经营者提供商品或者服务，造成消费者财产损害的，应当按照消费者的要求，以修理、重做、更换、退货、补足商品数量、退还货款和服务费用或者赔偿损失等方式承担民事责任。消费者与经营者另有约定的，按照约定履行。对国家规定或者经营者与消费者约定包修、包换、包退的商品，经营者应当负责修理、更换或者退货。在保修期内两次修理仍不能正常使用的，经营者应当负责更换或者退货。对包修、包换、包退的大件商品，消费者要求经营者修理、更换、退货的，经营者应当承担运输费等合理费用。

（八）严格遵守公平交易的义务

经营者不得以格式合同、通知、声明、店堂告示等方式做出对消费者不公平、不合理的规定，或者减轻、免除其损害消费者合法权益应当承担的民事责任。格式合同、通知、声明、店堂告示等含有上述内容的，其内容无效。例如，某超市贴出店堂告示“本公司保留在收银处查阅带进本店各类袋子的权利”就属于违背了法律和社会公共利益，没有法律约束力，是无效的。

（九）尊重消费者的义务

经营者不得对消费者进行侮辱、诽谤；不得搜查消费者的身体及其携带的物品；不得侵犯消费者的人身自由。经营者侵害消费者的人格尊严或者侵犯消费者人身自由的，应当停止侵害、恢复名誉、消除影响、赔礼道歉，并赔偿损失。

【法律链接】

《消费者权益保护法》第三十五条规定了消费者在购买、使用商品时，其合法权益受到损害的，可以向销售者要求赔偿。销售者赔偿后，属于生产者的责任或者属于向销售者提供商品的其他销售者的责任的，销售者有权向生产者或者其他销售者追偿。消费者或者其他受害人因商品缺陷造成人身、财产损害的，可以向销售者要求赔偿，也可以向生产者要求赔偿。属于生产者责任的，销售者赔偿后，有权向生产者追偿。属于销售者责任的，生产者赔偿后，有权向销售者追偿。消费者在接受服务时，其合法权益受到损害的，可以向服务者要求赔偿。

【案例二】

电脑公司应承担什么责任？

〖**案情**〗王某在电脑公司购买一台电脑，使用十个月后出现故障。在“三包”有效期内，经两次修理仍无法正常使用。此时市场上已无同型号电脑。

问题：依照有关法律规定，该案应如何处理？

三、消费者和经营者发生争议时的解决途径

消费者和经营者发生消费者权益争议时，可以通过下列途径解决：

(1)与经营者协商和解；

(2)请求消费者协会调解；

(3)向有关行政部门申诉(行政处理)；

(4)根据与经营者达成的仲裁协议提请仲裁机构仲裁；

(5)向人民法院提起诉讼。

我国《民事诉讼法》是1991年4月9日第七届全国人大第四次会议通过，2007年10月28日第十届全国人大常委会第三十次会议通过了《关于修改〈民事诉讼法〉的决定》第一次修止，2012年8月31日第十一届全国人大常委会第二十八次会议通过了《关于修改〈民事诉讼法〉的决定》第二次进行修正。

四、民事诉讼的受案范围

民事诉讼是指人民法院在当事人和全体诉讼参与人的参加下，依法审理和解决民事纠纷的活动，以及由这些活动所发生的诉讼关系。

(一)民事诉讼的适用范围

民事诉讼的适用范围是“人民法院受理公民之间、法人之间、其他组织之间以及他们相互之间因财产关系和人身关系提起的民事诉讼。”例如,某牛奶制品商将抓拍的小女孩李某喝牛奶的照片用于广告宣传品上。李某的父亲以某牛奶制品商侵犯其女儿的肖像权为由向法院提起了民事诉讼。

(二)民事案件的受案范围

民事案件的受案范围主要是财产所有权纠纷、合同纠纷、农村土地承包合同纠纷、离婚收养纠纷等。例如,甲借给乙 20 000 元,约定 1 年后归还,立字为证。到期后,乙以做生意赔了钱为由一直拖欠不还。甲向法院起诉乙,要求乙偿还 20 000 元并支付拖欠期间的利息。甲乙之间的纠纷就属于借款合同纠纷,属于民事案件的受案范围,法院应该支持甲某的诉讼请求。

五、民事诉讼的制度

民事诉讼活动中需要遵循的制度包括:

(一)两审终审制度

两审终审制度是指一个案件经过两极人民法院审理,即宣告终结。不服一审判决,上诉期限是 15 日,裁定是 10 日。一般的经济纠纷案件,当事人不服人民法院的一审判决、裁定(允许上诉的),有权在法定期限内向二审人民法院上诉,二审人民法院所做出的判决和裁定为生效判决、裁定,当事人不得再上诉。

(二)合议制度

合议制度是指普通案件由 3 人以上单数审判人员组成合议庭,依法对案件进行审判。合议庭的成员人数,必须是单数。在普通程序中合议庭的组成由两种形式:一种是由审判员和人民陪审员共同组成,陪审员参加审判期间,与审判员具有同等的权利;另一种是由审判员组成合议庭。在第二审程序中,合议庭由审判员组成。

(三)回避制度

回避制度是指与案件有利害关系的审判人员及其他人员,不得参加该案的审判活动的一项审判制度。《民事诉讼法》第四十四条规定审判人员有下列情形之一的,应当自行回避,当事人有权用口头或者书面方式申请他们回避:

(1)是本案当事人或者当事人、诉讼代理人近亲属的;

(2)与本案有利害关系的;

(3)与本案当事人、诉讼代理人有其他关系,可能影响对案件公正审理的。

审判人员接受当事人、诉讼代理人请客送礼,或者违反规定会见当事人、诉讼代理人的,当事人有权要求他们回避。审判人员有前款规定的行为的,应当依法追究法律责任。前三款规定,适用于书记员、翻译人员、鉴定人、勘验人。

第四十五条规定当事人提出回避申请,应当说明理由,在案件开始审理时提出;回避事由在案件开始审理后知道的,也可以在法庭辩论终结前提出。

(四)公开审判制度

公开审判制度是指审理案件向社会群众公开,国家秘密、个人隐私案件不公开,离婚案件和涉及商业秘密案件当事人申请可以不公开,无论是公开还是不公开审理,宣判时一律公开。

【案例三】

不公开审理情形

〖**案情**〗原告甲公司向人民法院起诉被告乙及丙公司。起诉状中称,被告乙原是其营销部经理,被丙公司高薪挖去,在丙公司负责市场推销工作。乙利用其在甲公司所掌握的商业秘密,将甲公司的销售与进货渠道几乎全部提供给了丙公司,甲公司因而损失严重,请求乙和丙公司承担连带赔偿责任。同时申请不公开审理,保护其商业秘密。

问题:人民法院能否同意原告不公开审理的要求?

【法律链接】

《民事诉讼法》第一百三十四条规定人民法院审理民事案件,除涉及国家秘密、个人隐私或者法律另有规定的以外,应当公开进行。离婚案件,涉及商业秘密的案件,当事人申请不公开审理的,可以不公开审理。最高人民法院《关于适用〈诉讼法〉若干问题的意见》规定:商业秘密,主要是指技术秘密、商业情报及信息等,如生产工艺、配方、贸易联系、购销渠道等当事人不愿公开的工商业秘密。

本案中甲公司的销售及进货渠道,对甲公司的经营有重大关系,一旦公开,很可能使其损失进一步扩大。因此,甲公司认为案件涉及商业秘密,申请不公开审理是合情合理的,也是符合民事诉讼法的规定和最高人民法院的司法解释的,受诉人民法院应当同意原告不公开审理的要求。

六、民事诉讼的案件管辖

《民事诉讼法》第二十二条规定“对公民提起的民事诉讼，由被告住所地人民法院管辖；被告住所地与经常居住地不一致的，由经常居住地人民法院管辖。对法人或者其他组织提起的民事诉讼，由被告住所地人民法院管辖。”因此，一般经济纠纷案件适用“原告就被告”的管辖原则，即由被告住所地法院管辖。被告为公民的，其户籍所在地；法人或组织的，其营业机构所在地或主要办事机构所在地；合同纠纷由被告住所地或者合同履行地法院管辖。

七、证据种类

《民事诉讼法》第六十三条明确规定了证据有下列几种：

(1)当事人的陈述；

(2)书证；

(3)物证；

(4)视听资料；

(5)电子数据；

(6)证人证言；

(7)鉴定意见；

(8)勘验笔录。

证据必须查证属实，才能作为认定事实的根据。

第六十四条规定当事人对自己提出的主张，有责任提供证据。当事人及其诉讼代理人因客观原因不能自行收集的证据，或者人民法院认为审理案件需要的证据，人民法院应当调查收集。人民法院应当按照法定程序，全面地、客观地审查核实证据。六十五条规定当事人对自己提出的主张应当及时提供证据。

八、民事诉讼程序

民事诉讼程序包括起诉、受理、审理前的准备和开庭审理等阶段。

(一)起诉

原告向人民法院提出诉讼请求必须符合下列条件：

(1)原告是与本案有直接利害关系的公民、法人和其他组织；

(2)有明确的被告；

(3)有具体的诉讼请求和事实、理由；

(4)属于人民法院受理民事诉讼的范围和受诉人民法院管辖。

第一百二十条规定起诉应当向人民法院递交起诉状，并按照被告人数提出副本。书写起诉状确有困难的，可以口头起诉，由人民法院记入笔录，并告知对方当事人。

【法律文书范文】

民事起诉状(1)

原告：
被告：
案由：
诉讼请求：
事实与理由：
证据和证据来源，证人姓名和住址：

此致

起诉人：
人民法院
年　月　日

附：本诉状副本______份
注：本诉状格式亦可适用于公民提起经济诉讼

民事起诉状(2)

原告名称：
住所地：
法定代表人(或主要负责)姓名：　　　　职务：
电话：
企业性质：　　　　工商登记核准号：
经营范围和方式：
开户银行：　　　　账号：
被告名称：
住所地：
法定代表人(或主要负责人)姓名：　　　　职务：

电话：

案由：

诉讼请求：

事实与理由：

证据和证据来源，证人姓名和住址：

此致

起诉人：

人民法院

年　月　日

附：有关证据及材料。

（二）受理

原告起诉经受理法院审查符合条件的，7日内立案并通知当事人。

（三）审理前准备

审理前准备包括：5日内将起诉状副本送达被告，限被告在15日内提出答辩，5日内将答辩状副本送达原告，告知当事人诉讼权利义务等，开庭前3日发布公告。

（四）开庭审理包括：

(1)宣布开庭。开庭审理前，书记员应当查明当事人和其他诉讼参与人是否到庭，宣布法庭纪律。

(2)法庭调查。

(3)法庭辩论。

(4)应当依法做出判决。判决前能够调解的，还可以进行调解，调解不成的，应当及时判决。

九、民事诉讼时效期间

（一）诉讼时效

诉讼时效是指民事权利受到侵害的权利人在法定的时效期间内不行使权利，当时效期间届满时，人民法院对权利人的权利不再进行保护的制度。在法律规定的诉讼时效期间内，权利人提出请求的，人民法院就强制义务人履行所承担的义务。

(二)长期诉讼时效

长期诉讼时效是指诉讼时效在两年以上二十年以下的诉讼时效。

合同纠纷、财产所有权纠纷、因产品存在缺陷造成损害要求赔偿的诉讼时效期限为二年。国际货物买卖合同和技术进出口合同争议提起诉讼或者申请仲裁的期限为四年。

(三)短期时效

短期时效指诉讼时效不满两年的时效。我国《民法通则》第一百三十六条规定:“下列的诉讼时效期限为一年:

(1)身体受到伤害要求赔偿的;

(2)出售质量不合格的商品未声明的;

(3)延付或拒付租金的;

(4)寄存财物被丢失或被损坏的。

(四)最长诉讼时效

最长诉讼时效为二十年。我国《民法通则》第一百三十七条规定“从权利被侵害之日起超过二十年,人民法院不予保护”。根据这一规定,最长的诉讼时效的期限是从权利被侵害之日起计算,权利享有人不知道自己的权利被侵害,时效最长也是二十年,超过二十年,人民法院不予保护。

十、民事责任内涵及承担方式

(一)民事责任内涵

民事责任,也叫作民事法律责任,是指民事主体因违反民事义务或者侵犯他人的民事权利所应当承担的法律后果。根据《民法通则》的规定,民事责任可分为违反合同的民事责任、侵权的民事责任、不履行其他义务的民事责任三种。

(二)承担民事责任的方式

根据发生损害事实的情况和后果,《民法通则》第一百三十四条规定承担民事责任的方式主要有以下10种:

1.停止侵害

主要适用于对知识产权和人身权的保护。《民法通则》第一百一十八条规定公民、法人的著作权(版权)、专利权、商标专用权、发现权、发明权和其他科技成果权受到剽窃、篡改、假冒等侵害的,有权要求停止侵害,消除影响,赔偿损失。

2.排除妨碍

主要适用于对财产所有权、经营权、承包权、使用权、相邻权的保护。

3.消除危险

主要适用于由于其他人的经营活动或财产管理不善而可能带来危险的场合。

4.返还财产

广泛适用于财产被他人非法占有的情况，特别是对财产所有权的保护。《民法通则》第一百一十七条规定侵占国家的、集体的财产或者他人财产的，应当返还财产，不能返还财产的，应当折价赔偿。损坏国家的、集体的财产或者他人财产的，应当恢复原状或者折价赔偿。受害人因此遭受其他重大损失的，侵害人并应当赔偿损失。

5.恢复原状

主要适用于财产被他人损坏或改变，但能通过修复从而恢复其本来面貌的情况。

6.修理、重做、更换

主要适用于债务人在履行合同时交付的标的物质量不合格时采取的民事责任方式。《合同法》第一百一十一条规定，质量不符合约定的，应当按照当事人的约定承担违约责任。对违约责任没有约定或者约定不明确的，受损害方根据标的的性质以及损失的大小，可以合理选择要求对方承担修理、更换、重做、退货、减少价款或者报酬等违约责任。

7.赔偿损失

是一种用给付货币等财物的方式补偿受害人损失的民事责任方式。它既适用于违约责任，也适用于侵权责任；既适用于侵害财产权的责任，也适用于侵犯知识产权和人身权的责任。《民法通则》第一百一十九条规定，侵害公民身体造成伤害的，应当赔偿医疗费、因误工减少的收入、残废者生活补助费等费用；造成死亡的，并应当支付丧葬费、死者生前扶养的人必要的生活费等费用。

8.支付违约金

它只适用于违反合同的民事责任。《合同法》第一百一十四条规定，当事人可以约定一方违约时应当根据违约情况向对方支付一定数额的违约金，也可以约定因违约产生的损失赔偿额的计算方法。

9.消除影响、恢复名誉

主要适用于对姓名权、名称权、肖像权、荣誉权和知识产权的侵犯。《民法通则》第一百二十条规定，公民的姓名权、肖像权、名誉权、荣誉权受到侵害的，有权要求停止侵害，恢复名誉，消除影响，赔礼道歉，并可以要求赔偿损失。法人的名称权、名誉权、荣誉权受到侵害的，适用前款规定。

10.赔礼道歉

主要适用于对人身权、知识产权的侵犯。

上述十种承担民事责任的方式,可以单独适用,也可以合并适用。

【法律链接】

《农村土地承包法》第五十四条规定,发包方有下列行为之一的,应当承担停止侵害、返还原物、恢复原状、排除妨害、消除危险、赔偿损失等民事责任:

(一)干涉承包方依法享有的生产经营自主权;

(二)违反本法规定收回、调整承包地;

(三)强迫或者阻碍承包方进行土地承包经营权流转;

(四)假借少数服从多数强迫承包方放弃或者变更土地承包经营权而进行土地承包经营权流转

(五)以划分"口粮田"和"责任田"等为由收回承包地搞招标承包;

(六)将承包地收回抵顶欠款;

(七)剥夺、侵害妇女依法享有的土地承包经营权;

(八)其他侵害土地承包经营权的行为。

请你试着分析上述情形下应该采取何种方式承担民事责任?

【任务小结】

本任务主要是带领学员学习了解消费者内涵及消费者的基本权利和经营者的基本义务、消费者和经营者发生争议时的解决途径、民事诉讼的受案范围和民事诉讼的制度、民事诉讼的案件管辖、证据种类、民事诉讼时效期间、民事责任内涵及承担方式等知识内容,从而培养学员遵纪守法,具备维权能力。

任务二　合作社法

【知识目标】

掌握农民专业合作社内涵;理解农民专业合作社应当遵循的原则。

【技能目标】

培养学生遵纪守法,具备设立合作社能力。

国家为了支持、引导农民专业合作社的发展，规范农民专业合作社的组织和行为，保护农民专业合作社及其成员的合法权益，促进农业和农村经济的发展，2006年10月31日第十届全国人大常委会第24次会议通过了《农民专业合作社法》，自2007年7月1日起施行。

本任务主要是学习掌握农民专业合作社内涵，理解农民专业合作社应当遵循的原则，了解设立农民专业合作社应当具备的条件和农民专业合作社设立登记程序，了解农民专业合作社成员享有的权利和承担的义务有哪些，了解农民专业合作社成员大会、理事会和监事会的职权以及合作社经营负责人的产生方式与行使的职权和合作社的变更、解散、清算、终止等相关知识内容。

一、农民专业合作社内涵

农民专业合作社是在农村家庭承包经营基础上，同类农产品的生产经营者或者同类农业生产经营服务的提供者、利用者，自愿联合、民主管理的互助性经济组织。农民专业合作社以其成员为主要服务对象，提供农业生产资料的购买，农产品的销售、加工、运输、储藏以及与农业生产经营有关的技术、信息等服务。

【信息链接】

天津市福山果蔬专业合作社

天津市福山果蔬专业合作社，是由现合作社理事长刘福山发起，主要从事蔬菜和鲜食玉米的生产经营，2004年10月成立，2006年7月12日在工商部门正式登记注册为合伙企业法人，《农民专业合作社法》实施后进行变更登记，注册资金300万元，全部为326名社员出资，出资额为1 000～200万元。目前，总资产达到430.4万元，其中固定资产170.7万元，流动资产259.7万元。326名社员全部为本地蔬菜、糯玉米种植户，带动周边农户6 000余户，带动种植面积超过1万亩；建有蔬菜保鲜库和加工车间，合作社已注册“胜旺”牌蔬菜、糯玉米品牌商标；先后被认证为市级无公害蔬菜产地，中绿华夏有机产品认证机构认证的有机产品基地；在京津冀连锁经营店15家，在广州、上海建立了一批蔬菜批发销售网络。经营蔬菜、青食玉米品种达到20个以上。2007年销售社员产品总量达到3 100吨，销售总收入651万元，与非社农户比较，社员平均亩增收入800元以上。

二、农民专业合作社应当遵循的原则

农民专业合作社应当遵循：

(1)成员以农民为主体；农民专业合作社的成员中，农民至少应当占成员总数的百分之八十。

(2)以服务成员为宗旨,谋求全体成员的共同利益;

(3)入社自愿、退社自由;

(4)成员地位平等,实行民主管理;

(5)盈余主要按照成员与农民专业合作社的交易量(额)比例返还等原则。

三、设立农民专业合作社应当具备的条件

设立农民专业合作社,应当具备下列条件:

(1)有五名以上符合本法第十四条、第十五条规定的成员;

(2)有符合本法规定的章程;

(3)有符合本法规定的组织机构;

(4)有符合法律、行政法规规定的名称和章程确定的住所;

(5)有符合章程规定的成员出资。

四、农民专业合作社设立登记程序

申领合作社法人营业执照程序为首先到所在乡镇工商分局办理名称核准,领取表格。农民专业合作社名称为:行政区划+字号或商号+产业类别+专业合作社。其次依据《农民专业合作社登记管理条例》准备材料。《农民专业合作社》第十三条规定,设立农民专业合作社,应当向工商行政管理部门提交下列文件,申请设立登记:

(1)登记申请书;

(2)全体设立人签名、盖章的设立大会纪要;

(3)全体设立人签名、盖章的章程;

(4)法定代表人、理事的任职文件及身份证明;

(5)出资成员签名、盖章的出资清单;

(6)住所使用证明;

(7)法律、行政法规规定的其他文件。

登记机关应当自受理登记申请之日起二十日内办理完毕,向符合登记条件的申请者颁发营业执照。农民专业合作社法定登记事项变更的,应当申请变更登记。农民专业合作社应当置备成员名册,并报登记机关。农民专业合作社法人营业执照不需要年检,办理不收取任何费用。

五、农民专业合作社成员享有的权利

《农民专业合作社》第十四条规定,具有民事行为能力的公民,以及从事与农民

专业合作社业务直接有关的生产经营活动的企业、事业单位或者社会团体，能够利用农民专业合作社提供的服务，承认并遵守农民专业合作社章程，履行章程规定的入社手续的，可以成为农民专业合作社的成员。但是，具有管理公共事务职能的单位不得加入农民专业合作社。农民专业合作社成员享有下列权利：

(1)参加成员大会，并享有表决权、选举权和被选举权，按照章程规定对本社实行民主管理；农民专业合作社成员大会选举和表决，实行一人一票制，成员各享有一票的基本表决权。

(2)利用本社提供的服务和生产经营设施；

(3)按照章程规定或者成员大会决议分享盈余；

(4)查阅本社的章程、成员名册、成员大会或者成员代表大会记录、理事会会议决议、监事会会议决议、财务会计报告和会计账簿；

(5)章程规定的其他权利。

六、农民专业合作社成员承担的义务

农民专业合作社成员承担下列义务：

(1)执行成员大会、成员代表大会和理事会的决议；

(2)按照章程规定向本社出资；

(3)按照章程规定与本社进行交易；

(4)按照章程规定承担亏损；

(5)章程规定的其他义务。

七、农民专业合作社成员大会职权

农民专业合作社成员大会由全体成员组成，是本社的权力机构，可以行使下列职权：

(1)修改章程；

(2)选举和罢免理事长、理事、执行监事或者监事会成员；

(3)决定重大财产处置、对外投资、对外担保和生产经营活动中的其他重大事项；

(4)批准年度业务报告、盈余分配方案、亏损处理方案；

(5)对合并、分立、解散、清算做出决议；

(6)决定聘用经营管理人员和专业技术人员的数量、资格和任期；

(7)听取理事长或者理事会关于成员变动情况的报告；

(8)章程规定的其他职权。

农民专业合作社召开成员大会，出席人数应当达到成员总数三分之二以上。成员大会选举或者做出决议，应当由本社成员表决权总数过半数通过；做出修改章程或者合并、分立、解散的决议应当由本社成员表决权总数的三分之二以上通过。章程对表决权数有较高规定的，从其规定。农民专业合作社成员大会每年至少召开一次，会议的召集由章程规定。

八、合作社理事会职权

合作社理事会是合作社成员为协商、征求意见或讨论问题而召开的合作社内部会议，也是通过选举或任命拥有一定权利的组织。《农民专业合作社》二十六条规定，农民专业合作社设理事长一名，可以设理事会。理事长为本社的法定代表人。理事长、理事由成员大会从本社成员中选举产生，依照本法和章程的规定行使职权，对成员大会负责。理事会会议实行一人一票。

理事会行使下列职权：

(1)组织召开成员(代表)大会并报告工作，执行成员(代表)大会决议；

(2)制订本组织发展规划、年度业务经营计划、内部管理规章制度等，提交成员(代表)大会审议；

(3)制定本组织年度财务预决算、盈余分配和亏损弥补等方案，提交成员(代表)大会审议；

(4)决定成员加入、退出、继承、除名、奖励、处分等事项；

(5)组织培训和各种协作活动；

(6)决定聘任或者解聘本组织经营管理负责人和财务会计负责人；

(7)管理本组织的资产和财务，保障本组织的财产安全；

(8)接受、答复、处理监事会提出的有关质询和建议；

(9)履行成员(代表)大会授予的其他职责。

九、合作社监事会职权

监事会是由合作社成员对内部业务的执行情况进行监督的机构。农民专业合作社可以设执行监事或者监事会。理事长、理事、经理和财务会计人员不得兼任监事。执行监事或者监事会成员，由成员大会从本社成员中选举产生，依照本法和章程的规定行使职权，对成员大会负责。监事会会议的表决，实行一人一票。

监事会行使下列职权：

(1)监督理事会对成员(代表)大会决议和本组织章程的执行情况；

(2)监督检查本组织的生产经营业务情况，负责本组织财务稽核工作；

(3)监督理事和经营管理负责人履行职责情况，发现侵害本组织利益行为时，有权要求理事会予以纠正，对造成本组织重大经济损失的，提请理事会或者成员(代表)大会按照本章程的规定，追究当事人的经济赔偿责任；

(4)向成员(代表)大会做年度监察报告；

(5)向理事会提出工作质询和改进工作的建议；

(6)提议召开临时成员(代表)大会；

(7)代表本组织负责记录理事与本组织发生业务交易时的业务交易量(额)情况；

(8)履行成员(代表)大会授予的其他职责。

十、合作社经营负责人的产生方式与行使的职权

农民专业合作社的理事长或者理事会可以按照成员大会的决定聘任经理，理事长或者理事可以兼任经理。经理按照章程规定或者理事会的决定，可以聘任其他人员。经理按照章程规定和理事长或者理事会授权，负责具体生产经营活动。

合作社的经营管理负责人由理事会聘任或者解聘，对理事会负责。行使下列职权：

(1)主持本组织的经营工作，组织实施理事会决议；

(2)组织实施本组织年度经营计划和投资方案；

(3)拟订本组织的经营管理制度；

(4)提请聘任或者解聘其他经营管理人员和财务负责人；

(5)聘任或者解聘除应由理事会聘任或者解聘之外的经营管理人员和其他工作人员；

(6)理事会授予的其他职权。本组织理事可以兼任经营管理负责人。

十一、合作社的变更、解散、清算、终止

(一)合作社的变更

组织登记事项发生变更，即向__________县(市、旗、区)农业行政主管部门报告，并在原登记机关办理变更登记手续，依法需要办理税务登记变更手续的，同时办理税务登记变更手续。

(二)合作社的解散

合作社组织有下列情形之一，经成员(代表)大会决定，报登记机关核准后予以解散：

(1)因成员退出，本组织成员人数少于5人；

(2)本组织规定的营业期限届满后不再继续生产经营；

(3)本组织分立或者与其他同类农民专业合作经济组织合并后需要解散；

(4)因不可抗力因素致使本组织无法继续经营；

(5)本组织宣告破产。

(三)合作社的清算

组织决定解散时，由成员(代表)大会选出______人组成清算小组，对本组织的资产和债权、债务进行清理，并制定清偿方案报成员(代表)大会审议通过。本组织共有资产优先支付清算费用后，按下列顺序清偿：

(1)所欠职员工资报酬；

(2)所欠税款；

(3)所欠债务；

(4)归还成员股金；

(5)按成员(代表)大会决议分配剩余财产。

(6)合作社的终止。

组织清算完毕后，于______日内向成员公布清算情况，并向原登记机关申请注销。

【任务小结】

本任务主要是学习农民专业合作社内涵、农民专业合作社应当遵循的原则，设立农民专业合作社应当具备的条件和农民专业合作社设立登记程序、农民专业合作社成员享有的权利和承担的义务、农民专业合作社成员大会、理事会和监事会的职权以及合作社经营负责人的产生方式与行使的职权和合作社的变更、解散、清算、终止等相关知识内容。从而培养学生遵纪守法，具备设立合作社能力。

任务三　农产品质量安全法

【知识目标】

掌握农产品以及农产品质量安全内涵；了解农产品质量安全的相关政策。

【技能目标】

培养学生遵纪守法，具备引导安全生产能力。

为了保障农产品质量安全，维护公众健康，促进农业和农村经济发展，第十届全国人大常委会第21次会议于2006年4月29日通过，自2006年11月1日起施行了《农产品质量安全法》。

本任务主要是通过学习，掌握农产品以及农产品质量安全内涵，了解农产品质量安全的监督主管部门和农产品质量安全的相关政策、农产品质量安全标准规定、农产品生产需要符合的规定、农产品包装和标识应当符合的规定、禁止销售的农产品等相关知识内容。

【案例】

违法使用食品添加剂加工大青枣案件

〖**案情**〗2009年8月14日，食品安全委员会办公室接到市工商局的报告，某小区发生一起违法使用食品添加剂将大青枣加工成红枣的案件。现场查明王某用糖精钠、甜蜜素等添加剂加工新鲜大青枣。其加工过程是将新鲜青枣用开水浸泡后使其表皮变红，然后放入加有糖精钠和甜蜜素的水池内，浸泡一段时间后捞出放入冷库保鲜销售。现场查封成品、半成品及原料共计7 000多千克。过量食用该产品会造成人体血小板减少，酿成急性大出血等直接身体危害。

【分析结果】

鉴于本案加工的成品枣仍以鲜果形式销售，其违法添加糖精钠、甜蜜素的行为，违反了《食品添加剂使用卫生规范》；同时该经营户涉嫌无工商营业执照从事经营活动，应由市农业和工商两部门依据《农产品质量安全法》以及工商管理的相关法规予以处理。

1.市农委依据《农产品质量安全法》第四十九条规定：责令王某停止加工、销售该产品，并予以销毁，没收违法所得9 200元，罚款2 000元的行政处罚。

2.市工商局对当事人无照经营以及擅自动用、转移被查封财物的违法行为予以罚款人民币1 000元。

一、农产品以及农产品质量安全内涵

1.农产品内涵

根据《农产品质量安全法》规定农产品是来源于农业的初级产品，即在农业活动中获得的植物、动物、微生物及其产品。例如，各种蔬菜、水果、食用菌等产品就属于农产品。

2.农产品质量安全内涵

农产品质量安全是农产品质量符合保障人的健康、安全的要求。具体说就是农产品的可靠性、使用性和内在价值，包括在生产、储存、流通和使用过程中形成、残存的营养、危害及外在特征因子，既有等级、规格、品质等特性要求，也有对人、环境的危害等级水平的要求。

二、农产品质量安全的监督主管部门

县级以上人民政府农业行政主管部门负责农产品质量安全的监督管理工作；县级以上人民政府有关部门按照职责分工，负责农产品质量安全的有关工作。国务院农业行政主管部门应当设立由有关方面专家组成的农产品质量安全风险评估专家委员会，对可能影响农产品质量安全的潜在危害进行风险分析和评估。

2014年7—9月，农业部组织开展了第三季度全国农产品质量安全例行监测，共监测了31个省(区、市)151个大中城市的蔬菜、水果、畜禽产品和水产品等4大类产品82个品种94项指标，抽检样品11 298个，总体合格率为97.3%。其中，蔬菜、水果、畜禽产品和水产品监测合格率分别为97.1%、98.7%、99.0%和92.7%，农产品质量安全水平总体保持稳定。

农业部已将监测结果通报各地，请有关地区跟进开展农产品质量安全监督抽查，依法查处不合格产品及其生产单位。组织开展2014年度专项整治督导检查，督促各地落实农药及农药使用、“瘦肉精”等7个专项整治任务，严厉查处和打击蔬果生产以及畜禽、水产养殖中非法添加、违规用药等问题。同时，加快推进全国农产品质量安全追溯信息平台建设，完善相关制度，加强产地准出和市场准入衔接，落实全程监管措施，确保农产品质量安全。

三、农产品质量安全的相关政策

2010年，中央一号文件在第七条“推进菜篮子产品标准化生产”中提出，“加快农产品质量安全监管体系和检验检测体系建设，积极发展无公害农产品、绿色食品、有机农产品。”有关农产品质量安全的相关政策包括：

(1)国家引导、推广农产品标准化生产，鼓励和支持生产优质农产品，禁止生产、销售不符合国家规定的农产品质量安全标准的农产品。

(2)国家支持农产品质量安全科学技术研究，推行科学的质量安全管理方法，推广先进安全的生产技术。

(3)各级人民政府及有关部门应当加强农产品质量安全知识的宣传，提高公众的农产品质量安全意识，引导农产品生产者、销售者加强质量安全管理，保障农产品消费安全。

四、农产品质量安全标准规定

农产品质量安全标准是指依照有关法律、行政法规规定制定和发布的，关于农产品质量安全的强制性技术规范。一般是指规定农产品质量要求和卫生条件，保障人的健康、安全的技术规范和要求。农产品质量安全标准规定具体包括：

(1)国家建立健全农产品质量安全标准体系。农产品质量安全标准是强制性的技术规范。农产品质量安全标准的制定和发布，依照有关法律、行政法规的规定执行。

(2)制定农产品质量安全标准应当充分考虑农产品质量安全风险评估结果，并听取农产品生产者、销售者和消费者的意见，保障消费安全。

(3)农产品质量安全标准应当根据科学技术发展水平以及农产品质量安全的需要，及时修订。

(4)农产品质量安全标准由农业行政主管部门协商有关部门组织实施。

2001年，农业部在全国启动实施了“无公害食品行动计划”，组织各级农业部门以蔬菜中高毒农药残留和畜产品中“瘦肉精”污染控制为重点，着力解决人民群众最为关心的高毒农药、兽药违规使用和残留超标问题；以农业投入品、农产品生产、市场准入三个环节管理为关键点，推动从农田到市场的全程监管；以开展例行监测为抓手，推动各地增强质量安全意识，落实管理责任；以推进标准化为载体，提高农产品质量安全生产和管理水平。

五、农产品生产需要符合的规定

农产品生产过程中必须符合下列规定：

(1)农产品生产企业和农民专业合作经济组织应当建立农产品生产记录。生产记录应当保存两年。

(2)农产品生产者应当按照法律、行政法规和国务院农业行政主管部门的规定，合理使用农业投入品，严格执行农业投入品使用安全间隔期或者休药期的规定，防止危及农产品质量安全。禁止在农产品生产过程中使用国家明令禁止使用的农业投入品。

(3)农产品生产企业和农民专业合作经济组织，应当自行或者委托检测机构对农产品质量安全状况进行检测；经检测不符合农产品质量安全标准的农产品，不得销售。

(4)农民专业合作经济组织和农产品行业协会对其成员应当及时提供生产技

术服务，建立农产品质量安全管理制度，健全农产品质量安全控制体系，加强自律管理。

六、农产品包装和标识应当符合的规定

农产品包装和标识应当符合下列规定：

(1)农产品生产企业、农民专业合作经济组织以及从事农产品收购的单位或者个人销售的农产品，按照规定应当包装或者附加标识的，须经包装或者附加标识后方可销售。包装物或者标识上应当按照规定标明产品的品名、产地、生产者、生产日期、保质期、产品质量等级等内容；使用添加剂的，还应当按照规定标明添加剂的名称。具体办法由国务院农业行政主管部门制定。

(2)农产品在包装、保鲜、储存、运输中所使用的保鲜剂、防腐剂、添加剂等材料，应当符合国家有关强制性的技术规范。

(3)属于农业转基因生物的农产品，应当按照农业转基因生物安全管理的有关规定进行标识。

(4)依法需要实施检疫的动植物及其产品，应当附具检疫合格标志、检疫合格证明。

(5)销售的农产品必须符合农产品质量安全标准，生产者可以申请使用无公害农产品标志。农产品质量符合国家规定的有关优质农产品标准的，生产者可以申请使用相应的农产品质量标志。

七、禁止销售的农产品

禁止销售的农产品包括：

(1)含有国家禁止使用的农药、兽药或者其他化学物质的；

(2)农药、兽药等化学物质残留或者含有的重金属等有毒有害物质不符合农产品质量安全标准的；

(3)含有的致病性寄生虫、微生物或者生物毒素不符合农产品质量安全标准的；

(4)使用的保鲜剂、防腐剂、添加剂等材料不符合国家有关强制性的技术规范的；

(5)其他不符合农产品质量安全标准的。

【任务小结】

本任务主要是通过学习，让学生掌握农产品以及农产品质量安全内涵，了解农

产品质量安全的监督主管部门和农产品质量安全的相关政策、农产品质量安全标准规定、农产品生产需要符合的规定、农产品包装和标识应当符合的规定、禁止销售的农产品等相关知识内容。从而培养学生遵纪守法,具备引导安全生产能力。

任务四　合同法

【知识目标】

掌握合同的概念;了解可撤销或可变更合同的情形。

【技能目标】

培养学生具备合同纠纷的解决能力;具备签订合同书的能力。

【合同书范文】

买卖合同

买方:

卖方:

根据《中华人民共和国合同法》,经买卖双方协商一致,订立本合同,望共同遵照履行:

一、产品的名称、规格型号、数量、价格:

品名	规格型号	数量	单价	总价

金额总计(大写):

二、交货日期:

三、交货地点、运输方式:

四、质量要求:

五、验收方法及提出异议期限:

六、结算方式及期限:

七、违约责任:

八、解决争议的方法

九、其他约定事项:

十、本合同经买卖双方签字盖章生效。

十一、本合同一式二份，由买卖双方各执一份。

买方：（签名盖章）　　　　　　　　　　　　买方：（签名盖章）

年　月　日

【合同书范文】

居间合同

委托方　　　　　　　　合同编号

居间方　　　　　　　　签订地点　　　　　　签订时间　　年　月　日

合同有效期限　　年　　月　　日

居间方受委托方的委托，双方就＿＿＿＿＿＿委托事项协商一致，签订本合同。

第一条　委托事项（需具体约定所委托的是提供订约机会，还是媒介合同的成立，以及委托事项的具体要求。

第二条　居间报酬的计算方法与支付时间和方式

第三条　保密内容

第四条　违约责任

第五条　其他约定事项

委托方　　　　　　　　　　　　居间方

单位（人）名称或个人姓名　　　　单位（人）名称或个人姓名

地址：　　　　　　　　　　　　地址

法定代表人或委托代理人：　　　　法定代表人或委托代理人：

电话：　　　　　　　　　　　　电话：

本合同有效期自　　年　月　日至　　年　月　日。

【案例一】

该案如何处理？

〖**案情**〗2005 年 10 月 17 日，农机公司与装修厂定做钢窗 5 000 $米^2$的订货合同，价款 10 万元，当月月底前交货。违约金按 2%计算。农机公司按合同规定于 2005 年 10 月 19 日汇给装修厂定金 2 万元。但装修厂没有按合同规定日期发货，而将钢窗高价卖给了一饭店，致使农机公司多次派人催促解决未果，遂起诉至法院。

问题：试分析农机公司应该提出何种诉讼请求，该案如何处理？

【分析结果】

农机公司可向法院申请判令装修厂双倍返还定金4万元。因为农机公司与装修厂签订定做钢窗的订货合同合法有效。装修厂没有按合同规定日期发货，而将钢窗高价卖给了一饭店，致使农机公司多次派人催促解决未果，装修厂违约，应承担违约责任。装修厂接受定金2万元，又不履行合同。根据《合同法》第一百一十五条规定，“收受定金的一方不履行约定的债务的，应当双倍返还定金。”因此，装修厂应当双倍返还定金4万元。《合同法》第一百一十六条规定，“当事人既约定违约金，又约定定金的，一方违约时，对方可以选择适用违约金或者定金条款。”

为了保护合同当事人的合法权益，维护社会经济秩序，促进社会主义现代化建设，第九届全国人大第二次会议于1999年3月15日通过了《合同法》，1999年10月1日起施行。合同法包括总则、分则和附则三大部分，共二十三章。分别对合同的订立、效力、履行、变更和转让、权利义务终止、违约责任等共同性问题做了明确规定。

本任务主要通过学习，掌握合同的概念，了解合同的种类、合同当事人应当遵循原则、订立合同当事人应该具备的条件、合同的形式、可撤销或可变更合同的情形、无效的合同、合同纠纷的解决方式等相关知识内容。

一、合同的概念

合同是指平等主体的自然人、法人、其他组织之间设立、变更、终止民事权利义务关系的协议。婚姻、收养、监护等有关身份关系的协议，适用其他法律的规定。

二、合同的种类

《合同法》分则规定的合同的种类有15种：即买卖合同，供用电、水、气、热力合同，赠予合同，借款合同，租赁合同，融资租赁合同，承揽合同，建设工程合同，运输合同，技术合同，仓储合同，委托合同，行纪合同，居间合同。合同法分则或者其他法律没有明文规定的合同，适用合同法总则的规定。

三、合同当事人应当遵循原则

《合同法》明确规定合同当事人应当遵循平等、自愿、公平、诚实信用、遵守法律、行政法规、尊重社会公德、不得扰乱社会经济秩序、损害社会公共利益的原则。依法成立的合同，对当事人具有法律约束力。当事人应当按照约定履行自己的义务，不得擅自变更或者解除合同。依法成立的合同，受法律保护。

四、订立合同当事人应该具备的条件

《合同法》规定，当事人订立合同，应当具有相应的民事权利能力和民事行为能力。当事人依法可以委托代理人订立合同。法人的民事行为能力与民事权利能力范围一致，始于依法登记注册，止于依法注销，只能在经营范围内活动。无民事行为能力的自然人无权订立合同。限制民事行为能力的自然人只能订立与其年龄、智力相适应的合同。但是无民事行为能力和限制民事行为能力的自然人可以签订使自己纯获利益的合同。完全民事行为能力的自然人可以自主地进行民事活动，因此可以订立任何合法的合同。

五、合同的形式

合同的形式是指合同当事人达成协议的表现形式。《合同法》第十条规定，当事人订立合同，有书面形式、口头形式和其他形式。

1.书面形式

书面形式是指合同书、信件和数据电文（包括电报、电传、传真、电子数据交换和电子邮件）等可以有形地表现所载内容的形式。第十条还规定，法律、行政法规规定采用书面形式的，应当采用书面形式。当事人约定采用书面形式的，应当采用书面形式。《合同法》分则中还规定，金融机构的借款合同应当采用书面形式，但自然人之间借款另有约定的除外。融资租赁合同、技术开发合同应当采用书面形式。

2.口头形式

当事人双方通过对话方式进行意思表示而订立的合同。包括口头交谈和电话交谈方式。口头合同简便易行，在日常生活中广泛采用，如商店里的零售买卖。

3.书面形式与口头形式的优缺点

实践中采用书面形式的优点是一旦发生争议，有据可查，缺点是签订费时费力。先签订合同后发货或大额交易，最好采取书面形式。采用口头形式的优点是省时省力，但一旦发生争议，有理说不清楚，无据可查。一手交钱，一手交货或小额交易可采取口头形式。

【案例二】

口头合同是否具有法律约束力？

〖**案情**〗甲企业与乙企业达成口头协议，由乙企业在半年之内供应甲企业50吨钢材。3个月后，乙企业以原定钢材价格过低为由要求加价，并提出如果甲企业表示同意，双方立即签订书面合同，否则乙企业将不能按期供货。甲企业表示反对，并声称如乙企业到期不履行协议，将向法院起诉。

【分析结果】

本案中双方当事人签订的口头合同具有法律约束力。依法成立的合同，自成立之日起生效。因此，甲乙企业之间签订的钢材买卖合同属于生效的买卖合同，双方必须严格履行自己的合同义务。

六、可撤销或可变更合同

可撤销合同是指由于法定原因享有撤销权的一方当事人请求人民法院或者仲裁机构撤销合同效力的合同。

《合同法》五十四条规定，下列合同，当事人一方有权请求人民法院或者仲裁机构变更或者撤销：

(1)因重大误解订立的；

(2)在订立合同时显失公平的。

一方以欺诈、胁迫的手段或者乘人之危，使对方在违背真实意思的情况下订立的合同，受损害方有权请求人民法院或者仲裁机构变更或者撤销。

当事人请求变更的，人民法院或者仲裁机构不得撤销。

《合同法》五十五条规定，有下列情形之一的，撤销权消灭：

(1)具有撤销权的当事人自知道或者应当知道撤销事由之日起一年内没有行使撤销权；

(2)具有撤销权的当事人知道撤销事由后明确表示或者以自己的行为放弃撤销权。

七、无效的合同

无效合同是指当事人违反法律的要求协商订立的，不受国家法律保护的，不能产生当事人所预期后果的合同。《合同法》第五十二条规定，有下列情形之一的，合同无效：

(1)一方以欺诈、胁迫的手段订立合同，损坏国家利益；

(2)恶意串通，损坏国家、集体或者第三人利益；

(3)以合法形式掩盖非法目的；

(4)损害社会公共利益；

(5)违反法律、行政法规的强制性规定。

例如，甲乙企业为获取非法利益签订了买卖假酒的合同，后甲企业因乙企业到期不支付货款，协商未果，向法院起诉，法院依法做出处理：该合同为无效合同，没收假酒及约定的货款。可见，无效合同最大的特点是合同不能得到法律的承认和保护，从而不能对当事人产生法律约束力，也不能达到当事人所预期的后果。

八、合同纠纷的解决方式

合同纠纷的解决方式是指当事人双方对合同履行情况和不履行的后果发生权益纠纷时，采取的解决方法。合同中约定解决纠纷的方式，对正确、及时、妥善地处理纠纷，维护当事人的合法权益具有重要意义。《合同法》第一百二十八条规定，当事人可以通过和解或者调解解决合同争议。当事人不愿和解、调解或者和解、调解不成的，可以根据仲裁协议向仲裁机构申请仲裁。涉外合同的当事人可以根据仲裁协议向中国仲裁机构或者其他仲裁机构申请仲裁。当事人没有订立仲裁协议或者仲裁协议无效的，可以向人民法院起诉。当事人应当履行发生法律效力的判决、仲裁裁决、调解书；拒不履行的，对方可以请求人民法院执行。

合同纠纷的解决方式有：协商、调解、仲裁、诉讼。

【案例三】

该案如何处理？

〖**案情**〗2011 年 3 月，农民某甲与某肉联厂约定：由肉联厂将其所有的两头黄牛宰杀后，净得的牛肉按每千克 20 元的价格进行结算；牛头、牛皮、牛下水归肉联厂，再由某甲付宰杀费 200 元。在宰杀过程中，肉联厂屠宰工人在其中一头牛的下水中发现牛黄 70 克。肉联厂将这些牛黄出售，每克 140 元，共得 8 400 元。某甲得知此事后，认为牛黄应当归其所有，遂向肉联厂索要卖牛黄所得的 8 400 元价款。肉联厂认为牛黄在牛下水中，而牛下水按约定是归肉联厂的，因此拒绝给某甲该款。双方发生纠纷。

[问题](1)两头牛的所有权是否已经转移给了肉联厂？

(2)牛黄应归谁所有？

(3)某甲能否要回此 8 400 元？法律上的依据是什么？

请同学们分组讨论，找出相关法律依据，试着回答上述问题。

【任务小结】

本任务主要通过学习，掌握合同的概念，了解合同的种类、合同当事人应当遵循的原则、订立合同当事人应该具备的条件、合同的形式、可撤销或可变更合同的情形、无效的合同、合同纠纷的解决方式等相关知识内容。从而培养学生具备合同纠纷的解决能力。

【实践与思考】

模拟签订合同练习

方法与步骤：

(1)将全班同学分成2人一组。

(2)每人发一份买卖合同示范文本。

(3)根据所掌握的知识点模拟订立合同。

(4)教师点评，总结本单元内容。

买卖合同示范文本

买方：

卖方：

根据《中华人民共和国合同法》，经买卖双方协商一致，订立本合同，望共同遵照履行：

一、产品的名称、规格型号、数量、价格：

品名　　规格型号　　数量　　单价　　总价

金额总计(大写)：

二、交货日期：

三、交货地点、运输方式：

四、质量要求：

五、验收方法及提出异议期限：

六、结算方式及期限：

七、违约责任：

八、解决争议的方法：

九、其他约定事项：

十、本合同经买卖双方签字盖章生效。

十一、本合同一式二份，由买卖双方各执一份。

买方：(签名盖章)　　　　买方：(签名盖章)

年　月　日

买卖合同模拟训练

当事人的名称或者姓名和住所；

买方：大商集团抚顺大楼分店

卖方：海尔集团

例如：法　　人：地域＋商号＋行业＋组织形式

其他组织：名称

自 然 人：姓名

例如：抚顺市顶真食品有限公司。

一、标的

1. 产品品名

说清品牌、品种、产地。

例如：海尔彩电 、富士苹果、梅河口大米、雅芳洁面乳或洗发水、娃哈哈矿泉水。

2. 规格

一等，50 千克、400 毫克、500 毫升。

二、数量

要明确计量单位。

例如：品名	规格型号	数量
梅河口大米	25 千克/袋	1 000 袋
娃哈哈矿泉水	596 毫升/瓶	100 箱/24 瓶
雅芳洁面乳	250 克/瓶	100 瓶
富士苹果	一等	300 箱/10 kg

三、价款、报酬（单价、总价、大写金额）

例如：单价	总价
30 元	￥ 3 000.00

大写金额：叁仟元整人民币

注：壹、贰、叁、肆、伍、陆、柒、捌、玖、拾、佰、仟、万、亿。

四、履行期限、方式和地点

1. 履行期限

明确时间。如：2012 年 7 月 18 日。

2. 履行方式与地点

履行方式主要包括以下三种方式：

(1)送货上门　履行地点在买方所在地。

(2)自　　提　履行地点在卖方所在地。

(3)代办托运　铁路运输:适合木材、钢筋、水泥、煤炭等大宗货物。

航空运输:适合鲜花、海鲜等货物。

公路运输:适合蔬菜、电器、食品、服装等货物。

例如:卖方送货上门,公路运输,运费卖方负担,交货地点,买方营业所在地;买方自提,公路运输,运费自己负担,交货地点,卖方营业所在地。

五、质量要求

质量有:国家标准GB、行业标准IB、地方标准DB、企业标准QB。

(1)电器类产品质量条款可以约定　产品质量符合国家标准、行业标准。

(2)服装类产品质量条款可以约定　产品质量符合行业标准、企业标准。

(3)食品类、水果类产品质量条款可以约定　产品质量合格,无腐烂、变质、破损、水分低于0.5%,农药残留低于0.4%,属于近期(2个月或当天)生产的批次;

(4)蔬菜的感官质量要求可以约定　茄果类:包括西红柿、茄子、甜椒、辣椒等。质量约定:属于同一品种规格,色鲜,果实圆整、光洁,成熟度适中,整齐,无烂果、异味、病虫和明显机械损伤。瓜类:包括黄瓜、丝瓜、苦瓜、冬瓜、南瓜等。质量约定:属于同一品种规格,形状、色泽一致,瓜条均匀,无疤点,无断裂,不带泥土,无畸形瓜、病虫害瓜、烂瓜、无明显机械伤。芽苗类:包括绿豆芽、黄豆芽、豌豆芽、香椿苗等。质量约定:芽苗幼嫩,不带豆壳杂质,新鲜,不浸水。

六、验收方法及提出异议期限

验收方法主要包括全面检查、抽样检查、随机抽查等方式。验收货物时主要是检查货物的数量、名称、规格或者型号、包装以及包装是否有破损,随机抽查一件商品,检查商品的质量或品质,如果符合合同的约定,就在进货单上签字,则视为产品质量合格。

提出异议期限是事先在合同中约定,当验收货物时,货物质量、数量、品名、规格与合同中的约定不符的时候,提出异议,从而解决问题的时限。例如,合同中可以约定:抽样检查,如产品质量、数量有问题当即提出异议;也可以约定货到凭样品抽样检查,如产品质量、数量有问题一周内提出异议。

七、结算方式及期限

自然人之间的结算可以约定:如果在同一城市,可以采取现金结算的方式。如果在异地:可以采取电汇或信汇的方式。例如:货到1周内现金结算,一次性付清。

法人之间的结算:如果在同一城市,可以采取支票结算的方式。如果在异地:可以采取银行汇票结算的方式。例如:货到1个月内支票结算,一次性付清。

此外,结算方式还可以采取,一手交钱,一手交货的方式;分期分批结算方式;事先交付预付款,货到后付清余额的方式。

结算的具体期限,可以根据双方当事人的约定,也可以根据双方交易的惯例在合同中事先约定,在合同生效后严格按照合同中约定履行合同。

八、违约责任

违反合同的责任是指合同的当事人由于自己的过错不履行合同义务或履行合同义务不符合约定的,依照法律规定或合同约定必须承担的法律责任,也称为违约责任。《合同法》第一百零七条规定,当事人一方不履行合同义务或者履行合同义务不符合约定的,应当承担继续履行、采取补救措施或者赔偿损失等违约责任。因此,一旦违约,就要根据违约情况承担违约责任,承担违约责任的方式有:继续履行、支付违约金、赔偿金、价格制裁、定金制裁、其他补救措施等。本条款可以写也可以不写,如果写,则约定违约金。

违约金是指按照当事人约定或者法律规定,一方当事人违约时应当根据违约情况向对方支付的一定数量的货币。《合同法》第一百一十四条规定,约定的违约金低于造成的损失的,当事人可以请求人民法院或者仲裁机构予以增加;约定的违约金过分高于造成的损失的,当事人可以请求人民法院或者仲裁机构予以适当减少。因此,违约金以事先约定为原则,才会适用。事先没有约定,则不适用。例如:如一方违约按货款总值的 <u>5</u> %支付违约金;比率在1%～20%以内,不宜过高。

九、解决争议的方法

解决争议的方法是指当事人双方对合同履行情况和不履行的后果发生权益纠纷时,采取的解决争议方法。如约定协商、调解、仲裁、诉讼等方法。合同约定解决争议的方法,对正确、及时、妥善地处理争议,维护当事人的合法权益具有重要意义。

本条款可以写,也可以不写,写则约定仲裁协议。例如,双方达成的仲裁协议:如果双方发生争议,同意到抚顺市仲裁委员会申请仲裁解决双方争议。仲裁需要事先或事后有仲裁协议。仲裁实行一裁终局原则。在经济领域合同纠纷,多采取仲裁的方式解决纠纷。

十、其他约定事项

在合同中没有约定好的事项可以在本条款中约定。

1.约定"三包"

卖方负责组装试机,如果产品有质量问题,一年内免费上门维修;如果产品有严重缺陷,卖方负责包修、包换。

2. 约定定金

定金是指合同一方当事人为了证明合同的成立和确保合同的履行，向对方预先支付一定数量的货币。定金不能超过主合同标的额的20%。《合同法》第一百一十五条规定，当事人可以依照《担保法》约定一方向对方给付定金作为债权的担保。债务人履行债务后，定金应当抵作价款或者收回。给付定金的一方不履行约定的债务的，无权要求返还定金；收受定金的一方不履行约定的债务的，应当双倍返还定金。第一百一十六条规定，当事人既约定违约金，又约定定金的，一方违约时，对方可以选择适用违约金或者定金条款。如在合同中约定：合同订立后1周内买方支付定金2万元。

3. 约定预付款

预付款是一种支付手段，其目的是解决合同一方周转资金短缺。预付款不具有担保债的履行的作用，也不能证明合同的成立。收受预付款一方违约，只需返还所收款项，而无须双倍返还。预付款在合同正常履行的情况下，成为价款的一部分，在合同没有得到履行的情况下，不管是给付一方当事人违约，还是接受方违约，预付款都要原数返回。如合同双方当事人在合同中约定：合同订立后1周内买方支付预付款50%。

十一、盖章、签名、日期

法人单位要盖章、业务员要签名。自然人签名，不盖章、签名不发生法律效力。签合同日期：当天：______年_____月_____日

十二、双方协议内容补充说明

禁止约定武器弹药、海洛因等毒品、假药等协议，如果签写协议因违反法律规定无效，则技能考核成绩记0分。不要签写适宜一手交钱一手交货的合同。最后合同书一式两份，买卖双方各执一份。

任务五　产品质量法

【知识目标】

了解产品的内涵及适用范围；掌握产品质量与产品质量责任内涵。

【技能目标】

具备产品质量纠纷解决能力；培养学生遵纪守法，具备引导生产合格产品能力。

【案例一】

蜂蜜是不是《产品质量法》所指的产品?

〖**案情**〗2000年9月,某市技术监督局根据群众举报,对该市某土特产品采购供应站的50吨蜂蜜进行监督抽查。结果查明,该批蜂蜜中含有一定量的硫酸铵,被认定伪劣产品。2001年3月,市技术监督局发出2号处罚决定书,按照《产品质量法》的有关规定,对土特产品采购供应站做出“没收全部蜂蜜,直接责任者罚款2 000元”的处罚,行政相对人不服。同年7月,市技术监督局又发出6号处罚决定书,撤销2号处罚决定书中对直接责任者进行罚款的决定,没收全部蜂蜜的处罚仍予以保留。相对人接到6号处罚决定书后,即向当地市人民法院提起行政诉讼,要求市技术监督局撤销6号处罚决定书,解除已扣压10个多月的50吨蜂蜜,并要求市技术监督局赔偿所造成的经济损失。

【分析结论】

法院受理该案后认为,根据GB 7635—87《全国工农业产品(商品物资)分类与代码》划分标准,蜂蜜为农副产品,不是《产品质量法》所指的产品,当然也就不应该适用《产品质量法》,因此市技术监督局的处罚决定没有法律依据,应支持土特产品采购供应站的请求,判决市技术监督局败诉。至于该蜂蜜含有硫酸铵的问题,技术监督局可以依照其他规定进行处罚。事后,原被告均没有提出上诉。

为了加强对产品质量的监督管理,提高产品质量水平,明确产品质量责任,保护消费者的合法权益,维护社会经济秩序,1993年2月22日第七届全国人大常委会第三十次会议通过了《产品质量法》,2000年7月予以修正。根据2009年8月27日第十一届全国人大常委会第十次会议《关于修改部分法律的决定》第二次修正。共六章节七十四条。随着时代的发展,我国产品质量领域出现了许多新问题、新情况,现行的《产品质量法》已经不能适应时代的要求。社会各界早已经呼吁修改现行的《产品质量法》。

本任务主要是学习了解产品的内涵及适用范围、产品质量的监督主管部门和监督检查方式、生产者的产品质量义务和产品标识义务、销售者的产品质量责任和义务、产品质量的纠纷解决途径,掌握产品质量与产品质量责任内涵等相关知识内容。

一、产品内涵及适用范围

1.产品内涵

产品是指经过加工、制作,用于销售的产品。在我国境内从事产品生产、销售活动,必须遵守本法。如商场销售的各种电器、服装、日用品等都是产品质量法所规定的产品。

2.《产品质量法》适用范围

适用范围是经过加工、制作,用于销售的产品。因此,天然的物品,如石油、铁矿石、初级农产品等,非用于销售的物品,如未投入流通的生活日用品、试用产品等,不属于产品质量法调整的产品范围。建设工程不适用本法规定。但是,建设工程使用的建筑材料、建筑构配件和设备,属于前款规定的产品范围的,适用本法规定。

二、产品质量与产品质量责任

(一)产品质量

产品质量是指产品所具有的符合人们需要的各种特性,如安全、可靠、适用、经济、方便维修。为了对产品质量进行公正、客观的评价,国家颁布的质量标准包括:国际标准、国家标准、行业标准和企业标准等。

国际标准是指国际标准化组织(ISO)、国际电工委员会(IEC),以及其他国际组织所制定的标准。国家标准是对需要在全国范围内统一的技术要求,由国务院标准化行政主管部门制订的标准。我国的国家标准是采用等同于现行的 ISO 9000—2000 标准,编号为 GB/T 19000—2000 系列。2014 年 12 月 5 日,国家质量监督检验检疫总局、国家标准化管理委员会联合发布了 2014 年第 27 号中华人民共和国国家标准公告。共批准发布了 234 项国家标准,其中,涉及家电行业共有 17 项国家标准。行业标准又称为部颁标准,由国务院有关行政主管部门制定并报国务院标准行政主管部门备案,在公布国家标准之后,该项行业标准即行废止。当某些产品没有国家标准而又需要在全国某个行业范围内统一的技术要求,则可以制定行业标准。企业标准主要是针对企业生产的产品没有国家标准和行业标准的,制定企业标准作为组织生产的依据而产生的。企业的产品标准须报当地政府标准化行政主管部门和有关行政主管部门备案。已有国家标准或者行业标准的,国家鼓励企业制定严于国家标准或者行业标准的企业标准。企业标准只能在企业内部适用。

(1)企业质量体系认证制度　国家根据国际通用的质量管理标准,推行企业质量体系认证制度。企业根据自愿原则可以向国务院产品质量监督部门认可的或者国务院产品质量监督部门授权的部门认可的认证机构申请企业质量体系认证。经认证合格的，由认证机构颁发企业质量体系认证证书。

(2)产品质量认证制度　国家参照国际先进的产品标准和技术要求，推行产品质量认证制度。企业根据自愿原则可以向国务院产品质量监督部门认可的或者国务院产品质量监督部门授权的部门认可的认证机构申请产品质量认证。经认证合格的，由认证机构颁发产品质量认证证书，准许企业在产品或者其包装上使用产品质量认证标志。

从事产品质量检验、认证的社会中介机构必须依法设立，不得与行政机关和其他国家机关存在隶属关系或者其他利益关系。产品质量检验机构、认证机构必须依法按照有关标准，客观、公正地出具检验结果或者认证证明。产品质量认证机构应当依照国家规定对准许使用认证标志的产品进行认证后的跟踪检查；对不符合认证标准而使用认证标志的，要求其改正；情节严重的，取消其使用认证标志的资格。

(二)产品质量责任

产品质量责任是指产品的生产者、销售者，违反了产品质量法规定的产品质量义务，因产品存在缺陷造成消费者人身财产损害时，根据产品质量法规定应当承担的责任。产品质量责任是一种综合责任，包括行政责任、民事责任和刑事责任。

【案例二】

产品缺陷造成受害人人身、财产损失的法律责任问题

〖**案情**〗2000 年 4 月 15 日晚，某市一中学生张某骑一辆上海某企业生产的 24 型变速自行车回家。当骑至离家 500 米处时，突然自行车前叉根部折断，张某立即摔倒，昏迷不醒。幸遇傍晚居民路过，将其送到当地医院抢救。这一起事故造成张某住院 8 天，鼻梁缝合 6 针，口腔内缝合 3 针，医疗费达 1 万多元。张某出院后，时常出现头昏，鼻梁及嘴唇两处留下很深的疤痕。因此，张某投诉到市消费者协会。要求自行车生产厂家和销售商赔偿他直接和间接损失。该自行车是张某于 2000 年 3 月份在一家大商厦购买的。事故发生后该家商厦只答应赔偿张某一辆同型的自行车，至于其他损失，认为应由上海某企业承担。生产厂家在知晓了这一情况后，进行了调查，确定是本厂生产的自行车存在着产品缺陷。张某可以采取什么方式来维护自身的合法权益？

【分析结论】

本案涉及因产品缺陷造成受害人人身、财产损失的法律责任问题。在消协调解过程中，认为虽然造成张某人身伤害的是自行车本身存在的产品缺陷，但《产品质量法》四十三条规定，受害人可以向产品的生产者要求赔偿，也可以向产品的销售者要求赔偿。张某向产品生产者上海某企业和销售者某大商厦要求赔偿的做法，符合《产品质量法》的规定，不存在着只能向生产者要求赔偿的问题。同时根据《产品质量法》四十三条规定，属于产品的生产者的责任，产品的销售者赔偿后有权向产品的生产者追偿。因此，商厦在承担了赔偿受害人张某的损失之后，有权向自行车的生产者要求其追偿一辆同型号的自行车，所以最后在消费者协会的主持下达成了三方都认可的协议书。

在上述案件中产品生产者上海某企业和销售者某大商厦承担的产品质量责任就是民事责任。

三、产品质量的监督主管部门

国务院产品质量监督部门主管全国产品质量监督工作。国务院有关部门在各自的职责范围内负责产品质量监督工作。县级以上地方产品质量监督部门主管本行政区域内的产品质量监督工作。县级以上地方人民政府有关部门在各自的职责范围内负责产品质量监督工作。

质量技术监督局是国家职能部门之一，国家设国家质量技术监督局，2001 年与国家出入境检验检疫局合并成为国家质量监督检验检疫总局。省以下设置质量技术监督局，省局对各市县区质量技术监督局实行省以下垂直管理。一般地市级质量技术监督局下设特种设备安全监察科、质量科、计量科、标准化科（下设机构代码管理办公室）、法制科、机关服务中心、监督稽查科（稽查队）、××市打假办、12365 投诉举报中心、质量检验所、计量所、特种设备检验院、纤维棉花检验所、条码中心等单位。

四、产品质量的监督检查方式

国家对产品质量实行以抽查为主要方式的监督检查制度，对可能危及人体健康和人身、财产安全的产品，影响国计民生的重要工业产品以及消费者、有关组织反映有质量问题的产品进行抽查。抽查的样品应当在市场上或者企业成品仓库内的待销产品中随机抽取。

监督抽查分为由国家质量监督检验检疫总局（以下简称国家质检总局）组织的

国家监督抽查和县级以上地方质量技术监督部门组织的地方监督抽查。监督抽查应当遵循科学、公正原则。国家质检总局统一规划、管理全国监督抽查工作；负责组织实施国家监督抽查工作；汇总、分析并通报全国监督抽查信息。

2014 年上半年，国家质检总局围绕“抓质量、保安全、促发展、强质检”的工作方针，加强产品质量监督工作，组织对日用消费品、建筑装饰装修材料、工业生产资料和农业生产资料等 4 大类产品质量开展了国家监督抽查。共抽查了全国 4 664 家企业生产的 4 803 批次产品，检出 494 批次产品不合格，监督抽查合格率为 89.7%，比 2013 年全年国家监督抽查合格率提高 0.8 个百分点。质检总局已责成相关省（自治区、直辖市）质量技术监督部门按照有关法律法规，对抽查不合格的产品及其生产企业依法进行处理，督促不合格产品生产企业落实质量安全主体责任。

五、生产者产品质量义务

生产者应当对其生产的产品质量负责。产品质量应当符合下列要求：

（1）不存在危及人身、财产安全的不合理的危险，有保障人体健康和人身、财产安全的国家标准、行业标准的，应当符合该标准。

（2）具备产品应当具备的使用性能，但是，对产品存在使用性能的瑕疵做出说明的除外。

（3）符合在产品或者其包装上注明采用的产品标准，符合以产品说明、实物样品等方式表明的质量状况。

例如，某炒货厂在制作“开口松子”时用片碱对粒小发暗的松子进行漂白，在炒制过程中还添加滑石粉、焦亚硫酸钠等化学物质对松子进行抛光美容。经过这些特殊加工后，质量差的松子就和优质的东北松子外表没有什么区别了。请分析该炒货厂的行为是否违反了产品质量义务？

六、生产者的产品标识义务

产品标识是在产品或包装上标示的信息和内容，其内容应符合《产品质量法》、《产品标识标注管理规定》和其他的相关要求。《产品质量法》规定产品或者其包装上的标识必须真实，并符合下列要求：

（1）有产品质量检验合格证。

（2）有中文标明的产品名称、生产厂厂名和厂址。

（3）根据产品的特点和使用要求，需要标明产品规格、等级、所含主要成分的名称和含量的，用中文相应予以标明；需要事先让消费者知晓的，应当在外包装上标明，或者预先向消费者提供有关资料。

(4)限期使用的产品,应当在显著位置清晰地标明生产日期和安全使用期或者失效日期。

(5)使用不当,容易造成产品本身损坏或者可能危及人身、财产安全的产品,应当有警示标志或者中文警示说明。裸装的食品和其他根据产品的特点难以附加标识的裸装产品,可以不附加产品标识。

(6)易碎、易燃、易爆、有毒、有腐蚀性、有放射性等危险物品以及储运中不能倒置和其他有特殊要求的产品,其包装质量必须符合相应要求,依照国家有关规定做出警示标志或者中文警示说明,标明储运注意事项。

七、销售者的产品质量责任和义务

《产品质量法》对销售者的产品质量责任和义务做出以下规定:

(1)销售者应当建立并执行进货检查验收制度,验明产品合格证明和其他标识。

(2)销售者应当采取措施,保证销售产品的质量。

(3)销售者不得销售国家明令淘汰并停止销售的产品和失效、变质的产品。

(4)销售者销售的产品的标识应当符合本法第二十七条的规定。产品或者其包装上的标识必须真实。

(5)销售者不得伪造产地,不得伪造或者冒用他人的厂名、厂址。

(6)销售者不得伪造或者冒用认证标志等质量标志。

(7)销售者销售产品,不得掺杂、掺假,不得以假充真、以次充好,不得以不合格产品冒充合格产品。

【案例三】

假冒伪劣产品的认定及处理

〖案情〗2009 年 9 月,汇阳市北区工商分局接到群众举报,反映本市金象村有人在制造并销售"三假"月饼(假厂址、假厂名、质量掺假),该局立即组织人员进行调查,当场查获大量冒充桂林市叠彩区民政食品厂和深圳深海食品厂及广州天海大酒店厂名制作的包装盒、合格证和用不卫生的果仁、黑芝麻、鸡蛋等做成的月饼 5 000 多个,已装盒 2 000 多盒。该分局立即对这些"三假"月饼予以没收并立案调查。调查结果,制造并销售"三假"月饼的案犯是广东汕头的陈某。他自 2007 年来汇阳从事糕点加工,当年 8 月份开始制造月饼。据陈某交代:他生产月饼,用的包装盒分别是通过熟人在深圳、广州等地购买的,产品合格证是他自己在印刷厂印刷的，月饼有的是从自由市场上买的，有的是他本人用发霉变质的果仁、黑芝麻、鸡蛋为原料制作的。他雇用了4个小姑娘在一间租用的偏僻房子里进行装盒加工，贴上冒用他人的厂名、厂址及伪造的合格证书，然后以6.50～88元/盒不等的价格在市场上出售牟取暴利。

【分析结果】

本案涉及对假冒伪劣产品的认定及处理。我国《产品质量法》规定："禁止伪造或者冒用认证标志等质量标志；禁止伪造产品的产地，伪造或者冒用他人的厂名、厂址；禁止在生产、销售的产品中掺杂、掺假，以假充真，以次充好。"本案中陈某不仅制造"三假"月饼，而且冒充他人的厂名、厂址大量制作包装盒、伪造合格证等，然后在市场上销售牟取暴利，严重违反了《产品质量法》对生产、销售假冒伪劣产品行为的禁止性规定。根据《产品质量法》三十八条的规定，汇阳市北区工商分局不仅对陈某的月饼予以没收，而且责令其停止生产、销售，并处违法生产、销售产品货值金额百分之五十以上三倍以下的罚款，并处没收违法所得、吊销营业执照；对陈某依法追究了刑事责任。

八、产品质量纠纷解决

《产品质量法》第四十七条规定，因产品质量发生民事纠纷时，当事人可以通过协商或者调解解决。当事人不愿通过协商、调解解决或者协商、调解不成的，可以根据当事人各方的协议向仲裁机构申请仲裁；当事人各方没有达成仲裁协议或者仲裁协议无效的，可以直接向人民法院起诉。所以具体包括：协商、调解、仲裁、诉讼等途径来解决产品质量纠纷。

【任务小结】

本任务主要是通过学习，了解产品的内涵及适用范围、产品质量的监督主管部门和监督检查方式、生产者的产品质量义务和产品标识义务、销售者的产品质量责任和义务，掌握产品质量与产品质量责任内涵等相关知识内容。从而使学生具备产品质量纠纷解决能力，培养学生遵纪守法，具备引导生产合格产品能力。

【实践与思考】

案例分析讨论

方法与步骤：

(1)将全班同学分成5人一组，分成若干组。

(2)每人发一份案例分析讨论练习题。

(3)每组一道案例题,根据所掌握的知识点分组讨论、整理答案,教师指导。

(4)每组指定代表一名,上台组织分析案情。

(5)教师点评,总结本单元内容。

【案例一】

谁应对此承担责任?

〖**案情**〗高某到乡下收购牛和猪,与某县村民路某达成协议,路某将其所有的3头成年牛及12头猪卖给高某,高某支付价款2.2万元,路某应将牛与猪送到A市×公司处交于高某,运费由路某支付,高某于合同成立时先支付1万元,待接收牛和猪后立即支付另1.2万元。合同订立后,高某马上给路某1万元现金,并口头要求3天内将3头牛及12头猪送到A市某公司处。3天后,路某雇车将牛和猪送至某公司。但由于路途曲折,司机不小心翻了车,轧死了1头牛、4头猪、又跑了1头牛。剩下的牛和猪另雇车运至A市某公司,高某发现少了牛和猪,当即拒绝付款。路某说明原委,要求高某支付1.2万元,高某说,"既然这样,要扣除2头牛,4头猪的钱。"路某不同意,要求损失共同承担,争执不下,遂诉诸法院。

问题:这2头牛、4头猪的所有权应归谁所有,谁应对此承担责任?

【分析结论】

《合同法》第一百三十三条规定:标的物的所有权自标的物交付时起转移,但法律另有规定或者当事人另有约定的除外。从本案案情看,高某已交付价款1万元,这时牛、猪的所有权应转让给高某,但合同约定到A市某公司交付,既然牛、猪尚未运至A市某公司,当然也就无从交付,而财产所有权的转让是以交付为准的,所以此时的牛、猪的所有权仍属于路某。既然牛、猪所有权属于路某,风险也应当由路某承担,故路某无权就死亡、逃走的牛、猪索要价款。

【案例二】

产品质量责任和义务

〖**案情**〗2001年12月,北京海淀区一位老人过七十大寿时,儿孙们给他买了一条安徽省桐城某家电厂生产的电热毯,送给老人祝寿。正巧当晚大雪纷飞,气温骤然降至零下。晚11时,大儿子为老人铺好电热毯,安顿老人安然入梦。第二天,大儿子起床后闻到老人屋里传出刺鼻的焦味，他急忙叫醒众人，撞开门，只见满屋浓烟滚滚，老人躺在床上已死去，全身烧焦，屋内物品均化为灰烬。案发后，海淀区技术监督部门对电热毯进行了质量监督检验。检验发现电热毯有7项技术指标不符合国家有关标准的要求，属劣质品。老人的后辈多次找家电厂协商未果，一纸诉状把家电厂告上法院，当地人民法院根据该检验结论，做出判决：责令桐城某家电厂和商场停止生产、销售该类电热毯、赔偿受害人家属丧葬费、死亡赔偿金、财产损失等共计15万多元：没收违法生产、销售该电热毯的违法所得，并处罚款。

【分析结论】

本案涉及生产者、销售者的产品质量责任和义务以及损害赔偿责任等问题。《产品质量法》规定："可能危及人体健康和人身、财产安全的工业产品，必须符合保障人体健康和人身、财产安全的国家标准、行业标准；未制定国家标准、行业标准的，必须符合保障人体健康和人身、财产安全的要求。禁止生产、销售不符合保障人体健康和人身、财产安全的标准和要求的工业产品。"第二十六条规定："生产者应对其生产的产品的质量负责。"电热毯属于可能危及人身、财产安全的产品，我国对其有专门的国家标准。在本案中，桐城某家电厂生产的电热毯有7项技术指标不符合有关国家标准的要求，违反了强制性产品标准，属于有缺陷的劣质品。《产品质量法》第四十四条规定，因产品缺陷造成受害人死亡的应支付丧葬费、死亡赔偿金以及由死者生前扶养的人所必需的生活费等费用。因产品存在缺陷造成受害人财产损失的，侵害人应当恢复原状或者折价赔偿。受害人因此遭受其他重大损失的，侵害人应当赔偿损失。本案中法院做出让家电厂和商场赔偿损失的判决是正确的。另外按照《产品质量法》第四十九条的规定：生产、销售不符合保障人体健康和人身、财产安全的国家标准、行业标准的产品的，责令停止生产、销售，没收违法生产、销售的产品，并处违法生产、销售产品货币金额等值以上三倍以下的罚款；有违法所得的，并处没收违法所得；情节严重的，吊销营业执照；构成犯罪的依法追究刑事责任。所以责令桐城某家电厂和商场停止生产、销售该类电热毯、没收违法生产、销售该电热毯的违法所得，并处罚款的处罚的法律适用是正确的，但处罚显得有点轻，应该吊销电热毯厂的营业执照。

【案例三】

硫黄姜案如何处理？

〖**案情**〗陕西西安又爆出了使用硫黄熏制生姜的"潜规则"。"硫黄姜"估计占西安市场60%左右。在9月27日，西安市的工商部门在对西安的一家大型蔬菜副食交易中心检查时，发现在生姜交易区许多商贩在摊位前摆的生姜和摊位里面放的生姜都有明显的不同，显眼处摆放的，颜色都比较亮，而商贩身后放的生姜看起来颜色要暗一些。商贩们为了让生姜看起来颜色都比较好看，也更容易卖上价钱，就对差一些的生姜使用硫黄熏制。一斤硫黄差不多可以熏制1 000斤左右的生姜。熏制过的生姜比没有熏制的生姜，每斤相差4毛钱左右。1 000斤下来就是400元，而商贩只需要付出三四元的硫黄钱。

【分析结论】

硫黄熏制食品会发生一系列化学反应，容易对人的肠胃造成刺激。如果食用的是被工业硫黄熏过的食品，还会对人的神经系统造成损害，轻者会出现头昏、眼花、全身乏力等症状。长期食用，则会导致眼结膜炎、皮肤湿疹等，严重的还会影响人的肝肾功能。《农产品质量安全法》第三十三条规定有下列情形之一的农产品，不得销售：使用的保鲜剂、防腐剂、添加剂等材料不符合国家有关强制性的技术规范的；根据法律规定本案中使用的保鲜剂、防腐剂、添加剂等材料不符合国家有关强制性的技术规范，应责令停止销售，对被污染的农产品进行无害化处理，对不能进行无害化处理的予以监督销毁；没收违法所得，并处2 000元以上2万元以下罚款。

【案例四】

销售超过保质期的食品如何处理？

〖**案情**〗原告：吴××　　　　　被告：某烟酒食品商店

原告于2007年2月20日在被告处购买五香牛肉干和沙嗲牛肉干各10盒，同月23日，又在被告处购买上述两种牛肉干各15盒，共计50盒。其中，五香牛肉干单价为每盒11.50元，沙嗲牛肉干单价为每盒12元，共计587.50元。该牛肉干包装盒所标注的生产日期为2006年7月3日，保质期六个月，即原告购买之日，该食品已超过保质期一个月有余。同年3月5日，原告曾就他于2月24日所购买的价值235元的上述牛肉干向被告索赔，被告退款并双倍赔偿共计739元。此后不久，原告又就2月20日、23日两次所购买的牛肉干向被告索赔，要求双倍赔偿，因协商未果，原告遂诉至某市玄武区人民法院要求退还货款并双倍赔偿。

另原告提出要求被告承担的其他损失有：交通费39元，其中某市小公共汽车发票三张，共6元，系原告与其他二位同志共同前往被告处所花费，某市出租车发票二张，共33元；诉状费3元，有法院收据；复印费2.60元，有发票；法律咨询费60元，无发票；误工费80元，电话费10元，均无相关证据。

被告诉称：我们确实因经营管理不善，两次出售过期食品给原告。但是原告购买牛肉干是以加倍赔偿为目的，并不是为了生活消费需要，故不是《消费者权益保护法》所保护的消费者，不应获得加倍赔偿。只同意退货，并承担适当损失。

问：1. 原告索赔的法律依据是什么？

消费者的合法民事权益受法律保护。消费者在购买、使用商品时，其合法权益受到损害的，可以向销售者要求赔偿。被告销售超过保质期的食品，其行为显属违反法律的无效民事行为，应当依法承担民事责任，故对原告要求被告退还货款的主张予以支持。

2. 被告的辩称是否成立？

被告销售法律明令禁止销售的食品，且不能证明自己的行为确非欺骗或误导消费者而实施，其行为已构成欺诈，故被告应依法承担增加赔偿原告所受到的损失的责任。增加赔偿的金额依法应为原告购买该食品的价款数额，故原告要求被告增加食品价款双倍赔偿的主张于法不合，不予以支持。

3. 本案应当如何处理？

原告要求被告赔偿的其他损失，应根据原告的实际需要确定：原告乘坐出租车并无正当理由，实属不必要；原告所要求的6元小公共汽车费用中，仅有2元为其乘坐所需，故原告要求的交通费中，只认定2元，其他37元不支持。诉状费3元，复印费2.6元，均为实际所需，故应予认定。误工费80元，电话费10元，法律咨询费60元，因无证据，不予认定。

【知识测试】

一、名词解释

消费者　　产品质量　　民事责任　　合同　　书面形式

二、填空题

1. 民事诉讼活动中需要遵循的制度包括________、________、__________、________。

2. 两审终审制度是指一个案件经过________审理，即________。不服一审判决，上诉期限是________，裁定是________。

3. 合议制度是指普通案件由________以上________审判人员组成________，依法对案件进行审判。

4. 消费者的九项权利具体包括________、________、__________、________、

________、________、________、________和________。

5.公开审判制度是指审理案件向________,________、________案件________,离婚案件和涉及商业秘密案件当事人申请可以________,无论是公开还是不公开审理,宣判时________。

6.民事诉讼程序包括________、________、________和________等阶段。原告起诉经受理法院审查符合条件________内立案并通知当事人。

7.民事责任种类包括________、________、________、________、________、修理、重做、更换和赔偿损失、支付违约金、消除影响、恢复名誉 、赔礼道歉。

8.农产品质量安全是________符合________、________的要求。

9.农产品是来源于________,即在农业活动中获得的________、________、________及其产品。

10.国家引导、推广农产品________生产,鼓励和支持生产________农产品,禁止生产、销售________国家规定的农产品质量________的农产品。

11.《合同法》第十条规定,当事人订立合同,有________、________和其他形式。法律、行政法规规定采用书面形式的,应当采用________。

12.一方以欺诈、胁迫的手段或者乘人之危,使对方在________的情况下订立的合同,受损害方有权请求________或者________变更或者撤销。

13.《合同法》第九条规定,当事人订立合同,应当具有相应的________和________。当事人依法可以________订立合同。

14.《产品质量法》规定产品是指经过________、________,用于________的产品。

15.产品质量责任是指产品的________、________,违反了产品质量法规定的________,因产品存在________造成消费者人身财产损害时,根据产品质量法规定应当承担的责任。

16.国家对产品质量实行以________为主要方式的监督检查制度,抽查的样品应当在________或者________的待销产品中________抽取。

17.产品质量纠纷解决的方式有________、________、________、________。

18.合同当事人应遵循________、________、________、________、遵守法律、行政法规、尊重社会公德、不得扰乱社会经济秩序、损害社会公共利益的原则。

19.农产品生产企业和农民专业合作经济组织应当建立________,生产记录应当保存________。

20.农产品生产者应当按照法律、行政法规和国务院农业行政主管部门的规定,合理使用________,严格执行农业投入品使用________或者________的规定,防止危及________。

21. 开庭审理包括________、________、________、应当________等程序。

22. 证据种类有________、________、________、________、________、________、________、________。

23.《民事诉讼法》规定对公民提起的民事诉讼，由________人民法院管辖；被告住所地与经常居住地不一致的，由________人民法院管辖。

24.《民事诉讼法》规定，被告为公民的，其________；法人或组织的，其________或主要办事机构；合同纠纷由________或者________法院管辖。

25. 农民专业合作社法定登记事项变更的，应当申请________登记，农民专业合作社应当置备________名册，并报________机关。

26. 农民专业合作社的组织登记事项发生变更，即向县________主管部门报告，并在原登记机关办理________手续，依法需要办理税务登记变更手续的，同时办理________手续。

27. 民事诉讼的适用范围是指人民法院受理公民之间、法人之间、其他组织之间以及他们相互之间因________和________提起的________诉讼。

28. 民事案件的受案范围主要是________纠纷、________纠纷、________纠纷、________纠纷等。

29.《民事诉讼法》规定人民法院在判决前能够调解的，还可以进行________，调解不成的，应当及时________。

30. 依法成立的合同，对当事人具有法律约束力。当事人应当按照约定履行________，不得擅自变更或者解除合同。

三、判断题

1. 农民购买、使用直接用于农业生产的生产资料，如农民购买种子、化肥、农药等情形也属于消费者。(　)

2. 消费者享有自主选择商品或者服务的权利。(　)

3. 一方以欺诈、胁迫的手段订立合同，损坏国家利益的，合同无效。(　)

4. 金融机构的借款合同应当采用书面形式。(　)

5. 无民事行为能力人和限制民事行为能力人两者都可以签订使自己纯获利益的合同。(　)

6. 建设工程适用《产品质量法》规定。(　)

7. 国家对产品质量实行以抽查为主要方式的监督检查制度。(　)

8. 涉外合同的当事人没有仲裁协议也可向中国仲裁机构或者其他仲裁机构申请仲裁。(　)

9. 一手交钱，一手交货或小额交易不能采取口头形式。（　）

10. 国际货物买卖合同和技术进出口合同争议提起诉讼或者申请仲裁的期限为2年。（　）

11. 对法人或者其他组织提起的民事诉讼，由原告住所地人民法院管辖。（　）

12. 婚姻、收养、监护等有关身份关系的协议，适用合同法的规定。（　）

13. 法院有权向有关单位和个人调查取证，有关单位和个人可以拒绝。（　）

14. 民事诉讼法规定当事人对自己提出的主张，有责任提供证据。（　）

15. 农产品质量安全检测机构出具检测结果不实，造成损害的，依法承担民事责任；造成重大损害的，并处撤销其检测资格。（　）

16. 对可能影响农产品质量安全的农药、兽药、饲料和饲料添加剂、肥料、兽医器械，依照有关法律、行政法规的规定实行许可制度。（　）

17. 省级以上人民政府农业行政主管部门应当加强对农业投入品使用的管理和指导，建立健全农业投入品的安全使用制度。（　）

18. 违反农产品质量安全法规定，构成犯罪的，依法追究赔偿责任。（　）

19. 使用农业投入品违反法律、行政法规和国务院农业行政主管部门的规定的，依照有关法律、行政法规的规定处罚。（　）

20. 农产品质量安全标准是参考性的技术规范。（　）

21. 合作社的经营管理负责人由成员大会聘任或者解聘，对成员大会负责。（　）

22. 农民专业合作社成员大会选举和表决，实行一人一票制，成员各享有一票的基本表决权。（　）

23. 农民专业合作社应当遵循入社自愿、退社自由原则。（　）

四、选择题（单选）

1. 合同纠纷、财产所有权纠纷等民事纠纷的诉讼时效期间都是（　）。

A. 1年　　B. 2年　　C. 半年　　D. 4年

2. 因重大误解订立的属于（　）合同。

A. 可变更或者撤销　B. 无效　　C. 有效

3. 当事人采用合同书形式订立合同的，自（　）。

A. 双方当事人制作合同书时合同成立

B. 双方当事人表示受合同约束时合同成立

C. 双方当事人签字或者盖章时合同成立

D. 双方当事人达成一致意见时合同成立

4. 某甲的儿子患重病住院，急需用钱又借贷无门，某乙趁机表示愿意借给2 000元，但半年后须加倍偿还，否则以甲的房子代偿，甲表示同意。根据合同法规定，甲、乙之间的借款合同（　　）。

A. 因显失公平而无效　　B. 因显失公平而可撤销

C. 因乘人之危而无效　　D. 因乘人之危而可撤销

5. 应合同当事人的请求，由人民法院予以撤销的合同（　　）。

A. 人民法院决定撤销之日起不发生法律效力

B. 自合同订立时起不发生法律效力

C. 自人民法院受理请求之日起不发生法律效力

D. 自合同规定的生效日起不发生法律效力

6. 某商场设有自动售报机，顾客只要按要求投入硬币，即可得到当天日报一份，此种成立买卖合同的形式为（　　）。

A. 书面形式　　B. 口头形式　　C. 推定形式　　D. 默示形式

7. 人民法院对符合《民事诉讼法》起诉条件的消费者权益争议，（　　）受理，及时审理。

A. 可以　　B. 酌情　　C. 必须　　D. 不予

8. 延付或拒付租金的，寄存财物被丢失或损毁的，诉讼时效期间为（　　）。

A. 1 年　　B. 2 年　　C. 半年　　D. 4 年

9.《消费者权益保护法》明确指出，保护消费者的合法权益是谁的责任？（　　）

A. 全社会　　B. 各级政府

C. 各级消费者协会　　D. 工商行政管理部门

10. 消费者的合法权益受到侵害时，可以拨打全国统一消费者申（投）诉举报电话。请问电话号码是多少？（　　）

A. 12333　　B. 12358　　C. 12315　　D. 12365

11. 因产品存在缺陷造成损害要求赔偿的诉讼时效期为多长时间？（　　）

A. 3 个月　　B. 6 个月　　C. 一年　　D. 二年

12. 商品“三包”规定中“三包”是（　　）。

A. 包修、包换、包退　　B. 包修、保换、保退

C. 保修、包换、包退　　D. 保修、保换、保退

13. 根据商品“三包”规定，商品在售出之日起（　　）日内发生性能故障，消费者可以选择退货。

A. 10　　B. 5　　C. 7　　D. 15

14. 消费者在商场看中一款衣服，营业人员明知道这件衣服是残次品，却未告

知消费者，这侵犯了消费者的何种权利？（　）

A. 知情　　B. 受尊重　　C. 公平交易　　D. 选择

15. 小陈在某展销会购买名牌衣服一件，不久发现该衣服系假冒产品，此时展销会已经结束，小陈应当向（　）要求赔偿。

A. 该衣服的生产商　　B. 该衣服的经销商　　C. 展销会场地出租者

D. 既可以是该衣服的经销商，也可以是展销会的举办者

16. 经营者提供商品或服务，应向消费者出具购货凭证或服务单据；消费者索要购货凭证或服务单据的，经营者（　）出具。

A. 必须　　B. 不一定　　C. 可以　　D. 视具体情况

17. 我国农产品质量安全法中所称的农产品，是指来源于农业的（　）。

A. 次级产品　　B. 初级产品　　C. 植物产品　　D. 动物产品

18. 农产品质量安全标准应当根据（　）发展水平及农产品质量安全的需要，及时修订。

A. 科学技术　　B. 农业生产　　C. 生产技术　　D. 基础建设

19. 从事农产品质量安全检测的机构必须由（　）以上人民政府农业行政主管部门或者其授权的部门考核合格。

A. 县级　　B. 市级　　C. 省级　　D. 乡（镇）级

20.（　）农业行政部门在农产品质量安全监督检查中可以对不符合农产品质量安全标准的农产品进行查封、扣押。

A. 县级以上人民政府　　B. 市级以上人民政府

C. 乡（镇）级以上人民政府　　D. 国务院

21. 建立健全农产品质量安全服务体系，需要在（　）以上地方人民政府的统一领导、协调下进行。

A. 市级　　B. 省级　　C. 乡（镇）级　　D. 县级

22. 进行质量检测过程中，发生重大农产品质量安全事故时，农业行政主管部门应当及时通报同级（　）管理部门。

A. 工商　　B. 食品监督　　C. 药品监督　　D. 食品药品监督

23. 进口的农产品必须按照国家规定的（　）进行检验；未制定之前，可以参照国家有关部门指定的国外有关标准进行检验。

A. 食品质量安全标准　　B. 卫生质量标准

C. 农产品质量安全标准　　D. 食品卫生法

24. 农产品质量安全检测机构应当依法经（　）认证合格。

A. 质量　　B. 计量　　C. 技术　　D. 检验

25. 由国家建立健全的农产品质量安全标准是(　　)的技术规范。

A. 强制性　　B. 自愿性　　C. 科学性　　D. 民主性

26. 国家支持农产品质量安全科学技术研究，推行科学的质量安全管理方法，推广先进安全的(　　)。

A. 管理技术　　B. 生产技术　　C. 科学技术　　D. 应用技术

27. 下列产品属于《产品质量法》管理的范围是(　　)。

A. 药品质量　　B. 建筑工程质量　　C. 食品安全　　D. 建筑材料质量

28. 产品或其包装上没有中文标明的产品名称、生产厂厂名和厂址的，对此种行为应如何处理？(　　)

A. 责令改正　　B. 没收违法所得

29. (　　)可以不附加产品标识。

A. 瓶装白酒　　B. 罐装饮料　　C. 散装月饼　　D. 皮鞋

30. 王某从某商场购得一电暖器(商场未声明有质量问题)，放置一年半后使用时因漏水而触电受伤，为此王某支付医疗费 3 000 元。根据诉讼时效规定，王某欲起诉获得法院支持应根据下列何法？(　　)

A.《民法通则》　　B.《产品质量法》　　C.《合同法》

D.《民法通则》或《产品质量法》

31. 依照《产品质量法》的规定，下列何种产品属于该法所称的产品？(　　)

A. 芝麻油　　B. 大坝　　C. 冰毒　　D. 电力

32.《产品质量法》规定产品质量责任包括(　　)。

A. 企业赔偿责任，商家赔偿责任

B. 产品责任，民事责任，行政责任，刑事责任

C. 一切责任

D. 法律责任

五、多项选择题

1. 因合同纠纷提起的诉讼，由(　　)人民法院管辖。

A. 原告住所地　　B. 被告住所地　　C. 合同履行地　　D. 纠纷发生地

2.《民事诉讼法》第四十五条规定的回避制度，除了适用审判人员外，还适用于(　　)。

A. 书记员　　B. 翻译人员　　C. 鉴定人　　D. 勘验人

3. 人民法院审理民事案件，不公开进行的有(　　)的案件。

A. 涉及个人隐私　　B. 涉及多数人隐私

C. 涉及国家秘密　　D. 审判员认为不宜公开审理

4. 销售者在产品质量方面承担民事责任的具体形式有下列哪些？（　）

A. 修理　B. 更换　C. 退货　D. 赔偿

5. 产品或者其包装上的标识，应当具有以下内容（　）。

A. 检验合格证明

B. 有中文标明的产品名称、生产厂厂名和厂址

C. 限期使用的产品，应当在显著位置标明生产日期或者失效日期

D. 裸装产品，不必附加产品标识

6.《产品质量法》调整的范围是（　）。

A. 经过加工、制作并用于销售的农产品

B. 经过加工、制作并用于销售的食品

C. 经过炼制并用于销售的矿产品

D. 直接开采的原油

7. 下列哪些产品属于《产品质量法》调整的范围？（　）。

A. 建筑工程　B. 服装　C. 建筑构配件　D. 原煤

8. 下列哪些单位不得向社会推荐产品？（　）。

A. 质量监督部门　B. 质量检验机构

C. 国家机关　D. 工商行政管理机关

9. 销售者不得销售下列产品（　）。

A . 伪造产地　B. 冒用他人厂名、厂址

C. 伪造认证标志　D. 冒用认证标志

10. 丁某、丁妻、丁子及邻居王某正在丁家闲聊，丁家刚买的彩电爆炸，将他们不同程度炸伤，经鉴定是电视机内部短路造成，（　）均有权要求销售者赔偿。

A. 丁某　B. 丁妻　C. 丁子　D. 王某

11. 限期使用的产品应当在其产品标识的显著位置上标明（　）。

A . 生产日期　B. 安全使用期或失效日期

C .“限期使用”字样　D.“过期不得使用”字样

12. 以下产品中，哪些不是存在《产品质量法》所称“缺陷”的产品？（　）。

A. 损伤皮肤的化妆品　B. 制冷效果不好的空调机

C. 图像效果不佳的电视机　D. 保温效果不良的暖水瓶

13.“三无”产品是指（　）。

A. 无产品合格证明

B. 无产品名称、生产厂名和厂址

C. 无产品生产日期和安全使用期或者失效日期

D. 无质量认证标志

14. 产品质量监督部门在产品质量检验抽查中不得(　　)。

A. 超过规定数量索取样品　　B. 向被检查人收取检验费用

C. 向送检人或单位收取检验费　　D. 向消费者协会收取检验费

15. 质量监督部门或者工商行政管理部门的工作人员(　　),构成犯罪的,依法追究刑事责任。

A. 滥用职权　　B. 玩忽职守

C. 向违法当事人通风报信,帮助其逃避查处的

D. 徇私舞弊

五、简答题

1. 消费者和经营者发生争议时的解决途径有哪些?

2. 生产者产品质量义务有哪些?

3. 合同的主要条款有哪些?

4. 设立农民专业合作社应当具备的条件有哪些?

六、案例分析题

〖案例一〗　甲与乙产生纠纷诉诸某基层人民法院,法院收到原告起诉状后,经审查,认为符合起诉条件,第10天通知当事人立案了,第15天将起诉状副本发送给被告。

问题:法院的做法是否正确?为什么?

〖案例二〗　甲公司与乙公司于2006年10月签订一买卖钢材的合同,总价值23万元,并约定甲公司于2006年12月前交付货物,乙公司向甲公司支付了2.5万元的定金。合同签订后,钢材价格急剧上涨,甲公司受利益驱动,虽经乙公司多次催促,直至合同履行期满仍未交货。于是,乙公司要求甲公司返还定金。

问题:1. 甲公司和乙公司约定的定金是否有效?

2. 乙公司可以向甲公司请求返还多少金额?

〖案例三〗　2009年7月28日,北京市气候炎热异常,于某为招待来访的朋友,从某商场买了几瓶冰镇的啤酒来喝。于某在打开一瓶啤酒时,“砰”的一声,瓶体爆炸了,泡沫以及玻璃碎片满地都是。于某的双手被划破,脸部刺了一道很深的切口,送医院缝了八针,花掉医药费2 000元。之后,于某向法院起诉,要求维护其合法权益。经过法院调查。于某开瓶没有过错,而是厂家的啤酒瓶质量不合格,因气温高而发生爆炸。

问题：1. 于某在本案中获得救济的前提条件是什么？

2. 于某的损失由谁来赔偿？简述其理由。

〖**案例四**〗 某餐厅一日接待30余位就餐人员，饭后当天下午，就餐人员相继出现胃痛、呕吐、腹泻等症状，20余人到医院就诊或购药治疗，经医院检查化验：证实为细菌性食物中毒。工商部门也查明中毒原因是餐厅经营者不注意饮食卫生所致。

问题：对此合法的处理结果是什么？

参考文献

[1] 郑小兰. 农产品经纪人. 杭州：浙江大学出版社，2007.

[2] 赵慧峰. 农村合作经济组织建设与运行. 北京：中国农业出版社，2009.

[3] 朱雅令. 农村合作经济组织发展与创新. 长沙：湖南科学技术出版社，2010.

[4] 马骐. 农产品经纪人基础知识. 北京：中国财政经济出版社，2005.

[5] 韩长赋. 农村合作经济组织. 长春：吉林科学技术出版社，2008.

[6] 丁茂芬. 农产品广告"安全心理"诉求策略分析. 丽水职业技术学院. 浙江：2011.

[7] 张西华. 农产品经纪人中高级培训教程. 北京：厦门大学出版社，2014.

[8] 周志丹，董建辉，周志英. 应用统计学. 北京：机械工业出版社，2011.

[9] 冯亮能，蒋志华. 市场调查与预测. 北京：高等教育出版社，2002.

[10] 杜家龙. 市场调查与预测. 北京：高等教育出版社，2009.

[11] 夏凤. 农产品营销实务. 北京：清华大学出版社，2014.

[12] 马骐. 农产品经纪人中级技能知识. 北京：中国财政经济出版社，2005.

[13] 国家卫生标准 GB 2748—81 鲜蛋卫生标准.

[14] 中国农业标准汇编. 北京：中国标准出版社，2003.

[15] 绿色食品标准汇编. 北京：中国标准出版社，1998.

[16] 中国农业网 http://www.caps.gov.cn.

[17] 中国粮网 http://www.cngrain.com.

[18] 陈桂明. 法律基础知识. 北京：北京师范大学出版社，2005.

[19] 陈炳勋. 经济法基础. 北京：高等教育出版社，2000.